现代铸铁学

（第2版）

郝石坚 著

北京
冶金工业出版社
2009

内 容 简 介

本书系统阐述了铸铁组织的构成、液态结构、凝固过程、固态相变、孕育处理、熔炼、合金元素以及各种铸铁的组织、成分、性能特点、生产技术和铸件应用，包括灰铸铁、球墨铸铁、蠕墨铸铁、白口铸铁、可锻铸铁、耐蚀铸铁、耐热铸铁、冷硬铸铁等。本书在第1版的基础上，对内容作了较大补充和调整。书中涉及的一些理论阐述，作者以不同方式作了解释，便于读者阅读和应用。特别对使用越来越广泛的高强度铸铁、高铬铸铁、奥贝球铁、高合金耐蚀铸铁、耐热铸铁的理论和实践问题，分别作了全面和比较深入的介绍，使本书的内容更加充实，更加贴近生产。

本书适合钢铁冶金、铸造及材料工程技术人员、科研人员阅读，也可作为高等学校相关专业的教材以及铸造工程师继续教育的教材。

图书在版编目(CIP)数据

现代铸铁学/郝石坚著.—2版.—北京：冶金工业出版社，2009.3

ISBN 978-7-5024-4834-9

Ⅰ.现… Ⅱ.郝 Ⅲ.铸铁 Ⅳ.TG143

中国版本图书馆CIP数据核字(2009)第029019号

出 版 人　曹胜利
地　　址　北京北河沿大街嵩祝院北巷39号，邮编100009
电　　话　(010)64027926　电子信箱　postmaster@ cnmip. com. cn
责任编辑　李　梅　美术编辑　张媛媛　版式设计　张　青
责任校对　卿文春　责任印制　牛晓波
ISBN 978-7-5024-4834-9
北京百善印刷厂印刷；冶金工业出版社发行；各地新华书店经销
2004年6月第1版，2009年3月第2版，2009年3月第2次印刷
787mm×1092mm　1/16；22.25印张；531千字；335页；3001-5500册
59.00元

冶金工业出版社发行部　电话：(010)64044283　传真：(010)64027893
冶金书店　地址：北京东四西大街46号(100711)　电话：(010)65289081
（本书如有印装质量问题，本社发行部负责退换）

第2版前言

《现代铸铁学》第1版于2004年出版以来，一些读者以信函、电话、电子邮件、来访方式或通过互联网与作者联系。他们对该书的内容提出了不少有益的意见和建议，还提出了一些铸铁件在线生产技术问题与作者探讨、交流，作者深受鼓舞。在该书第2版即将与读者见面之际，作者谨向海内外热心读者表示衷心感谢。

为了进一步充实内容，作者对第1版进行了一些调整和补充，力求更全面、准确、系统、深入地介绍铸铁合金，并使内容更加贴近生产实践。作者特别注意到工作在不同岗位上读者的实际需要，根据读者建议，对于书中涉及相关学科的理论阐述，基本上都加以必要说明。例如，较深层次地讨论铸铁组织形成原理时，不可避免地涉及热力学、凝固理论以及相关的微观过程，要求读者具有相关知识。修订时对这些内容尽量修改得简明清晰，并添加了一些注解解释了有关理论背景。

作者在第2版对章节安排作了调整。原来分散于各章中涉及灰铸铁的内容集中于新增的“灰铸铁”一章，阐述灰铸铁组织、成分和各种性能。原书第11章“合金白口铸铁”章名改为“白口铸铁”，扩大了对白口铸铁的讨论范围。第11章重点内容仍为介绍铬白口铸铁，包括高铬铸铁、镍铬白口铸铁(镍硬铸铁)。除了介绍铬白口铸铁化学成分、组织与性能特点外，还介绍了熔炼、铸造、热处理工艺。第9章“球墨铸铁”中主要对于应用日渐广泛的奥贝球墨铸铁及其生产技术作了进一步讨论和补充。有关耐蚀铸铁与耐热铸铁的内容也作了较多补充。第2版中重点介绍耐蚀铸铁件与耐热铸铁件中主加合金元素的作用、铸件化学成分、在不同环境介质中耐蚀(耐热)性能以及制造该类铸件的各种特殊工艺要点，强化了内容的实用性。在此基础上，第1版第13章“耐热铸铁与耐蚀铸铁”扩展为第2版的第13章“耐蚀铸铁”与第14章“耐热铸铁”两章。经过调整和补充，全书由14章增加为15章。

《现代铸铁学》第2版的出版，得到一些企业的热情支持。西安胜普电力科技公司(生产高等级抗磨铸件及超音速喷涂工程)总经理郝伟、本溪钢铁公司特种铸造厂(生产矿用高强度铸件)田嘉兴厂长和黄辉厂长分别为本书提供宝贵技术资料或给予物质支持。美术教育工作者张卉女士应邀在百忙中利用业余时间为本书封面设计提供美术创意并加工金相图片。作者对此均深表感谢。

作者

2009年2月于西安

第1版前言

在人类文明发展的历史长河中，金属材料的应用在推动社会生产力进步方面发挥过巨大作用。铸铁作为人类最早发现和应用的金属材料之一，应用历史已有3000多年，而且迄今仍是广泛应用的结构合金。无论过去和现在，铸铁对人类社会都做出了重要贡献。

人类最初使用的是天然陨铁制成的简陋铁器，后来古希腊和古罗马人发现了原始的冶铁方法。我们的祖先在公元前14世纪曾用木炭还原铁矿石获得的铁锻制铁刃兵器。春秋后期(约在公元前6世纪)中国已经制成270kg的铁鼎。战国中期以后(公元前300年至公元前200年)，铸铁农具已较普遍。秦汉南北朝时期，铁器品种显著增多，质量提高。迄今我们仍能见到那个时期的冶铁作坊遗址。

我国劳动人民创造的生铁柔化技术是古代冶金史上璀璨的一页。战国中期制造的铁器中，已经发现团絮状石墨。两汉时期的铁器在显微镜下观察到近似白心可锻铸铁和黑心可锻铸铁的组织。而根据文献记载，欧洲人于18世纪发明白心可锻铸铁，曾应用于巴黎铺设的通往凡尔赛宫的水管。美国人于19世纪首先制成黑心可锻铸铁。

河南巩县铁生沟冶铁作坊遗址出土的西汉中晚期铁镬经金相检验，其中含有球状石墨。在偏振光下石墨呈现辐射状多晶形貌。电镜下观察热氧腐蚀试样可看到球状石墨内部的年轮状结构，与现代球墨铸铁中的球状石墨结构完全相同(华觉明等. 中国冶铸史论集. 北京：文物出版社，1986)。

欧洲工业革命以前的漫长历史时期内，中国在冶铸技巧和铁器生产规模方面始终位于世界前列。但是封建社会制度极大地束缚了社会生产力的发展，以致多个世纪以来我们逐渐落后于西方，并出现较大差距。

1949年以来，我国的铸铁生产有了质的飞跃，产品质量不断提高。开发了许多新工艺和新材料，多方面改进了生产技术，丰富了产品品种。灰铸铁技术一直沿着强韧化和功能化方向发展。目前，孕育铸铁抗拉强度已能达到400MPa水平，具有针状组织的合金铸铁达到600MPa以上。球墨铸铁则是经历了从无到有的过程，经过多年努力，普通球墨铸铁现已得到全面推广，而且生产了以大型曲轴为代表的高强韧性球墨铸铁件，研制出用于化工及核工业的奥氏体球墨铸铁件。我国自行开发的稀土镁球化合金应用已得到普及。蠕墨铸铁和可锻铸铁理论和实践不断出现新成果。合金白口铸铁，特别是耐磨高铬铸铁已经大面积推广应用。目前，我国的铸铁产量已能满足国民经济需要，并有部分产品出口。据20世纪末统计，我国已有11000座铸铁厂(车间)，约占世界总数1/3。1998年生产800万t铸铁件，其中灰铸铁630万t，球墨铸铁143万t，可锻铸铁29.3万t，分别占总产量的78.5%、18%、3.6%。总产量仅低于美国，居世界前列。

就世界范围而言，在国际竞争机制推动下，铸铁行业在各方面都有巨大进步。当今铸铁业的国际先进水平主要体现在以下方面：

(1) 实行机械化、自动化的规模生产，铸造全过程采用当代先进技术，无缺陷铸件产出率高，经济效益好，铸件有很强的市场竞争力。

(2) 铸铁强韧化水平很高，而且性能稳定，并有可靠技术物质条件保持产品达到这一目标。在强韧化和降低断面敏感性的基础上，已实现铸件薄壁化和轻量化。

(3) 能生产高质量、高精度、多品种的特种铸铁件和功能铸铁件。铸件性能可以充分满足各种特殊工况的要求。

(4) 计算机技术广泛应用于控制生产过程；能对铸件成形过程进行宏观和微观仿真模拟；采用专家系统分析诊断铸造中的问题；在质量控制、信息管理等方面，计算机也都发挥重要作用。信息化和自动化技术已经改造了旧的铸造生产模式。

(5) 经常系统而有针对地开展铸铁合金及其制造技术的基础理论研究，以支持生产者开发新品种，提高铸件质量，改进关键铸件制造技术。

(6) 最大限度减轻铸造生产对环境的污染，实现符合生态要求的可持续发展。

当前世界经济一体化大潮对我国铸铁业提出了严峻挑战。目前，我国大多数铸铁企业规模小，生产的社会化水平低；生产设备更新缓慢，机械化程度低；铸造科研开发投入不足，成果转化率低以及铸造从业人员素质参差不齐，影响当代先进技术和先进管理经验的推广应用，以致铸件质量和生产效率、经济效益、能源消耗、劳动条件和环境保护等方面与工业发达国家相比还有一定差距。据统计，由于铁水质量不够稳定等原因，在碳当量相同情况下，我国的灰铸铁抗拉强度比工业发达国家普遍低50～100MPa；我国球墨铸铁和低合金铸铁产量在总产量中所占比例远低于工业发达国家，而且性能较差。可锻铸铁产量虽位居前列，但绝大多数为黑心可锻铸铁，白心可锻铸铁和珠光体可锻铸铁产量极少。这些都是需要改进的。

铸铁是复杂的多元合金；其凝固转变具有两重性；高碳相的形成和变化受到诸多内外因素影响，而且对热动力学因素高度敏感，这使铸铁组织的控制成为十分复杂的工作。为了提高铸铁生产技术和质量水平，铸造工作者必须深入研究和掌握铸铁的现代理论，更新实践知识。这是一项长期而艰苦的工作，需要科研、生产、教学、出版等领域大力协作才能有所进展。作者希望这本著作能对这项工作做出微薄贡献。

本书力求系统而完整地展示现代铸铁合金领域的科技内涵。本书首先介绍铸铁合金相变基础、铸铁组成相及相关的近代物理检测技术。第2章讨论液态铸铁结构，简要说明液相中存在的能量起伏和浓度起伏，液态铸铁中碳活度，以及非匀质物质对凝固组织的影响。在第3章中，阐述铸铁组织生成的现代理论，特别是石墨生成和变异机理以及初生相和共晶相的生成过程，力求将影响凝固过程的诸多因素联系起来，揭示铸铁凝固过程及其规律性；此外还讨论了铸铁热分析技术，并介绍计算机模拟仿真在描述铸铁凝固组织方面的应用。第4章讨论铸铁固态相变理论及铸铁热处理。第5章介绍铸铁孕育的现代理论以及孕育实践问题。重点介绍铁水中高碳高硅活化微区的形成以及硅原子的核外电子向铁、碳原子转移在石墨形核中的作用；碳与形核基质晶格结构的适配性以及元素氧化物生成热对形核的影响；然后讨论孕育衰退现象、孕育剂选用以及合理孕育问题。第 6 章阐述铸铁熔炼，重点讨论气体元素在铁水中的行为以及它们对铸铁质量的影响，从实际熔炼角度介绍了冲天炉和感应炉熔炼。第 7、8 章分别阐述铸铁力学性质和工艺性能，从分析铸铁断裂和变形原理出发，逐步讨论铸铁的各项力学性能指标，并介绍提高灰铸铁强度的基本技术措施；工艺性能方面，着重介绍铸铁凝固方式和收缩性质，继而讨论铁水流动性和充型能力、铸铁的断面敏感性、焊接性能和切削性能。第 9 ~ 14 章根据理论知识与生产实践结合的原则，分别介绍球墨铸铁、蠕墨铸铁、铸铁中的合金元素、合金白口铸铁、可锻铸铁、耐热铸铁与耐蚀铸铁、冷硬铸铁等特种铸铁，内容涉及相关基础理论、材质特性、制造工艺、质量控制，有较强的实践性和生产指导意义。

作者热切期盼我国铸造业能在经济全球化形势下，在激烈的国际竞争中，稳步提高科技水平，增强国际竞争力，在竞争中不断进步。

在本书出版之际，作者衷心感谢多年来事业上的合作者、挚友以及家人。李启东教授、冯忠绪教授、张永壮教授级高级工程师、冶金工业出版社对本书的出版都给予了热情的支持和帮助，在此深表感谢。本书承蒙西安胜昔电力科技公司允许作者将其公司内部资料公开发表，充实了本书内容，谨致谢意。

郝石坚

2004 年 6 月于长安大学

目　录

1　铸铁组织 …… 1
1.1　铁碳合金相图和铁碳硅合金相图 …… 1
1.1.1　铁碳合金相图 …… 1
1.1.2　铁碳硅三元合金相图 …… 3
1.1.3　铸铁实际相变温度和成分 …… 3
1.2　合金热力学基础简要回顾 …… 6
1.2.1　合金相变的能量条件 …… 6
1.2.2　自由能-成分曲线 …… 6
1.2.3　过冷 …… 7
1.2.4　铸铁凝固组织形成过程中各相自由能变化 …… 7
1.2.5　新相形核 …… 9
1.2.6　溶液中组元活度 …… 10
1.2.7　铁水中碳的活度 …… 10
1.3　基本组成相 …… 12
1.3.1　石墨 …… 12
1.3.2　渗碳体 …… 18
1.3.3　奥氏体(γ相) …… 20
1.3.4　铁素体 …… 21
1.3.5　珠光体 …… 22
1.3.6　贝氏体 …… 23
1.3.7　磷共晶 …… 23
1.4　铸铁组织的近代物理检测技术 …… 25
1.4.1　电子显微镜 …… 25
1.4.2　X射线衍射技术鉴定物相和探查晶体取向 …… 26
1.4.3　微区分析 …… 27
1.4.4　图像分析仪对材料组织进行定量分析 …… 28
参考文献 …… 29
2　液态铸铁结构 …… 30
2.1　液态金属结构 …… 30
2.2　合金的液态结构 …… 32
2.3　液态铸铁结构 …… 32

2.4　液态铸铁中的非匀质物质 …… 34
参考文献 …… 35

3　铸铁凝固 …… 36

3.1　石墨生成 …… 36
3.1.1　片状石墨生长 …… 36
3.1.2　球状石墨生长 …… 39
3.1.3　蠕虫状石墨生长 …… 41
3.2　初生相析出 …… 42
3.2.1　初生渗碳体析出 …… 42
3.2.2　初生奥氏体析出 …… 43
3.3　共晶转变 …… 47
3.3.1　共生区 …… 47
3.3.2　共晶组织基本类型 …… 49
3.3.3　铁碳合金共晶的非平衡凝固 …… 49
3.3.4　共晶团的形成 …… 50
3.3.5　片状石墨共晶团的生长速度 …… 52
3.3.6　共晶石墨的生长 …… 53
3.3.7　片状石墨共晶生长界面形貌 …… 55
3.3.8　球墨铸铁共晶凝固 …… 57
3.3.9　渗碳体共晶转变 …… 60
3.4　反白口现象 …… 62
3.5　铸铁凝固过程热分析 …… 63
3.5.1　铸铁冷却曲线 …… 63
3.5.2　微分热分析曲线 …… 64
3.5.3　根据冷却曲线判断铸铁组织 …… 65
3.5.4　热分析技术的其他应用 …… 66
3.6　铸铁显微组织的计算机模拟 …… 67
参考文献 …… 69

4　固态相变 …… 70

4.1　先共析相析出 …… 70
4.2　共析转变 …… 71
4.2.1　片状珠光体的层间距 …… 73
4.2.2　珠光体转变动力学 …… 73
4.3　铸铁热处理 …… 74
4.3.1　铸铁热处理特点 …… 75
4.3.2　铸铁在加热过程中的组织转变 …… 76
4.3.3　铸铁在冷却过程中的组织转变 …… 76

4.4 灰铸铁件热处理实践……79
4.4.1 消减内应力处理……79
4.4.2 石墨化退火……80
4.4.3 正火……80
4.4.4 淬火与回火……81
参考文献……82
5 孕育处理……83
5.1 孕育处理概说……83
5.2 铸铁孕育理论探讨……84
5.2.1 孕育剂改变铁水中碳活度促进石墨化……84
5.2.2 成为石墨形核基质的基本条件……85
5.3 石墨形核基质……87
5.3.1 硫化物作为石墨形核基质……87
5.3.2 碳化物作为石墨形核基质……89
5.3.3 二氧化硅作为石墨形核基质……91
5.3.4 石墨微粒作为石墨形核基质……92
5.4 孕育衰退现象……93
5.5 孕育剂……94
5.5.1 石墨化孕育剂……95
5.5.2 稳定化孕育剂……98
5.6 孕育剂的选用……99
5.7 合理孕育……99
5.7.1 铁水化学成分的影响……100
5.7.2 熔炼方法和炉料的影响……100
5.7.3 铁水温度的影响……101
5.7.4 孕育剂加入方法的影响……101
5.8 孕育效果评定……102
参考文献……103
6 熔炼……104
6.1 铸铁中的氧……104
6.1.1 氧对铸铁石墨化的影响……104
6.1.2 氧在铁水中的行为……105
6.2 铁水中的氮和氢……107
6.2.1 氮在铁水中的行为……108
6.2.2 铁水中的氢……110
6.3 冲天炉熔炼……111
6.3.1 合理送风……112

6.3.2　燃料 …… 112
6.3.3　炉渣 …… 113
6.3.4　熔炼过程中铁水成分变化 …… 114
6.4　感应炉熔炼 …… 117
6.4.1　坩埚式感应电炉结构 …… 117
6.4.2　感应炉炉衬耐火材料 …… 118
6.4.3　炉衬捣固和烧结 …… 119
6.4.4　感应炉熔炼作业中的一些问题 …… 120
参考文献 …… 123

7　铸铁中的合金元素 …… 124

7.1　合金元素对凝固过程的影响 …… 125
7.2　合金元素对固态相变的影响 …… 127
7.3　碳化物形成元素的影响 …… 128
7.3.1　铬 …… 128
7.3.2　钒 …… 130
7.3.3　钼 …… 131
7.3.4　钛 …… 133
7.3.5　锰 …… 134
7.3.6　铌 …… 135
7.4　促进石墨化元素的影响 …… 136
7.4.1　镍 …… 136
7.4.2　铜 …… 138
7.4.3　硅 …… 139
7.5　微量元素的作用 …… 139
7.5.1　氮 …… 139
7.5.2　锡 …… 140
7.5.3　锑 …… 141
7.5.4　碲 …… 142
7.5.5　铋 …… 143
参考文献 …… 143

8　灰铸铁 …… 144

8.1　灰铸铁中的常存元素 …… 144
8.1.1　碳 …… 144
8.1.2　硅 …… 145
8.1.3　碳当量 …… 145
8.1.4　共晶度 …… 146
8.1.5　锰 …… 146

8.1.6 硫 …… 147
8.1.7 磷 …… 147
8.2 灰铸铁牌号及建议化学成分 …… 148
8.3 灰铸铁力学性能 …… 149
8.3.1 灰铸铁的断裂 …… 149
8.3.2 拉伸性能 …… 151
8.3.3 压缩性能 …… 153
8.3.4 弹性模量与滞弹性 …… 154
8.3.5 弯曲性能和扭转性能 …… 156
8.3.6 冲击性能 …… 157
8.3.7 疲劳性能 …… 158
8.3.8 断裂韧性 …… 158
8.3.9 硬度 …… 159
8.3.10 低温力学性能 …… 160
8.3.11 灰铸铁强度的提高 …… 161
8.4 铸铁的物理性质 …… 162
8.4.1 密度 …… 162
8.4.2 线胀系数 …… 162
8.4.3 质量热容 …… 163
8.4.4 熔化潜热 …… 163
8.4.5 热导率 …… 163
8.4.6 电导率 …… 164
8.4.7 磁性能 …… 164
8.5 铸铁的工艺性能 …… 165
8.5.1 铸铁件凝固方式 …… 166
8.5.2 铸铁的收缩性质 …… 167
8.5.3 收缩产生的体积缺陷 …… 169
8.5.4 铸造应力 …… 171
8.5.5 铁水流动性与充型能力 …… 172
8.5.6 铸件断面敏感性 …… 176
8.5.7 焊接性能 …… 178
8.5.8 切削性能 …… 180
8.6 D型石墨铸铁 …… 181
参考文献 …… 183

9 球墨铸铁 …… 184

9.1 球墨铸铁显微组织 …… 184
9.1.1 基体 …… 184
9.1.2 石墨 …… 185

9.2 化学成分 …… 187
9.2.1 常存元素对组织的影响 …… 187
9.2.2 球墨铸铁件化学成分的选择 …… 189
9.3 球墨铸铁力学性能 …… 189
9.3.1 球墨铸铁拉伸断裂 …… 189
9.3.2 拉伸性能 …… 191
9.3.3 压缩强度 …… 193
9.3.4 弹性模量 …… 193
9.3.5 扭转、剪切、弯曲强度 …… 193
9.3.6 硬度 …… 193
9.3.7 冲击功 …… 194
9.3.8 疲劳强度 …… 196
9.3.9 断裂韧性 …… 198
9.3.10 低温力学性能 …… 198
9.4 球化处理 …… 199
9.4.1 球化元素与干扰元素 …… 199
9.4.2 常用的球化剂 …… 201
9.4.3 球化处理的几种方法 …… 205
9.4.4 球化处理后铁水温度和成分的变化 …… 211
9.4.5 球化衰退现象 …… 212
9.4.6 球化剂加入量 …… 213
9.5 孕育处理 …… 213
9.6 异态石墨 …… 214
9.6.1 不规则石墨 …… 214
9.6.2 爆裂状石墨 …… 215
9.6.3 碎块石墨 …… 215
9.6.4 片状石墨和刺状石墨 …… 216
9.7 球墨铸铁件铸造 …… 217
9.7.1 球墨铸铁凝固特征 …… 217
9.7.2 球墨铸铁件缩孔的形成 …… 218
9.7.3 铸件补缩 …… 220
9.7.4 球墨铸铁铁水流动性与浇注系统 …… 221
9.7.5 球墨铸铁件特有的铸造缺陷 …… 221
9.8 热处理 …… 226
9.8.1 部分奥氏体化正火 …… 226
9.8.2 淬火 …… 226
9.8.3 等温淬火 …… 226
9.8.4 奥贝球铁 …… 227
9.8.5 高强韧球墨铸铁的氢损伤 …… 231

参考文献…………………………………………………………………………… 233

10　蠕墨铸铁…………………………………………………………………………… 234

10.1　蠕虫状石墨的形态特征…………………………………………………………… 234
10.2　蠕墨铸铁显微组织………………………………………………………………… 234
10.3　蠕虫状石墨的产生………………………………………………………………… 235
10.4　蠕化剂……………………………………………………………………………… 235
10.5　蠕化处理…………………………………………………………………………… 236
10.6　铸件化学成分选择………………………………………………………………… 237
10.7　蠕墨铸铁热处理…………………………………………………………………… 237
10.8　蠕墨铸铁性能特点………………………………………………………………… 238
10.9　蠕墨铸铁的应用…………………………………………………………………… 239
参考文献…………………………………………………………………………… 240

11　白口铸铁…………………………………………………………………………… 241

11.1　白口铸铁组织的形成……………………………………………………………… 241
11.2　非合金白口铸铁化学成分………………………………………………………… 242
11.3　非合金白口铸铁变质处理………………………………………………………… 243
11.4　非合金白口铸铁热处理…………………………………………………………… 244
11.5　合金白口铸铁……………………………………………………………………… 244
11.6　合金白口铸铁中的碳化物………………………………………………………… 245
11.7　锰、钨、硼白口铸铁……………………………………………………………… 246
11.8　铬白口铸铁………………………………………………………………………… 247
11.9　高铬铸铁…………………………………………………………………………… 248
11.9.1　高铬铸铁的碳化物共晶………………………………………………………… 248
11.9.2　高铬铸铁基体…………………………………………………………………… 250
11.9.3　高铬铸铁中的合金元素………………………………………………………… 251
11.9.4　高铬铸铁热处理基础…………………………………………………………… 255
11.9.5　热处理实践……………………………………………………………………… 258
11.9.6　高铬铸铁件基本铸造性能……………………………………………………… 262
11.9.7　铸造……………………………………………………………………………… 263
11.9.8　高铬铸铁件成分选择…………………………………………………………… 266
11.9.9　显微组织对高铬铸铁工作性能的影响………………………………………… 269
11.9.10　高铬铸铁碳化物鉴别 ………………………………………………………… 270
11.10　镍铬白口铸铁 ……………………………………………………………………… 271
11.10.1　镍铬白口铸铁组织和成分 …………………………………………………… 272
11.10.2　Km TB Ni4Cr2 铸铁 ………………………………………………………… 273
11.10.3　KmTB Cr 9Ni5 铸铁 ………………………………………………………… 275
11.10.4　镍铬合金白口铸铁的应用 …………………………………………………… 278

参考文献…………………………………………………………………………………………278

12 可锻铸铁…………………………………………………………………………………279

12.1 黑心可锻铸铁组织的形成……………………………………………………………279
12.1.1 渗碳体分解…………………………………………………………………………279
12.1.2 团絮状石墨在固相中形核…………………………………………………………280
12.1.3 石墨的生长…………………………………………………………………………281
12.1.4 基体组织……………………………………………………………………………282
12.2 可锻铸铁铸坯……………………………………………………………………………282
12.2.1 可锻铸铁化学成分…………………………………………………………………282
12.2.2 可锻铸铁铸坯变质处理……………………………………………………………284
12.3 可锻铸铁的组织与力学性能…………………………………………………………284
12.4 石墨化退火………………………………………………………………………………286
12.5 珠光体可锻铸铁…………………………………………………………………………287
12.6 球墨可锻铸铁……………………………………………………………………………288
12.7 白心可锻铸铁……………………………………………………………………………289
参考文献…………………………………………………………………………………………290

13 耐蚀铸铁…………………………………………………………………………………291

13.1 金属腐蚀…………………………………………………………………………………291
13.2 金属耐蚀性………………………………………………………………………………291
13.3 铸铁的腐蚀………………………………………………………………………………292
13.4 耐蚀铸铁…………………………………………………………………………………294
13.5 低合金耐蚀铸铁…………………………………………………………………………294
13.5.1 铜……………………………………………………………………………………294
13.5.2 镍……………………………………………………………………………………295
13.5.3 铬……………………………………………………………………………………295
13.5.4 铝……………………………………………………………………………………295
13.6 高合金耐蚀铸铁…………………………………………………………………………295
13.7 高硅耐蚀铸铁……………………………………………………………………………295
13.7.1 高硅耐蚀铸铁的化学成分…………………………………………………………297
13.7.2 高硅耐蚀铸铁耐蚀性能……………………………………………………………298
13.7.3 高硅耐蚀铸铁件的铸造……………………………………………………………301
13.8 高镍奥氏体耐蚀铸铁……………………………………………………………………303
13.8.1 化学成分、组织和力学性能………………………………………………………303
13.8.2 高镍奥氏体铸铁的抗蚀能力………………………………………………………304
13.8.3 高镍奥氏体铸铁件生产工艺………………………………………………………306
13.9 高铬耐蚀铸铁……………………………………………………………………………307
13.9.1 显微组织……………………………………………………………………………308

13.9.2　耐蚀性…… 308
13.9.3　工艺性…… 308
13.10　铝耐蚀铸铁 …… 309
参考文献…… 310

14　耐热铸铁…… 311

14.1　铸铁在高温下的性状变化…… 312
14.1.1　铸铁氧化…… 312
14.1.2　铸铁热生长…… 313
14.1.3　铸铁高温静载强度…… 313
14.1.4　蠕变…… 314
14.1.5　热疲劳…… 315
14.2　硅系耐热铸铁…… 317
14.2.1　成分、组织与常温力学性能…… 317
14.2.2　耐热性能…… 318
14.2.3　高温力学性能…… 318
14.2.4　应用…… 319
14.3　铝系耐热铸铁…… 319
14.3.1　化学成分、组织、常温力学性能…… 319
14.3.2　抗氧化性与高温强度…… 320
14.3.3　高铝铸铁应用…… 321
14.4　铬系耐热铸铁…… 322
14.5　高镍奥氏体耐热铸铁…… 323
14.5.1　成分和性能…… 323
14.5.2　高镍奥氏体铸铁的生产与应用…… 325
参考文献…… 326

15　冷硬铸铁…… 327

15.1　化学成分对冷硬层组织和性能的影响…… 328
15.1.1　常存元素的影响…… 328
15.1.2　合金元素的影响…… 330
15.2　冷硬铸铁应用实例——冷硬铸铁轧辊…… 332
参考文献…… 335

1 铸 铁 组 织

铸铁属于铁基高碳多元合金，其常存元素，除铁以外，一般 $w(C)=2\% \sim 4\%$[1]，$w(Si)=1\% \sim 3\%$，并含锰、磷、硫。碳在铸铁中通常以三种状态存在：形成石墨晶体单独存在；与铁形成二元或多元化合物以化合状态存在；溶入 α-Fe 或 γ-Fe 中以固溶状态存在。

由于化学成分和结晶条件不同，铸铁液-固相变有二重性，凝固后产生不同的高碳相，即渗碳体或石墨。渗碳体组织在高温下不稳定，发生分解，分解出来的碳，一部分转变为石墨晶体，因而渗碳体属于可分解的亚稳定相，石墨晶体则称为稳定相。不同的高碳相赋予铸铁以截然不同的性能。高碳相以渗碳体为主的铸铁断面呈银白色，硬而脆，称为白口铸铁。高碳相为石墨的铸铁断面呈灰黑色，硬度低，称为灰口铸铁。铸铁组织中高碳相类型、形态、数量、分布状态都影响铸铁性能。

铸铁组织的形成经历两个阶段。第一阶段为凝固过程，形成凝固组织；第二阶段为固态相变过程，凝固组织经过降温和组织转变形成室温组织。

了解铸铁组织及其形成过程和转变规律通常需要借助铁碳合金相图。相图上的相区、相变临界点数据来自实验或热力学计算，这些数据符合热力学平衡条件。也就是说，合金温度发生变化时，其组分原子有充分时间迁移而达到该温度下的平衡浓度。平衡状态虽然难以在实际铸件的相变过程中出现，但要认识合金组织形成过程和组织转变规律，首先需依靠合金相图。

碳和硅都是铸铁中主要常存元素。硅的存在使铁碳相图发生明显变化，有助于提高铁碳合金按稳定系转变倾向。因此，硅是影响铸铁组织的重要元素。为了进一步掌握铸铁组织的变化规律，人们构建了铁碳硅三元相图。三元相图比铁碳二元相图更加接近工业铸铁组织随成分和温度而变化的实际情况。

本章讨论铸铁组织及其形成规律。首先从铁碳二元相图和铁碳硅三元相图开始。

1.1 铁碳合金相图和铁碳硅合金相图

1.1.1 铁碳合金相图

铁碳二元合金相图显示含碳量不同的二元合金在平衡条件下各组成相存在的温度、成分范围以及合金液-固相变和固态相变的临界数据。它是研究铁碳系合金的基础资料。

人们熟知的 Fe-C 合金相图如图 1-1a 所示。图中标明的相有液相(L)、奥氏体(γ)、铁素体(α 及 δ)、高碳相(渗碳体 Fe_3C 或石墨 G)。各相区表明组成相单独存在或多相共存的成分、温度范围。

---

[1] 本书凡未经标注的百分含量均为质量分数。

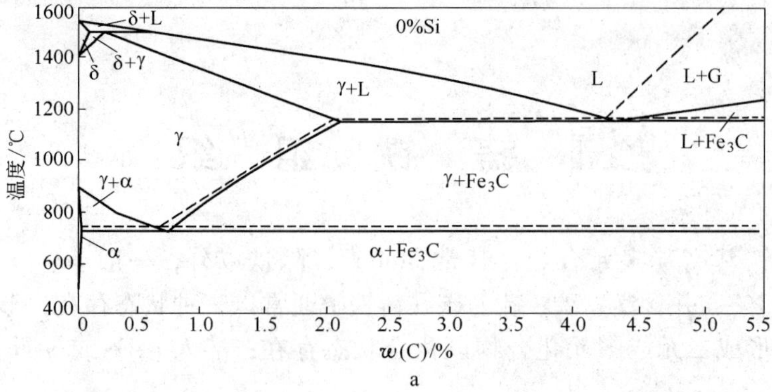

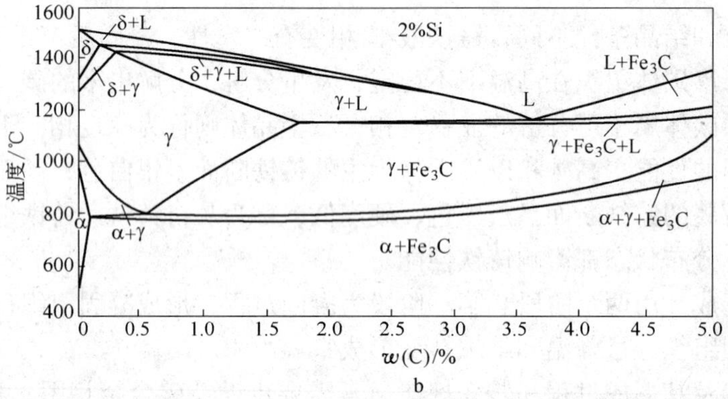

图 1-1 铁碳合金相图(a)及铁碳硅合金亚稳定相图 w(Si) = 2% 的截面(b)

铁是多晶型金属。纯铁的晶体结构在不同温度范围内是不同的。912℃以下为体心立方结构(α-Fe)，912～1394℃为面心立方结构(γ-Fe)，1394℃以上至熔点以下为体心立方结构(δ-Fe)。在 Fe-C 二元合金中，碳原子可溶入铁中，形成间隙固溶体。在铁碳系中，碳溶入 α-Fe 和 δ-Fe 分别形成 α-铁素体和 δ-铁素体，溶入 γ-Fe 形成奥氏体。

相图具有二重性是 Fe-C 相图的显著特点。在不同的相变条件下，可以出现含有稳定高碳相石墨的稳定系相图，即 Fe-C 相图；也可能出现含有亚稳高碳相渗碳体的亚稳系相图，即 $Fe-Fe_3C$ 相图。图 1-1a 为两个相图放在同一坐标上的双重相图。双重相图明显地表明共晶和共析转变温度的差异、共晶和共析组织的成分变化以及相关相区范围的变化。实线为亚稳系转变相图，虚线则表示稳定系转变相图。按稳定系转变的共晶转变温度和共析转变温度均高于按亚稳系转变的相应转变温度。而共晶组织和共析组织的碳含量则前者均低于后者。

在平衡转变条件下，产生石墨晶体的必要条件首先是碳原子有足够的活动能力，能够在液相中顺利地向结晶核心聚集；其次是石墨核心周围的晶体生长区中，铁原子能充分自扩散，为石墨晶体生长提供空间。但当合金冷却速度较高时，铁原子来不及充分撤离，碳原子移动也受到限制，因此石墨不能形成(或只能部分形成)。在这种情况下，碳原子将与铁化合成为渗碳体。因为形成渗碳体只需铁、碳原子在较短距离内迁移，基本上是进行即位化学反应。

以上所述为简单的铁碳二元合金的情况。但有第三元素硅存在时，形成高碳相的过程相对复杂一些。因为第三元素以及更多的其他元素直接影响碳原子在铁液(或固态铁)中的迁移能力，即涉及碳在液态或固态铁中的活度变化。铸铁是多组元合金，热力学因素和动力学因素共同影响高碳相的生成。后面将讨论这个受到多种因素影响的过程。

铁碳二元合金相图和下面即将讨论的铁碳硅三元合金相图虽然是根据不含其他杂质的纯合金而建立的，但是利用这类相图分析工业非合金铸铁的相平衡还是有实际意义的。在杂质含量不高的情况下，两者的一些平衡转变温度仅差几摄氏度，碳含量也相差无几。

1.1.2　铁碳硅三元合金相图

灰铸铁 $w(\mathrm{Si})$ 范围通常为1% ~3%。因此，硅含量在此范围内的铁碳硅三元相图对显示铸铁的相区和相变温度有实际意义。通常以三元相图的等硅截面表示某一硅含量的三元合金各组成相相区的平衡成分、相变平衡温度以及相变临界点。图1-1b 显示了 Fe-C-Si 亚稳系平衡相图 $w(\mathrm{Si}) = 2\%$ 的垂直截面。与 Fe-C 二元相图相比较，Fe-C-Si 三元相图有以下一些变化：

相图中出现了三相共存区。亚稳系相图中的三相区为：$\delta + \gamma + \mathrm{L}$、$\gamma + \mathrm{Fe_3C} + \mathrm{L}$、$\alpha + \gamma + \mathrm{Fe_3C}$。如按稳定系转变，三相区则为 $\delta + \gamma + \mathrm{L}$、$\gamma + \mathrm{G} + \mathrm{L}$、$\alpha + \gamma + \mathrm{G}$。因此，共晶转变和共析转变都不再固定于某一温度，而是发生在一个温度范围内。随硅含量变化，此温度范围也发生变化。

根据相律，系统压力不变时，系统自由度数(即平衡系统中，在一定范围内独立可变因素数)等于系统中组元数(C)和平衡相数(P)之差再加1，即 $f = C - P + 1$。在三组元合金中，只有三个相能在一个温度范围内保持平衡相数不变。因此，在 Fe-C-Si 系中，液相 + 奥氏体 + 石墨(或渗碳体)，或铁素体 + 奥氏体 + 渗碳体都可以在一定温度范围内共存。

随着硅含量提高，共晶碳含量减少，奥氏体液相线向左移。这是因为硅原子占据了奥氏体晶格中的一些位置，导致碳在奥氏体中的溶解度下降。例如，Fe-C 合金中含硅2%或4%时，碳的最大溶解度分别下降到1.7%或1.4%。γ 单相区的相界向左移，同时 α 单相区和 $\alpha + \gamma$ 两相区也随之变化。此外，共析点碳含量相应减少到0.6%和0.4%，共析转变温度随硅含量增加而提高，转变温度范围相应扩大。铁碳合金加入硅后，稳定系共晶转变临界温度提高，亚稳定系共晶转变临界温度下降。

1.1.3　铸铁实际相变温度和成分

在一般生产条件下，铸铁实际相变临界点、相区范围与前述相图有一些差别。这是因为工业铸铁中，除铁、碳、硅外，还存在其他元素；并且由于熔炼过程中铁水被氧化和污染，以及合金实际冷速高于平衡冷速等原因引起。人们直接引用平衡相图数据分析和预测工业铸铁实际相变数据会发生一些误差。例如，共晶成分甚至过共晶成分工业铸铁中都有初生奥氏体存在。共晶转变一般是在已存在初生奥氏体的熔液中进行，共晶转变温度也与熔液冷却速度有密切关系。因为共晶转变时，参与共晶反应各相中的原子要发生或远或近的迁移并进行点阵重组，需要有一定的热力学驱动力才能使转变完成。如冷速较高时，原子迁移及点阵重组来不及完成，将会导致共晶不能按平衡转变的温度形成。对于铸铁组织的形成来说，最明显的是奥氏体和熔液出现过冷，过冷现象实质上意味着相变所需能量的积累，也就是相变驱动力的积累，当温度降低到一定程度时，共晶转变才开始进行，直到完成。

冷速高则熔液过冷度大，共晶转变温度下降。转变产物可能由石墨共晶转变为渗碳体共晶。许多合金元素也影响共晶转变温度和相组成、初生奥氏体开始析出温度和初生奥氏体生长温度范围。这些因素对凝固组织形态都有显著影响。下面对实验室和生产现场取样测定的一些灰铸铁凝固数据加以比较。数据包括初生奥氏体开始析出温度、过共晶灰铸铁初生石墨开始析出温度、过共晶白口铸铁初生渗碳体开始析出温度、灰铸铁和白口铸铁共晶转变温度和共晶碳含量、灰铸铁奥氏体固相线温度。生产现场取样测定的温度数据都来自不同凝固环境下铸铁冷却曲线的特征点。这与 Fe-C-Si（或 $Fe\text{-}Fe_3C\text{-}Si$）平衡相图上的相应数据是有一些差别的。但是这些数据更能反映生产实践的情况。

1.1.3.1　*初生奥氏体开始析出温度*

初生奥氏体开始析出温度和它的生长温度间隔是影响铸铁组织的重要因素。工业铸铁的初生奥氏体开始析出温度一般是偏离铁碳硅合金相应平衡温度的。产生这种现象的原因，除了动力学因素外，还与在空气中熔化、过热使铁水受到氧化有关。图 1-2 显示了几种熔炼条件下碳当量不同的铁水中初生奥氏体开始析出的温度[1]。

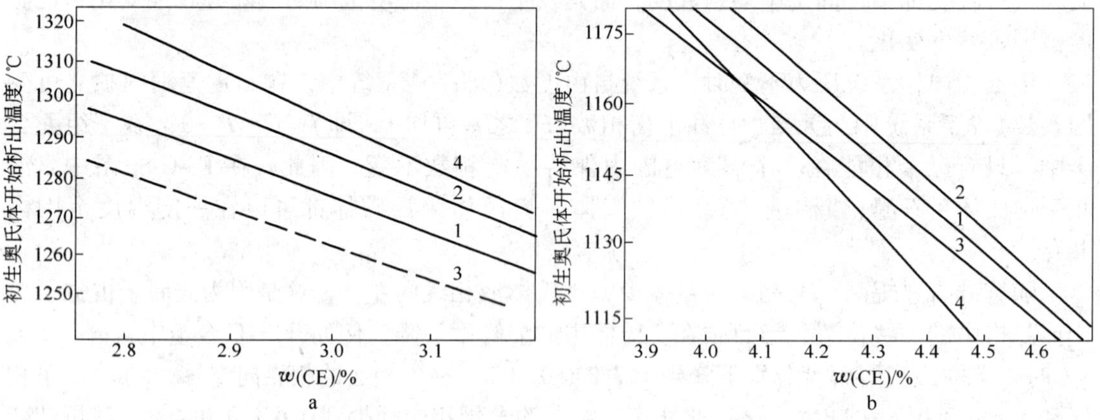

图 1-2　几种熔炼条件下碳当量不同的铁水初生奥氏体析出温度

a—$w(CE)=w(C)+0.25w(Si)+0.5w(P)=2.8\%\sim3.2\%$；

b—$w(CE)=w(C)+0.25w(Si)+0.5w(P)=3.9\%\sim4.6\%$

图 1-2 中曲线 1 的温度数据取自氩气保护下熔化并过热到 1450℃ 铁水的冷却曲线。炉料为高纯生铁、钢、硅铁和增碳剂。初生奥氏体开始析出温度（T_γ）与碳硅含量符合以下关系：

$$T_\gamma(℃) = 1569 - 97.3W(C) + 0.25W(Si) \tag{1-1}$$

式中，$W(C)$ 和 $W(Si)$ 分别为 C 和 Si 的质量分数去掉百分号的数值。

在密闭熔炉中熔化相同炉料，但通入 CO_2 使铁水强制氧化，则初生奥氏体开始析出的温度提高，如图 1-2 中曲线 2 所示。

为了进一步比较铁水氧化的影响，在上述强制氧化后的铁水中加入 $w(Al)>0.01\%$、$w(Mg)>0.04\%$ 或 $w(Ce)>0.015\%$ 脱氧，继续在氩气保护下熔化并过热到 1450℃ 后，测得图 1-2 中的曲线 3 数据。可以看出，强制脱氧后，初生奥氏体开始析出温度显著降低。

对 $w(CE)=3.9\%\sim4.6\%$ 近共晶铸铁和球墨铸铁原铁水以及 $w(CE)=2.75\%\sim3.1\%$ 的可锻铸铁进行了生产现场取样测定，其结果如下：

$$T_{\gamma}(℃) = 1669 - 124[W(C) + 0.25W(Si) + 0.5W(P)] \tag{1-2}$$

此式绘成图 1-2 曲线 4。比较图 1-2 曲线 3 和曲线 4 可以看出：$w(CE)$较低情况下，取自现场铁水的温度数据高于实验室试样的数据；$w(CE)$较高时出现相反情况(图 1-2b)。

对于共晶和亚共晶灰铸铁，铁水过热温度高(超过 1450℃)、铁水在高温下保持时间长、炉料中含有带锈废钢、冲天炉送风氧化性较强，都会提高初生奥氏体开始析出温度。其他熔化条件，例如熔炉类型、熔炼方式、炉前处理过程、废钢加入量，也会对初生奥氏体开始析出温度产生影响。

1.1.3.2 过共晶灰铸铁初生石墨开始析出温度

这个温度是过共晶成分铁水按稳定系转变的液相线温度。对于灰铸铁，此温度与铁水的碳、硅含量有以下关系：

$$T_{g}(℃) = 389.1[W(C) + 0.33W(Si)] - 503.2 \tag{1-3}$$

此式表明，过共晶灰铸铁的液相线在相图中是比较陡峭的。高碳当量铁水的初生石墨开始析出温度较高。例如，根据上式，$w(CE)=4.6\%$ 的灰铸铁，初生石墨开始析出温度约为 1287℃。由此温度下降约 130℃才能达到共晶转变温度。这是一个很宽的晶体生长温度范围，在此温度范围内，石墨得以生长成为粗大晶体。

1.1.3.3 过共晶白口铸铁初生渗碳体开始析出温度

这个温度是过共晶成分铁水按亚稳定系转变的液相线温度。对于白口铸铁，根据热力学计算，有以下关系式[2]：

$$w(C_{max}) = 4.34 + 0.1874(t - 1150) - 200\ln(t/1150) \tag{1-4}$$

式中，$w(C_{max})$为 t 温度下碳在铁水中的最大溶解量。此式实际上表明了过共晶白口铸铁渗碳体开始析出温度与碳含量的关系。与式(1-3)相比较，碳含量相同情况下，初生渗碳体开始析出温度低于初生石墨开始析出温度。

1.1.3.4 灰铸铁和白口铸铁共晶转变温度和共晶碳含量

根据实际测定，得到以下数据，对于灰铸铁：

$$\text{共晶转变开始温度}(℃) = 1155 + 6.5W(Si) \tag{1-5}$$

$$\text{共晶 } w(C) = 4.26\% - 0.316w(Si) \tag{1-6}$$

对于白口铸铁：

$$\text{共晶转变开始温度}(℃) = 1150.4 - 20.2W(Si) \tag{1-7}$$

$$\text{共晶 } w(C) = [(100 - W(Si))/100] \times 4.26\% \tag{1-8}$$

以上各式表明：硅提高灰铸铁共晶转变开始温度，降低白口铸铁共晶转变开始温度。两个共晶转变开始温度之差 $=4.6+26.7W(Si)$。可见，硅使共晶转变开始温度差别增大的作用十分显著。不含硅的铁碳二元合金，此温度仅为 4.6℃；而 $w(Si)$为 2% 时，此温度达到 58℃。以上各式只考虑了硅的影响，在实际铸造过程中，动力学因素的影响也是很显著的。

1.1.3.5 灰铸铁中奥氏体固相线温度

此温度($T_{\gamma s}$)由以下关系式表示：

$$T_{\gamma s}(℃) = 1528.4 - 177.9[W(C) + 0.18W(Si)] \quad (1\text{-}9)$$

式中，方括号内数据为碳、硅含量对于奥氏体固相线的影响，可见硅对于固相线的影响小于对奥氏体液相线的影响。

1.2 合金热力学基础简要回顾

铸铁属于具有多样性组织的复杂合金，其组织的形成既有一定的复杂性，也有可以掌握的规律性。探讨铸铁组织形成和演变的规律，总要涉及到相图、相变、结构、溶液等方面的知识，而这些知识都与合金热力学有关。根据热力学原理可以获得有关材料方面能够普遍应用的知识。因此，探讨和研究有关铸铁问题时，需要熟悉和运用热力学的一些原理和方法。这里简要回顾一些相关的合金热力学基本关系。

1.2.1 合金相变的能量条件

物质状态的变化总是伴随着物质能量的变化。合金体系内相变或化学反应都是能量变化的过程。热力学定义了用于判断相变和化学反应过程的状态函数——自由能。恒温恒压条件下，相变或化学反应的自由能变化用 ΔG 表示。此函数变化的物理意义在于：函数减少值体现体系所能做出的最大有用功。体系自由能减小($\Delta G<0$)的方向就是相变或反应自发进行的方向。当自由能变化达到最小值，即 $\Delta G=0$ 时，相变不再进行，反应达到平衡。当反应物质化学成分一定时，影响自由能变化的基本因素是温度。因此常可见到 $\Delta G_T^{\ominus} = A + BT$ 的关系式。$\Delta G_T^{\ominus}$ 代表温度为 T 时反应的标准自由能；T 值使 $\Delta G_T^{\ominus}$ 成为正值或负值，表示反应沿不同方向自发进行。

1.2.2 自由能-成分曲线

系统压力不变时，自由能除与温度有关外，还与组元浓度和组元原子间相互作用能量有关。某个相的自由能是温度和相内组元浓度的函数。分析相变过程需要借助不同温度下自由能和组元浓度的关系。根据热力学计算，可以绘成某一温度下自由能-成分曲线(简称 G-x 曲线)。相应于某一温度的固溶相 G-x 曲线大多数呈 U 形，如图 1-3 所示。曲线位置随温度而变。如果某一成分点(如 x_a)的成分线与曲线相交，交点即表示具有该成分的相的自由能数值。交点处的曲线斜率代表具有该成分的组元的化学位(偏摩尔自由能)。处于平衡状态多个相内的同一组元的化学位是相等的。因此，各平衡相的 G-x 曲线必定有公切线。相变产生的新相与母相间的自由能差是相变驱动力，此驱动力推动相变进行。新相析出使系统的自由能降低。自由能降低越多，转变越容易进行。本书讨论铸铁组织形成过程时，将多次引用 G-x 曲线说明相变过程。

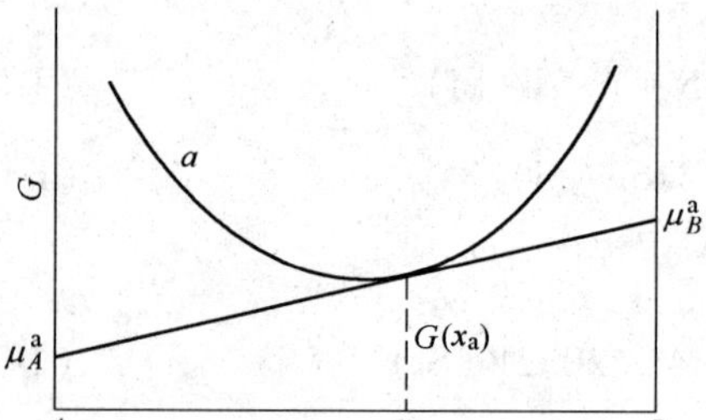

图 1-3 自由能-成分曲线

1.2.3 过冷

热力学表明，只有当 $\Delta G_T<0$ 时相变才能沿某一方向自发进行。因此，合金在冷却过程中发生的相变，实际相变温度必定低于平衡转变温度，这种现象称为“过冷”。两个温度的差别称为过冷量，过冷是相变过程的普遍现象。合金冷却速率对相变过冷量有直接影响。动力学因素产生的过冷常称为物理过冷或热过冷。对于合金凝固过程而言，热过冷量大小除与冷速有关外，还与结晶环境、结晶条件以及合金性质有关。铸铁的凝固组织对热过冷量是非常敏感的。当铁液过冷到 $Fe-Fe_3C$ 相图的共晶温度以下开始转变时，产生渗碳体-奥氏体共晶（白口铸铁组织）；过冷到低于 Fe-C（石墨）共晶温度和高于 $Fe-Fe_3C$ 相图共晶温度转变时，产生石墨-奥氏体共晶（灰口铸铁组织）。

除了热过冷以外，在合金凝固界面前沿还可能出现一种取决于合金结晶性质和溶质扩散性质的“成分过冷”现象。图 1-4 说明成分过冷产生的原因。左图为平衡分配系数 $K_0<1$（K_0 为平衡凝固过程中固相和液相中溶质浓度的比值）的合金凝固过程中，随温度下降，将有更多的溶质由固相排出而富集于凝固界面前沿的液相中。如果溶质不能充分扩散，将使界面附近的液相凝固温度因溶质浓度不同而呈曲线变化（图 1-4a）。但热传导使离开界面的液相温度是呈线性变化的（图 1-4b 中的 G_1 和 G_2），因此，处于界面前沿不同距离的液相中实际过冷量出现差异（图 1-4b），近界面处过冷量减小，最大过冷量出现在离开界面一定距离处。这样就出现了因溶质富集而使过冷量分布偏离热过冷量分布的现象，即产生了成分过冷。成分过冷可导致晶体的形核发生在离开凝固界面、局部过冷量最大的熔液中，孤立地析出固相（一般称之为内生长）。这种现象可导致凝固界面形貌以及凝固后的组织形态发生显著变化。

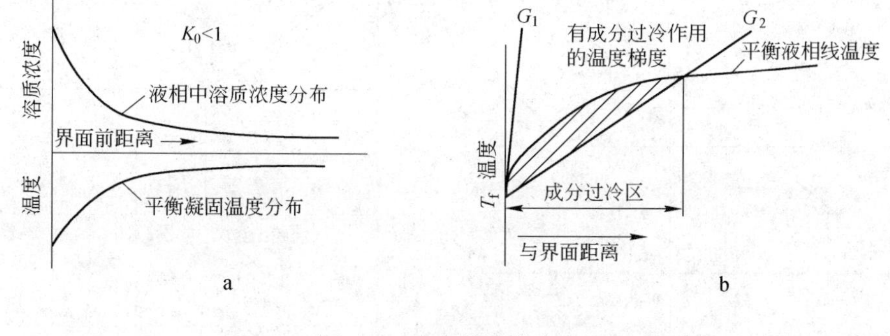

图 1-4 成分过冷的产生
a—液相凝固温度因溶质浓度不同而呈曲线变化；
b—界面前沿不同距离处的液相中实际过冷量出现差异

1.2.4 铸铁凝固组织形成过程中各相自由能变化

图 1-5 显示的是熔液温度高于液相线温度，任何成分的液相其自由能均小于可能析出的固相 γ 和 C 的自由能。在此温度下，γ 和 C 均不能析出。图 1-6 显示铁水过冷到低于液相线的温度 T_1。由 $G\text{-}x$ 曲线看，成分为 $w(C)$ 的液相自由能高于液相和奥氏

体两相平衡混合体自由能❶，差值为 ΔG_{T_1}，此差值即为析出奥氏体的热力学驱动力[3]。液相中碳平衡浓度随温度下降而提高，形成向外的碳化学位梯度。液相中碳原子将在热对流促使下向外扩散。温度进一步下降，奥氏体进一步生长。液相的碳浓度不断增加，直到共晶成分。

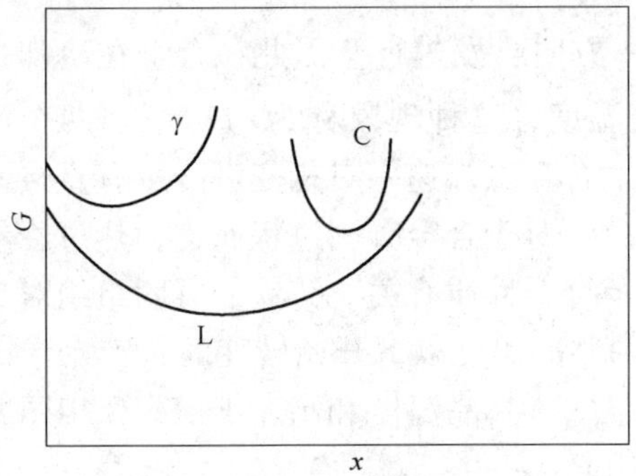

图 1-5 液相自由能低于固相 γ 和 C 的自由能

图 1-7 显示过共晶成分铁水降温到液相线以下的温度(T)时，其碳浓度 w(C)超过平衡浓度 $w(C_a)$，过冷铁水自由能比液相与石墨平衡的两相混合自由能高 ΔG_{T_1}，ΔG_{T_1} 就是析出石墨的热力学驱动力。如果液相中石墨形核条件合适，将有初生石墨析出。

共晶成分铁水过冷到低于平衡共晶转变温度时，碳和铁同时处于过饱和状态，液相自由能高于奥氏体-石墨平衡混合自由能。如果凝固条件促使合金按稳定系转变，液相将转变为奥氏体＋石墨。固相析出后，液相与石墨界面和液相与奥氏体界面碳浓度差别继续存在，液相中的化学位梯度使碳原子扩散，石墨界面附近的液相中碳原子饱和，石墨进一步生长。奥氏体与液相界面附近的液相中铁原子过饱和，奥氏体随之继续结晶，直到共晶转变完成。

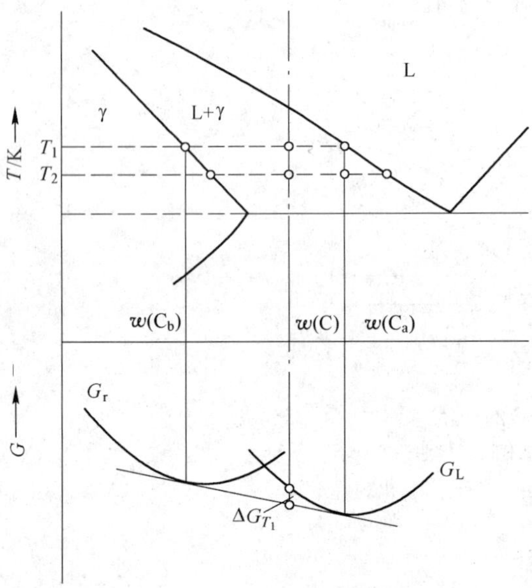

图 1-6 奥氏体析出的热力学驱动力

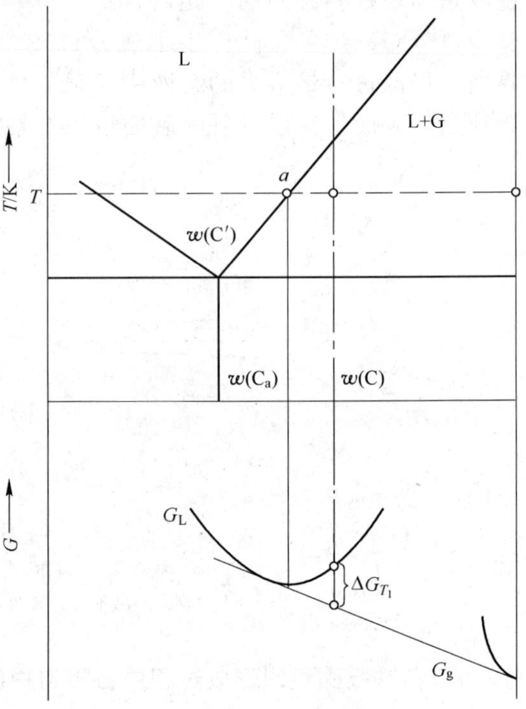

图 1-7 石墨析出的热力学驱动力

❶ G_L 和 G_γ 曲线的公切线上，液相和固相中组元(此处为碳)，化学位相等，而且自由能低于 G_L 和 G_γ，因此能代表两相平衡混合体自由能。

1.2.5　新相形核

晶核是晶体生长的起点。大部分晶核中存在着与晶体结构不完全相同的异质物。热力学计算表明，与匀质形核(高温液相中，由于存在能量起伏和成分起伏，可能出现一些呈聚集状态的原子集团，这些原子集团以准晶体排列方式达到有效晶核临界尺寸后，可能成为有效晶核)相比，在异质物上形成晶核(异质形核)只需较低的形核能量，容易形成有效晶核。

异质形核的基础物质(异质物)在本书中称为形核基质。形核基质的结构应易于接纳形成晶核的原子，能在高温液相中稳定存在。对于铸铁，形核基质常是铁水中的氧化物、硫化物、碳微粒等。能量变化伴随形核全过程。凝固时析出固相使体积自由能(G_V)减少，界面自由能($A\sigma_{sl}$)增加。前者促进相变，后者阻碍相变。形核总自由能变化可由下式表示(V和A分别为晶核体积和表面积)：

$$\Delta G = -V\Delta G_V + A\sigma_{sl} \tag{1-10}$$

假设晶核为圆球状，热力学分析表明，当其半径小于某一临界值(r^*)，界面能大于体积自由能，$\Delta G>0$，晶核是不稳定的；只当其半径超过r^*后才能成为稳定晶核。临界晶核尺寸计算值：

$$r^* = 2\sigma_{sl}T_s/(L\Delta T) \tag{1-11}$$

式中，T_s为金属熔点；L为熔化潜热。此式表明临界晶核尺寸与单位面积表面能σ_{sl}成正比，与结晶过冷度ΔT成反比。σ_{sl}减小或过冷度增加则临界晶核尺寸减小，从而使临界形核功减小，形核几率增加。

形核基质的晶体结构是影响σ值的主要因素。形核基质晶格应能与形核相晶格有一定匹配关系。可能相互匹配的晶格常数差异(错配度)应在一定范围之内。错配度δ按下式计算：

$$\delta = \frac{a_\alpha - a_\beta}{a_\beta} \times 100\% \tag{1-12}$$

式中，a_α和a_β分别为形核基质与形核相的相应晶格常数。用纯铁进行的试验表明：$\delta<6\%$，为共格界面，晶格匹配良好，易于形核；$\delta=6\%\sim12\%$，为半共格界面，形核几率较低；$\delta>12\%$，属于非共格晶面，难于形核。

由于形核时，形核基质发生膨胀，形核相发生收缩，导致界面上产生应变，即使是理想共格界面也难以使两种原子在界面上共同占据晶格常数相同的格点位置。半共格界面由一些匹配良好的共格界面区和一些界面位错造成的失配区构成。错配度取决于界面应变和界面位错的综合效应。这种界面的实例是六方晶体的(0001)晶面在立方晶体的(111)晶面上形核。

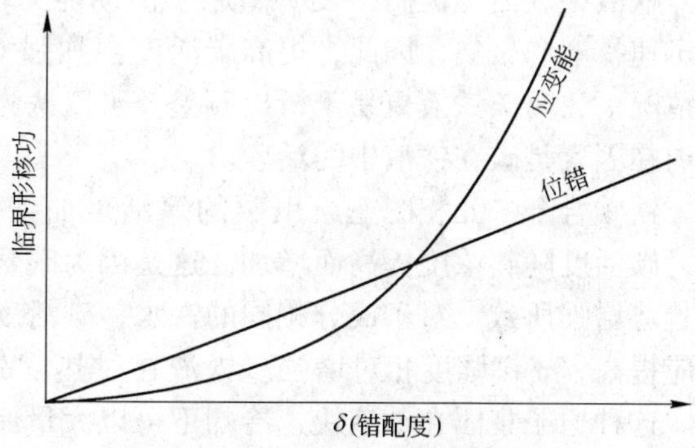

图1-8　应变能和位错造成的错配对临界形核功的影响

应变能和位错造成的错配对临界形核功的影响示意于图1-8[4]。错配度较小时，应变能造成临界形核功的增长量小于位错能，因此共格界面有利于形核。当错配度增加到一定程度后，应变能与位错能相比，前者使临界形核功增加得更多。因此，半共格界面更有利于形核。这个结论，在铸铁孕育的研究中已经得到证实。

液相与形核基质间的润湿性是影响形核界面能的主要因素。润湿是液相与固相接触后体系自由能降低所产生的现象。润湿越充分，形核界面能越低，越有利于异质形核。

铸铁生产中常将一些与石墨晶格错配度低，且容易被石墨润湿的物质(包括石墨自身)加入铁水，促进石墨形核。这些物质称为孕育剂。

1.2.6 溶液中组元活度

恒温恒压下理想稀溶液中溶剂蒸气压等于纯溶剂饱和蒸气压与溶剂摩尔分数的乘积(拉乌尔定律)；挥发性溶质在理想稀溶液中的溶解度与该溶质在液面上的平衡压力成正比(亨利定律)。这些规律同样适用于固溶体。

在环境和浓度相同条件下，实际溶液中各组元实测蒸气压值多数偏离理想溶液计算值。因此处理实际溶液问题时，需要引入消除这种偏差的系数才能按理想溶液的规律进行计算。通常以实际溶液中某组元蒸气压与理想溶液计算蒸气压的比值作为此系数，此系数与自身浓度乘积即为实际溶液中该组元有效浓度，此系数称为该组元活度系数。i 组元有效浓度以 a_{i} 表示，称为组元活度。它与组元活度系数(γ_{i})、摩尔分数(x_{i})、实际蒸气压(p_{i})、纯溶液饱和蒸气压(p_{i}^{0})有如下关系：

$$a_{\mathrm{i}} = \gamma_{\mathrm{i}} x_{\mathrm{i}} \tag{1-13}$$

$$p_{\mathrm{i}} = p_{\mathrm{i}}^{0} a_{\mathrm{i}} \tag{1-14}$$

溶液饱和蒸气压大小和溶质在液面上的平衡压力都与组元浓度有直接关系，并反映该组元脱离溶液、进入新相或参与化学反应的倾向高低。这样就利用溶液饱和蒸气压的这种可测性质引出冶金熔体的一项重要热力学参数——活度。

活度能够说明金属相间变化过程的方向、限度。表达实际溶液中组元间反应和活动能力，是经过校正而在反应中实际起作用的浓度。在热力学计算中，以活度代替浓度能更准确地反映组元和相的变化规律。

1.2.7 铁水中碳的活度

铁液中碳活度提高，表明碳原子活动能力增强。由于 C-C 原子集团的形成需要碳原子迅速扩散和聚集，因此，提高碳活度会加强 C-C 原子集团的形成倾向。在其他条件相同情况下，高碳铁液更易于析出石墨。可以认为，影响碳原子在液态铸铁中聚集形式的主要内在因素是碳在铁液中的活度。

铁碳合金二元相图上绘出碳的等活度曲线，见图 1-9[5]。由图可见，温度相同的铁水，碳活度随碳浓度提高而增加。这是因为碳量提高使容纳碳原子的空位减少，碳原子活动趋势增强所致。对于成分相同的铁水，碳活度随温度下降而提高。C-C 原子集团稳定性相应提高，π 键强度相对增强。铁液在过热度高的铁水中保持时，C-Fe 原子集团易于形成。这种原子集团在铁液快速冷却下可以大量保留到凝固温度，促使渗碳体析出。

以冶金热力学计算铁碳合金熔液反应时，碳活度通常以 $w(\mathrm{C}) = 1\%$ 溶液作为标准态，研究铸铁结晶相变过程则以纯石墨作为标准态，设定其活度为 1。石墨与过饱和铁液处于

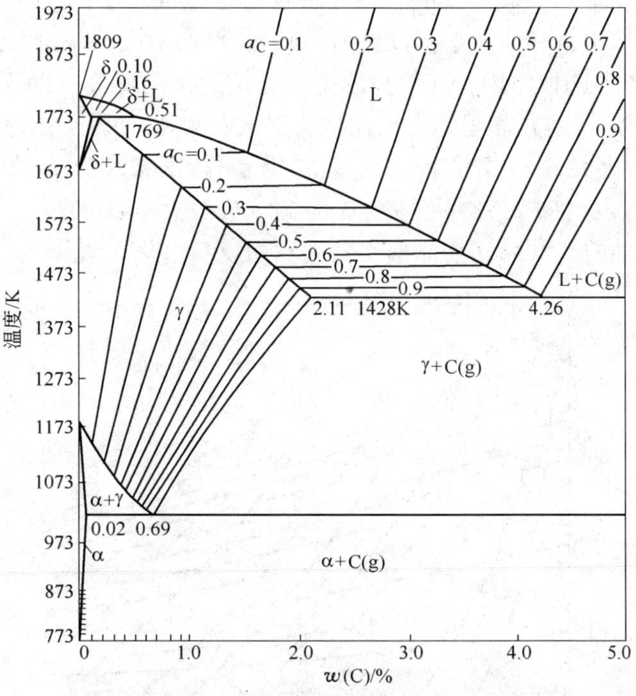

图 1-9 铁碳合金二元相图上碳的等活度曲线

平衡共存时，活度相等，均为 1。当碳超过其在铁水中的溶解度时，石墨即析出。因此在过共晶的 L + C(g) 区内，活度仍等于 1。

根据不同的浓度单位，碳活度可由 $a_C = f_C w(C)$ 得到，其中 f_C 为活度系数。铸铁是多组元合金，各组元之间的相互作用对组元的活度系数和活度产生影响。例如，考虑了常存元素的影响，碳活度系数可由下式求得：

$$\lg f_C = e_C^C w(C) + e_C^{Si} w(Si) + e_C^{Mn} w(Mn) + e_C^P w(P) + e_C^S w(S) \tag{1-15}$$

式(1-15)中，右边各项分别表示碳和其他常存元素对碳活度系数对数值的影响，相互作用系数 e 值可由有关手册查得。

下面以硅为例说明元素对铁碳硅合金中碳活度及相图的影响。Neumann 等人[6] 根据硅对碳的相互作用系数 $e_C^{Si} = 2$，并设定此值不受温度变化的影响，计算了碳、硅浓度和温度与合金中碳活度的关系，结果如下：

$$\lg a_C = \frac{1180}{T} - 0.87 + \left(\frac{2504}{T} + 3.48\right)x_C - \left(\frac{1270}{T} + 1.74\right)x_C^2 + \lg x_C + \left(\frac{1423}{T} + 4.76\right)x_{Si} - \left(\frac{153}{T} + 3.02\right)x_{Si}^2 - \left(\frac{1423}{T} + 4.76\right)x_C x_{Si} \tag{1-16}$$

式中，x 表示组元摩尔分数。将其换算为质量分数后，可绘成比较直观的线图。图 1-10 为 1400℃时，Fe-C-Si 三元系中碳和硅的等活度线。由图可见，铁液碳含量固定时，硅含量增加将使碳在铁液中的活度增大。也就是说，碳原子逸出能力随硅含量增加而增强。在相同温度下，含硅铁液中，较低碳含量相当于不含硅铁液中较高碳含量的作用。这将导致共晶转变在较低碳含量下进行。对于某一碳含量合金，硅使相图中碳等活度线移向温度较高位置，相当于发生共晶所需碳活度（$a_C = 1$）将出现在较高温度下（共析反应也有类似情况）。这就是 Fe-C 合金加入硅后共晶反应开始温度提高的热力学解释。

不仅硅有这种作用，其他能够提高铁液中碳活度的元素（该元素对碳的相互作用系数应为正值）也都能产生这种作用。在较高温度下开始的共晶反应有助于提高稳定系共晶转变倾向，产生奥氏体-石墨共晶组织，因而硅能促进石墨化。镍、铜等元素也有相似作用，这类元素称为石墨化元素。相反地，对碳的相互作用系数为负的元素，如锰（$e_C^{Mn}=-0.007$），钼（$e_C^{Mo}=-0.007$），铬（$e_C^{Cr}=-0.015$），钛（$e_C^{Ti}=-0.039$），都降低共晶转变温度，有助于提高亚稳定系共晶转变倾向，常被称为反石墨化元素。

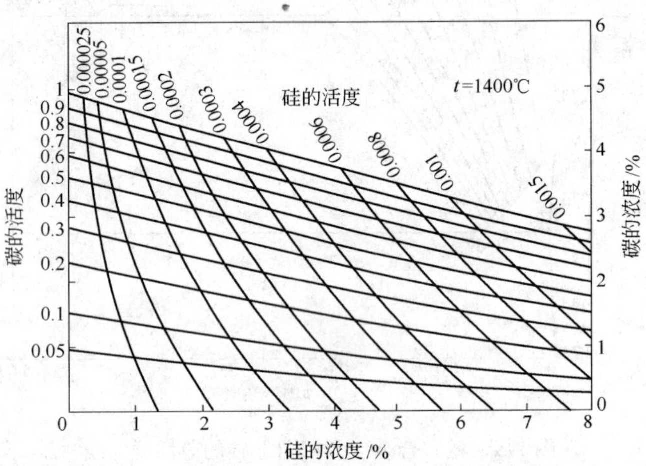

图 1-10 Fe-C-Si 三元合金中碳和硅的等活度线（1400℃）

1.3 基本组成相

1.3.1 石墨

石墨是灰铸铁特有的组成相。石墨晶体具有六方晶格结构（图 1-11），碳原子占据着六方棱柱体的各个角点。单元晶格包含六方晶面（基面）和棱柱面，基面是晶体中原子密集面，基面中的碳原子以结合力较强的共价键联结，原子结合能为 293～335kJ/mol。形成结合牢固的原子层。晶体学符号为（0001），其晶向［0001］通称为 *C* 向。棱柱面的原子间距较大，原子层之间以极性键结合，原子结合能为 70kJ/mol。棱柱面方位逐个相差 60°，

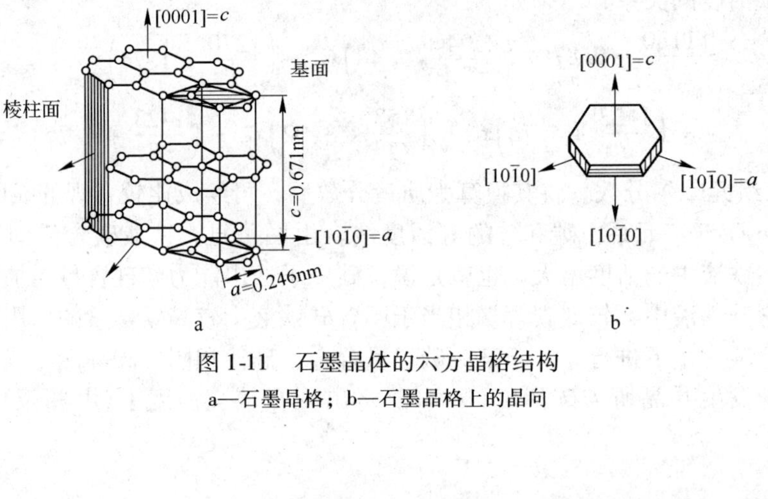

图 1-11 石墨晶体的六方晶格结构

a—石墨晶格；b—石墨晶格上的晶向

以$(10\bar{1}0)$为代表晶面。$[10\bar{1}0]$晶向通称为 a 向（见图 1-11b）。这种结构使石墨强度处于很低水平。

片状石墨单晶体都是由许多薄片晶层叠集而成。薄片晶之间存在着许多亚结构。探查晶体结构发现由于杂质原子陷入和结晶条件限制，普通铸铁的石墨晶体中，总是存在许多晶体缺陷。一些特定的晶体缺陷可为石墨生长提供生长台阶，不同的生长台阶使晶体按不同模式生长。

当前已经观察到的石墨形态有几十种，分属不同类型，并已探查到石墨形态与结构都与它们的生长模式有关。不同的生长模式在很大程度上决定了石墨形态和结构。通常是根据石墨的外部形貌对其进行分类，实际上也是对石墨生长模式的划分。

铸铁中的石墨通常认为有四个基本类型，即片状石墨、中间形态石墨、球状石墨和团絮状石墨。

片状石墨可由铁水中直接析出（初生石墨）或与奥氏体在共晶阶段协同生长而形成共晶石墨。一个共晶团内片状石墨都是由一个核心生长出来的。在生长过程中，晶体不断产生分枝和弯曲。分枝就是在生长着的晶体边缘上一些凸起部位由于不稳定生长或薄片晶体弯曲产生枝杈。也可能由于液相中奥氏体晶粒的阻挡或热流的影响使生长中的石墨片体发生弯曲。下面介绍光学显微镜和扫描电镜下观察到的六种基本类型（A、B、C、D、E、F）片状石墨的形貌。

A 型石墨（图 1-12）存在于石墨-奥氏体共晶团内，分布比较均匀。在生长过程中，由于不断分枝、弯曲、扭转，有些更需绕过奥氏体枝晶生长，因此没有规则的外形，生长方向和个体尺寸也是不规则的。图 1-12b 为经过深腐蚀试样中 A 型石墨的三维形貌。

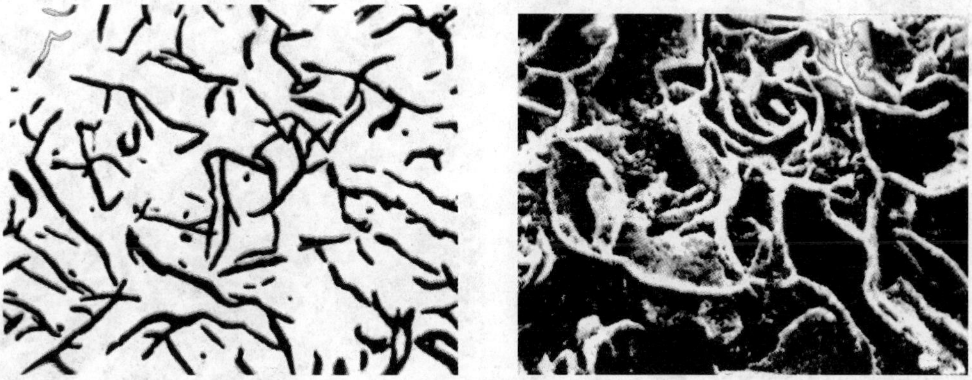

a　　　　b

图 1-12　A 型石墨

a—光镜下（100×）；b—电镜下（320×，SEM）

B 型石墨的形态特征是共晶团心部存在点状石墨，点状石墨外围则为 A 型石墨，类似花蕊与花瓣分布状态，因此常称之为菊花型石墨。B 型石墨如图 1-13 所示。

C 型石墨是由过共晶铁水中直接析出，常称为初生石墨。液相中碳的来源充足，而且石墨的形成基本不受其他固相阻碍，结晶条件较好，晶体能充分发育，形成枝晶形态的分枝。因此，石墨片体一般比较粗大，其单个尺寸大于共晶石墨（参见图 3-5）。在 C 型石墨表面能直接观察到石墨生长的晶体学特征：六方生长台阶。特别是萃取的较小初生石墨上，这种特征更明显。

D型石墨是在充分发育的初生奥氏体枝晶间过冷度较高的熔液中进行共晶转变而形成的点状或细片状过冷石墨(图1-14)。外形普遍呈现弯曲、扭转、频繁分枝，分散分布，没有明显的方向性。

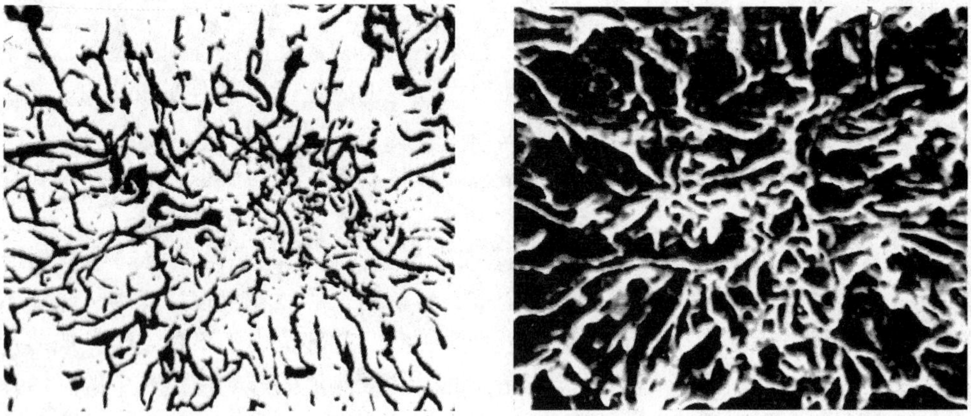

a　　b

图1-13　B型石墨

a—光镜下(100×)；b—电镜下(320×，SEM)

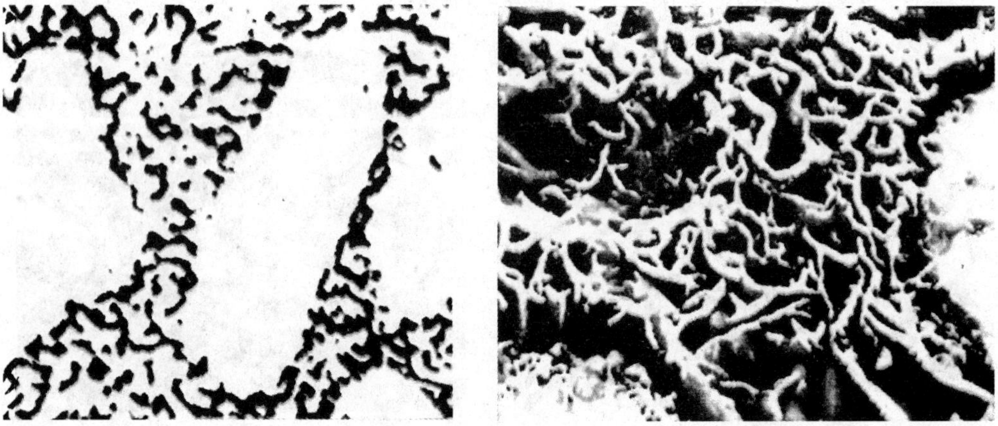

a　　b

图1-14　D型石墨

a—光镜下(100×)；b—电镜下(SEM)

图1-15所示为E型石墨。其形貌近似A型石墨。但因生长的范围受到奥氏体枝晶限制，片体尺寸及间距远小于A型石墨。分枝和弯曲程度大于A型石墨。在碳当量较低的灰铸铁中，含有促进奥氏体枝晶生长合金元素时，常可见到E型石墨。E型石墨也属于过冷石墨。这种石墨多存在于奥氏体二次枝晶之间，形成近似条带状E型石墨分布区。

a

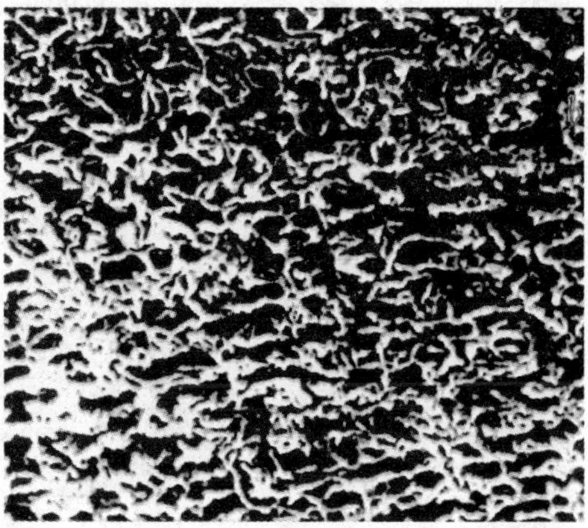
b

图 1-15 E 型石墨
a—光镜下(100×); b—电镜下(80×, SEM)

F 型石墨也称星形石墨。析出于过冷度较大的高碳铁水中，实质上是与 C 型石墨属于同一类型的初生石墨。最初析出的是块状石墨，随后一些小的片状石墨在其表面生长出来，如图 1-16[10]所示。

片状石墨存在于共晶团(详见 3.3.4 节)边界内，因此共晶团尺寸与石墨尺寸是相关的。石墨尺寸对灰铸铁力学性能、物理性能、使用性能都有一定影响。因此石墨尺寸是判断灰铸铁金相组织的内容之一。GB 7216—1987 灰铸铁金相标准将石墨尺寸分为 8 级。大多数石墨长度在 0.015 ~ 1mm 之间。

经过球化处理的铸铁中出现接近球形外廓的球状石墨。运用扫描电子显微镜、深腐蚀、热氧腐蚀、离子侵蚀等技术手段，研究观察了球状石墨的三维形貌及其内部结构。观察到球体表面并不平整，有很多凸起物和深邃的沟槽孔洞(图 1-17)。也可以看到近似六方形的晶体生长螺线。球体剖面具有年轮状特征。这是反映(0001)晶面取向的纹理(图 1-18)[7]。大多数石墨中间可以观察到核心物质的存在。石墨晶体由核心向外沿晶格[0001]

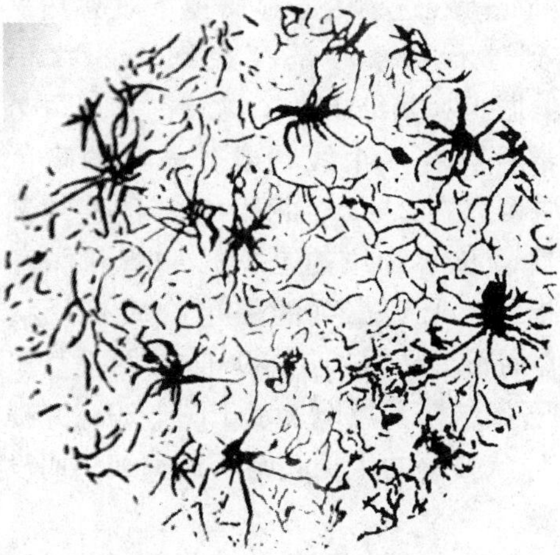
图 1-16 F 型(星状)石墨

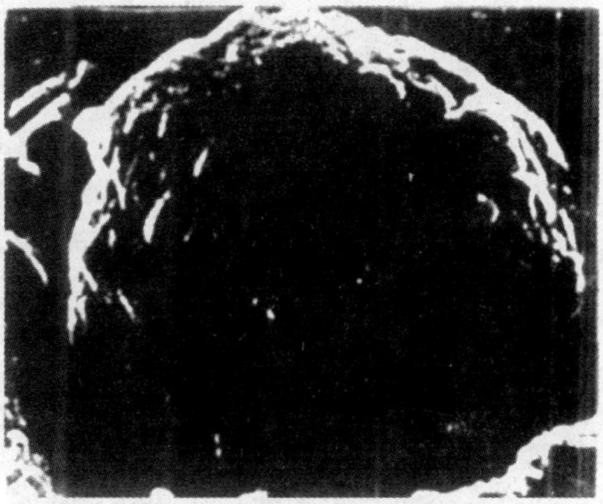
图 1-17 球状石墨表面形貌

方向辐射生长，形成许多类似锥形的晶体。这些晶体构成球状石墨，图 1-19 为这种结构的示意图。由此可见，球状石墨是由许多单晶体构成。这些单晶体中的晶格基面(0001)大体上与辐射生长的方向相垂直。

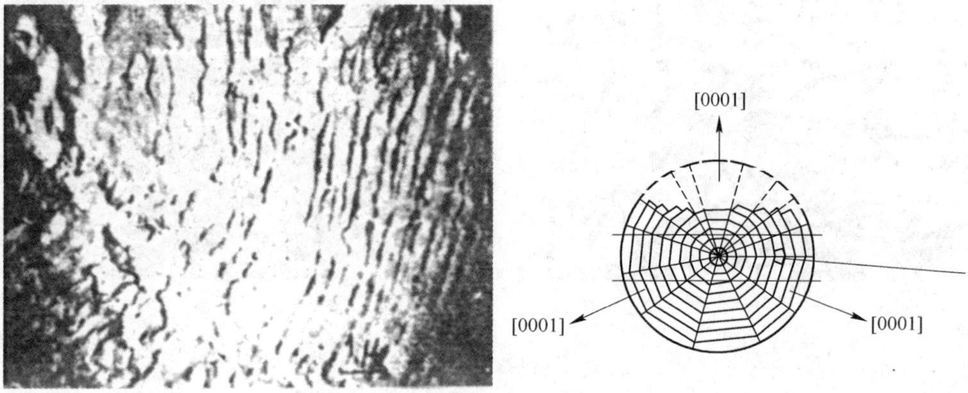

图 1-18　球体剖面的年轮状特征

过去曾有一种说法，认为球状石墨具有特定结构的晶核，此种晶核提供的生长台阶可以导致石墨晶体较均匀地以三维辐射状生长，形成球状石墨。人们也提出过一些相关机制，但是后来发现球状石墨核心物质的成分和结构是多种多样的，并没有找到特定的核心结构足以使石墨呈球状。已经查明的物质大多数是氧化物和硫化物，也存在这些化合物的复合物。例如，镁、铈、稀土元素各自的硫化物、硅的氧化物(SiO_2)以及各种氧化物的复合物(xMgO · $y$$Al_2O_3$ · $z$$SiO_2$、$x$MgO · $y$$SiO_2$、$x$$SiO_2$ · $y$$Al_2O_3$)、硫化物和氧化物的复合物($x$MgS · $y$$SiO_2$ · zMgO)。有些化合物中还含有氮、铝、碲等元素。M. H. Jacobs 等人[8]用电子探针探查形核基质结构，发现它们是双层结构的。内层以钙、镁的硫化物为主体，尺寸约为整个形核基质的 1/10。外层呈脊柱状，主体为镁、铝、硅、钛的氧化物，两层物质之间有一定的结晶方位关系。

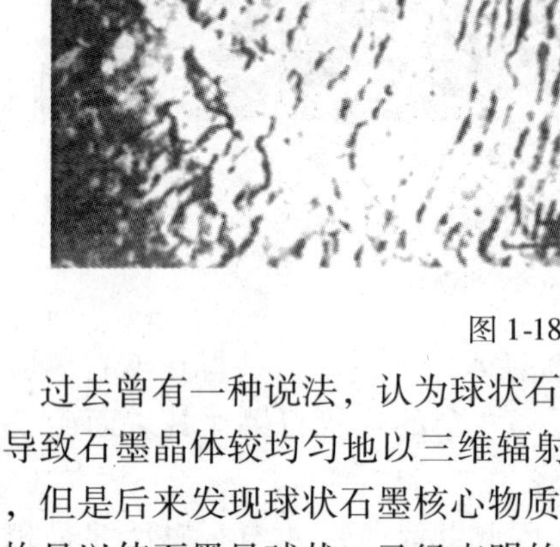

图 1-19　锥形晶体构成球状石墨示意图

M. J. Hunter 等在透射电子显微镜下观察热氧腐蚀试样，看到球状石墨心部存在细小的片状石墨[9]；并与偏振光观察结果做了比较，发现每个球状石墨的心部都存在一个线状或分枝状的暗色物质。这种物质可以在 2 ~ 3 个相距 4μm 的连续剖面上看到，围绕着核心物质的是 ∧ 形肋骨状晶态物质。研究者提出，所观察到的黑色物质是片状石墨。接近中心的石墨晶体，其(0001)晶面垂直于辐射方向，往外则逐渐变成与球体相切的切面。这种石墨结构示意地表示于图 1-20，并提出这种位于石墨球体心部的片状石墨是普遍存在的。球状石墨的生长起始于这种细小而没有特定形状的片状石墨。

根据对球状石墨心部核心物质探查结果，可以推断镁、铈的硫化物和硅的氧化物以及

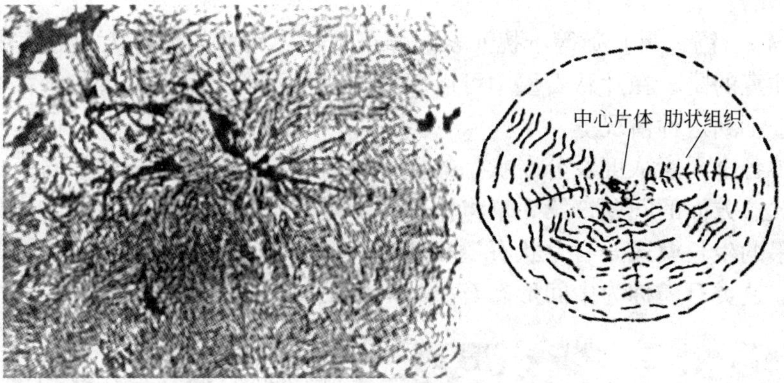

图 1-20 石墨球体心部存在石墨片体示意图

这些物质的复合物是构成球状石墨形核基质的主要物质，这些物质的晶体结构与石墨的晶体结构有一定晶格匹配关系，碳原子沉积在上面，进一步生长形成石墨结晶核心。需要进一步研究心部的细小片状石墨与石墨生长成为球形有什么直接关系。

为了探讨球状石墨的生长过程，也曾采用辐射图像自动分析仪和电子探针对萃取自球墨铸铁的球状石墨中各种元素分布情况进行了探查和分析。得到以下结果：

(1)球状石墨的含铁量约为片状石墨的 10 倍。球状石墨的铁磁性远高于片状石墨。此外，硅、锰、钛等元素也不同程度地存在于球状石墨中。

(2)球化元素铈和镁富集于石墨晶格中。镁在球体断面上均匀分布。离子探针对球状和片状石墨的线扫描结果示于图 1-21[10]。铈的自辐射分析结果显示：铈球墨铸铁中石墨球体中心铈浓度显著提高，可能与铈的化合物存在有关。球体和金属界面附近没有发现球化元素浓度提高。由于球化元素在奥氏体中溶解度很低，如果球化元素是由球体外部的金属中转移过来，必然导致这些元素在界面富集。因此，可以间接地判断，球状石墨是由液

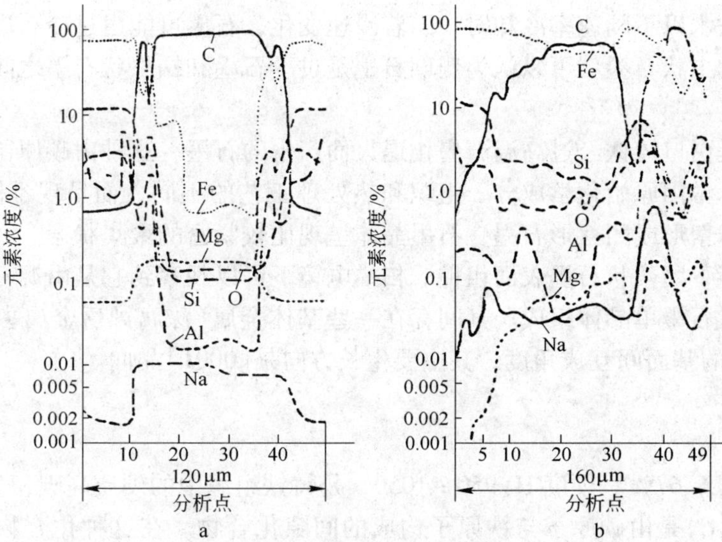

图 1-21 石墨中元素分布

a—球状石墨；b—片状石墨

相中直接析出的。

(3)硫、锑、镉、锡、碲等干扰元素的分布与球化元素类似，大部分集中在球状石墨当中。值得注意的是，在片状石墨中可以探查到这些元素部分以原子状态存在，而在球状石墨中则探查不到这种情况。

对石墨中各个元素浓度及分布状态的探查有助于了解石墨生长的不同模式及相应的生长机制。有关这方面的问题，第3章将作进一步讨论。

一些石墨的生长模式兼有片状石墨和球状石墨特征，形态上兼有片状石墨和球状石墨的一些特点。这类石墨称为中间形态石墨。本书第10章将要讨论的蠕墨铸铁中的蠕虫状石墨是典型的中间形态石墨。

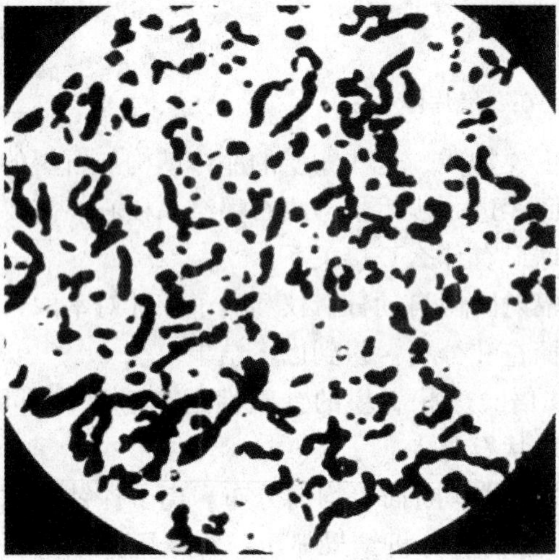

图 1-22 蠕虫状石墨

蠕虫状石墨片体比较粗厚，末端圆钝，生长方向变化频繁(图 1-22)。也能观察到一些石墨呈球状。观察深腐蚀试样可以看到，许多蠕虫状石墨处于不同的共晶团内。在一个共晶团内，石墨的生长均源于一个结晶核心。通过核心互相交联。在光镜下可以看到蠕墨铸铁中有些球状石墨。这些石墨虽呈球状但也是与石墨分枝连接着。有些确是真正单独生长的球状石墨。

低硫铁水快速冷却后可以得到一种分布于奥氏体枝晶间的细小石墨。从分布状态上看，难以与过冷石墨相区别，这种石墨被称为珊瑚石墨。珊瑚石墨比过冷石墨分枝更为频繁，单体尺寸更小，片体端部圆钝，与过冷石墨的尖锐端头有明显区别。珊瑚石墨生长模式与片状石墨类似，只是因为铁水冷速高，片体不能充分生长而形成这种形态。经过稀土合金处理的铁水以不同速率冷却时，随着冷速变化，石墨可能由过冷石墨改变为珊瑚石墨，再改变为蠕虫状石墨。可以认为珊瑚石墨是过冷石墨和蠕虫状石墨之间的一种过渡形态石墨。

絮状石墨是白口铸铁经过高温石墨化退火而产生的石墨。这种由碳原子在固态下扩散而形成的石墨，常因原始化学成分、组织和热处理工艺的不同，而呈现不同的聚集状态。可锻铸铁具有球絮形或团絮形石墨，石墨晶体呈现比较紧密的聚集状态。

光学显微镜下团絮状石墨表面粗糙。扫描电镜下可以观察到它是由源自核心向四周延伸的不规则链状石墨单晶体组成。其间存在一些基体金属(深腐蚀后金属去除而成为深邃孔洞)。单晶体的基面间互成角度，其主要生长方向是[0001]晶向。

1.3.2 渗碳体

渗碳体含碳6.67%、硬度HV950～1050，是铸铁组织中的硬质高碳相。

渗碳体(Fe_3C)是由碳原子与铁原子构成的间隙化合物。在这种化合物中，每个碳原子被6个构成八面体的铁原子所包围，相邻的6个八面体共用一个铁原子(图 1-23)。因此，渗碳体中铁、碳原子比为3:1。

由图 1-23 可见，碳原子本身构成正交晶格，轴间夹角均为 90°。晶格常数分别为 $a=45.235\text{nm}$，$b=50.888\text{nm}$，$c=67.431\text{nm}$。

渗碳体中的铁原子和碳原子均能被一些尺寸和化学性质相近的原子部分取代，即化合物中可溶入一些合金元素。例如，碳化物形成元素铬、钼、钒、锰能够部分置换铁原子，形成合金碳化物，如 $(Fe, Cr)_3C$、$(Fe, Mn)_3C$ 等。但是溶入的某些合金元素超过一定限度后，渗碳体的晶体结构和性能会发生质的变化。渗碳体中的碳原子能被硼原子所取代，形成 $Fe_3(C, B)$。

渗碳体以多种方式存在。包括初生渗碳体、共晶渗碳体、二次渗碳体、晶间碳化物。

(1) 初生渗碳体。初生渗碳体是指在共晶反应之前由铁水中析出的以游离状态存在的渗碳体。在金相组织中多呈板块状或条状，如图 1-24 所示。

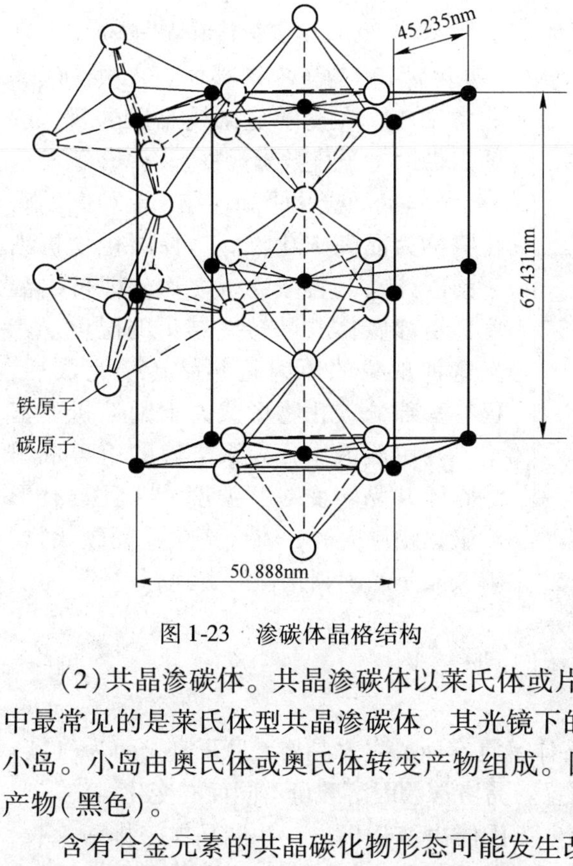

图 1-23 渗碳体晶格结构

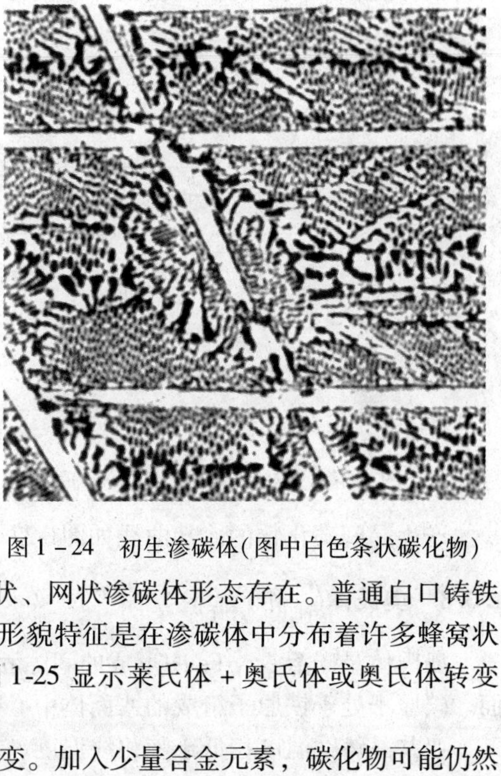

图 1 – 24 初生渗碳体(图中白色条状碳化物)

(2) 共晶渗碳体。共晶渗碳体以莱氏体或片状、网状渗碳体形态存在。普通白口铸铁中最常见的是莱氏体型共晶渗碳体。其光镜下的形貌特征是在渗碳体中分布着许多蜂窝状小岛。小岛由奥氏体或奥氏体转变产物组成。图 1-25 显示莱氏体 + 奥氏体或奥氏体转变产物(黑色)。

含有合金元素的共晶碳化物形态可能发生改变。加入少量合金元素，碳化物可能仍然为 M_3C 型，但某些合金元素加入量超过一定限度后，晶体结构将发生变化，例如铬的加入量超过 11%，M_3C 型共晶碳化物将变为 M_7C_3 型共晶碳化物，碳化物形貌也随之改变。

(3) 二次渗碳体。二次渗碳体是铸件降温过程中奥氏体中过饱和碳析出而形成的渗碳体。大多数二次渗碳体是沿奥氏体晶界(或共晶团边界)分布，也有些以棒状或粒状弥散分布于奥氏体晶粒中。如果析出的渗碳体(碳化物)数量少或铁水经过变质处理，不能构成连续的网状，将会成为断续网状二次渗碳体，如图 1-26 所示[12]。

(4) 三次渗碳体。铸件快速冷却时，共析铁素体和先共析铁素体中的碳均处于过饱和状态。如果铸件在低于共析温度停留，过饱和碳将以粒状碳化物形式沿铁素体或渗碳体界

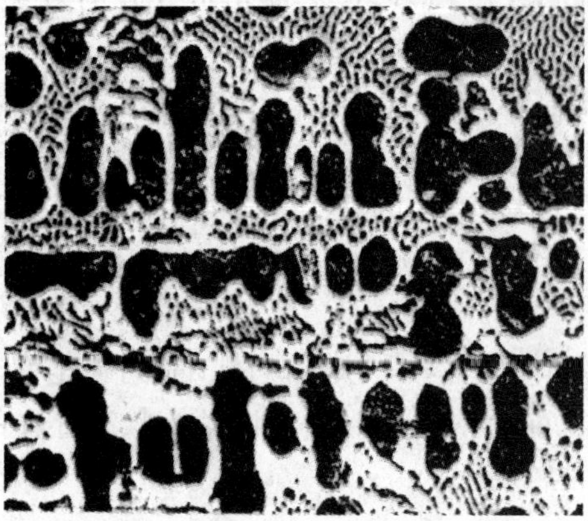

图 1-25 莱氏体型共晶渗碳体

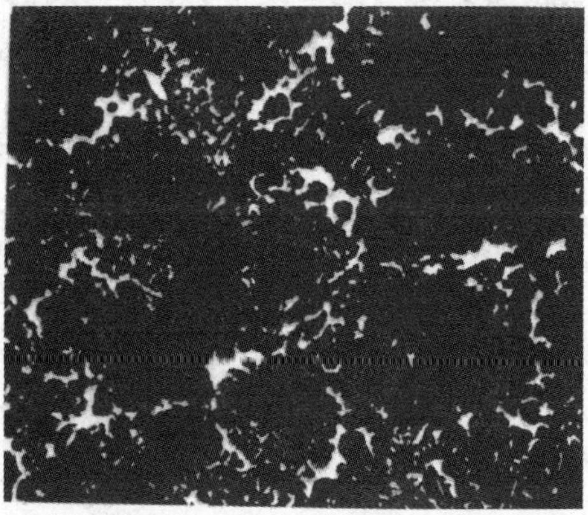

图 1-26 二次渗碳体沿晶界分布

面析出。这种在低于共析温度下析出的渗碳体(或碳化物)称为三次渗碳体。三次渗碳体非常细小，在光学显微镜难以分辨，一般需借助电子显微镜观察。

(5)晶间碳化物。存在于晶粒间的碳化物称为晶间碳化物。这种碳化物析出于渗碳体共晶转变完成之后，即析出温度低于渗碳体共晶转变结束的温度。产生这种现象的原因是共晶转变完成后，仍有一部分碳化物形成元素因偏析而富集于残留溶液中，如果溶液的熔点低于渗碳体共晶转变终了温度，并且具有形成碳化物倾向时，将会产生晶间碳化物。磷共晶是晶间碳化物的实例。

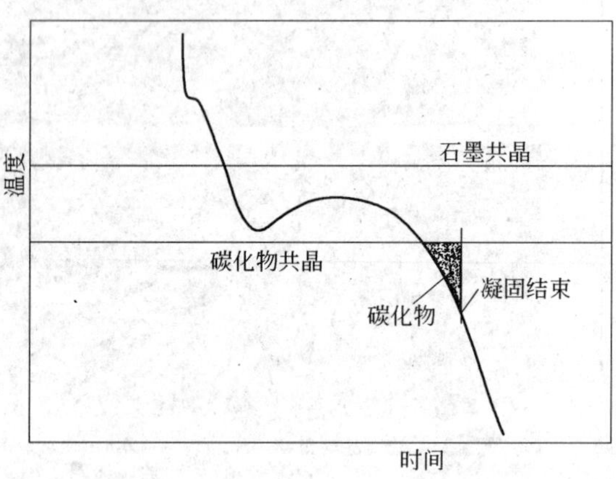

图 1-27 产生晶间碳化物的冷却曲线

产生晶间碳化物的冷却曲线如图1-27 所示。

1.3.3 奥氏体(γ 相)

奥氏体是碳溶入 γ-Fe 中形成的间隙固溶体，具有面心立方晶格，原子密排面为(111)面。碳原子处于铁原子组成的八面体中心位置。晶格常数因溶碳量不同而有变化。

亚共晶铸铁温度稍低于液相线温度，初生奥氏体由液相析出，并沿晶体密排面生长，一直到共晶转变开始。凝固结束时，它是以枝晶形态存在。根据铁水的化学成分(包括合金元素)、结晶条件不同，枝晶形态、二次枝晶间距也不相同，奥氏体枝晶的发育程度和初生晶体形态对铸铁组织都会产生显著影响。

液相直接析出的奥氏体晶粒内部化学成分很不均匀。产生这种现象的主要原因在于奥氏体是在一个很宽的温度范围内生长，不同温度下碳及其他一些元素的溶解量是不同的，导致各个晶粒的心部和外缘元素浓度产生差异。另外，常存元素硅和锰对奥氏体的碳活度有影响，硅提高碳活度，锰降低碳活度。硅和锰的不均匀存在，使奥氏体内部的碳原子发生非规律性扩散，扩大了局部元素浓度的不均匀性。奥氏体浓度不均匀(成分偏析)对铸铁固态相变和铸铁组织有一定影响。

铁水在较大过冷度下结晶时，将产生较细的奥氏体晶粒。奥氏体晶粒度对铸铁共晶团数、石墨形核和生长以及随后的固态相变都有影响。细化奥氏体晶粒是改善铸铁性能的重要措施。

奥氏体屈服强度很低，塑性较高。在铸铁基体的各组成相中，奥氏体质量体积最小，线胀系数最大。除渗碳体外，它的导热性最差。

1.3.4 铁素体

铁素体是碳溶入α-铁形成的固溶体，具有体心立方晶格。为了有别于在δ-铁中形成的固溶体，有时称之为α-铁素体或α相。在非合金铸铁中，α铁素体存在于910℃以下。其溶碳量随温度改变而有变化，727℃时最大溶碳量为0.034%。但在非平衡凝固(有过冷)情况下，铁素体中的碳总是过饱和的。

铁素体除溶入碳以外，还能以置换方式固溶硅、锰等其他元素。硅在铁素体中有很高溶解度，铸铁中的硅大部分溶解在铁素体中。

在光学显微镜下，经过2%~5%硝酸酒精浸蚀的铁素体呈黄白色，几乎不会被酸碱侵蚀而改变色泽。硅在铁素体中分布并不均匀，石墨周围含碳量较低的部位，硅浓度偏高。

纯铁素体强度较低(σ_b = 170~250MPa)，硬度约为HB 50~80，但伸长率高(σ = 30%~50%)，20℃时的冲击吸收功可达160~190J。溶入硅以后，强度和硬度都有显著提高。特别是铸铁中硅含量超过一定限度后，铁素体晶格发生扭曲，导致铁素体脆化，材料硬度直线上升、冲击韧性显著下降。例如，硅含量为15%的高硅铸铁具有单一的富硅铁素体基体，硬度上升到HB350左右，冲击功(无缺口试样)只有0.08~0.16J。

铸态组织中，多数基体是珠光体和铁素体的混合组织，较少出现纯铁素体基体。当铸铁的碳、硅含量较高，含锰很低，铸件厚大，冷却非常缓慢时，可以看到以铁素体为主的基体组织。经过高温石墨化退火后，铸态共析组织中的碳化物和二次碳化物分解，碳原子扩散到石墨晶体上，基体可以出现纯铁素体组织，如图1-28所示。在奥氏体分解过程中，硅的偏析会导致先共析铁素体析出(图1-29)。与渗碳体共存于共析组织中的铁素体称为

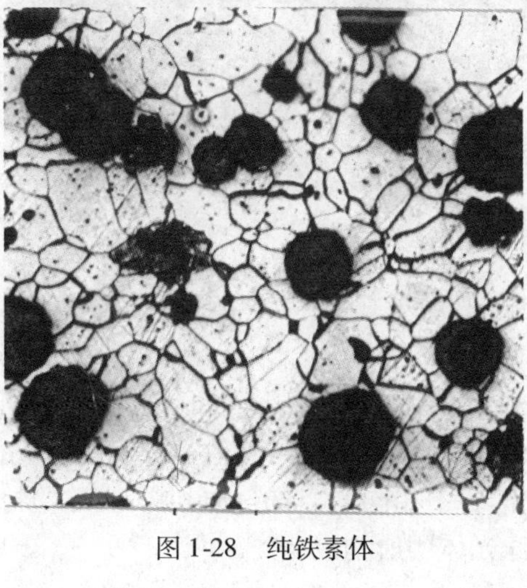

图1-28 纯铁素体

图1-29 先共析铁素体

共析铁素体。

铁素体还以其他不同状态存在。环绕着球状石墨的铁素体常称为牛眼状铁素体。片状石墨周围也常出现铁素体区域。这两种铁素体的出现都与铸铁凝固时碳的扩散有关。经过部分奥氏体化热处理的铸件中，部分铁素体未发生相变，呈破碎状存在，这种铁素体可称为破碎状铁素体。还有些铁素体沿晶界析出，以网状存在，称为网状铁素体。

1.3.5 珠光体

珠光体是奥氏体共析分解产物，由固态下共同生长的铁素体和渗碳体组成的机械混合物。按两个组成相存在状态，可以分为片状珠光体和粒状珠光体(图 1-30)[11]。片状珠光体由层片状渗碳体与铁素体交叠排列构成，层片间距约在 1500 ~ 4500nm 之间。片状珠光体形貌如图 1-30a 所示。由于珠光体组织是由硬度和强度都很高的渗碳体和柔韧的铁素体混合构成，它的力学性能良好。

随转变温度降低，共析组织分散度提高(通常以层片间距大小来衡量珠光体分散度，分散度高表示层片细密)。所产生的层片间距大约在 800 ~ 1500nm 之间的组织称为索氏体。由于层片太细，已经很难在放大 500 倍条件下用光学显微镜辨别其形态。另一种在更低温度下形成的层片间距为 300 ~ 800nm 的极细片状共析组织，称为屈氏体。光学显微镜下只能观察到黑团状组织，已无法辨别其层状特征。在电镜下观察时可以看到针片状铁素体和渗碳体的混合组织。

粒状珠光体则是由铁素体和位于其上的粒状渗碳体构成(图 1-30b)。粒状珠光体硬度低，韧性和延展性较好，能减缓疲劳裂纹扩展速度。

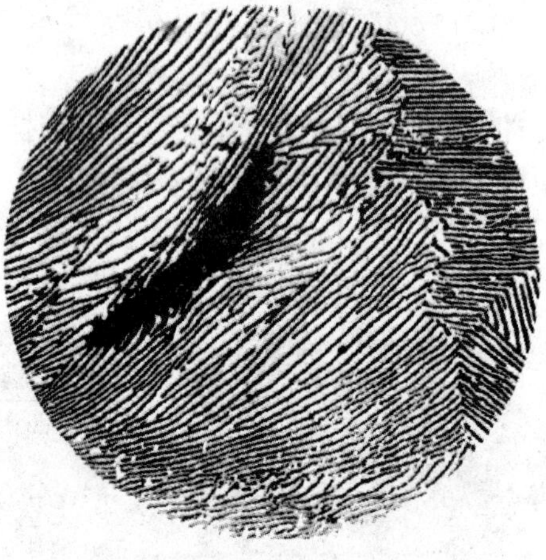

a

b

图 1-30 珠光体

a—片状；b—粒状

珠光体一般是在奥氏体晶界上或晶体缺陷(如位错)比较密集的区域形核，并在奥氏体晶粒内生长。在不同位置形核并按一定位向生长的珠光体必然会与其他生长着的珠光体相遇而停止生长，因此在奥氏体晶粒内形成一些位向各不相同的"珠光体领域"或称"珠光体团"。铸铁中的珠光体基体组织实际上是由各个珠光体团所构成。

珠光体的化学成分大致位于铁碳硅三元相图的共析成分点上，其含碳量一般为0.6%~0.7%左右。但是铸铁会因自身化学成分和冷却速度而使其中的渗碳体量发生变化，并导致珠光体含碳量随之变化，例如硅、锰、镍、铬使珠光体含碳量减少，甚至基体含碳量达到0.5%~0.6%时已出现过共析组织。有些元素（如钛、铌、钒）则会使珠光体含碳量增加。

1.3.6　贝氏体

贝氏体是奥氏体低温转变生成的铁素体和碳化物机械混合物（图1-31）[11]，按生成温度和形态特征，分为上、下贝氏体。上贝氏体（图1-31a）为呈羽毛状铁素体，边缘有碳化物析出。下贝氏体（图1-31b）呈针状，高倍观察可见针状铁素体内或边缘上有平行排列的小片状或粒状碳化物。

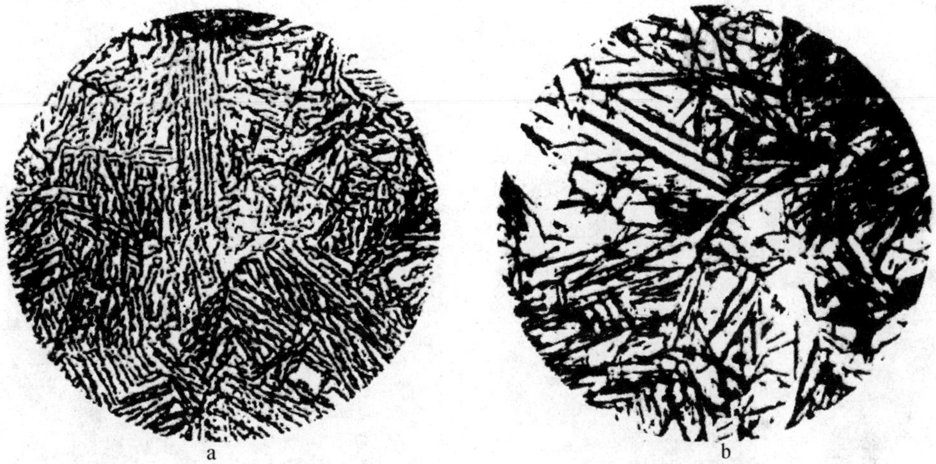

a　　　　　　　　　　b

图1-31　贝氏体

a—上贝氏体；b—下贝氏体

贝氏体的另一种生成形态是在块状铁素体上分布着由奥氏体或奥氏体分解产物构成的岛状组织。这种贝氏体称为粒状贝氏体（图1-32）[11]。

1.3.7　磷共晶

铸铁中磷的凝固分配系数约为0.2。铸铁共晶转变完成后，共晶团之间的间隙中仍残留着一些低熔点熔液。残留液相中磷浓度很高，甚至可达到铸铁原始平均磷浓度的100倍。例如，$w(C)=3.22\%$、$w(P)=0.10\%$的铸铁，残留液相含磷达8.21%~11.5%，而碳含量不超过原始碳含量的40%。硅量与普通碳钢相近，这种低碳、低硅、高磷熔液在凝固结束前通过发生在1005℃的包晶反应

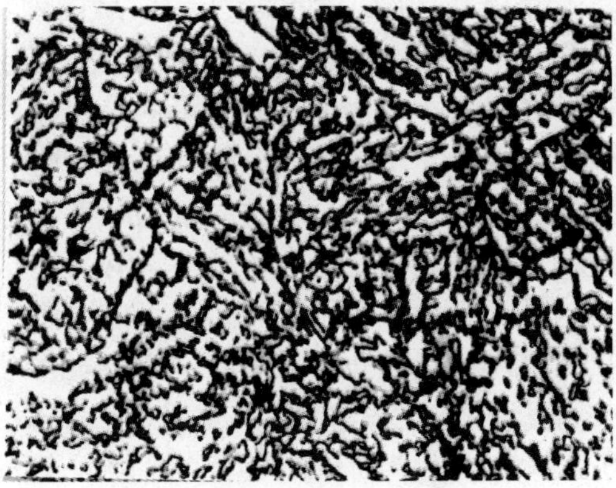

图1-32　粒状贝氏体

($L+\alpha \rightarrow Fe_3P+\gamma$)生成二元磷共晶($\gamma+Fe_3P$)，或通过发生在950℃的共晶反应生成三元磷共晶($\gamma+Fe_3C+Fe_3P$)。

如果反应潜热的释放使残留液相冷速显著降低，磷共晶中的Fe_3C可能部分或全部分解为石墨+奥氏体。对$w(C)=2.34\%$、$w(P)=6.84\%$铁液进行的定向凝固试验表明：凝固速率低于0.4mm/h时，石墨全部取代Fe_3C；凝固速率为1~4mm/h时，石墨消失。这是因为$\gamma+Fe_3P+G$形成温度仅比$\gamma+Fe_3P+Fe_3C$形成温度高6℃。反应过冷度少量增加，即可产生$\gamma+Fe_3P+Fe_3C$共晶。铸铁中常见的都是这种共晶组织。

图1-33显示磷共晶金相组织[10]，在二元磷共晶的Fe_3P上均匀分布着颗粒或棒状奥氏体分解产物(图1-33a)。在金相图中看到的单个磷共晶剖面形貌大多呈现凹面多边形。三元磷共晶(图1-33b)形貌的主要特征是在Fe_3P上分布着颗粒状奥氏体分解产物以及粒状、条状渗碳体。当铸铁中含有一些碳化物形成元素(如铬、钼)时，磷共晶中常常出现尺寸较大的块状碳化物，这些碳化物与磷共晶结合在一起，成为复合二元磷共晶或复合三元磷共晶。

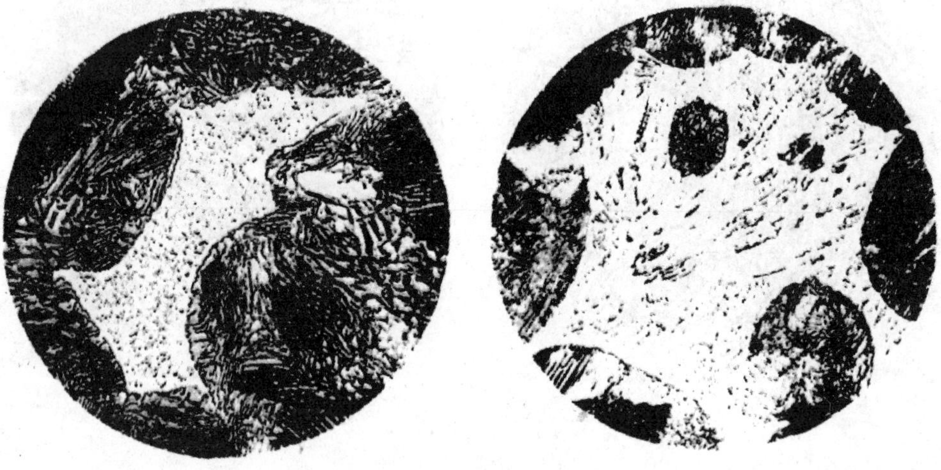

a b

图1-33 磷共晶

a—二元磷共晶；b—三元磷共晶

由于磷共晶是在共晶转变完成后的残留熔液中形成，因此，它只存在于共晶团边界上。多个共晶团交汇处，最容易出现孤立存在的块状磷共晶。随着铸铁中磷质量分数的提高，磷共晶量相应增加，形成沿共晶团边界的分散分布。磷量进一步提高，单体磷共晶成为链状并在共晶团边界上形成网状分布(图1-34)[11]。

二元磷共晶与三元磷共晶可同时存在于磷共晶区。促进Fe_3P与Fe_3C同时存在的因素可能与促进碳化物稳定的各种因素有关。

对磷共晶进行金相检验时，可以通过探查机械混合物中是否含有Fe_3C即可以区分二元磷共晶和三元磷共晶。采用常用的硝酸酒精溶液浸蚀试样，Fe_3C和Fe_3P都显示白色，不能确定Fe_3C是否存在。改用碱性苦味酸钠水溶液(苦味酸2g，氢氧化钠25g，水100mL。溶液加热到70℃使用)浸蚀3~5min后，Fe_3C被染为黑色，而Fe_3P不着色。金相组织中出现黑色相间的条纹状组织，即可确认该试样具有三元磷共晶组织。

磷共晶是铸铁中的脆性硬质相，其硬度与共晶中的奥氏体量有关。三元磷共晶的奥氏体量相对少些，硬度范围为HV850~950。二元磷共晶的硬度为HV700~800。

凝固时偏析于残留熔液中的碳化物形成元素，如铬、钼、钒等，均有促进Fe_3P生成的作用。Fe_3P与溶有合金元素的碳化物都能使磷共晶量增加，硬度提高。磷共晶使铸铁脆性增加。高磷残留熔液凝固时产生的晶间体积收缩难以通过铸件补缩系统加以补充，容易造成显微疏松。但是，磷共晶也有有利的一面，它可以作为铸铁的硬质抗磨骨架，提高铸件抗磨损能力。另外，磷共晶凝固点低，可以降低铁水停流温度，有助于改善铁水流动性。

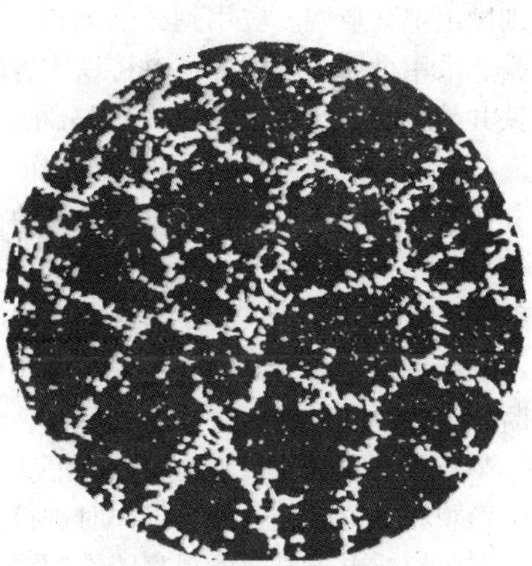

图1-34 磷共晶网状分布

含磷铸铁常用于制造薄壁减磨铸件。与活塞环构成高速摩擦副的高磷铸铁汽缸套即是利用磷共晶作为抗磨骨架提高抗磨损能力的实例。磷铸铁中磷的质量分数一般为0.6%~0.8%，足以使共晶团周围产生连续网状磷共晶，铸件的耐磨性能会有显著提高，但也要注意材料脆性增加可能导致铸件表面在高速摩擦运动中发生剥落现象。磷与铬、铜、钼、钒、锑等合金元素同时加入，能制成更耐用的磷铸铁。

1.4 铸铁组织的近代物理检测技术

金属材料物理检测技术近些年有了很大的发展。对铸铁显微组织检测来说，电子显微镜、微米级微区成分分析技术、X射线衍射技术的扩大应用已经使传统化学分析和金相检验不能完成的检测任务变为可能，这样就大大推进了材料研究的深度和广度。

1.4.1 电子显微镜

通常使用的电子显微镜有透射电子显微镜和扫描电子显微镜。

透射电子显微镜的成像原理与光学金相显微镜有类似之处，但是两者的构造完全不同。透射电子显微镜的电子枪射出的高速电子经过双聚光镜聚光后得到电流密度很高的平行电子束，电子束投射到试样的待测点上，透过试样并发生散射。再经过电磁透镜逐级放大，在荧屏上成像。

电子显微镜的电子束波长较短，并有电磁透镜精细聚焦，对待测对象的分辨能力远超过光学金相显微镜。原来难以分辨的细微之处，现在已经能在电子显微镜下清晰看到。

电子束所能透过的金属厚度有限，用于透射电子显微镜的试样必须是金属薄膜或薄的复型。复型有多种类型，最常用的是一次碳复型。在真空镀膜机上以碳极放电方法使待测表面形成可以剥离的碳膜。碳膜形成之前(或之后)以一定角度向其喷镀一层重金属(金、铬、钯)可以增加影像衬度，便于更好地观察(复型图像的衬度取决于复型不同部位的厚度差别)。

透射电子显微镜在铸铁检测和研究方面，有不少可用之处。采用复型试样可以观察到极细微组织和形貌。应用到铸铁断口、金相组织和铸件表面(磨损、腐蚀、氧化表面)的观察。采用金属薄膜试样可对铸铁中各组成相做微观形貌观察，也可进行晶体缺陷(例如铸铁共晶膨胀导致的位错缺陷)的分析、研究。

扫描电子显微镜图像来自试样表面层被高速电子轰击而产生的二次电子信号。信号强度分布与被测表面形貌、成分、晶体取向、导电性、电场、磁场有关。这些信号被放大并转换为与其强度成比例的电压脉冲。脉冲信号再经放大，用以调制正在进行同步扫描的阴极射线管光束亮度，从而在射线管荧屏上显示出具有被测表面特征的图像。这种图像景深大，立体感强，无明显畸变，并可在 10 ~ 100000 倍之间连续调节放大倍率，适宜观察材料断口和物相的三维形貌。

装有 X 射线能谱仪或分光谱仪的扫描电子显微镜能够接受 X 射线信号。因此，观察显微形貌和即位成分分析可以同时进行。

利用扫描电子显微镜观察铸铁的深腐蚀试样或萃取出来的整株石墨对于了解石墨生长过程晶体取向与结构、三维形貌都有重要意义。深腐蚀通常是将试样浸入 10% ~20% 盐酸酒精溶液，进行电化学腐蚀，去除包围石墨的金属。

除了具有形貌观察和表面成分分析功能外，扫描电子显微镜还可用于晶体取向、结构和缺陷的研究。离子轰击和热氧腐蚀技术都是显示石墨晶体结构和晶体取向的方法。在高压直流电场中以高速发射的阳离子从不同角度轰击石墨晶体表面时，由于石墨晶体结构的各向异性、各晶面上原子结合能不同，轰击后，(0001)和$(10\bar{1}0)$晶面所受侵蚀程度不同，在扫描电子显微镜下可以看到反映晶面取向的纹理。球墨铸铁试样中可显示出经过离子轰击的球状石墨剖面形貌。热氧腐蚀则是将铸铁试样在大气中加热到 750 ~ 800K，使石墨各晶面受到氧的不同程度腐蚀。在扫描电子显微镜下也可以观察到(0001)晶面的腐蚀纹理，从而反映出晶体取向。

1.4.2 X 射线衍射技术鉴定物相和探查晶体取向

铸铁是多相合金，我们不但应当知道它的化学成分，还需要确定它是由哪些相组成。利用 X 射线衍射分析技术，探查到材料中存在的物相结构及其相对数量。从而可以定性地，也可以定量地判别物相。此外，衍射技术确定晶体取向的功能对探索铸铁组织生长机制方面也是很有用处的。

X 射线管的阳极靶面受高速阴极电子轰击，会产生一系列特征 X 射线，此射线波长决定于靶材元素。选择合适靶材使其波长与被测晶体晶面间距处于相同数量级，被测晶体起光栅作用而使 X 射线发生衍射。当 X 射线(波长为 λ)以入射角 θ 投射到晶面间距为 d 的平行晶面上时，若能满足以下被称为布喇格方程的关系，将要发生衍射。

$$2d\sin\theta = n\lambda$$

由于每种晶体都有一系列各自的晶面间距，若以已知 λ 的 X 射线照射待测晶体，并测出各衍射线的衍射角 θ，再根据上式计算出晶面间距 d，就可以确定所测的相和晶体的点阵常数。还可以根据衍射线的相对强度，对所测相进行定量分析。

图 1-35 显示 $w(\mathrm{Cr}) = 15\%$、$w(\mathrm{Mn}) = 2.2\%$ 的高铬铸铁 α 相、γ 相和 M_7C_3 碳化物的衍射峰。横坐标为入射线与衍射线之间的夹角 2θ。纵坐标为衍射强度，根据各相衍射强

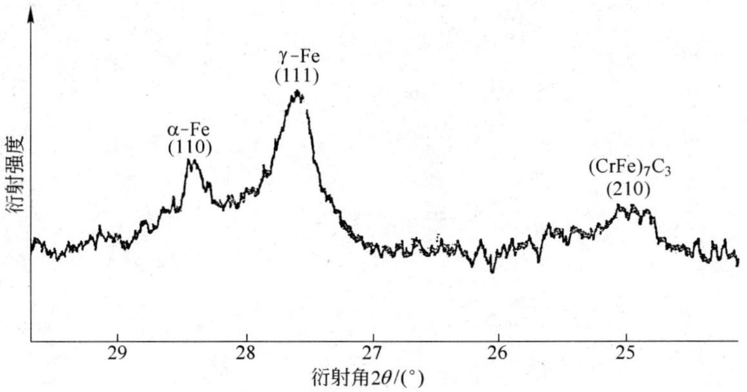

图 1-35　显示高铬铸铁几个物相的衍射峰
(w(Cr) =15%，w(Mn) =2.2%)

度之比，可以确定它们的含量。

X 射线衍射技术对铸铁组织分析和研究都是很有用的。例如，残余奥氏体(γ 相)的存在数量对合金白口铸铁的耐磨性和韧性有显著影响。利用 X 射线衍射技术可以容易地确定残余奥氏体量，有助于材料研究和产品质量控制。

Minkoff 等人[4]利用 X 射线衍射技术研究了萃取石墨不同部位的晶体取向。他们根据测量的数据，发现了片状石墨晶体上的孪晶。在孪晶中，石墨亚组织绕[0001]轴旋转呈不同的特定角度：27°、22°、13°。对于亚组织旋转 17°、22°的晶体，生长方向分别是[$2\bar{5}70$]和[$12\bar{3}0$]。这种旋转晶界的发现，有助于认识石墨的生长模式。

1.4.3　微区分析

在材料研究工作中采用微探针类仪器对固体表层微区中化学成分及元素分布进行探查，称为微区分析。具有微区分析功能的仪器有多种，最常用的有电子探针、俄歇电子谱仪、离子探针。

电子探针微区分析仪(EMMA)适用于探查固体表层微区中微米范围内除氢、氦、锂以外的所有元素分布。电子探针的电子发射系统可提供一束直径为 0.5 ~1.0μm、经过聚焦的高能量电子束，射向试样表面。试样表面的原子内层电子被激发逸出而成为二次电子。失去电子的原子能量上升，呈电离状态。能量较高的外层电子随之跃迁到内层空穴处，并以光子形式释放多余能量，产生具有一定波长的 X 射线。此射线的波长与被激发元素原子序数平方成反比，因此测定出特征 X 射线波长(或能量)即可确定存在的元素。而元素含量与 X 射线强度相对应，测定射线强度即可算出微区内元素含量。鉴别特征 X 射线参数一般需由 X 射线能谱仪、晶体分光谱仪来完成。

电子探针的光学系统可直接观察显微组织，选定待测部位。信号处理系统具备信号放大及电子束在试样表面及荧屏同步扫描功能。电子探针可以在视场内进行全面扫描(面扫描)，探查一定范围内元素分布状况；也可沿一定途径进行线扫描，探查此途径上元素分布状况。图 1-36 为奥氏体铸铁局部基体金属扫描结果，显示其成分为：w(Ni) =35.57%，w(Cr) =1.65%，w(Si) =4.82%。

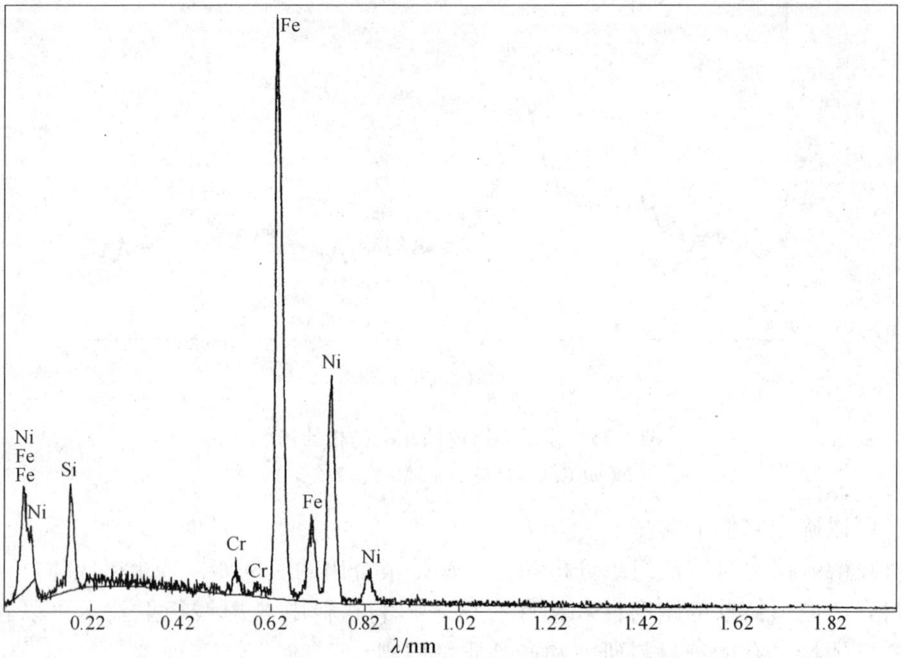

图 1-36　奥氏体铸铁局部基体金属扫描结果

高能电子轰击试样表面会产生各种带有不同能量的电子。其中有些电子的能量与原子能级有关，而与轰击能量无关。这些电子能量多数低于 3000eV，称为俄歇电子。试样表面不同元素被激发的电子处于不同的能级，识别这些能级，就是俄歇电子能谱仪定性分析的基础。高能量电子轰击所激发的俄歇电子数与元素含量相关，仪器接受这些电子并识别其数量(一般以微分分布曲线形式记录)，并进一步显示出试样化学成分定量分析结果。

俄歇电子能谱仪(AES)的分辨率为 0.1μm，探测深度小于 0.005μm。适用于分析试样表面极薄层成分。也可用于探查晶界元素偏析、铸铁表面氧化、腐蚀状况。对于金属表面的研究可以发挥重要作用。

离子探针(IMA)的仪器结构和工作原理与电子探针相当接近，只是离子束代替了电子探针的电子束，质谱仪代替了 X 射线谱仪。当具有数千电子伏特的离子束射向金属表面时会产生溅射现象，部分原子由表面逸出。一部分逸出原子电离成为二次离子。离子探针质谱仪收集这些二次离子，通过质谱方法按荷质比予以分离，得到所测金属的化学成分。

离子探针(IMA)分析区域 1 ~ 2μm，探测深度小于 0.005μm，能分析包括气体元素和轻元素在内的所有元素。而且分析灵敏度高于其他探查方法。但分析准确度比电子探针差，有时可能对试样产生轻微损伤。另外，对仪器维护要求高，工作时的真空度要求高于 1.33×10^{-5}Pa。

1.4.4　图像分析仪对材料组织进行定量分析

图像分析仪由成像系统、扫描器、探测装置、数据处理及程控系统、记录显示装置组成。图像来源于光学显微镜、投影仪等，扫描电子显微镜、透射电子显微镜、电子探针、X 射线衍射仪产生的图像经过转换也可以在图像分析仪上进行测量和分析。扫描器对图像进行逐行扫描时，测量的电压信号强度随图像衬度而成比例地变化，产生与图像衬度对应的电压-位置函数。测定前需根据图像的特征和测量要求，参照扫描系统的参考电平值预设门槛电平。高于此值的视频信号就被计数和测量，低于门槛电平的视频信号则予以放弃。数据处理系统根据高于门槛值的脉冲数和脉冲宽度就可以将这些信号转换成与二维图像相关的各种参数。就金属材料显微组织而言，这些参数包括二维图像中各组成相百分数、第二相粒子尺寸、数量、分布及形状因子等。经过计算机处理的数据可在屏幕上显示或打印输出。

图像分析仪具有图像定量分析功能，还可以根据体视学原理直接利用定量金相学一些基本方程，将二维图像测量值换算成三维测量值，并对测量结果进行统计分析。并能对铸铁组织中的组成相或夹杂物质点进行迅速准确的计数、测量和评定，可以获得许多有用的数据。例如石墨(或碳化物)的面积、面积率和体积分数、形状因子(评定球墨铸铁石墨的球化率准确而快捷)、空间尺寸、个数，以及其他组成相和质点的类似参数，如相数量、形状、平均尺寸、平均间距(如枝晶间距)、质点周长，晶粒度、晶界长度和总面积，被测对象在视场中的位置(坐标值)并能对测得数据进行统计处理，确定最大值、最小值、平均值、方差等。

图像分析仪对图像进行定量分析所得到的上述数据都与铸铁性能有关。对具有不同性能的材料图像特征进行分析，可能找到材料显微组织与性能的定量关系。金属热加工可以改变材料显微组织，因此可利用图像分析结果判断、选择或改进热加工工艺。球化率是球墨铸铁的一个重要质量指标。根据图像分析得到的球化率数据可用于判断球化处理工艺和所用球化剂是否恰当。白口铸铁中共晶碳化物的数量、尺寸、分布状态都是影响其耐磨性能和抗冲击韧性的重要因素。也可以利用图像分析数据寻找最佳显微组织和优化铸件使用性能。

参 考 文 献

[1] Heine R W. The Fe-C-Si Solidifacation Diagram for Cast Iron[J]. AFS Trans, 1986(94): 391 ~ 402.

[2] Alagarsamy A, Jocobs F W, Strong G R, Heine R W. Carbon Equivalent VS Austinite Liquidus. What is the Correct Relationship for Cast Iron? [J]. AFS Trans, 1984(92): 871 ~ 880.

[3] 布宁．铸铁结构[M]．哈尔滨工业大学铸造教研室译．北京：机械工业出版社，1983.

[4] Minkoff I. The Physical Metallurgy of Cast Iron[M], John Wiley & Sons Ltd. , 1983.

[5] Marincek B. 铸铁熔化和结晶时的冶金特性[M]. 铸铁冶金学(译文集). 罗吉荣译. 北京：机械工业出版社，1983: 52 ~ 61.

[6] Neumann F. 铁碳硅合金熔液热力学[M]. 铸铁冶金学(译文集). 雷永泉译. 北京：机械工业出版社，1983: 22 ~ 38.

[7] Lux B. On the Theory of Nodular Graphite Formation in Cast Iron (Part Ⅰ)[J]. AFS Cast Metals Research Journal, Mar. 1972: 25 ~ 38.

[8] Jacobs M H, et al. Met Techn, 1, 1974.

[9] Hunter M J, Chadwick G A. Nucleation and Growth of Spheroidal Graphite Alloy[J]. Journal of the Steel Institute, Sep. 1972: 707 ~ 717.

[10] Fidos H. AFS International Cast Metals Journal[J]. Mar. 1982: 54 ~ 62.

[11] GB/T 7216—87 灰铸铁金相[S].

[12] 中国机械工程学会铸造分会. 铸造手册(铸铁卷)[M]. 2 版. 北京：机械工业出版社，2004.

2 液态铸铁结构

一些研究工作者长期致力于探索包括铸铁在内的液态金属结构。20 世纪 60 年代以来，人们利用 X 射线宽角衍射和中子宽角衍射方法研究铁碳合金熔液中原子分布状态，并结合超激冷液淬技术❶、离心分离技术等，获得了一些有关液态金属结构包括铸铁液态结构的有用信息。近代研究证实：液态铸铁的结构和性质对其冶金特性、凝固过程、铸铁显微组织和工艺性质产生显著影响。深入了解液态铸铁结构可为改变铸铁组成相的形核条件以及控制铸铁组织提供依据。

2.1 液态金属结构

液态是固态与气态之间的物质存在状态。固态金属或合金具有各自的晶体结构，原子规则地排列在晶格结点并在结点上做小幅热振动。当金属或合金受热升温时，输入的热量使其内能增加，原子热振动的振幅增大。当温度达到熔点，晶粒内处于结点上的原子逐渐被激活并在晶体内部发生跳跃。转移出去的原子留下空位。而晶界上的原子比晶粒内的原子受到更大的影响，将会在晶粒表面间互相大量转移，使原有晶粒的晶格结构崩溃而成为失去规律性排列的原子集团。当晶粒消失到一定程度时，金属或合金失去固定的形状，转为液体状态。这个使金属由固态转变为液态所需的由外部输入的能量通常称为熔化潜热。

金属或合金的物相变化引起一些物理性质的变化。由这些物理性质变化结合相关的科学试验，可以推测或判定两种物相结构之间存在的一些差异。

对一些纯金属进行物理性质测定表明，大多数金属熔化前后体积变化一般不超过 5%，导电和导热性能变化幅度也不很大。X 射线衍射测定发现，稍高于熔点的液态金属与固态金属相比，原子平均间距大约增加 1% ~1.5%。这些现象预示着接近熔化温度的金属中大部分原子间距并非无限制地变化，原子之间仍存在着一定的相互作用力。X 射线衍射试验还证实液态金属中有许多由十几个到几百个原子组成的原子集团。在集团范围内，大体上保持着稍低于熔点的固态金属晶体结构的规律性。每个原子周围都存在着出现几率最高相邻原子对，而且原子聚集比较紧密。

科学工作者采用 X 射线宽角衍射和中子宽角衍射方法探查液态金属，利用衍射线强度对某一特定原子周围一定范围（以球体半径 r 表示与该特定原子的距离）内的原子密度进行分析。图 2-1 显示以超激冷方法制取的非晶态铁（实线）与液态铁（虚线）中与某一特定原子中心不同距离（r）处的原子密度函数 $g(r)$[1]。此函数既与 X 射线衍射强度有关（在该金属的衍射图上，液相的主峰位置与固相主峰位置相对应），又表示某特定原子周围存在

---

❶ 超激冷是一种使液态金属高速（例如 2×10^6 K/s 的速度）冷却的手段，可使金属成为高黏性的冻结状态的过冷液体。由于冷速很高，原子难以进行扩散运动，便把液相的特征固定下来，形成非晶态物质。通过探查这种非晶态物质，可以研究液态金属结构。

其他原子的几率随 r 而变化的规律。此图左边有一高峰，在 0.2nm 处 $g(r)$ 为零，表示在 $r=0.2\text{nm}(r=0\sim0.2\text{nm})$ 范围内不存在原子，r 值超过 0.35 ~ 0.4nm 后，峰值骤减，变化幅度趋于减少。说明在高峰处，出现其他原子的几率最高，随着与某特定原子距离再增加，出现其他原子的几率逐渐降低。这个试验可以说明液态金属中存在着原子集团。

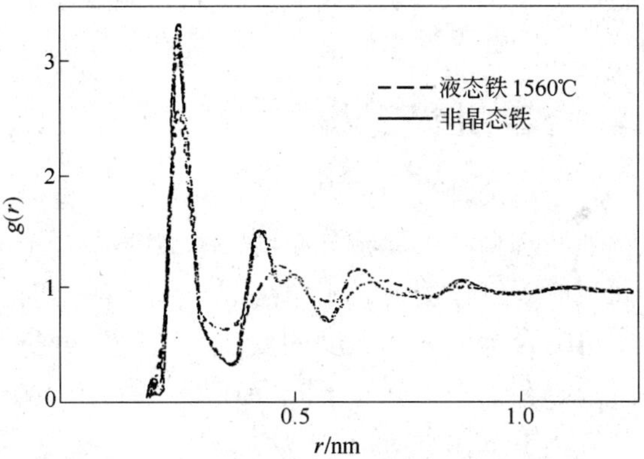

图 2-1 非晶态铁与液态铁的 r-$g(r)$ 图

X 射线衍射试验曾经获得了一些金属在液态和固态原子间距离和配位数，为近程有序理论提供了一些试验根据。

严格说来，液态金属(包括充分过热的液态金属)并不是真正意义上的匀质相。除了液相含有大量杂质微粒外，其各个微区的成分和结构都不完全相同，并且时时在不断变化之中。液态金属还显示亚显微尺度的温度起伏、能量起伏和结构起伏。所谓起伏，就是温度、能量、结构随时间和空间而发生变化。被限制在有序位置附近的原子热运动能量较高，这些原子可能摆脱邻近原子的束缚而进入其他原子集团中的空穴或加入相邻的原子集团，形成新的原子集团。因此，空穴及原子集团始终处于不间断变化之中，形成液态金属的结构起伏。结构起伏反映了原子集团的能量起伏。

几种原子组成的合金熔液同样存在着结构起伏，导致不同的原子在液相微区中浓度和分布状态都在不断变化，形成浓度起伏。

浓度起伏不仅指原子分布状态。当液态金属中含有未熔的固体微粒时，微粒表面及相邻微区可能出现元素偏聚，形成原子浓度和微粒浓度双重起伏。

对于液态金属结构的研究已有几十年的历史，产生过不少论述和学术观点。有些观点已被后来的实验所否定，有些则经过相关实验的印证，为学术界公认，已成为有关液态金属结构理论的主流。

液态金属由许多原子集团所组成。当金属加热熔化时，在晶格内呈规律排列的原子间结合能被削弱，原子平均间距加大，变成仅在原子周围十几个到几百个原子较小范围内存在一定的原子间结合能并呈现规律排列。超出这个范围，随距离增加而逐渐变成随机分布。这种处于原子集团内部的原子有序排列称为近程有序。液态金属结构的特点之一就是原子的近程有序排列。

液态金属中存在着能量起伏。由外部输入的热量使原子热运动的能量增加。原子集团内一些原子的动能超过了原子之间的结合能，摆脱了集团内的束缚而跳跃到其他原子集团或形成新的原子集团，这样就使液态金属中的原子集团分布状态及其能量存在状态时刻都在变化。原子集团的平均尺寸、跃变速度与液体金属的加热温度有关。温度越高，平均尺寸越小，跃变速度越高，能量变化越快。液态金属中这种能量分布的可变性和不均匀性就是能量起伏。

液态金属内，原子集团间存在原子密度很低的“空位”。这些空位随原子集团分布状态的变化而变化。实验证实，空位之间有自由电子流动。这些自由电子为原子集团中所有以金属键联结的原子所共有。它们只能在原子跃变时随同正离子一起流动，具有离子导电的特征。因此，许多液态金属仍具有一定的导电能力。

2.2 合金的液态结构

合金由两种或两种以上的原子组成。不同原子间作用力与单一原子间作用力不相同，影响到液态合金中原子分布状态，使液态合金的结构远比液态金属的结构复杂。特别是两种元素原子间作用力大于单一原子间作用力时，结构变得更加复杂。液态合金衍射强度变化图也随合金成分和温度的变化而改变。分析此种结构的变化也相对困难一些。

液态合金中不同原子间存在着三种结合力，即：第一元素（或称溶剂元素）原子之间结合力，第二元素（或称溶质元素）原子之间结合力，以及第一元素和第二元素两种原子间的结合力。当原子集团发生跃变时，两种原子发生按比例地跃变的几率很低，因此，能量起伏和浓度起伏总是相伴随地发生。

浓度起伏现象对合金凝固过程以及凝固组织都有一定影响。例如铸铁生产中常常采用的孕育技术，其作用机理与铁水中的浓度起伏现象密切相关。

2.3 液态铸铁结构

由铁碳平衡图可以看出，液态铸铁的温度降低到液-固相变点温度后，将有第二相由铁液析出，析出物或是高碳相，或是固溶体或是两者的机械混合物。这些固相与铁液成分相差很多。它们的析出都经过形核和生长过程。因此，不但需要足够的相变驱动力，也需要赖以形成结晶核心的基础物质。这些物质可能仅通过碳原子聚合或铁碳原子结合而形成，也可能是其他化合物微晶。在本书后面的章节里将对这些微晶加以介绍，本章仅对碳原子聚合或铁碳原子结合形成的形核基础物质进行讨论。

铁和碳是构成铸铁的基本元素。液态铸铁凝固时析出的初晶相中都含有碳。这些碳以不同方式存在于初晶相，并赋予铸铁以不同的力学性能和物理性能。所以过去半个多世纪针对液态铸铁结构的研究都是针对碳在液相中的存在形式以及碳对于初晶相形成机理和析出形态的影响。这个思路是正确的。多年来，许多科学工作都围绕这个思路对液态铸铁结构进行了探索研究，并且在一些方面取得了成果。

最早流行的观点认为液态铁碳合金是碳的非饱和熔体，这种液相在化学成分上是均匀的。只当碳超过铁中的饱和浓度时，碳才以“渣”的形式析出。但是对于饱和浓度是多少，并没有明确界定。这个观点随着对铸铁组织的研究和分析技术的进展而渐趋消失。

几十年来，前苏联的科学工作者对液态铸铁的结构进行了一系列的研究工作，并且形成了以胶体理论为中心的研究思路。他们把液态铁碳合金看成是一个分散系，并且对于碳原子在熔体中的分布做了一些试验，并且提出了碳原子集团的概念。这些对于人们认识液态铸铁结构都起了有益的促进作用。

为了测定铁水中碳原子分布状态，曾经对 $w(C)=3.3\%\sim3.5\%$、1240～1490℃铁水进行离心分离试验。利用碳的聚集物密度远小于铁的性质，希望能将碳的聚集物分离出来。试样铁水 $w(C)=3.3\%\sim3.5\%$，从1300℃铁水浇注成的环状试样的不同半径处检测碳的质量分数，结果如图 2-2 所示[2]。

此图显示取样点含碳量随着直径增大而线性递减，说明有碳原子的偏析。研究者计算了不同碳含量和不同温度铁水中存在的碳显微集团尺寸，如表2-1所示。表中数据显示，提高铁水温度，碳显微集团的尺寸减小。

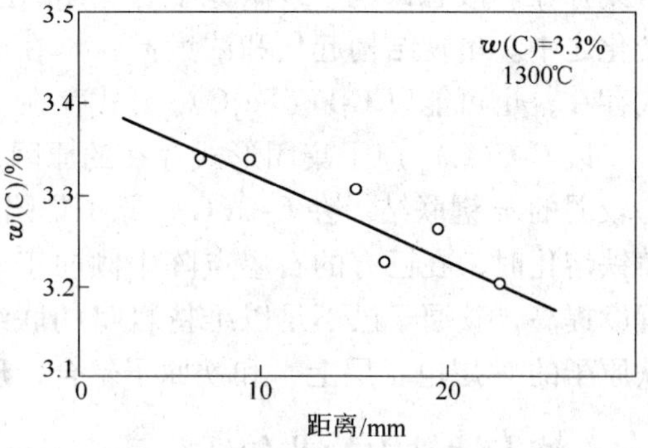

图2-2　离心分离试样中碳的径向分布

更早些时间，前苏联科学工作者还在不同过热温度及停留时间下对液态铁碳合金和镍碳合金密度的变化进行了试验。铁碳合金含碳量在2%以下时，液态合金密度不因过热温度及高温保温时间的变化而增减。但含碳量超过2%时，液态合金温度低于1500℃时密度随温度上升而增加，高于此温度时，则密度渐趋下降。对这一现象的解释是：密度增加的原因是未溶的碳显微集团溶解了，空位发生了变化。密度在超过1550℃下降是由于表面张力下降引起的。

表2-1　不同铁水温度下碳显微集团的尺寸

w(C)/%	铁水温度/℃	碳显微集团尺寸/nm	w(C)/%	铁水温度/℃	碳显微集团尺寸/nm
3.30	1300	0.965	3.45～3.50	1280	0.96
3.30	1370	0.69	3.45	1350	0.70

密度变化试验表明液态铁碳合金中碳原子可能在一定范围内迁移和偏聚，形成可以影响熔体密度的偏聚状态，或者说形成碳原子显微集团。离心分离试验结果进一步证实了液态铁碳合金不是单相匀质熔液，其中含有在重力作用下能从液相中单独分离出来的碳原子显微集团。

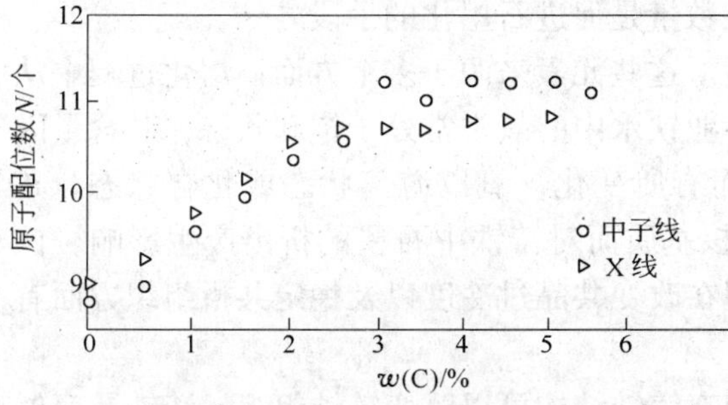

图2-3　液态铁碳合金含碳量对N的影响

对液态铁碳合金进行过X射线宽角衍射和中子宽角衍射，从衍射强度曲线数据分析得到了液态合金中原子配位数与合金含碳量的关系。这里所说的原子配位数相当于以原子第一配位层距离为半径的球面内的原子数，与固态晶体的配位数有类似含义。此原子数目以N表示。N与合金含碳量的关系如图2-3所示[1]。

由此图可见，w(C)<3%时，N随含碳量的增加而增加。

纯铁液的最近原子距离为0.252nm，配位数为9个原子，当含碳量增加到1.8%时，最近原子距离为0.267nm，配位数为10.4个原子，原子堆集密度加大；w(C)=1.8%～3.0%时，配位数增加到11.2个原子，但最近原子距离没有变化。说明原子堆集密度进一步加大。当w(C)>3.5%时，由微激冷试样中可以探查到近程有序的原子分布结构。这是在科学仪器上进一步证实了液态铁碳合金是存在着碳原子偏聚的非均质相以及液相中原子分布的近程有序性。

正如前面讨论金属液态结构时所谈到，原子集团在液相中不停地迁移运动，结构起伏时刻存在。液态铸铁中以碳原子为主体的原子集团很不稳定，在时间上和空间上时刻处于变化之中。呈现结构起伏和浓度起伏。在不同条件下，它们可能以 $C\text{-}C(C)_n$ 原子集团形式存在，也可能以 $C\text{-}Fe(Fe_3C)_n$ 形式存在。

以 $C\text{-}C(C)_n$ 原子集团形式存在的原因是构成石墨晶体的碳原子最外层 π 电子由结合力较弱的 π 键联结。在 $C\text{-}C(C)_n$ 原子集团所在范围内，π 键仍是原子结合的基础。因此，铸铁熔化时，在已有的石墨点阵中倾向于形成 $C\text{-}C(C)_n$ 原子集团。但是随着铁液的过热程度提高，碳原子已不足以维持自身的联结，π 电子挣脱原子核对 π 键的束缚而转移到铁原子的 N 层电子层上，和铁原子聚合，形成 $(Fe_3C)_n$ 原子集团。

2.4 液态铸铁中的非匀质物质

用以熔成铁水的炉料会因其含有不同的高碳相而使液态铸铁结构发生变化。铸造生铁(灰口)中含有粗大石墨，炼钢生铁(白口)则含有大量渗碳体。如果这些高碳物质在熔炼过程中未充分熔化，一部分仍以非匀质状态存在，它们会成为铁液中原子集团的“种子”。未熔石墨微粒或者直接成为石墨晶核，或者形成 C-C 原子集团，促进石墨形核。未熔渗碳体能在铁水中产生许多 C-Fe 原子集团，促进渗碳体生成。铸铁凝固组织在一定程度上似成为非匀质相遗传效应的产物。为了减弱或消除这种现象，需要把铁液充分过热。过热促使高碳相熔化，碳以原子状态进入液态铸铁。但是过热不能完全消除成分起伏。

工业铸铁水中存在着大量异质微粒。将萃取自工业铸铁的石墨加以煅烧，在煅烧残留物中发现每立方厘米石墨晶体中含有近 500 万氧化物微粒，4300 万硫化物微粒，500 万碳氮化物微粒[3]。各种微粒的数量与炉料和铸铁的化学成分有关。这些微粒中只有极少一部分与石墨晶格结构相近，具有良好的共格关系，易于匹配，能够成为石墨的有效形核基质，促进石墨析出。人为提高这类微粒存在数量是促进石墨化的手段之一。

液态铸铁中还有氧、氮、氢等气体元素。这些元素来源于多个方面：熔化过程中从大气中吸收、炉料带入、冶金反应所产生。工业铁水中的氧常常处于饱和状态，其含量因不同的熔炼工艺、熔化温度、冶金反应程度而有所变化，氧以游离状态或化合状态(SiO_2、MnO)存在于铁水中。SiO_2 因能成为石墨形核基质而对铸铁中石墨的析出产生影响。铁水中的氮对液态铸铁结构未发现明显影响。但在改变共晶过冷度以及稳定共析组织方面有一定作用。

近代有关冶金熔液的研究提示：调整液态铸铁结构可以改变铸铁组织。铸铁孕育处理获得工业应用即是一个实例。此外，加入合金元素也有调整液态结构的作用。

通过热力学分析以及衍射技术的应用，使我们对液态铸铁的认识确是向前迈进了一步。但是，液态铸铁只在其熔点以上的温度稳定地存在，它与环境之间不停地进行着各种反应(如氧化)。因此，对它的认识还不能像在显微镜下直接观察固态金属那样准确和直观，还需要人们不断地努力，打开直接观察和了解液态合金结构的大门。

综上所述，无论从理论意义或实践意义方面看，了解液态铸铁结构都是有用的。探讨液态铸铁结构对于铸铁件的生产至少有以下一些意义：

(1)通过调整液态铸铁结构获得预期的凝固组织。例如，在生产中，选用不同类型生铁(白口或灰口)熔化出来的铁水可在凝固过程中形成不同类型的共晶组织；增加炉料中钢的含量(提高铁水氮含量)，可以促进珠光体基体生成；改变铁水浇注温度和提高铁水的碳活度，可以促进石墨生成等。

(2)生产优质铸铁，需要进行孕育处理。合理孕育有助于促进石墨形核，改善铸铁组织，提高其力学性能。液态铸铁结构的研究有助于揭示孕育机制以及影响孕育效果的诸多因素。

(3)铁水的黏度、表面张力与其液态结构密切相关。而铁水的黏度、表面张力是决定铁水流动性和充型能力的重要因素。此外，液态铸铁结构对于其他铸造性能也有一定影响。因此，了解液态铸铁结构是生产完美铸铁件的重要方面。

(4)一些物理方法，例如机械振动和超声波处理、激冷、压力下结晶对铸铁组织的改善作用也都与液态铸铁结构变化有关。掌握液态铸铁结构变化规律，有助于开发新的铸造方法，从而扩大铸铁的应用范围。

参 考 文 献

[1] 鹿取一男，等．铸造工学[M]．哈尔滨工业大学铸造教研室译．北京：机械工业出版社，1983.
[2] Izmculov V A，et al. Russian Casting Production[J]，1971(1)：30 ~ 32.
[3] Levi L I. Non-metallic Inclusions in Cast Iron[J]. Russian Casting Production，1973(8)：321 ~ 324.

3 铸铁凝固

铸铁的凝固过程就是其初生相和共晶相在铁液中的形核、生长过程。液-固相转变结束后，形成凝固组织。由于铸铁组织具有双重性和形态多样性，它的凝固过程显得比较复杂。经过长期大量的研究和实践，目前已经掌握了铸铁组织形成和变化的基本规律。掌握这些规律对于铸造工作者改进铸铁件生产，提高铸铁件质量是十分重要的。

3.1 石墨生成

石墨的形成过程符合一般晶体结晶规律，要经过形核和生长两个阶段。铁水内的某些杂质微粒、硫化物和氧化物都可能成为石墨的形核基质。当铁水的碳活度达到一定程度时，碳原子移向形核基质，并在其上沉积，形成石墨微晶。这种微晶以及铁水中残留的未溶石墨微粒达到一定尺寸后，都能成为有效的石墨结晶核心。

石墨结晶核心中的碳原子并不完全按照石墨晶格结构整齐排列，而是存在许多晶体缺陷。有些晶体缺陷可为石墨生长提供生长台阶。对石墨生长最有作用的缺陷是螺位错和旋转孪晶。由于碳原子在不同生长台阶上的结合能不同，而且受到一些表面活性元素的影响，导致出现不同的生长机制，产生形态各异的石墨晶体。

3.1.1 片状石墨生长

石墨晶体是沿六方晶格的[$10\bar{1}0$]晶向和[0001]晶向生长的。两个晶向的生长起始于不同的生长台阶，并有各自的生长机制。在缺陷提供的台阶上添加原子是晶体生长的一种方式。由于晶体缺陷处具有较高能量，易于接纳外来原子。台阶上接纳了一层原子后又形成新的台阶，原子继续添加在新的台阶上，晶体进一步生长。杂质元素(主要是表面活性元素，例如硫)对这种生长方式有干扰作用，因为表面活性元素容易吸附在台阶表面，吸附量达到一定程度时，就会把台阶堵塞，破坏晶体正常生长。

观察由灰铸铁萃取的片状石墨晶体，发现它是由许多薄片状石墨亚组织叠集而成。这些亚组织呈层状排列，并大体上平行于石墨片体表面。在片状石墨单晶体内，沿晶体长度方向的延伸量远大于片体增厚量。

以亚组织形式存在的单个无缺陷晶片厚度约为0.1μm。X射线电子衍射图像探查到这些微晶片因晶格位向差异而构成旋转孪晶，如图3-1a所示。相邻基面以[0001]方向为轴线，变换一定角度。探查到的角度约为13°、22°、28°以及由这些角度组合成的角度。这种旋转孪晶结构为石墨晶体的生长提供了所需的生长台阶。沉积在台阶上的碳原子使石墨晶体沿(0001)面不断延伸。这种生长机制表明，片状石墨长度增长是沿晶格棱柱面晶向添加新的棱柱面，属于[$10\bar{1}0$]方向的二维生长。

片状石墨的片体增厚是按另一种生长机制进行的。扫描电子显微镜下可以在石墨片体

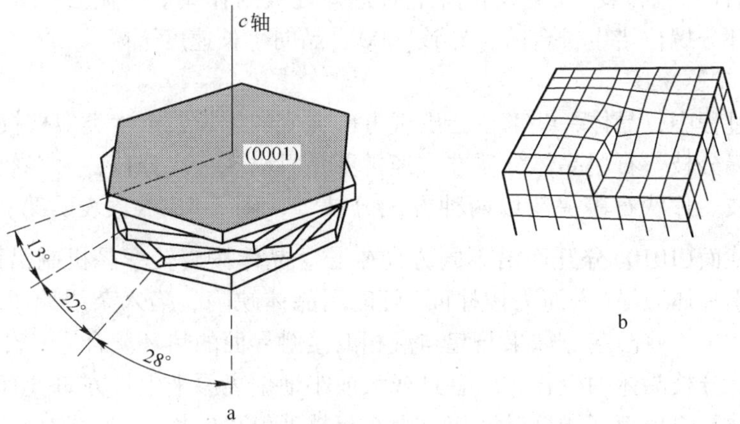

图 3-1　为石墨晶体提供的生长台阶

a—旋转孪晶；b—螺位错

表面(特别是过冷石墨表面)观察到一些六方形的螺位错线，如图 3-2 所示[1]。这种生长方式是由螺位错口(图 3-1b)提供生长台阶。当碳原子沉积在这些螺位错口上，晶体将按旋梯方式生长(图 3-3)。根据晶体学计算，螺位错生长存在临界回转曲率半径，晶体在小于此半径构成的轨迹内生长时，生长台阶边缘和周围熔液处于平衡状态，此轨迹既不增大也不减小，一直保持到晶体停止生长。在片状石墨表面观察到的六角形螺位错线经过 X 射线衍射探查，其[0001]晶向垂直于片体表面，可说明螺位错产生的[0001]晶向生长使片体增厚。

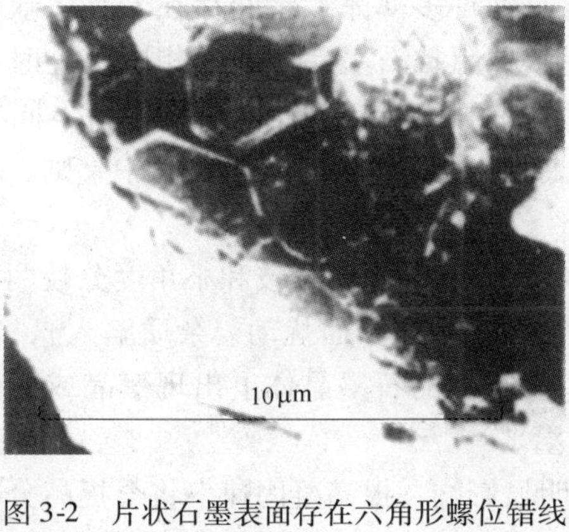

图 3-2　片状石墨表面存在六角形螺位错线

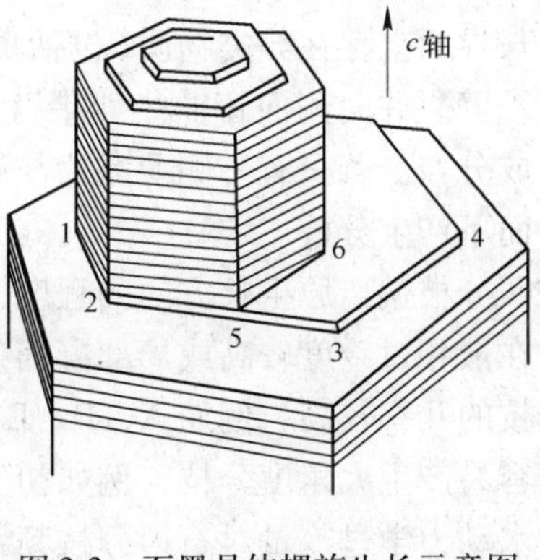

图 3-3　石墨晶体螺旋生长示意图

(数字 1 ~ 6 表示晶体生长顺序)

由此可知，片状石墨的生长包含[$10\bar{1}0$]方向生长和[0001]晶向生长。前者使石墨长度增加，后者使石墨片体增厚。由于[$10\bar{1}0$]晶向生长速度大于[0001]晶向生长速度，因此，片状石墨的长度大于厚度。

热力学条件和动力学条件都可能改变相对快速生长方向。而相对生长速度的变化又会导致所形成的石墨形态发生变化。例如，与旋转孪晶生长比较，螺位错生长需要较大驱动力。因此，液-固界面过冷度增加时，会提高[0001]晶向螺位错生长速度。某些杂质元素

(如具有表面活性的硫和氧)在生长台阶上有选择性吸附作用。吸附在螺位错口上的杂质原子可以堵塞部分螺位错生长台阶，导致[0001]晶向生长速度下降。

3.1.1.1 *石墨分枝*

石墨生长过程中，晶体一些部位会出现方向突变的生长，产生类似枝杈的晶体，这种现象常称为石墨分枝。石墨晶体分枝方式经常不是只出现一次分枝，大多数情况是多次分枝以至频繁分枝。片状石墨一般以两种方式分枝[2]，图 3-4a 示意表明第一种分枝方式。石墨晶体沿棱柱面($10\bar{1}0$)分开而沿不同方向生长。晶体按旋转孪晶机制沿[$10\bar{1}0$]晶向生长过程中，石墨片体边缘(表面为棱柱面)可能因晶体缺陷、陷入杂质原子或凝固条件发生局部变化而产生一些凸起。如果凸起与液相的接触界面的热环境合适，凸起将会继续生长，形成分枝。分枝晶体的生长方向总是或大或小地偏离原来生长方向。有些凸起处的生长受到奥氏体枝晶阻挡而不能接触液相，则在阻挡处停止生长。

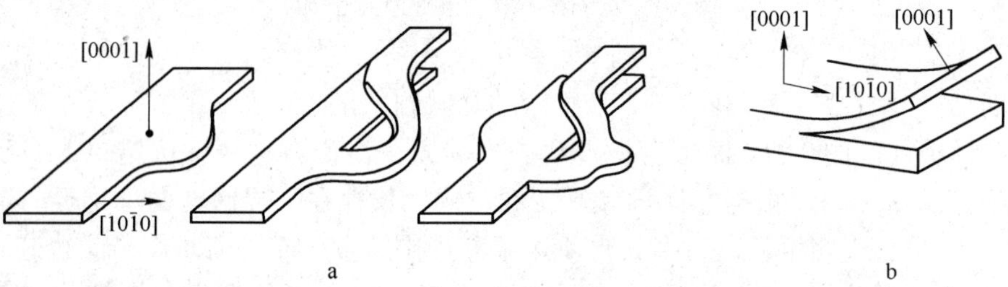

图 3-4 石墨晶体分枝方式示意图
a—沿棱柱面凸起生长；b—薄晶片劈裂方式生长

第二种分枝方式示于图 3-4b。片状石墨含有的许多薄晶片之间存在着晶体缺陷。当石墨生长界面上存在异类物质(包括奥氏体枝晶)并阻挡石墨晶体在液相中前进时，薄晶片可能被劈裂并向侧面弯曲。如果劈裂的晶片前端与液相接触，它们将会沿不同方向生长，形成分枝。若只有一侧薄晶片与液相接触，另一侧陷入奥氏体包围之中，则石墨只发生弯曲而不产生分枝。

按照分枝偏离原生长方向的程度，可将分枝划分为大角度分枝和小角度分枝两种分枝状态。在液相过冷度较高或局部凝固条件变化(包括液-固界面扰动、杂质陷入)，出现小角度分枝的几率较高，例如 A、D、E 型石墨。生长着的石墨晶体上出现孪晶或其他晶体缺陷，容易产生大角度分枝，例如初生 C 型石墨。

铁水动力学过冷量对石墨分枝频繁程度有明显影响，提高凝固速率将会提高分枝的频繁程度。高过冷度下形成的 D 型石墨远比 A 型石墨的分枝频繁。石墨频繁分枝(特别是小角度分枝)实际上是减少了灰铸铁中的石墨间距，同时使凝固界面前沿的原子移动能够适应共晶组织快速生长的需要。因此，石墨分枝有助于提高共晶液-固界面移动过程中的稳定性。

3.1.1.2 *不同类型片状石墨生长*

初生石墨是在较高温度下和较宽温度范围内由过共晶铁水直接析出。它是在不受先析出相干扰情况下在铁水中自由生长而形成的晶体。光镜下观察，外形比较平直，尺寸一般大于共晶石墨，并显现一些大角度分枝(图 3-5)。片状初生石墨在石墨的基本分类中属于

C 型石墨。

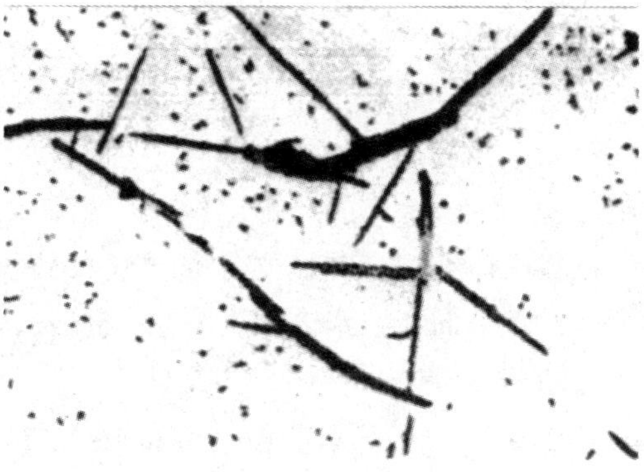

图 3-5 石墨的大角度分枝（石墨为 C 型）

对萃取的片状初生石墨进行扫描电镜观察，可以看到其表面的六角形螺位错线，其中包含许多以相同生长方向生长而形成的层状薄晶体。由于生长条件较好，晶体缺陷少。实验证实，亚组织中的孪晶缺陷是产生大角度分枝的原因。

粗大的片状初生石墨尖端存在薄片石墨。这些薄片石墨可能分叉或在其边缘上出现细小分枝。分叉或分枝可以接纳碳原子而成为共晶石墨的生长起点。在这些部位开始的共晶石墨生长无需新的晶核，因而可以减少形成石墨共晶所需的过冷量。也就是说，初生石墨可促进共晶石墨结晶。初生石墨这种诱发共晶转变的性质有助于高过冷的高碳铁水避免产生渗碳体。

3.1.2 球状石墨生长

第 1 章已经谈到，由铁水中析出的球状石墨是由一些呈辐射状生长的角锥形单晶体组成。石墨球表面被垂直于球体半径的(0001)晶面包围，角锥形单晶体均由一个共同核心开始生长。由这些结构特点，可推断球状石墨的一些生长条件：单个角锥形晶体以螺旋方式生长；[0001]晶向是单晶体优先生长方向，即[0001]晶向生长速度大于[$10\bar{1}0$]晶向生长速度；在整个生长过程中，多晶体能够保持均衡生长。

研究表明：如果铁水含硫较高，石墨生长时其螺位错生长台阶被表面活性的硫原子堵塞，晶体只能在旋转孪晶生长台阶上生长，形成片状石墨并发生分枝。当铁水中含有镁、铈等球化元素时，这些球化元素首先与硫、氧化合，多余的球化元素被吸附在晶体缺陷提供的生长台阶上。当生长台阶穿过吸附着活性杂质表面时将要被迫转向。旋转孪晶生长台阶上的碳原子运动首先受到阻挡，甚至完全堵塞，导致其上的生长减缓或停止，石墨生长的过冷度随之增大。过冷度增大为螺位错生长创造了条件，这是因为碳原子在螺位错旋出口上的沉积需要较大的结合能，过冷度增大必然给碳原子提供沉积能量。也就是说，球化元素通过增大晶体过冷度使基面上的螺位错生长台阶活化，导致石墨晶体以[0001]晶向沿螺位错台阶出现螺旋生长[3]。

石墨晶体螺旋生长的同时，旋转孪晶生长台阶的[$10\bar{1}0$]晶向生长也在进行，只是生长速度较低。球状石墨内部呈年轮状的晶体层厚度可以反映[$10\bar{1}0$]晶向生长速率的大小。晶体层较厚表示生长速率较高。

高过冷度下生长界面变得不稳定，这可能是角锥形单晶体辐射状生长的主要原因。单晶体辐射生长时，最初是受到相邻的晶体限制而不能达到螺旋生长的晶体临界回转半径。随着球体直径增大，碳原子继续在螺位错口上沉积，界面的不稳定性将导致出现单晶体的侧向生长。球体表面将成为不平整的多阶表面。多晶体间有许多倾斜和扭曲的界面。球体表层疏松，可以观察到螺旋生长产生的六方形生长螺线。

在铁水中加入球化元素是产生球状石墨的基本条件。但是球化元素也是表面活性的，如果残留量较高，螺位错旋出口的自由原子吸附密度增大，堵塞了部分生长台阶，可能使石墨形态畸变，与球化元素含量不足产生相似的结果。如果含量过高，可能在生长台阶上形成牢固的覆盖层，使石墨生长受到抑制，过冷量急剧增大，以致产生渗碳体。这说明了球化元素加入量过多时，球墨铸铁中出现白口的原因[3]。

石墨晶体结构有明显的各向异性，其各晶向的生长速率是不相同的。某一晶向的生长速率与相应晶面和铁水之间的界面能有关，界面能大则生长速率低。如果石墨晶体基面与铁水之间界面能低于棱柱面与铁水之间的界面能，则[0001]晶向的生长速率将高于$[10\bar{1}0]$晶向的生长速率，为形成球状石墨创造了条件。R. H. McSwain 等人测定了球墨铸铁液和灰铸铁液在不同石墨晶面上的表面张力与界面张力[4]。测定方法是将 $w(C)=3.70\%$、$w(Si)=2.80\%$、$w(Mg)=0.03\%$、$w(S)=0.010\%$ 的镁球墨铸铁，$w(C)=3.35\%$、$w(Si)=2.35\%$、$w(Ce)=0.10\%$、$w(S)=0.005\%$ 的加铈(低硫)铸铁以及 $w(C)=3.72\%$、$w(Si)=2.43\%$、$w(S)=0.050\%$ 灰铸铁分别制成6g圆柱形试样，并各置于多晶粒石墨托盘及热解石墨托盘上，在真空管式炉内加热到1200℃，熔成液滴，拍摄液滴轮廓照片(图3-6)。根据轮廓曲线测出液滴与托盘的接触角，进而计算出铁水表面张力值及铁水-石墨界面张力值。

a　　　　b　　　　c

图3-6　具有不同晶面石墨托盘上的液滴

a—棱柱面托盘上的球墨铸铁液滴；b—基面托盘上的球墨铸铁液滴；c—棱柱面托盘上的灰铸铁液滴

热解石墨的结晶位向精确，基面原子排列错位不超过±5°。在不同方位截取热解石墨制成托盘，分别使石墨基面和棱柱面平行于托盘与液滴接触的平面。而多晶粒普通石墨制成的托盘表面晶粒的结晶位向是随机的，不具有特定的结晶方位。测定结果列于表3-1。由此表可以看出，任何一种试样分别在三种托盘上熔成的液滴，其表面张力未显示明显的变化，表明熔液表面张力与石墨形态之间没有相关性。球墨铸铁液滴与石墨棱柱面间界面张力大于与基面间界面张力。而灰铸铁则相反，灰铸铁液滴与石墨棱柱面间界面张力远小于与基面之间界面张力。此实验结果可以说明球墨铸铁的[0001]晶向生长速率应大于$[10\bar{1}0]$晶向生长速率，灰铸铁的$[10\bar{1}0]$晶向生长速率应大于[0001]晶向生长速率。

表3-1　三种铁液与不同石墨晶面间的表面张力和界面张力

铁　液	晶　面	铁水表面张力 $/J\cdot m^{-2}$	接触角/(°)	铁水-石墨界面张力$/J\cdot m^{-2}$
镁球墨铸铁	棱柱面	1.1470	123.0	1.7207
	多晶面	1.1670	116.7	1.6208
	基　面	1.1279	115.0	1.4597

续表 3-1

铁 液	晶 面	铁水表面张力 /J·m^{-2}	接触角/(°)	铁水-石墨界面张力/J·m^{-2}
加铈(低硫铸铁)	棱柱面	1.3113	111.6	1.5787
	多晶面	1.4631	108.5	1.5037
	基 面	1.3349	104.7	1.3228
灰铸铁	棱柱面	1.1528	77.4	0.8455
	多晶面	1.0171	85.0	0.9509
	基 面	1.0567	105.7	1.2698

上述实验中还采用俄歇能谱仪探查了棱柱面平行于托盘表面的石墨表层，发现棱柱面内有硫原子的吸附，而基面平行于托盘表面的石墨表层没有硫原子的吸附。硫原子的这种选择吸附与界面张力出现差异有关。

前苏联的研究人员也做过类似实验[5]。内容扩大到干扰元素铋、锑、铅等元素对界面张力和石墨析出形状的影响，实验结果与 McSwain 等人的实验结果有相似的规律性。研究者提出，铁水对石墨基面和棱柱面的界面张力大于 1.150 ~ 1.200J/m^2 是球状石墨生成的必要条件。

3.1.3 蠕虫状石墨生长

图 3-7 显示蠕墨铸铁深腐蚀试样中单株蠕虫状石墨形貌。进一步探查得知：晶体的(0001)基面与生长方向垂直。石墨前端呈球冠状部分，其结构与球状石墨类似。经热氧腐蚀后可以看到相同晶面构成的年轮状形貌特征，基面与石墨球面处于相切位向。石墨晶体表面上有时能清楚显示其生长螺线。

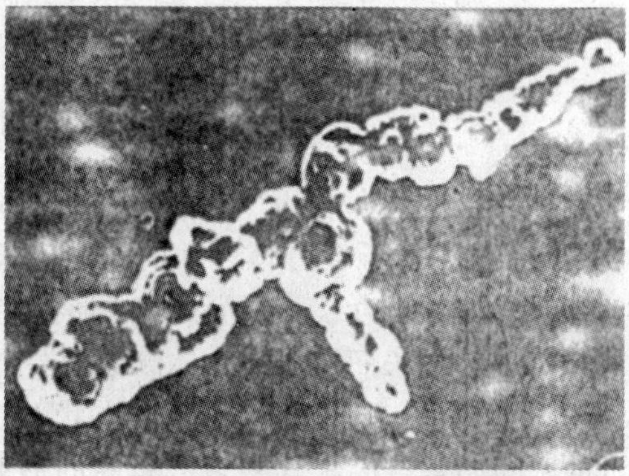

图 3-7 单株蠕虫状石墨形貌

观察说明：蠕虫状石墨的优势生长方向是[0001]，螺旋状晶体盘旋生长使石墨的长度增加。但是由于晶体局部生长速度的变化，特别是当生长速率提高时，会破坏晶体生长的稳定性，导致新生长的晶体偏离已有的螺旋生长模式而改变生长方向。这种变化实际也是[0001]晶向优势生长过程中的一种分枝方式。

蠕虫状石墨生长过程中不断出现[0001]晶向优势生长改变为[$10\bar{1}0$]晶向优势生长，或[$10\bar{1}0$]晶向优势生长改变为[0001]晶向优势生长。频繁的取向变化还与铁水中球化元素和干扰元素的相对含量以及初生奥氏体存在状态和共晶奥氏体生长状态有关。如果铁水中球化元素充足，能够抑制干扰元素的作用，石墨始终沿[0001]晶向优势生长。但球化元素对干扰元素的相对含量较低时，干扰元素大部分富集于凝固界面前沿，促使石墨沿[$10\bar{1}0$]晶向优势生长。蠕墨铸铁中两类元素有效含量处于中间状态。石墨生长初期，球化元素作用占主导地位。但当其含量消耗到难以保持在生长界面上均匀分布，并不能满足

[0001]晶向生长所需的程度时，生长模式即发生变化。

当石墨生长速率较低时，铁水中的碳原子能够向凝固界面充分扩散，石墨生长前沿与铁水接触，得以充分生长。足够的球化元素将使球状石墨生成。当生长速度较高时，石墨界面得不到充足碳原子，奥氏体将在石墨晶体周围以超过石墨的生长速度快速生长，并将堵塞石墨的生长前端，阻止其按原来结晶方位生长。对于[$10\bar{1}0$]晶向生长的石墨，奥氏体的阻挡迫使石墨晶体内的亚晶体薄片发生弯曲或产生分枝。无法形成分枝时，晶体前端可能形成圆钝形貌。

奥氏体也会迫使正沿[0001]晶向生长中的石墨改变生长方向。如果石墨晶体前端已经有多晶体生长出现时，也会被迫停止生长，而使石墨晶体末端呈现球冠状或近似球冠状形貌。由此可见，奥氏体枝晶的存在，也是影响蠕虫状石墨分枝和最终形貌的重要因素。

图 3-8 示意地表明片状石墨、蠕虫状石墨、球状石墨不同的生长方式。此图示意表明，蠕虫状石墨兼具其他两种石墨生长方式的特点。

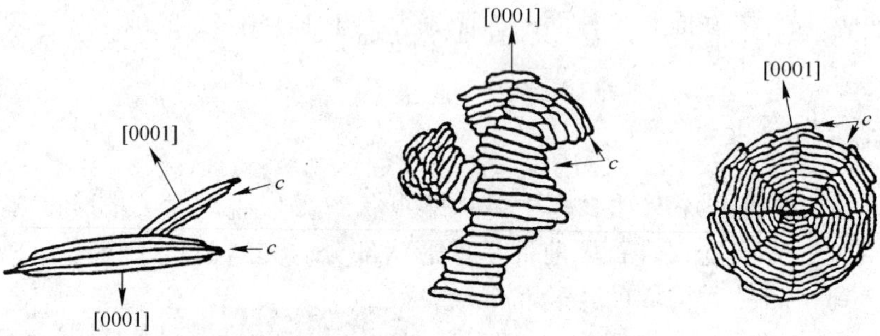

图 3-8 三种石墨的不同生长方式

a—片状石墨；b—蠕虫状石墨；c—球状石墨

在电镜下可以看到片体表面的六角生长螺线，说明片体厚度增长是沿[0001]晶向生长的结果。片体侧边缘与片状石墨在形貌上有显著不同，呈现相邻排列的球冠形貌，这是沿[0001]晶向生长而形成的片体侧缘终端。

图 3-9 所示为与图 1-22 所示蠕虫状石墨相近的中间形态石墨。其中多数石墨的形态更近似片状石墨。两种石墨生长方式基本相同，但蠕虫状石墨的生成与球化元素和干扰元素相对含量有关；而这种石墨的形成在更大程度上与结晶条件有关。

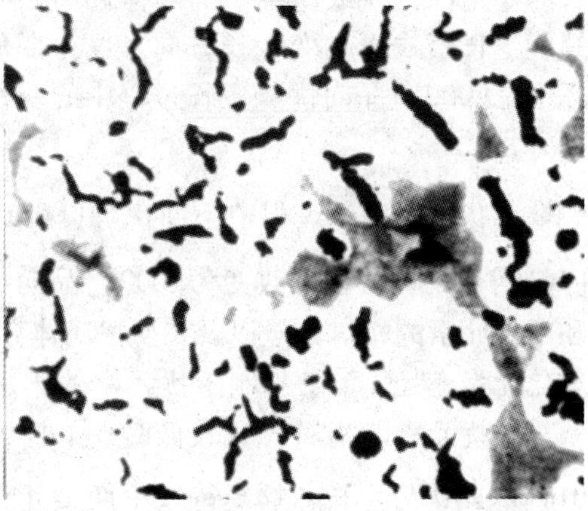

图 3-9 另一种中间形态石墨

3.2 初生相析出

3.2.1 初生渗碳体析出

过共晶成分铁水温度低于液相线时，将有初生高碳相析出。从结晶条件看，石墨相

的 w(C)接近 100%，远大于渗碳体碳含量(6.67%)。比较两种高碳相的结晶过程，形成石墨需要碳原子和铁原子做较大的迁移(图3-10)，而铁碳原子结合形成渗碳体基本上是即位反应，原子移动量(特别是铁原子)微小。铁原子在结晶过程中的扩散速率和自扩散量是碳、铁原子进行点阵重组形成新相的控制性因素。如果铁原子的扩散运动受阻或进行缓慢以致不能为构成石墨晶体提供足够的空位，那么初生石墨就难以生成。因此，提高铁水冷速，有助于抑制石墨结晶，并为渗碳体生成创造条件。

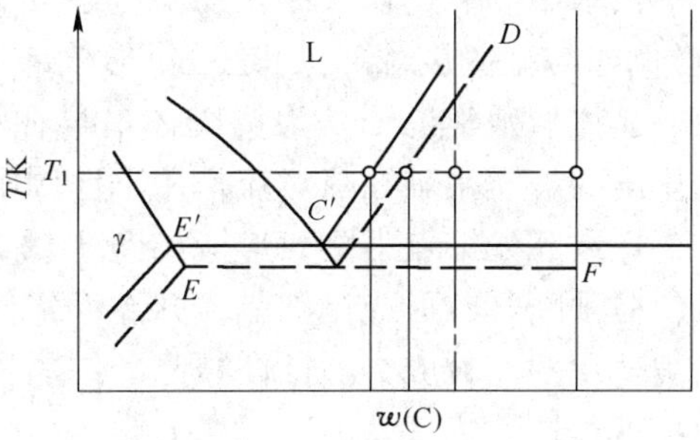

图 3-10 过共晶铁碳合金析出高碳相的热力学分析

铁水中碳活度也是决定高碳相类型的重要因素。活度低表明碳原子活动能力差，扩散速率低，石墨晶体也难以形成。相反地，铁水硅含量低或含有碳化物形成元素都会降低铁水中的碳活度，有助于渗碳体结晶。

提高铁水冷却速率和调整铁水化学成分以降低碳活度都会增大结晶过冷度。一旦铁水过冷到渗碳体液相线以下的温度，将有初生渗碳体析出。

渗碳体的正交晶格中，a 轴方向和 b 轴方向的生长速度大于 c 轴方向生长速度。晶体沿[010]晶向以层状生长方式二维生长(图3-11)。生长中的层片厚度约为几个至几十个原子间距。每个晶片内的碳原子以共价键结合。由于片体表面存在许多晶体缺陷，其中螺位错可使生长着的晶体出现许多二维分枝。这些分枝大部分也是沿[010]晶向优势生长并形成新的片层，片层使渗碳体增厚，片层之间以金属键结合。这种生长方式使渗碳体晶体成为许多片体互相链接的结构[6]。

片层内和片层间键结合强度不同，使渗碳体晶体产生各向异性。

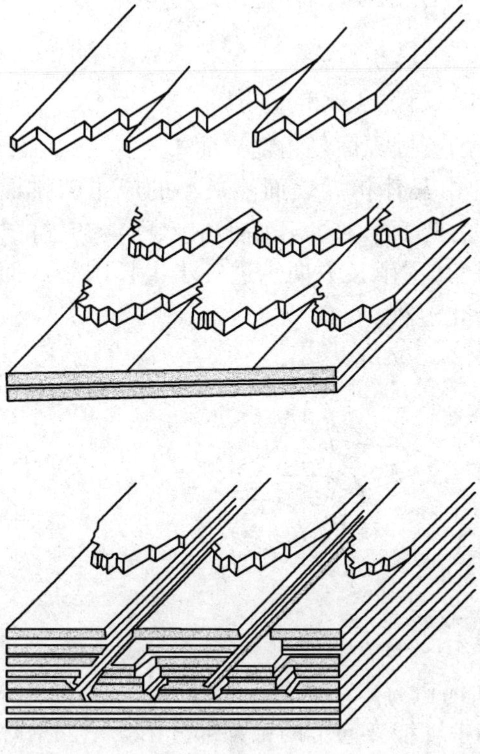

图 3-11 渗碳体层状生长

3.2.2 初生奥氏体析出

3.2.2.1 初生奥氏体形核和生长

亚共晶成分铁水过冷到稍低于液相线温度，初生奥氏体枝晶开始析出。

在实际生产条件下，铸件冷却速度远超过平衡冷却速度，熔液过冷导致凝固在共晶平衡温度以下的共生区形核生长(参阅 3.2.4 节)，导致共晶成分和过共晶成分的铸铁中也出现初生奥氏体。

铁水中的氧化物、氮化物微粒最可能成为奥氏体形核基质。最先达到最高过冷度的部位(例如与型壁接触部位)是最早形核部位。

晶体增殖学说[7]认为奥氏体最早在型壁上形核。枝晶初步生长，其根部富集着由固相排出的溶质很难在热对流作用下向周围熔液扩散，因而在初生晶体根部富集程度不断增加，导致此处熔点下降，形成如图 3-12 所示根部缩颈。熔液中的热对流或外力搅动作用可使缩颈断开，形成微细晶粒并漂浮到熔体内部。一部分进入温度较高的区域后被熔化；未被熔化的晶粒成为奥氏体枝晶的结晶核心。即使在杂质很少的高纯铁碳硅合金中也能发现此种形核方式。

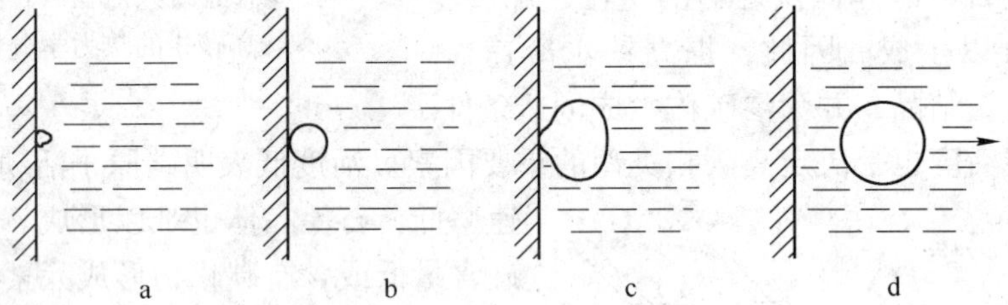

图 3-12　型壁上新生晶体因根部缩颈而漂入液相(a ~ d)

初生奥氏体以内生生长方式形成。其析出时的凝固界面是粗糙界面❶。

奥氏体生长遵循固溶相生长的一般规律，即由晶体扩展表面能最小的原子密排面生长。奥氏体晶体原子密排面为(111)面，因此即由此面生长，开始形成八面体初生晶体。八面体的断面为(001)面，其中轴线方向[001]是其主生长方向。进一步生长则是八面体初晶向枝晶形态转化。图 3-13[8]示意表明这一转化过程。

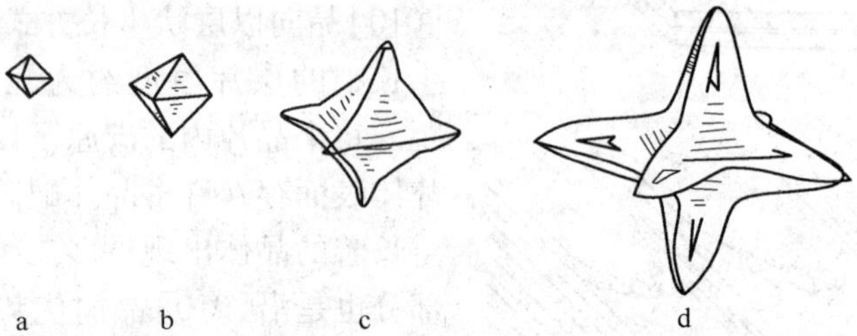

图 3-13　奥氏体枝晶生长(a ~ d)

奥氏体枝晶的形成与一些元素在八面体表面偏析有关。富集于液-固界面前沿的溶质使液相结晶温度下降，延缓晶体生长。而八面体中轴线方向上的锥顶部分由于结晶潜热产生的热对流使溶质易于扩散到液相，此部分结晶温度显著高于其他部分，导致锥顶部分快速生长，形成杆状晶体。这种杆状晶体，被称为枝晶干或一次枝晶。

枝晶干表面上也存在(111)原子密排面。如果在液-固界面上溶质富集导致成分过冷，

❶ 凝固界面是指生长着的晶体与其生长前沿的液相所形成的接触面。根据界面是否存在过渡层而分为粗糙凝固界面和光滑凝固界面。粗糙凝固界面的固相生长前沿存在厚度为若干原子层过渡区；区域内原子占据大多数晶格节点，易于从不同方向上把晶体生长所需的原子添加到界面上。生长所需过冷度较小。粗糙凝固界面在结晶学上也被称为非小晶面凝固界面。光滑凝固界面前沿不存在过渡区域，又称为小晶面凝固界面。晶体生长需要较大过冷度。凝固界面结构影响固相的生长方式、显微组织、内部缺陷数量、分布状态以及生长前沿液相的温度和成分。

在原子密排面堆集的部位将优先生长。首先是出现一些突起，突起前端生长而伸入熔液，并使一些能导致熔点下降的溶质排入液相。相邻的突起生长物之间将有更多的溶质元素出现，熔点随之继续下降。突起生长物根部的生长将远滞后于前端，最终形成鱼骨状晶体，即是二次枝晶。

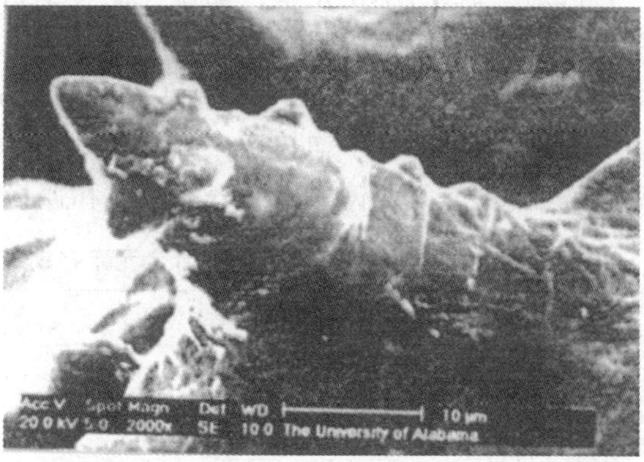

图 3-14 生长过程中的初生奥氏体枝晶

二次枝晶上还可能产生三次枝晶，其生长过程与二次枝晶相似。三次枝晶一般出现在奥氏体凝固温度范围较宽而且晶体有足够时间充分发育的情况下。近共晶成分铁水在共晶转变前析出的初生奥氏体中，很少见到二次以上的枝晶。

图 3-14 为取自球墨铸铁件缩孔表面的初生奥氏体枝晶[9]，清楚显示出生长过程尚未完全结束时已形成的一次枝晶和二次枝晶，发育完全的枝晶臂在生长过程中会互相碰撞，并在熔液中熔合而形成类似框架。这种框架结构可使灰铸铁强度提高。

3.2.2.2 元素的分配系数与枝晶内偏析系数

初生奥氏体形核和生长受到熔体局部过冷程度、温度和元素浓度分布不均匀性的影响，也受到一些可作为形核基质结构和特性的影响，导致奥氏体晶粒生长速度、枝晶发育特点有一定程度的随机性。晶粒尺寸大小不一，间距不等，形状各异。这种状况会影响到随后形成的共晶团及铸铁性能。

铸铁凝固过程中，各元素在析出的奥氏体和液相中呈现不均匀分布。通常以分配系数(K)表示元素的分布状况。所谓分配系数是元素在奥氏体中的平均含量与该元素在铸铁中平均含量的比值。硅的分配系数大于1，奥氏体中硅的质量分数高于铸铁中硅的平均质量分数。而促进碳化物形成元素锰则恰与此相反，微区成分分析结果表明，碳化物形成元素在凝固过程中较多地进入液相，分配系数小于1。例如锰凝固时大部分存留在熔体中，因此最后凝固的液相中锰的质量分数高于铸铁中锰的平均质量分数。磷更显著地偏析于奥氏体枝晶间的液相中，在铸铁凝固前残余熔液的磷浓度可能成百倍增加。在晶界产生磷共晶。硫在奥氏体中溶解度很小，大部分存在于铸铁熔液中。如果熔液中有足够的锰，则硫与锰化合形成硫化锰以夹杂物形式存在。

除了常存元素外，各种合金元素也都有各自的分配系数。分配系数在很大程度上影响铸铁组织。例如，钛的分配系数很小，K 小于0.1，在凝固界面前沿富集程度较高，不但促进枝晶发育，而且能促进液相成分过冷区内出现内生长方式的枝晶生长。枝晶充分发育，可导致D型石墨生成。因此，为了获得D型石墨组织，需要在铸铁内加入一些钛。

元素偏析也发生在奥氏体枝晶内部，说明奥氏体枝晶内化学成分并不是完全均匀的。这是因为奥氏体枝晶是在一个温度范围内逐渐成长，在不同的温度下，各种元素都有与温度相对应的固溶度。因此，奥氏体枝晶心部元素浓度和边缘元素浓度通常都会出现差别(晶内偏析)。通常以枝晶内偏析系数 K_i 表示元素偏析程度。

K_i 表示奥氏体枝晶心部某元素质量分数与奥氏体枝晶边缘该元素质量分数的比值。

铸铁凝固过程中，碳在奥氏体中的溶解度将随温度下降而加大。因此，就单个奥氏体枝晶而言，晶体心部含碳量最低，由内向外，含碳量逐渐增加。

硅以及一些石墨化元素，如镍、铜、铝富集于枝晶心部，K_i 大于 1。反石墨化元素，如锰、钼、铬、钒、钨则在枝晶表层含量高于心部，K_i 小于 1。

奥氏体枝晶内部的元素偏析可以用于使铸铁产生特定的金相组织。例如，利用碳、硅、锰在晶内分布的不均匀性，可以通过热处理产生破碎铁素体基体。

一些合金元素在铸铁中的分配系数和偏析系数列于表 3-2。

表 3-2 一些合金元素在铸铁中的分配系数和偏析系数

合金元素	在铸铁中含量/%	分配系数 K	偏析系数 K_i
Al	0.68	1.07	1.10
Si	1.27	1.09	1.15
Cu	1.12	1.09	1.10
Ni	1.07	1.03	1.15
Co	1.09	1.05	1.14
Mn	1.07	0.70	0.75
Cr	0.98	0.51	0.85
W	0.89	0.39	0.95
Mo	1.13	0.35	0.87
V	1.48	0.38	0.97
Ti	0.26	<0.10	<0.10

3.2.2.3 影响奥氏体枝晶形态和分布的因素

奥氏体枝晶的体积分数和尺寸形态对铸铁的共晶转变和凝固组织的影响可以导致材料性能的变化。因此，对于影响奥氏体枝晶体积分数和尺寸形态的因素需要有所了解。

影响奥氏体枝晶体积分数的主要因素是奥氏体枝晶生长的温度间隔，即由奥氏体析出开始到析出结束之间的温度范围(析出结束温度不能确定为共晶转变开始温度，因为共晶转变过程中，奥氏体枝晶可以继续生长)。

碳当量是影响奥氏体枝晶体积分数的重要因素。碳当量降低使奥氏体枝晶生长温度间隔增大，枝晶的体积分数随之增加。碳当量相同情况下，硅与碳的质量分数比($w(\mathrm{Si})/w(\mathrm{C})$)增大，则奥氏体枝晶体积分数相应增加。出现这种现象的原因可能是存留于液相中的硅原子富集在凝固前沿，催生了外生生长(见 3.3 节)，相对地提高了枝晶的生长速度，而使枝晶体积分数增大。

添加合金元素能够改变奥氏体枝晶生长温度间隔和尺寸形态。钼和钒比较显著地增加共晶转变过冷度从而使晶体生长温度间隔扩大。铝和镍则起相反作用，减小共晶转变过冷度，使枝晶生长温度间隔变窄。镍有抑制奥氏体分枝的作用，促进厚实奥氏体生成。铝则有助于生成细小、散乱分布的枝晶。钛和钒都是强有力促使奥氏体体积分数增加的元素，少量钛即能使枝晶体积分数增加。钒和钛同时加入铸铁，更使枝晶在共晶转变的过程中体积分数显著增加。

奥氏体枝晶生长过程中，改变冷却速度会导致枝晶体积分数和形貌变化。提高冷却速度，枝晶停止析出的温度随共晶转变过冷度的增加而下降，扩大了枝晶生长的温度范围，导致枝晶析出量增加，晶体生长加快，生成的枝晶细化，分枝较多，枝晶臂间距相应缩小。生长速率达到一定程度后，奥氏体枝晶可能互相撞击、交汇，进而形成骨架状结构。具有这种结构的铸铁力学性能增强。

下面一些因素也影响初生奥氏体的形态和分布：

(1)碳当量较低、硫量低、铁水过热度高、浇注温度高、孕育处理质量差、铸件冷却速率高、或方向性冷却，使奥氏体枝晶呈现方向性分布；

(2)碳当量较高、硫量高、铁水过热度和浇注温度低、铸铁缓慢冷却，使奥氏体枝晶细小，无方向性排列；

(3)实行孕育处理使初生枝晶干间距减小。所用孕育剂的效果按下列顺序依次增加：硅铁，锶硅铁，硅钙。铸件以较快速率冷却同时加入少量锡或钛(0.1%)。

一般标准金相检测方法难于清楚地显示枝晶，特别是具有珠光体基体和A型石墨的铸铁更是如此。比较适用的检测方法是在偏振光下以4~20倍的放大倍率观察经过抛光-过硫酸铵溶液浸蚀-再抛光后的试样(需注意试样应置于抛光轮的某一确定位置，所有抛光痕迹都在同一圆周方向)。如果操作正常，即使在较低放大倍数下，也可以清晰看到衬度良好、影像锐利的初生奥氏体组织。

3.3 共晶转变

按照平衡相图，共晶成分的合金液在共晶转变温度发生共晶反应，产生共晶组织。但是在非平衡条件下凝固时，共晶转变温度和共晶成分与平衡凝固有显著差异。工业铸铁一般是在非平衡状态下进行共晶转变，其转变过程、共晶组织形态以及影响转变的因素都有自身特点。为了说明工业铸铁的共晶转变，以下首先介绍产生非平衡共晶转变的共生区。

3.3.1 共生区

非平衡共晶转变温度通常低于平衡共晶转变温度，可以在平衡相图的共晶温度以下的区域内，确定两共晶相在稳定状态下以同一速率、同时生长的成分-温度区域，这个区域称为“共生区”[2]。

简单二元共晶合金非平衡转变共生区通常位于两条液相线的延伸线包容范围内。图3-15中的阴影覆盖范围表示共生区。其中a图为对称型共生区。共生区界限位于平衡共晶成分两侧，在此区域内，由A组元形成的A相和由B组元形成的B相都已分别处于过饱和状态。共生区的$w(C_0)$线上A相和B相具有相同的过饱和浓度。平衡共晶成分的液相过冷直接进入共生区，开始两相协同生长。协同生长有以下特点：

(1) 在生长过程中，一个相的析出可以成为第二相形核基质或者诱发第二相形核、生长。

(2) 协同生长的两个相有近似的结晶速率。此速率高于单个相的结晶速率。

(3) 由于各相的生长机制不同，与生长速率相应的过冷度也不完全相同。因此，协同生长的凝固界面可能是等温界面，也可能是非等温界面。

(4) 凝固界面前沿的元素扩散性质和结晶潜热的传输是控制协同生长速率的主要因素，并影响共晶组织的生长温度范围。

(5) 共生区内的协同生长是非等温相变过程，产生层状或棒状共晶组织。

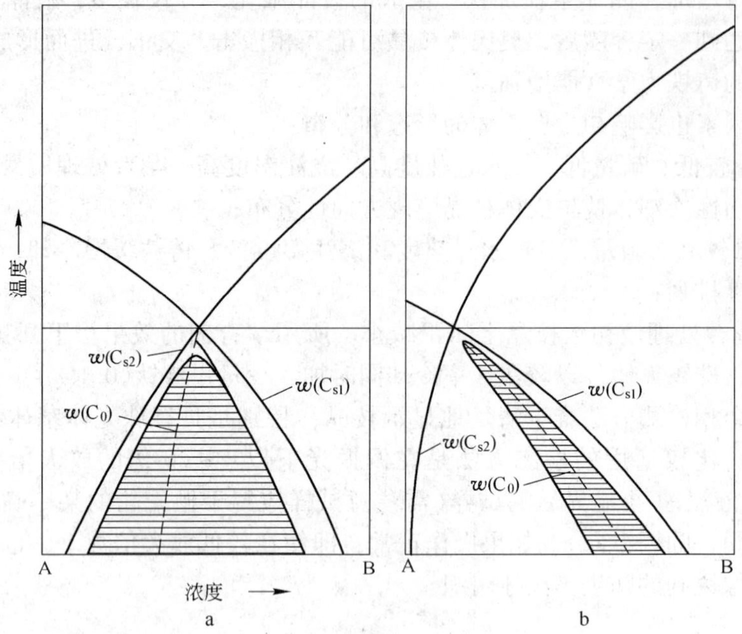

图 3-15 二元共晶合金非平衡转变的共生区

a—对称型；b—非对称型

如果组元 A 和组元 B 熔点相差悬殊，或凝固界面结构不同(例如粗糙凝固界面与光滑凝固界面)，两种晶体生长所需过冷度不同，生长速度也不相同，因此共生区的位置将会偏向一侧，如图 3-15b 所示，共生区偏向右侧。这种类型的共生区属于非对称共生区。当两组元熔点相差较大时，非对称共生区总是偏向熔点较高的一侧(图 3-15b 偏于 B 组元一侧)。

共生区的这种位置状态表明，共晶组织的生成不但偏离平衡共晶温度，而且也偏离平衡共晶成分。由图 3-15b 可看出，具有平衡共晶成分的液相过冷到平衡共晶温度以下时，首先析出的不是共晶组织，而是在共生区以外形核的熔点较低的 A 相，并导致液相中 B 组元浓度提高，一直达到过饱和程度。B 相在共生区范围内形核，并开始以与 A 相相同的速率协同生长，形成共晶组织。合金凝固组织中将含有 A 相和(A + B)共晶。

由此可见，具有平衡共晶成分的合金在对称共生区和非对称共生区形成的组织，在相组成和相形态上不完全相同。这不仅是由于存在着共晶转变以前析出的相，而且也由于这个相的存在可能使共晶组织的尺寸、形态和分布状态发生变化。

由于 A 组元作为初生晶体在(A + B)共晶体形成之前结晶，在铸态组织中共晶体的体积分数减少。如果冷速提高或其他原因增加共晶转变过冷量，则共晶相和初生相比值的变化将会更加显著。

通常，高熔点组元首先形核。这个组元的生长改变了熔液的成分，使之不能进入非对称共晶区。只当低熔点组元(A 组元)形核和生长后，熔液成分才可能趋向共晶区成分。但是在共晶区外，两个组元同时开始以不同速度同时生长，产生不规则显微组织，包括高熔点晶体和不规则共晶组织。

共晶组织的形态与其组成相的形核性质、液相过冷程度、凝固前沿温度梯度及晶体生长速率、液相成分及杂质元素含量等因素有关。一些影响凝固界面前沿原子迁移动力学和形核条件的因素都能导致共晶生长模式和共晶体形态的变化。这些因素在铸铁凝固过程中广泛存在，是铸铁共晶组织呈现多样性的主要原因。

3.3.2　共晶组织基本类型

通常按照共晶形成过程特点和共晶组织的形态，可将共晶组织分为三类，即正常共晶、非正常共晶及离异共晶。

正常共晶产生于对称共生区。产生正常共晶的基本条件是：(1)协同生长的组成相都具有粗糙凝固界面。(2)相间有合适的结晶方位关系，其中某一相生长能促使协同生长相形核和生长，如果共晶组织为层状，则层片生长方向基本上垂直于凝固界面。(3)协同生长各相所需过冷度基本相同。因此凝固界面基本是等温界面。正常共晶中各相规则地交迭排列，一般为层状组织。层间距 λ(cm)受界面生长速度 R(cm/s)的控制。许多正常共晶的层间距与生长速度符合 $\lambda = KR^{-1/2}$ 关系。例如，铁碳合金在一定生长速度下形成的层状渗碳体共晶组织基本上符合 λ-R 关系。

非正常共晶不是层状组织。共晶组织中有不规则排列的片状、棒状或其他不规则形状的析出相。灰铸铁中片状石墨与奥氏体形成的共晶属于非正常共晶。

离异共晶最显著的特点是共晶各个组成相的结晶在空间和时间上都是分开的，晶体完全在共生区以外生长。因此，不能以协同生长概念来说明离异共晶转变过程。

离异共晶转变产生于以下情况：

(1) 共晶组成相之间的成分差别很大，以及形核条件和晶体生长方式有差异，其中一个相在其他相开始生长之前已经大量析出。实践表明，成分偏差越大，越可能产生离异生长，而且共晶转变的过冷量越大。

(2) 形核困难可能引起离异共晶生长。具体来说，形成共晶的多个相中，首先析出的晶体不能成为后析出相的形核基质，或者说不能启动或诱发形核困难的相结晶。

(3) 领先相生长至一定程度后，液相中溶质的扩散速度很低，以致各相之间浓度不能达到平衡状态。领先相可能被随后生成的第二相包围，形成包荚壳体。但在壳体凝固期间，领先相也能通过第二相在特殊状态下生长。

球墨铸铁的球状石墨作为领先相首先从液相析出，继而被奥氏体包围，并在包荚壳体内继续生长。球墨铸铁共晶转变属于离异共晶转变范畴。

3.3.3　铁碳合金共晶的非平衡凝固

在讨论铸铁共晶凝固过程之前，了解铁碳合金在非平衡条件下进行共晶凝固过程是十分必要的。这个过程基本上可以反映片状石墨及球状石墨铸铁的共晶组织的形成过程。

铁碳合金中石墨和奥氏体两个相的碳浓度相差很大，而且形核性质和生长条件不同，因此石墨-奥氏体的共生区是非对称共生区。共生区偏向过共晶一侧，其界限与冶金过程和结晶动力学一些因素有关。一般可以根据铁碳二元合金共生区模型(图 3-16)示意说明灰铸铁凝固过程。

共晶成分铁碳合金过冷到平衡成分的某一温度(图3-16a中的①点)，奥氏体首先单独

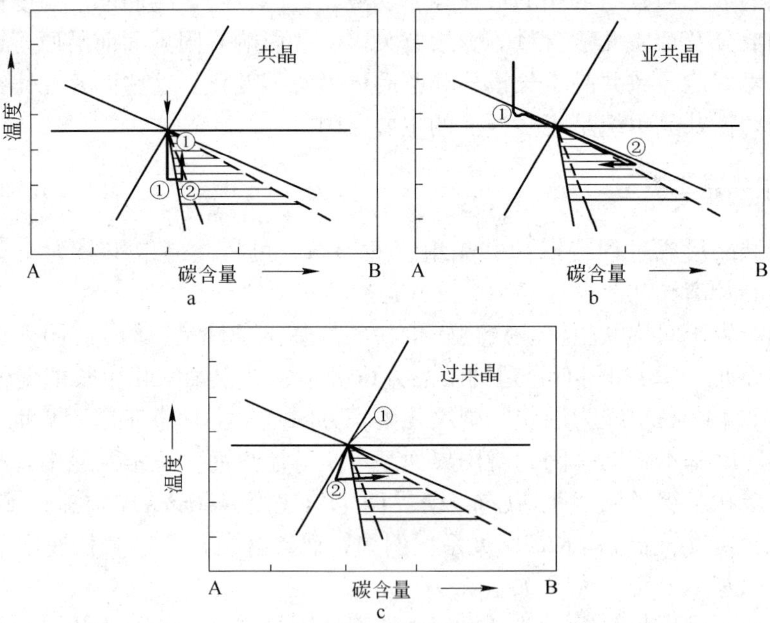

图 3-16 铁碳二元合金共生区模型（a～c）

形核并生长成为枝晶形态。铁水的碳浓度随奥氏体枝晶量的增加而向共生区移动（图 3-16a 中的①点至②点）。熔液中碳浓度达到过共晶成分的共生区内，才开始共晶转变。石墨与奥氏体协同生长，形成共晶团。

在非平衡条件下凝固的共晶成分铁碳合金并不具有单一共晶组织，而是由初生奥氏体和石墨-奥氏体共晶团共同构成。初生奥氏体析出量、尺寸和形态对随后共晶团的形成以及共晶石墨形态、尺寸和分布都有显著影响，因此也是决定合金性能的重要因素。

亚共晶合金中奥氏体枝晶在共晶温度以上的①点形核。随着温度下降和碳含量低的初生枝晶生长，熔液成分达到②点，由于高度过冷，导致石墨开始形核，共晶生长便在共生区内进行。

过共晶合金中的石墨在①点形核后初生石墨开始生成，熔液温度沿液相线朝向②点下降，成分也因石墨析出而有所变化，奥氏体在共生区以外开始形核、生长，并导致熔液进入共生区，奥氏体与石墨共同生长成为可能。

由此可见，共晶、亚共晶、过共晶铁碳合金的凝固组织中都会出现初生奥氏体组织。初生奥氏体组织的存在以及奥氏体的生长温度范围可能与共晶转变温度范围部分重合，都将会对共晶组织的生长过程以及合金显微组织有一定影响。

3.3.4 共晶团的形成

共晶团是铸铁组织的主要组成部分。它的尺寸、内部组织形态对于铸铁的性能有非常明显的影响。对于研究、生产、使用铸铁件的人来说，了解共晶团的形成以及它在铸铁中的作用是很必要的。灰铸铁共晶团如图 3-17 所示。磷共晶的存在显示出共晶团边界。

首先需要讨论的是铸铁共晶团如何形成。曾有很长时间，人们认为共晶团生成的领先相是先共晶奥氏体，析出奥氏体使其周围熔液碳浓度增高，从而引起石墨在其表面形核生长。但是经过许多研究实验证实，石墨是铸铁共晶团生长的起点。通常在铸铁熔液中悬浮着许多可以成为石墨晶核的基质，如氧化物、硫化物等，一旦这些基质附近有足够的碳原子聚集，这些碳原子便可能在一些基质上沉积，当达到一定尺寸并满足热力学上对稳定性要求后就可能成为石墨结晶核心。最早析出的石墨微晶外形是不规则的。电镜下探测表明，表面有些凸起物，这些凸起物一般是片状石墨生长的起点。凸起物表面结晶位向不同，导致石墨片在不同的方向生长。

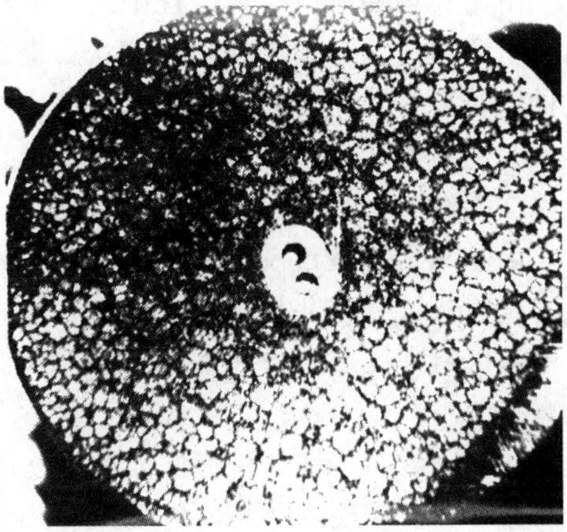
图 3-17 灰铸铁共晶团

石墨的生长前沿上存在着厚度为若干原子层的过渡界面(粗糙界面)，易于接纳由各个方向添加的原子。因此能为第二相(奥氏体)提供形核基质。

熔液中已有的初生相附近，特别是在生长着的枝晶之间，石墨结晶核心最易形成并成长为石墨晶体，这是因为枝晶生长会把碳原子不断地排散在周围的液相中，使周围的液相碳浓度不断升高，为石墨形核和生长提供物质基础。

组成铸铁共晶团的石墨和奥氏体所含碳和铁的质量分数相差悬殊。因此共晶团的生长，必须依靠熔液中的铁碳原子在熔液中发生位移才有条件使新相在化学成分近似的熔液中形成，上节已经谈到在石墨-奥氏体共晶组织中，石墨先于奥氏体析出，而且在共晶组织的生长空间中一直处于领先地位。石墨结晶是在周围熔液中的碳原子向石墨结晶核心区域聚集条件下启动。因而一旦石墨形核并开始生长时刻，石墨周围的熔液必将成为贫碳区域，这个区域为含碳量远低于石墨的奥氏体析出创造了条件。

有了这种浓度条件，并不等于必然形成共晶体。更重要的是两个成分相差悬殊、晶体构造各异的共晶组成相能在两者之间的界面上紧密而牢固地联系在一起。我们知道，石墨的密排六方晶格基面(0001)上，原子间距为0.246nm，奥氏体的面心立方晶格中，密排晶面(111)上的铁原子间距为0.252nm，两者的差别远低于能形成良好匹配的原子间距差异。当石墨周围熔液中浓度达到形成奥氏体晶体的要求时，奥氏体(111)面上的铁原子就有条件以石墨晶体的(0001)面为形核基质而进行形核和生长，两相在界面上以晶格匹配为基础互相联结起来。

在与石墨晶体接触的一面，排出的原子以扩散方式排到石墨晶体，使晶体加厚。另外，有碳原子在奥氏体晶体表面沉积，而大部分则通过液相扩散到凝固界面前沿附近，供给在界面前连续向前延伸的石墨晶体以所需的原子。如此则以石墨为领先相，石墨与奥氏体互为依赖地向熔液内协同生长。

在共晶团生长过程中，领先进入液相的石墨晶体的生长方向并不是固定的。它总会因为凝固前沿出现的成分过冷、温度梯度和热流方向的变化等原因而使生长着的晶体上一些凸起部位变得不稳定，导致产生石墨分枝。熔液中的初生奥氏体也会对生长着的石墨晶体产生阻挡作用。当石墨晶体生长到与奥氏体枝晶接触时，将会发生弯曲、分叉，改变晶体前进的方向。

由于石墨晶体在生长过程中发生分枝、弯曲、分叉，导致最终形成的灰铸铁共晶团中出现弯弯曲曲、形态无规则的片状石墨。分枝的石墨之间都充满与之共生的共晶奥氏体。这种以石墨结晶核心为生长起点而产生的共晶晶粒就是灰口铸铁的共晶团。每个共晶团只包含一个石墨结晶核心。随着温度下降，共晶体不断生长，共晶领域不断扩大，熔液体积分数逐渐减少。孤立的单个团状共晶团最终互相接触，使共晶团充满整个凝固组织。图3-17显示灰铸铁经过浸蚀断面上的共晶团。

一般灰铸铁中共晶团数大致在100～1000个/cm^2之间。共晶团数增加，灰铸铁抗拉强度和抗弯强度提高，产生白口倾向降低。为了改善铸铁的力学性能，适当增加共晶团数是有益的。

共晶团数对铸铁的铸造性能有一些影响。例如，共晶团数增加会使铸件缩孔体积和缩松倾向增加。缩松倾向与铸件凝固时热节处难以完全充分补缩，共晶团之间出现微细泄漏通道有关。共晶团个数越多，可能产生的泄漏通道也越多。有防渗漏要求的铸铁件，不宜过度增加共晶团数。

铸造厂常需根据铸件的技术要求而控制共晶团数。影响共晶团数的基本因素是铁水中的结晶核心数目、共晶团生长速度以及初生奥氏体的体积分数。而这几方面的因素又受到炉料种类、铁水化学成分、孕育处理工艺及所用的孕育剂品种、铸件冷却速度、铁水过热温度、高温保温时间等工艺条件的影响。可以这样说：凡是能够增加石墨晶核数目、加快共晶生长速率一般都能达到提高共晶团数目。例如，在较深过冷下结晶，合理地进行孕育处理，采用接近共晶碳当量、避免铁水过热温度过高和高温保持时间过长都是提高共晶团数的有效工艺措施。

按照国家标准GB 7216—87灰铸铁金相国家标准，确定共晶团数及其数量等级应在10倍或40倍金相现场中拍摄ϕ70mm金相照片。在照片中数出其中的共晶团个数然后按照GB 7216—87中所列共晶团数量分级表所列数据确认所检试样的单位面积中实际共晶团数量(个/cm^2)及其所属级别。国家标准中将共晶团数量分为8级，数量范围由大于1040个(1级)至小于130个(8级)。图1-34显示的金相表明试样共晶团数为4级，单位面积实际共晶团数约为520个/$cm^2$❶。

3.3.5 片状石墨共晶团的生长速度

片状石墨共晶团生长的一个主要特点是石墨与奥氏体以相同的生长速度在同一液-固界面上协同生长，两相生长速度都与界面过冷度密切相关。界面过冷包含动力学过冷、成分过冷以及界面稳定性发生变化引起的过冷，这些过冷都主要取决于熔液冷速和溶质浓度、偏析性质。冷速高、含有易于产生成分过冷的元素以及界面为非平面界面(胞状、枝晶状界面)会提高熔液过冷度。

图3-18示意表明奥氏体生长速度(v_γ)、石墨晶体在旋转孪晶台阶上的生长速度(v_{Ga}，相当于片状石墨长度方向生长速度)与晶体生长过冷度的关系。v_{Ga}受到界面反应控制，它

❶ 灰铸铁共晶团数显示方法是采用以下配比的浸蚀剂浸蚀试样：(1)氯化铜1g，氯化镁4g，盐酸2mL，酒精100mL或(2)硫酸铜4g，盐酸20mL，水20mL。冷浸蚀后即可显示共晶团，如图1-34所示。分布于共晶团边界的白色物质为网状磷共晶。

与石墨生长过冷度(ΔT_{Ga})有以下关系：

$$v_{Ga} = A_1\exp(-B/\Delta T_{Ga}) \qquad (3\text{-}1)$$

碳原子在熔液内的扩散速度控制着奥氏体生长速度(v_γ)，v_γ 与奥氏体过冷度(ΔT)具有抛物线形关系。

图3-18中 v_{Ga} 曲线和 v_γ 曲线交点所对应的生长速度是共晶生长速度；所对应的过冷度($\Delta T_{\gamma/G}$)是石墨和奥氏体协同生长的过冷度。

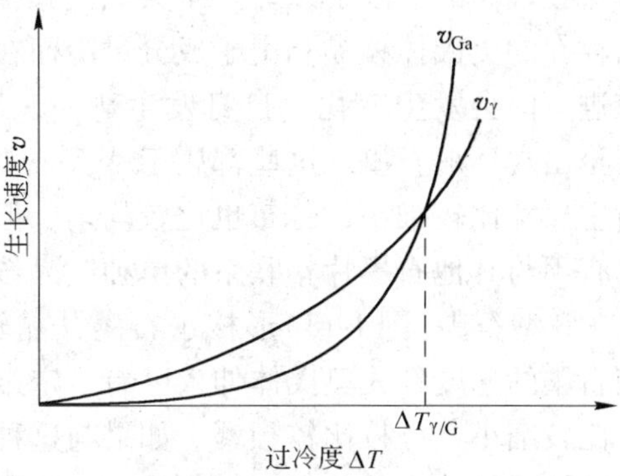

图3-18 奥氏体生长速度(v_γ)、石墨在旋转孪晶台阶上的生长速度(v_{Ga})与过冷度的关系

3.3.6 共晶石墨的生长

图3-19显示生长着的石墨-奥氏体共晶凝固界面[1]。可以看到，石墨相领先进入液相，片体前端与液相直接接触。液相中的碳原子通过体积扩散，使石墨晶体不断得到补充，始终保持领先。其两侧熔液在碳浓度降低情况下也随之结晶，并沿石墨生长方向生长。因此，奥氏体的液-固界面呈锯齿状。这是共晶组织在缓慢生长条件下经常出现的微观界面形貌。随着生长条件的变化，界面形貌也将发生变化。

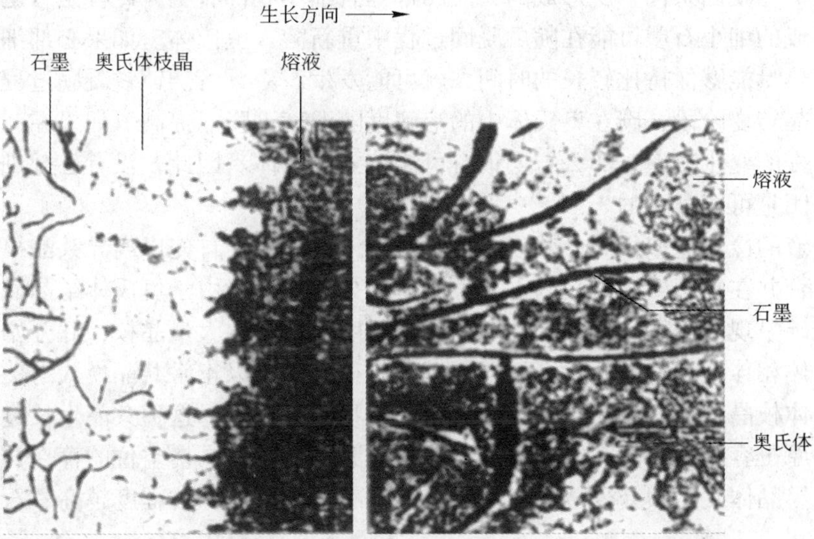

图3-19 石墨-奥氏体共晶凝固界面

a—亚共晶合金；b—过共晶合金

虽然两相生长前端的温度差别不大，但是所产生的温度梯度却非常陡峭。石墨与奥氏体生长前端的温度差别仅为0.1℃，石墨领先奥氏体约为10μm，相界温度梯度约为100℃/cm。这有助于石墨相保持稳定的领先地位，而且是形成非正常共晶的必要条件。前已述及，稳定系共晶转变过程中，由于石墨晶体在凝固界面前进方向的生长速度高于共晶奥氏体的生长速度而成为领先相，超前于共晶奥氏体而在凝固界面前首先进入液相，在稳定系共晶转变的温度范围内不断生长。如果熔液过冷度较小，不出现离异共晶生长，石

墨将在较高的温度下以非正常共晶模式在液相中分枝、生长。在此过程中可能遇到液相中已存在的奥氏体枝晶和由于成分过冷而在界面前产生的新生枝晶，此时生长着的石墨晶体前进方向会发生变化。自身发生弯曲，最终可能变成螺旋状、钩状、U 形(二维观察)，甚至出现环形石墨。这些都属于 A 型石墨。如果铸铁碳当量很低，奥氏体体积分数很高，石墨尺寸比较细小，分布也比较均匀。但是偶尔可能产生树枝状的、有方位的、短粗的、具有不与其他石墨片相联系的单独结晶核心的石墨晶体。

B 型石墨(图 1-13)形核于石墨共晶转变温度范围的中间温度。石墨晶体以稍高于 A 型石墨的速度领先奥氏体伸入已有一定过冷度的液相中。由于冷速较快，最初形成的石墨片比较细小，分枝比较频繁。如果与这种细小石墨组成共晶团的奥氏体体积分数较大(碳当量较低的铁水共晶凝固时容易发生这种情况)，共晶转变散发的热量足以使共晶团周围的熔体升温到共晶转变温度范围内的较高温度，例如 1140 ~ 1149℃。在这个温度下，石墨晶体的生长速率将降低，生成尺寸较大的正常 A 型石墨。石墨共晶团不断向四周扩展，形成心部为细小石墨片，周围呈辐射状向外生长的菊花状形态。

如果共晶团生长到一定尺寸后，冷却加快，则可能在共晶团边界区域又出现出细小石墨构成的小尺寸共晶团，形成大、小尺寸共晶混合存在的铸铁组织。这种情况在厚度不均的铸件上可以见到。具体来说，就是 A、B、D 型石墨共存的组织。

是否在上述凝固条件下所形成的共晶团都具有细小心部石墨？回答是否定的。主要原因是初始形成的细小石墨可能在随后凝固过程中重新溶入奥氏体。如果心部细小石墨共晶形成时产生热量能够保持比较长的时间，就可能发生石墨重溶。铸铁凝固过程中奥氏体析出阶段和共晶转变阶段，碳在奥氏体中的溶解度随温度下降而提高。如果在此阶段，温度保持比较缓慢的变化速率，那么石墨很有可能溶入奥氏体。因此，没有心部细小石墨的 B 型石墨共晶团是可能存在的。

如果熔液的冷却速率很高，凝固过冷度很大，共晶转变首先以离异共晶模式进行。奥氏体充分发育并在整个凝固体积内占有很大体积分数。此时由于奥氏体结晶而排出的碳使残留的熔液碳呈现过饱和。在共晶转变的较低温度下，产生大量晶核，并开始了石墨晶体与过冷奥氏体相伴随生长。此时石墨不再是领先相，而是以正常共晶模式与奥氏体协同生长。在奥氏体枝晶狭小的液相中形成细片状或点状共晶石墨。这种共晶生长过程中，两个共晶相中的原子容易发生相互错位，而且液相中混入杂质、晶格空位的存在，导致大量晶体缺陷使石墨晶体发生频繁分枝、扭曲。熔液过冷度越大、分枝程度越高，石墨晶体生长速度越快。

这种出现在枝晶间的、细小而分枝频繁的过冷石墨就是 D 型石墨(图 1-14)。

D 型石墨共晶区的室温组织是 D 型石墨 + 铁素体。这是因为在较低温度下以较快速率进行的转变中，碳原子难以进行充分扩散，奥氏体将转变为含有饱和碳量的铁素体。

由共晶组织形成过程来看，亚共晶、共晶和过共晶的都能够形成 D 型石墨，只是由于含碳量不同，D 型石墨的体积分数不同而已。

与 A 型石墨共晶团相比，D 型石墨共晶团尺寸较小。但是在一个共晶团内的石墨也是共同源于一个结晶核心生长起来的。但是在 D 型石墨分布区内，也发现了一些孤立存在的点状或细片状石墨。

碳当量较低或含有促进奥氏体枝晶生长的合金元素的灰铸铁在铁水过冷程度稍小于 D

型石墨情况下，在共晶转变中下限温度在熔液内形核和生长，形成E型石墨(图1-15)。此时奥氏体发育程度已经相当充分，大体上按热流方向排列。E型石墨以接近A型石墨生长方式生长，但生长速度比A型石墨快。所形成的石墨片体外形较细小而弯曲，分枝较多。

F型石墨(图1-16)也称星状石墨。其特征是星状(蜘蛛状)石墨和均匀分布的细小片状石墨共同存在。这种类型石墨的产生，首先是在高冷速下形成蜘蛛状初生石墨，并以此为基础，在稳定系共晶温度范围构成奥氏体-细片石墨共晶团。

3.3.7 片状石墨共晶生长界面形貌

非平衡条件下冷却形成的非等温凝固界面对冷却条件和液相成分是敏感的。界面移动速度(晶体生长速度)的变化能使界面形貌发生变化，并导致共晶相析出方式和析出相形貌发生变化。液相化学成分也有类似影响。由于界面形貌是决定共晶组织形态(包括铸铁的石墨尺寸、形态、分布)的重要因素，因此有必要对其影响因素和变化规律加以介绍。

研究凝固界面变化规律需采用单向凝固技术。单向凝固装置可以控制生长速度(v)、界面前沿温度梯度(G_L)、化学成分三个参数独立变化。试样液淬后可将某一瞬间的组织形态保留下来，这样就可以分别研究各参数对共晶生长的影响。试验结果可以获得较好的重现性。单独改变生长速度(温度和化学成分固定)使铁碳合金(0.047% P)界面形貌的变化示于图3-20[11]。生长速度较低(v=1.8mm/h)时，由于液相中碳原子有机会沿界面进行体积扩散，石墨领先于奥氏体生长，奥氏体紧随石墨析出。石墨片之间的奥氏体生长相对滞后，形成凹槽，界面成为峰谷相间的锯齿状(图3-20a)。如果谷底碳浓度随奥氏体析出而增加，可能在两个已形成的石墨片体之间析出新的细小石墨晶体，反过来又提高了奥氏体生长速度，这样共晶生长界面能保持相对稳定。锯齿形生长界面产生的共晶石墨为A型石墨。石墨基本上沿热流方向生长，分枝少，分布较均匀。

如果生长速度适当提高，晶体生长产生的内部缺陷增多，并受到界面过冷度的限制以及共晶奥氏体的干扰，石墨出现频繁分枝。虽然石墨仍为A型，但显著细化，生长方向偏离热流方向。细小A型石墨释放的结晶潜热使周围液相温度提高，过冷减小，石墨生长减缓，又出现正常A型石墨。这样就使共晶团的石墨细小，外部石墨粗大，形成B型石墨共晶团。此种情况下，生长界面仍为锯齿状(图3-20b)。进一步提高生长速度，宏观界面上出现圆丘状(胞状)突起，并有初生奥氏体枝晶在界面前沿形成。这是因为过冷度进一步提高后，共晶组织的成分移向高碳方面，界面前沿熔液的碳浓度下降，从而促使奥氏体枝晶生长。因此这种胞状界面将在奥氏体枝晶之间生长，最终形成D型石墨-奥氏体共晶(图3-20c)。

如图3-20d所示，界面形貌因生长速度更加提高而产生显著变化：胞状凸起更加突出；界面附近出现胞状晶粒叠集。这是共晶生长由单纯外生方式生长(固相完全通过界面向前推移而长大)改变为外生方式生长与内生方式生长(晶体在凝固界面前的熔液中独立形核、生长)同时进行的结果。界面高速生长时溶质不能及时扩散，形成溶质富集并导致成分过冷。内生方式生长发生在成分过冷区。首先是石墨在熔液内奥氏体枝晶附近形核，然后开始共晶生长，形成以细片状石墨共晶为主体的细晶粒。

当内生共晶晶粒与前进中的胞状生长界面相遇时便陷入界面，但并未完全融为一体，会显示出一些结合痕迹。由于内生晶粒生长时受到奥氏体枝晶的干扰以及外生界面的扰

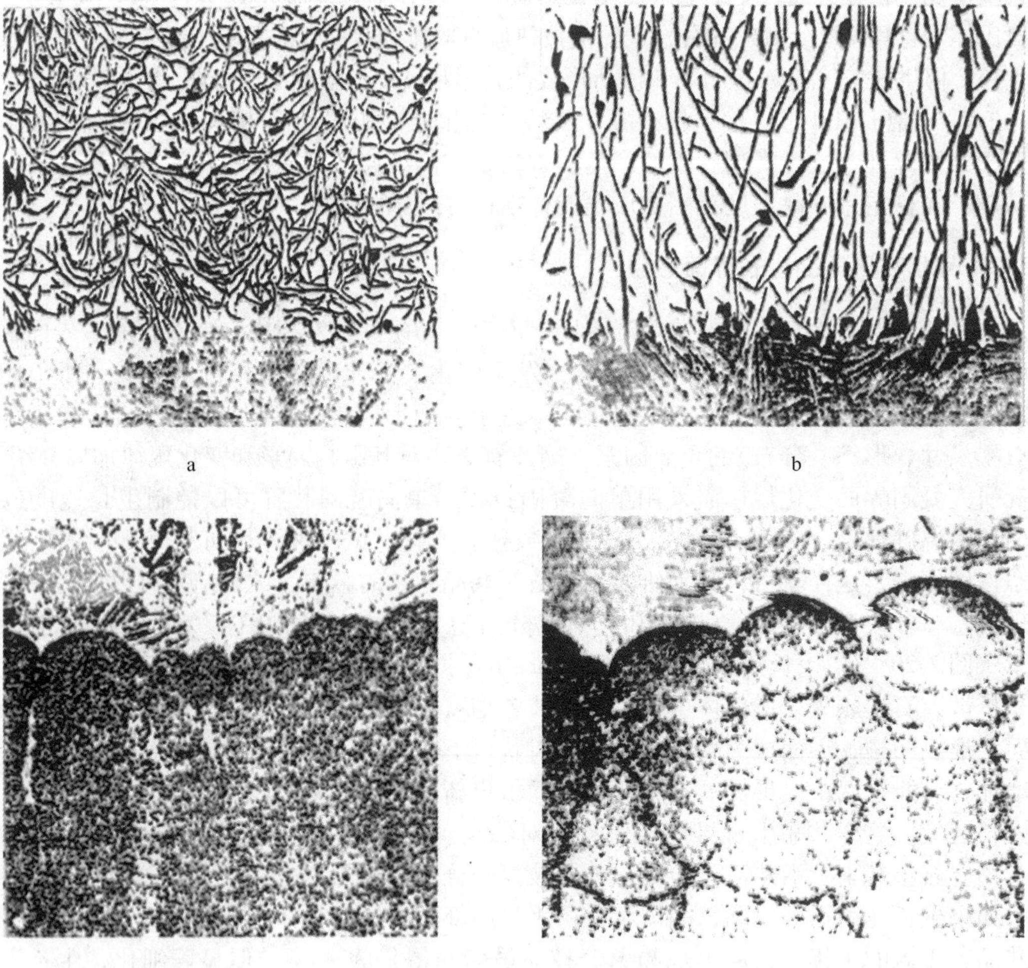

图 3-20 生长速度(温度和化学成分固定)对铁碳合金(0.047% P)界面形貌的影响

a—0.003% P，v = 1.8mm/h；b—0.047% P，v = 7.2mm/h；

c—0.047% P，v = 36mm/h；d—0.047% P，v = 72mm/h

动，界面上陷入的内生晶粒尺寸和形状也有明显差异。

内生晶粒与外生界面结合形成的液-固界面具有胞状枝晶形貌，常称为枝晶型界面。枝晶型界面产生的组织由初生奥氏体枝晶、石墨共晶以及可能出现的晶间组织组成。内生晶体内是细小片状石墨共晶，外生晶体则为 D 型石墨共晶。两种共晶团在晶体结合面上可以区分出来。

综上所述，在化学成分和温度梯度不变情况下，提高生长速度将发生的变化依次是：界面扰动增加—界面形貌由锯齿状转变为胞状—再由胞状转变为枝晶状；石墨分枝频繁程度增加；石墨生长方向随界面形貌的改变而改变；尺寸逐渐变短变细，层片间距减小；分布趋于紊乱；石墨形态由 A 型变为 B 型，再变为 D 型；胞状生长界面前的液相中有内生共晶组织析出。

铁碳合金中常存元素及合金元素的性质及其含量也影响界面形貌和凝固组织。当熔液中含有分配系数小、能提高界面过冷度的元素时，界面前析出的内生晶粒数量增加，尺寸减小，界面趋于混乱。例如，上述试样 w(P)由 0.047% 提高到 0.105%，生长速度不变($v=72$mm/h)，凝固界面形貌由图3-20d改变为图 3-21 所示。说明磷含量增加，界面上内生晶粒显著增加。一些内生晶粒之间没有完全结合，并且充满富含低熔点的高磷熔液。间隙内将产生晶间碳化物。

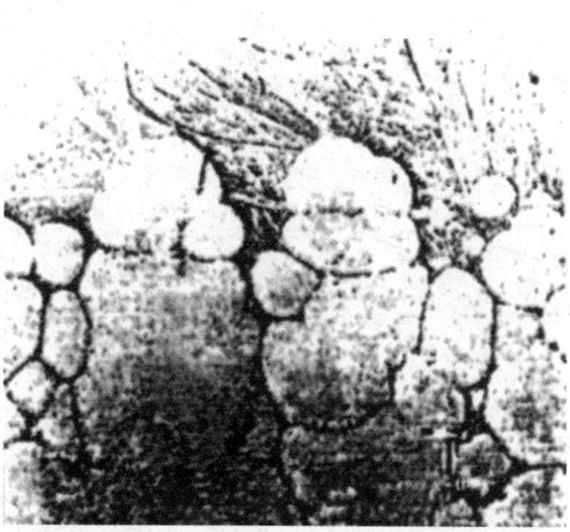

图 3-21 液态铁碳合金(w(P)=0.105%)，$v=72$mm/h 时的界面形貌

灰铸铁中的硫有增厚共晶石墨的作用，这是因为较厚共晶石墨生长的锯齿状界面是比较稳定的，石墨片厚度增加将使共晶层片间距加大。含硫较高时，导致锯齿界面改变为胞状界面以及胞状界面改变为枝晶界面的临界生长速度有所降低。

由于灰铸铁中各元素以各种机制影响界面稳定性，在非单向凝固过程中，很少出现锯齿形生长界面。与纯铁碳合金相比，灰铸铁在很低的生长速度下即产生胞状界面。而且，灰铸铁的内生共晶晶粒数量远多于纯铁碳合金或铁碳硅三元合金。一般认为，灰铸铁的凝固是以内生方式为主，形成灰铸铁的糊状凝固方式。

3.3.8 球墨铸铁共晶凝固

无论铁水是亚共晶成分、共晶成分，还是过共晶成分，球墨铸铁发生共晶转变之前已经有球状石墨直接从铁水中析出。这个说法已被一些实验证实。例如，有人试验过将铁水浇入旋转方向反复变换的离心铸型中，并保持到完全凝固。在凝固后的试样中，发现一些已经生长到一定尺寸的石墨球互相联结，在联结处内部含铁量不超过正常水平，说明铁没把相连石墨球分开。如果石墨球在固相内生长，当然不会发生这种情况。另外，在过共晶及亚共晶镁球墨铸铁液淬试样中可以看到大量直径约 1μm 的细小石墨球。此类实验可以说明，球状石墨是由液相直接析出的。

由于加入了球化元素，球墨铸铁共晶反应过冷度显著增加。组成共晶的石墨和奥氏体含量差别悬殊，形核和生长方式也不同，导致两相都在共生区以外开始结晶，在空间和时间上都是分开的。也就是说，球墨铸铁的共晶结晶是按照离异共晶转变方式进行的。

球状石墨首先由液相析出后，其周围熔液成为贫碳区，在此区域中碳浓度是变化的，形成碳浓度由球体表面向外逐渐上升的浓度梯度。这个浓度梯度与熔液的过冷度有关。冷速低、过冷减少，碳有较充足时间扩散，铁水向石墨供碳范围比较大。过冷度增高时，碳浓度梯度较陡峭。根据计算，熔液过冷度为 10℃时，球状石墨 90% 的碳来自石墨约 $26R$(R 为石墨球半径)的范围。而过冷度达到 100℃时，90% 碳来自约 $8R$ 范围。而球状石墨周围贫碳区熔液过冷度高于石墨熔液界面处的过冷度，奥氏体将首先在这些区域形核。这表明，过冷度较高的熔液内，共晶奥氏体的形核位置较接近已达到一定尺寸的球状石墨边缘。

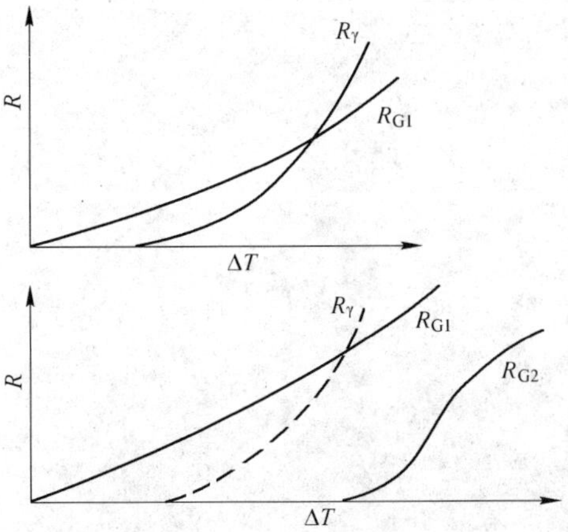

图 3-22 晶体生长速度随过冷度而变化

前已述及，石墨相具有引领或诱发奥氏体相形核的能力，并且奥氏体将依托石墨相快速生长。铁水中的石墨球，在热对流的作用下，将与单独生长着的奥氏体枝晶接触。两相一旦接触，奥氏体便沿球体表面快速生长。

奥氏体在石墨表面的生长速度与石墨的[0001]晶向生长速度都与熔液过冷度有关。过冷度增加，两者生长速度都要提高。图 3-22 表示生长速度随过冷度变化而发生的变化。可见在球墨铸铁熔液的共晶过冷度条件下，石墨表面上奥氏体的生长速度大于球状石墨的生长速度。因此，一旦奥氏体在石墨表面生长，它将会包覆石墨球体，形成球体的包覆层。

还有另一种方式使石墨球陷入奥氏体枝晶的包围之中。在凝固体积分数小于 30% 左右以前熔液中存在着热对流。随着枝晶生长时向液－固界面前沿排碳，使液相中尺寸较小的石墨球可能在对流停止时，固定在枝晶表面一些地方。由于石墨热导率高，枝晶与石墨的界面上出现凹槽，如图 3-23 所示。枝晶将围绕球体生长，并排出更多的碳，使凹槽中碳浓度提高，凹槽深度因液相局部熔点变化而增加，最终使石墨球体陷入枝晶的包围之中。

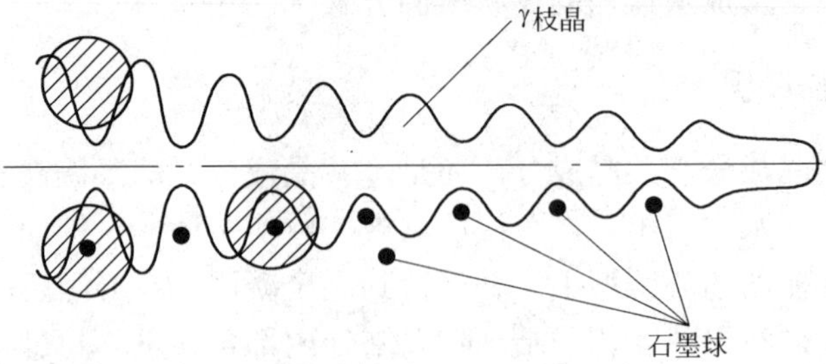

图 3-23 石墨球体陷入枝晶的包围之中

无论奥氏体以哪种方式包围石墨球体后，两相将以离异共晶方式各自继续生长。枝晶体积向外扩张，石墨接纳奥氏体排出的碳原子，并在固相包围之中继续增大。枝晶生长受碳原子扩散速率控制，石墨生长则受到铁原子自扩散控制。奥氏体在液相中是沿择优方向单独生长的，有二次枝晶产生。但是包覆球状石墨后，由于受到碳原子各向同性扩散的限制，择优方向生长被各向均匀生长所取代，不再产生二次枝晶及多次枝晶。只是表面出现一些圆钝的凸起，形成菜花状形貌。在过共晶球墨铸铁的显微缩孔中，可以清楚地看到奥氏体包覆球状石墨后，结晶中断所遗留下来的共晶晶粒菜花状外部形貌，如图 3-24 所示。

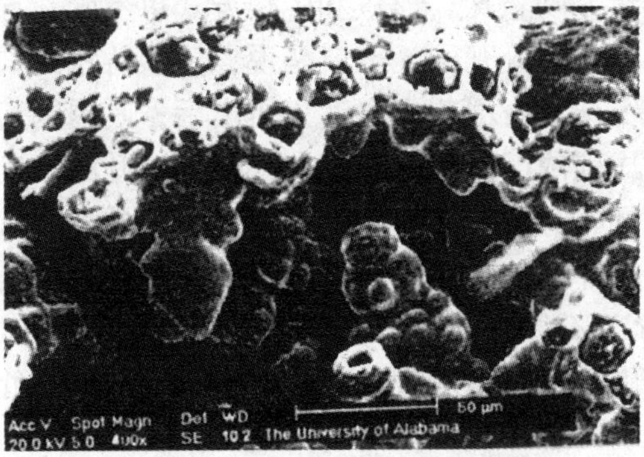

图 3-24 奥氏体内的球状石墨

在球墨铸铁的铸态组织中，人们看到每个球状石墨周围总是被铁素体晕圈所包围。容易被人误解为每个奥氏体-石墨共晶团只包含一个石墨球，亦即离异共晶转变产物出现在各个球状石墨单体上。但是经过对球墨铸铁凝固过程的研究，证实在一个奥氏体-球状石墨的共晶团中，包含着不止一个石墨球，而是多少不等的一些石墨球[9]。这种情况在彩色金相检验中也得到证实。

在特定试剂浸蚀下，铸铁中硅浓度在不同部位显示不相同的色彩。在铸铁凝固过程硅在奥氏体心部的浓度高于晶粒边缘浓度。在经过浸蚀的试样中，观察相应于硅浓度最低的颜色区的分布状况，可以鉴别出晶界位置及走向。据此描绘出的奥氏体-球状石墨共晶晶粒，如图 3-25 所示。

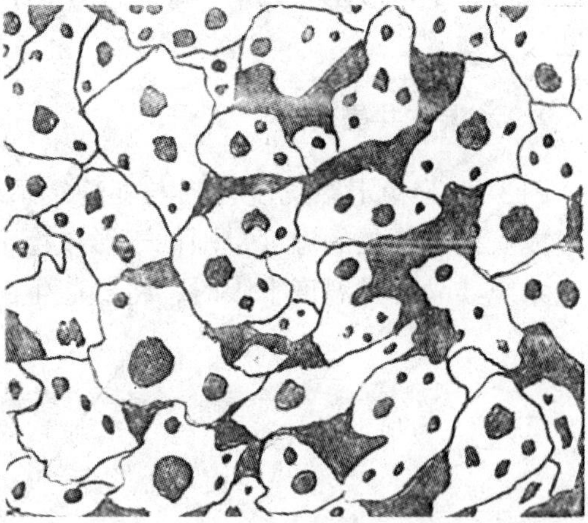
图 3-25 球状石墨-奥氏体共晶晶粒

图 3-25 表明，每个晶粒内包含尺寸大小不一的多个石墨球。尺寸较大的石墨球最早被奥氏体包围，都位于晶粒内部。尺寸较小的石墨球是在奥氏体已生长到一定程度的较低温度下析出并陷入奥氏体中，因而大部分位于晶粒边缘处。共晶晶粒并没有特定形状，晶粒外廓形状与陷入其中的石墨球尺寸、数量有关。很明显，图 3-25 描绘的显微组织并不是室温显微组织。在共晶转变完成后，奥氏体在固态相变过程中所产生的组织掩盖了共晶转变直接产生的凝固组织。

石墨球被奥氏体包围后仍会继续生长。这是因为奥氏体-铁水界面的碳浓度大于奥氏体石墨球界面碳浓度，使奥氏体包覆层内产生了由外向内的碳浓度梯度，导致奥氏体-铁水界面的碳原子通过包覆层向奥氏体-石墨界面扩散。而铁的浓度梯度与碳的浓度梯度相反，铁原子将以相反方向进行自行扩散。到达奥氏体-石墨界面的碳原子在石墨表面沉积，使石墨球尺寸增大，但是，碳在固相中的扩散速率远小于在液相中的扩散速率，因此石墨球在奥氏体内的尺寸增加量并不十分显著。共晶奥氏体生长时在界面上排出的碳，有相当部分进入界面前的铁水中，碳原子便在有效形核基质上建立石墨结晶核心，并生长成为尺寸比较小的球状石墨，这些小石墨球，也将被生长着的奥氏体包覆。共晶转变产物是奥氏体包覆着一些或大或小石墨球的共晶晶粒。

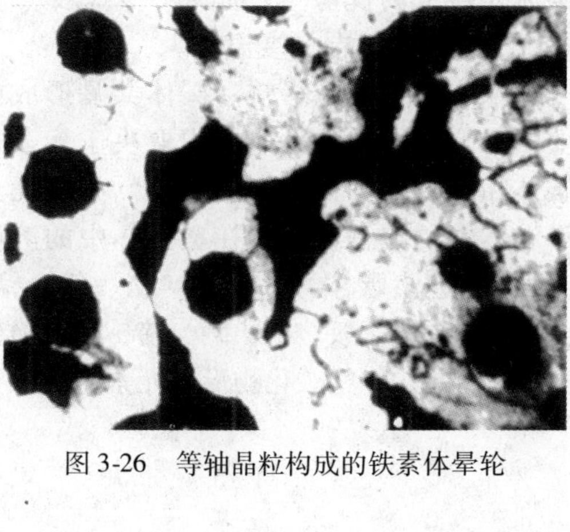
图 3-26 等轴晶粒构成的铁素体晕轮

铁素体在球状石墨表面多处形核和生长。生成的铁素体是由许多等轴铁素体晶粒组成（图 3-26）。共晶晶粒的固态相变是围绕着单个石墨球而进行的。固态相变开始于奥氏体中碳的脱溶，并发生 $\gamma \rightarrow \alpha$ 相变。$\gamma \rightarrow \alpha$ 相变的前提是 α 铁素体形核和有合适的位置接纳脱溶出来的碳原子。铁素体晶核开始出现于球状石墨-奥氏体界面上。在这些部位形核的原因是石墨界面上有许多晶体缺陷，具有较高能量；而且原子扩散距离短，邻近石墨的脱溶原子易于到达。因此，固态相变开始时，首先在石墨球周围出现铁素体包覆层。铁素体包覆层的出现为奥氏体中脱溶碳原子提供了向石墨扩散的通道。这是因为铁素体石墨界面上的碳浓度远低于铁素体-奥氏体界面上的碳浓度，而且碳原子在奥氏体中扩散阻力大于在铁素体中扩散阻力，所以碳原子不断向石墨表面扩散，石墨球尺寸和铁素体包覆层都不断长大。

3.3.9 渗碳体共晶转变

图3-27为稳定系统(实践)与亚稳定系统Fe-C-Si平衡图叠置形成的示意图。这个图显示形成亚稳定共晶的温度范围低于形成稳定系统共晶的温度范围。当铁水温度降低到低于稳定系统共晶转变温度下限时，将要产生由渗碳体与共晶奥氏体组成的渗碳体共晶。

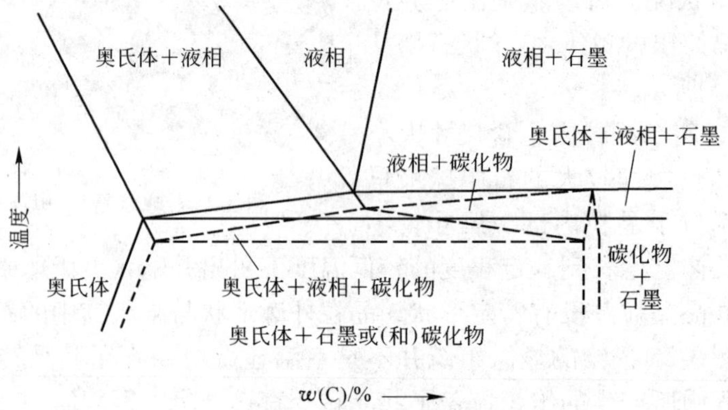

图3-27 两种共晶转变温度范围示意图

从热力学来讲，形成渗碳体共晶比形成石墨共晶需要较高的相变驱动力，只有当铁水过冷到较低的温度，热力学驱动力才能达到形成渗碳体共晶所需的驱动力。从动力学角度看，形成渗碳体共晶或形成石墨共晶时两种高碳相(渗碳体和石墨)在不同温度下的晶体生长速度是不同的。生长速度高的晶体是优先生成的相组分。从图3-28表明，只有当生长速度高于两条曲线交点(在交点左方)时，渗碳体才能成为优势生长晶体。这个交点温度略低于渗碳体共晶转变温度。

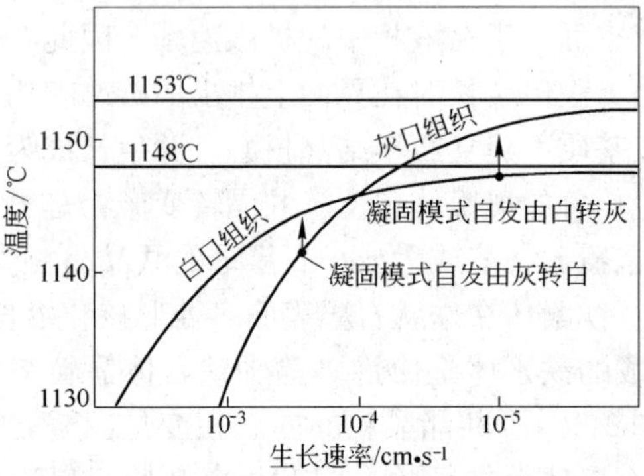

图3-28 两种高碳相在不同温度下的生长速度

铁水化学成分是影响渗碳体共晶形成的重要因素。其影响的大小首先取决于元素在渗碳体和奥氏体中的相对溶解度。如果元素在渗碳体中的溶解度大于在奥氏体中的溶解度，该元素将进入渗碳体并提高渗碳体的稳定性，促进渗碳体共晶生成。铬、钒、锰、氧、硫、硒、碲等都属于这类元素。铬、钒、锰置换铁原子，氧、硫、硒、碲、硼置换碳原子，使渗碳体结构更趋稳定，形成倾向更强。不但如此，一些碳化物形成元素还降低铁水碳活度，也有助渗碳体共晶形成。

元素溶入渗碳体通常要发生成分偏析。偏析性质对渗碳体共晶形成有一定影响。例如，铬、钒、钛在渗碳体心部浓度高于在边缘浓度，实验结果表明，元素的这种偏析性质可使渗碳体共晶转变温度提高，石墨共晶转变温度降低，两类共晶转变临界温度的差别(ΔT_e)缩小。这种情况使石墨共晶转变出现的几率降低，有利于渗碳体共晶形成。在$w(Si)=2\%$、$w(Cr)=0.1\%$的铁水中，$\Delta T_e=38℃$，而$w(Cr)$增加到1%时，$\Delta T_e=9℃$。这表明，在较小的过冷度下，渗碳体共晶即可取代石墨共晶。

钒也是在渗碳体中发生反偏析的元素，它对渗碳体共晶的形成，有更强的促进作用。加钒量达到一定程度时，渗碳体共晶转变温度将高于石墨共晶转变温度。在这种情况下，即使动力过冷较小时，铸铁水仍按亚稳系进行共晶转变。

关于渗碳体共晶形核和生长机制，有不同的说法，各种说法都有其理论背景和实验根据。

渗碳体共晶由共晶渗碳体和共晶奥氏体组成，也称莱氏体。这两个相都具有粗糙凝固界面。两相之间有以下晶体取向关系：

$$(104)_{Fe_3C}//(101)_{\gamma} \tag{3-2}$$

$$[010]_{Fe_3C}//[\bar{3}\,\bar{1}0]_{\gamma} \tag{3-3}$$

这种取向关系使两相交叠生长时界面能较小。

奥氏体是渗碳体共晶的领先析出相。在非平衡条件下凝固时，亚共晶成分、共晶成分铁水以及稍过共晶成分铁水在共晶转变前都已经存在一定的初生奥氏体。这些奥氏体表面的晶体缺陷可以容纳一些由周围富碳铁液扩散而来的碳原子，形成渗碳体生长的核心，共晶渗碳体即依附奥氏体开始生长。

一旦渗碳体在奥氏体表面析出，它将沿[010]晶向优先生长。其周围液相碳浓度降低，为奥氏体进一步生长提供了机会。

渗碳体与奥氏体生长方式不同。渗碳体逐层生长，二维分枝(图3-11)；奥氏体则沿扩展表面能最小的原子密排面(111)生长，三维分枝。一些渗碳体晶体生长时要穿过奥氏体晶体，这部分渗碳体是不稳定的。

另一种说法是渗碳体直接在初生奥氏体外的熔液中形核，使附近熔液中碳浓度降低，为共晶奥氏体的形成创造了条件。在两相共生长的过程中，渗碳体起领先相的作用，即渗碳体引领奥氏体生长。

渗碳体共晶一般呈现两种形态的显微组织，即莱氏体共晶形态和板条状渗碳体共晶形态。

在形成渗碳体共晶温度下，渗碳体的生长速度远高于奥氏体，因而在共晶组织中占有较大体积分数。渗碳体共晶作为生长中的领先相，一方面以[010]晶向为择优方向与奥氏体协同生长，使渗碳体形成长片状；另一方面，也在横向(c轴方向)生长，形成包覆型共晶(图1-25)。渗碳体与奥氏体倾向于形成包覆型共晶。形成这种共晶与形成层片状共晶相比较，前者在单位面积上界面能较多，但两相的接触面积却小得多。总的来说，形成棒状非正常共晶所增加的总界面能小于层状共晶。因而，渗碳体共晶多数呈包覆型形态。此情况下共晶奥氏体以圆柱体形状嵌入渗碳体。共晶体断面呈蜂窝状。这是莱氏体共晶特有的非正常共晶形态。

但当过冷度加大，即在更快冷速下进行共晶时，则倾向于形成板条状渗碳体共晶组织

(图3-29)。这种共晶常出现在低碳当量的亚共晶白口铸铁中。共晶转变时，铁液中已有相当数量的先共晶奥氏体存在，共晶奥氏体必然优先依附在原有奥氏体枝晶上生长，导致这种形态的共晶生长。

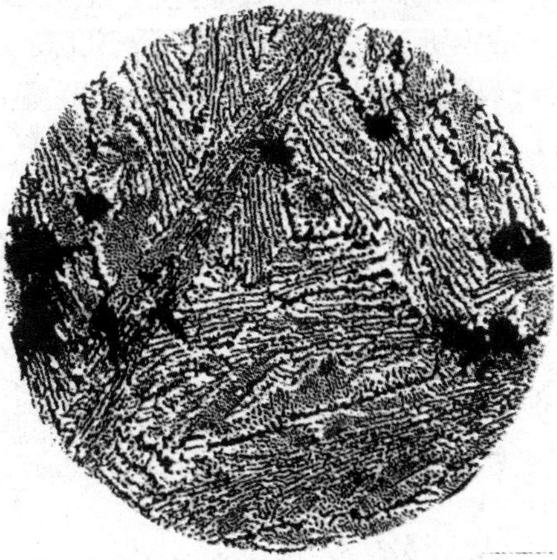

图 3-29　板条状渗碳体共晶

3.4　反白口现象

灰铸铁件的局部白口通常产生在铸件表层或尖角等冷速较高的部位。反白口现象与此相反，铸件断面心部为白口组织，表层则为灰口。这种违反常态的组织分布状况称为反白口现象。反白口现象是一种铸件缺陷。

出现反白口现象的铸件表层灰口组织为 D 型(或 E 型)石墨共晶。深度小(约 1 ~ 2mm)的表面灰口层常称为"灰边"，较深的表面灰口层称为"灰带"。内部白口区域中除了渗碳体共晶外，经常出现渗碳体与石墨共存的麻口组织或呈斑点状分布于白口区的胞状灰斑，灰斑内含有过冷石墨共晶组织。图 3-30 显示具有反白口组织的试块断面。

灰铸铁出现反白口现象后，脆性增大，减振能力降低，可切削性恶化。可以采用高温石墨化退火消除这种组织。但是可锻铸铁毛坯中出现了灰口组织则难用热处理方法改变石墨形态，成为不可修复的废品。

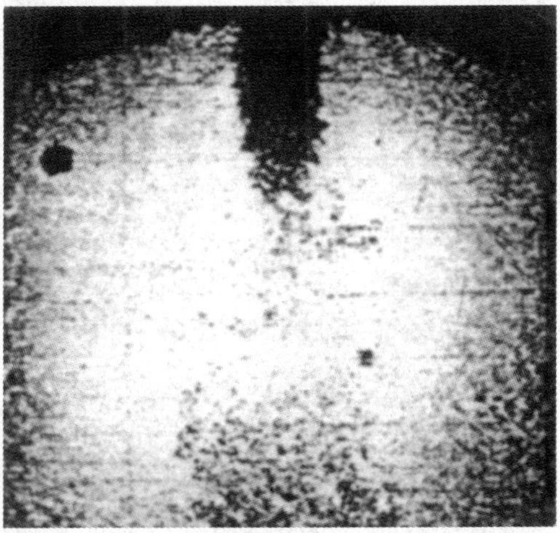

图 3-30　反白口断面

反白口现象一般发生在表层已凝固而心部仍为液态的低碳当量铸铁件断面中。这些铸件表层在稍高于亚稳共晶转变温度首先发生共晶转变，产生 D 型石墨共晶，形成灰口表层。灰口表层内的大量初生奥氏体中的碳溶解度随温度下降而降低，部分碳原子脱溶析出。如果此时心部的金属仍未凝固，并已处于较高过冷状态，析出的碳原子便在奥氏体内或奥氏体与液相界面产生渗碳体晶核。当铁水随即过冷到稍低于亚稳共晶温度时，渗碳体晶核将依托奥氏体快速生长，产生渗碳体共晶，形成外灰内白的组织。$w(C) = 2.53\%$、$w(Si) = 1.44\%$ 的铁水过冷到 1104℃ 有石墨形核。进一步快速降温，冷却曲线出现第二个共晶停点，凝固后试样断面上灰口与白口分布状况如图 3-30 所示。其表面为灰带，内部为麻口组织。

过冷度更高时，此试样表面出现 D 型石墨共晶薄层。由于共晶量很少，冷却曲线上几乎没有显示共晶停点。在低于亚稳共晶温度析出渗碳体共晶，结晶潜热使试样升温，导致渗碳体呈层片状。白口区内有灰色胞状斑点。

灰斑形成的原因还不十分清楚。一个可能的原因是液相内存在的形核基质在高过冷度下形成了少数有效石墨结晶核心；另一种可能的原因是，凝固开始时在型壁附近形成的微晶体漂浮到铸件内部，成为诱发石墨共晶反应的核心物质，导致灰斑形成。

碳当量低，特别是硅含量低的铁水在较高过冷条件下凝固容易出现反白口组织。可锻铸铁和高强度灰铸铁碳当量低，对反白口现象很敏感。特别是含有促进铁水过冷的合金元素或杂质元素时，最容易产生反白口缺陷。

低碳当量灰铸铁与可锻铸铁的反白口组织不完全相同。前者的反白口一般是由表层的灰带和内部的麻口组织构成，灰口与白口之间的过渡区内有时出现紧实石墨。可锻铸铁的反白口断面常常出现较薄的灰边和包含胞状灰斑的内部白口。

总结控制反白口缺陷经验，产生反白口现象的主要冶金因素有：

(1) 配料或熔化过程控制不当，铁水的碳当量过低；

(2) 铁水过热温度高(超过1500℃)，而且在炉内长时间保温；

(3) 氧、氮、氢含量高；

(4) 铁水吸硫量多，锰硫比不合适，铁水硫含量高；

(5) 含铬、硼等元素较多的铁水低温浇注厚大铸件；

(6) 球墨铸铁残留镁量或残留稀土量过高；

(7) 低碳当量灰铸铁或球墨铸铁孕育不足或发生了孕育衰退；

(8) 低温铁水浇注热导率高的铸型；

(9) 可锻铸铁中含有过量的碲或铋。

3.5 铸铁凝固过程热分析

记录铁水凝固过程中铁水温度和相应时间的曲线，称为铁水的冷却曲线。这个曲线上的一些特定温度、温度变化率等参数，可用于判断液-固相变过程，预测凝固组织，是铸铁生产中有用的质量控制手段。

冷却曲线测定装置由取样装置、动态函数记录仪、数据处理器及显示装置组成。待测铁水浇入树脂砂制成的样杯后，产生的温度信号(毫伏电压)输入函数记录仪，可直接绘出时间温度曲线，或经过微分处理器进行数据处理，则可绘出时间-温度变化率的微分冷却曲线。

3.5.1 铸铁冷却曲线

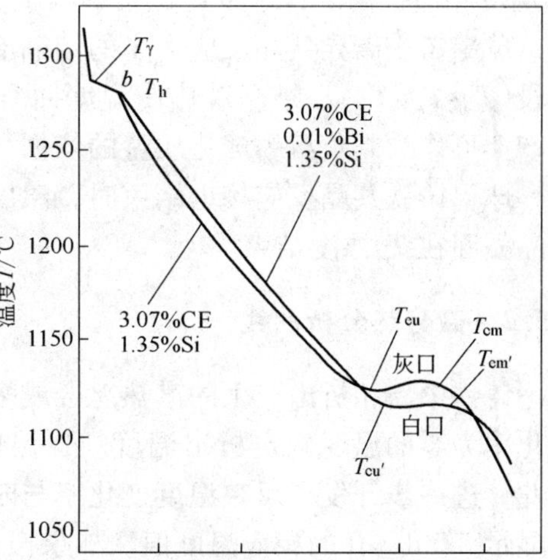

图 3-31 亚共晶灰口和白口铸铁冷却曲线

图3-31绘出 $w(CE)=3.07\%$ 的亚共晶灰口铸铁和白口铸铁冷却曲线(白口铸铁含铋0.01%)。当铁水降温到稍低于液相线平衡温度(T_γ 点)时，冷却曲线斜率开始发生变化，反映初生奥氏体在 T_γ 温度开始析出。释放的结晶潜热使曲线斜率变缓。T_{eu} 点温度稍低于共晶温度，共晶组织在此温度开始形成。对于灰口铸铁，石墨-奥氏体共晶生长时，释放出大量结晶潜热。此热量大于同一时间试样向四周逸散的热

量，因此，试样温度回升，直到 T_{em} 点温度。T_{em} 温度为共晶反应达到的最高温度。

T_{eu} 反映共晶过冷度。$T_{em}-T_{eu}$ 之间的温度差称为共晶温度回升值。这些数据对判断凝固过程有实际意义。

白口铸铁的奥氏体析出温度与灰口铸铁基本相同。但是白口铸铁要过冷到更低温度才发生共晶转变（$T_{eu'}$ 低于 T_{eu} 点）。由于共晶转变历时较长，单位时间释放的结晶潜热相对较少。因而共晶温度回升值非常低（或不回升）。这是白口铸铁冷却曲线显著特征之一。

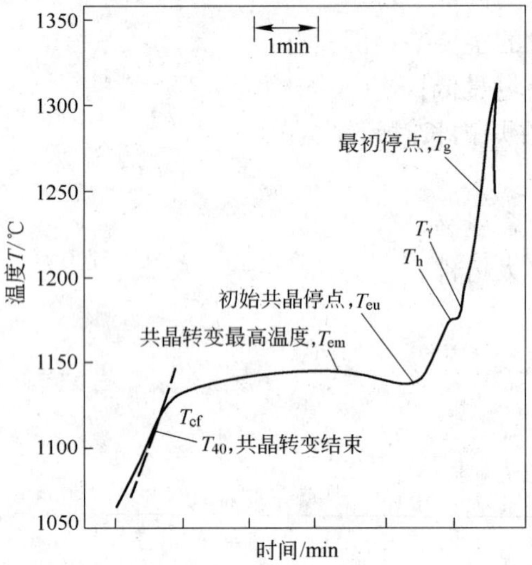

图 3-32 稍过共晶球墨铸铁冷却曲线

球墨铸铁冷却曲线与灰口铸铁有所不同。稍过共晶球墨铸铁的冷却曲线示于图 3-32。曲线上出现三个拐点。T_g 为初生石墨析出拐点的温度，由于石墨析出量少，潜热量不足以产生明显拐点，甚至只出现曲线斜率变化。亚共晶球墨铸铁则出现表明初生奥氏体析出温度 T_γ 的拐点。如果试样为近共晶成分，T_g 与 T_γ 有时难以辨别。

过共晶成分试样的 T_γ 显示初生石墨周围贫碳区奥氏体形核并开始生长。在 $T_\gamma \rightarrow T_h$ 温度范围内，奥氏体形成对初生石墨球的包覆。据测定，$w(\mathrm{Si})=2\%\sim3\%$ 的近共晶镁球墨铸铁的 $T_\gamma \rightarrow T_h$ 温度范围在 1182 ~ 1166℃之间。

在 T_h 以下，由于存在球化元素，铁水继续过冷到 T_{eu}，离异共晶开始大量出现。T_{eu} 主要取决于冶金因素，特别是铁水孕育程度。良好孕育改善石墨形核条件，增加晶核数目，T_{eu} 温度相应提高。铁水冷速也是影响 T_{eu} 的重要因素。较低冷速有利于提高 T_{eu} 温度。

球墨铸铁离异共晶反应产生的结晶潜热不断释放，曲线上出现一个保持较长时间的曲线段（T_{eu}-T_{em}-T_{ef}）。结晶潜热使温度回升 T_{em}。球墨铸铁共晶反应温度回升值（T_{em}-T_{eu}）在生产上可作为判断石墨球化质量的依据。

球墨铸铁共晶反应接近结束时，温度下降趋缓。曲线尾部出现曲率半径较大的弧线。共晶凝固在 T_{ef} 温度结束。

3.5.2 微分热分析曲线

铸铁中新相析出产生的潜热总会或多或少地使试样的温度变化率发生变化。一般是以变化率为零的温度确定析出温度。在温度-时间曲线上，这个温度值很难精确显示出来。为此，进一步开发了反映温度变化率与时间关系的微分热分析曲线，此种曲线能够较准确地显示 $\mathrm{d}T/\mathrm{d}t=0$ 的相应温度值。如果微分热分析曲线与冷却曲线在时间上一一对应，则由两条曲线上的特征点可以准确地判断出相变温度和时间。

图 3-33 是 $w(\mathrm{C})=2.73\%$、$w(\mathrm{Si})=1.43\%$ 的白口铸铁实测冷却曲线以及与之对应的微分热分析曲线[12]。曲线上的峰值点 A、C、E 分别表示初生奥氏体开始析出、共晶大量析出以及凝固结束的时间。从相应的冷却曲线上可以较准确地得到这些相变的发生温度。

温度变化率不仅在确定相变温度方面有实际意义，而且在判断合金组织方面也能提供有价值的信息。

为了更简单而准确地测定相变温度数据，进一步开发了显示温度时间变化率（$\Delta t/\Delta T$）与温度值关系的测定方法。这种方法绘制的曲线可称为反速率曲线。与图3-33所用试样成分相同的白口铸铁反速率曲线示于图3-34。可以看到在曲线上出现一些尖峰，这些尖峰更精确地显示了新相析出的温度值。与冷却曲线对照还可以找出相变发生的时间。这种方法显示的相变温度很精确，可用于一些合金相图的绘制。

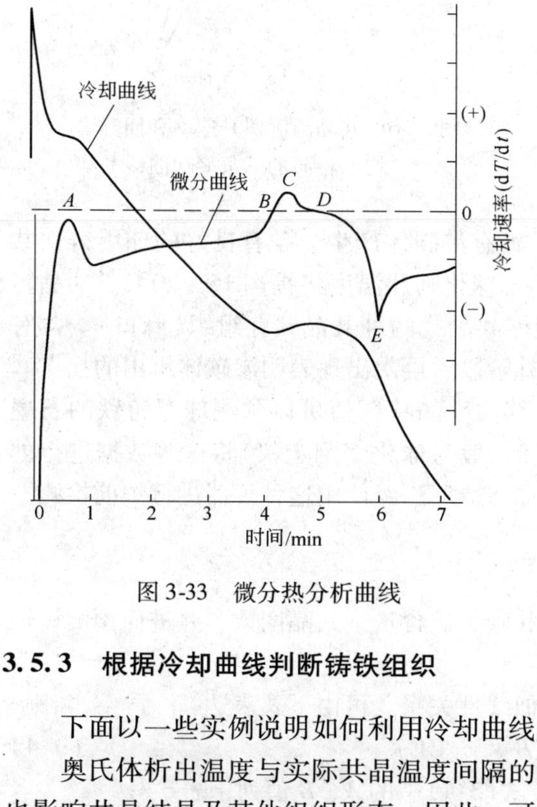

图3-33 微分热分析曲线

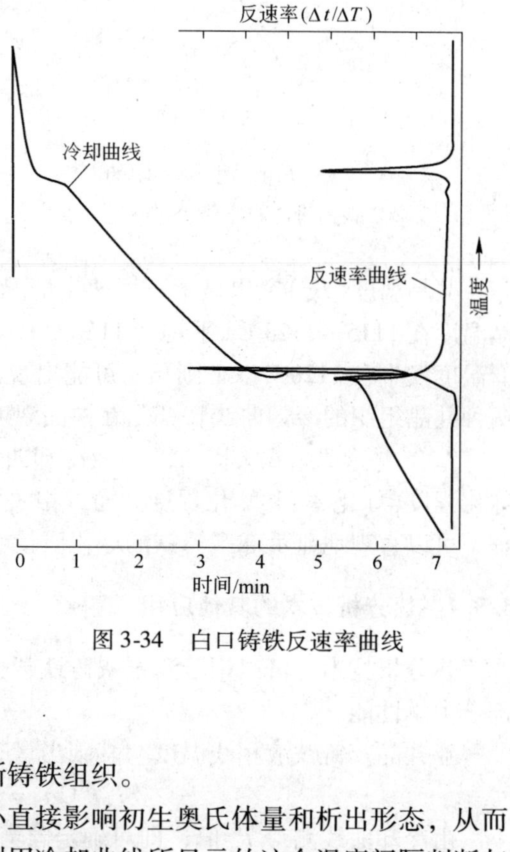

图3-34 白口铸铁反速率曲线

3.5.3 根据冷却曲线判断铸铁组织

下面以一些实例说明如何利用冷却曲线判断铸铁组织。

奥氏体析出温度与实际共晶温度间隔的大小直接影响初生奥氏体量和析出形态，从而也影响共晶结晶及其他组织形态。因此，可以利用冷却曲线所显示的这个温度间隔判断灰铸铁中奥氏体量及其形态。

灰铸铁共晶过冷达到的最低温度及共晶回升温度的大小与石墨类型有一定关系。图3-35是根据取自ϕ40mm×65mm共晶仪试样的数据绘成的石墨类型分区图，表明碳当量不同的灰铸铁的相关温度参数对生成的石墨类型的影响。共晶过冷度较大时出现过冷石墨；共晶过冷度减小、共晶温度回升值增大以及碳当量提高均促使A型及A+B型石墨产生并趋于粗化。

图3-32的球墨铸铁冷却曲线比灰铸铁冷却曲线增加了一个反映离异共晶生长的拐点。由于离异共晶生长过冷度高，而且石墨是在奥氏体包围中生长，其生长速率显然低于片状石墨和蠕虫状石墨。因而，单位时间内释放热量较少，共晶温度回升速率和回升温度都较低。这种情况必然反映在冷却曲线的共晶温度回升段，见图3-36。

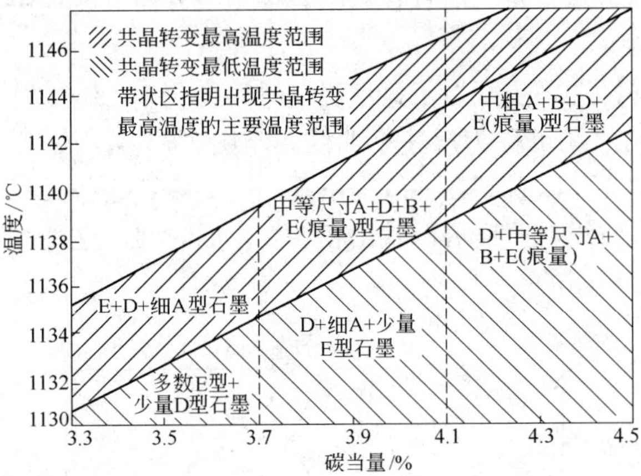

图 3-35 冷却曲线数据表明的温度、碳当量与石墨类型的关系

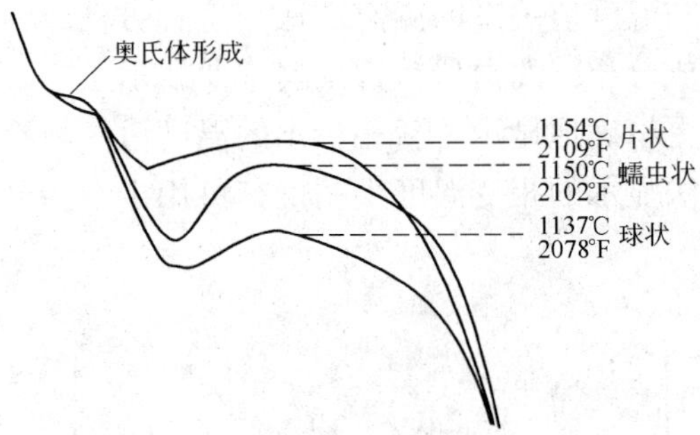

图 3-36 共晶温度回升速率和回升温度均不相同的三条冷却曲线

共晶温度(T_{eu})突出显示石墨球化情况及是否有渗碳体产生。孕育良好的球墨铸铁共晶温度在 1115 ~ 1125℃(平均为 1120℃)。石墨不球化则此温度将提高 15 ~ 20℃。共晶转变温度发生在 1120℃以下则预示可能出现渗碳体共晶或两种共晶共存组织(麻口)。含有两种共晶组织的冷却曲线特征是在共晶温度回升阶段后再次出现表明渗碳体析出的拐点。

综合 T_{eu}、T_h、dT/dt、ΔT 以及冷却曲线尾部曲率的特征值可以预测球墨铸铁的石墨球化程度(球化率)和蠕化程度。通过相关仪表(一般为球化率测定仪)将这些数据进行处理，可以直观地显示球墨铸铁的球化质量。许多铸造厂已经使用这种仪器进行炉前检测。

3.5.4 热分析技术的其他应用

热分析技术还可以用于测定灰铸铁碳当量和碳、硅含量、共晶团数，并进而预测铸铁部分力学性能。

亚共晶灰铸铁液相线温度与其碳当量有近似线性关系。可由下式表达：

$$T_{\gamma}(℃) = A - B \times w(CE) \tag{3-4}$$

由冷却曲线测得 T_{γ} 值，即可确定碳当量。式(3-4)中的 A、B 值列于表 3-3。

表 3-3 亚共晶灰铸铁液相线与碳当量关系式中的常数值

A	B	备 注
1569	97.3	$w(CE)=w(C)+0.25w(Si)$，高纯铁水
1594	102.2	$w(CE)$同上，铁水稍氧化
1659	124	

这种测定方法仅用于亚共晶铸铁。铸铁化学成分和冶金因素对 T_{γ} 的影响也不容忽视。一般需将初期试验得到的碳当量值与化验结果多次核对，并对关系式进行必要修订后才能正式应用。除了测定碳当量，热分析仪还可测定铸铁碳含量。如果奥氏体液相线按直线处理，$\Delta T(=T_{\gamma}-T_{eu})$与碳含量呈线性关系。碳含量增加则 ΔT 减小。为了获得较好的测定精度，要求 T_{eu}具有稳定的数值。我们知道，在一般冷却条件下，白口凝固不出现亚稳共

晶临界温度以下的过冷，共晶温度回升值很小，共晶平台接近水平状态，因此按亚稳共晶转变的共晶温度是接近固定值的。利用热分析仪测定碳含量时，通常在待测铁水中加入强烈抑制石墨化的元素碲或铋，强制铁水进行亚稳系共晶转变。微量碲和铋并不影响奥氏体析出温度，有助于提高含碳量测定精度。碲和铋加入量很少，一般均以涂料形式涂敷于样杯表面。

亚共晶或共晶灰铸铁(包括孕育过的灰铸铁)，T_γ、T_{eu}与 $w(C)$有以下关系：

$$w(C) = AT_{eu} - BT_\gamma - C \tag{3-5}$$

式(3-5)中的 A、B、C 值通常是由铸造厂根据各自的冶金条件反复进行测定后，对数据进行回归分析后得出。根据一些工厂测定的结果，A、B、C 值分别在以下范围：A 为 0.016 ~0.017，B 为 0.0075 ~0.0085，C 为 5.5 ~6.0。

铸铁共晶团尺寸与共晶度、孕育程度、冷速等因素有关。共晶度相同的灰铸铁冷却曲线上显示的共晶过冷度可以近似反映共晶团尺寸。过冷度高，共晶团尺寸小，则晶粒较细，反之则晶粒粗大。

基体组织近似情况下，铸铁的共晶度以及石墨尺寸和类型是确定材料强度的基本因素。共晶度可由 T_γ 确定，石墨尺寸和类型可由共晶过冷度和共晶温度回升值预测。由于共晶温度回升值也反映共晶过冷度的大小，因此，共晶温度回升值与强度和硬度有较密切关系。温度回升少则强度高而硬度低，相反则强度低而硬度高。利用这种方法预测力学性能之前，需要进行一些试验，找出力学性能与一些特征温度参数的关系后，才能正式用于现场测定。

3.6　铸铁显微组织的计算机模拟

近些年，高速发展的计算机技术应用于制造行业，有效地推动了传统工业的技术改造和提高。传统上，铸件生产工艺是以经验资料为基础进行编制。如果引用铸造过程模拟仿真技术、铸造工艺和工装辅助设计技术以及相关的铸造专家系统，将使铸造工艺设计水准大大向前推进，而且简化铸件生产的工艺准备过程，消除人为因素在产品质量方面可能产生的影响，有助于提高铸件质量。国内外的实践表明，在生产中合理地引入计算机技术，一般都能取得明显的技术经济效果。液态合金充型凝固过程数值模拟是计算机技术应用于铸造工程的典型实例。这种模拟是比较复杂的，涉及流体力学、传热学、计算机图形学以及数学和铸造工艺理论。模拟技术的基础首先是根据这些学科的相关数据建立液态合金充型凝固过程的数学模型。再经过计算机处理，形成动态的数值模拟。在这方面可以实现液态金属充型过程紊流数值模拟、凝固过程温度场数值模拟、铸造应力场数值模拟，其中，铸件温度场模拟对铸件生产及质量控制有实用价值。我国有关工厂生产重型铸件时已经引入了这项先进技术。实践表明，温度场模拟能比较准确地预测铸件中缩孔、缩松、变形、热裂倾向以及缺陷可能存在的位置，从而引导铸件工艺编制人员正确设计铸件的浇注系统和补缩系统。通常，作为模拟仿真基础框架的数值模型都经过周密的理论分析、计算和在实践中反复验证修正，一般是可靠的。因此，引用仿真技术，有助于提高铸件质量。

以上所述的数值模拟都属于宏观尺度模拟。例如，单独温度场模拟可描述充型凝固过程中铸件各部分的温度状况和分布规律的变化。如果把温度场模拟与金属晶体形核生长模型相耦合，还可以模拟金属组织的形成过程，从而预测凝固冷却后形成的显微组织。也就是说，进行微观尺度模拟。

金属和合金的形核和生长过程是很复杂的。由于不同的合金有不同的生长机制，所以很难建立通用的晶体生长模型。在铸铁范畴内，目前研究实验进行比较多的是球墨铸铁。这是因为球墨铸铁的球状石墨形核和生长、奥氏体枝晶生长以及石墨-奥氏体离异共晶生长的规律比灰铸铁强，比较容易建立其组成相的形核生长的数学模型，从而实现球墨铸铁显微组织预测。下面作些简要介绍。

Stefanescu 等人采用 cellular automation 法计算等轴枝晶及共晶球墨铸铁共晶团的形核和生长模型[13]。此模型有效的三维模拟范围为 200μm（边长），共晶团尺寸设定为 1μm。初生奥氏体和初生石墨都是各自独立地瞬间独立形核。时间为 10s，过冷量（ΔT）为 10℃。奥氏体共晶团数由下式积分而获得。

$$\frac{\partial N}{\partial t} = -n\mu_1 (\Delta T)^{n-1}\frac{\partial T}{\partial t} \tag{3-6}$$

式中，N 为共晶团数；T 为温度；μ_1 为生长常数，选用 $\mu_1 = 2.45$；n 为指数，选用 $n = 0.93$。

石墨生长速度应分两个阶段来建立模型。第一阶段是由液相中直接析出石墨球，受限于碳扩散和界面条件的石墨球体生长速度可由下式表达：

$$\frac{\mathrm{d}R_{\mathrm{G}}}{\mathrm{d}t} = D_1\frac{\rho_1}{\rho_{\mathrm{G}}}\times\frac{D_{1/\mathrm{G}}[w(\mathrm{C})_0 - w(\mathrm{C})_{1/\mathrm{G}}]}{[w(\mathrm{C})_{\mathrm{G}} - w(\mathrm{C})_{1/\mathrm{G}}]D_{\mathrm{VG}}R_{\mathrm{G}} + [w(\mathrm{C})_{\mathrm{G}} - w(\mathrm{C})_0]D_1} \tag{3-7}$$

式中，R_{G} 为石墨球半径；D 为碳原子在液相中的扩散系数；ρ_1 和 ρ_{G} 分别为液相和石墨密度；$w(\mathrm{C})_{\mathrm{G}}$ 为石墨质量分数；$w(\mathrm{C})_{1/\mathrm{G}}$ 为石墨界面上液相碳含量；$D_{1/\mathrm{G}}$ 为石墨界面上碳原子扩散系数，$\mathrm{m^2/s}$。

初生奥氏体枝晶按等轴晶生长模式生长，其生长速度（球形界面生长速度）V 以下式表示：

$$V = \mu(\Delta T)^2 \tag{3-8}$$

$$\mu = \frac{2\sigma^*}{\Gamma}\left[\frac{m(K-1)C_1^*}{D_1} + \frac{\rho L}{\kappa_1}\right]^{-1}$$

式中，μ 为生长系数；σ^* 为稳定性常数；m 为液相线斜率；K 是溶质分配系数；Γ 是 Gibbs Thomson 常数；L 是熔化潜热；κ_1 是液相热导率；D_1 是液相扩散率；C_1^* 是根据 Nastac-Stefanescu 模型计算出来的液相碳浓度。

关于球墨铸铁的离异共晶生长模型的建立是基于本章前面所述的过程：一旦有一个奥氏体晶粒接触了石墨晶核，石墨便开始通过包覆它的外部壳体进行碳的扩散而生长，奥氏体壳体也在同时生长。奥氏体生长模型由下述方程表达：

$$\frac{\mathrm{d}R_\gamma}{\mathrm{d}t} = D_{\mathrm{C}}^{\gamma}\frac{R_{\mathrm{G}}}{(R_{\mathrm{G}} - R_\gamma)R_\gamma}\times\frac{C^{\mathrm{G}/\gamma} - C^{1/\gamma}}{C^{\gamma/1} - C^{1/\gamma}} \tag{3-9}$$

式中，γ 和 G 分别代表奥氏体和石墨。奥氏体壳包围石墨球体以后，壳体和石墨已经成为共晶晶粒。此时石墨球体出现第二阶段生长，即碳原子通过壳体内扩散而进入石墨球，使球体继续生长。其生长模型可根据质量平衡原理以下述方程表达：

$$\rho_{\mathrm{G}}\frac{3}{4}\pi[(R_{\mathrm{G}}^{t+\Delta t})^3 - (R_{\mathrm{G}}^{t})^3] = \rho_\gamma\Delta v_\gamma C^{1/\gamma} \tag{3-10}$$

在石墨与液相界面上的液相成分写为 $C_1^{\#}$；奥氏体成分可由 $C^{1/\gamma} = KC^{\gamma/1}$ 式计算出来，

奥氏体与石墨界面上的奥氏体成分应由相图计算出来。

根据以上几个生长模型，再由凝固开始后所经历的时间以及所预测断面上的温度场，可以获得该断面凝固组织的信息。

由于影响因素多而且互有制约，合金显微组织的计算机模拟尚处于研究开发阶段，距离实际应用还有不少问题需要解决。

参考文献

[1] Lux B. On the Theory of Nodular Graphite Formation in Cast Iron(Part Ⅰ)[J]. AFS Cast Metals Research Journal , 1972(3): 25 ~ 38 .

[2] Lux B. On the Theory of Nodular Graphite Formation in Cast Iron(Part Ⅱ)[J]. AFS Cast Metals Research Journal , 1972(6): 49 ~ 65.

[3] 郝石坚. 球墨铸铁中球状石墨形成机理探讨[J]. 西安公路学院学报, 1988(2): 54 ~ 60.

[4] McSwain R H, Bate C E. 控制铸铁中石墨形成表面能与界面能的关系[M]. 铸铁冶金学(译文集). 褚海明译. 北京: 机械工业出版社, 1983: 280 ~ 291.

[5] Мильман Б С. Литейное Проиэводство[J], 1976(5): 3 ~ 6.

[6] 布宁. 铸铁结构[M]. 哈尔滨工业大学铸造教研室译. 北京: 机械工业出版社, 1983.

[7] 大野笃美. 金属凝固学[M]. 康彦斌等译. 北京: 机械工业出版社, 1983.

[8] 郝石坚. 金属热加工原理(下)[M]. 西安: 陕西人民教育出版社, 1989.

[9] Ruxanda R, et al. On the Eutectic Solidifacation of Spheroidal Graphite Iron: An Experimental and Mathematical Modeling Approach[J]. AFS Trans, 2001: 1037 ~ 1048.

[10] Minkoff I, Lux B, Prakt Z. Metallographie[J], 1971(8): 69 ~ 70.

[11] Nieswaag H, Zuithoff A J. Progress in Solidifacation of Gray Cast Iron[J], AFS Cast Metals Research Journal, 1975(9): 69 ~ 70.

[12] Meuawati L E, et al. Relationship of Gray Iron Macro and Micro structure to Cooling Curve[J]. AFS Trans, 1971: 363 ~ 373.

[13] Nastac L, Stefanescu D M. Metallurgical and Materials Transactions A[J], 1993(24A): 2107 ~ 2118.

4 固 态 相 变

共晶转变完成后，随着温度下降，铸铁固态组织发生变化。这些变化主要涉及奥氏体在不同条件下发生不同类型的转变（扩散型转变、半扩散型转变或非扩散型转变）。转变产物决定室温下基体组织类型和铸铁性能。

铸铁凝固组织状态、化学成分、铸件冷却条件以及诸多工艺因素都对固态相变性质和相变产物产生影响。认识这些因素的影响，就可以利用各种工艺手段，使固态相变按照预期方式进行，获得所需的铸件组织和性能。

4.1 先共析相析出

铸铁凝固后，在共晶温度与共析温度之间降温时，碳在奥氏体内的溶解度随温度下降而减小。在这个温度范围内碳从奥氏体内以二次高碳相形式析出，并在相变临界温度下发生点阵重组或过冷到较低温度下发生非扩散型相变。在按稳定系共晶转变的组织中，由于共晶石墨的存在，形成二次石墨无需形核，碳原子可直接扩散到石墨表面，使石墨片的厚度增加。有些灰铸铁中含有易于偏析在晶界上的元素（如铋、铅等），这些元素聚集于晶界，阻挡碳原子越过晶界。在这种情况下，奥氏体中碳过饱和程度提高，促进石墨在晶内或晶界上形核。二次石墨将在奥氏体晶粒内形成。在室温组织中可以看到集束状或针状二次石墨。在按亚稳定系共晶转变的组织中，碳原子析出无需经过较长距离扩散，一般是与铁原子结合形成二次渗碳体，有些与共晶渗碳体结合，使渗碳体尺寸有所增长。

碳析出后的奥氏体如果是亚共析成分，它将在临界温度发生 $\gamma \rightarrow \alpha$ 转变，析出铁素体。铁素体与奥氏体和石墨之间都有相界面。铁素体-奥氏体界面碳浓度高于铁素体-石墨界面碳浓度。使铁素体内产生碳的化学位差。此化学位差驱使碳原子向石墨表面转移。与此同时，铁原子由接纳碳原子的区域沿碳原子运动的相反方向转移（自扩散）。铁素体进一步生长。由此可见，铁素体的生长依赖于碳原子和铁原子的扩散。扩散速率高或扩散距离短都有利于铁素体生长。两种原子在铁素体中的扩散速率远高于在奥氏体中的扩散速率，因而铁素体的生长速率主要受到奥氏体中原子扩散速率的限制。

铁素体由石墨表面不断向外生长，形成环绕石墨的铁素体层。距离石墨表面越近，铁素体越易于生成。

如果铸件冷却足够缓慢，碳原子有充足时间扩散，铸铁将产生铁素体基体。冷速提高则首先有铁素体析出，但碳原子不能充分扩散，铁素体便不能继续生长，一直达到共析温度（准确地说，稍低于共析温度），才开始奥氏体的共析分解，产生铁素体和珠光体混合基体组织（图 4-1）。具有混合组织的铸铁在高温保温过程中，共析渗碳体分解，碳原子充分扩散，也能形成单一铁素体基体组织。

除了铁素体在石墨周围优先生成以外，灰铸铁基体中还可能有块状、网状、片状铁素体出现。这些铁素体一般是在奥氏体晶界上形核，形核位置距石墨较远，在生长过程中碳原子未向石墨晶体扩散。产生这些铁素体的原因是奥氏体晶粒内碳的分布不均匀，与铁素体可能形核位置相邻处的碳浓度高于奥氏体的平衡浓度。只有析出铁素体才能保持α-γ界面上碳浓度达到平衡。因此铁素体的生长过程一直到α-γ界面碳浓度达到奥氏体中碳平衡浓度时才告结束。当然也不排除奥氏体内部及晶界上存在合适的形核基质，生成铁素体后有二次石墨以点状形态析出。

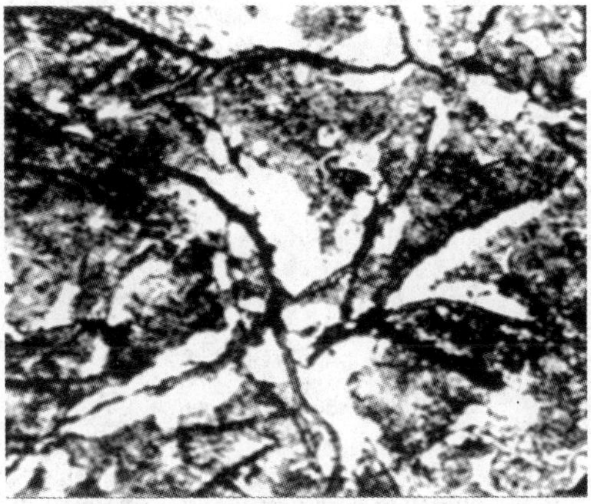

图 4-1 铁素体和珠光体混合基体组织

块状、网状、片状铁素体多数具有等轴晶粒。当奥氏体晶粒较细（晶界较长）时，在小过冷度下缓慢冷却有利于铁素体以块状析出。相反的，奥氏体晶粒粗大，碳浓度相对均匀，冷却速率较高时，铁素体常呈片状。先共析铁素体析出量在一定程度上决定灰铸铁件力学性能。

4.2 共析转变

铸铁冷却到稍低于共析转变开始温度后，奥氏体发生共析分解。共析分解是奥氏体分解为两个相、自由能降低的过程。这个过程可能以两种方式进行。

一种方式是奥氏体分解为铁素体 + 石墨。这是因为先共析铁素体与石墨界面上的碳含量低于共析铁素体与奥氏体界面上的碳含量，碳原子向铁素体-石墨界面扩散，并不断沉积在石墨上。铁原子则以相反方向自扩散，最终使基体铁素体化。前面已经谈到，冷却速率低是产生铁素体的一个重要条件。但是，除了冷却速率外，还有以下因素影响铁素体的生成。

(1) 石墨数量、尺寸、分布状态对奥氏体分解出铁素体有明显影响。石墨数量多，分枝频繁，尺寸细小，弥散化分布，则石墨与奥氏体构成的界面面积大，碳原子向石墨扩散的距离短，有助于形成较多的铁素体。

(2) 铸铁中碳和硅都能提高碳在奥氏体中的活度，促进碳原子的扩散运动。硅明显提高 γ→α 转变的起始温度并扩大转变温度范围。例如，灰铸铁 $w(Si)$ 达到 2.4% 时，转变温度范围一般不小于 50℃。提高灰铸铁的碳硅含量有助于增加铁素体量。铸铁中的镍、锰、铜等合金元素有稳定奥氏体的作用，加入这些元素将降低奥氏体转变温度，阻碍铁素体生成。铸态奥氏体成分不均匀，晶体的缺陷较多，将难获得较多铁素体。

另一种方式则是奥氏体分解为铁素体 + 渗碳体，即奥氏体向珠光体转变。珠光体一般是在组织中的高能位置形核。这些位置包括：晶格畸变程度较大的奥氏体晶粒间的界面，奥氏体-石墨界面以及其他晶体缺陷处。机械混合物的形核必然有领先相。至于铁素体或渗碳体哪个相领先形核和生长，可以由两相的相变驱动力大小来判断。

图 4-2 中标注的 γ、α、Fe_3C 三条曲线分别表示在相同的相变温度下奥氏体、铁素体、渗碳体的自由能-成分曲线。以 $w(C_0)$ 表示奥氏体平均碳含量，两共析相碳含量分别为 $w(C_\alpha)$ 和 $w(C_{Fe_3C})$。如图所示，奥氏体自由能高于相同温度下的铁素体和渗碳体自由能，因此，奥氏体向这两相转变均有驱动力。在奥氏体自由能曲线的 $w(C_0)$ 点作切线（此切线

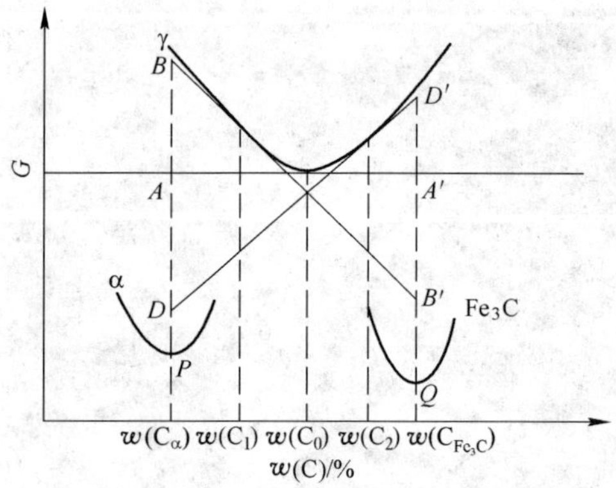

图 4-2 相同相变温度下奥氏体、铁素体、渗碳体的自由能-成分曲线

上各点应能代表该相具有相应成分的自由能大小)，此切线与 $w(C_\alpha)$ 及 $w(C_{Fe_3C})$ 成分线分别相交于 A 及 A'。AP 线段代表奥氏体相自由能与相同温度下铁素体相自由能之差，也就代表奥氏体向铁素体转变的驱动力大小。$A'Q$ 线段依同理也代表奥氏体向渗碳体转变的驱动力。

当奥氏体分解碳含量下降时，对构成共析组织的两相驱动力的相对大小发生变化。例如，当奥氏体碳含量降低到 $w(C_1)$ 成分时，奥氏体对铁素体的驱动力增加为 BP，对渗碳体的驱动力则降低到 $B'Q$。也就是说，降低奥氏体碳含量使产生铁素体的驱动力增加，产生渗碳体的驱动力减小。根据理论分析和实验观察，在相同温度下，如果不出现额外的形核障碍，在较高相变驱动力下产生的新相是领先相。在铸铁固态相变过程中，渗碳体形核时遇到的非常规障碍比铁素体要多一些。直接从各个相的自由能成分曲线上判断时，应该认为铁素体是珠光体形成过程中的领先相。但是也注意到，铸铁可能以另一种方式进行共析转变。在达到共析转变温度时，基体组织可能是石墨 + 奥氏体，也可能是渗碳体 + 奥氏体。如果有渗碳体存在，渗碳体可能会成为领先相。

如果铁素体领先形成，其排出的碳原子使临近部位碳浓度升高，为渗碳体形核创造条件。渗碳体与奥氏体有合适的晶格位向对应关系，因此渗碳体可以顺利形核、生长。渗碳体生长，消耗了周围的碳原子，使相邻部位贫碳，又为铁素体在其相邻部位生成创造了条件。如此则两个共析相互相以搭桥方式或近似分枝方式进行协同生长。产生了铁素体与渗碳体叠集形成的层片状组织。

珠光体长入母相(奥氏体)示意于图 4-3 。可以看出，珠光体晶粒以团球形态生长。每个团球单元中都有层片状结构，大部分层片都是互相平行的。由于珠光体大部分都是从母相晶界开始生长，因此很少看到珠光体跨越本身所在母相晶粒而向其他晶粒生长的情况。当珠光体晶粒长大到与相邻珠光体晶粒接触时，便停止生长，最终形成许多以界面限定的珠光体团。一个奥氏体晶粒内总是存在着若干珠光体团。

图 4-3 珠光体长入奥氏体示意图

如果铸态奥氏体中存在一些未溶碳化物或富碳小区，或者片状珠光体组织在奥氏体化过程中渗碳体未完全溶解，这些渗碳体颗粒或富碳小区在缓慢冷却或略低于 A_1 温度保温中，可能以渗碳体为核心而发生珠光体转变，形成碳化物均匀分布于铁素体，而近于球状的基体组织，这种组织称为粒状珠光体。为了改善珠光体铸铁的可切削性，在亚临界温度退火也能使铸铁产生这种硬度较低的组织。

4.2.1 片状珠光体的层间距

共析转变产物的力学性能与其组成相之间的分布、结构与状态密切相关。对于层片状珠光体，铁素体片（或渗碳体层）的间距是决定珠光体性能的基本因素，强度和硬度随层间距的减小而提高片状珠光体的层间距主要取决于奥氏体共析分解温度，也就是取决于共析转变过冷度。过冷度增大，层间距减小。这个事实也可以通过以下分析得到证实。

设 σ 为珠光体组织中渗碳体与铁素体相之间的界面张力，A 为单位体积内渗碳体与铁素体两相间界面积总和，ΔG_e 为未计算的渗碳体与铁素体之间界面能的系统自由能变化，则珠光体转变时单位体积总自由能变化（ΔG_t）为

$$\Delta G_t = -\Delta G_e + A\sigma \tag{4-1}$$

如以 S 代表层间距，则单位体积内珠光体的层片数为 $1/S$。考虑到每层包含两个渗碳体与铁素体界面，因此珠光体单位体积内的渗碳体-铁素体界面总和为 $A=2/S$。将 A 代入上式：

$$\Delta G_t = -\Delta G_e + \frac{2\sigma}{S} \tag{4-2}$$

当珠光体组织处于平衡状态，系统总自由能 $\Delta G_t=0$，共析转变不再继续进行，式（4-2）可改写为：

$$S_m = \frac{2\sigma}{|\Delta G_e|} \tag{4-3}$$

式中，S_m 代表珠光体生长结束后的层间距。式（4-3）中的 σ 在一定温度下基本上是恒定值，而 ΔG_e 随共析转变过冷度的增强而加大。共析过冷度除与化学成分（包括合金元素种类与加入量）有关外，主要取决于铸件的冷却速率。冷速提高，共析过冷度增强，珠光体层间距减小。加入增强奥氏体稳定性的元素，如镍、铜、锑等，降低奥氏体共析分解温度，也能减少珠光体层间距，细化组织，提高材料强度和硬度。珠光体是层间距较大（分散度较小）的共析组织，可以在光学显微镜下辨别出其层片。一些冷速较高的合金铸铁基体中出现的索氏体组织，在显微镜下难以分辨其共析组织。如果层间距更小（分散度更高）、光学显微镜已无法分辨屈氏体组织。

4.2.2 珠光体转变动力学

珠光体转变是通过碳原子、铁原子以及合金元素原子的扩散而完成。转变也要经历形核和两相协同生长两个阶段。珠光体的有效晶核形成以后，要经一个时间过程，生长才能开始。奥氏体转变成珠光体的这个时间过程称为孕育期，孕育期是固态相变中的重要参数。奥氏体在孕育期内过冷到共析分解温度以下，是发生无扩散相变的先决条件。

影响珠光体转变孕育期的因素很多，转变温度是主要的因素之一。一方面，随着温度

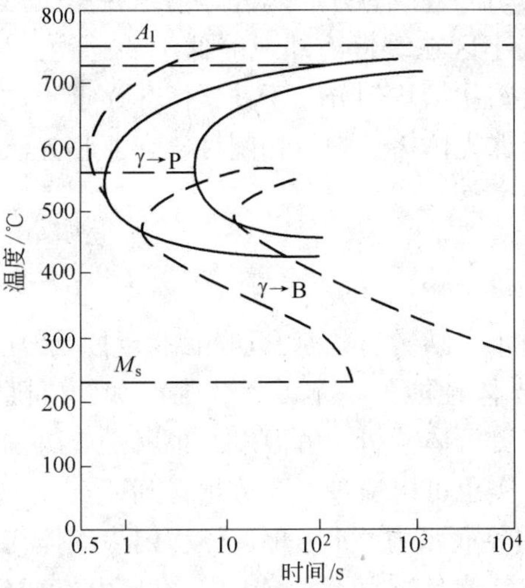

图 4-4 珠光体转变的时间-温度曲线

降低(共析转变过冷度增强)，珠光体与奥氏体自由能差增加，珠光体形核几率上升。另一方面，却增大了原子扩散阻力，推迟珠光体开始生长的时间。这两方面影响的程度都随着温度的变化而有所改变。导致珠光体转变的时间-温度曲线呈C形(图4-4)。

奥氏体的化学成分对珠光体转变动力学有显著影响。奥氏体中碳浓度增高，先共析铁素体析出的孕育期延长，析出速度减缓，珠光体孕育期随之增长，转变终了所需时间也加长。

合金元素通过改变过冷奥氏体在珠光体转变区的稳定性而使孕育期和转变速率发生变化。总体上说，凡能充分溶于奥氏体的合金元素都使奥氏体稳定性提高(钴除外)，即延长相变孕育期和降低珠光体转变速率，钼、镍、铬等元素都有这种作用。合金元素延长孕育期和减缓相变的机制不尽相同，有些合金元素的作用机制还不十分清楚，归纳起来，主要有以下几个方面：

(1) 溶入的合金元素在奥氏体中产生抑制碳原子扩散的作用；

(2) 在较高相变温度下，合金元素本身的扩散速度直接影响相变速率；

(3) 合金元素改变点阵重组速度以及对珠光体转变热力学和动力学参数的影响。

凝固形成的奥氏体稳定性高于再加热的奥氏体稳定性。这是因为本身化学成分不均匀，特别是碳浓度波动直接影响珠光体的形核率和生长速度。另外，凝固形成的奥氏体晶粒粗大，单位体积内晶界面积小，珠光体形核部位减少。再加热奥氏体化后，不但晶粒细化，而且原有的晶体缺陷也有所积累，形成了更多的能量较高的形核位置，促进奥氏体共析分解。

奥氏体化的温度和保温时间对于珠光体转变动力学的影响也值得注意。凝固组织中，往往存在一些残余碳化物颗粒，这些颗粒具有促进珠光体形核和晶体生长的作用，有助于缩短孕育期，提高转变速率。过高的奥氏体化温度和过长的保温时间都会使这些颗粒溶解，而且提高奥氏体的碳浓度，增加晶粒尺寸，导致珠光体转变速率降低，孕育期延长。

在铸铁件的实际生产条件下总是连续冷却的。除非是非常厚大的铸件，否则珠光体转变很难发生在等温过程中。连续冷却转变与等温转变比较，前者转变孕育期较长，转变温度较低，转变产生的共析组织细密，力学性能较高。

4.3 铸铁热处理

热处理是改变铸铁组织、改善铸铁性能的工艺手段。对灰铸铁、球墨铸铁来说，热处理不改变石墨尺寸、形状和分布状态(可锻铸铁石墨化退火是一个例外)，它只改变基体金属的组织与性能。因此，热处理对于那些石墨较少削弱基体金属的铸铁(例如球墨铸铁)效果比较明显。铸铁的基体组织与钢组织相同，只是铸铁基体含硅量较高而已。凡是在钢件上产生的热处理效果，如退火、正火、淬火、回火、等温淬火等都能在铸铁件上体现出来。

4.3.1 铸铁热处理特点

铸铁热处理特点如下：

(1) 铸铁含碳量远高于钢。碳主要集中在石墨中，其余的则存在于基体。热处理可使基体含碳量作较大幅度变化。原因是石墨本身能发挥“碳库”作用。铸件加热到奥氏体化温度时，石墨表面的碳原子可以长距离扩散。溶入奥氏体的碳量随加热温度以及保温和冷却条件而有变化。当温度上升，溶解度提高，奥氏体接受由石墨表面扩散而来的碳原子。温度降低则超过溶解度极限的碳原子会沉积于石墨表面或以二次高碳相形式析出。控制铸件加热温度和保温时间，就可以调整奥氏体及其转变产物含碳量，改变铸铁组织和性能。

(2)铸铁含硅量比钢高得多。这一点使铸铁热处理与钢有所不同。硅提高 A_1 和 A_3 温度。特别是像球墨铸铁 $w(\mathrm{Si})$超过2%，临界点提高更为显著。另外，由于硅的存在，共析转变与铁碳二元合金不同，不是恒温转变，而是转变发生在一个温度范围内。在此范围内有三个相共存，即铁素体+奥氏体+石墨(稳定系)或铁素体+奥氏体+渗碳体(亚稳定系)三相共存。当加热达到范围内的某一温度时，铁素体、奥氏体和高碳相(石墨或渗碳体)都有与温度相应的平衡含量。因此，控制铸件的加热温度和保温时间，就可能获得不同比例的珠光体和铁素体组织，达到控制铸铁基体组织和性能的目的。

共析转变温度范围及转变的上下临界温度对于铸铁件热处理工艺的制定都有实际意义。本书将以 A_{c1}^{S} 和 A_{c1}^{Z} 分别表示加热时共析转变的开始和终了温度，A_{r1}^{S} 和 A_{r1}^{Z} 分别表示降温时奥氏体开始分解和分解终了的温度。

(3) 铸铁的共析转变温度范围受化学成分、加热和冷却速度以及转变前原始组织的影响。铸铁以正常速度加热和冷却时，共析转变的上、下临界温度如表4-1所示。

表4-1 共析转变的上、下临界温度

铸铁类型	铸件成分/%					临界温度/℃			
	C	Si	Mn	P	S	A_{c1}^{S}	A_{c1}^{Z}	A_{r1}^{S}	A_{r1}^{Z}
灰铸铁	2.83	2.17	0.50	0.13	0.09	775	830	765	723
球墨铸铁	3.80	2.42	0.62	0.08	0.03	765	820	785	720

每1%元素含量对灰铸铁共析转变临界温度的影响如表4-2所示。

表4-2 每1%元素含量对灰铸铁共析转变临界温度的影响

元素	加热		冷却	
	A_{c1}^{Z}/℃	A_{c1}^{S}/℃	A_{r1}^{S}/℃	A_{r1}^{Z}/℃
Si	提高40	提高30	提高37	提高29
Mn	降低15~18		降低40~45	
Ni	降低17	降低14~23	—	—
Cr	提高40		—	—

w(C) = 3.80%、w(Mn) = 0.62%、w(P) =0.08%的稀土镁球墨铸铁含硅量对共析转变温度的影响如图4-5所示[1]。

快速加热使共析转变临界温度升高。例如盐浴加热比箱式炉加热提高临界温度10~15℃。

(4) 铸铁的回火稳定性较高，因此铸铁应以稍高于钢的回火温度和较长的回火时间下进行回火。

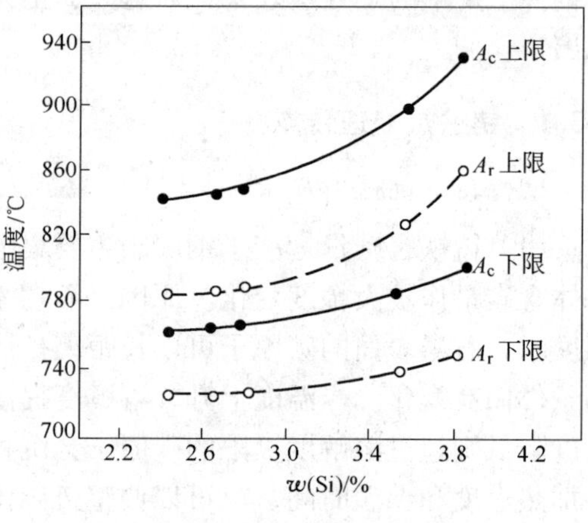

图4-5 硅对临界温度的影响

4.3.2 铸铁在加热过程中的组织转变

在A_{c1}^{S}以下温度加热，共析渗碳体发生球化并有石墨析出，加热越缓慢，球化和石墨化越显著。加热温度越接近A_{c1}^{S}，渗碳体的分解速度越提高。铸铁基体组织中珠光体数量减少，分解产生的石墨或沉积于石墨表面，或弥散分布在基体中。当加热温度超过A_{c1}^{S}而进入三相共存区后，铁素体向奥氏体转变。随加热温度提高，奥氏体量逐渐增多，直到A_{c1}^{Z}温度铸态组织中原有的铁素体和共析分解产生的铁素体完全消失。温度超过A_{c1}^{Z}以后，共析组织完全转变为奥氏体。如果原始组织中含有游离渗碳体，这些渗碳体将在这样的温度下分解为奥氏体+石墨。加热温度越高，分解过程越快，而且碳在奥氏体中的溶解度也随温度的提高而增加，奥氏体化过程中产生的石墨便逐渐溶入奥氏体，使奥氏体的含碳量随奥氏体温度的提高而上升。游离渗碳体分解和石墨溶入奥氏体需要一个时间过程，因此生产上进行奥氏体化处理时，为使奥氏体内部化学成分均匀和基体组织单一化，一般要把加热温度提高到A_{c3}以上20~30℃，并在该温度下进行一定时间的保温。

4.3.3 铸铁在冷却过程中的组织转变

铸铁在冷却过程中进行的组织转变直接关系到热处理后铸件的组织和性能。因此，应是热处理过程中的掌控重点。

转变行为及转变产物与许多因素有关。最主要的因素是：冷却速率、转变温度以及铸件的化学成分。

图4-6显示w(C) =3.59%、w(Si) =2.71%的球墨铸铁连续冷却转变曲线[2]。铸件从900℃的奥氏体化温度开始冷却。图中各个冷却曲线表明铸件相应的冷却速率(曲线位置由右至左表明冷速提高)。

奥氏体可能以三种方式转变。冷却曲线通过图中标识为珠光体区时，奥氏体进行共析分解(扩散型转变)；当冷却速率足够高，奥氏体有足够的稳定性时，奥氏体可以避开共析分解而直接过冷到500℃与M_s之间的温度时，将可能发生兼具扩散型和非扩散型转变特点的贝氏体转变；若进一步把奥氏体急速冷却到M_s温度以下，部分奥氏体迅即发生非扩散性转变，生成马氏体。温度下降到更低的M_f点(马氏体转变结束温度)，马氏体转变立即停止。

发生扩散型转变或是非扩散型转变的一个重要条件是：在奥氏体转变曲线的拐点温度附近，铸件的冷却曲线是处于拐点右边还是处于拐点左边。从理论上讲，与拐点(临界

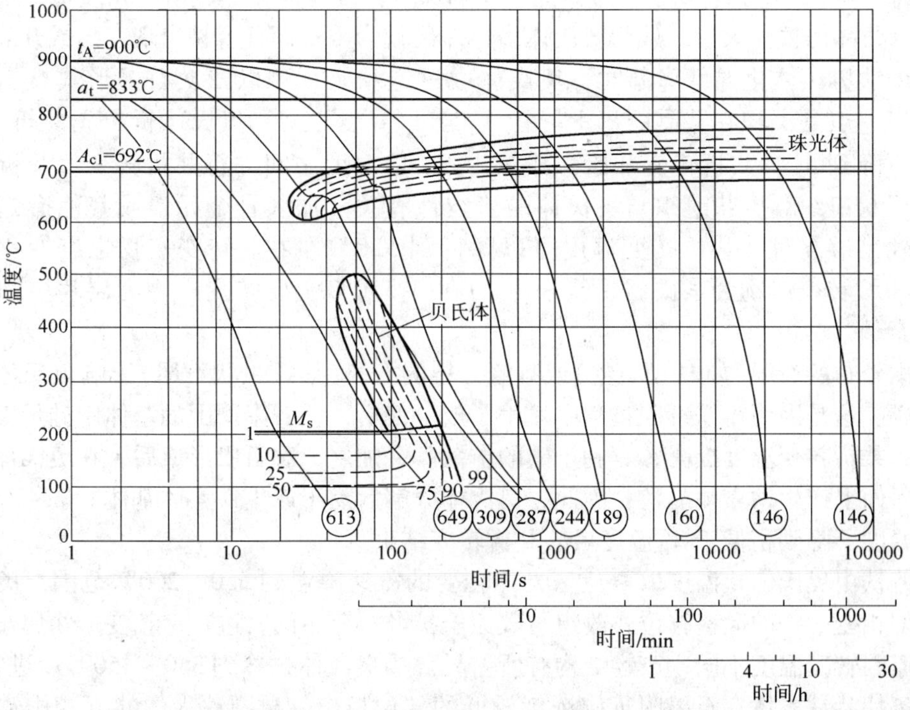

图 4-6 球墨铸铁连续冷却转变曲线

点）相切的铸件连续冷却曲线所代表的冷速应该是划分两种转变方式的界限。这个冷速常被称为避免珠光体转变的临界冷速（也称奥氏体转变临界冷速）。冷却过程一旦超过这个时间，作为提供共析转变基础的原子移位已经就绪，共析转变开始进行。

前已述及，提高奥氏体含碳量能降低临界冷速。奥氏体含碳量除与总碳量有关外，奥氏体化温度是决定其含碳量的重要因素。奥氏体含碳量随加热温度的提高而增长。另外，大部分合金元素都能使奥氏体转变曲线向右移动。

铸铁的共晶度影响灰铸铁奥氏体转变曲线的位置和形状。图 4-7 为亚共晶铸铁(a)与

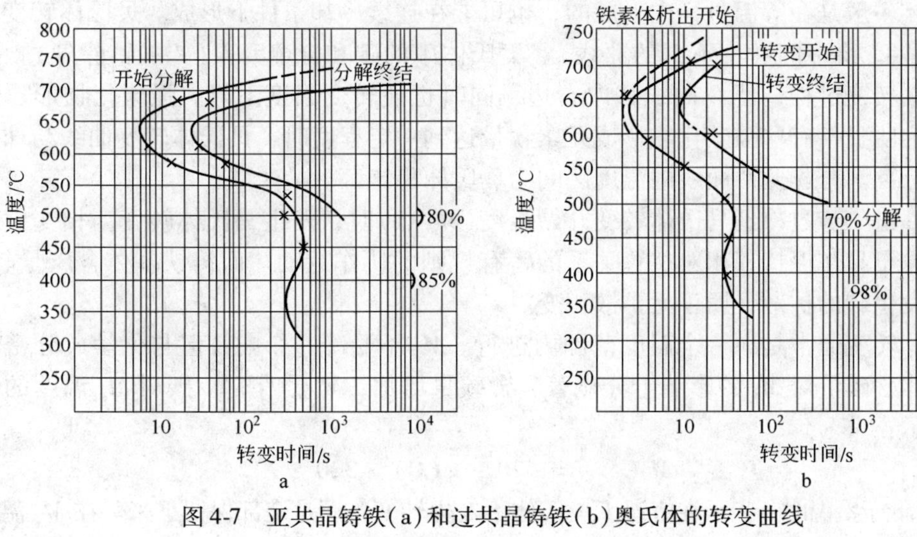

图 4-7 亚共晶铸铁(a)和过共晶铸铁(b)奥氏体的转变曲线

过共晶铸铁(b)的转变曲线[1]。过共晶铸铁的珠光体孕育期显然较短。相应地，临界冷速较高。过共晶铸铁淬火后，残留奥氏体多，淬硬较为困难而且容易出现变形或开裂。

灰铸铁奥氏体化温度降温时，奥氏体中过饱和碳首先以二次石墨形式析出，这些二次石墨一般是沉积在共晶石墨上。在 A_{r3} 与 A_{r1}^{S} 温度之间，奥氏体析出先共析铁素体。当温度下降到 A_{r1}^{S}，共析转变开始，并在 A_{r1}^{S} 到 A_{r1}^{Z} 温度之间进行共析转变。共析转变产物显现层状组织。层状组织与奥氏体的稳定性有关。加入合金元素或其他措施使奥氏体稳定性足够高时，共析转变温度可以降低到550℃左右。转变产物也有变化。例如650～600℃转变产物为索氏体 + 铁素体，600～550℃主要转变产物为层片更细的屈氏体 + 铁素体。

密集分布的石墨(如D型石墨)或频繁分枝的石墨(如蠕虫状石墨)影响奥氏体分解产物的构成。这是因为铸铁凝固过程中发生了成分偏析，使石墨周围的基体中硅量偏高而锰量偏低，共析转变温度提高，有利于碳的扩散。又加之二次石墨形成后，在奥氏体或奥氏体石墨界面上产生铁素体晶核，因此，奥氏体分解后易于产生铁素体基体。

当温度下降到稍低于 A_{r1}^{Z} 温度后，共析转变结束。

当铸铁由奥氏体化温度以避免珠光体转变的冷速降温到550～200℃范围，奥氏体发生中间型相变。铁的晶格移位式改组与碳原子扩散再分布同时进行。相变产物属于贝氏体范畴。但因转变温度不同，产物结构有所差异。当奥氏体过冷到350～450℃后进行保温，首先有条片状铁素体在石墨附近碳浓度较低的部位析出。包围铁素体的 γ 相中富碳部位析出碳化物质点。片体不断长大，转变产物由碳所过饱和的铁素体与细小渗碳体混合而成。在这个温度范围内形成的条片状组织是上贝氏体(图1-31a)。如果奥氏体过冷到350～250℃之间保温，则铁素体在奥氏体晶界或晶粒内部一些贫碳区形核，并按切变共格方式生长为片状或透镜状晶体。由于转变温度低，碳原子难以扩散至晶界，只能在铁素体内的亚晶界或晶面上沉淀为细片状碳化物。这样的片状晶体生长时又会促使其周围以其他方向产生同类片体，形成下贝氏体组织(图1-31b)。

贝氏体与珠光体相比，有较好的强度、硬度、综合力学性能。上贝氏体硬度为HB 300～380,下贝氏体硬度可达HRC 45～52。

贝氏体一般是在等温过程中形成的，也可能在连续冷却条件下形成。贝氏体转变的动力学曲线呈C形(图4-4中下部的曲线)。奥氏体中的碳和合金元素(铝、钴除外)含量增加都会减缓转变过程，使C曲线移向右边，同时也使转变温度下降。强碳化物形成元素的影响更为明显，有些强碳化物形成元素含量达到一定程度时，贝氏体转变曲线与珠光体转变曲线分离。分隔开两曲线的温度区间为奥氏体稳定区。

当铸件进一步过冷到马氏体转变开始温度(M_s 点)时，发生马氏体转变。相变中铁原子和置换原子只作保持其相对位置关系的、有规则的协作运动。而铸铁基体含碳量较高，相变时不发生碳的扩散，属于无扩散相变。

马氏体转变通常是在一个温度范围内进行。M_s 不受冷速影响，但与化学成分密切相关。奥氏体含碳量对 M_s 的影响十分显著。含碳量增加，M_s 点下降。碳对 M_s 温度的影响如下式所示：

$$M_s(℃) = 520 - w(C) \times 320$$

当 M_s 低于室温时，表示在室温下奥氏体不发生转变，而是全部保留下来。在 M_s 温度以下，马氏体的转变量随温度下降而增加。只有当温度达到 M_f 时，马氏体转变停止。灰铸铁的 M_f 温度基本上处于室温以下，因此，铸铁淬火后，组织中总是含有一些残留奥氏体。

4.4 灰铸铁件热处理实践

对灰铸铁进行热处理要达到的主要目的有：

（1）消减铸件铸造过程产生的内应力；

（2）消除白口组织，改善铸件韧性，并便于进行切削加工；

（3）调整铸件材质的力学性能。

下面简要介绍灰铸铁热处理。有关球墨铸铁、可锻铸铁、白口铸铁热处理分别在本书相关章节中介绍。

4.4.1 消减内应力处理

铸铁件内部一般都存在内应力。这些应力包括铸件温度场内处于不同应变状态的部位间相互作用产生的热应力和相变产生的组织应力（包括因沉淀析出、共晶膨胀等原因造成位错、点阵畸变等缺陷所产生的晶体微观残余内应力）。内应力在铸件使用过程中逐渐释放，可能导致铸件变形或开裂。对要求尺寸稳定的铸铁件需要进行消减内应力的处理，以降低残留内应力水平。

降低铸铁件内应力水平可以采用自然时效处理、消减内应力退火或振动时效处理。自然时效处理是把铸件露天放置，历经寒暑，使铸件内应力缓慢消减。这种处理方法耗时较长，但是内应力消减比较彻底。机床导轨一类加工后需要保持精密尺寸的铸件常采用这种时效处理方法。

消减铸铁件内应力退火规范是：铸件缓慢加热（50～100℃/h）到弹塑性转变温度（550～600℃）以上进行保温，保温过程中内应力随铸件发生的塑性变形而释放。保温一定时间后缓冷（50℃/h）。缓慢冷却是为了避免产生新的应力。保温温度对应力消减率的影响如图 4-8 所示[3]。600℃保温可消除 85%～90% 残余内应力，但会使部分共析渗碳体分解或球化。灰铸铁保温温度选在 550～570℃比较合适。含有较多合金元素的铸件，塑性变形温度区提高，因此一般应提高退火温度至 600～620℃。

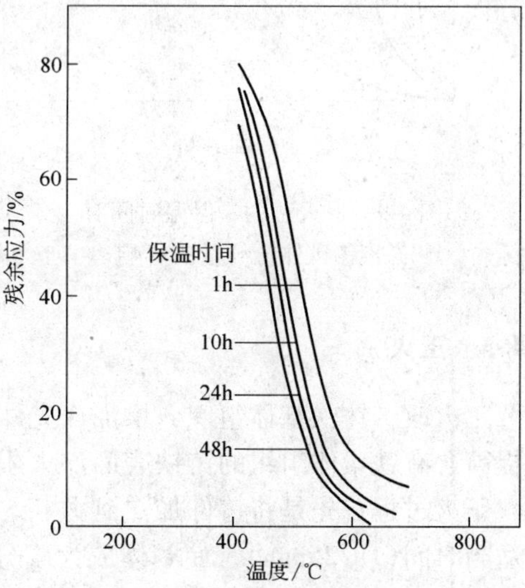

图 4-8 保温温度对应力消减率的影响

振动时效是一种机械式消减内应力方法。将激振块固定于铸件，调整振动源使激振块产生与铸件固有频率相同的振动频率，从而产生共振。铸件金属晶格不断吸收振动能量，并通过矫正晶格畸变等方式使铸件内应力释放出来。振动时效处理所需时间远少于消减内应力退火，一般只需几十分钟。能耗较少，应力消减迅速，但消减率较低。

4.4.2 石墨化退火

石墨化退火一般按两种规范进行。以消除铸件中共晶渗碳体和晶间碳化物为主要目的时采用高温石墨化退火；以促使共析渗碳体石墨化与粒化为主要目的时采用低温石墨化退火。

一些灰铸铁铸件组织中有时含有共晶渗碳体和晶间碳化物，使铸件既硬且脆，难以对其进行机械加工，而且韧性很差。这种情况主要发生在含硅量较低或含有碳化物形成元素的薄壁、快冷灰铸铁件中。实行高温石墨化退火可以消除这类缺陷。具体作法是铸件加热到 900 ~ 950℃，每 25mm 厚铸件在此温度下至少保温 1h，促使共晶渗碳体分解。然后开始降温。退火温度和保温时间对游离渗碳体分解量的影响见图 4-9[1]。900 ~ 920℃温度适用于消除非合金灰铸铁局部白口，含有较多碳化物形成元素的厚壁件需加热到 950℃。

如果铸件中不含游离渗碳体，或游离渗碳体含量低于允许值(例如小于 2%)，而想获得铁素体基体，则可直接进行低温石墨化处理。铸件加热至 720 ~ 760℃，保温后炉冷。铸件组织将成为铁素体 + 石墨。

图 4-10 为温度和时间对共析渗碳体分解量的影响。

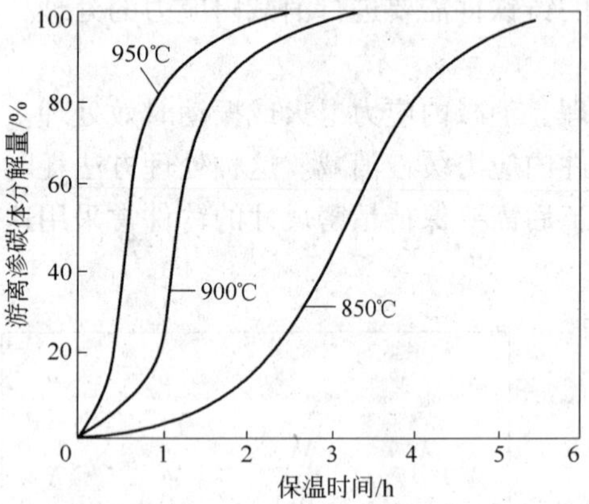

图 4-9 退火温度、保温时间对游离渗碳体分解量的影响

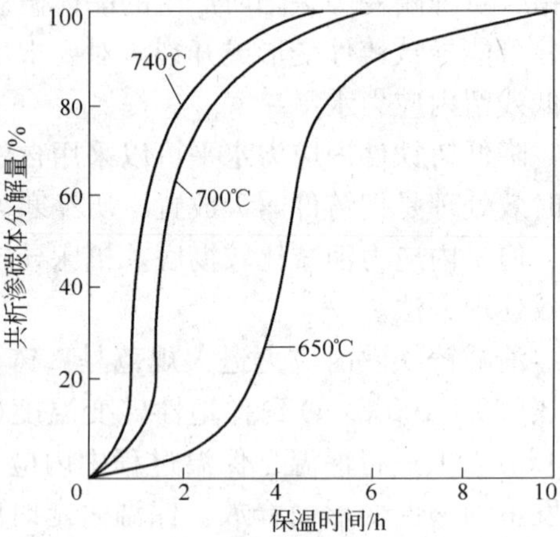

图 4-10 温度和时间对共析渗碳体分解量的影响

4.4.3 正火

正火改善铸铁基体组织，增加珠光体量，提高铸件强度、硬度和耐磨性能，并且有助于提高含有铁素体组织的铸铁表面淬火质量。

正火过程首先是将铸件加热到共析转变上临界温度以上 30 ~ 50℃(850 ~ 900℃)，保温适当时间(1h/25mm)，使基体成为成分均匀的奥氏体组织。如果处理前铸件组织中有超过允许含量的共晶渗碳体组织，加热温度需要再提高一些(900 ~ 950℃)，使渗碳体充分分解。铸铁件在奥氏体化温度保温后在空气中冷却，能使铸态奥氏体成分均匀化，共晶渗碳体分解，减少先共析铁素体析出量，增加珠光体量并使之细化。

单纯为了使基体珠光体化(不小于 90%)，正火温度应选 910 ~ 930℃。如果同时要消除渗碳体，则加热温度需提高到 950℃。为了防止空冷时二次渗碳体呈网状析出，应在高温保温后炉冷至800～830℃再保温0.5h后出炉空冷。

铸件加热到A_{c1}^{S}～A_{c1}^{Z}之间的温度并适当保温，可保留基体中的部分铁素体。如果碳、硅含量高，未加合金元素，加热温度可选下限温度。

加热温度对正火后铸铁件珠光体量和力学性能的影响显著(图4-11)[1]。在正火的加热温度范围内，加热温度越高，奥氏体溶入的碳量越多，在一定温度范围内正火后，铸件珠光体量和强度、硬度也越高。

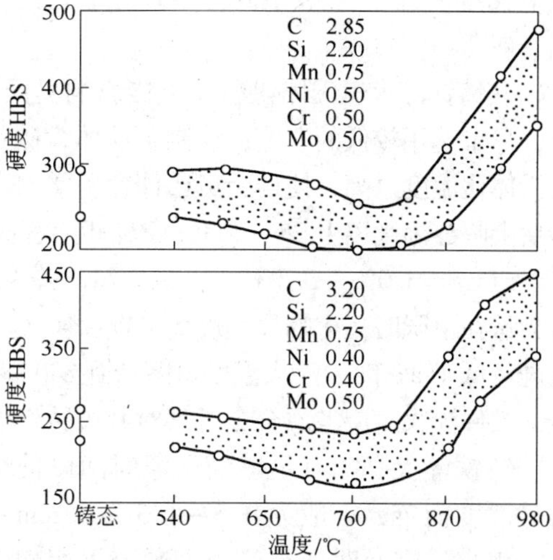

图4-11 正火加热温度对球墨铸铁硬度的影响

保温结束后出炉进行冷却。冷却速度影响组织中铁素体的析出量。冷速愈高，铁素体析出量越少，珠光体量相对增加，铸件硬度越高。正火铸件一般在空气中冷却，厚大铸件或气温较高时，可以改用风冷或雾冷，以保证所需冷却速度。

正火冷却时会在铸件内产生内应力。对形状复杂或需避免加工后过度变形的铸件，正火后应进行回火以消减应力。方法是在出炉空冷至600℃左右时，再将铸件装入加热炉内以较低冷速(75℃/h左右)冷至300℃以下出炉。

4.4.4 淬火与回火

淬火是提高钢铁材料硬度和耐磨性的有效手段，但是灰铸铁件采用整体淬火工艺并不是很普遍的。这是因为铸铁件淬火要在高温下快速冷却。产生的热应力在石墨片体尖端和碳化物、磷共晶周围产生应力集中效应，容易使铸件开裂。另外，在淬火温度下，渗碳体分解和石墨溶入都会使奥氏体碳含量增加，使较多奥氏体残留下来。

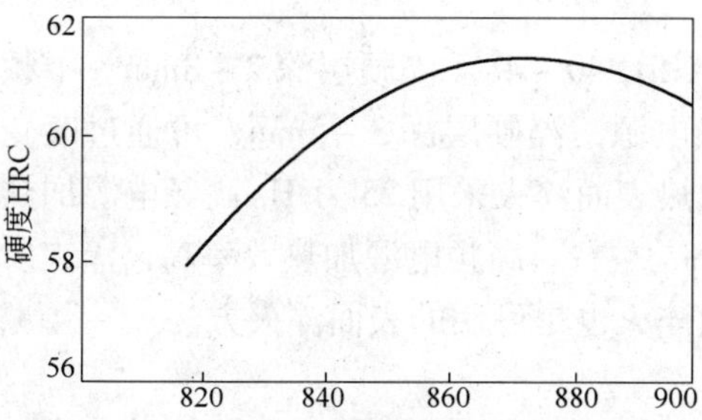

图4-12 铸铁淬火加热温度对硬度的影响

淬火后铸件硬度与奥氏体碳含量有关，过高或过低都会使淬火硬度偏低。而奥氏体溶碳量与淬火规范有关。$w(C)=3.32\%$、$w(Si)=2.52\%$、$w(Mn)=0.29\%$的球墨铸铁奥氏体化温度与奥氏体碳含量的关系如表4-3所示。由于马氏体硬度与残余奥氏体的综合影响，在不同加热温度下，淬火硬度会出现最大值(图4-12)。

表4-3 球墨铸铁奥氏体化温度与奥氏体碳含量的关系[1]

铸铁奥氏体化温度/℃	850	900	950	1050
奥氏体碳含量/%	0.73	0.93	1.10	1.20

根据以上特点，铸铁淬火时应该采用比钢淬火较为缓和的冷却速率，避免发生过高的热应力和相变应力。灰铸铁淬火的常用冷却介质有油、有机物水溶液等。

为了避免铸件淬火时发生变形和开裂，在能达到淬火效果条件下，应尽可能使铸件以较低速度冷却。为此可添加一些合金元素，如能降低材料的临界冷速，提高材料淬透性的钼、镍等。

灰铸铁淬火奥氏体化温度直接影响奥氏体含碳量，决定淬火组织状态。在充分保温情况下，尽量选用较低的温度，控制奥氏体含碳量处于较低水平。淬火后获得细小的针状马氏体。奥氏体化温度过高，使残余奥氏体含量增加，针状马氏体粗化，降低淬火铸件质量。选在共析转变上临界温度以上25～40℃，以消除大部分可能存在的铁素体，并使奥氏体获得合适碳含量。$w(\mathrm{C})=3.0\%\sim3.5\%$、$w(\mathrm{Si})=1.8\%\sim2.5\%$的灰铸铁共析转变温度范围为760～845℃，硅含量在上限时，上临界温度为835～845℃。因此，一般灰铸铁淬火温度可选在860～880℃。含硅量低于2%时，淬火温度可降低到840～860℃。铸铁淬火硬度最高可达到HRC 60～62。合金铸铁件淬火时应考虑合金元素对共析转变临界点的影响。

铸铁淬火必须有足够的保温时间以使组织均匀化和预防铸件变形。具体保温时间需视铸件厚度而定，一般为0.5～1.5 h/25mm。

淬火后需及时回火。当消减淬火相变应力是铸件回火主要目的时，回火温度应降低到150～260℃，回火后硬度接近HRC 60。硬度和耐磨性要求高的铸铁件，可在200～250℃回火；应注意铸件在250～350℃保温时会出现低温回火脆性。为了避免回火脆性，中温回火温度应选350～370℃，以获得回火屈氏体+奥氏体基体，硬度HRC 42～46。要求具有良好强韧性的灰铸铁或球墨铸铁件可以采用中温回火或高温回火。在此温度回火后，韧性接近铸态韧性，基体硬度HRC 50左右，抗拉强度也有显著提高。450～510℃之间是产生高温回火脆性的温度范围，因此高温回火温度应在550～600℃之间进行。回火后获得回火索氏体基体，硬度为HB 215～330。

灰铸铁采用表面淬火工艺可以获得表面层为马氏体+石墨组织，内部为以珠光体为主的基体组织。这样既可避免整体淬火使铸件韧性降低、容易开裂的问题，又可获得硬度可达HRC 50左右的硬化表面。此种方式适用于机床导轨、耐磨缸套、凸轮等铸件。当前使用比较普遍的铸铁件表面淬火方式都是加热与喷水冷却联合进行的，采用氧-乙炔火焰，中频感应电流和高频感应电流加热铸件。

氧-乙炔火焰加热表面淬火时，淬火硬度可达HRC 40～48，淬硬层深2～8mm。中频电流感应加热表面淬火，采用2500Hz或8000Hz中频电源，淬硬层深3～5mm，可通过改变电源参数调节加热温度与淬硬深度。高频电源感应加热表面淬火采用25万Hz高频电源加热表面淬火，淬火硬度HRC 50以上，淬硬层深度约1mm左右。高频电源加热效率高，淬火质量比较稳定。此外，激光表面淬火、电接触自冷表面淬火也是可用的表面淬火方法。

参 考 文 献

[1] 热处理手册编委会．热处理手册(第1卷)[M]．北京：机械工业出版社，1991.

[2] 中国机械工程学会铸造专业委员会．铸造手册[M]．北京：机械工业出版社，1993.

[3] Walton C F, Opar T J. 铸铁件手册[M]．童本行编译．北京：清华大学出版社，1990.

5 孕 育 处 理

5.1 孕育处理概说

20 世纪初期，美国有人试验将石墨和硅铁先后加入到冲天炉熔化的以生铁和废钢作为配料的低硅铸铁水中，发现石墨变得细小、均匀，白口倾向降低，铸铁的强度明显提高。这种开拓性试验虽然产生了一定的效果，但是限于当时条件，要将它作为一种正常的生产手段，还有一些困难。直到 20 世纪 20 年代，美国人 Meehan 开发出一种能够应用于铸件生产的铁水处理技术。他先后采用硅钙合金、硅铁合金以及铝等物质在浇包中处理低碳铁水，获得了含有细小 A 型石墨、基体组织为珠光体的铸铁。这种铸铁的抗拉强度大幅度提高。而且由于抑制了渗碳体的生成，铸件能够顺利地接受机械加工。从此出现了所谓的铸铁“孕育处理”技术。

1922 年，这项铁水处理技术申请专利。用此专利技术生产的铸铁在我国被称为“密烘铸铁”。八十多年来，这项技术不断改进。目前采用的孕育合金、孕育处理工艺与处理装备、铁水化学成分与孕育合金的优化组合等内容都与开发初期有所变化。直到目前仍为一些厂家所采用。

此后一些年中，又经过不断改进，硅铁和含有一些合金元素的硅铁逐渐成为最常用的孕育合金。并出现了“孕育铸铁”的名称。人们在深入研究孕育铸铁生产技术，探讨孕育合金的作用机理，延长孕育合金有效作用时间以及消减球墨铸铁铁水过冷倾向等方面不断取得进展。目前孕育处理已成为铸铁生产领域中的常规技术。

铁水凝固以前将少量合金物质加入其中，使铁水中已有的或新增的形核基质周围形成碳原子活化微区，高活度碳原子摆脱与铁原子形成化合物倾向，转移到形核基质表面，能增加有效石墨晶核数目，促进石墨顺利生长。这种利用特定的外来物质促进铸铁石墨化的技术手段称为铸铁孕育处理。

优质高强度灰铸铁应该具有细小而均匀分布的 A 型石墨和细珠光体基体组织。这种组织通常是在碳当量较低的铸铁中出现。但是具有这种成分的铁水共晶过冷度大，容易产生白口。在这种情况下，实行孕育处理能获得很好的效果，既能避免白口，又能获得细密 A 型石墨，铸铁力学性能显著提高。

同炉铁水浇注的铸铁件，断面厚度不同部位的组织和强度会有明显差别，即铸铁件的组织和性能对断面尺寸有一定敏感性。孕育剂提高形核几率，促进石墨化，有助于消除薄断面白口，而且消除白口的同时并不显著改变厚断面的石墨数量和尺寸。这是因为孕育剂的主要作用在于促进石墨形核，而且当碳当量与硅碳比变化不大时，单位铁水体积内的形核数目也是有一定限度的。因此，孕育剂能够有效地降低铸件组织对断面尺寸的敏感性，使厚度不同的断面组织趋于均匀。对于低碳当量灰铸铁、共晶过冷度大的球墨铸铁及一些合金铸铁，孕育处理是不可缺少的。

以促进石墨化为目的而加入的合金物质通常是硅铁以及含有某些碱土金属、稀土元素的复合硅铁，通常称之为硅系孕育剂。有些孕育剂中适当加入珠光体稳定化元素，使孕育剂由单纯促进石墨化，扩展为石墨化与稳定珠光体的复合功能。采用这种复合孕育剂，不但能在共晶转变阶段发挥作用，也能在固态相变过程中发挥作用，减少基体中的铁素体，稳定和细化珠光体组织，消除二次碳化物，使铸铁的力学性能达到更高水平。

5.2 铸铁孕育理论探讨

当人们在铁水中加入一些合金物质改变了铸铁组织和力学性能、并且不断得到改进与发展和推广的时候，还不十分清楚为什么发生这些变化。孕育过程是在高温铁水中完成的，限于研究手段和对铁水本质的认识，而且过程涉及金属热力学和动力学的许多方面，因此，虽然一些专家对这项技术的内涵进行了多方面探讨研究，并且根据各自实验结果，提出了一系列有关铸铁孕育的学说，但是可以认为目前尚未出现公认的权威性理论。

铸铁石墨化孕育过程实质上是在有较高过冷倾向的铁水中催生石墨的过程。孕育剂加入铁水后，如何影响潜在的石墨形核微区的热力学性质从而有效地导致石墨形核，应是孕育理论的主要部分。因此，探讨孕育理论，应该关注以下问题：

（1）孕育剂如何改变铁水中碳活度并由此产生促进石墨化作用；

（2）孕育处理如何创造石墨在铁水中的形核条件。

5.2.1 孕育剂改变铁水中碳活度促进石墨化

图5-1[1]显示未加入孕育硅铁（图5-1a）及加入孕育硅铁后（图5-1b）铁水微区中硅浓度分布。可以看出，未加硅铁前，硅基本上是均匀分布的。加入硅铁颗粒后，在石墨核心附近，产生了许多高硅微区。采用电子探针对液淬试样进行微区扫描及衍射分析，查明硅浓度峰值附近含有纯硅以及硅与铁组成的具有六方晶格的电子化合物 ε 相。随着碳原子和硅原子扩散，ε 相转化为 SiC 晶体。SiC 晶体是不稳定的，在铁水中只能存在很短时间，并按下式分解：

$$SiC + Fe = FeSi + C \tag{5-1}$$

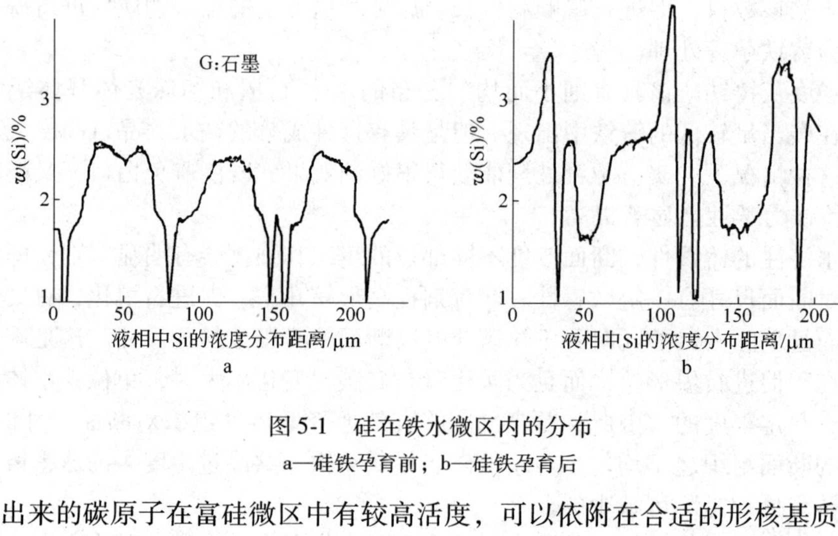

图 5-1 硅在铁水微区内的分布

a—硅铁孕育前；b—硅铁孕育后

分解出来的碳原子在富硅微区中有较高活度，可以依附在合适的形核基质而形成石墨结晶核。

硅促进铸铁石墨化的作用，还可以从原子结构上作出解释。前面曾谈到，碳原子最外电子层(L 层)有 4 个电子，构型为 $2s^2p^2$❶。占据六方晶格基面角点上的碳原子之间靠 $\frac{1}{3}$s 轨道和 $\frac{2}{3}$p 轨道重叠而成的 sp^2 杂化轨道形成共价键联结。杂化轨道以外的第 4 个电子(称为 π 电子)以结合力较弱的 π 键与其他原子结合。原子核对 π 键的束缚力小，π 电子容易挣脱键力束缚而参加化学反应。而铁原子最外层(N 层)只有 s 亚层，包含成对电子，即 $4s^2$，次外层(M 层)电子构型为 $3s^2p^6d^2$，d 轨道电子未充满，d 和 s 轨道上的电子容易互换。因此铁水中一部分碳原子中的 π 电子易于转到铁原子的 s 亚层轨道，并通过 s⟷d 交换而进入铁原子 M 层中未充满电子的 d 轨道，按下式形成铁碳化合物：

$$mC + Fe = C_mFe \tag{5-2}$$

在铁水的富硅微区内，这个反应出现变化，铁碳化合物由石墨晶体取代。这是因为硅原子的核外电子构型为 $1s^22s^2p^63s^2p^2$。最外层(M 层)中的 p 轨道可向铁原子的 s 轨道输送价电子，并通过 s⟷d 轨道的电子交换达到铁原子的 d 轨道，形成 FeSi(ξ 相)，显著减少铁原子与碳原子之间的结合能。同时，硅原子的 M 电子层的 p 轨道也向碳的 π 电子区输送电子，强化了 C-C 之间的结合能。其实质是碳在铁水内的富硅微区的活度得到提高，碳原子与铁原子结合形成化合物的倾向下降，形成石墨的倾向增强。这样就从原子结构方面提出了硅铁孕育促进石墨化的原因。上述机理说明，硅铁(或复合硅铁)在铸铁中产生的孕育作用主要并不在于直接向铁水提供形核基础物质，而是通过提高碳在铁水中的活度而促进石墨结晶核心的形成。

5.2.2 成为石墨形核基质的基本条件

石墨晶体的形成，虽不排除匀质成核的可能性，但是绝大部分石墨内都存在异质核心的事实，说明石墨结晶核心主要是通过形核基质的“胚芽”作用而开始形成(异质形核)。因此，许多研究工作都致力于探查这些晶核基础物质的结构和特性。孕育剂加入铁水后，铁水内部产生一些氧化物、硫化物、以及复合生成的盐类物质。这些呈悬浮状态存在的固体微粒具有自己的晶体结构。其中一些微粒与石墨晶体的某一晶格常数相近(失配度低)，有利于与碳原子结合；如果这些固体微粒的物理化学性质能够满足某些热力学条件的话，它的表面就可能接纳碳原子，成为石墨晶核的基础物质。当此种物质尺寸增长到一定程度后，将成为石墨结晶核心。这些能够接纳碳原子的微粒，在本书中称为形核基质。迄今已发现符合下列条件的化合物成为石墨异质形核基质的几率较高。

(1) 化合物晶体与石墨晶体有较好晶格适配度；

(2) 熔点高，热稳定性好，在高温下不易分解；

---

❶ 原子核外电子是按离核远近分层分布的。通常用 K、L、M、N、O、P、Q 或依次用 1、2、3、4 等数字表示电子所在的层。第 1 层离核最近，电子能级最低。同一电子层的电子能级也不完全相同，因此一个电子层又划分出一个以上的电子亚层，通常用 s、p、d、f 等字母表示亚层，能级高低顺序是 1s < 2s < 2p < 3s < 3p < 4s < 3d < 4p < 5s < 4d…，电子构型与元素的化学性质密切相关。碳原子电子构型为 $1s^22s^22p^2$ 表示第 1 层 s 亚层有两个电子，第 2 层的 s、p 亚层也各有两个电子。

（3）化合物生成热大于 SiO_2 生成热。

表5-1列出铝、钡、钙、铈、镧、硅、锶、锆的氧化物与硫化物生成热、熔点、晶格类型[1]。这些元素的硫化物、碳化物、氧化物、硅酸盐有些已被探查到处于石墨晶核的核心部位。

图5-2为透射电镜下(70000×)观察到的石墨核心物质[2]。经过电子探针微区分析，绘出示意图5-2b，说明形核基质是由多种物质构成，核心含有MgS、CaS，表层由钙、锶、钡的氧化物与 SiO_2(或 $Al_2O_3 \cdot SiO_2$)组成。

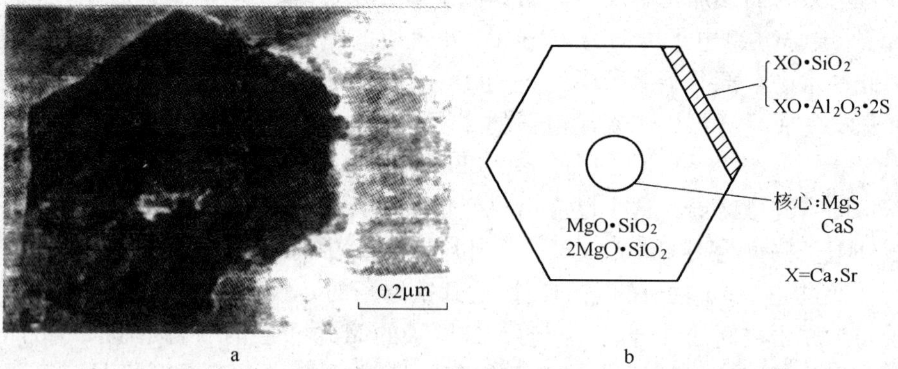

图5-2 透射电镜下(70000×)观察到的石墨核心物质

此外，铁水中存在的未溶石墨微粒，也被认为是有效的形核基质。

硅铁含有ⅡA族元素钙、锶、钡以及铝、锆等元素，这些元素与氧的亲和力都高于硅，氧化反应均为放热反应。由表5-1数据可见，铝、锆的氧化物生成热大于 SiO_2 生成热，钙、锶、钡氧化物生成热都在559~636J/mol之间，而且这三个元素氧化物都具有立方晶格，原子间距有的与石墨六方晶格常数(a)接近，因此也能为石墨提供有效的形核基质。含有这些元素会显著提高硅铁的孕育效果。

硅的氧化物在形核过程中的作用是重要的。常以 SiO_2 生成热作为氧化物生成热的对比标准。上述铝和锆元素在铁水中生成氧化物时，可进一步提高石墨形核微区的温度，使碳原子有充足的热力学驱动力和足够时间迁移到形核基质表面，促进石墨晶核形成。镧氧化物从生成热、熔点、晶体结构以及与石墨晶格适配度等方面都十分适合作为石墨形核基质。

表5-1 几种元素氧化物与硫化物的生成热、熔点、晶格类型

元素	性 能	氧 化 物	硫 化 物
Al	摩尔生成热/kJ·mol^{-1}	−1671	−509
	熔点/℃	2045	1100
	晶格类型	六方	四方
	晶格常数/nm	a=0.7849，c=1.6123	a=0.7028，c=2.9811
Ba	摩尔生成热/kJ·mol^{-1}	−559	−443
	熔点/℃	1923	1200
	晶格类型	立方	立方
	晶格常数/nm	a=0.55393	a=0.6385

续表 5-1

元素	性能	氧化物	硫化物
Ca	摩尔生成热/kJ·mol^{-1}	-636	-483
	熔点/℃	2580	2525
	晶格类型	立方	立方
	晶格常数/nm	a=0.48105	a=0.56948
Ce	摩尔生成热/kJ·mol^{-1}	-976	-644
	熔点/℃	1692	2450
	晶格类型	立方	正交
	晶格常数/nm	a=0.54110	—
La	摩尔生成热/kJ·mol^{-1}	-1918	-1285
	熔点/℃	2315	2200
	晶格类型	六方	四方
	晶格常数/nm	a=0.39373，c=0.61299	a=0.817，c=1.665
Si	摩尔生成热/kJ·mol^{-1}	-857	-145
	熔点/℃	1713	1090
	晶格类型	六方	四方
	晶格常数/nm	a=0.503，c=0.822	a=0.5430，c=0.8718
Sr	摩尔生成热/kJ·mol^{-1}	-591	-453
	熔点/℃	2430	>2000
	晶格类型	立方	立方
	晶格常数/nm	a=0.5160	a=0.6020
Zr	摩尔生成热/kJ·mol^{-1}	-1081	-348
	熔点/℃	2677	1550
	晶格类型	四方	六方
	晶格常数/nm	a=0.509，c=0.518	a=0.3660，c=0.5825

5.3 石墨形核基质

迄今为止，已经在石墨的核心部分探测到许多可能成为晶核基质的物质，其中有：硫化物、碳化物、硅酸盐以及石墨微晶。围绕着这些存在物质，人们提出了一些有关石墨形核的说法。

5.3.1 硫化物作为石墨形核基质

在许多灰铸铁和球墨铸铁石墨核心中发现硫化物存在，也发现灰铸铁中少量硫的存在对于石墨类型、共晶团数、白口深度以及冷却曲线都有比较明显的影响。

表 5-1 所列的硫化物晶格与石墨晶格有良好的适配度。稀土、铈、钙、钡、镁的硫化物都是 NaCl 型离子晶体。这些晶体结构中的密排面为(111)，都与石墨晶体(0001)面有

外延匹配关系。据计算，硫化钙、硫化铈与石墨晶格适配度分别为 -4.1% 和 -2.9%，硫化钡和硫化锰则分别为 +7.5% 和 -12.1%（晶格适配度小于6%为良好匹配，适配度为6% ~12%也能接纳碳原子，参见1.2.5节）。以上数据说明铈、钙、钡、锰的硫化物都具有成为石墨形核质的基本条件。

对铸铁石墨核心进行检测时发现，钙、锶、钡、镁的硫化物中，常常溶有第三元素或更多元素。这些复化合物与石墨晶格失配度与单一元素的硫化物相差不多。

硫化物作为石墨核心基质的说法提出以前，人们已经注意到硫元素对于灰铸铁石墨生成影响。许多事实已经说明硫在石墨形核过程中有重要作用。

首先讨论硫对铸铁组织影响的两重性。它既能提高白口倾向，又促进石墨化。硫是表面活性元素，不溶于奥氏体。共晶凝固时，硫原子偏聚于液相，富集在生长着的共晶团表面，堵塞了原子扩散所经过的固-液界面通道，限制共晶团生长，从而使铁水过冷到更低的温度；同时又能溶入渗碳体，取代碳原子位置，对渗碳体有稳定作用，导致出现D型石墨，甚至析出渗碳体，促进白口生成。另外，有试验表明，未孕育灰铸铁含硫量在一定范围内增加时，可以通过向铁水提供有效晶核而促进石墨化。共晶团数随之增加（图5-3）[3]。这说明硫在铸铁中的存在的确对铸铁组织有影响。

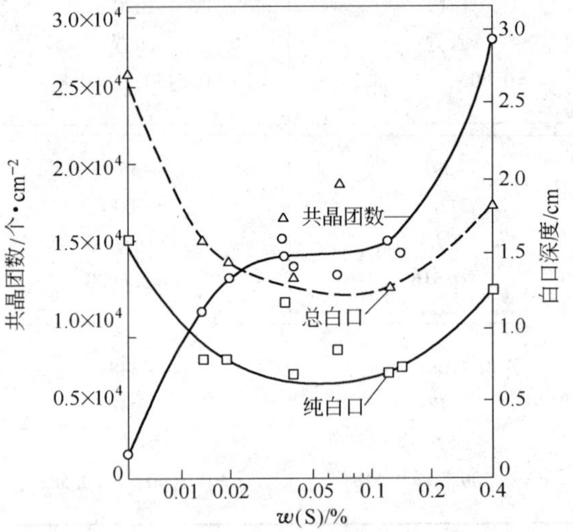

图5-3 未孕育铸铁中 $w(S)$ 对共晶团数的影响

再来看含硫铁水在孕育剂作用下，铸铁发生的变化。

当灰铸铁含硫量低（例如小于0.025%）时，除非加入大量含钙、铈等元素的孕育剂或采用型内孕育等后期孕育措施外，大多数孕育剂都不能产生正常孕育效果。适当提高含硫量则孕育效果明显增强。说明硫对铸铁的石墨形核有一定影响。

在认识了硫对铸铁形核可以发挥作用的事实后，人们在孕育剂中加入强效硫化物形成元素进行了试验。试验元素有稀土元素（铈和镧），$Ⅱ_A$ 族元素（钙、锶、钡、镁）、铝、钛等。表5-2列出室温时这些元素形成硫化物的自由能。

试验结果正如预期，在孕育剂中加入这些元素后，孕育效果确有显著增强。而且基本上证实硫化物生成自由能越负，硫化物稳定性越好，则孕育效果和抗衰退作用更强。在铸铁常存元素中，锰与硫的化合物（MnS）是稳定的。能够作为形核基质元素的硫化物必须比硫化锰更为稳定。由表5-2可以看出，前八种硫化物的生成自由能均比MnS更负，说明除了锰以外，其他几种元素都能在铁水中存在，成为构成石墨结晶核心的基础物质。

确定哪些物质能够成为石墨结晶核心的基质时，最直接的方法是探查石墨剖切面中的核心物质。由于片状石墨分枝与基体金属参差交连，不易察觉核心物质，因此以球状石墨为对象进行研究。经过对磨切面深入探查，确证异质核心物质中硫化物居多。在孕育剂中添加了表5-1所列元素后，则在石墨核心中检查出了所添加的元素。

表 5-2　几种硫化物的生成自由能

硫 化 物	ΔG/kJ · mol^{-1}硫	硫 化 物	ΔG/kJ · mol^{-1}硫
CeS_2	-533.5	MgS	-388.7
CaS	-513.8	Al_2S_3	-274.9
SrS	-495.8	TiS(ZrS)	-254.0
LaS	-481.6	MnS	-248.1
BaS	-464.4		

需要进一步探讨的是碳原子如何依附这些硫化物而形成石墨结晶核心。Wallace 根据石墨晶体与具有氯化钠晶格的硫化物晶体之间点阵失配度提出了这些硫化物能够成为石墨形核基质的见解。[4]。

表 5-2 所列的硫化物都具有氯化钠型晶格。这些硫化物晶格中的密排面，即(111)，与石墨晶体基面，即(0001)，两者基本上存在着一定的外延关系，即碳原子可以沿硫化物晶格的(111)面向外延伸生长，而形成新的石墨晶体的(0001)面，构成石墨晶体的碳原子就会与构成形核基质的硫化物结合，形成石墨晶体薄层。薄层晶体继续接纳碳原子而外延生长至一定尺寸，成为石墨结晶核心。

根据硫化物晶格中密排面间距与石墨基面中对应碳原子之间的距离可计算出硫化物与石墨之间的点阵失配度，见表 5-3。

表 5-3　石墨与具有氯化钠晶格的硫化物之间点阵失配度

硫化物	失配度/%		硫化物	失配度/%	
	室温	1421K		室温	1421K
MgS	-13.7	-12.5	LaS	-2.9	-1.5
MnS	-13.4	-12.1	SiS	0.0	+1.3
CaS	-5.5	-4.1	BaS	+6.0	+7.5
CeS	-4.2	-2.9			

在硫化物中，有些是以复合化合物形式存在，其晶格参数根据各元素的含量而定，但是数值非常相近，晶格类型也没有变化。

失配度是物质能否成为有效形核基质的重要判断标准。第 1 章已介绍过，失配度小于 6%，基质成为晶体结晶核心的几率很高，6% ~12% 时则形核几率显著降低。从表 5-2 中所列数据看，钙、铈、镧、硅、钡的硫化物都能有效地成为石墨形核基质，最终构成石墨结晶核心。镁和锰的硫化物都属于可能成为石墨结晶核心的物质。

5.3.2　碳化物作为石墨形核基质

B. Lux 早在 20 世纪 60 年代提出碳化钙可以成为石墨形核基质的观点[5]。研究者以粉状 CaC_2 与 Fe-C 合金一起烧结后加入铁水，发现 CaC_2 在孕育硅铁形成的显微富硅区内能够促进石墨晶核形成，认为 CaC_2 晶体高温时具有面心立方结构，碳以 C_2^{2-} 形式存在。以(111)晶面计算，相邻两个 C_2^{2-} 的间距为 0.419nm，与石墨晶格中的 0.425nm 原子间距非常接近，晶格适配度很好。但 CaC_2 及其他一些碳化物作为形核基质的不利之处在于它们的热力学稳定性差。图 5-4 表明，CaC_2、SiC、ZrC、TiC、Mn_3C 的生成自由能负值较小，在铁水中易与硫、氧结合而生成较为稳定的化合物。

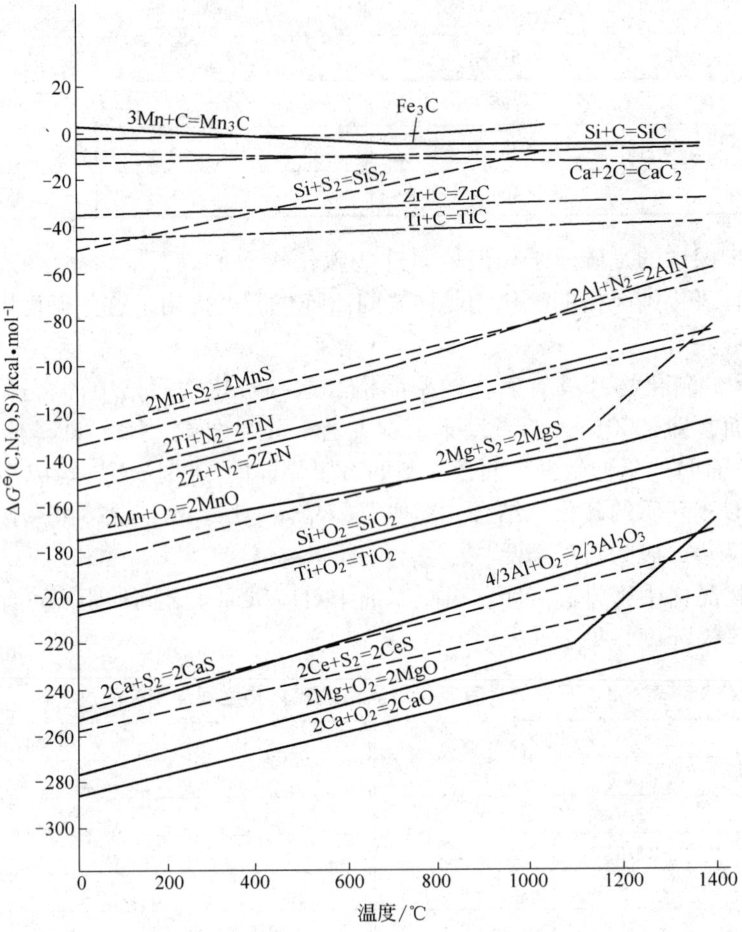

图 5-4　一些碳、氮、氧、硫化合物生成自由能

（1cal = 4.1868J）

研究人员将周期表中能形成盐类碳化物（具有氯化物晶格）的Ⅰ、Ⅱ、Ⅲ族元素以及能形成金属碳化物的Ⅳ族元素以适当的方法加入液态高纯铁碳合金和铁碳硅三元合金中，系统地进行试验，探讨可能产生有效孕育作用的元素。

试验发现，Ⅰ、Ⅱ、Ⅲ族元素的碳化物都有减少过冷、增加共晶团数的效果，而Ⅳ族元素（TiC、ZrC、HfC）对共晶团数的影响微小。效果比较显著的元素中尤以碳化钙（CaC_2）的影响引人注目。试验表明未孕育的铁碳硅三元合金的共晶团数为 8.5 个/cm^2，加入铁硅铜合金与碳化钙粉末的烧结物（碳化钙很轻，与液态铁碳硅合金的润湿性差，难以溶入，因此不能直接加入碳化钙粉末）时，共晶团数急剧增加，当烧结物中含有 2.5% CaC_2 时，共晶团数为 350 个/cm^2，加入铁与 5% CaC_2 烧结物时共晶团数为 110 个/cm^2。但烧结物内碳化钙量再增加后则共晶团数趋于下降。另外，含氧化钙的烧结物（铁碳铜与 1.5% CaO）也有一定的孕育效果，孕育后共晶团数为 50 个/cm^2。

实验表明，其他Ⅱ族元素（镁、锶、钡）的碳化物都有类似的作用，而以碳化钙较为典型。下面以碳化钙与石墨之间的相互作用，简要介绍碳化物作为形核基质的观点。

对具有氯化钠晶格的碳化物进行结构分析表明，这类碳化物在高温下为面心立方晶体，碳原子以 C_2^{2-} 离子状态存在。面心立方晶体的密排晶面(111)与石墨基面(0001)在结构上很相似，晶格参数相近。另外，由 X 射线衍射结果可计算出液态铁碳硅合金中已存在碳分子（C_2）中的原子距离为(0.14 ± 0.02) nm，石墨基面上碳离子重心之间相距 0.142nm（见图5-5），两者十分相近，易于相互取代。

据计算，碳化钙晶体中两个密排面之间的距离 0.341nm，石墨基面之间的距离为 0.335nm，在石墨晶体的[0001]方向，两者的失配度很微小，易于匹配。一旦在石墨的基面上呈现碳的外延势态，由于六角环中碳原子间结合能很强，石墨层将在碳化钙晶体上迅速形成，最终可能成为有效的石墨结晶核心。

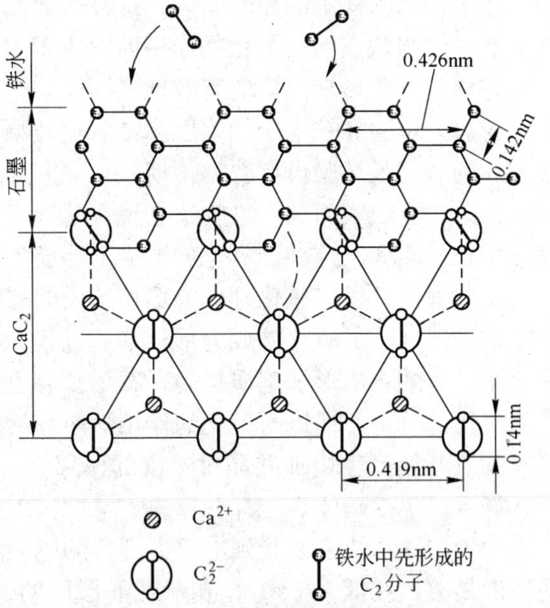

图 5-5 C_2 在碳化钙密排面上析出，形成石墨的基面

由于 CaO 和 CaS 的生成自由能值比 CaC_2 更负，因此，碳化钙必然与铁水中普遍存在的硫与氧发生反应，部分碳化钙将被氧化钙和硫化钙所取代。但是当钙与硅同时加入铁水时，将在铁水中形成富硅微区，在此微区中，钙及其他同类元素以细微的金属液滴形式存在，铁水里基本上无氧无硫，其中的碳（多以过共晶石墨形态存在）与钙反应产生碳化钙，并且很快出现表面石墨层，可能成为石墨晶核。但是当这些可能的晶核一旦离开富硅微区后，表面石墨层将遭到破坏，碳化钙又将与硫、氧反应，生成氧化钙与硫化钙。随着时间的延长，碳化钙的孕育功能将逐渐减弱。这就是孕育衰退现象的可能解释。

碳化物的孕育作用和对孕育衰退现象的理论解释，是值得注意的。但是成为广为接受的孕育理论，还需要更多实验成果予以支持。

5.3.3 二氧化硅作为石墨形核基质

较早曾有人提出过硅酸盐可以成为石墨形核基质的说法。认为把硅铁加入铁水中，有 $2FeO \cdot SiO_2$ 生成，这种以 SiO_2 为基础的复化合物高度弥散分布于铁水中，能够成为石墨形核基质。但是进一步研究发现，这种说法有其局限性，反倒是 SiO_2 晶体表面的晶格与石墨晶格有一定的匹配关系，SiO_2 可以成为石墨形核基质。

二氧化硅作为形核基质的说法基本上是以实验事实为基础的。把硅铁加入含有过饱和氧的铁水中，硅与铁水中的溶解氧化合，形成 SiO_2 晶体，二氧化硅晶体与石墨晶格基面有良好的匹配关系，这些细微晶体最终可以成为石墨形核基质。

二氧化硅成为有效形核基质是有条件的。其重要条件就是二氧化硅晶体必须是纯净的，具有纯二氧化硅晶质的表面。只有这种表面才能使碳在其上外延生长，形成表面石墨层。当硅铁加入铁水的短时间内，这种表面是存在的。但是保持一定时间后，二氧化硅质点表面可能与铁或锰的氧化物作用而形成 $2FeO \cdot SiO_2$（或 $2MnO \cdot SiO_2$）熔合层而降低甚至失去它作为异质形核基质的有效性。

曾有人试验在铁水中加入固态二氧化硅颗粒，希望它能起到孕育作用。虽然铁水是氧过饱和的，但是试验没有取得预期效果。究其原因是外加的二氧化硅颗粒进入铁水前已经受到污染，颗粒表面被污染物覆盖而失去了 SiO_2 的晶质表面，碳原子不能在这种表面上外延生长。因此，这种二氧化硅颗粒不能成为有效形核基质。

实验表明，以二氧化硅作为形核基质的有效性，还要取决于铁水中含硅量和溶解氧的浓度是否够高。二氧化硅成为形核基质过程，实质上就是用硅脱氧的过程。脱氧越多，可能产生的有效石墨形核基质越多，石墨核心也越多，促进石墨化的作用越强烈。但是，由于二氧化硅分解，促进石墨化的作用随孕育后时间的增长而减弱。氧又重新回到铁水中。此时的氧开始产生增加共晶过冷度的作用。凝固后的铸铁不具有 A 型石墨，而是 D 型石墨，甚至产生渗碳体。

冲天炉铁水或不断受到电磁力搅拌的感应炉铁水都含有较多溶解氧。但是即使溶解氧的浓度足够，在低于 FeO 形成温度下形成的二氧化硅微粒一般不能成为石墨形核基质。这是因为在较低温度下，FeO 与铁水不能充分分离，而使二氧化硅微粒表面被 FeO 熔体覆盖，从而失去成为石墨晶核的特质。由于同样的原因，在铁水内加入 FeO 以提高铁水内溶解氧量的做法也是不可取的。

采用含硅量高的硅铁（90 硅铁或 75 硅铁）在尽可能接近开始浇注的时刻加入铁水能产生良好的孕育效果。这是因为高硅铁在铁水中所形成的富硅微区硅浓度较高而且微区保持的时间也较长。这些都有利于二氧化硅稳定生成以及有充足时间完成形核过程。

根据二氧化硅形核观点，国外有人开发了不添加孕育剂的铸铁孕育方法。将铁水过热到高于 Si-C 平衡温度以上的温度，并予以保温。在此温度下铁水富含溶解氧，但氧不与铁液中的硅反应。铁水温度降低过程中，铁水中的硅才与溶解氧反应生成大量二氧化硅，这些二氧化硅在短时间内是干净而相对稳定的，可以形成石墨晶核基质。

5.3.4 石墨微粒作为石墨形核基质

提出石墨微粒形核理论的基础是确认铁水中存在大量超显微尺寸石墨微粒或碳原子集团。当铁水到达凝固温度时，这些石墨微粒和已经发生偏聚的碳原子集团便成为石墨形核基质，使碳原子方便地在其上沉积，形成石墨晶核。

较早曾有人以不同熔化温度熔铸了两组灰铸铁试样。1500℃熔化并在炉中保温 20min，另一组在 1400℃熔化，在炉中保温 5min，两个试样都在低于共晶温度 20～30℃温度下淬火，然后进行检测。发现前一组试样中化合碳（渗碳体中的碳量）含量显著低于后者，而且有细小的片状石墨出现，后者则具有较粗大石墨。试验者认为，产生这种现象的原因是：铁水中已存在的石墨微粒在 1400℃时尚未溶入铁水，在凝固过程中这些石墨微粒便成为石墨结晶核心，导致生成的石墨粗大。而高温熔铸的试样中因有石墨溶入，铁水含碳量增加，化合碳量也相应增加，形成的石墨细小。试验者借此说明液态铸铁在凝固前应当已有石墨微粒存在。

第2章中已经对液态铸铁中存在超显微尺寸石墨微粒或碳原子集团做过讨论。研究者认同液态铸铁中存在着碳微粒或碳原子集团的事实，也认为碳原子在石墨微粒上形核比在其他物质上形核要容易得多，因为它们的原子尺寸相同，没有失配度过高的问题。这可能是人们认同石墨微粒形核理论的主要原因。需要进一步探讨的是石墨在同质物上形核的热力学条件，以便证实这一观点应用的普遍性。

5.4 孕育衰退现象

铸铁孕育实践发现，孕育剂加入铁水后的短时间内孕育作用急剧增强。但是经过一段时间后，孕育作用达到一个峰值后又开始减弱，最终完全消失。这种孕育作用随时间延长而减弱的现象称为孕育衰退。

孕育剂产生的石墨形核效果与铁水黏度值有对应关系。图5-6中曲线 a 代表未经孕育处理的铁水，图5-6中曲线 b 为加入硅铁孕育剂后铁水黏度随时间的变化曲线。检测不同时间浇注的试样白口深度和铸铁强度，得到的结果与黏度变化的规律相当吻合。

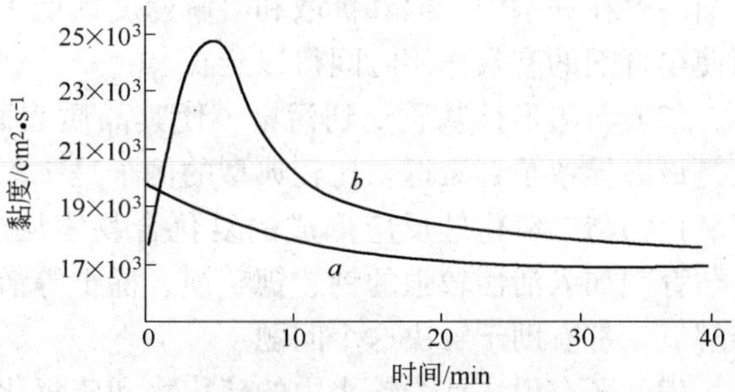

图5-6 石墨形核效果与铁水黏度值的对应关系

在不同过热温度孕育后，铁水停留时间对共晶团数目的影响示于图5-7。可以看出，停留时间较短时，孕育处理温度对共晶团数变化的影响较小；停留时间一定时，孕育温度越高，共晶团数越少，表明孕育衰退现象更为显著。

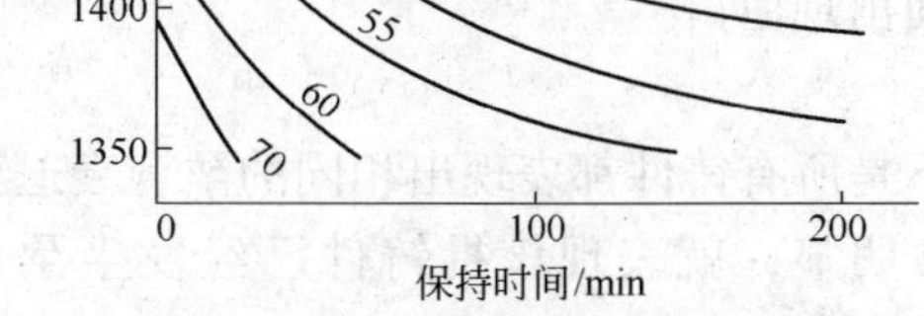

图5-7 不同过热温度孕育后，铁水停留时间对共晶团数目的影响

孕育衰退现象的产生涉及孕育剂在铁水中的行为、铁水温度变化情况下碳和硅原子在铁水中的扩散过程、石墨晶核的形成和溶解过程等一系列因素。

孕育作用的形成和衰退都是动力学过程。孕育作用的有效时间主要取决于孕育剂在铁水中的熔化速度以及导致铁水成分均匀化的碳、硅原子的扩散速度。

概括来说，铸铁孕育衰退产生的原因主要有以下几个方面：

（1）富硅微区消失。孕育处理过程加入含硅很高的孕育剂后形成的富硅微区中硅浓度远高于其周围铁水中的硅浓度，这个浓度差驱使富硅微区中的硅原子向周边扩散。使浓度趋于平衡，富硅微区逐渐消失，孕育作用也随之衰退以至消失。前面已谈到，孕育衰退不会立即显现出来，要经历一个时间过程。这个过程的长短受到一些因素的影响。

适当降低孕育剂的熔化速度可以使富硅微区消失的时间向后推移。在正常的孕育处理温度（1380～1420℃）下，粒状75硅铁或复合孕育剂在铁水中的熔化速度是很高的。5mm以下的粒子熔化时间不超过1min。粒子尺寸较大时，孕育剂在铁水中保持的时间要长些。孕育剂加入量相同情况下，粒子尺寸增大则粒子数目减少，石墨形核位置也会减少，微区中的碳原子也要发生扩散运动。但是碳的扩散速率较低，重新溶入铁水的时间比硅的扩散时间要长些，一般能在晶核表面保持3～5min。如果孕育剂中含有钙、锶、钡等抗衰退元素，这些元素在铁水中形成的氧化物，能够有效地抑制碳原子和硅原子的扩散。

在实际生产中，粒度合适的硅系孕育剂在铁水中的有效作用时间约为10～20min，比上述的微区中硅、碳原子的保持时间长些。这是因为碳、硅原子在未扩散前的短暂时间内，一些碳原子已覆盖了形核基质，成为活化晶核。这种活化晶核表面的碳原子虽然也会逐渐溶解在铁水中，但其扩散和溶解速度远低于富硅微区中碳原子的扩散和溶解速度，从而使孕育剂的有效作用时间得以延长。

（2）石墨形核基质受到污染，使其晶质表面被污染物覆盖而失去活性，形核作用消失，最终导致孕育衰退。比较典型的例子是二氧化硅受到FeO污染而在基质上面形成铁、锰氧化物与二氧化硅反应形成的复化合物表层。CaC_2和一些硫化物也存在同样的问题。在孕育剂加入活性较强的钙、锶、钡、稀土等活性较强的元素或从工艺方面控制铁水中的溶解氧，都有助于解决这个问题。

（3）还有说法认为铁水中的硫化物和硫氧化合物容易吸附硫原子，使硫化物不能在铁水中独立存在较长时间，而且这些添加的元素即使在有效的作用时间内也可能被铁水中的氧所氧化，失去应有的作用。但是这一说法尚未得到广泛认同。

孕育衰退一般表现在以下一些现象上。这些现象都是与完好孕育结果相比较而言的。

（1）共晶过冷度增大，导致铸铁生成白口倾向增加。在生产现场浇注的三角试片显示的白口深度加大。从试片断面上看，在灰口区域和白口区域之间或灰口区域之内出现石墨与渗碳体共存的麻口区域。

（2）共晶团数目显著减少。各种孕育剂都有它发挥最大孕育效果时所能产生的共晶团的大致数目。共晶团的减少量因孕育剂不同而有差异。

（3）石墨类型发生变化。大部分A型石墨改变为D型石墨。这种情况一般发生在原铁水碳硅含量偏高而且试样冷却较快的情况。

（4）铸件组织对断面敏感性加强。部分薄断面出现白口。

（5）材料的力学性能下降。

产生这些现象的原因都是互相关联的，但并不是所有铸件都表现出相同的孕育衰退特征。以上一些现象中，只要有一两项表现得非常明显，就表现该批铸件已经发生孕育衰退。

5.5 孕育剂

按照孕育剂的作用不同，可分为石墨化孕育剂和稳定化孕育剂两类。前者主要用于促进石墨化，抑制白口生成；后者不但促进石墨化也抑制共析渗碳体分解，防止生成过多铁素体，改善铸铁力学性能。

5.5.1 石墨化孕育剂

最常用的石墨化孕育剂是 w(Si) =75%的工业硅铁、含有钡、锶等元素的复合硅铁以及硅钙合金。

工业硅铁一般都含有少量铝和钙。国家标准《硅铁》(GB 2272)规定：75 硅铁中 w(Al)分别是 0.5%、1.0%、1.5%、2.0%，w(Ca) =1%，作为孕育剂的硅铁，其促进石墨化的能力和硅、钙、铝三元素的含量密切相关。在铝、钙含量相同、孕育处理条件近似情况下，硅铁的石墨化能力随硅含量增加而提高。w(Ca)不低于 0.5%时，钙比铝表现出更强的促进石墨化能力，孕育后的铸铁中，过冷石墨随钙量增加而减少，同时又能显著增加石墨共晶团数，生成较细小的 A 型石墨。当硅铁中钙含量低时，铝的作用能够充分显示出来。硅铁中 w(Al) =1.0% ~1.5%比较合适，过多的铝易使铁水中产生较多氧化铝夹杂。

为了提高硅铁在铸铁孕育方面的有效性，国内开发了两个牌号的专门用作灰铸铁和球墨铸铁孕育剂的硅铁。两种硅铁的 w(Si)均为 74% ~79%，w(Al)均为 0.8% ~1.6%，w(Mn)均不大于 0.5%，仅在含钙量方面有所区别，其中硅铁 1 的 w(Ca) = 0.5% ~1.0%，硅铁 2 的 w(Ca) =0.1% ~0.5%，这两种硅铁都具有优良的形核能力，孕育效果优于一般工业硅铁。

虽然 75 硅铁价格便宜、来源广泛，适于用作铸铁孕育剂，但其最主要的不足之处是在铁水中的有效作用时间短，抗衰退能力较差。

为了改善硅铁石墨化能力和抗衰退能力，国内外不断研制新型硅铁孕育剂。这些孕育剂中含有钡、锶、锆等元素。可以说是合金化的硅铁。已经有商业生产并已实际应用于生产的有钡硅铁、锶硅铁、锆硅铁。

5.5.1.1 钡硅铁

钡硅铁是一种强效铸铁孕育剂，促进石墨化的能力明显高于 75 硅铁。钡硅铁孕育的铁水，其过冷度小于 75 硅铁处理的铁水。另外，钡有抑制硅原子和碳原子在铁水中扩散的作用，使石墨形核位置周围的高硅区浓度能保持较长时间。例如，在用 75 硅铁和钡硅铁分别处理的铁水，如处理后立即浇注，则两者的共晶团数相差无几，而且均为最高值。孕育后 10min 浇注，75 硅铁处理的试样共晶团数急剧减少(孕育衰退现象)，减少的速率远超过钡硅铁处理的试样。采用钡硅铁的一个重要原因是它的长效性，具有很强抗衰退能力。

国产的钡硅铁一般的主要成分是：w(Si) = 60% ~ 65%，w(Ba) = 4% ~6%，w(Ca) =0.8% ~2.5%，w(Al) =1.0% ~2.0%，w(Mn) =8% ~10%。国外的厂商生产的钡硅铁 w(Ba)高达 10%，个别甚至达到 25% ~35%。

其中钙能加强钡的抗衰退作用，效果比较明显。铝的作用与 75 硅铁中铝的作用相似，有助于加强孕育剂的石墨化作用。

钡硅铁中 w(Mn)很高，一般为 8% ~10%。含锰量在这个范围内，不会使铸铁生成白口的倾向加强，也不会改变铸铁的力学性能。它的主要作用是使钡硅铁的熔化温度比 75 硅铁下降 30 ~50℃。这将显著缩短孕育剂在铁水中充分溶解的时间。另外，加锰使合金的密度增加，易于沉入铁水中，从而促使孕育效果得到改善。

钡硅铁孕育剂也有降低铸件断面敏感性的作用。

钡硅铁也适用于球墨铸铁的孕育。它可以使石墨球数量增加，抑制渗碳体和磷共晶的生成。并有脱氧脱氮的作用，巩固球化剂的作用。

由于钡硅铁的孕育效率高，抗衰退能力强，它在铁水中的加入量远少于75硅铁。一般只需75硅铁加入量的45%～55%。它可以应用于各种灰铸铁和球墨铸铁，特别是浇注后冷却缓慢的厚大铸件。对于薄壁铸件，它也有优良的抑制白口生成的作用。综合而言，经济效果和技术效果都是比较好的。

5.5.1.2 锶硅铁

锶能增强硅系孕育剂的石墨化能力。$w(Sr)=0.6\%\sim1.0\%$的75硅铁(锶硅铁)抑制薄壁铸铁件(3mm左右)产生白口的能力高于不含锶的75硅铁30%～50%，而且抗衰退作用良好。锶硅铁的另一特点是强烈促进石墨化的同时并不明显增加共晶团数。由于共晶团界面是产生显微疏松的主要部位，减少共晶团数有利于减少晶间疏松缺陷。因此，锶硅铁适用于气密性铸铁件的铁水孕育。

我国生产的锶硅铁，其$w(Si)=75\%$、$w(Sr)$分为两档，牌号SrⅠ及SrⅡ的$w(Sr)=0.6\%\sim1.0\%$，SrⅢ的$w(Sr)=1.0\%\sim2.0\%$，$w(Al)\leqslant0.5\%$，$w(Ca)\leqslant0.1\%$（SrⅢ的$w(Si)\leqslant0.5\%$）。

锶硅铁的含锶量对抑制白口能力有显著影响。通常，$w(Sr)=0.6\%\sim1.0\%$时孕育效果最好。超过上限含量后，孕育效果并没有明显改善。国产锶硅铁SrⅢ牌号$w(Sr)=1.0\%\sim2.0\%$，只用于孕育剂加入量以及白口深度均受限制的铸件。

与钡硅铁不同的是，锶硅铁中铝、钙含量都受到限制。这是因为这两种元素会减弱锶改善石墨化的能力。

锶也能增加孕育剂的抗衰退能力，但其作用似比钡硅铁小些。锶硅铁主要用于薄壁件，铁水冷却较快，抗衰退能力并不是影响铸件组织的主要因素。

随着工业技术装备轻量化的要求日益迫切，铸铁件的壁厚趋于减小。生产薄壁件时，如何避免铸件中出现白口，减少断面敏感性，保证铸件组织及硬度均匀是很重要的。特别是在低碳高强度灰铸铁及薄壁球墨铸铁件生产时，采用锶硅铁进行孕育处理非常有效。

5.5.1.3 锆硅铁

在硅铁中加入锆，可以制成优良的铸铁孕育剂。首先由德国开发的SMZ合金，就是锆硅铁中的一个品种。这种孕育剂已在许多国家应用。其主要成分是：$w(Si)=60\%\sim65\%$，$w(Zr)=5\%\sim7\%$，$w(Al)=0.75\%\sim1.25\%$，$w(Ca)=0.5\%\sim1.0\%$，$w(Mn)=5\%\sim7\%$，国内也有成分类似的产品生产。

锆本身是强脱氧脱硫剂。在铁水中与氧和硫结合而使之脱除。锆硅铁作为孕育剂，能促使细小均匀的石墨生成，降低白口倾向，并且有较强的抗衰退能力。

锆有较强的固氮能力，适用于合成铸铁的孕育。因为合成铸铁是以废钢为主要原料，铁水中含氮较高，在含碳较低或熔化温度较高情况下容易产生白口。因此采用锆硅铁对合成铸铁进行孕育处理会获得较为理想的效果。

锆铁合金熔点高，较难熔化。锆硅铁中$w(Mn)=5\%\sim7\%$，能促使孕育剂在铁水中尽快熔化。

5.5.1.4 硅钙合金

硅钙合金曾经是广为应用的孕育剂。化学性质活泼的钙含量约占合金的1/3，在铁水中能够有效地脱氧、除硫并具有与氮、氢结合的能力。其石墨化能力约为75硅铁的两倍，抑制白口的效果十分稳定。另外，灰铸铁经硅钙合金处理后，石墨片体增厚、变短，共晶团数增加，抗拉强度提高。

我国的硅钙合金国家标准(GB 3419—1982)规定合金按主要化学成分钙的含量分为三个牌号：Ca31Si60、Ca28Si60、Ca24Si60分别含钙31%、28%、24%。

硅钙合金虽然是效果比较稳定的孕育剂，但在实际应用中也有一些不足之处。合金在铁水中较难溶解，孕育作用起效较慢，而且合金较轻，易于产生大量浮渣，随铁水流入型腔，使铸件产生夹杂物。为了克服这些缺点，后来又开发出硅钙锆(CaSiZr)合金，其主要成分为：$w(\mathrm{Si})=50\%\sim55\%$，$w(\mathrm{Ca})=15\%\sim20\%$，$w(\mathrm{Zr})=15\%\sim20\%$。这种合金减少了硅钙合金的缺点，而且由于锆的加入，抗衰退能力大大加强，但是合金价格较高，应用范围受到限制。

硅钙合金不宜作为球墨铸铁孕育剂。这是因为钙与氧、硫的亲和力大于镁与氧、硫的亲和力，MgS与MgO在钙参与下转换为CaS、CaO，使铁水中游离镁量增加，铁水过冷倾向增强，部分抵消了孕育作用。

5.5.1.5 碳硅钙合金

碳硅钙合金是由晶体石墨与硅铁、硅钙合金混匀后压块而制成。其中的晶体石墨是赋予合金孕育能力的基础材料，它具有完整的晶体结构，易于与铁水中未溶的石墨质点与石墨分子结合而成为形核基质。

碳硅钙合金的主要成分是：$w(\mathrm{C})=27\%\sim37\%$，$w(\mathrm{Si})=33\%\sim40\%$，$w(\mathrm{Ca})=5\%\sim8\%$，$w(\mathrm{Al})<1.0\%$。其中碳粒在高温铁水中弥散分布，可以成为石墨结晶核心，硅、钙、铝则能脱氧，使氮固定，促进石墨化。

作为孕育剂，碳硅钙合金与各种硅铁相比，具有最强的抑制白口能力。由于石墨晶核是在外来难熔的晶体石墨上形成，同时也存在形核区内浓度起伏，在这种双重作用的影响下，其孕育衰退显著减缓。

有些用于制造碳硅钙合金的硅铁含有锶、钡、锆。含锶的合金更利于抑制白口，很少增加共晶团数，防止较厚断面产生缩松。含钡则可提高碳活度，促进石墨化，并能减缓衰退。加入锆进一步抑制白口，细化珠光体，提高铸铁强度。

碳硅钙孕育剂密度低、熔点高，处理铁水时往往不能很快进入铁水内部，因此应在较高温度(大于1450℃)进行处理。孕育剂放在铁水包底部或出铁槽内与铁水相混，提高吸收率。

碳硅钙合金的适用范围比较广泛，从薄壁耐压件到厚壁机床铸件都有良好效果。

5.5.1.6 稀土孕育剂

硅系石墨化孕育剂中加入3%~5%稀土元素也能改善孕育效果，特别是处理较高碳当量铁水的效果较为明显。这类孕育剂中需要加入钡和钙，以改善抗衰退能力，细化共晶团，提高铸铁力学性能，成为一种高效孕育剂。例如，以$w(\mathrm{RE})=3\%\sim5\%$、$w(\mathrm{Ca})=1\%\sim3\%$、$w(\mathrm{Ba})=1.5\%\sim4\%$、$w(\mathrm{Al})<3\%$、$w(\mathrm{Si})=46\%\sim54\%$的稀土钡钙硅铁处理高碳当量冲天炉铁水，浇注壁厚很不均匀(最薄4~5mm，最厚50~60mm)的铸件，未出

现白口，95%以上石墨为A型。

稀土元素本身有强烈的脱氧除硫能力，所形成的稀土硫化物、氧化物、氮化物一部分悬浮于铁水中，这些化合物的晶格常数与石墨晶格常数的失配度很小，可能成为有效的形核基质，促进石墨生成。另外，稀土元素都有增大共晶过冷倾向，当其含量超过一定数值之后，反倒促进白口生成。因此，使用稀土孕育剂时应考虑铸铁中稀土元素残留量。w(RE)一般应在0.03%～0.06%范围内，低于0.03%石墨化可能不充分，高于上限将促进渗碳体生成。对于低碳当量铸铁，稀土残余量应接近下限，即0.03%～0.04%。加入孕育剂的适宜铁水温度为(1400±20)℃。处理电炉铁水的稀土元素回收率比处理冲天炉铁水时高，一般在50%。更确切的回收率应该参照测试结果而定。

根据硫化物和氧化物是石墨形核基质的主要组成物这一认识，近年开发出一种含有钙和铈的硅系孕育剂，其中加入少量非金属元素硫和氧。这种孕育剂主要用于球墨铸铁生产。因为经过高温熔炼和球化处理，铁水中硫和氧已经降低很多，残余硫、氧含量已不足以提供足够的形核基质，需由孕育剂补充硫和氧，增加钙、铈、硅、镁与硫、氧形成的化合物，作为石墨形核基质，改善孕育效果。

资料[3]介绍这种孕育剂的成分是：w(Si)＝70%～76%，w(Ca)＝0.75%～1.25%，w(Ce)＝1.5%～2.0%，w(Al)＝0.75%～1.25%，另有微量硫和氧。一些工厂使用这种孕育剂的结果表明：球墨铸铁的石墨球数和铁素体量显著增加，白口倾向、收缩倾向以及断面敏感性显著降低。例如，与含有钙、锆、锰的硅铁孕育剂比较，石墨球数由315个/mm^2增加到602个/mm^2。与锶硅铁孕育效果比较，随铸件断面厚度增加，球数增加越明显。40mm断面的球数相差可达1倍以上。由于球数增加，铁素体量相应增加，材料的塑韧性提高。

5.5.2 稳定化孕育剂

稳定化孕育剂不但促进石墨化也抑制共析渗碳体分解，防止基体出现过多铁素体。稳定化孕育处理后，95%以上基体为细珠光体，铸铁强度显著提高。

稳定化孕育剂由石墨化元素与稳定珠光体元素(氮、铜)、碳化物形成元素(铬、锰、钒、钛)复合而成。稀土元素也在其中占一定位置。

孕育剂中的稳定化合金元素的效果高于配料中加入的相同合金元素。产生同样效果时，前一种方式加入的合金元素少得多。

氮是稳定化孕育剂的首选元素。亚共晶铸铁经过含氮孕育剂处理后，枝晶生长不再受热流影响，由方向性排列改变为无方向性排列。一次枝晶轴长度减小，二次枝晶轴粗化。因而过冷石墨减少，A型石墨量增加。共晶团细化，基本组织以细珠光体为主。铸铁的抗拉强度和硬度都有显著提高。例如，w(CE)＝3.9%的冲天炉铁水加入0.40%成分为w(N)＝4.2%、w(Ca)＝7.5%、w(Si)＝32%的孕育剂进行稳定化孕育处理后，抗拉强度提高了55MPa，硬度达到HB245，其力学性能的变化远大于单纯加氮的铸铁。

硅铁、硅钙合金、氮化铬铁配制成的稳定化孕育剂的主要成分为：w(N)＝3%～5%，w(Ca)＝6%～10%，w(Al)＝1%～2%，w(Cr)＝3%～5%，w(Si)＝20%～30%。

含有稀土元素的稳定化孕育剂兼有降低白口倾向及断面敏感性的良好作用，更适用于处理浇注厚大铸件的铁水，可以显著提高厚断面中的珠光体与铁素体的含量比。例如，稀土稳定化孕育后，150mm 厚断面中珠光体量能达到 90% 以上。

国外已开发出含锆的稳定化孕育剂，并已成功地用于工业生产。这类孕育剂的成分范围是：$w(Si)=60\% \sim 65\%$，$w(Al)=0.75\% \sim 1.5\%$，$w(Ca)=1\% \sim 2\%$，$w(Zr)=5\% \sim 7\%$。

锆在铁水中溶解速率较低，蒸气压低，沸点高。含锆孕育剂适用于处理浇注厚大铸件或壁厚相差悬殊铸件的铁水，其孕育效果稳定可靠。此种孕育剂钙含量较低，处理后产生的熔渣很少。

5.6 孕育剂的选用

前面已经介绍了多种铸铁孕育剂，这些都是经常使用的。其实，孕育剂的品种远不止这些，当前已经开发出来的孕育剂多达数百种。有些是可以广泛应用的，有些则是专用于某一特定产品的。在众多品种中正确选用合适的孕育剂是值得探讨的问题。优良孕育剂必须具备以下条件：

（1）孕育的有效性。如有促进细小而分布均匀 A 型石墨生成的能力；有抑制白口、控制共晶团数量的能力；有效改善金相组织，显著提高铸铁力学性能、减少壁厚敏感性的能力。

（2）良好的适应性。应该有优良的抗衰退能力；容易熔入铁水，被铁水顺利吸收；产生的渣量少而且易于清除；改善或保持铁水的铸造性能，避免铸造缺陷。

（3）铁水处理费用较低。孕育剂价格相对较低，所需的加入量相对较少。

（4）对工作环境没有污染。

国内工厂目前应用最广泛的孕育剂是含有铝、钙的 75 孕育硅铁。如果对孕育处理没有特殊要求，浇注前不致发生孕育衰退，选择这种孕育剂是适宜的。

要根据孕育目的和铸件生产条件选择孕育剂。一般来说，铸铁的碳当量较低时，共晶过冷度增大，铸件容易产生白口。在这种情况下，应选择强效孕育剂。例如含锶、钡的碳硅钙合金或者锶硅铁，而且孕育剂的加入量应适当加大。

选择孕育剂要注意铸件壁厚。对较薄的铸件，为了防止白口出现，采用锶硅铁或锶硅铁和稳定化合金组成的复合孕育剂是最有效的。对于含硫高（硫有促进白口的作用）的薄壁件则宜采用含有稀土元素的石墨化孕育剂。如果铸件很厚，冷却凝固时间长，为了避免孕育衰退，需要采用长效孕育剂，如钡硅铁或含钡的稳定化孕育剂。

要求孕育处理后铸件强度提高，最好采用含氮的稳定化孕育剂或稀土钙钡硅合金。许多孕育剂都有提高铸铁强度的作用，应根据铸件成分、壁厚、铁水性质来选择。

炉料不洁或铁水氧化情况下，宜使用稀土孕育剂，并需适当增加孕育剂用量。过度氧化的铁水不宜进行孕育处理。

5.7 合理孕育

合理孕育是指在选定成分的铁水中，以合适数量及品种的孕育剂，采用正确的加入方法加入到温度适宜的铁水中，以获得预期孕育效果的孕育处理。孕育处理的操作过程是简单的，但是这个简单过程却包含着许多可能影响孕育效果的因素。了解并掌握这些因素，优化操作过程，才能获得孕育处理的预期效果。

5.7.1 铁水化学成分的影响

孕育处理多用于高强度铸铁的生产。这类铸铁的碳当量都是比较低的。未经处理的铁水凝固后的组织中含有大量过冷石墨或渗碳体，呈现麻口或白口。只有经过处理才能获得细小的 A 型石墨。

在我国灰口铸铁国家标准中，HT250、HT300、HT350 牌号的铸铁需要进行孕育处理以达到所要求的强度。三种孕育铸铁的典型化学成分列于表 5-4。

铸件的总 $w(\mathrm{C})$ 可以在 2.9% ~3.3% 之间根据铸件厚度来选取。薄壁件(厚度小于 20mm)，可在 3.0% ~3.3% 之间选取。厚壁件可选用下限含量，如 2.8% ~3.0%。

表 5-4 几种孕育铸铁的化学成分

铸铁牌号	总 $w(\mathrm{C})$ /%	$w(\mathrm{Si})$/%		$w(\mathrm{Mn})$ /%	$w(\mathrm{P})$ /%	$w(\mathrm{S})$ /%
		孕育前	孕育后			
HT250	3.1 ~3.3	1.2 ~1.4	1.5 ~1.8	0.8 ~1.0	<0.15	
HT300	3.0 ~3.2	1.0 ~1.2	1.3 ~1.7	0.9 ~1.0	<0.14	<0.12
HT350	2.9 ~3.1	0.8 ~1.0	1.2 ~1.6	1.0 ~1.3	<0.12	

原铁水含硅需与含碳量配合，目的是使 $w(\mathrm{CE})$ 保持在 3.2% ~4.0% 之间，薄壁件可略高。原铁水含硅量应参照表中数据，并根据孕育剂带入的硅量以及预定的碳当量和 $w(\mathrm{Si})/w(\mathrm{C})$ 比而确定孕育剂加入量。

锰是稳定珠光体的元素，而孕育铸铁要求具有珠光体基体。因此孕育铸铁应含有如表 5-4 所列的含锰量。薄壁件应取含量下限。

前面已经谈到过硫在形成石墨结晶核心方面的作用以及它的含量对铸铁石墨化的影响。根据生产实践经验，高强度灰铸铁的含硫量是选择孕育剂品种的重要因素。例如，处理感应炉熔化的中等含硫量($w(\mathrm{S}) \approx 0.03\%$)，使用钡硅铁、锶硅铁、含钙硅铁均能收到较好的孕育效果。但是处理低硫($w(\mathrm{S}) < 0.01\%$)铁水，只有硅钙的效果比较显著。处理冲天炉铁水($w(\mathrm{S}) \approx 0.08\%$)时，采用硅钙的孕育效果显著降低。

5.7.2 熔炼方法和炉料的影响

以同样孕育剂和处理方式对不同类型熔炉熔化的铁水进行孕育处理，孕育效果会有差别。这是因为铁水在液态结构、过热温度、成分波动幅度、过冷倾向、杂质元素含量等方面有显著差别。

冲天炉多以生铁为基本炉料。生铁中多含有粗大初生石墨(或渗碳体)，这些高碳相在熔化过程中往往不能完全溶解。铁水中的未溶石墨微粒是良好的石墨形核基质。即使碳当量很低，石墨形核几率也比较高。一般无需强效孕育剂即可取得显著孕育效果。电弧炉和感应炉的炉料中含有较多废钢，熔成的铁水含氮量较高，氮阻碍碳原子扩散。而且电熔炉熔化的铁水过热温度较高，石墨微粒大部已溶解，因此，需要较强的孕育才能获得预期效果。特别是以炼钢生铁为主要炉料熔化的低碳当量铁水其中存在 C-Fe 原子集团，促进渗碳体生成。对这种铁水必须采用强效石墨化孕育剂，如碳硅孕育剂、锶硅铁等，才能获得预期孕育效果。

铁水受到氧化会降低孕育剂的有效性。因为氧是表面活性元素，吸附于形核基质表面，妨碍碳原子向基质表面沉积，有效形核几率降低。另外，铁水含氧量较高时，一些可作为形核基质的硫化物可能转变为氧化物，失去形核能力。

表 5-5 可作为处理工频炉铁水和冲天炉铁水时选择孕育剂的参考。

表 5-5 孕育剂的选择

处理铁水	提高 σ_b 并降低白口深度	降低白口深度	提高 σ_b
工频炉铁水（低硫）	含 Ce、Ca、Ba 孕育剂，如 R-Si 合金、Ca-Si-Ba 合金、Fe-Si-Ca 合金	含 Ce、Ca、Ba 孕育剂，如 R-Si、Fe-Si-Sr 合金、硅铁	含 N、Ce 的稳定化孕育剂，如 Fe-Mn-N 合金、Fe-Cr-N 合金、R-Si 合金
冲天炉铁水（高硫）	没有特别有效的孕育剂含 Ba、Ca 孕育剂较好	碳硅钙合金	含 N 的稳定化孕育剂，如 Fe-Mn-N、Fe-Cr-N 合金

5.7.3 铁水温度的影响

铁水在炉中的过热温度和炉前孕育处理温度都对孕育效果产生影响。

从提高铸件质量的角度看，人们希望孕育铸铁铁水在炉中能够达到较高的温度。因为这样不但可使铁水与杂质充分分离，铁水得到净化，流动性提高，易于浇出优质铸件。而且铸铁中 A 型石墨细小，共晶团数增加，珠光体组织细密，力学性能提高。但是铁水过热温度也存在一个临界温度范围，超过这个温度范围，孕育效果随着过热温度上升，孕育效果下降，铸铁力学性能逐渐变差。这是因为铁水中存在的石墨微粒在高温下溶入铁水，有些可成为形核基质的二氧化硅微粒也被碳还原而急剧减少。这种现象对碳当量较低的铁水更为敏感。低碳铁水的这种临界温度较低，约在 1470 ~ 1500℃之间，高碳铁水则在 1500 ~ 1550℃之间。

较高处理温度虽能使孕育剂加速熔化，但也导致孕育衰退过程提前出现。各种孕育剂都有各自的合适处理温度：75 硅铁及硅系复合孕育剂为 1380 ~ 1420℃，硅钙孕育剂为 1400 ~ 1430℃，碳硅孕育剂为 1430 ~ 1460℃。不论采用哪种孕育剂，球墨铸铁的孕育处理温度一般不应低于 1350℃。

5.7.4 孕育剂加入方法的影响

合适的加入方式应使孕育剂均匀地分布于铁水中，并在铸件凝固前停留最短时间。常用的处理方法是把孕育剂加在熔炉出铁槽中，使之随铁水进入浇包。或者把孕育剂放置于浇包底部，然后冲入铁水。这种浇包内孕育的方法很简单易行，但是孕育剂的氧化损耗大（损耗率为 20% ~30%），加入量比较多。在铁水炉前除渣不完全情况下，易于与孕育剂聚集在一起，造成孕育剂的更大损失。另外，铁水在浇注前需要停留较长时间，容易产生孕育衰退现象。

为了减少氧化和孕育衰退，开发了一些被称为“后孕育”工艺。后孕育就是将孕育剂在浇注铸件时加入铁水。这样就使孕育剂在铁水中停留的时间缩短，孕育剂得以发挥最大效率，而且几乎不存在孕育衰退的问题。

后孕育有多种方法。常用的方法有浇杯孕育、喂入孕育、熔棒孕育、型内孕育。

浇杯孕育是把粒状或压成块状的孕育剂放置在浇口杯内，铁水进入浇杯后将孕育剂熔化，然后流入铸件型腔。需要控制孕育剂与铁水的反应时间。孕育剂效率高于浇包孕育。

喂入孕育是把线状或粒状孕育剂在铁水浇入铸型时定量地喂入浇口，孕育剂在浇口中与铁水混合时进行孕育。喂线机构将孕育线以一定速率喂入铁水流中。孕育线是一种由槽形薄钢板压成的条状物，装入粉末状孕育剂后再经合口、对焊、拉拔而制成。成品直径ϕ3.3～4.0mm。粉末孕育剂大多由孕育硅铁、晶体石墨、少量合金元素组成。使用时孕育线成卷装入喂线装置中以稳定速度喂入铁水，喂线速度，铁水浇注速度和单位长度孕育线携带的孕育剂量应相互配合好。由于孕育线可在直浇口内直接与铁水反应，因此几乎没有氧化和漂浮损失，孕育剂加入量大大减少，一般不超过0.05%，是各种孕育方法中孕育剂加入量最少的一种。

孕育线喂入装置由微电机驱动。给定工艺数据后，装置可自动控制进给速度。只要浇注速度控制准确，孕育剂的加入量是能够得到保证的。与浇包孕育法相比，孕育线喂入法能明显增加共晶团数，改善石墨形态，易于控制，发展前景是很好的。

粒状孕育剂可利用氮气或空气作为载体喂入正在浇入铸型的铁水中。喂入装置由红外探测器、直流电机驱动的机械喂料器和气动装置三部分组成。当铁水流出现时，红外探测器的探头立即察觉并发出光电信号。此光电信号瞬时转变为电信号，驱动电机带动给料器将料斗中的孕育剂输送到输料管。与此同时，气动装置的电磁阀打开，高速气体流出，并将输送管中的孕育剂送到铁水流中，孕育剂的加入量可以通过改变直流电机转数来调节。

熔棒孕育是把由孕育硅铁粉经黏结、压实而制成的棒状孕育剂放置在浇包口附近的适当位置，浇注时铁水流将棒逐渐熔化，孕育剂便加入到铁水中，孕育效率虽然高于浇包孕育，但是对浇注人员的要求较高，铁水浇注速度必须均匀，否则容易产生孕育不均匀现象。

型内孕育是把孕育剂放置在浇注系统内，铁水流经浇铸系统时将孕育剂熔化。这种方法的孕育效率较高。孕育剂加入量约为铁水量0.05%～0.10%，不会发生衰退现象。但对浇注系统设计要求较高。

5.8　孕育效果评定

可以采用以下方法评定石墨化孕育处理效果：

(1) 现场评定促进石墨化、抑制白口倾向效果多采用标准三角试片，测量其白口深度或宽度。利用测得数据，结合现场积累的经验，一般可以判断出该批铁水浇出铸件是否会在某些部位出现白口，铸铁的石墨化是否良好。必要时还可进行金相检查，确定石墨的尺寸和类型。

(2) 检查共晶团数。检查铸铁孕育前后的共晶团数能够比较准确地衡量铁水的形核程度。孕育后增加的共晶团数较多则表明孕育剂产生的形核效果较好。但应注意，共晶团数的增减受到许多因素的影响，例如铁水过热温度、孕育处理温度、孕育剂品种和加入数量、炉料及熔化条件等。因此，在比较不同批次铁水形核程度时，必须采用在相同或近似条件下制成的尺寸形状相同的试样。

没有炉前检查共晶团数量的方法。需要在金相实验室内进行此项工作。

(3) 测定过冷度的变化。正确的孕育处理总是使结晶核心数量增加，并促使共晶转变在较高的温度下进行，从而导致共晶过冷度(指绝对过冷度，如图 5-8 中 Δt 所示)相应减小。可以根据过冷度数据来判断孕育处理效果。

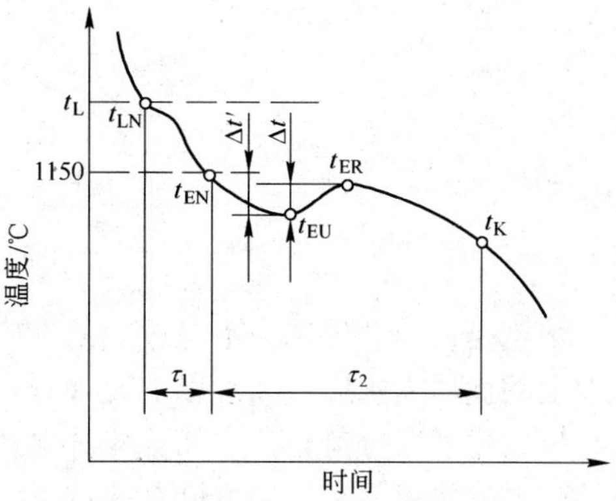

图 5-8 冷却曲线上显示的绝对过冷度(Δt)

参 考 文 献

[1] Tarter J. Cast Iron Inoculation Mechanism[J]. AFS International Cast Metal Journal, 1980(10): 7 ~ 14.

[2] Saland T. A New Approach to Ductile Iron Inoculation[J]. AFS Trans., 2001: 1078 ~ 1084.

[3] Wallace J F, et al. How inoculation works. Proceedings of conference on modern inoculating practices for gray and ductile iron[J]. AFS Cast Metals Institute, 1979.

[4] Wallace J F, et al. Inoculation-sulfur relationship in cast iron[J]. AFS Trans, 1972: 317.

[5] Lux B, Tannenberge H. Inoculation Effect on Graphite Formation in Pure Fe-C and Fe-C-Si Alloy[J]. Modern Casting, 1962, 41(3): 57 ~ 79.

6 熔　　炼

熔炼是铸铁件生产中不可或缺的工序。铸铁件的质量在很大程度上取决于铁水质量。工业上的优质铁水应该满足以下要求：

(1) 化学成分符合要求而且成分保持稳定；

(2) 过热温度和浇注温度合适；

(3) 氧、氮、氢及一些微量元素含量处于受控条件下；

(4) 难以分离的和次生夹杂物含量低。

铸铁熔炼不仅是单纯的熔化过程。这个过程涉及一些冶金反应，受到冶金热力学和动力学两个方面诸多因素的影响。使得铁水质量和状态发生各种变化。铸铁熔炼工作者应该尽量利用各种技术手段协调各种冶金因素的影响，以期满足上述要求，生产优质铁水。

本章首先讨论对铁水质量有重要影响的几种气体元素——氧、氮、氢在铸铁熔化过程中的行为以及它们对铸铁组织的影响，并阐述冲天炉和感应炉熔炼铸铁的主要问题。

6.1 铸铁中的氧

铸铁中的氧来源于几个方面：从大气中吸收；炉料带入的溶解氧；锈蚀物带入的化合氧。这些氧使铁水的溶解氧量通常超过平衡含量而处于过饱和状态。由于铸铁熔液中碳、硅含量远高于在钢水中的含量，能与氧充分反应，因而无需像炼钢那样进行特定的脱氧程序。工频炉熔炼的灰铸铁氧含量约为$(10 \sim 22) \times 10^{-4}\%$，冲天炉灰铸铁氧含量约为$(30 \sim 60) \times 10^{-4}\%$。氧含量虽然微小，但对铸铁组织的形成却有不可忽视的作用。

6.1.1 氧对铸铁石墨化的影响

氧对石墨化的影响有两重性。根据诸多试验揭示石墨核心普遍存在 SiO_2 或 SiO_2 与镁铝、钛的化合物组成的复合物微粒，说明 SiO_2 可能成为石墨形核基质，进而论证了氧有促进石墨化的作用。另外也发现碳当量较低、共晶过冷度较高的铸铁凝固过程中，氧促进渗碳体形成。这是因为氧在渗碳体中的溶解度大于在奥氏体中的溶解度，氧原子置换渗碳体的部分碳原子，并与铁以共价键结合，使渗碳体趋于稳定。

铸铁孕育剂都有脱氧能力。不含脱氧元素（铝、钙、钡、锆）的硅铁促进石墨化能力很差，孕育处理应使脱氧后残留氧量仍足以提供丰富的形核基质。

在氧化性气氛中熔化 $w(C) = 3.39\% \sim 3.46\%$、$w(Si) = 1.38\% \sim 1.58\%$ 的灰铸铁，氧含量可由 $11 \times 10^{-4}\%$ 提高到 $100 \times 10^{-4}\%$，奥氏体析出温度提高约10℃，共晶转变温度也下降，奥氏体充分发育，导致 D 型和 E 型石墨生成。一些试验也提出，氧有促进 D 型和 E 型石墨生成的作用。

氧含量对铸铁组织的影响比较显著。亚共晶铸铁含氧量由$(3 \sim 5) \times 10^{-4}\%$ 增加到 $200 \times 10^{-4}\%$，铸铁组织按以下顺序逐渐变化：含$(3 \sim 5) \times 10^{-4}\%$ 溶解氧时为白口组织，无石墨→反白口组织→点状石墨→E 型共晶石墨→B 型石墨→A 型石墨(($20\sim40$) $\times 10^{-4}\%$，溶解氧)→B 型石墨→E 型共晶石墨→(反白口组织)→白口组织(($100\sim200$) $\times 10^{-4}\%$，溶解氧)。

可见，氧量过低或过高都将导致白口组织和反白口组织生成。随着氧含量变化，石墨形态也会发生变化。

6.1.2 氧在铁水中的行为

氧以两种状态存在于铁水中，一是溶入铁水以溶解状态存在，成为溶解氧；二是形成氧化物，以化合状态存在。溶解氧具有冶金活性，主导氧在铁水中的行为，并对铸铁熔炼过程中的冶金反应产生影响。溶解氧量也因温度和冶金反应的进展而不断变化。长期以来一直有人研究铁碳合金液中氧的行为和变化规律，直到开发出固体电氧浓差电池，此问题才获得明确的解答。电氧浓差电池根据埋入铁水中两电极间的电位差与铁水温度和氧分压之间的函数关系，测出瞬间铁水中溶解氧浓度，为了解氧在铁水中的行为提供了准确数据。

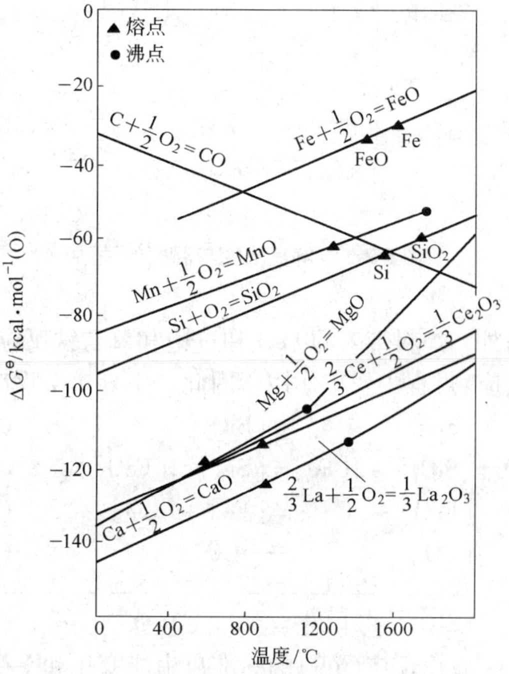

图 6-1 一些元素氧化物生成自由能与温度的关系
(1cal = 4.1868J)

溶入铁水中的氧首先与对其亲和力强的元素化合。从图 6-1 看，碳、硅、锰对氧的亲和力都大于铁。铁水温度较低时，硅比锰优先氧化；温度较高时，碳优先氧化。硅的氧化反应：

$$Si+2[O]=SiO_2(s) \tag{6-1}$$

反应的标准自由能变化：

$$\Delta G^{\ominus} = -142000+55.0T = -4.575T\lg K_{Si} \tag{6-2}$$

$$\lg K_{Si} = 31038/T - 12.02$$

$$K_{Si} = \frac{1}{a_{Si}a_O^2} = \frac{1}{f_{Si}w(Si)f_O^2w(O)^2} \tag{6-3}$$

$$\lg K_{Si} = -\lg f_{Si} - \lg w(Si) - 2\lg f_O - 2\lg w(O)$$

为求 $w(O)$，需有 $\lg f_{Si}$ 及 $\lg f_O$ 数据。为此，需知铁水中各元素对硅和氧的相互作用系数(e_{Si}^j 和 e_o^j)。如果铸铁中 $w(C)=3.2\%$，$w(Si)=2.0\%$，忽略其他元素的影响，则：

$$\lg f_{Si}=e_{Si}^{Si}w(Si)+e_{Si}^{C}w(Si)=0.32\times2.0+0.22\times3.2=1.344$$

$$\lg f_O=e_O^{Si}w(Si)+e_O^{C}w(C)=-0.14\times2.0-0.13\times3.2=-0.696$$

$$\lg w(O)=-1/2(1.344+0.301-2\times0.696+\lg K_{Si})=5.88-11519/T$$

氧与碳的反应：$[C]+[O]=CO$

以上述同样方法求得：$\lg w(O)=-2.788-1158.5/T$ (6-4)

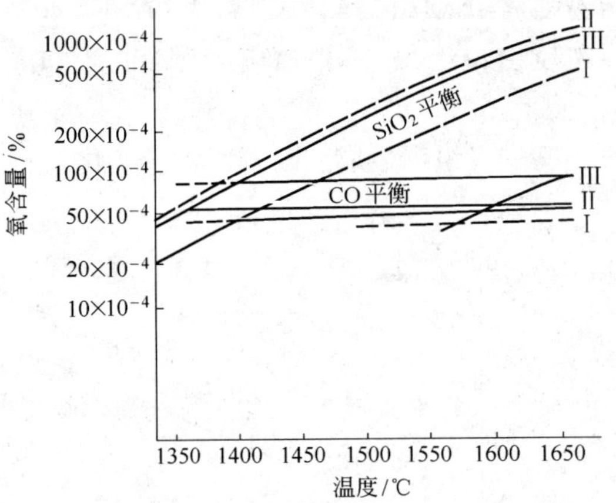

图6-2 溶解氧浓度与温度的关系

单纯考虑硅和碳对氧的反应，溶解氧浓度与温度的关系(式(6-1)与式(6-4))示于图6-2，两曲线交点温度为1384℃。低于此温度，SiO_2 生成反应优先进行；高于此温度，CO生成反应优先进行。

1384℃是两种反应转换的理论平衡温度。在这个温度下，形成新的氧化物过程很难自发产生，反应缓慢地向平衡方向进行。只有提高温度才能提高反应速率，达到平衡。但是热力学计算结果只提示氧在铁水中冶金反应的趋向。

铸铁熔炼过程中，铁水中来自炉料、炉衬的 SiO_2 粒子与硅氧反应物同时存在。另外，炉料带入的FeO和过饱和氧与铁反应生成的FeO也在 SiO_2-CO平衡转换(Si-C平衡反应)过程中发挥作用。因此，下列4个反应式同时涉及氧的冶金反应：

$(SiO_2) = [SiO_2]$ （SiO_2 在固、液相间转换） (6-5)

$[SiO_2] + 2[Fe] = [Si] + 2[FeO]$ （SiO_2 在铁水中被还原） (6-6)

$[FeO] + [C] = [Fe] + [CO]$ （FeO被碳还原） (6-7)

$[CO] \longrightarrow CO$ （CO逸出铁水） (6-8)

$(SiO_2) + 2[C] = [Si] + 2CO$ （反应处于平衡状态） (6-9)

找出反应(6-9)的标准自由能变化和平衡常数 $K_{(Si,C)}$

$$\Delta G^{\ominus} = -125748 + 70.77T$$

$$\lg K_{(Si,C)} = -\frac{\Delta G^{\ominus}}{RT} = -\frac{27486}{T} + 15.67$$

CO分压与大气压处于平衡状态，$p_{CO} = 101325Pa$，

$$K_{(Si,C)} = f_{Si} w(Si) / (f_C^2 w(C)^2) \tag{6-10}$$

如果已知碳、硅含量和相关的相互作用系数，可以计算出Si-C反应平衡温度，或者在一定温度下反应达到平衡时的碳、硅含量。

图6-3是根据上述计算绘成的线图。根据此图，$w(C) = 3.2\%$、$w(Si) = 2.0\%$ 的Si-C反应平衡温度为1425℃，此温度是氧存在状态的温度界限。低于此温度以 SiO_2 状态存在；高于此温度 SiO_2 被还原，氧随CO逸出，铁水硅含量提高。

经过实际测定，反应转换温度总是超过计算温度约50℃。这是因为氧由固相转入CO要经过铁对 SiO_2 的还原过程，此过程在较高温度下才能完成。此外，CO气泡需要经过形核和生长过程，在较高温度下克服气泡在铁水中生成时增高的界面能，气泡才能逸出。反应的实际转换温度称为Si-C反应准平衡温度。图6-3中坐标轴两侧的温度标尺表明准平衡温度。

铁水过热温度对其氧含量和脱碳量的影响见图6-4[1]。铁水过热温度低于30℃，溶解氧量随温度上升而增加。这是因为铁水吸氧量增加，而且硅脱氧常数 $w(Si)w(O)^2$ 也随着

温度上升而增大，使铁水中与 SiO_2 平衡的溶解氧量相对增加。同时也可看出硅含量较高则有较多氧进入 SiO_2，溶解氧量降低。过热超过 30℃，氧与硅亲和力减弱，SiO_2 还原，生成的 CO 逸出，碳和氧量都趋于下降。

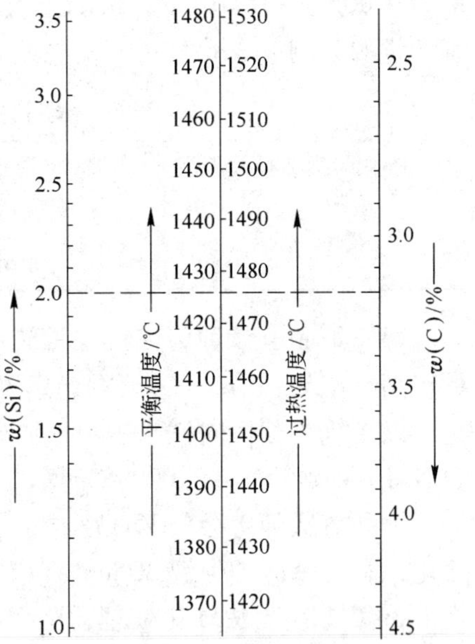

图 6-3 SiO_2 还原反应平衡温度及铁水必要的过热

生产中铁水浇注温度高于 Si-C 反应平衡温度能减少 SiO_2 夹杂物。较低温度下，铁水表面呈现膜状物。在 Si-C 反应平衡温度以上保温，铁水溶解氧量随保温时间延长而增加，增加趋势十分近似纯铁；低于此温度下保温，溶解氧量保持稳定。

铁水含有较多与氧亲和力很强的元素(例如铝)，无论在高于还是低于 Si-C 反应平衡温度下保温，铁水溶解氧量都会随保温时间延长而持续减少，最终甚至会使溶解氧降低到只有$(2\sim3)\times10^{-4}\%$的水平。这样的铁水强烈降低共晶反应温度，极易使铸件出现白口，即使加入孕育剂也很难改变铁水过冷倾向。这种现象常常出现于经过保温炉长时间保温的铁水，可能产生成批不合格的铸件。

降低炉气总压力(不是 CO 分压力)可使 Si-C 反应平衡温度下降。碱性感应炉熔化的铁水与酸性感应炉铁水比较，开始沸腾(CO 逸出)的温度显著降低，降低幅度可能达到 120℃左右。说明 Si-C 平衡反应温度下降，在同样温度下，等于提高了铁水过热温度。由于碱性炉铁水氧的溶解度提高以及脱碳反应在较低温度下即开始进行，溶解氧的最低含量经常在 1460℃左右即出现。

高温下炉衬受到侵蚀，侵蚀下来的材料以及造渣材料中的 SiO_2 对 Si-C 反应平衡温度都能产生影响。

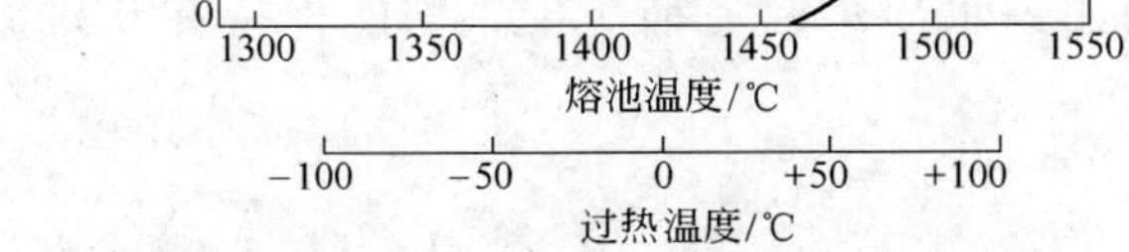

图 6-4 铁水过热温度对其氧含量和脱碳量的影响

铁水中的氧含量很少，但是它对铸铁的石墨化、共晶转变温度以及碳含量、夹杂物含量和合金元素的损耗率都有可以察觉的影响。因此，在生产中从各方面控制氧含量对于提高铸铁件质量是很重要的。

6.2 铁水中的氮和氢

铁水中溶解的氮来源于多个方面。冲天炉化铁时，氮由供风中带入，在熔化带溶入铁水。溶入量随供风中氮浓度(分压)变化而增减。电弧炉的电弧区内，空气在高温下电离，提高了氮的分压，氮以较高扩散速率进入铁水。各种金属炉料中均含有氮，而以钢的氮含量比较突出。转炉钢氮含量一般为 0.010% ~0.020%，酸性电炉钢氮含量为0.008% ~0.010%，碱性电炉钢氮含量为0.006% ~0.014%。长期监测炉料中钢加入量对一座热风冲天炉熔炼的低碳铸铁中氮含量的影响见表6-1。

表6-1 炉料中钢加入量对铁水平均氮含量的影响

配料中钢加入量/%	铁水平均氮含量/%	配料中钢加入量/%	铁水平均氮含量/%
25	0.011	100	0.017
80	0.015		

感应炉和电弧炉熔炼铸铁常使用焦炭、石墨等含碳物质作为增碳剂。这些增碳剂氮含量较高，例如，冶金焦 $w(N)=0.75\% \sim 1.50\%$，电极石墨 $w(N)\approx 0.1\%$。

以氮气为载体向铁水中喷射脱硫剂可使铁水增氮。例如，高碳低硅铁水以此法脱硫，$w(N)$由0.0070% ~0.00995%增加到0.0188% ~0.0164%。

美国铸造师协会(AFS)曾对5个球墨铸铁厂进行铸件氮含量调查。A厂：酸性电弧炉熔化，有芯感应炉保温30min。配料为40%钢+60%铸铁回炉料+石墨增碳剂，出炉温度为1538℃，镁焦法球化处理；B厂：无芯感应炉熔化，铸铁及球墨铸铁回炉料各50%+石墨增碳剂，出炉温度为1500℃；C厂和D厂：酸性冲天炉熔化，25%铸铁回炉料+75%钢，吹氮喷射脱硫剂脱硫，出炉温度为1560℃；E厂：碱性冲天炉熔化，53%铸铁回炉料+47%废钢，不进行脱硫处理，出炉温度为1470℃。铁水炉前处理前后氮含量测定值列于表6-2[7]。

表6-2 球墨铸铁炉前处理过程中铁水氮含量变化

厂 别	w(N)/%				
	保温前	脱硫处理前	球化处理前	球化处理后	孕育处理后
A厂	0.0057 ~0.0066		0.0036 ~0.0047		0.0035 ~0.0038
B厂			0.0039 ~0.0058	0.0040 ~0.0055	0.0041 ~0.0057
C厂	0.0143 ~0.0158		0.0066 ~0.0093		0.0066 ~0.0094
D厂	0.0153 ~0.0175	0.0130 ~0.0135			0.0074 ~0.0077
E厂		—	0.0067 ~0.0088	0.0058 ~0.0083	0.0058 ~0.0077

由此表数据看，电弧炉铁水氮含量高于冲天炉铁水。各厂脱硫前都进行铁水保温，保温过程中氮含量均有降低。球化处理及孕育处理前后的氮含量，A厂及D厂降低，D厂喷射脱硫处理后氮含量增加，孕育后的铁水氮含量由出炉时的0.0165%减少到0.0076%。总的来看，各厂球墨铸铁件的氮含量均比铁水出炉时有所下降，均能保持在0.008%以下。

6.2.1 氮在铁水中的行为

氮在1600℃纯铁液中的溶解度为0.045%。铁中含有碳和硅则溶解度下降。氮在铁水中的溶解是气态氮分子分解形成单原子而溶入铁水的过程。

$$\frac{1}{2}N_2=[N] \tag{6-11}$$

反应平衡常数

$$K = a_{[N]}/(p_{N_2})^{1/2} = w(N)f_N/(p_{N_2})^{1/2} \tag{6-12}$$

式中，$a_{[N]}$为溶解氮活度；f_N 为氮活度系数；$w(N)$为溶解氮量，%，p_{N_2}为与液相平衡的氮分压。选择氮在纯铁内无限稀溶液作为标准态，$f_N=1$，则：

$$K = w(N)/(p_{N_2})^{1/2} \tag{6-13}$$

此式表明氮的极限溶解度 $w(N)$与氮分压平方根成正比，调节氮分压可改变铁水在熔化过程中的溶氮量。冲天炉富氧送风和喷射天然气（提高 CO 浓度）都可降低氮分压，减少氮在铁水中的溶解量。

Opravil 等人在 0.1MPa 气压下测定了不同温度下铁水饱和碳含量和氮在铁水中的溶解度。实验结果表明，提高铁水温度使碳的溶解度提高，氮含量上升。图 6-5[2] 显示 1300～1700℃碳饱和的 Fe-C-Si 熔液中硅含量变化引起氮溶解度变化。可以看出硅含量增加显著降低氮的溶解度。这个降低量已经包含了碳溶解度提高的因素。结果碳含量处于非饱和状态而且溶解度不变的话，硅的影响要远大于此。

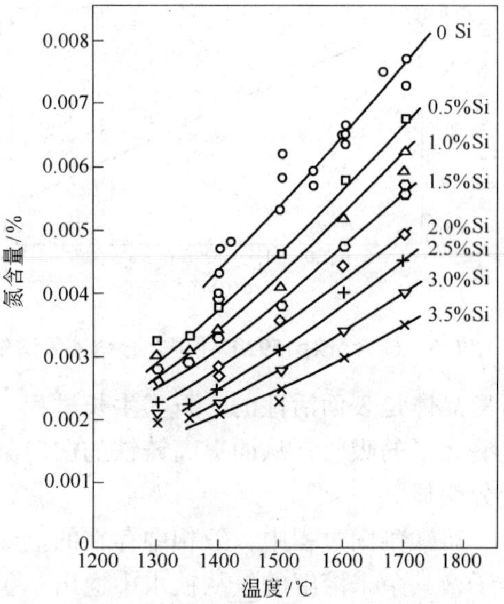

图 6-5 碳饱和的铁硅溶液中氮溶解度随硅含量而变化

Uda 等人[3] 计算了 $w(C)=0\sim4\%$、$w(Si)=0\sim4\%$ 的铁碳硅合金在 1450～1750℃ 范围内氮溶解度变化的数据。假定氮在 Fe-C-N 熔液中溶解反应平衡常数不受压力影响，而且氮在纯铁中活度系数 f_N 在研究范围内与压力无关，1atm（101325Pa）下氮在纯铁中的溶解度计算值为：

$$\lg w(N) = -(306/T) - 1.20 \tag{6-14}$$

对于 $w(Si)=2\%$ 的铁液：

$$\lg w(N) = -(572/T) - 1.178$$

并提出在平衡状态下，氮溶解度计算式为：

$$\lg w(N) = \left(-\frac{306}{T} - 1.201\right) + \frac{1}{2}\lg p_{N_2} - \left[w(C)\left(\frac{280}{T} - 0.055\right) + w(Si)\left(\frac{171}{T} - 0.031\right) + 0.0050w(C) + 0.0037w(Si)w(C)\right] \tag{6-15}$$

按此式计算的氮在 Fe-C-Si 合金液中的溶解度与实验值差别小于 0.0010%。

表面活性元素，特别是氧和硫降低氮的溶解速率。氧和硫含量较低时，氮在铁水中的溶解速率受氮原子扩散速率控制。硫的影响非常显著，增加硫 0.05%，氮的溶解速率系数约降低 50%。

由于碳和硅显著降低氮在铁水中的溶解度，因此铸铁的氮含量低于钢。氮对铸铁组织有显著影响。有些铸铁件需要加氮改善铸铁的组织和力学性能。在第 7 章中，还将作些介绍。

6.2.2 铁水中的氢

铸铁氢含量约为(5 ~25) ×10^{-5}%，比钢中氢含量低。大气中氢的分压很低，铁水直接从大气中吸收的氢是很少的。铸铁中的氢绝大部分来自潮湿或锈蚀的炉料、燃料、耐火材料以及潮湿空气，其中水分分解产生的单原子氢。单原子氢渗入铁中，一部分聚合并以分子状态存在。

$$Fe + H_2O(g) \longrightarrow FeO(s) + 2H \tag{6-16}$$

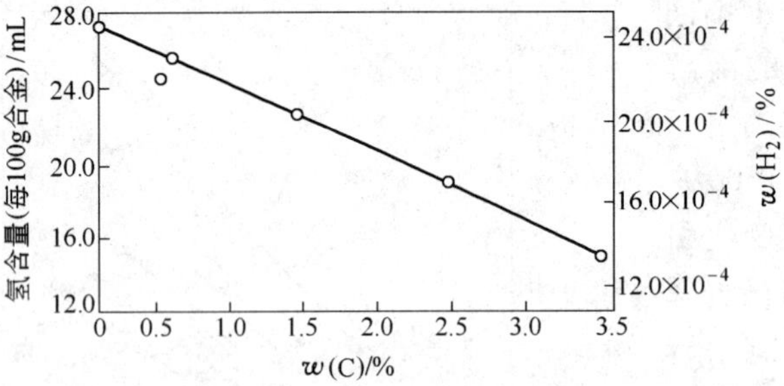

图 6-6 碳含量对 1592℃铁碳合金熔液氢溶解度的影响

氢在 γ-Fe 和 α-Fe 中的溶解度远小于在液态铁中的溶解度。铁中含碳会使溶解度发生变化。碳含量对 1592℃铁碳合金中氢溶解度的影响示于图 6-6[4]。w(C)由 0 增到 3.5% 时，氢的溶解度由 28cm^3/100g 降低到 16cm^3/100g。温度降低，溶解度减小。硫、磷、铝、硼降低铁液中氢溶解度，铬和锰则提高氢溶解度。氢对石墨晶体是表面活性的。石墨生长过程中，氢与硫、硒、碲等元素化合，减少石墨表面对这些元素的吸收，从而提高铸铁的白口凝固倾向。但由于氢含量低，凝固倾向的变化并不十分明显。

铸铁凝固过程中，液相中存在的氢除与硫等元素反应外，也可能与氧结合形成少量水分子，其余未溶解的氢从铁水中逸出。氢本身不能通过形核过程而形成气泡，通常是以扩散方式进入已有的气泡中。铁水中存在过饱和氧或炉渣中 FeO 浓度较高时，

$$[C] + [O] = CO(g)$$

和 $$(FeO) + [C] = CO(g) + [Fe]$$

两个反应所产生的 CO 在凝固结束前未及时排出，将在铸件内形成针孔或皮下气孔。氢原子通过扩散进入气泡，使气泡尺寸显著增加。

氢由单原子转变为双原子(气态)过程中，产生很高压力。甚至使高强韧性铸件脆化，产生脆化现象(氢脆)，严重损伤铸件，9.8.5 节还将讨论这个问题。

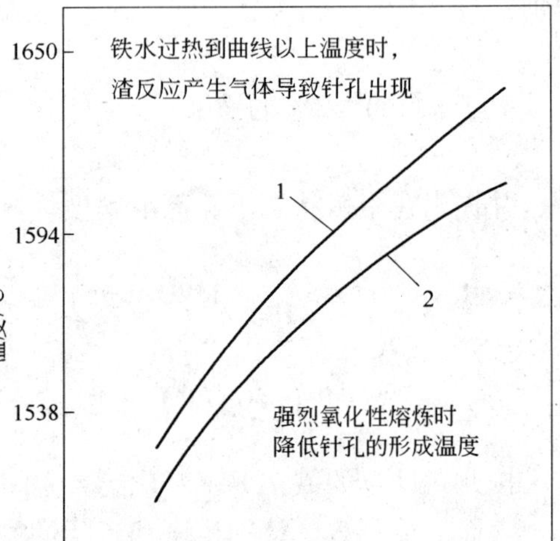

图 6-7 低碳当量铁水避免针孔的极限温度和碳当量关系

图 6-7[5] 为低碳当量铁水避免针孔(氢气孔)的极限温度和碳当量关系曲线。铁水过热到曲线 1 以上温度，铸件将产生气孔。如果铁水氧化程度加重，此曲线将移到较低温度和较高碳当量位置(曲线 2)。这两条曲线表明，为了避免针孔产生，应尽可能降低铁水

过热温度，以减少氧和氢的溶解量。此外，不使用潮湿炉料，防止浇注和凝固过程中发生二次氧化，适当脱氧和控制浇注温度也是避免针孔的有效措施。

6.3 冲天炉熔炼

冲天炉是传统熔化设备，与其他熔炉相比较，它具有生产效率高、熔化成本低、基建投资少、易于操作和维护、可以连续生产等优点，在铸造厂中应用比较广泛。近些年，由于对铁水质量要求显著提高，许多工厂采用了感应熔化炉。冲天炉作为初级熔炼设备而与感应熔化炉组成双联熔化系统，也能取得较好效益。

冲天炉通常以焦炭或天然气为燃料。燃料在炉中与氧发生下列反应(以焦炭为例说明)：

$$C + O_2 = CO_2 \quad \Delta G^{\ominus} = -394133 - 0.84T \tag{6-17}$$

$$C + CO_2 = 2CO \quad \Delta G^{\ominus} = 170707 - 174.46T \tag{6-18}$$

$$2C + O_2 = 2CO \quad \Delta G^{\ominus} = -223426 - 175.3T \tag{6-19}$$

$$2CO + O_2 = 2CO_2 \quad \Delta G^{\ominus} = -564840 + 173.64T \tag{6-20}$$

反应式(6-17)主要发生在冲天炉风口平面以上、邻近风口的焦炭层中，参与反应的氧充足，直接生成 CO_2，反应为强放热反应。反应式(6-17)热效应 $\Delta H^{\ominus} = -394.2\text{kJ}$，反应区最高温度可达 1600～1700℃，因此，这个区既是高温区，也是氧化区。

图 6-8 表明炉气成分和温度的纵向分布状态。这个图只说明各个纵向断面上的平均分布状态。这是因为焦炭块对由风口进入的高速气流有较大阻力，炉中心区压力降低，流量减少。近炉壁区空气流量急剧增加，形成中心与外侧炉气流量和温度分布的差异。这种情况将导致铁料熔化不均匀，过热区分散。

反应式(6-18)主要发生在氧化带以上的区域。反应式(6-17)产生的 CO_2 向上流动中与焦炭发生还原反应，这是吸热反应，热效应 $\Delta H^{\ominus} = 171.88\text{kJ}$。反应使炉气温度下降，直到某一高度(合理高度为底焦顶面)，鼓风中的氧耗尽，反应式(6-18)停止，CO/CO_2 浓

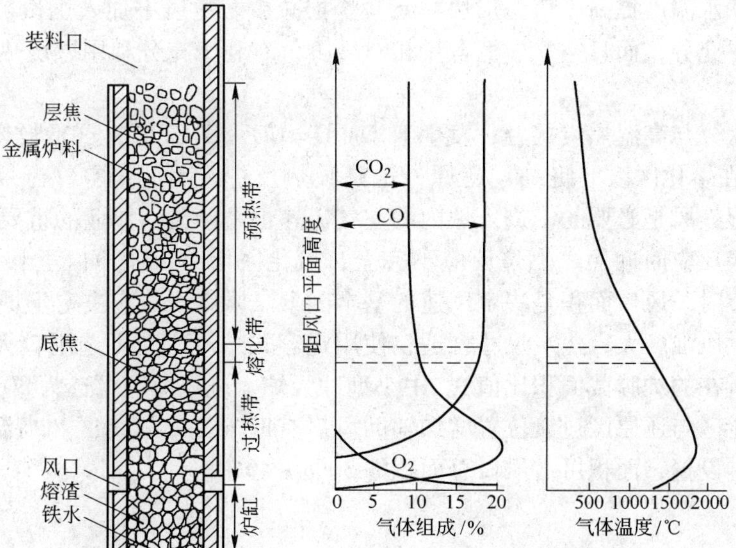

图 6-8 冲天炉内气体和温度分布状态

度比开始保持基本不变，此处温度约 1200 ~ 1300℃，是炉料开始熔化的地方。由此向上不再发生明显放热反应，仅对炉料产生预热作用。

反应式(6-19)发生在氧化带内炉腔中心区域。流经此区域空气相对较少，氧供应不足，焦炭不能完全燃烧，其热效应($\Delta H^{\ominus}$ = −222.38kJ)只有反应式(6-17)的1/2左右。此反应产生的 CO 向上流动时，与过剩空气发生反应(6-20)。

炉料由加料口加入后先下降经过预热区，铁料在此区吸收的热量约为熔化及过热总热量的 50% ~60%。然后下降到熔化区，熔化后形成的铁水滴流经过热区与高温焦炭接触，温度可提高 300 ~ 350℃，实现铁水过热。

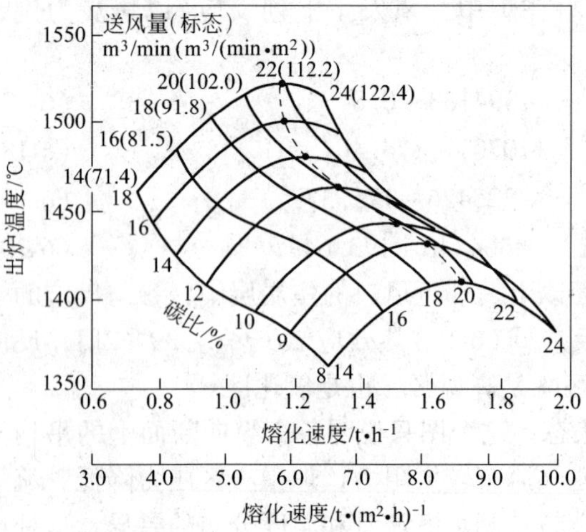

图 6-9 送风量、焦比、熔速和铁水出炉温度的关系

6.3.1 合理送风

冲天炉合理送风与正确选用燃料是决定冲天炉工况的重要因素。图 6-9 是 Neumann 等人根据内径为 500mm 冲天炉试验结果形成的线图[6]。此图表明层焦消耗(焦炭中固定碳质量分数×层焦比)、熔化速率、铁水温度与送风量的关系。如以提高和保持铁水温度为目标，无论焦炭消耗量如何，合理送风强度(标态)都应在 100 ~ 110m³/(min · m²)范围。过量送风或送风不足都会使铁水温度下降。

反应式(6-17)的 $\Delta G^{\ominus}$表明，提高送风温度促进 CO_2 生成，能提高过热区温度，反应式(6-18)也会因温度提高而加速进行。因而冲天炉实行预热送风可使炉内高温区温度提高，位置下降，熔化区内 CO 浓度提高。最终导致铁水温度提高，熔化加快，元素烧损减少。送风中加入少量(2% ~4%)氧，可使焦炭燃烧更充分，而且空气中氮含量相对减少，有利于充分利用燃烧热量，效果类似预热送风。

送风中的水分与高温焦炭接触，发生 $H_2O + C = CO + H_2$ 反应，这是吸热反应($\Delta H^{\ominus}$ = 31.38kJ)，H_2 在熔化区以上使 CO_2 还原，也是吸热反应。因此，空气湿度较高的地方，冲天炉进行除湿鼓风是必要的。进入炉内的空气流速也是冲天炉作业的重要参数。流速过高，空气与焦炭反应时间短，燃烧反应不完全，氧化区增大，还原区上移，铁水氧化加剧。供风量一定时，风口面积是决定风速的基本因素。风口面积应决定于炉腔截面积和送风强度。如果供风强度大，焦炭尺寸合适，使用定容式鼓风机，可选用较大风口比(风口总面积与风口所在的炉膛截面积比值)。中小型冲天炉，进风流速可选为 30 ~ 50m/s。

在炉内氧化区与还原区过渡位置增加辅助风口有助于提高氧化区和高温过热区位置。辅助风口可多排设置，面积可占风口总面积的 30% ~40%。

6.3.2 燃料

冲天炉作业质量与燃料质量和使用量有关。冲天炉焦炭应含 80% ~85% 呈分散状的无定形炭，其孔隙度较大、机械强度较好，尺寸视冲天炉内径而定。

冲天炉内的热量由底焦提供，其消耗部分由层焦补充。底焦高度是重要的，合理情况是在熔化过程中底焦顶部始终保持在还原带范围内，底焦层高度的变化不超过一批炉料高度。这样能够使铁一直在弱氧化性气氛中熔化，减少熔化损失，提高出铁温度。

风量、风速、焦铁比、焦炭粒度与质量的变化都可能导致底焦有效高度发生变化。熔化过程中，应该随时注意调整层焦量，保持合理底焦高度。

6.3.3 炉渣

焦炭中的灰分、炉料表面锈蚀物和粘附砂粒、炉壁熔融物以及其他金属氧化物进入熔剂熔体形成炉渣。炉渣主要组分有 CaO、Al_2O_3、SiO_2。这些组分的相对含量决定了炉渣的熔点、黏度和碱度。而碱度(向炉渣提供 O^{2-} 的碱性氧化物与吸收的酸性 O^{2-} 氧化物的浓度比)是炉渣的主要化学性质。炉渣的氧化能力、黏度以及铁水炉渣间的冶金反应都与碱度密切相关。

图 6-10 为 1500℃ 时的 CaO-Al_2O_3-SiO_2 渣系等黏度曲线。CaO 含量50%、SiO_2 含量40%、Al_2O_3 含量10%的炉渣黏度最小，Al_2O_3 含量不变时，炉渣碱度提高(CaO/SiO_2 比值提高)则炉渣黏度降低。碱度超过一定限度后，黏度又迅速提高(等黏度曲线密集表明成分稍有变化即能引起黏度急剧升高)。

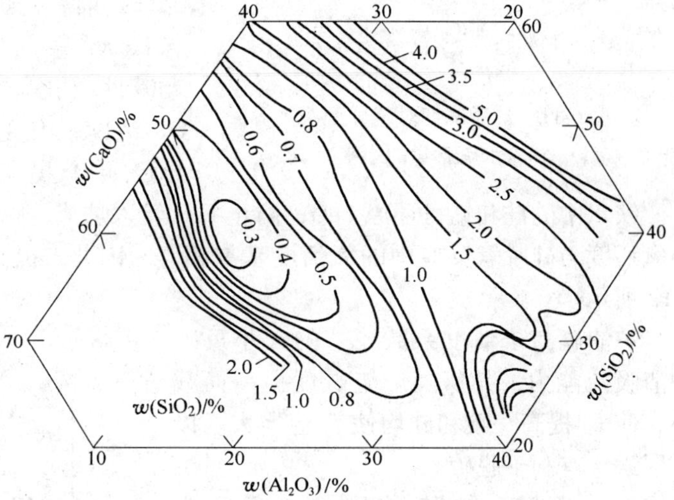

图 6-10 CaO-Al_2O_3-SiO_2 渣系等黏度曲线

下面以冲天炉炉内脱硫为例，说明炉渣在冶金反应中的作用。

铁水中的硫大部分以 FeS 形式存在，FeS 与炉渣中碱性氧化物发生离子置换反应：

$$[FeS]+(CaO)=(CaS)+[FeO] \tag{6-21}$$

离子式：

$$[S]+(O^{2-})=(S^{2-})+[O] \tag{6-22}$$

设 K_S 为以上反应平衡常数：

$$K_S=\frac{a_{S^{2-}}a_O}{a_S a_{O^{2-}}}=\frac{\gamma_{S^{2-}}w(S)w[O]}{f_S w[S]a_{O^{2-}}} \tag{6-23}$$

式中，$\gamma_{S^{2-}}$ 及 f_S 分别为硫离子在渣中活度系数及硫在铁水中的活度系数。假设氧在铁水中活度系数 $f_{[O]}$ 受炉渣成分影响很小，则 $a_O=w[O]$。式(6-23)稍加变换，得到硫在炉渣中和铁水中的分配系数

$$L_S=\frac{w(S)}{w[S]}=K_S\frac{a_{O^{2-}}}{w[O]}\times\frac{f_S}{\gamma_{S^{2-}}} \tag{6-24}$$

式中，L_S 值增大则铁水中的硫更多地转入炉渣，脱硫效果更好。由式(6-24)看，提高炉

渣中氧离子活度($a_{o^{2-}}$)和减少铁水中溶解氧量 $w[O]$ 都能提高分配系数(L_S)。增加炉渣中碱性氧化物，提高碱度，$a_{o^{2-}}$ 相应增大，对脱硫很有利。炉渣碱度对 L_S 和铁水硫含量的影响示于图 6-11。

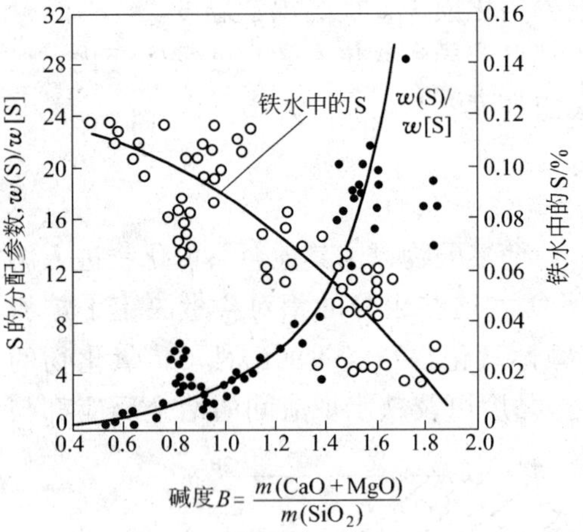

图 6-11 炉渣碱度对硫分配系数和铁水硫含量的影响

反应式(6-24)是吸热反应，提高温度应使 K_S 增大。但在铸铁熔炼温度范围内，热效应绝对值很小，因而温度对 K_S 影响并不显著。但提高炉温使炉渣黏度降低，促进 CaO 溶解，提高炉渣碱度，有利于脱硫。

式(6-24)表明铁水中溶解氧浓度 $w[O]$ 与炉渣中 FeO 量和铁水成分有关。炉渣碱度一定时，渣中 FeO(或 Fe^{2+})含量增加会使 $w[O]$ 增加，L_S 值降低，但又会使 O^{2-} 浓度提高。两种作用的综合效果需视炉渣已有 FeO 浓度而定。如果原有 FeO 含量低，渣中 O^{2-} 浓度主要取决于 CaO 等碱性氧化物含量，少量 FeO 增减不会造成 O^{2-} 浓度很大变化，但 Fe^{2+} 浓度变化相对较大，导致 $w[O]$ 提高，L_S 值下降。

铁水中的硅和锰可还原 FeO，防止 FeO 转入炉渣，降低脱硫效果，其条件是置换反应中氧活度与硅脱氧反应中的氧活度基本相等。因此，提高铁水硅含量有利于脱硫，如图 6-12 所示。

炉渣硫离子活度系数 $\gamma_{S^{2-}}$ 的大小反映炉渣吸硫能力，其值随炉渣碱度提高而减小，使 L_S 提高。碳和硅均使 f_S 值增大。以上因素均有利于脱硫。

综上所述，炉渣碱度高(碱度为 1.5～2)、黏度低而量大、炉温高、碳硅含量高、炉料清洁少锈、无粘砂均有利于在冲天炉内进行炉渣脱硫。

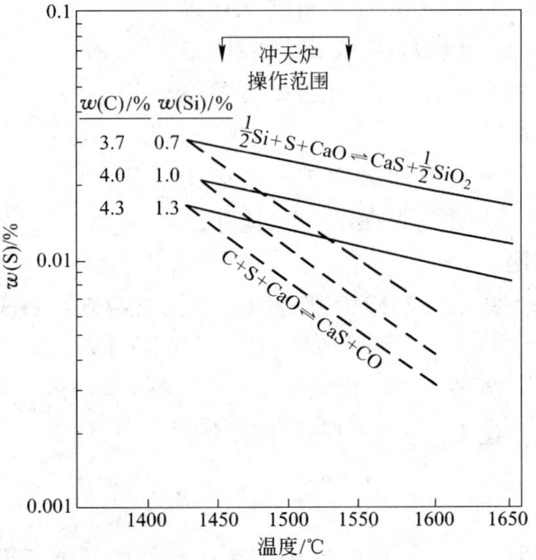

图 6-12 硅含量对铁水脱硫的影响

6.3.4 熔炼过程中铁水成分变化

铸铁炉料在冲天炉熔化过程中大多数元素会因氧化而有所损失，但也有少数元素(如碳和硫)含量会有增加。损失的元素一部分是被氧化性炉气直接氧化，也有一部分与炉渣中的 FeO 反应而氧化。所形成的氧化物脱离铁水成为夹杂物或进入炉渣。

铁水中元素[E]与渣中 FeO 按下式反应：

$$(FeO) + [E] = (EO) + [Fe] \tag{6-25}$$

$$K = \frac{a_{(EO)} a_{[Fe]}}{a_{(Fe)} a_{[E]}} \tag{6-26}$$

将活度系数代入，得到以下关系：

$$\frac{\text{元素氧化物在渣中浓度}}{\text{元素在铁水中浓度}} = K \frac{a_{(Fe)} f_{[E]}}{\gamma_{(EO)}} \tag{6-27}$$

式中，$f_{[E]}$ 和 $\gamma_{(EO)}$ 分别为元素在铁水中活度系数及元素氧化物在渣中的活度系数。

这些氧化反应一般是放热反应。反应温度越低，标准生成热($\Delta H^{\ominus}$)越多，反应平衡常数越大，$\Delta G^{\ominus}$ 值越负，合金越容易氧化。另外，元素与氧的亲和力大、提高(FeO)活度、元素浓度提高或导致该元素活度系数增加的元素浓度提高、炉渣碱度高而氧化物为酸性或炉渣碱度低而氧化物为碱性、$\gamma_{(EO)}$ 值减小、都将增加该元素的氧化程度。

温度和浓度相同情况下，铁水中元素氧化物生成的难易程度(由易到难)按如下顺序排列：Al_2O_3—Cr_2O_3—TiO_2 - SiO_2—MgO—MnO—FeO—Cu_2O。

铁料碳含量在冲天炉中不断变化。炉料经过预热区而接近还原区时，其中废钢开始发生较轻微渗碳。进入还原区以后，炉料开始熔化，炉气中的 CO 与铁水滴发生反应，增碳现象变得比较明显。铁水下降到氧化带时，这里的温度较高，如果温度超过 Si-C 平衡反应温度，则有 CO 逸出铁水，铁水中碳有所烧损。但铁水在炉缸停留时，由于高温下焦炭中碳原子急剧向铁水扩散，铁水又出现增碳。

燃料对碳含量变化有显著影响。焦炭固定炭高，灰分少，与铁水接触面积大，吸碳速率增加，增碳量相对较大。另外，炉气还原性强，铁水在炉内停留时间长，炉料中含钢多，铁水过热温度高，炉渣较稀都能促进增碳。碱性冲天炉比酸性冲天炉增碳量大，热风冲天炉比冷风冲天炉易于增碳(图 6-13)。

铸铁在冲天炉中熔炼，影响碳量变化的因素很多，难以确定具有普遍意义的增减率。根据现场资料，一般认为共晶度小于 1 的铁水增碳趋势较为明显；共晶度大于 1 的铁水较易减碳。低碳当量配料经过冲天炉熔炼，铁水共晶度趋于提高。

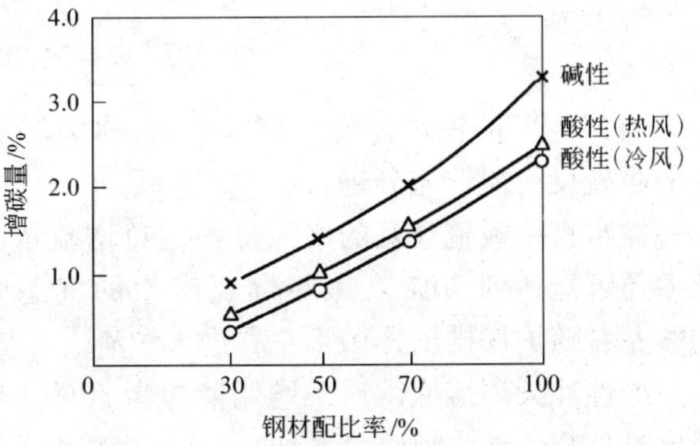

图 6-13　冲天炉熔炼条件对增碳量的影响

硅量变化主要与炉气氧化性和铁水过热温度有关。硅与 O_2、CO_2 或 FeO 反应，产生 SiO_2。SiO_2 大部分进入炉渣或残留在炉缸的铁水中。如果铁水温度低于 Si-C 反应平衡温度，SiO_2 不会被碳还原，而是进入炉渣或在铁水表面形成渣膜。铁水温度高于 Si-C 反应平衡温度时，炉缸内铁水(或风口以上的液滴)中的 SiO_2 被还原，使硅又回到铁水中。因此，硅的烧损量与铁水过热温度有直接关系。酸性冲天炉熔化灰铸铁，出炉温度低于 1430 ~ 1450℃，硅的烧损量一般为 15% ~ 20%。低碳当量孕育铸铁或球墨铸铁铁水出炉温度一般高于 Si-C 反应平衡温度，硅的烧损量约为 5% ~ 15%。铁水含硅低，炉渣黏度低，硅的烧损量偏于下限。在碱性冲天炉中，SiO_2 易与渣中碱性氧化物结合，硅不能返回铁水，因而损耗量增加。

锰与氧的亲和力弱于硅，但在酸性冲天炉熔炼时锰的损耗大于硅，一般均在20%以上。这主要是因为MnO进入炉渣后与酸性化合物结合成稳定化合物，即使在高于Si-C反应平衡温度时也几乎不能被碳所还原，随着炉渣的去除而损耗。另外，锰与硫结合形成MnS而进入炉渣，也增加了锰的损耗。

磷在铁水中以Fe_3P或Fe_2P形式存在。化合物中只有一个磷原子，这个磷原子似应能与氧原子直接化合成P_2O_5。但是根据热力学计算，这个化合反应只在990℃以下才能自发进行，这显然不符合在铁水中进行反应的条件。如果炉渣碱度高，有足够CaO与其他碱性氧化物可以出现以下磷的氧化反应：

$$2[P]+5(FeO)+3(CaO)=(3CaO\cdot P_2O_5)+5[Fe] \tag{6-28}$$

这个反应自发进行的必要条件是：炉渣碱度高，有足够碱性氧化物使P_2O_5活度降低；渣中FeO浓度高，使更多磷能稳定存在于渣中（磷的分配系数大）；反应式(6-28)是强放热反应，如果铁水温度低，使反应平衡常数增大，相应提高脱磷效果。碱性冲天炉熔炼基本可以满足这些条件，只是炉温过低将会影响铁水脱硫效果。因此，脱磷应在碱性冲天炉内进行。

铸铁在冲天炉熔化过程中吸收焦炭中的硫。机制焦炭含硫约为0.6%～0.8%。其中绝大部分与碳结合以较复杂形态存在。这些硫碳化合物在高温下分解，形成以SO_2为主并含有CS等的气态物质。SO_2与炉料反应，先在金属表面形成FeS和FeO薄膜，继而硫向铁内部扩散。1000℃时，扩散系数为$(2\sim7)\times10^{-10}cm^2/s$。数值很低，因此固态铁在预热带吸硫量是微小的。在熔化区、过热区、炉缸内，硫直接与铁水反应：

$$\frac{1}{2}S_2=w[S] \tag{6-29}$$

$$\Delta G^{\ominus}=-31520+5.27T \tag{6-30}$$

当1500℃的铁水含硫0.1%时，硫的平衡分压仅为$3.46\times10^{-3}Pa$。如此低的分压使铁水的吸硫反应能够充分进行。

铁水直接吸硫导致的增硫量约占总增硫量的55%～60%。如果炉料中含钢多，这个比率还可能达到70%。焦炭燃烧产生的气态含硫物质中的硫，30%左右被铁水吸收，60%左右随炉气排出，10%左右进入炉渣。

酸性冲天炉熔炼铸铁，增硫量约为30%～80%。焦炭含硫量高、炉料含钢多、熔化温度过高都使铁水吸硫量增加。

锰与硫在炉内发生下列反应：

$$[Mn]+[FeS]=[Fe]+(MnS) \tag{6-31}$$

此反应生成固态MnS与形成液态MnS的平衡常数分别以K_s与K_l表示，则：

$$\lg K_s=\frac{8247}{T}-5.03 \tag{6-32}$$

$$\lg K_l=\frac{6903}{T}-9 \tag{6-33}$$

式中，$T=1350℃(1623K)$时，$K_s=1.12$；$T=1500℃(1773K)$时，$K_l=0.51$。可见温度较

低时，锰脱硫反应进行较完全。固态 MnS 上浮至铁水表面而随熔渣除去。消耗于脱硫的锰量(%)约为 1.7S% +0.3%，其中包括与硫化合所需的锰以及氧化消耗。

6.4 感应炉熔炼

交流电通过线圈时在其周围产生交变磁场，通过电磁感应作用使线圈内的导电物体产生涡流，涡流的电阻热加热导体并使之熔化。感应炉就是利用这一原理熔化炉料。

6.4.1 坩埚式感应电炉结构

按照输入感应线圈(感应器)的电流频率，感应炉分为工频(50Hz)、中频(150 ~ 8000Hz)和高频(大于10000Hz)三种类型。按照炉衬耐火材料性质，有酸性炉衬和碱性炉衬两种。感应电炉按照熔池结构可分为两种类型：有芯感应电炉(也称沟槽式感应电炉)和无芯感应电炉(也称坩埚式感应电炉)。有芯感应电炉内装有用于导磁的铁芯，感应器和熔沟之间电磁耦合较好，因此电热转换效率以及功率因数都比较高。有芯感应炉主要用于连续熔炼或铁水保温、精炼。无芯感应电炉具有耐火材料筑成的圆柱形坩埚，用以盛装炉料及铁水。炉料装入后，可直接通电熔化，使用比较方便。但是装置的漏磁较大，导致系统功率因数很低，$\cos\varphi$ 一般只有 0.1 左右，需要大量电容器予以补偿。无芯感应电炉是当前国内外铸铁工厂应用最广泛的感应炉。

图 6-14 示意地表明坩埚式无芯感应电炉炉体结构。图内圆柱形空间承装炉料和铁水，坩埚壁由耐火材料捣固而成。感应器由矩形或异形铜管绕成螺旋形状。圆环效应导致线圈断面电流密度分布不均匀，线圈内侧电流密度最大，因此有些感应炉采用异形断面铜管。感应器与外部零件接触部分以及它自身匝间都需有良好绝缘，因此在捣固(或整体更换)坩埚以前先在感应器内表面及底部铺放绝缘材料(云母纸、玻璃布)。为了阻止坩埚内的熔体热量向外传导，捣固坩埚壁前在线圈内侧铺隔热材料(石棉板、玻璃布或其他隔热材料)。

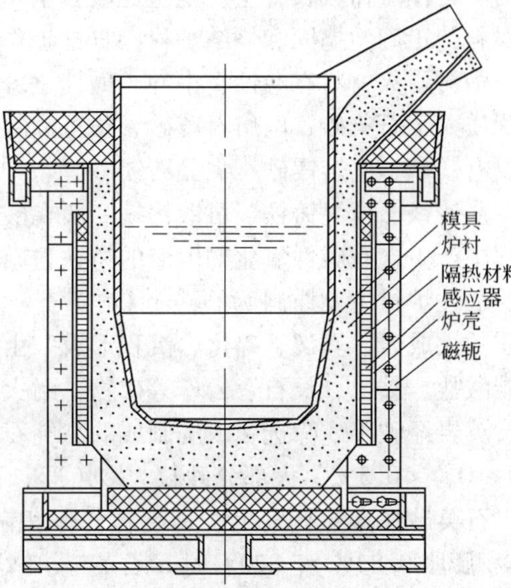

图 6-14 坩埚式感应电炉炉体结构示意图

炉子工作时铜管内部通以充足的冷却水，避免铜管承载的高密度电流引起过热现象。工频感应电炉和大中型中频感应电炉感应器周围装有多个条状磁轭。磁轭的主要作用是强化感应器与炉料之间的电磁效应，减少系统漏磁损失。并能固定感应器，保持炉体稳定，也有助于避免炉体构件因感应电流而发热。

除了上述炉体的基本组成部件外，炉子还具有手动或液压炉体倾动装置、冷却水系统、无功功率补偿装置(电热电容器组)、炉盖、炉衬损坏报警装置、水冷电缆、电气装置控制柜。中频感应电炉还应具有变频设备(中频发电机组或可控硅变频装置)。

电流频率是感应电炉中的重要参数。炉子输入的电流频率提高，电效率也相应提高。坩埚式感应电炉的电流频率与炉子的熔池直径有关。熔池平均直径若以 d(m)表示，则输入电炉的最低频率(Hz)应符合下式要求：

$$F_{\min} = 10^9/d^2$$

考虑到熔池的高径比，变频电源的设计制造条件，各种不同容量(坩埚最大熔化质量)的熔炉应选择相应的合适电流频率。容量小的熔炉适于采用较高的频率。如表 6-3 所示。

表 6-3 电流频率与熔炉容量

电流频率/Hz	熔炉容量/t	电流频率/Hz	熔炉容量/t
50～60	0.7 ～450	1000	0.015～8
150～180	0.18～120	3000	0.003～1.6
500	0.04～22	10000	0.001～0.3

6.4.2 感应炉炉衬耐火材料

对于感应电炉的使用者和维护者来说，炉衬是炉子中最重要的部分。炉衬要有足够的耐火度和良好的高温强度，能耐受温度急剧变化，抵抗铁水侵蚀和冲刷。具备这些条件的炉衬，工作寿命较长，生产上也比较安全。为了使炉衬达到上述要求，应当采用合格的耐火材料；正确地捣固和烧结炉衬；日常工作中还需时刻注意保护炉衬。

炉衬耐火材料有酸性、中性、碱性之分，用于熔炼不同性质的合金。酸性耐火材料包含优质人工石英砂、电熔石英砂、锆英砂等。中性耐火材料主要是高铝砂。碱性耐火材料主要有镁砂、电熔镁砂、尖晶石镁砂等。

灰铸铁、球墨铸铁、可锻铸铁一般在酸性炉衬内熔炼，少数合金铸铁(特别是在熔炼过程中产生含有碱性氧化物熔渣的铸铁)应该选用中性或碱性炉衬。

酸性炉衬主要原料为石英砂(硅砂)。化学成分主要为 SiO_2。天然硅砂来源于风化、变质的火成岩，剥裂、碎化、沉积形成。由于其中含有铁、铝、钙、钾等元素的氧化物以及碳酸盐、黏土、长石、云母等矿物，耐火度低，不宜用于感应炉炉衬。酸性炉衬一般采用石英岩经破碎、筛选、水洗制成的高纯石英砂。其 $w(SiO_2)>98\%$，$w(Al_2O_3)<0.2\%$，$w(Fe_2O_3)<0.5\%$。大部分砂粒为多角形。

石英砂在高温下发生多种变体，体积随晶型变化而改变。573℃时 β 石英→α 石英(体积膨胀 0.82%)；870℃时 α 石英→α 鳞石英(体积膨胀 12.7%)；1470℃时鳞石英→α 方石英(体积变化 4.7%)。870℃时的转变导致体积急剧膨胀，冷却时出现晶体重组转变。再加热时，体积变化显著减少。

体积急剧变化容易引起炉衬破裂或变形。为了减少这种现象，通常是将石英岩熔化，制成电熔石英砂。这种石英砂杂质含量低，加热过程体积变化率小，耐火度高，抗铁水冲刷能力强。用电熔石英砂制成的炉衬工作寿命长，不易发生破裂、结瘤等事故，使用上比较安全。

酸性炉衬耐火材料由多种尺寸石英砂及占砂质量的 1.5%～1.8% 工业硼酸组成。不同尺寸砂粒互相嵌塞，可减少砂粒间的孔隙，从而提高炉衬强度，防止熔液渗透。筑炉前硼酸与石英砂充分混拌。石英砂粒表面在高温烤炉过程中与硼酸反应形成一薄层具有一定结合强度的化合物，逐渐烧结成具有一定强度的整体。各铸铁厂根据坩埚容量、炉壁厚度、砂粒形状等因素而确定自己的石英砂粒度配比。例如某厂两吨中频感应电炉采用下列粒度配比：6～12号砂为32%、12～20号砂为38%、40～140号砂为10%、大于140号砂为20%。

硼砂加入量过多，高温下砂粒表层耐火性能下降，缩短炉衬工作寿命。炉壁及炉底硼砂加入量一般为1.5%，用于炉口处的砂，因为不经常接触高温铁水，加入量可增加到1.8%～2.0%。图6-15显示硼酸加入量对炉衬寿命(以熔化铸铁吨位计)的影响。

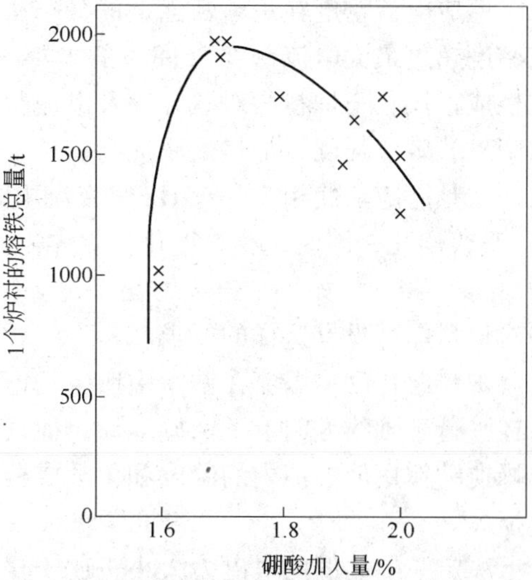

图6-15 炉衬中硼酸加入量对炉子熔化铸铁总量的影响

6.4.3 炉衬捣固和烧结

感应电炉炉衬由人工或机械捣固而成。当前许多铸铁工厂也采用可以整体更换的预制炉衬。

炉衬壁厚根据炉子容量而定(见表6-4)。炉壁太薄则强度差，熔化时温度梯度陡峭，工作寿命短。过厚则熔化效率降低，炉子有效容量减少。

炉衬捣固前，先将炉内清理干净，做好感应圈内壁的绝缘隔热层。然后将已经充分混拌好的炉衬材料分层加入，每层15～20cm，用铁叉将其分层填实(实际是使粗细砂粒间尽可能互相嵌合，减少孔隙率)，直到炉底达到预定高度，再把钢板焊成(或铸造的)的筑炉模具放置在感应器内的中央位置并加以固定，使其周围的空间均匀(炉衬厚度应一致)。然后分层捣固炉壁。最后以石英砂+水玻璃+硼酸混合料填筑炉口和炉嘴。大中型感应电炉一般借助振动机械捣固炉衬。

表6-4 坩埚壁厚与炉子容量

炉子容量/t	<0.5	0.5～1	1～5	5～10	10～30
炉衬厚度/cm	(0.28～0.21)d	(0.21～0.20)d	(0.20～0.14)d	(0.14～0.13)d	(0.13～0.11)d

注：d为坩埚平均直径。

炉衬使用前须向筑炉模具输入电功率加热炉衬使之烧结，形成能够承受铁水压力和炉料撞击的坩埚。

炉衬材料加热必须缓慢，以避免石英砂相变产生的体积变化导致炉衬开裂。炉衬在900℃以下加热时，炉衬材料充分干燥。并通过α石英转变为鳞石英的相变温度区，硅砂在相变温度区发生最大的体积膨胀。900～1300℃之间炉衬表面浅层开始烧结。随着温度继续提高，烧结层不断加厚，但整个断面上并未全部烧结，炉衬外层材料仍是捣结状态。当温度达到1300～1350℃，可以加入少量炉料，开始缓慢升温熔化，继续进行烧结。炉衬的烧结层随坩埚的使用而逐步向外扩展。新炉衬应连续高温熔化数炉，使其烧结层至少达到炉衬厚度的1/3以上。小型感应电炉可以采用铸造的筑炉模具，当加热温度达到1100℃时，将模具取出，小心加入少量炉料，利用炉料的温度继续进行烧结。

6.4.4 感应炉熔炼作业中的一些问题

感应电流密度在炉料断面上的分布很不均匀，绝大部分集中于炉料表面。设定δ为电流密度超过最大电流密度36.8%的炉料表层厚度(电流穿透深度)，则δ与炉料电阻率平方根成正比，与炉料相对磁导率及电流频率乘积的平方成反比，称为趋肤效应。电流频率高则趋肤效应强烈，加热效率提高。

工频感应炉使用50~60Hz的交流电。这样的频率难以使较薄的炉料(包括生铁和废钢)很快熔化，因此，冷炉熔化时首先需要加入厚大的起熔块，起熔块质量约为炉料质量的30%~40%。如果是连续熔化，每炉留下部分铁水，再加入炉料即可。而中频感应电炉对炉料厚度没有这样的要求。

炉料熔化后，涡流在铁水中产生的电磁力使靠近炉衬的铁水被推向熔池中心，并使铁水在平行于轴线方向上下回旋运动，搅动铁水，熔池表面出现感应炉特有的“驼峰”现象。驼峰搅动作用使熔池内的温度和化学成分趋于均匀，但也使铁水内的一些元素受到较多氧化损失。

决定驼峰高低的电磁力大小正比于输入的电功率，反比于电流频率平方根。因此在熔化过程中，时常需要适当控制输入功率，尤其是采用50Hz工频感应炉时，电磁力可能使铁水表面剧烈扰动，以致影响熔炼质量，必须适当进行调节。

感应炉熔炼应该使用干燥、清洁、无锈的炉料。锈蚀炉料会使铸件产生气孔、夹杂物，增加元素烧损，铸件偏离预期成分。因此不洁炉料使用前，需要在清理滚筒内清理或经喷丸处理除锈。炉料处理会增加一些费用，但与铸件发生质量问题所造成的损失相比，经济上还是合适的。

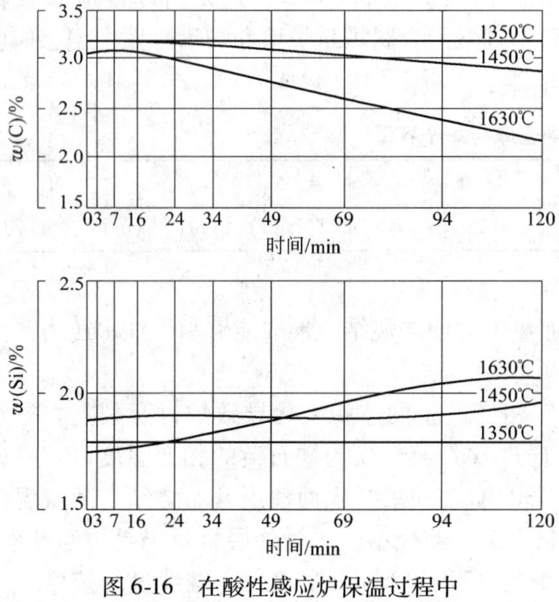

图6-16 在酸性感应炉保温过程中铁水碳、硅含量变化

感应炉可以使用生铁、废钢、铁合金组成的炉料。也可使用废钢+增碳剂和铁合金熔制合成铸铁。由于废钢含氮较高，合成铸铁的强度优于以生铁为主体制成的铸铁。增碳剂含有较高的固定碳。优质增碳剂含硫、磷、灰分较低。炼制石油产生的残留碳经过高温焙烧制成的石油焦炭含固定碳96%~98%，硫0.3%~0.5%，灰分很低(小于2%)，是很好的增碳剂。此外，也常用石墨电极碎块增碳。增碳剂中的碳约有50%~80%可以溶入铁水。

感应炉铁水化学成分比冲天炉铁水稳定，只要炉料清洁，在熔化过程中元素含量没有大的波动。图6-16表明酸性感应炉铁水在1350~1630℃保温过程中碳和硅含量的变化。1350℃保温时，碳和硅含量几乎都没有发生变化。1450℃时，碳含量下降，硅量略有上升，这是Si-C反应的结果。进一步提高保温温度时，碳含量有所下降，说明1630℃已使铁水中的碳大量氧化，以CO形式逸出铁水。由于高温下炉衬被侵蚀，侵蚀下来的SiO_2溶入铁水，使铁水的硅含量增加。

磷和硫含量在熔化过程中基本不发生变化。由于熔池为圆筒状，炉渣覆盖面积小，而且受炉衬强度的影响，感应炉不宜采用炉渣脱硫。

各种铁合金中的合金元素在酸性炉中熔化可获得以下回收率：硅为90%～100%，锰为90%～95%，铬为90%～97%，钼为95%～98%，镍（镍锭）为98%～100%，铜为97%～100%。回收率与合金加入时间及方法、铁水温度等因素有关。合金元素除了氧化损失外，一部分合金也会卷入炉渣而损失。

感应炉铁水杂质少，过热温度普遍偏高，石墨成核率偏低，导致共晶过冷量增大，感应炉铁水在炉内高温保温后，D型和E型石墨显著增加，A型石墨减少。碳当量低、过热温度高时，铸件产生白口倾向增加。图6-17表明感应炉铁水与冲天炉铁水浇注的试样白口深度的比较。前者的白口深度在碳当量低时显著高于后者。碳当量提高后，差别逐渐减小。这是感应炉使用者应当注意的。

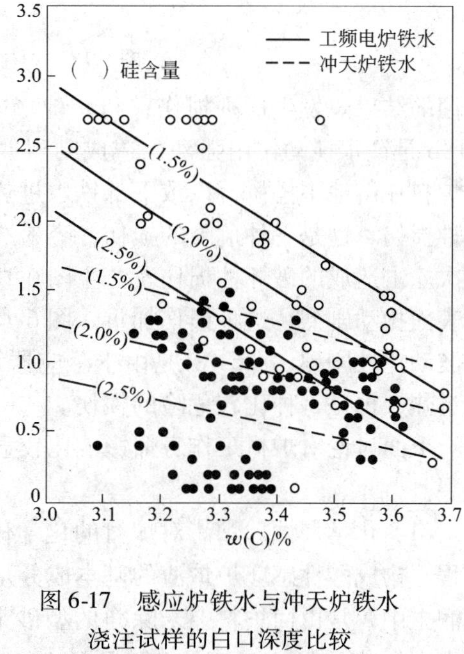

图6-17 感应炉铁水与冲天炉铁水浇注试样的白口深度比较

工厂实践经验显示：感应炉熔炼的合成铸铁水（由废钢和增碳剂熔成的铁水）产生缩孔的倾向较高，流动性低于冲天炉铁水。因此合成铸铁水浇注较薄铸件时，需进行必要的孕育处理。

对工频炉（800kW，3t）、中频炉（800kW，1t）、冲天炉（4t/h）成批熔炼球墨铸铁原铁水生产成本统计表明：三种炉子每吨铁水综合生产费用的相对值为1.162∶1∶1.222。中频感应炉熔炼的经济性良好。

冲天炉燃料的热能利用率为25%～30%（热风冲天炉能达到40%）。无芯感应炉热能利用率为50%～55%，但就目前国内能源价格情况看，冲天炉能源费用低于感应炉能源费用，约为后者的50%～60%。熔炼普通灰铸铁时，两种熔化炉的炉料费用没有明显差别，熔制高级优质铸铁时，感应炉表现出较大的优越性。

有些大批量生产的铸造厂实行冲天炉-感应炉双联熔炼。双联熔炼可以充分发挥两种炉子各自的优势，使铸件质量和生产率提高，生产成本下降。

感应炉熔炼时常受到炉衬损伤问题的困扰。炉衬损伤包括熔炼造成的正常炉壁侵蚀（炉衬均匀减薄）和非正常损伤（炉衬局部侵蚀或开裂）。产生损伤的原因很多，炉料撞击、铁水冲刷、热应力、炉渣侵蚀、铁水中元素与炉衬的反应等都能使炉衬损伤。

图6-18为各种损伤的炉衬断面。图6-18a是在坩埚不同高度上出现深度比较均匀的环形侵蚀带，总是出现在最常见的分批出铁的炉子坩埚上，这是铁水和炉渣对炉衬不断进行

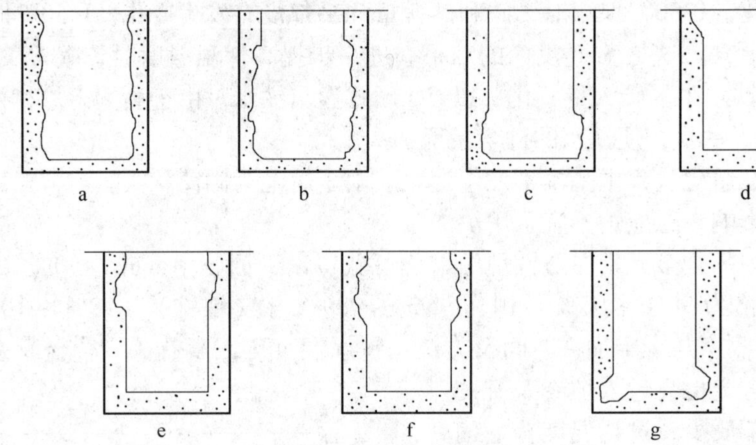

图 6-18 炉衬的几种损伤方式(a ~ g)

侵蚀的结果。发生这种损伤，与其他形式的损伤相比，能获得相对较长的工作寿命。图 6-18b 是铁水搅动作用强烈，造成剧烈冲刷以及铁水面波动剧烈时造成的损伤。图 6-18c 是炉料在熔池中搭桥，以致下部铁水过热或在炉内有少量高温铁水较长时间停留时，发生这种损伤。这是一种危险的损伤，容易造成漏炉事故。图 6-18d 表示加料时炉料对炉口的多次撞击造成的破坏性损伤。产生图 6-18e 类损伤的原因是铁水表面炉渣的侵蚀。如果铁水表面扰动剧烈，这种损伤加重。图 6-18f 和 e 类损伤的形成原因相同，只是后者液面高度波动比较剧烈。图6-18g是由于感应器线圈与炉底的相对高度不合适，造成炉衬局部铁水过热，也是一种比较危险的损伤。

下面讨论对炉衬工作寿命影响比较显著的三种损伤：化学侵蚀、炉衬内壁结瘤、炉衬开裂。

（1）化学侵蚀。炉渣对炉衬的化学侵蚀实质上是炉衬中的 SiO_2 在高温下溶入炉渣的过程。构成酸性感应炉炉渣的基本成分是 FeO(铁水氧化、锈蚀炉料带入)、Al_2O_3(富含于膨润土中，常由回炉料上未除净的型砂带入)和 SiO_2(回炉料上未除净的型砂带入或硅在铁水中氧化后形成)。从 SiO_2-FeO-Al_2O_3 三相平衡图中可看出，当渣中含有 40% SiO_2、10% Al_2O_3、50% FeO 时，其熔点约 1083℃，而新形成的渣中 SiO_2 含量不足，在炉衬与渣接触时，炉衬中的硅砂必然趋于溶入渣中，发生炉衬损耗。当 SiO_2 浓度超过 40% 后，渣熔点开始升高，黏度逐渐加大，直到超过铁水温度，溶入过程结束。渣中含 MnO、CaO 等碱性化合物时，SiO_2 的溶入更加迅速，炉衬损耗显著加快。

铁水中的碳可以减少炉衬中 SiO_2 损耗。因此，在酸性炉衬中熔化球墨铸铁原铁水比熔化一般灰铸铁(碳量低于球墨铸铁)时炉衬损耗低，也低于熔化可锻铸铁时的损耗。

（2）内壁结瘤。感应电炉在使用一段时间后，坩埚内壁的某些部分沿圆周凸起，出现凸起部分坩埚内径变小，局部壁厚增大，炉膛容积减少，这种现象称为结瘤。炉衬内壁结瘤常是困扰感应电炉操作者的损伤形式，也是降低炉衬寿命的重要原因。

结瘤现象源于硅砂炉衬与铁水和(或)其中杂质(例如 Al_2O_3、MnO 等)反应。凸起部分的 Al_2O_3 和 SiO_2 含量都在40% ~45%，而 FeO 含量在4%以下，根据 SiO_2-FeO-Al_2O_3 相图，此种成分形成莫来石类型的复化合物。这种化合物的熔点高于铁水的最高熔化温度。

因此它沉积在炉衬上使炉壁增厚。

为了避免结瘤的产生，应注意避免炉渣中含有过多 Al_2O_3。Al_2O_3 来源主要是回炉料上未清除型砂中的膨润土（Al_2O_3-$4SiO_2$ · H_2O-nH_2O），或回炉料中有含铝合金铸铁。另外要注意不要使低温铁水在炉中停留时间过久，因为低温时结瘤显著加快。

冷态下难以铲除结瘤，而且铲凿容易损坏坩埚。可以采用纯生铁水“洗炉”的方法去除结瘤，把纯生铁过热到1500℃，同时向渣内加入冰晶石（Na_3AlF_6）控制渣线位置在结瘤处。炉衬的突起部分可在较短时间内清除掉。

（3）炉衬开裂。温度骤变会在炉衬内部产生热应力，特别是新炉衬烧结过程中，石英砂在几次相变过程中体积急剧变化，更容易产生裂纹。

炉衬裂纹一般有两种形式，环状裂纹和轴向裂纹。环状裂纹沿坩埚圆周发展，通常是不连续的。这种裂纹比较危险，因为它随熔炼炉次增多而不断扩展，即使在修炉时对裂纹的缝隙加以修补，也难以阻止裂纹的扩展。铁水可能向裂纹缝隙中渗透，当裂纹穿透炉衬时，就可能发生漏炉事故。

轴向裂纹沿坩埚轴向或接近轴向扩展。这种裂纹通常是在炉衬冷却后，在热应力作用下，因较大而不均匀收缩产生的。这种裂纹的缝隙在炉衬加热时常会因材料膨胀而闭合。经过合理修补的轴向裂纹不致迅速扩展，炉衬继续使用时要不断观察裂纹的变化。

为了避免炉衬出现裂纹，要注意炉衬捣固的密实度。不密实或炉衬内部孔隙过大（砂粒尺寸配比不合适）的炉衬难以抵抗热应力的破坏，发生裂纹的几率显著上升。

在烘炉烧结过程中一定要严格遵守加热规范，避免过快升温，升温不能间断，达到烧结温度后要即时开始熔化。第一次熔化要尽可能达到最高过热温度并连续在新筑炉衬内至少熔化数炉，以便充分烧结。在此过程中，需小心加料，尽量不要撞击炉衬。

日常熔化时，也避免炉衬的急速冷却，尽量避免炉内铁水面高度频繁变化。出清铁水后要及时加入部分炉料（如能在存留部分铁水时即加入下批炉料，对防止裂纹产生有一定效果），并盖好炉盖。

参 考 文 献

[1] Weis W. 铸铁冶金学（译文集）[M]. 潘振华译. 北京：机械工业出版社，1983：46 ~ 51.

[2] Opravil O，Pehlke R D. AFS Trans[J]，1969(77)：415.

[3] Uda M，Pehlke R D. The Solubility of Nitrogin in Fe-C-Si Iron[J]. Cast Met. Res. J. 1974(10)：30 ~ 33.

[4] Weintein M，Elliott J F. Trans AIME[J]，1963(227)：382.

[5] Heine R W. 铸造金属中的气体（译文集）[M]. 金属中的气体. 北京：机械工业出版社，1984：41 ~ 82.

[6] 鹿取一男，等. 铸造工学[M]. 哈尔滨工业大学铸造教研室译. 北京：机械工业出版社，1983.

[7] Robinson M. Nitrogen Levels in Ductile Iron：AFS Committee 12-H Report[J]. AFS Trans. 1979：503 ~ 508.

7 铸铁中的合金元素

随着工业技术的发展，各个领域对铸铁性能要求越来越高。普通铸铁已经不能完全满足需要，促使人们不断研究改进，制取高性能铸铁。在铸铁中添加合金元素就是制取高性能铸铁的重要手段之一。

合金元素通过改变铸铁组织而改变材料性能。例如，有些合金元素促进珠光体形成并使之细化而提高强度和硬度；有些则促使铁素体形成而使铸铁的塑韧性得到改善；有些需要耐热和耐蚀的铸件可通过合金化使基体成为单一铁素体或单一奥氏体组织。石墨的形态、尺寸和分布也能在某些合金元素作用下发生变化。抗磨料磨损件需要使用合金白口铸铁。合金元素可以使碳化物结构、性能和分布状态发生变化而显著提高抗磨能力。

用于铸铁的合金元素种类很多，它们的作用和用量也各不相同。有些元素单独加入即可获得良好效果，有些则需几种元素共同加入才能达到改善性能的目的。但是也有些元素在改善组织方面产生互相制约的作用。因此，在设计和使用合金铸铁之前应该了解合金元素在铸铁中的存在状态和作用，同时也应该了解合金铸铁的适用范围和使用上的限制因素。

合金元素以固溶状态、化合状态、吸附或游离状态存在于铸铁组织中。

一些元素以置换固溶或间隙固溶方式进入 γ-Fe 或 α-Fe 中。固溶相中合金元素的行为和含量常是决定合金铸铁组织和性能的重要因素。一些元素与碳的电负性相差较大，易与碳化合成为合金碳化物❶。渗碳体中的铁原子与碳原子都能被性质近似的合金元素所置换，形成溶有合金元素的合金渗碳体。例如，铬、钼等碳化物形成元素都能溶入渗碳体。大多数碳化物形成元素既能固溶于铁，也能形成碳化物。少数元素在固溶体中超过其溶解度极限以后，会从固溶相中分离出来，以弥散颗粒状态存在于基体中。例如，铁素体中过饱和的铜和铅都能以这种游离状态存在。另一种游离状态是合金元素的原子被吸附在某一相的表面，例如，石墨晶体表面吸附的硅、镁等。

元素对铸铁组织的影响一般发生在两个阶段。首先是凝固阶段。在这个阶段中，合金元素能够影响初生奥氏体的生长、共晶转变方式以及共晶相的形态特点。其次是固态相变阶段，即由共晶结束到奥氏体转变完成的阶段。在这个阶段中，合金元素会影响奥氏体转变速率、转变方式以及所形成的组织特征。

常用于铸铁的合金元素已有几十种，每种合金元素在液相和固相中都有自己的行为和影响组织变化的方式。因而，合金元素单独作用和复合加入的作用机理是比较复杂的。本章前两节讨论两个阶段中合金元素作用的一般规律，后几节分别讨论不同类型元素对灰口铸铁组织性能的具体影响。

---

❶ 元素的电负性表示该元素的原子在分子中吸引电子的能力。两元素电负性相差较大时，易于成为化合物。

7.1 合金元素对凝固过程的影响

合金元素对铸铁凝固组织的影响主要表现在两个方面：一是对石墨化倾向的影响，是促进稳定系共晶转变或是抑制稳定系共晶转变；二是对奥氏体生长方式的影响。

铸铁凝固过程中，石墨的析出倾向与铁水中碳的活度有密切关系。第1章中已经谈到，铁水中碳活度的大小表示碳在液相中的活动与逸出能力。提高铁水中碳活度，将增强石墨析出能力，促进铸铁按稳定系共晶方式转变。而将降低碳活度的合金元素加入铸铁，有助于渗碳体生成。

合金元素对铁水中碳活度的影响与其分配系数有关。对共晶度为0.7的亚共晶铸铁淬冷试样进行微区分析得到的数据列于表3-2。铝、硅、铜、镍、钴分配系数大于1，说明这些元素在凝固时主要溶入奥氏体，奥氏体中的空位减少，较多的碳原子进入液相并富集在凝固界面前沿。碳浓度提高相当于界面前沿液相中碳活度增大，促进石墨晶体生成。这些元素被称为石墨化元素。石墨化元素按其石墨化能力排列（由强到弱）为：碳、硅、磷、铝、镍、铜。反石墨化元素按其阻碍石墨化能力（由强到弱）排列为：镁、钒、铬、钼、锰。这些排列顺序并不与分配系数一一对应。锰、铬、钨、钼、钒、钛等元素的分配系数虽不同，但都小于1，说明在凝固时这些元素主要分布在液相中。它们使液相中碳活度降低，不利于石墨析出。这类元素常被称为反石墨化合金元素。

在结晶环境相同情况下，在液相中活度较大的碳原子可在较小过冷度下形成有效的石墨晶核并随后顺利生长。因此，加入石墨化元素后，稳定系共晶温度比较接近平衡转变温度，亚稳定系共晶温度由于渗碳体形核倾向降低而下降。两个共晶温度之间的间隔随合金元素的含量增加而逐渐加大。反之，加入反石墨化元素后，稳定系共晶转变温度下降，而亚稳定系共晶转变温度提高，两个共晶温度之间的间隔随合金元素的含量增加而逐渐减小。有些元素加入量达到一定程度后，亚稳定系共晶温度提高到稳定系共晶温度以上。也就是说，不需要动力过冷即能产生渗碳体共晶组织。钒就是这样的反石墨化元素。锰和钼是一种例外情况，它们在降低稳定系共晶温度的同时，也降低亚稳定系共晶温度。

灰口铸铁在较大过冷度下进行共晶转变可使共晶组织细化，共晶团数量增加，石墨尺寸减小，能够有效地改善铸铁的力学性能，使强度和硬度提高。

合金元素导致的共晶过冷度变化和动力学因素产生的共晶过冷度变化同样能改变共晶转变方式，同时采用两种手段更能够获得明显的效果。常见的实例是调整铸件的白口层深度和组织分布状态。有些铸件需要具有白口组织表层（硬化层），内部为过渡层和灰口组织。通过添加不同合金元素，可以调整白口层厚度、过渡层厚度和灰口层组织。这方面的内容将在第15章中作进一步介绍。

常用合金元素对碳在铁液中溶解度的影响示于图7-1[1]。由图7-1可见，碳化物形成

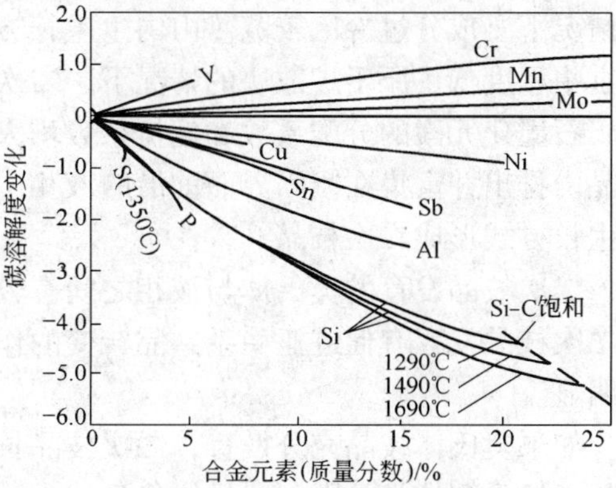

图7-1 常用合金元素对碳在铁液中溶解度的影响

元素钒、铬、钼、锰提高碳的溶解度，硅、铝、铜、镍、磷、锡、锑等元素降低碳的溶解度。提高碳的溶解度使铁碳平衡图上的液相线移向高碳一侧，共晶点碳含量相应增加。反之，降低碳溶解度的元素使共晶点碳含量降低。共晶点碳含量变化使铸铁中奥氏体与共晶相的相对含量随之发生变化。石墨化元素一般是提高奥氏体生成量，减少共晶体量。反石墨化元素则产生相反效果。

表 7-1 列出了每加入 1% 合金元素对灰铸铁共晶碳含量的影响。

表 7-1 加入 1% 合金元素对灰铸铁共晶碳含量的影响

元　素	S	Si	Al	Cu	Ni	Ti	V	Cr	Mn	Mo
共晶碳含量变化/%	-0.41	-0.29	-0.22	-0.08	+0.05	+0.14	+0.10	+0.06	+0.03	+0.01

合金元素的石墨化作用和反石墨化作用可由元素电子结构方面进一步加以说明。例如，电负性小于铁原子的钒、钼、铬、锰置换铁原子后，增大金属原子与碳原子间的电负性差；电负性大于碳原子的硫、氧、碲、硼置换碳原子后同样增大金属原子与碳原子间的电负性差，从而使渗碳体的原子间键能增强，渗碳体易于生成而且结构趋于稳定。石墨化元素与反石墨化元素的作用相反。石墨化元素在提高铁水中碳活度的同时，抑制铁与碳原子结合而促进石墨生成。第 5 章已讨论过，硅原子通过轨道电子交换形成 FeSi，其原子间电负性差大于 Fe-C 原子间电负性差，抑制了 Fe-C 原子结合，强化了 C-C 原子间的键能，从而抑制了渗碳体生成，促进了石墨化。

有些元素具有促进和抑制石墨化的双重作用。硫含量较高时有阻碍石墨化的作用，但是微量存在时，由于某些硫化物是石墨形核基质，又有促进石墨化的作用。再如锰本身是碳化物形成元素，促进渗碳体形成。但它与含量较高的硫、氧化合，把这些表面活性元素固定在化合物中，消除它们的反石墨化作用，实际上促进了石墨化。但与硫、氧化合后的剩余锰量依然产生反石墨化的作用。

表 3-2 已列出两类合金元素在铸铁凝固过程的分配系数和溶入奥氏体枝晶的元素偏析系数。碳化物形成元素在枝晶生长过程中，程度不同地富集在凝固界面前沿的液相中。溶质元素的富集可能会形成成分过冷区，在过冷区内奥氏体形核并以内生生长方式生长。合金元素富集及扩散程度不同，所形成的过冷区范围也不同。在富集程度高、原子扩散较慢的情况下，成分过冷区较宽。由内生生长方式形成的二次枝晶细而长，间距小。相反地，在富集程度低、原子扩散快的情况下，二次枝晶短而粗，间距大，方向性不很明显。

石墨化元素的分配系数和偏析系数均大于 1，溶入奥氏体枝晶后，将使部分碳原子从枝晶内排出并富集在凝固界面前沿的液相中，也会使界面前沿出现成分过冷区，并通过内生生长方式形成二次枝晶。

二次枝晶发育的奥氏体与液相之间有较长的界面。由于渗碳体能在奥氏体上形核，因而二次枝晶发育有促进亚稳系共晶转变的作用。特别是铸铁的碳当量较低时，这种作用更为明显。

如果奥氏体枝晶充分发育，二次枝晶长而密，在枝晶间进行共晶转变时，共晶石墨的生长必然受到枝晶的限制，最终将呈枝晶间分布。液相中的碳化物形成元素与碳有较强的亲和力，抑制碳的扩散，加深了共晶过冷度，共晶石墨为 D 型或 E 型。碳当量低的铸铁中，共晶石墨以 E 型为主。

以强化基体金属为主要目的而加入合金元素的铸铁，为了防止D型或E型石墨的出现，一般应当进行孕育处理。适当的孕育处理可以限制奥氏体二次枝晶因加入碳化物形成元素而产生的过度发育。

7.2 合金元素对固态相变的影响

亚共晶和共晶铸铁凝固后的组织主要由共晶组织和奥氏体组成。奥氏体在铸件冷却到临界转变温度时发生转变。铸件室温基体组织是由奥氏体转变性质决定的，而合金元素改善铸铁基体组织和铸件性能的作用很大程度上是通过影响奥氏体转变性质而实现。探讨合金元素的这些影响是很有必要的。

合金元素的影响表现在两个方面：对奥氏体在平衡状态(或接近平衡状态)下转变的影响以及对奥氏体转变动力学的影响。

合金元素对奥氏体平衡转变的影响可由铁碳平衡图直接说明。首先是改变临界温度。表7-2表示出常用合金元素对 A_3 温度的影响。

表7-2 常用合金元素对 A_3 的影响

元 素	Mn	Ni	C	N	Cu	B	Al	Si	P	Ti	V	Mo	W	Co	Cr
对 A_3 的影响	↓	↓	↓	↓	↓	↑	↑	↑	↑	↑	↑	↑	↑	↑	↑↓

注：↓表示降低，↑表示提高；w(Cr)不大于7%时 A_3 降低，大于7%时则 A_3 提高。

共析温度的变化基本上与表7-2相对应(图7-2)，锰和镍使 A_3 和共析温度同时下降；而钛、钼、硅、钨、铬则使共析温度提高。

铸铁的共析点位置也受合金元素的影响而有变化。非碳化物形成元素硅、镍、铜，以及弱碳化物形成元素锰等使共析点左移。与碳有较强亲和力的元素钛、钒、锆、铌使共析点右移。而钼和钨含量低时使共析点左移，含量超过一定限度后，又使共析点右移。

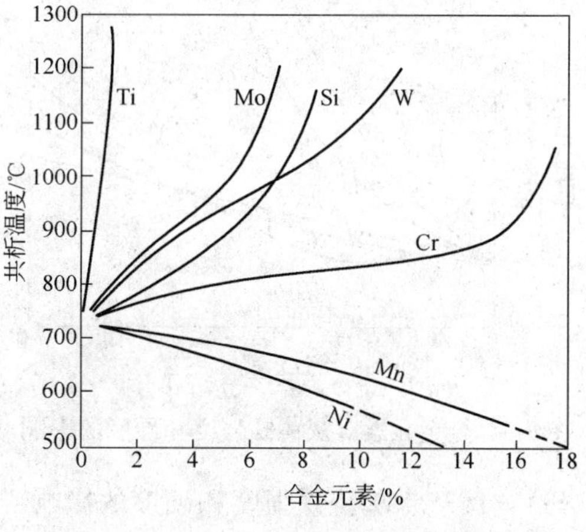

图7-2 几种元素对共析温度的影响

一些合金元素还可改变奥氏体相区范围。镍和锰含量较高时，γ→α 转变温度降低，γ相区扩大，促使形成γ相连续固溶体，以致奥氏体可能保留到室温。相反地，硅、钛、铬等元素可使γ相区缩小，甚至完全消失，导致基体在任何温度下都是铁素体组织。

溶入奥氏体中的合金元素程度不同地抑制和阻碍碳原子在奥氏体中扩散。合金元素本身的原子在奥氏体中的扩散速度更是远远低于碳原子的扩散速度。这是合金元素影响奥氏体转变动力学的基本原因。与碳亲和力强的元素，如钛、钒、钼、钨，降低碳原子扩散速度的作用最显著，而硅、镍、铜以及弱碳化物形成元素虽然也有减缓碳原子扩散的作用，但比强碳化物形成元素要小得多。降低碳扩散速率的直接结果就是奥氏体分解时间加长，其等温转变曲线向右推移。

硅、镍、铜、锰等元素加入铸铁后，γ→P 转变曲线与 γ→B 转变曲线的推移程度相差不明显。因此，奥氏体等温转变曲线基本上是整体移向时间延长的方向（右移），仍然大致保持原曲线的形状。钛、钒、铬、钼、钨等元素与碳原子形成珠光体生长所需的特殊碳化物晶核，需要这些原子作较大移动。合金元素原子移动速度远小于碳原子的移动速度，因而珠光体的孕育期更加延长。而奥氏体向贝氏体的等温转变，只需首先生成铁素体晶核并随之生长。奥氏体向贝氏体转变的延迟程度将会小于珠光体转变。在此情况下，珠光体转变曲线与贝氏体转变曲线在不同程度上分离，贝氏体曲线相对地突出于珠光体转变曲线。这就为通过热处理制成贝氏体铸铁创造了条件。钼是能产生这种作用的代表性元素。

凡使等温转变曲线右移的元素一般会促使较高温度发生的相变推迟，提高奥氏体过冷量，使转变或分解的温度降低。

马氏体开始转变温度（M_s 点）和转变完成温度（M_f 点）都主要取决于奥氏体内固溶的元素实际成分。合金元素及常存元素对 M_s 点的影响已有较详细的研究。可以确定：碳、锰、钒、铬、镍、铜、钼、钨降低 M_s 点，钴和铝提高 M_s 点，硅和硼的影响不显著。对 M_f 点的影响数据不多，可以认为与对 M_s 点的影响类似。

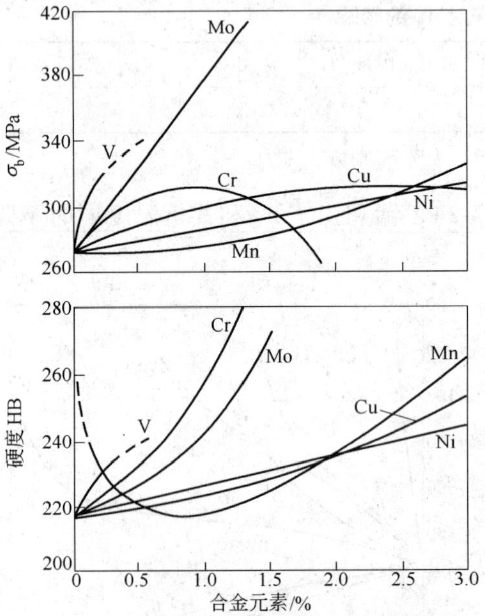

图 7-3 合金元素对灰铸铁强度和硬度的影响

综上所述，合金元素对铸铁基体组织的影响可归纳为以下几点：

（1）合金元素抑制奥氏体中原子扩散速率，延缓奥氏体转变或分解过程，使珠光体孕育期加长。这将改变铸铁的淬透性，有助于铸铁件在较低冷速下获得硬化组织。

（2）在铸件正常冷速下，一些合金元素可使基体易于获得珠光体组织。与非合金铸铁相比力学性能较高。降低共析温度的元素可使奥氏体分解产物的分散度提高，组织趋于细密，进一步改善力学性能。

（3）加入合金元素可以调整基体类型。基体可以成为珠光体、索氏体，也可以使凝固组织中的奥氏体保留到室温，成为铸态奥氏体组织。或通过热处理促使贝氏体（针状组织）、马氏体基体形成，满足各种不同的工程需要。图 7-3 表明一些元素含量对 $w(C)=3.40\%$、$w(Si)=1.75\%$ 灰铸铁强度和硬度的影响[3]。

应该注意：加入复杂合金元素以后，奥氏体中元素的分布多数是不均匀的，铸件需要通过热处理使成分均匀化才能显现以上影响。这个均匀化过程通常是在高温下比较缓慢地进行。

7.3 碳化物形成元素的影响

7.3.1 铬

灰铸铁中的铬在铁水凝固过程中约有 85% 固溶于奥氏体。碳在奥氏体中的溶解度随铬含量增加而提高。由于更多碳进入奥氏体，液相中碳浓度降低，活度减小，能促进亚稳定系共晶反应的发生。图7-4表明[2]，铸铁中加铬后亚稳平衡转变温度提高，稳定平衡转变温度下降。两个共晶温度之间的间隔，随铬含量提高而减小。这表明，碳化物生成倾向随铸铁含铬量增加而提高。

在中等厚度的亚共晶灰铸铁件中 $w(Cr)$ 低于0.4%时，砂型内冷却一般可以避免共晶碳化物形成。而在较薄断面中，需视灰铸铁的共晶度及冷却速率而定。铬的反石墨化能力大致可与相同数量的硅的石墨化能力相抵消。

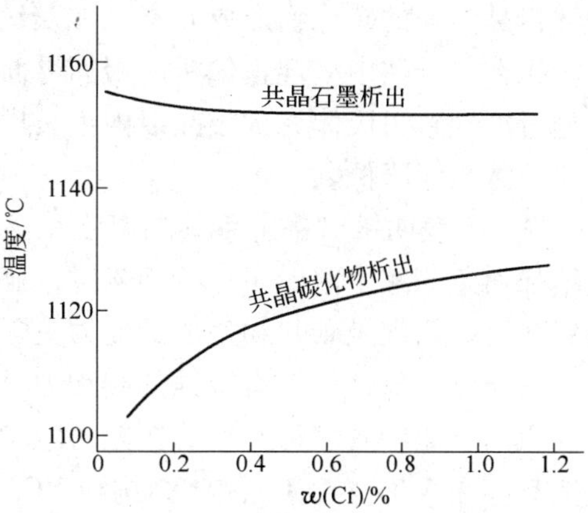

图7-4　铬对共晶转变温度的影响

溶入奥氏体的铬降低其中碳活度，有稳定奥氏体的作用。对固态相变的影响主要表现在几个方面：一是抑制铁素体形核，减少游离铁素体量，促进珠光体形成；二是延长珠光体孕育期，推迟共析转变，有利于改善铸铁的硬化性能；三是提高共析转变过冷度，有细化珠光体的作用，但是只有当铬加入量较多时才能获得比较明显的细化效果。在这方面，铬的作用远不如钼。

含铬灰铸铁有较明显的断面敏感性，厚大铸件(如机床床身)敏感性更强。同一铸件的薄断面或厚壁棱角部分可能出现白口，而厚断面为珠光体组织。在这种情况下提高硅含量虽然能够减少局部白口，但在厚断面中将会出现铁素体。此外，铸件中铬和碳含量比超过1时，组织中几乎不可避免地出现碳化物。在机床灰铸铁铸件中，为了抑制铁素体和碳化物出现，薄壁件加入 $w(Cr)$ 以不超过0.4%、厚壁件不超过0.55%为宜。试验表明铬和硅含量保持在图7-5所示范围内，有利于改善断面敏感性，也能避免由于组织不均匀可能促成的应力开裂。

在合适范围内加入铬，能有效地提高灰铸铁的抗拉强度和硬度，提高的幅度与共晶团尺寸和抑制铁素体的程度有直接关系。

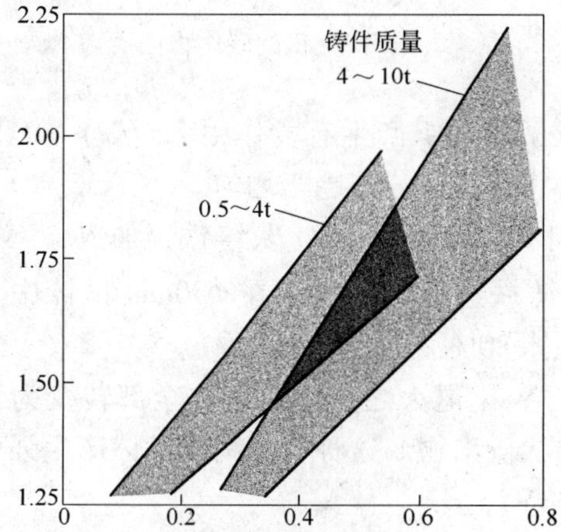

图7-5　机床铸件避免应力开裂的铬、硅含量

耐磨灰铸铁件，同时加入铬和铜、钼可获得较好的强化效果。例如，$w(C)=2.8\% \sim 3.1\%$、$w(Si)=1.3\% \sim 1.9\%$、$w(Mn)=0.8\% \sim 1.2\%$ 的灰铸铁加入 $w(Cr)=0.2\% \sim 0.45\%$、$w(Mo)=0.15\% \sim 0.35\%$、$w(Cu)=0.6\% \sim 1.1\%$，在中等壁厚铸件中可获得95%以上珠光体基体，抗拉强度320～350MPa，硬度HB180～190，适于制造机床导轨一类耐磨件。发动机缸体选用 $w(C)=3.2\% \sim 3.4\%$、$w(Si)=1.8\% \sim 2.2\%$、$w(Mn)=0.6\% \sim 0.9\%$ 的基本成分，再添加 $w(Cr)=0.25\% \sim 0.35\%$、$w(Cu)=0.35\% \sim 0.45\%$ 也可获得珠光体基体，抗拉强度达到250～270MPa。

7.3.2 钒

钒是较强的碳化物形成元素。在灰铸铁凝固过程中，其中所含钒约有 30% 溶入奥氏体。钒在奥氏体中呈现正偏析。凝固界面前的液相中出现因钒富集而形成的成分过冷区。成分过冷导致奥氏体二次枝晶以内生长模式充分发育。钒提高碳在奥氏体中的溶解度，共晶含碳量相应降低。

图 7-6 表明钒对稳定系共晶温度和亚稳定系共晶温度的影响。两个温度的差别随着钒量增加而急剧减小。$w(V) > 0.8\%$ 时，亚稳定系共晶转变温度高于稳定系共晶转变温度。与铬相比，钒促进碳化物生成的能力更强。

钒与碳、氮、氧都有很强的亲和力。灰铸铁中处于化合状态的钒大部分存在于碳化物中。钒的碳化物有多种类型。按热力学参数评定，VC 和 V_2C 比较稳定，但在钢和铸铁中一般只存在 V_4C_3。V_4C_3 晶体结构与 VC 完全相同，只是碳处于不饱和状态。V_4C_3 是一种硬度很高的难熔化合物，在高于共晶温度形成。在钒含量很低的灰铸铁中，这种碳化物高度弥散分布于固溶相中。钒量较高时，基体组织中出现一些与渗碳体形态有显著差别的化合物(图 7-7)[4]。X 射线背散射电子像证实，这种化合物中钒和碳的浓度都很高，但尚未能确定其成分和结构。

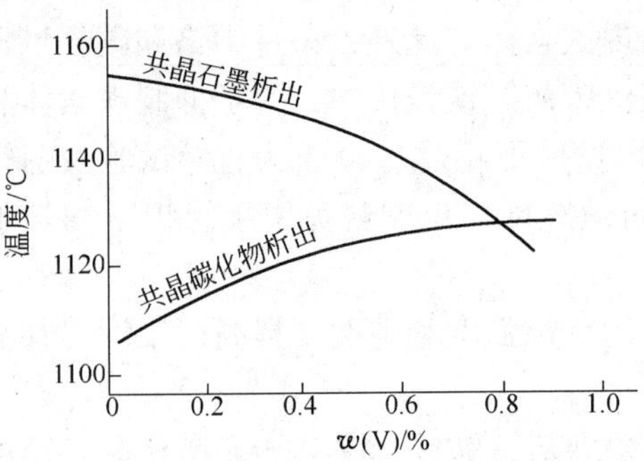

图 7-6 钒对共晶转变温度的影响

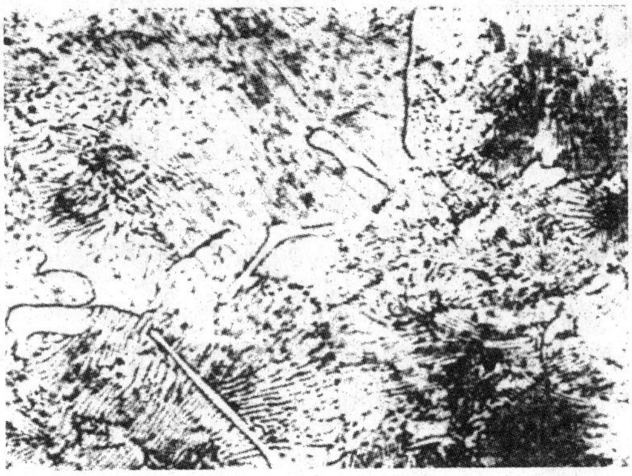

图 7-7 钒的碳化物

共晶转变前铁水中已经出现的细微碳化钒粒子对组织产生有益作用。$w(V) < 0.15\%$ 的铸铁中，共晶团显著细化且数量增加。石墨尺寸减小，分布趋于均匀。

钒有促进珠光体形成并使之细化的作用。对 $w(CE) = 4.15\%$ 灰铸铁、加入 $w(V) = 0.1\% \sim 0.5\%$，并以 75 硅铁(0.25%)孕育的灰铸铁进行了试验。在 $\phi 30$mm 试棒中，所有加钒试棒均为珠光体基体。不加钒的试样中基体 80% ~ 90% 为铁素体。

加 $w(V) = 0.5\%$ 的珠光体灰铸铁经过高温石墨化退火之后，珠光体全部转变为铁素体。但转变后的铁素体中出现弥散分布的细微粒状析出物。这种析出物对基体产生强化作用，使抗拉强度由不加钒时的 125MPa 提高到 190MPa。

钒提高灰铸铁抗拉强度和硬度的作用比较显著。铬、钼、钒分别单独加入同等数量时，三种元素作用的比较示于图 7-8[4]。显然，钒比钼和铬的作用更强。

据测定，在近共晶成分灰铸铁中 $w(V) < 0.5\%$ 时，每加入 0.1% V 平均提高抗拉强度

15～30MPa。即使铸件经过高温石墨化退火后具有铁素体基体，抗拉强度的提高值也基本上保持在这个水平上。更有意义的是铁素体加钒后，冲击韧性并不降低。在不产生共晶渗碳体情况下，每加入 0.1% V 可使珠光体灰铸铁硬度提高 8～10 个布氏硬度单位。退火后硬度增加值减少到 4～5 个布氏硬度单位。

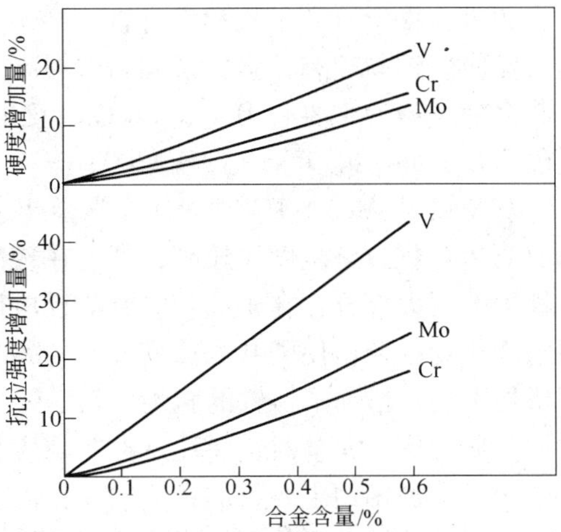

图 7-8　单独加铬、钼、钒对铸铁强度、硬度的影响

钒能使灰铸铁在较高工作温度下保持良好的强度，这一点与钼有相似的作用。钒在球墨铸铁中促进珠光体形成作用不像在灰铸铁中那样明显。对于 $w(C) = 3.5\%$、$w(Si) = 2.5\%$、$w(Mn) = 0.3\%$，经过硅铁镁合金球化处理和硅铁孕育的球墨铸铁，未加钒的铸态组织基本上是铁素体基体，加 0.25% V 后也能产生 10%～20% 珠光体。提高锰含量或加入少量促进珠光体形成元素(锡、铜)的同时再加入钒，可使珠光体量达到 95%，但不能完全消除牛眼状铁素体。

含钒球墨铸铁经高温石墨化退火后，铁素体基体上也出现细微的碳化钒析出物。但加钒与未加钒的晶粒尺寸显著不同，钒使晶粒显著细化。

钒对球墨铸铁碳化物生成倾向的影响大于对灰铸铁的影响。例如，同样成分的球墨铸铁试样，不加钒时无白口。0.12% V 及 0.24% V 时白口深度分别增加到 6mm 和 13mm。加钒球墨铸铁不宜在铸态下使用。上述成分的球墨铸铁加 0.5% V 时，$\sigma_{0.2}$ 值提高了 50MPa，但对破断强度几乎没有影响。伸长率由 5% 下降到 3%，硬度提高了近 30 个布氏硬度单位，所有冲击试样为脆断。但是试样经过石墨化退火后，拉伸强度显著提高。虽然缺口冲击值和伸长率稍有下降，但与铸态铁素体球墨铸铁相比，综合力学性能得到显著改善(图 7-9)。这是钒在改善球墨铸铁力学性能方面的一个重要应用。

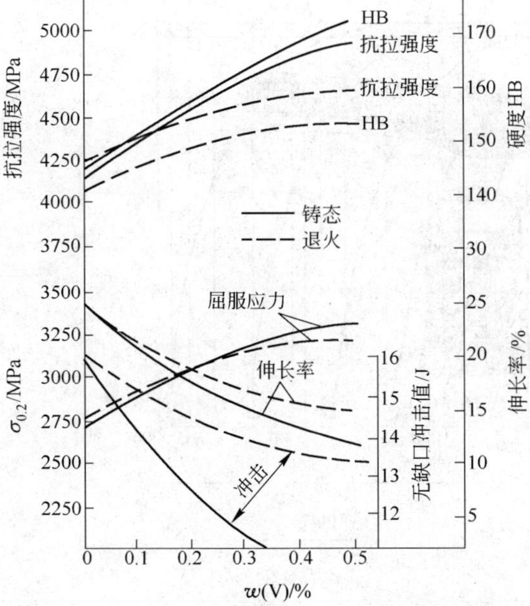

图 7-9　钒对铁素体球墨铸铁铸态力学性能的影响

7.3.3　钼

钼固溶于 α-Fe 和 γ-Fe。1140℃(铁和钼共晶温度)时，钼在 α-Fe 中的溶解度为 35.5%，室温时约为 4%。钼在铸铁凝固过程中的行为与钒近似，其分配系数略高于钒，在奥氏体中产生正偏析。大部分钼原子偏聚于凝固界面前沿液相中，对奥氏体生长模式的影响与钒的影响属同一类型。

钼降低稳定系共晶转变温度，也降低亚稳定系共晶温度，有细化共晶团的作用。

钼对石墨形核和生长都没有直接影响，不属于石墨化元素，但也不显著增强灰铸铁的白口倾向。钼与碳有较强的亲和力，在高于灰铸铁凝固温度下钼的碳化物就已形成。碳化物有多种类型，主要有 MoC、Mo_2C 以及钼溶于渗碳体所形成的$(Fe, Mo)_3C$。钼的碳化物是硬质相，Mo_2C 硬度高达 HV2200。

灰铸铁 $w(Mo) > 1\%$ 时，在光学金相观察中可以清晰地看到钼的碳化物。这些在高温形成的化合物分解温度比较高，即使在较高的奥氏体化温度下也难以完全溶解。凝固时灰铸铁中的钼大部分存在于液相。共晶反应后的残留熔液中含有较多钼。这些钼溶于渗碳体并与磷化物结合，使磷共晶量增加。铸铁中单独加钼量由 0.2% 增加到 0.8%，磷共晶几乎增加 1 倍，增加了铸铁的脆性。铬、钨、钒等元素都会产生类似现象。因此，在铸铁中添加碳化物形成元素时，要注意控制磷含量。

铸铁中加钼的主要目的在于它能在固态相变过程中发挥有益作用。钼在奥氏体中扩散缓慢，对碳的扩散产生抑制作用。固溶于奥氏体的钼强烈降低共析转变速度。$w(C) = 3.30\%$、$w(Si) = 2.60\%$、$w(Mn) = 0.30\%$ 的球墨铸铁不加钼和加 $w(Mo) = 0.25\%$、0.50% 后的试棒 900℃ 保温 20min 后以不同速率冷却，不加钼试棒避免珠光体转变的时间约 20s，加 $w(Mo) = 0.25\%$ 时延长到 40s，加 $w(Mo) = 0.5\%$ 时更延长到 140s 左右。但各曲线对应的珠光体临界转变温度无明显变化。另外，加钼使珠光体转变区与贝氏体转变区分离，出现贝氏体中温转变区。低于临界冷速形成铁素体 + 珠光体基体，提高冷速则珠光体量增加并趋于细化。试样冷却通过贝氏体转变区，过冷奥氏体将转变为贝氏体。加钼量对球墨铸铁转变曲线的影响如图 7-10 所示。

钼减缓铁素体形成能力比较弱。单独加钼时，珠光体孕育期内可能会有铁素体析出。厚壁件中铁素体的出现几乎难以避免。为了增加珠光体转变量可将镍、铜、锑等元素分别与钼同时加入。

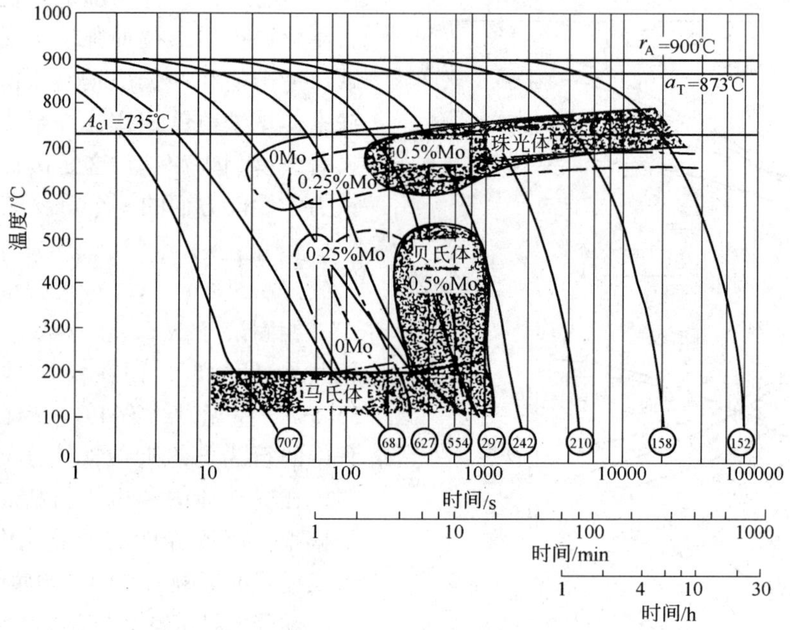

图 7-10 加钼量对球墨铸铁转变曲线的影响

钼使铸铁内生成的碳化物变得稳定。图 7-11 为 $w(\mathrm{Mo})$ 含量分别为 0.02%、0.63%、1.16% 的球墨铸铁碳化物等温分解曲线[5]，基本成分是 $w(\mathrm{C}) = 3.37\% \sim 3.59\%$、$w(\mathrm{Si}) = 2.43\% \sim 2.79\%$、$w(\mathrm{Mn}) = 0.70\% \sim 0.75\%$。$w(\mathrm{Mo}) = 0.63\%$ 时推迟碳化物分解的作用尚不十分明显，而 $w(\mathrm{Mo}) = 1.16\%$ 时，推迟作用就比较明显了。

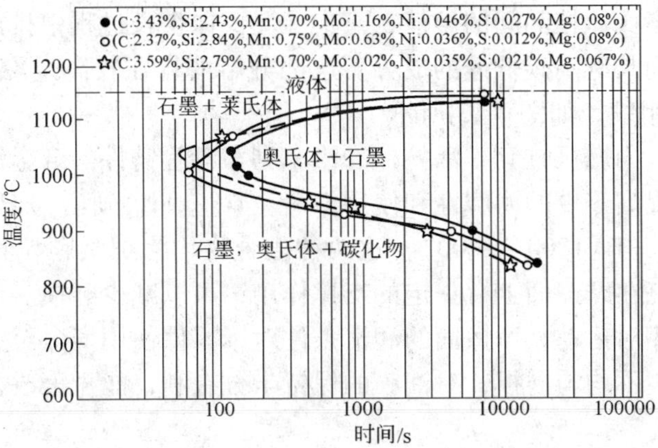

图 7-11 不同钼含量球墨铸铁中碳化物等温分解曲线

钼促进珠光体形成的作用有限，但细化珠光体的作用较强。多数情况下，钼和促进珠光体形成元素同时加入，加入钼量一般不超过 1%。如果要在厚壁件中获得这样的效果，则须与促进珠光体形成元素共同加入。

此外，在提高灰铸铁高温强度、热疲劳抗力和抗高温度蠕变能力以及减少热裂倾向、改善强韧性等诸多方面，钼在各种合金元素中是最有效的。因此常用于高合金耐蚀铸铁、耐热铸铁、耐磨铸铁中。

7.3.4 钛

钛是化学性质非常活泼的元素，与铁水中的氧、硫、碳、氮都易于形成化合物。由于 TiO_2 的生成自由能比钛的其他化合物生成自由能更负，因此，钛在铁水中优先与氧化合，生成的 TiO_2 与铁锰硅酸盐结合成炉渣而被去除。钛具有良好的脱氧作用。

钛与硫的亲和力大于硫与铁的亲和力，而且 TiS 比 MnS 更稳定。在 Mn/S 比值较低的情况下，钛的效果也很显著。但 TiS 的标准生成自由能与 TiN、TiC 相差不多，碳、氮含量较高时影响钛的脱硫作用。

钛与碳在较高温度化合成 TiC。虽然 TiC 的稳定性略低于钛的其他化合物，但因铸铁中碳浓度高，其他化合反应完成时，铁水中仍有一定数量的 TiC 存在。TiC 是面心立方晶格晶体，硬度高，弥散分布于基体，有利于提高铸铁的抗磨能力。

钛与氮的化合物 TiN 也是面心立方晶格的离子型晶体。在 1000～1300℃ 铁水中 TiN 与结构近似的 TiC 互溶，形成 Ti(C，N)。其中碳和氮的原子比随两固溶相的比例而变化。少量 TiN 也能溶于铁水，但溶解度很低，低于铌、钒、钼的氮化物在铁水中的溶解度。灰铸铁含有少量钛($w(\mathrm{Ti}) < 0.3\%$)，石墨析出量随钛含量的增加而增多。曾有报道，认为 TiN 是石墨形核基质，有促进石墨化的作用，这个问题尚待深入研究。TiN 及 Ti(C，N)大

多数出现在共晶团边界。少量钛使石墨增加，可能与钛对奥氏体生长的影响有关。

钛的分配系数很低，90%以上钛的原子偏聚于液相。它在奥氏体枝晶中为正偏析，偏析系数也很低。由于钛原子集中分布于凝固界面前沿液相中，导致界面前沿产生成分过冷区。当钛的富集达到一定程度时，将促使界面前沿形成新的奥氏体晶核。奥氏体生长模式发生变化，由外生枝晶生长模式转变为内生枝晶生长模式，形成充分发育的粗厚状奥氏体枝晶。充分发育的奥氏体枝晶间的熔液，富集了奥氏体生长过程中排出的碳，而硅大部分已溶入奥氏体，因而具有高碳低硅的成分。这部分熔液将在较高过冷度下进行共晶转变，产生D型石墨铸铁组织，如图1-13所示。

制造机床导轨、内燃机缸套、活塞环、汽车刹车盘等铸件的合金铸铁中加入钛，或同时加入钒和钛，能提高零件的耐磨性和使用寿命。Ti(C，N)硬度为HV1000～1200，钒钛碳氮化合物硬度更高(HV1200～1600)，这两种化合物均为细微颗粒状，高度弥散分布于基体中。这些硬质点在摩擦面上有一定的支撑作用，可以减少磨损。汽缸套与活塞环在高压、高温下作高速相对运动，摩擦面的润滑条件对于零件使用寿命至关重要。硬质相与相对较软的基体间产生不均匀磨损，对油膜的保持十分有利，能显著改善润滑状况，提高零件使用寿命。

耐磨灰铸铁含钛量一般小于0.15%。国外某汽车厂汽缸体成分是：$w(C)=3.0\%\sim3.5\%$，$w(Si)=1.8\%\sim2.7\%$，$w(Mn)=0.3\%\sim1.0\%$，$w(P)<0.2\%$，$w(Cr)=0.15\%\sim0.45\%$，$w(Cu)<0.8\%$，$w(Ti)=0.03\%\sim0.10\%$，$w(Sn)<0.1\%$。铸件为珠光体基体，A型石墨，硬度HB195～235。用于活塞环的硼铸铁和钨铸铁中加入钛和钒也有很好的效果。例如，钨铸铁中$w(W)=0.3\%\sim0.5\%$，$w(V)=0.15\%\sim0.20\%$，$w(Ti)=0.10\%\sim0.15\%$。硼铸铁中钒和钛的含量也大致相同。

7.3.5 锰

锰是铸铁的常存元素。在铁中与硫化合以及置换Fe_3C的铁原子形成$(Fe, Mn)_3C$。作为合金元素溶入奥氏体的锰，产生阻止碳原子在固溶相中扩散和析出的作用。奥氏体相区因而扩大，奥氏体稳定性增强。锰比较强烈地抑制铁素体析出，促进珠光体生成。由于共析温度降低，共析转变产物细化。当锰含量超过1%，即使冷速较低，奥氏体也易于分解为索氏体或屈氏体，这是锰改善灰铸铁力学性能的主要原因。

铸铁的C曲线随锰含量增加而向右移动，M_s温度也下降。当$w(Mn)=7\%\sim10\%$时，M_s降到室温以下。在砂型铸件正常冷速下可获得奥氏体基体。形成奥氏体基体的锰含量与基体含碳量有关。含碳量越高，所需锰量越低。

一般灰铸铁件$w(Mn)=0.4\%\sim1.0\%$。铁素体铸铁或铁素体球墨铸铁含锰量更低于下限。锰在铸铁中的加入量超过1.2%～1.5%，灰铸铁件强度和硬度提高，致密性和抗磨能力增强。例如，机床铸铁件，$w(C)=3.01\%$，$w(Si)=1.70\%$，$w(Mn)=2.30\%$，$w(P)=0.105\%$，$w(S)=0.04\%$，其抗磨能力约为碳当量相近的HT200铸铁的两倍。

锰抑制共晶转变，使稳定系共晶转变和亚稳定系共晶转变温度同时降低。当铸铁碳当量较低，而且冷速使铁水过冷到两个共晶转变温度之间时，锰显著促进白口生成。

球墨铸铁中$w(Mn)=5\%\sim9\%$时，并有适量硅($w(Si)=3\%\sim5\%$)相配合时，基体为针状组织(马氏体+贝氏体)或奥氏体+碳化物(粒状或块状)，具有一定抗磨料磨损能力，称为中锰球墨铸铁。形成中锰球墨铸铁组织的基础是锰提高奥氏体稳定性并促进含锰渗碳体生成。w(Mn)>8%，奥氏体量高于20%，整个基体组织受到硅、锰含量比的影响。硅对组织的影响与锰相反。

表7-3为含锰5%～75%的中锰球墨铸铁，不同w(Si)/w(Mn)产生的渗碳体量及基体组织。

表7-3 中锰球墨铸铁硅锰比对碳化物量和基体的影响

w(Si)/w(Mn)	碳化物量/%	基　体
0.27～0.40	30～45	索氏体+奥氏体(<5%)
0.41～0.60	15～25	针状组织+奥氏体
0.61～0.72	5～10	针状组织+奥氏体(10%+20%)

由表7-3可以看出，随硅含量提高(w(Si)/w(Mn)>0.4)，将有针状组织形成。这是因为硅量增加，渗碳体量减少，溶入其中的锰转入奥氏体，C曲线向右移，奥氏体分解温度也降低，为针状组织形成创造了条件。

另外，中锰球墨铸铁中渗碳体分布形态还受残留镁量的影响。残留镁量高，渗碳体呈连续网状存在，材料的冲击韧性恶化。随w(Si)/w(Mn)提高，残留镁量减少，渗碳体逐渐改变为莱氏体形态、断续网状、块状，材料的冲击韧性依次提高。

7.3.6 铌

铌与钒在周期表中同属V_B族，化学性质比较接近。铌与碳、氮、氧都有极强的亲和力。它与铁水中的碳形成稳定的碳化物NbC或与碳、氮形成Nb(C,N)。NbC晶体具有NaCl结构，NbC晶体密度为7.6g/cm^3，与铁水比较接近，通常它是以3～8μm、正方形颗粒状弥散分布在铁水中。NbC硬度很高，约为HV2400。液相线温度为3375℃，因此在铁水凝固以前，这种碳化物即已存在于铁水中。铌在奥氏体中的溶解度很小，在灰铸铁中大部分存在于碳化物中。

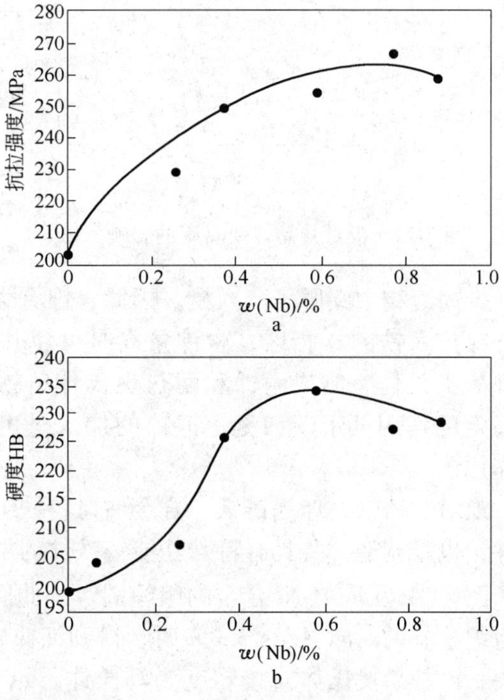

图7-12 灰铸铁中加铌可提高抗拉强度和硬度
a—抗拉强度；b—布氏硬度

在灰铸铁中加入少量铌可提高它的抗拉强度和硬度。例如，w(C)=3.40%～3.50%、w(CE)=4.25%～4.26%的灰铸铁中加入0.077%～0.87%Nb后的抗拉强度和硬度的变化如图7-12a、b所示[6]。未加铌与加铌0.58%相比，抗拉强度由203.4MPa提高到 254.5MPa，硬度由 HB199 提高到 HB234。值得注意的是，抗拉强度与硬度提高后，铸铁的 A_K 值并未发生明显变化。产生这种现象的原因是细小而弥散分布的 NbC 加强了基体。固溶于基体中的铌也能起固溶强化作用。

含铌灰铸铁的另一个优点是明显地提高常温和高温磨损抗力，改善耐高温性能。铌铸铁与磷耐磨铸铁在抗磨组织上是有差别的。磷铸铁主要是依靠在晶界上析出的坚硬耐磨的磷共晶作为抗磨骨架，达到提高耐磨性能的目的。但是磷共晶是脆性相，呈网状分布，这必然导致材料的脆性增加，抗冲击能力降低，而且使铸件的切削加工性能恶化。而铌铸铁中的抗磨骨架相则是高度弥散分布于基体金属中的高硬度 NbC 粒子。这些粒子很细小，非连续性存在，不会破坏基体组织的连续性，也不会影响铌铸铁的切削加工性能。已有工厂采用 $w(Nb) = 0.3\% \sim 0.5\%$ 的铌铸铁制造内燃机汽缸套和活塞环，铸件硬度达到 HB230～240，切削性能良好，加工面表面光洁度优于原用的磷铸铁，使用寿命延长 25%～35%。

7.4 促进石墨化元素的影响

7.4.1 镍

镍能以任何比例溶入液态及固态的铁中。在铸铁中它不与碳形成碳化物，而存在于铁素体与奥氏体中，对固态相变产生影响。

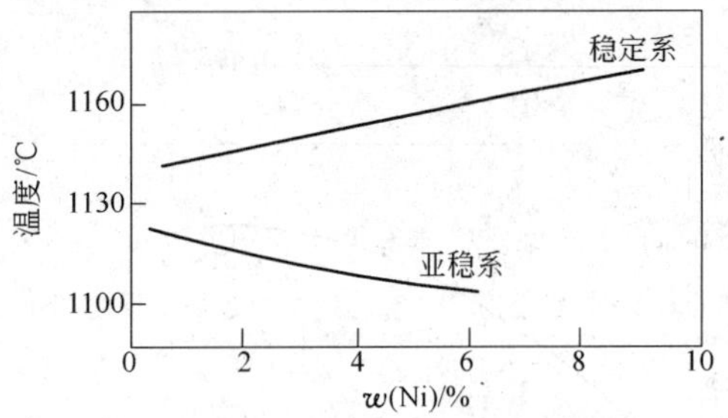

图 7-13 镍对共晶转变温度的影响

镍降低亚稳共晶转变温度，提高稳定系共晶转变温度（图 7-13）[8]，有促进石墨化和抑制碳化物生成的作用。在这方面与硅和铜有类似之处。但它促进石墨化的能力约为硅的 1/3，而且也略逊于铜，是较弱的石墨化元素。镍与铬同时加入铸铁除了能防止铁素体析出外，还可以抵消铬导致的白口倾向。

灰铸铁共晶凝固过程中，镍偏聚在与凝固界面相邻的固相。其分配系数 $K = 1.2$，有助于减少固溶相中碳原子溶入量。因此，镍有降低共晶组织碳含量的作用。

镍扩大铁的 γ 相区，含镍量高时可使共析转变完全消失（图 7-14），铸铁基体组织全部为奥氏体，制成耐蚀和耐热奥氏体铸铁。以相等浓度进行比较，镍使奥氏体形成和稳定的作用低于碳和氮，但镍的加入量可远高于后两种元素，因此能产生更为显著的作用。

镍对灰铸铁、球墨铸铁、合金白口铸铁组织产生多方面的有益作用。它不但用于一般铸件，也是制造一些具有特殊功能铸铁件的主加合金元素。

图 7-14 为 Fe-C-Ni 合金的组织图[7]。此图是根据在干砂型中冷却的 ϕ30mm 试棒的显微组织绘制的。$w(Ni) < 3.0\%$ 时，得到细珠光体灰铸铁。$w(Ni) = 6\% \sim 8\%$ 时，共析转变消失，冷却后奥氏体直接转变为马氏体。$w(Ni) = 12\% \sim 14\%$ 时，M_s 温度降低到室温以下，奥氏体成为室温的稳定相。因此，镍合金铸铁大致分为以下三种类型：

珠光体型铸铁，含镍 3% 以下；

马氏体型铸铁，含镍4% ~8%，室温组织与冷却速率密切相关；

奥氏体型铸铁，含镍14% ~20%。

珠光体型铸铁多用于一般结构件。马氏体铸铁可用于耐磨铸件。奥氏体型铸铁用于耐高温和耐腐蚀铸件。

镍降低奥氏体中各元素的扩散速度，并降低奥氏体共析转变临界速率和转变温度，有利于在较厚断面中促使珠光体形成和细化。

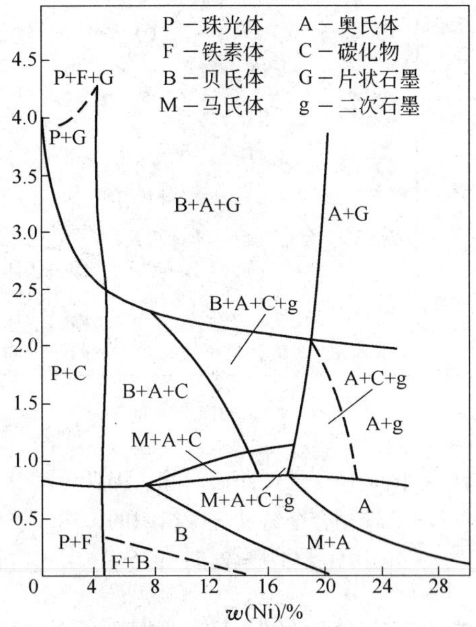

图7-14 Fe-C-Ni合金组织图

图7-15[8]显示 w(C)=2.5%、w(Si)=2.5%、w(Mn)=0.83%、w(Mo)=0.04% ~1.0%、w(Ni)=0.06% ~5.0%的灰铸铁等温转变曲线。由图可见少量镍有效延长了珠光体转变孕育期，与最短孕育期相对应的温度也下降。值得注意的是珠光体转变区右移的同时，贝氏体转变区相对凸出，这就可能导致在铸型冷却条件下获得针状组织。图7-16表明类似成分的镍钼合金铸铁件断面尺寸、镍含量对显微组织的影响。[9]

在共析成分的基体中，每增加1% Ni，共析温度下降约12℃。基体碳含量低时，加镍的效果更显著。镍降低铸铁的 M_s 点温度，降低程度与镍含量及其他成分有关。

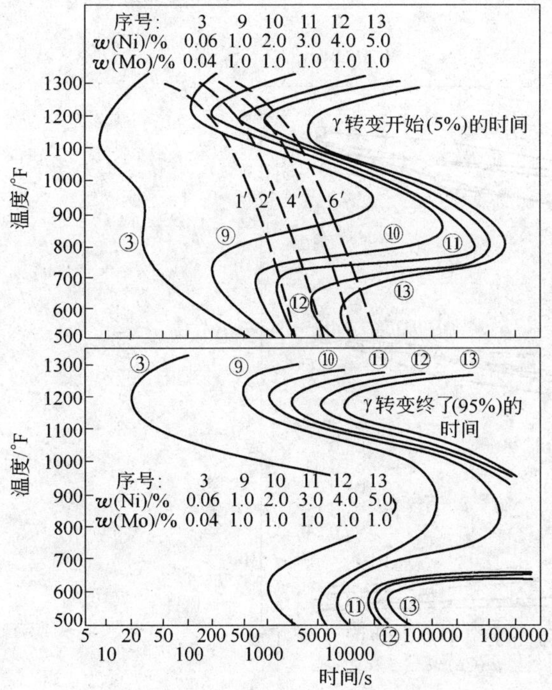

图7-15 不同镍含量灰铸铁等温转变曲线

镍细化珠光体可提高铸铁的力学性能。加入1% Ni，灰铸铁铸态抗拉强度提高15 ~20MPa。w(C)=2.26%、w(Si)=2.27%、w(Mn)=0.85%、w(Ni)=1.09%、w(Mo)=0.33%的细珠光体基体灰铸铁与 w(C)=2.49%、w(Si)=2.56%、w(Mn)=0.82%、w(Ni)=0.06%、w(Mo)=0.04%的珠光体灰铸铁的抗拉强度和硬度示于表7-4。

表7-4 镍对珠光体铸铁强度和硬度的影响

铸铁类型	抗拉强度/MPa	布氏硬度
细珠光体铸铁	490	286
普通珠光体铸铁	410	255

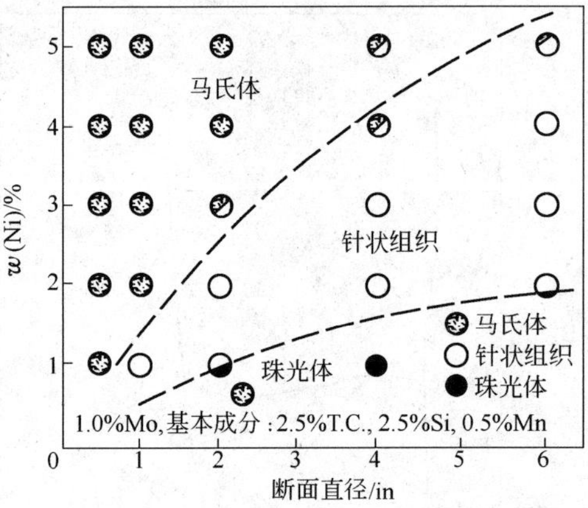

图 7-16 铸件断面尺寸、镍含量对镍钼合金铸铁显微组织的影响（1in = 2.54cm）

7.4.2 铜

铜在共晶灰铸铁中溶解度极限约为3%。共晶转变时铜提高稳定系共晶转变温度，降低亚稳定系转变温度，有较弱的石墨化作用。但通常不单独用它作为促进石墨化的元素，这是因为加铜后铸铁共晶团尺寸增大，石墨有变粗倾向。

固溶的铜原子积累于奥氏体与石墨界面附近，阻碍碳在奥氏体中扩散，与镍和锡有相似之处。延缓碳的扩散可导致共析转变孕育期延长，临界冷速变化，共析转变温度降低，有利于珠光体细化。灰铸铁中加入铜的范围一般为0.5%～1.5%，主要目的是促进珠光体形成，在厚壁铸铁中减少铁素体量，并能比较有效地降低铸件壁厚对组织变化的敏感性。

铜有提高淬透性的作用，单独加入效果不如镍和钼显著。铜常作为提高淬透性的辅助元素和钼一起加入铸铁。

图 7-17 显示单独加铜对 $w(C) = 3.8\%$、$w(Si) = 2.40\%$、$w(Mn) = 0.27\%$、$w(Mg) = 0.05\%$ 的球墨铸铁铸态抗拉强度、屈服强度和伸长率的影响。加铜量增加，抗拉强度和屈服强度提高，伸长率降低。因为未加铜的基体组织基本上为铁素体。加铜达到1.5%时，基体珠光体量达到95%。

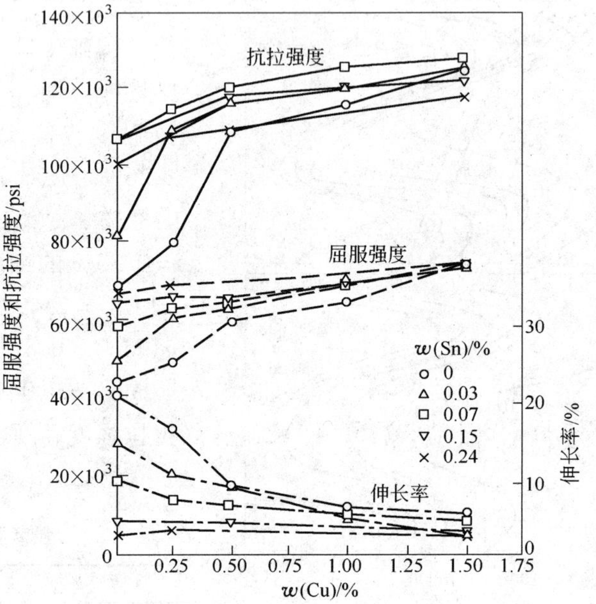

图 7-17 铜对球墨铸铁力学性能的影响（1psi≈6.9kPa）

铜使灰铸铁和球墨铸铁的耐磨性、耐蚀性、可切削性和加工表面粗糙度有显著改善。一些机床铸件、耐腐蚀铸件常选用含铜铸铁。

7.4.3 硅

前已述及，硅可提高灰铸铁中碳活度，促进石墨化。它固溶于铁素体和奥氏体而不形成碳化物，能提高固溶相强度但降低塑韧性。

硅提高 A_3 温度，降低 A_4 温度，缩小 γ 相区，在相图上形成 γ 相圈，并使共析点移向碳量较低和温度较高方向。硅对促进铁素体生成作用明显，对共析组织影响并不显著。

硅提高铸铁淬透性。铸铁的临界冷却速率随硅含量提高而降低。基体碳含量越高，降低程度越明显。

硅使铸铁中铁素体晶粒粗化。由于珠光体转变在较高温度下进行，含硅较高的铸铁在一般冷却条件下，难以获得细珠光体组织。

硅作为主加合金元素用于耐热铸铁和耐蚀铸铁。高硅耐热铸铁中硅含量达4%，基体为相变温度较高的单一铁素体组织，铸件表面具有保护性钝化膜。高硅耐蚀铸铁 $w(\mathrm{Si}) > 14\%$，除能形成钝化膜外，铁素体阳极电位提高，产生抗蚀能力。

7.5 微量元素的作用

各种铸铁件中总会存在一些含量很微的元素，它们常常被认为是杂质元素。这些微量元素中有一些是能够改善铸铁组织和性能的，应该作为合金元素看待。另有一些元素在发挥有益作用的同时还会在其他方面产生不利影响。因此，很有必要全面认识微量元素的作用。

7.5.1 氮

许多因素影响铸铁的氮含量。在正常熔炼和铸造条件下，氮含量应在以下范围内：

灰铸铁	0.004% ~0.007%
球墨铸铁(原铁水)	0.004% ~0.012%
球墨铸铁(炉前处理后)	0.003% ~0.008%
可锻铸铁	0.005% ~0.014%

氮在铸铁中最明显的作用是稳定珠光体。灰铸铁 $w(\mathrm{N}) = 0.005\% \sim 0.0175\%$ 时可以有效抑制铁素体生成。超过这个范围产生强烈的稳定碳化物作用，甚至使铸件产生白口组织。在厚壁灰铸铁件中，$w(\mathrm{N}) > 0.008\%$ 能出现一些紧实石墨，片状石墨变短变粗，片体端部圆钝化。

氮对灰铸铁抗拉强度有影响。在合适范围内提高氮含量可以提高抗拉强度。表7-5中的数据显示 $w(\mathrm{C}) = 3.12\%$、$w(\mathrm{Si}) = 1.35\%$、$w(\mathrm{Mn}) = 0.71\%$、$w(\mathrm{S}) = 0.09\%$、$w(\mathrm{P}) = 0.13\%$ 的灰铸铁抗拉强度随氮含量提高而变化的情况(试样加入铁氰化钠改变氮含量，并用0.3%硅钙孕育)。

氮对于铁素体可锻铸铁力学性能的影响易于察觉。$w(\mathrm{N}) < 0.008\%$ 的球墨铸铁件的伸长率和冲击值不会因氮含量的变化而变化。$w(\mathrm{N}) = 0.008\% \sim 0.012\%$ 可使伸长率下降10% ~15%。氮含量再提高，伸长率下降幅度可达30% ~50%。可锻铸铁 $w(\mathrm{N}) >$

0.008%，退火时渗碳体的分解速率降低，退火时间显著延长。

表 7-5 氮对灰铸铁抗拉强度的影响

序　号	w(N)/%	抗拉强度/MPa	序　号	w(N)/%	抗拉强度/MPa
1	0.008	287	3	0.014	328
2	0.010	305	4	0.015	361

氮在铁水中的溶解量远高于在固相中的溶解度。铸件凝固过程中，随着温度下降，铁水中来自砂型和泥心材料（如呋喃树脂、尿素糠醛树脂、酚醛氨基甲酸乙酯）的溶解氮变为分子状态 N_2，并在液相中积累。如果不能及时排出就会在铸件内形成气孔。

7.5.2 锡

锡固溶于铁。溶入的锡原子偏聚在石墨与奥氏体界面附近，对碳的扩散起阻挡作用，抑制先共析铁素体析出，促进珠光体形成。

图 7-18 表明 w(Sn) = 0.02% 和 w(Sn) = 0.14% 的珠光体球墨铸铁奥氏体共析分解所需时间。锡量较高时分解速率降低。

含锡灰铸铁的共析转变温度低于成分相同但不含锡的灰铸铁，因而有细化珠光体的作用，但作用较弱。此外，锡减少铸铁件断面敏感性。促进珠光体生成的同时并不增强白口倾向。这些作用与铜对灰铸铁组织的影响相似。

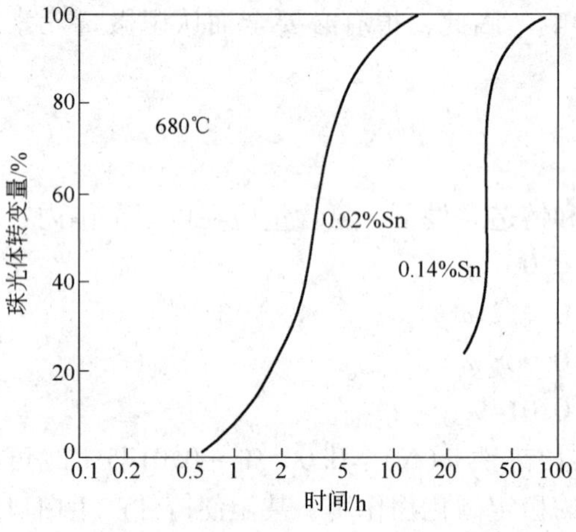

图 7-18 锡对奥氏体共析分解时间的影响

锡降低稳定系和亚稳定系共晶转变温度。细化共晶团，导致石墨细化。在铸件冷速较高情况下，促进 D 型石墨生成。加锡 0.10% 可生产具有珠光体组织的 D 型石墨铸铁。这种铸铁与一般 D 型石墨铸铁（具有铁素体基体）不同，在冲击载荷下的裂纹敏感性大大降低，而且用于制造高速摩擦副的零件，表现出很优良的使用寿命。制冷用转子压缩机轴承的应用是实例之一。

图 7-19 为锡对镁球墨铸铁抗拉强度的影响。锡含量为 0.1% 左右时，抗拉强度达到最高值。超过此值强度急剧下降。这是因为锡含量低于 0.1% 时，促使细珠光体组织生成，使球墨铸铁强度提高。锡含量再提高，锡对石墨球化的干扰作用显示出来，材料强度下降。锡一般不宜用于促进球墨铸铁基体珠光体化。如果炉料中已含有微量锡，应该采用含有稀土元素的球化剂。

w(C) = 3.30%、w(Si) = 2.15%、w(Mn) = 0.40%、w(P) = 0.015%、w(Sn) = 0.10% 的灰铸铁试棒与成分相同但不含锡的试棒硬度有差别（图 7-20），这种差别随试棒直径的增加而增大。这种作用与锡能有效抑制缓冷铸件铁素体析出有关。

锡作为合金元素的加入量范围为 0.04% ~0.10%。锡熔点为 232℃，沸点为 2696℃。可以在浇注前直接加入铁水，比较容易控制其含量。锡在 γ-Fe 中的溶解度极限很低。超过极限溶解量的锡将偏析于晶界，形成脆性相 $FeSn_2$，铸铁脆性将因此而显著提高。当锡含量超过 0.15% 时脆化现象就十分明显了。高 CE 值的厚壁灰铸铁件为获得珠光体基体，加入锡 0.10% 常嫌不足。在此种情况下，锡和铜同时加入可以取得较好效果。例如，w(CE) = 4.18%、厚度为 50 ~ 80mm 的铸铁件中加 0.05% ~ 0.10% Sn 和 0.50% ~ 1.00% Cu 时，可以有效地抑制铁素体析出。

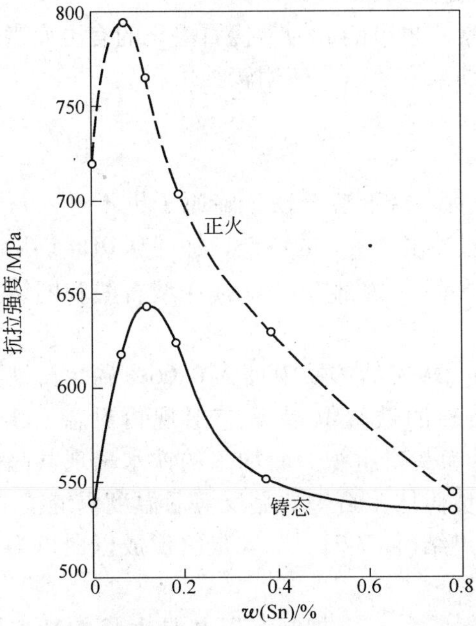

图 7-19　锡对镁球墨铸铁抗拉强度的影响

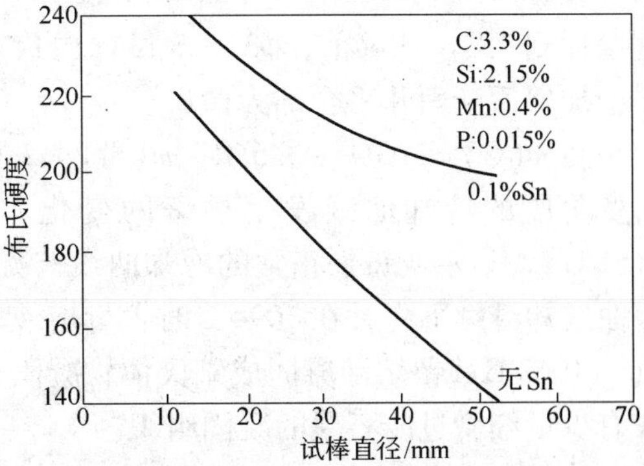

图 7-20　加锡对不同直径灰铸铁试棒硬度的影响

有些要求具有良好抗磨能力和加工精度的厚壁灰铸铁件，可以同时加入锡、铜和钼。钼加入量为 0.15% ~ 0.20%，效果较好。有些机床制造厂已经采用锡铜钼合金铸铁铸造机床床身一类厚壁铸件。

7.5.3　锑

锑也是促进珠光体形成元素，加入 0.025% 锑即可使中等厚度灰铸铁基体 90% 以上为珠光体。锑不提高白口生成倾向，这些方面与锡和铜作用相似。灰铸铁适宜的锑含量为 0.015% ~ 0.025%。在此范围内，石墨细化，珠光体层片间距减小，铸铁强度、硬度提高。锑含量超过 0.03%，锑与铁形成中间化合物，使铸铁脆性增加。

锑有干扰石墨球化的作用，0.010% ~ 0.026% 锑就能使镁球墨铸铁中石墨形态变异。锑对球化的干扰作用与其他杂质元素（铅、铋、碲、锡、钛）含量有关，也与其加入方法有关。如果原铁水纯净，加入方法合适，加锑会产生有益作用。

纯锑熔点为 631℃，沸点为 1440℃，一般是在铁水包中或随孕育剂一起在出铁槽中加锑锭。铁水出炉温度超过锑沸点时，锑的回收率显著降低。因此含锑铸铁适用于浇注温度较低的厚壁件。

在较低温度铁水中加锑能减少锑的干扰球化作用，而且能增加石墨球数。适宜加锑的铁水温度为 1350 ~ 1370℃，超过此温度会出现异态石墨。例如，使用高纯生铁制造厚 200mm，w(C) = 3.50%、w(Si) = 2.50%、w(Mn) = 0.15%、w(P) = 0.04% 的铁素体球墨铸铁件时，在孕育剂(75 硅铁)中加入锑 0.002% ~0.005% 时，石墨球数由不加锑时的 104 个/mm^2 增加到 305 个/mm^2。石墨球化良好，厚壁中也未发现异态石墨。材料的屈服强度由 234MPa 提高到 289MPa，伸长率由 11% 提高到 20%。

锑既可用作改善铸铁组织和性能的合金元素，也可能成为干扰石墨化的有害元素。趋利避害的关键在于合理掌握用量，采取合适的加入方法以及使用较纯炉料。

7.5.4 碲

碲与硫同属ⅥA 族元素，有相近的化学性质。碲不溶于铁，碲原子也不进入石墨晶格。碲有极强的促进碳化物生成能力。原共晶过冷度为 4℃ 的铸铁，加碲 0.01% 以后过冷度增加到 7℃。加碲前，ϕ32mm 试棒白口层 4.8mm，内部有很细的 D 型石墨和网络状石墨，加碲后断面几乎全部为白口。

在 w(C) =3.3% ~3.5%、w(Si) =2.6% ~2.9% 的铸铁中加入 0.06% 碲。铸铁共晶转变阶段的冷却曲线发生显著的变化。未加碲的铁液共晶反应出现再升温(1139 ~ 1151℃)，显示灰铸铁正常的冷却曲线，凝固后为灰口组织。而加碲的铁水出现共晶停点后曲线却继续下降，在 1094℃ 时少量熔液发生奥氏体 + 石墨共晶反应后温度仍继续下降，直到 1063℃ 残留熔液凝固成莱氏体，凝固过程终结(图 7-21)[10]。最终形成以白口为主并含有少量细微过冷石墨的凝固组织。

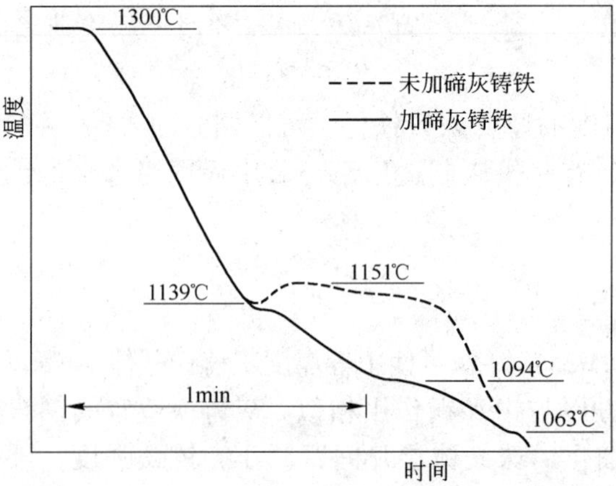

图 7-21 加碲与不加碲铸铁的冷却曲线

抑制石墨共晶生长的基本原因在于它显著地降低铁水表面张力。表 7-6 为低浓度熔液中，加入 1%(原子浓度)元素使纯铁水表面张力降低值。

在铸铁中可能出现的元素中，它的作用是最强烈的。因此，这个元素容易被吸收到石墨晶体的生长前沿，使 $C_{液}$-$C_{石墨}$ 的界面反应速度减缓或直接抑制了铁水中石墨晶核的生长，使铁水的过冷量增加，从而改变了凝固性质。碲除进入 $Fe_3(C, Te)$ 化合物外，在碲原子富集区，也能与铁形成 FeTe 或 $FeTe_2$。这种能力与铁水的氢含量有关。铁水吸氢量越多，碲促进白口生成能力越强。在正常吸氢条件下，0.005% 碲就足以使砂型灰铸铁件的共晶过冷量增加，0.025% 可以确保铁水按稳定系共晶转变。在共晶团生长过程中富集于共晶石墨周边，阻碍共晶团生长，导致共晶反应过冷度增加。

稀土元素可以缓解碲促进白口的作用。碲干扰石墨球化，微量碲可使球状石墨畸变，因此球墨铸铁应严格限制碲含量。在可锻铸铁和合金白口铸铁生产中，碲可以作为确保生成白口组织的辅助合金元素。

表 7-6 加入 1%元素使纯铁表面张力降低值 (N/cm)

C ~3×10^{-5}	N ~850×10^{-5}	O ~8600×10^{-5}
Si ~6×10^{-5}	P ~15×10^{-5}	S ~15400×10^{-5}
Sn ~1600×10^{-5}	As ~200×10^{-5}	Se ~54600×10^{-5}
Pb >1600×10^{-5}	Sb ~3900×10^{-5}	Te >55000×10^{-5}
Bi >400×10^{-5}		

7.5.5 铋

铋和碲、硫是同族元素，其原子半径大于碳和铁。在铸铁凝固过程中，铋和碲有相似行为，抑制共晶团生长，导致共晶转变温度降低，铸铁白口深度增加。例如，原铁水在 ϕ30mm 试棒产生 4.8mm 清晰激冷层。加铋 0.025% 后，白口深度增加到 11mm，石墨共晶团数由 248 个/cm^2 下降到 124 个/cm^2。

铋限制石墨共晶团生长的作用在灰铸铁和可锻铸铁的生产中都已得到实际应用。例如，铋和适量石墨化元素同时加入灰铸铁水，利用石墨化元素抵消铋的促进白口化作用，可使铸铁中生成细小的 A 型石墨，制成高强度灰铸铁。目前国内已有含铋的硅系孕育剂出售。

铋加入球墨铸铁能减少石墨球尺寸，增加球数，促进铁素体基体形成。但是铋也有干扰石墨球化的作用，需要用稀土元素中和其有害作用，应使用同时含有铋和稀土元素的硅系孕育剂。

铋强烈促进碳化物生成的作用在可锻铸铁生产中已经获得广泛应用。特别是碳、硅含量较高的厚壁件加铋的效果最为明显。铋和硼、铝同时加入硅铁制成的孕育剂是当前用于可锻铸铁最好的孕育剂。

参 考 文 献

[1] Minkoff I. The Physical Metallurgy of Cast Iron[J]. John Wiley & Sons Ltd., 1983.
[2] Neumann F. Recent Research on Cast Iron[M]. New York: Gord and Breach, 1968.
[3] Janowak J F, Gundlach R B. A Modern Approach to Alloying Gray Iron[J]. AFS Trans. 1982: 847~863.
[4] Dawson J V. Vanadium in Cast Iron[J]. The British Foundryman, Sep. 1983: 134~149.
[5] Datta N K, Engels N N. Influence of Ni, Mo, Sn and Cu on Isothermal Transformation of Carbide in Ductile Iron[J]. AFS Trans, 1975(83): 121~126.
[6] Tommy Nylen. 铌在铸铁中的应用[C]. 铌·科学与技术. 北京：冶金工业出版社，2003.
[7] 孙珍宝，等. 合金钢手册(上册)[M]. 北京：冶金工业出版社，1984.
[8] Wairhurst F, Rohrig K. Use of Alloying Elements in Cast Iron[J]. Foundry Trade Journal, July 28, 1983: 104~123.
[9] Flinn R A, Cohen M, Chipman J. Trans Am Soc Met[J], 1942(30): 1225.
[10] Nieswang H, Zuithoff A J. Progress in Solidification of Gray Cast Iron[J]. AFS. Cast Metals Research Journal, 1975, 9: 69~70.

8 灰 铸 铁

灰铸铁是指含有片状石墨组织的铸铁。这种铸铁因其断面呈灰黑色而得名，并与具有银白色断面的白口铸铁在名称上有所区分。

灰铸铁在性能方面有广泛的多样性。人们可以通过调整化学成分和制造工艺来改变它的力学性能、物理性能、工艺性能以满足不同使用要求。灰铸铁的铸造性能良好，熔点低、流动性好，缩孔倾向低，制造成本较低，铸件质量容易控制，即使在比较简单生产条件下也可制取符合要求的一般铸件。另外，灰铸铁还有一些特定的优良性能，如减震性、噪声吸收能力、自润滑及减摩性能、抗大气和土壤腐蚀能力。这些特定性能使灰铸铁成为许多种铸件的首选材料。例如机床床身及导轨、发动机缸套及活塞环、输水管道、钢锭模、旋转压缩机气缸及人类日常生活用品等都需用灰铸铁制造。尽管当代材料科学不断发展，这种已经有几千年历史的灰铸铁仍在铸铁应用领域中占首位。

8.1 灰铸铁中的常存元素

灰铸铁常存元素有碳、硅、锰、硫、磷。每种常存元素都对灰铸铁组织、性能产生影响。

8.1.1 碳

常用灰铸铁中碳的质量分数一般在 2.6% ~3.6% 范围内。碳在铸铁中有三种可能的存在形式：(1)游离形式存在，构成石墨晶体。石墨晶体与基体金属之间有清晰界面；(2)化合状态存在，与铁原子化合构成渗碳体，存在于共晶、共析组织中，或单独存在。铸铁中含有合金元素时也可能与碳形成碳化物；(3)溶入固溶体。例如溶入铁中，可形成 α 铁素体、δ 铁素体、奥氏体(γ 相)。

灰铸铁的组织与性能在很大程度上取决于碳的存在形式。而碳的存在形式又受到它在铸铁中的含量、铸件冷速、其他常存元素含量(特别是硅的含量)以及合金元素等因素的影响。

碳本身是强烈促进石墨化元素。铁水中析出石墨的倾向和能力随含碳量增加而提高。过低的含碳量促使渗碳体形成。石墨量主要与碳当量，特别是碳含量有关，也与凝固期间冷速有关。

共晶和亚共晶灰铸铁的共晶石墨质量分数 $w(\mathrm{Gr})$ 与铁水成分有如下关系：

$$w(\mathrm{Gr}) = w(\mathrm{C}) - 1.3 + 0.1[w(\mathrm{Si}) + w(\mathrm{P})] \tag{8-1}$$

铸铁化学成分常以共晶成分为基准。以高于、等于或低于共晶成分划分为过共晶铸铁、共晶铸铁、亚共晶铸铁。

铸件浇注后的冷却速率直接影响碳是以游离状态或化合状态存在。第 3 章已经谈到，石墨共晶转变温度高于渗碳体共晶转变温度。快速冷却时，本应生成石墨共晶的铁水也可能过冷到渗碳体共晶转变温度以下，碳便由游离状态改变为化合状态，使铸铁性能发生明显改变。

8.1.2 硅

硅在 α 铁中溶解度很高，铸铁凝固时硅溶入奥氏体。硅主要以固溶形式存在于铸铁中，产生固溶强化作用，有助于铸铁强度和硬度的提高。

硅是影响碳在铸铁中存在形式的主要常存元素。硅提高铁水中碳的活度。提高硅含量能够有效地提高稳定系共晶转变温度，同时降低亚稳定系共晶转变温度，加大了两个转变温度之间的差别，使铁水在较大过冷下也能够抑制渗碳体共晶转变，提高石墨共晶的生成倾向，强烈促进石墨化，如图 8-1 所示。

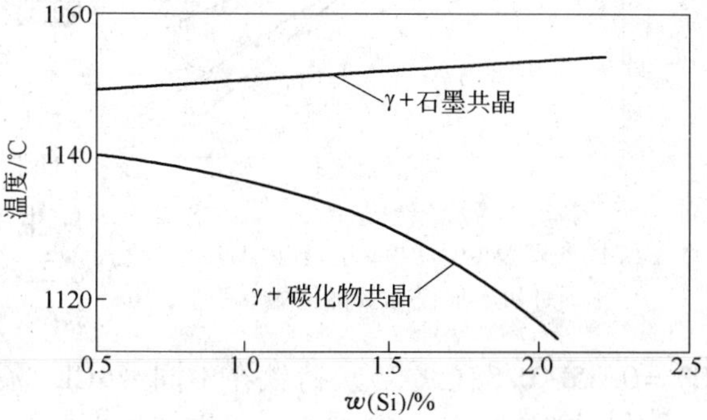

图 8-1 硅含量对稳定系和亚稳定系共晶转变温度的影响

第 4 章已经谈到，铁碳二元合金的共析转变在一定温度下进行。加入硅后，铁碳硅三元合金的共析转变将发生在一个温度范围内。在此温度范围内，出现奥氏体 + 铁素体 + 渗碳体三相共存组织。随着温度和硅含量的变化，三个相的体积分数也相应变化。从温度范围与硅含量的关系来看，硅提高灰铸铁共析转变温度，铸铁组织中有较多先共析铁素体生成。

硅对灰铸铁组织、力学性能、工艺性能、使用性能都有广泛影响。本书将在有关章节中对这些影响分别加以阐述。

8.1.3 碳当量

硅对灰铸铁最显著的影响是改变共晶组织含碳量。第 1 章曾经谈到，铁碳二元合金的共晶 $w(C)=4.26\%$。但是加入硅以后，共晶含碳量随加入的硅量而减少。两者呈现简单的线性关系，即：

$$w(C)+1/3w(Si)=4.26$$

从热力学方面讲，此等式说明硅含量对铸铁中碳活度的影响与含碳量的 1/3 是等效的。硅改变共晶含碳量的事实引出被广泛利用的铸铁碳当量概念。

铸铁中的磷，也对共晶成分处与硅有近似相同的影响。因此，把磷的作用也加入式中。确认 $w(C)+1/3[w(Si)+w(P)]$ 为铸铁含碳量的等效成分。这个成分称为碳当量，以 $w(CE)$ 表示。

$$w(CE)=w(C)+1/3[w(Si)+w(P)] \tag{8-2}$$

$w(CE)=4.26\%$ 为共晶成分，$w(CE)>4.26\%$ 为过共晶成分，$w(CE)<4.26\%$ 为亚共晶成分。灰铸铁实际上是围绕共晶成分形成的一系列铁碳硅多元合金。

在铸铁凝固过程中，碳当量高低直接影响合金凝固温度及凝固温度范围、首先析出的初生相、共晶相类型以及铸铁的相组成。从而决定铸铁组织形态、力学性能、物理性能、使用性能和工艺性能。因此，碳当量应根据铸件断面尺寸、所要求的力学性能、工艺性能和使用性能而定。用于结构铸件的灰铸铁一般在3.5%～4.2%范围内选择碳当量。

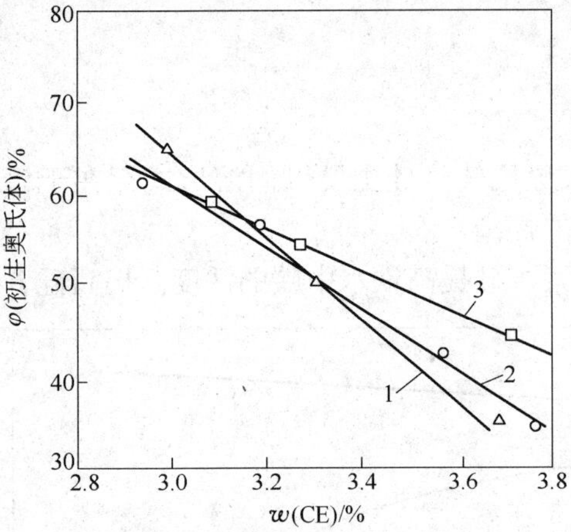

图8-2 w(CE)和w(Si)/w(C)对初生奥氏体量的影响

碳当量应该适当。过高碳当量会使石墨粗厚，体积分数增加，导致灰铸铁强度和硬度下降。过低碳当量虽然能细化石墨，增加先共晶奥氏体量，但是倾向于提高共晶转变过冷度，为渗碳体共晶的形成创造有利条件。同时铸造性能和可切削性变差，铸件的断面敏感性也会随碳当量的降低而更为显著。

确定碳当量时还应该和碳、硅相对含量结合在一起考虑。碳、硅相对含量通常以硅碳(质量分数)比来衡量。硅碳比w(Si)/w(C)对初生奥氏体量和铸铁力学性能有一定影响。图8-2表示了w(Si)/w(C)=0.62～0.68(线1)、w(Si)/w(C)=0.70～0.75(线2)、w(Si)/w(C)=0.85～0.88(线3)灰铸铁在不同w(CE)条件下，相应的初生奥氏体含量[12]。可见当w(CE)较高时，w(Si)/w(C)提高则初生奥氏体量增加，枝晶趋于细化，力学性能相应提高。在抑制铸铁件白口生成倾向方面，含硅较高的铁水有较为明显的效果。

8.1.4 共晶度

为了表达已知碳当量的铸铁偏离共晶成分的程度，采用了共晶度这个术语。共晶度以铸件含碳量与共晶含碳量的比值来表达。例如，以w(C)表示铸铁实际含碳量(%)，4.26%－1/3[w(Si)+w(P)]为稳定系共晶点实际含碳量，则以S_c表示的共晶度可写为：

$$S_c = \frac{w(\mathrm{C})}{4.26\% - 1/3[w(\mathrm{Si}) + w(\mathrm{P})]} \tag{8-3}$$

式中，w(Si)、w(P)分别是硅和磷的质量分数,%。

铸铁的S_c大于1，表示铸件含碳量大于共晶点实际含碳量，属于过共晶铸铁；S_c等于1，为共晶铸铁；S_c小于1，则为亚共晶铸铁。为了使说明更简化，在本书中也称偏离共晶点较少的铸铁为近共晶铸铁。一般灰铸铁件w(Si)大体上在1.2%～2.8%范围内。可以根据铸件壁厚、强度、硬度以及碳当量要求，选取合适的含硅量。

8.1.5 锰

锰在铸铁中的分配系数约为0.7，凝固时锰一部分溶入奥氏体，其余留于液相。液相中的锰与硫化合形成可从铁液中除去的硫化锰，减轻硫对灰铸铁的有害影响。

锰是弱碳化物形成元素，可以取代渗碳体中一部分铁原子，形成$(Fe, Mn)_3C$，以化合状态存在或进入共析组织中。

锰降低共晶转变温度，提高铁水的过冷倾向，有促进白口组织生成的作用。

溶入奥氏体的锰扩大奥氏体相区，降低A_3温度和共析组织的含碳量，并且提高奥氏体稳定性。使铸件避免珠光体转变的临界冷速降低，同时也使奥氏体分解温度降低。在较低温度下分解的产物组织比较细密，强度和硬度较高。如果铸件以避免珠光体转变的冷速通过奥氏体分解温度区，奥氏体在低温发生非扩散性转变。在此情况下，锰显著降低马氏体转变开始温度(M_s)和马氏体转变终了温度(M_f)。

8.1.6 硫

硫在α铁和γ铁中的溶解度都很低，凝固过程中大部分硫都富集于液相，并在液相中形成化合物，以化合状态存在。

硫与铁化合形成低熔点(1190℃)硫化铁(FeS)，液态 FeS 与铁水能够无限互溶，易于与铁在更低温度下形成共晶，其共晶温度只有 988℃。因此，灰铸铁共晶转变结束后，FeS 将分布在共晶团边界上，最后凝固，形成断续网状的夹杂物，这种夹杂物熔点低，难以从铁水中清除，残留在铸铁中，降低铸铁力学性能，也是造成铸铁件热裂原因之一。

由于液相 MnS 的分解压力比 FeS 低，因此比 FeS 稳定。如果铁水内含有足够的锰，则发生：

$$[Mn] + [FeS] = [Fe] + MnS \tag{8-4}$$

MnS 可取代 FeS 而在铁水中存在。MnS 的熔点 1530℃，远高于铁水熔化温度，因此 MnS 可以单独从铁水中分离出去达到脱硫目的。根据热力学分析，铁水温度低、锰浓度高、硫活度系数大，这些都有利于以锰脱硫。

脱硫反应所需锰量为$1.7 \times w(S) + (0.2\% \sim 0.3\%)$。即脱硫所需锰量，理论上为硫含量的 1.7 倍，而实际应用中锰量应稍高于此值。

从生成 FeS 的角度看，硫在灰铸铁中应属于有害元素之列。但是，第 3 章曾讨论过，硫是石墨晶核基质的基础物质，铁水中含硫适当会促进石墨形核，增加共晶团数。含硫过高则会导致白口生成。

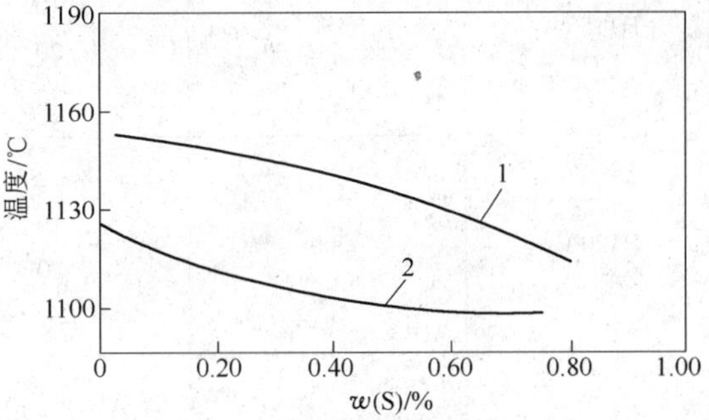

图 8-3 硫含量对稳定系和亚稳定系共晶转变温度的影响
1—稳定系；2—亚稳定系

硫降低灰铸铁共晶转变温度，如图8-3所示。

8.1.7 磷

灰铸铁中的磷使共晶点含碳量降低(共晶点向左移)，其效果与硅近似，含 $w(P) = 1\%$ 约降低共晶 $w(C) = 0.33\%$。

第一章已谈到磷在灰铸铁凝固时偏集于液相中(分配系数为 0.2)。当共晶转变完成后残留少量高磷低熔点铁水，最终凝固为磷共晶。磷共晶脆而硬，显著降低铸铁韧性和致密性。但是这种磷共晶存在于共晶团边界上，作为抗磨骨架相，能够显著提高铸铁的耐磨性。灰铸铁常规 $w(P)$ 在 0.2% 以下。用于发动机缸套、闸瓦、机床耐磨件等，磷可提高到 0.3%(质量分数)以上。耐压铸件含磷量要求比较严格，一般应在 0.05%(质量分数)以下。

8.2 灰铸铁牌号及建议化学成分

国际上通常是以基本力学性能指标划分灰铸铁牌号的。根据我国国家标准 GB/T 9439—1988，灰铸铁按抗拉强度分为 6 个牌号。GB/T 9439—1988 与旧标准不同之处是取消了抗弯强度作为分级内容，并规定了强度上限值。这样就与 ISO 国际标准接轨。表 8-1列出各牌号灰铸铁在不同截面厚度上的预期抗拉强度。牌号中的数字代表标称抗拉强度。

表 8-1 灰铸铁牌号(GB/T 9439—1988)

牌号	抗拉强度 σ_b/MPa	铸件截面厚度/mm		预期抗拉强度(不小于) σ_b/MPa
		>	≤	
HT100	100	2.5	10	130
		10	20	100
		20	30	90
		30	50	80
HT150	150	2.5	10	175
		10	20	145
		20	30	130
		30	50	120
HT200	200	2.5	10	220
		10	20	195
		20	30	170
		30	50	160
HT250	250	4.0	10	270
		10	20	240
		20	30	220
		30	50	200
HT300	300	10	20	290
		20	30	250
		30	50	230
HT350	350	10	20	340
		20	30	290
		30	50	260

单纯以试棒强度衡量铸铁质量是不全面的。因为大多数铸件是由壁厚不同的部分所组成，壁厚不同部分因冷速差别而形成不同的组织，与之相适应的化学成分也必然不同。因此选择铸件化学成分时应当考虑铸件壁厚，特别是铸件主应力断面或主要工作面的厚度。表 8-2 列出我国国标中 6 种牌号灰铸铁按铸件不同壁厚建议的化学成分范围，可以作为执行表 8-1 所列标准的配套资料。

表 8-2　建议的灰铸铁化学成分

牌　号	铸件主要壁厚/mm	化学成分/%				
		C	Si	Mn	P	S
HT100	所有尺寸	3.2～3.8	2.1～2.7	0.5～0.8	<0.3	≤0.15
HT150	<15	3.3～3.7	2.0～2.4	0.5～0.8	<0.2	≤0.12
	15～30	3.2～3.6	2.0～2.3			
	30～50	3.1～3.5	1.9～2.2			
	>50	3.0～3.4	1.8～2.1			
HT200	<15	3.2～3.6	1.9～2.2	0.6～0.9	<0.15	≤0.12
	15～30	3.1～3.5	1.8～2.1	0.7～0.9		
	30～50	3.0～3.4	1.5～1.8	0.8～1.0		
	>50	3.0～3.2	1.4～1.7	0.8～1.0		
HT250	<15	3.2～3.5	1.8～2.1	0.7～0.9	<0.15	≤0.12
	15～30	3.1～3.4	1.6～1.9	0.8～1.0		
	30～50	3.0～3.3	1.5～1.8	0.8～1.0		
	>50	2.9～3.2	1.4～1.7	0.9～1.1		
HT300	<15	3.1～3.4	1.5～1.8	0.8～1.0	<0.15	≤0.12
	15～30	3.0～3.3	1.4～1.7	0.8～1.0		
	30～50	2.9～3.2	1.4～1.7	0.9～1.1		
	>50	2.8～3.1	1.3～1.6	1.0～1.2		

8.3　灰铸铁力学性能

铸铁中含有强度和硬度都很低的石墨。石墨破坏了材料的连续性和整体性，使其断裂和变形的性质不同于钢，并导致力学性能出现一些特有的变化规律。

铸铁力学性能受到一系列因素的影响。石墨的形态、数量和分布状态，基体组成相的类型、化学成分、分布状态以及铸件成形工艺和处理过程都有一定影响。本章将从铸铁断裂特征及机制开始讨论各项力学性能及其影响因素，内容侧重常温及低温力学性能。

8.3.1　灰铸铁的断裂

材料在外力作用下产生的应力超过自身断裂强度后发生断裂。断裂是机械零件失效的重要因素之一。材料断裂过程比较复杂。但是都要经历内部裂口萌生(裂口形核)、裂口扩展、断裂三个阶段。断裂前不发生明显塑性变形的断裂属于脆性断裂。在正应力作用下，脆性断裂是材料沿原子间结合力最弱的晶体学平面(解理面)分离而形成的断裂，也称解理断裂。出现明显塑性变形后发生的断裂称为延性断裂。延性断裂是在切应力作用下沿滑移面发生滑移而导致的断裂，也称剪切断裂。

关于脆性断裂的裂口形核机制，位错塞积理论认为，材料受力后运动位错受到晶界和杂质相阻挡产生位错塞积。塞积群所构成的应力集中超过材料强度时，塞积群前端萌生裂口，脆性断裂前裂口以极快速度扩展。根据应力关系分析，材料屈服应力同时大于裂口形核应力和断裂应力时，一旦有裂口萌生，将在无塑变情况下断裂。Griffith 提出晶体中存在微裂口的长度(a)与脆性断裂正应力值(σ_c)之间的关系[1]：

$$\sigma_c = \left(\frac{E\gamma}{a}\right)^{1/2} \tag{8-5}$$

式中 E——弹性模量；

γ——断口单位面积表面能。

这个关系式对于纯粹脆性材料断裂应力计算有实际意义。根据实验，灰铸铁宏观上是以脆性方式断裂，而微观上，发生断裂前也有局部塑变。裂口扩展速度远低于纯粹脆性断裂，说明灰铸铁断裂还不是理论意义上的脆性断裂。

由于局部塑变能量比断裂表面能对断裂应力有更大影响，而且石墨相体积也应作为一个因素考虑，式(8-5)改为如下关系式，对灰铸铁更恰当。

$$\sigma_c = (1 - V_G)\left(\frac{E\gamma_p}{a}\right)^{1/2} \tag{8-6}$$

式中 V_G——石墨体积；

γ_p——断裂表面塑性变形能；

E——弹性模量；

a——石墨片平均长度。

此式说明石墨体积或片体长度增加以及由此产生的变形功减小，都将导致灰铸铁断裂强度降低。

灰铸铁拉伸断裂开始于石墨片断裂。石墨内部存在许多晶体缺陷，如旋转晶界、刃型位错与螺位错、孪晶界、小角度倾斜晶界等。低应力下，石墨可能沿旋转晶界撕裂成小段，也可能因孪晶或倾斜晶界上的位错塞积而沿六方晶格的(0001)面滑移导致劈裂。大多数微裂口发生于孪晶界，可认为孪晶界位错塞积应力是裂口产生的主要根源。

片状石墨断裂或球状石墨变形时，边缘应力高度集中。在与片状石墨片体垂直的正向拉伸应力作用下，与石墨相邻的基体金属发生局部塑性变形并与石墨片体分离。裂口可能首先在这里形核。裂口之间的距离随着裂口扩展量增加而逐渐减小，并最终相互连接而发生断裂。如果与石墨相邻的基体是铁素体，裂口扩展主要发生在铁素体的(100)晶面，这是原子间结合力最弱的晶面。裂口在这个晶面以滑移方式扩展，形成穿晶裂纹。这种断裂的裂口一般只在几个晶粒范围内扩展。

铁素体与珠光体混合组织中，铁素体中的裂纹可延伸到珠光体中。在电镜下可以观察到铁素体层中沿生长方向的细微滑移，在组成相偏离正常方位的共晶团中也能发现层片横截面方向的滑移，这是因为滑移方向需要适应渗碳体可能发生的变形和共析组织内的界面滑移。

Glover 等曾经观察灰铸铁试样中珠光体的断裂模式[2]。发现裂纹既能横穿渗碳体层也能单独在铁素体内扩展。后一种情况发生后，在断口上可以看到典型的河流状花样。由于裂纹开始扩展只能发生在珠光体组织的狭小范围内，裂纹在珠光体内扩展看来是比较困难的，这说明了珠光体铸铁断裂应力较高的原因，但是断裂性质没有改变。

灰铸铁承受压应力时，石墨边缘同样产生明显的应力集中效应。石墨晶体承受剪应力，虽有少量滑移，但体积不可能发生大的变化，因此将阻碍基体金属发生局部塑性变形。在相等外力下，压缩变形量小于拉伸变形量。石墨承受压应力能力远大于承受拉应力的能力，因此铸铁的抗压强度一般是抗拉强度的几倍。

8.3.2 拉伸性能

抗拉强度是衡量铸铁基本力学性能的主要指标。

灰铸铁强度由基体金属强度和石墨存在状态共同决定。石墨周围的应力集中效应以及石墨对基体连续性的破坏削弱铸铁强度。灰铸铁具有类似碳钢的基体金属，但其拉伸性质与碳钢有明显差别。

灰铸铁和碳钢的拉伸应力-应变曲线的特点是不同的。灰铸铁应力-应变曲线只在低应力范围显示弹性变形特征。应力提高后曲线斜率不断变化表明已偏离虎克定律。另外，曲线上不出现类似碳钢那样的显示屈服的拐点。断裂直接发生在最高的应力点(图8-4)。

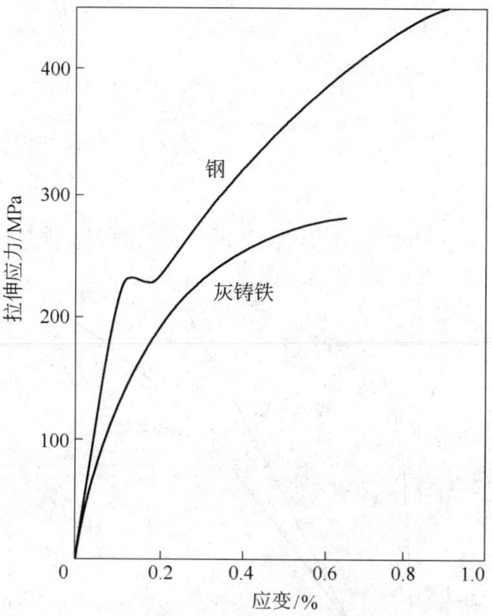

图8-4 灰铸铁和钢的应力-应变曲线比较

形成铸铁应力-应变关系特征的原因在于低应力作用下，石墨与基体金属不同程度地分离，石墨的腔体随之扩大，形成较大的应变量。石墨周边因应力集中而产生的局部塑性变形对总变形量也有一定影响。但与前者相比，是比较微小的。

铸铁的总拉伸变形都是基体塑性变形的结果。一般情况下，塑性变形以滑移或机械孪生方式进行。滑移发生在晶体的原子密排面上，沿原子最密排方向进行。例如铁素体的滑移面为(110)，滑移方向为[111]。奥氏体(面心立方晶体)的滑移面为(111)，滑移方向为[110]。机械孪生是在外力作用下以形成孪晶方式产生形变的过程，一般是发生在体心立方金属，偶尔也出现在面心立方金属中。由于滑移屈服应力一般低于机械孪生应力，拉伸变形通常以滑移方式进行。铁素体为体心立方晶体，易于产生滑移。因此，这种组织的变形量较大。当外界条件变化使滑移难以进行时，才出现机械孪生变形。例如，在低温下，α-Fe的滑移屈服应力大于机械孪生屈服应力，变形方式才由滑移转变为机械孪生。

式(8-6)是根据断裂力学分析得出的结果，即石墨体积增大或石墨片体加长都将导致灰铸铁断裂强度下降。试验也表明：基体组织相同、石墨尺寸为0.05～0.30mm的灰铸铁抗拉强度随石墨尺寸增加而接近线性下降；片状石墨体积分数增大时，抗拉强度随之下降。在石墨体积分数相近情况下，A型石墨对基体的削弱作用最小。除了影响抗拉强度外，石墨对铸铁的抗弯强度、挠度、疲劳强度、弹性模量也有类似的影响。对于非合金灰铸铁来说，采用孕育处理产生细小的A型石墨+细珠光体基体是提高灰铸铁强度的基本途径。这种作用是其他方法难以代替的。

A型石墨与尺寸不同的非A型石墨的铸铁应力-应变曲线在图8-5a中进行了比较。图8-5b显示石墨尺寸的影响。在相同应力下，具有细小石墨的灰铸铁应变较小，刚性较高。

在连续加载过程中，灰铸铁的总应变量中既包含弹性变形，也包含一部分塑性变形。

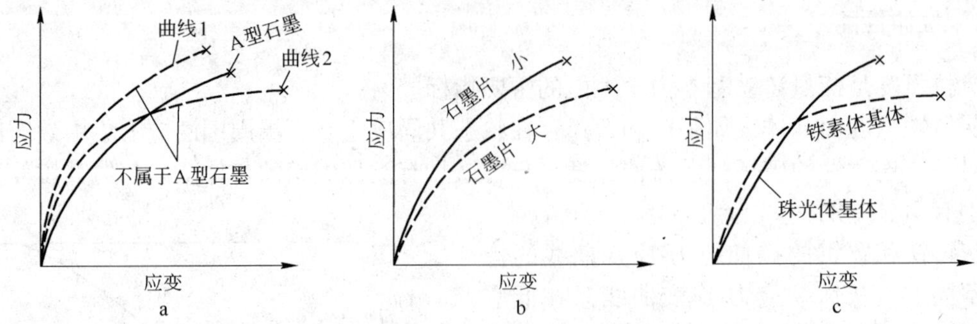

图 8-5　灰铸铁组织对应力-应变曲线的影响
a—片状石墨类型；b—石墨尺寸；c—基体组织

明显的塑性变形开始出现于约为极限强度 75% 的应力下，如图 8-6 所示。在循环加载(加载与卸载交替进行)过程中，灰铸铁产生永久变形。

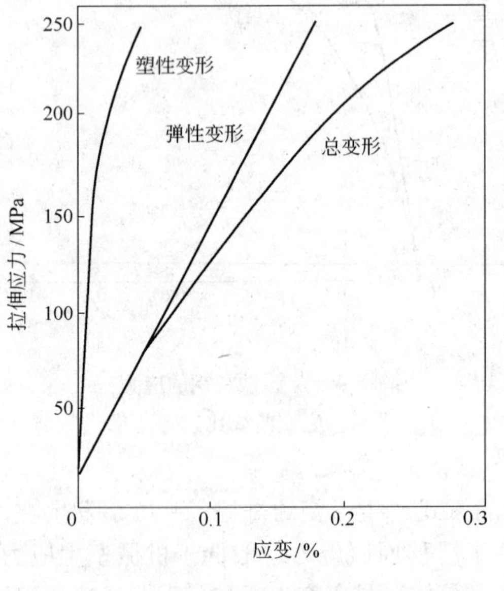

图 8-6　灰铸铁弹性变形、塑性变形和总变形

灰铸铁的弹性极限、屈服点和比例极限很难从拉伸应力-应变曲线上区分出来。大体上可以看做是位于曲线上的相同位置，即曲线上的第一个弯曲点，见图 8-7 中的 a 点。其屈服极限则以某一应变量对应的应力值表示。此值称为条件屈服极限。例如通常以应变为 0.2% 的应力作为灰铸铁的条件屈服强度，写为 $\sigma_{0.2}$。

灰铸铁拉伸断裂时的总应变量和弹性应变量与材料的抗拉强度有关。抗拉强度降低时，总应变量增加，弹性应变量减少。

根据化学成分和熔铸条件的不同，灰铸铁可以具有各种不同的基体组织。经常出现的几种基体组织，具有表 8-3 所列力学性能。图 8-5c显示了基体组织的影响。低应力下铁素体与珠光体对曲线的影响近似，但在高应力下，铁素体内部晶体滑移量显著加大，表现为应变量增加。

一般灰铸铁件中，除了经过合金化或热处理以外，绝大多数都是由混合组织构成基体。混合组织的性能与其中各组织所占比例有关。索氏体基体虽能赋予铸铁良好的力学性能，但是不能指望在非合金化的铸态组织中经常获得这种组织。通常认为，细珠光体基体和细小均匀的 A 型石墨构成的铸铁组织已能达到高牌号灰铸铁的强度要求。

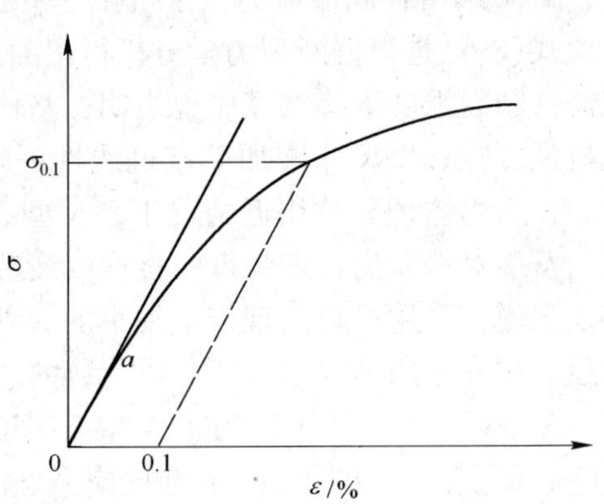

图 8-7　灰铸铁条件屈服极限

表 8-3 铸铁几种基体组织的主要力学性能

基体组织	抗拉强度/MPa	伸长率/%	布氏硬度	冲击功/J
铁素体	250	50	70~150	240
珠光体	700	15	175~330	24~32
索氏体	850	10	250	
渗碳体	20	0	550	

在诸多影响灰铸铁强度的因素中，化学成分是主要因素，其中碳硅含量尤为重要。在铸铁的基本化学成分方面，碳当量对抗拉强度的影响最为显著(图 8-8)，随碳当量提高，抗拉强度趋于下降。

为了提高灰铸铁强度，应在考虑铸件模数和避免白口后选用较低的碳当量值。低碳当量有助于促进铁水共晶过冷，细化石墨，提高基体中珠光体含量比例。

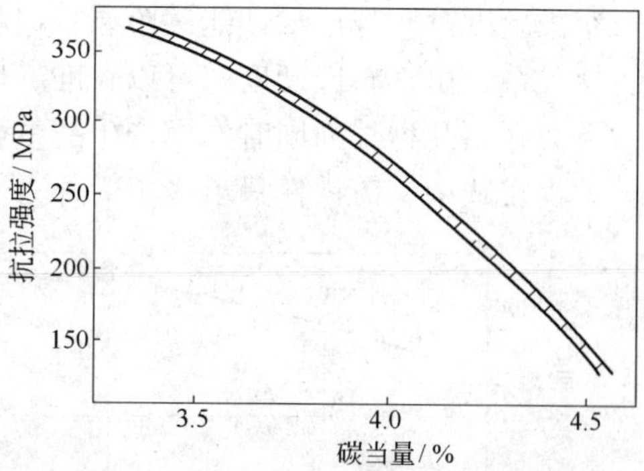

图 8-8 灰铸铁碳当量对抗拉强度的影响

硅碳比 碳和硅以不完全相同的方式影响强度。碳含量高，增加石墨量，促进石墨片体粗化，奥氏体枝晶量相对减少，抗拉强度下降。在碳当量不变情况下，提高硅含量，碳当量相对降低，石墨量相应减少，初生奥氏体量增加。溶入铁素体的硅有强化作用，有利于提高强度。但是硅能提高共析转变温度，使珠光体粗化。综合而言，碳当量较低时提高硅碳含量比，或碳当量较高时适当降低硅碳比，都能促进灰铸铁抗拉强度提高。过低的硅碳比容易使铸件产生白口，在此种情况下应进行孕育处理。例如，30mm 厚的 HT350 灰铸铁可选 $w(\mathrm{CE})=3.60\%$、$w(\mathrm{Mn})=0.80\%$、$w(\mathrm{Si})/w(\mathrm{C})=0.5$，计算得出铸件成分为 $w(\mathrm{C})=2.97\%$、$w(\mathrm{Si})=1.48\%$、$w(\mathrm{Mn})=0.80\%$，石墨量为 1.83%。采用硅钙合金作孕育剂，对此铸铁进行孕育处理后，铸态抗拉强度可以达到 380~400MPa。如果把 HT300 及更高牌号的灰铸铁视为高强度灰铸铁，那么这些高强度灰铸铁的碳当量一般可采用 $w(\mathrm{CE})=3.50\%\sim3.80\%$，$w(\mathrm{Si})/w(\mathrm{C})\geqslant0.5$，并进行孕育处理。

8.3.3 压缩性能

成分相同的中等强度灰铸铁压缩与拉伸曲线示于图 8-9。低应力下两条曲线接近；如果应力增大，拉伸曲线应变逐渐加大，两条曲线偏离。灰铸铁的强度越低，曲线偏离程度越大。这种情况与石墨的存在有关。灰铸铁承受较低压力时，石墨片尖端及周边的应力集中效应及微区塑变与拉伸时没有显著差别。应力超过一定程度后，拉伸应力使石墨表面与基体之间发生分离而压缩应力使基体金属更加贴近石墨表面。因此压缩总应变率远低于拉伸总应变率。

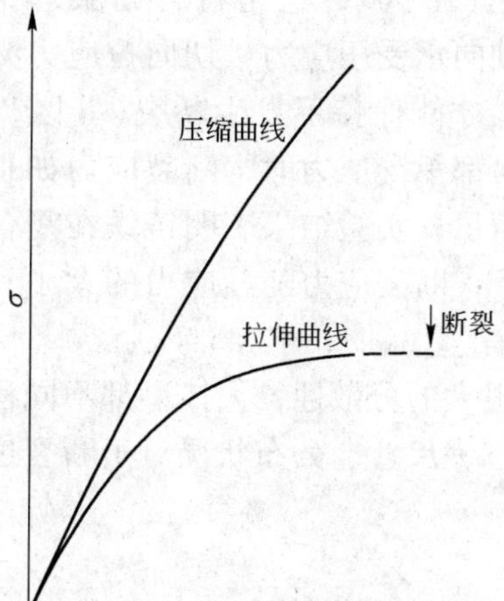

图 8-9 灰铸铁的拉伸与压缩曲线比较

随着压应力增加，基体内部应力集中效应增强，出现塑性变形。但是变形是处于石墨片体之间，受到石墨的限制，呈现不连续的局部塑变状态。应变在基体内分布比较均匀。总应变率低以及应变分布均匀是灰铸铁的抗压强度较高的基本原因。

灰铸铁抗压强度远高于抗拉强度，大约是抗拉强度的 3 ~4 倍。

灰铸铁受压缩时，其中石墨受挤压而产生垂直于压力方向的横向压力。主压应力与横向应力综合作用下产生与主压应力方向约呈 45°的剪切力。剪切力足够大时，材料将沿这个方向出现裂纹，最终发生断裂。

一般以拉伸切线模量代表灰铸铁压缩弹性模量。产生 0.1% 永久变形的压缩应力视为灰铸铁的压缩屈服强度。此强度值约为产生相同永久变形时的拉伸屈服强度的两倍。

布氏硬度试验与压缩性能试验有一定相似性。灰铸铁抗压强度与布氏硬度之间存在良好线性关系，由其布氏硬度值可以较准确地折算出抗压强度。

下面介绍几种外力同时作用产生的复合应力。

工程实践中，铸铁件只承受单一外力情况比较少见。多数情况是几种外力同时作用产生复合应力。下面以 Coffin 在灰铸铁管上所作试验为例说明复合应力的产生[6]。在封闭的管子内建立可调节的压力，同时在管子轴向施加应力。如果管内压力大于外压，将在管壁内产生切向拉应力，相反则产生切向压应力。调整压力差可以计算出管壁内切应力的大小。如此便可以建立起如图 8-10 所示四种综合应力状态。图中曲线表示根据弹性力学计算得到的复合应力作用下临界断裂应力值。各个数据点为实测值。可以看出，轴向拉应力单独作用或轴向与切向拉应力同时作用时断裂强度基本无变化（Ⅰ区），这是符合屈服理论的。如果轴向承受压应力，切向拉应力必须显著降低才能保持不发生断裂（Ⅱ区）。轴向及切向都承受压力时，断裂应力如Ⅲ区内曲线所示。实验结果表明铸铁在复合应力作用下，断裂应力随各应力的大小和方向的变化而发生变化。既不全是叠加，也不全是互相抵消。

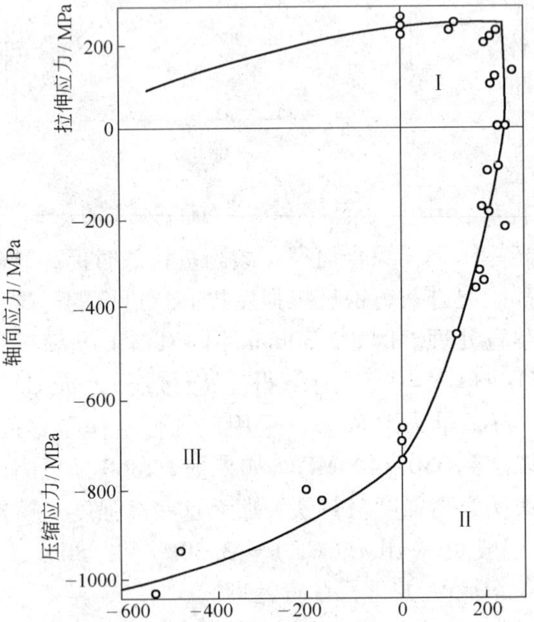

图 8-10 综合应力四种状态

复合外力作用下灰铸铁断裂强度的试验数据常表现出很大的分散性，大体上都不同程度地偏离弹性力学计算值。这主要是因为灰铸铁中石墨形态、尺寸、分布状况对于断裂过程都产生显著影响。

8.3.4 弹性模量与滞弹性

8.3.4.1 弹性模量

使材料产生单位弹性应变的应力称为该材料的弹性模量。弹性模量表征材料刚性。如果材料的应力(σ)和应变(ε)呈线性关系，弹性模量值即为σ/ε比值。灰铸铁的σ/ε为非线性，需由特定方法求得其弹性模量。图8-11中的OT为曲线原点O处的切线，以此切线斜率表示的弹性模量称切线模量。OM为原点O至极限载荷1/4处M点的连线，以此连线斜率表示的弹性模量称割线模量。这两种表示方法是工程上最常用的方法。切线模量适用于表示工作应力小、变形量要求严格的精密零件刚度计算。割线模量值是比较保守的，因为灰铸铁许用应力很少达到极限强度的1/4。美国材料试验学会推荐的灰铸铁弹性模量($\sigma_b/4$割线模量)示于表8-4。

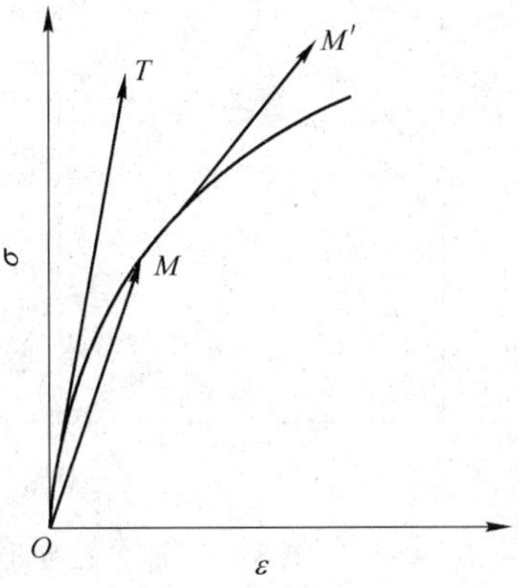

图8-11 弹性模量的几种表示方法

表8-4 ASTM推荐的灰铸铁弹性模量

ASTM 牌号	弹性拉伸模量/GPa	剪切模量/GPa	ASTM 牌号	弹性拉伸模量/GPa	剪切模量/GPa
20	66~97	27~39	40	110~138	44~54
25	79~102	32~41	50	130~157	50~55
30	90~113	36~45	60	141~162	54~59
35	100~119	40~48			

石墨尺寸和形状、基体类型、温度、加载方式是影响灰铸铁弹性模量的主要因素。铸件冷速、碳含量和石墨片尺寸对弹性模量的影响示于图8-12[4]。可以看出，石墨片长度小则弹性模量增大；碳含量降低，弹性模量随之减小。石墨以球状或团状分布时，弹性模量提高。球墨铸铁和可锻铸铁的弹性拉伸模量一般在(17~18)×10^4MPa范围内，剪切模量一般为(6.8~7.2)×10^4MPa，都高于强度等级近似的灰铸铁。

灰铸铁弹性模量受基体变化的影响不很显著，但随温度升高而减小。400℃时，灰铸铁和球墨铸铁弹性模量分别为25℃时的85%和90%。

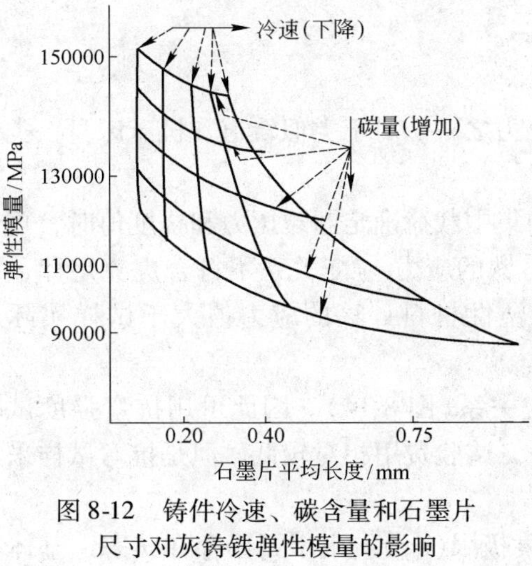

图8-12 铸件冷速、碳含量和石墨片尺寸对灰铸铁弹性模量的影响

动载下测得的弹性模量(DEM)低于静载弹性模量。两者的差别受石墨尺寸的影响很大。石墨片越长，差别越大，一般相差约5%~10%。

8.3.4.2 滞弹性

在材料弹性范围内，与应力相应的应变在时间上滞后于应力的现象称为滞弹性。这意味着弹性应变的产生和消失都要经历一个时间过程。图8-13可以说明这种现象。加载以后，瞬间应变量为ε_a(a点表示)，然后应变量随之增加，经过t时间后达到平衡应变ε_b。负载去除后，应变瞬间下降到ε_c，再经过一定时间后才能达到零应变点ε_d。如果应力产生了周期振动，应变滞后应力现象将使

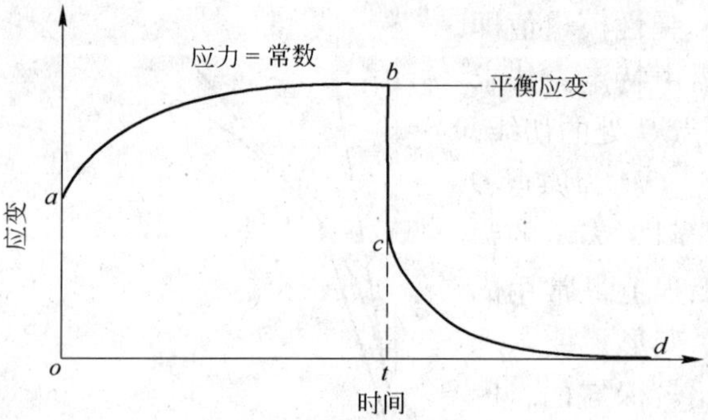

图 8-13 滞弹性变形示意图

周期振动的振幅逐渐衰减，也表明滞弹性应变过程导致能量损耗于振动物体自身，这种现象称为内耗。

内耗是一种对材料组织敏感的物理现象。组织缺陷常是内耗的主要成因。晶体内的点缺陷、位错、晶界都能成为内耗源。热弹性、磁弹性也可能成为导致内耗的因素。组织缺陷越多，能量损耗越快，振动衰减越显著。

石墨使铸铁应力和应变的传递受到限制。此外，石墨与基体金属的弹性性质有较大差异，基体应变受到石墨抑制；承受交变应力时，石墨对拉伸应变和压缩应变的抑制程度是不同的。由于上述几个原因，铸铁与钢相比，表现出较强的滞弹性。

滞弹性可使机器零件产生减振效果。具有较强滞弹性的灰铸铁减振能力很强，成为一些铸件特需的工程性质。

减振性能常以相邻振幅比值来衡量。比值大表明振动衰减快，减振性强。几种铸铁和钢减振性比较见表 8-5（δ 为相邻振幅比值的自然对数值）。

表 8-5 几种铸铁和钢的减振性比较

材 料	δ	材 料	δ
白口铸铁	$(2\sim4)\times10^4$	灰铸铁，细小石墨	$(20\sim100)\times10^4$
可锻铸铁	$(8\sim15)\times10^4$	灰铸铁，粗大石墨	$(100\sim500)\times10^4$
球墨铸铁	$(5\sim20)\times10^4$	共析钢	4×10^4

灰铸铁特有的优良减振性是有价值的使用性能。虽然高减振性一般出现在低强度铸铁件，但对像机床床身、发动机缸体、刹车鼓一类零件来说，还是要在确保铸件强度前提下考虑材料减振性的。

8.3.5 弯曲性能和扭转性能

8.3.5.1 弯曲性能

结构铸件中，弯曲应力是最常出现的工作应力之一。对于类似轨道、机床床身一类铸件，抗弯强度是衡量铸铁力学性能的主要指标。

两端被支撑的抗弯强度试棒在支点中间施加集中载荷确定断裂压力和挠度值时，理论上试样零压力应出现在试棒中轴线上，但因灰铸铁的应力-应变关系不符合虎克定律，零应力点偏于轴线以上的受压部分。因此按均匀塑性材料计算的应力值大于试样实际应力值。

弯曲强度与相应抗拉强度有较好的数值对应关系（图 8-14）。因此可用抗弯强度试验结果预测该铸铁的抗拉强度。抗弯试样容易制备，试验费用相对较低。但是抗弯试样采用非加工表面常使试验结果出现误差。

灰铸铁的抗弯强度极限（σ_{bb}）大于其抗拉强度极限（σ_b）。由于石墨存在状态、基体类型、碳化物含量的影响，σ_{bb}/σ_b 比值是有变化的，变化范围大致在 1.5 ~ 2.9。石墨细小则抗弯强度高。

弯曲强度试验可以测出试棒断裂时的挠度值。此值表示断裂前试棒达到的最大变形程度，在一定程度上反映材料塑性和弹性模量的大小。提高弹性模量、提高抗弯强度和抗拉强度的因素都会减小挠度值。铸铁中的硬质相，特别是磷共晶和其他晶间碳化物含量增加时，会使弯曲断裂前的变形量显著减小。

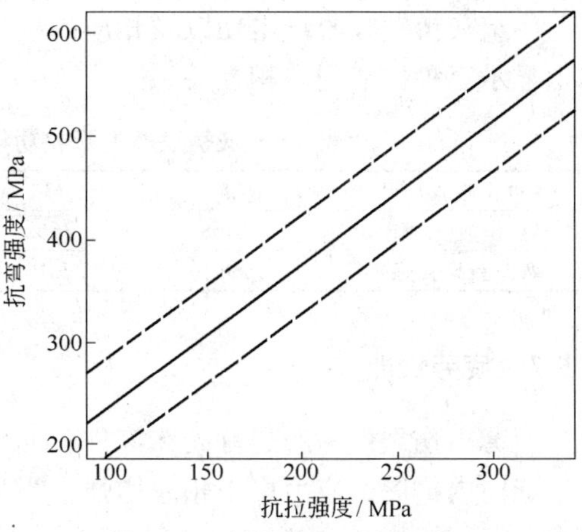

图 8-14 灰铸铁试棒抗拉强度与抗弯强度的关系

8.3.5.2 扭转性能

在机械传动系统中，传递扭矩的零件主要承受扭转载荷。这类零件运行时，承受沿周围的切应力并产生切应变。以联轴节为例，零件上的应力和应变分布都是不均匀的，沿径向由外向内逐渐减小而且沿轴向也发生变化。切应变(以扭转角表示)表现更明显。因此，在较大扭力作用下，接近外缘一定范围内材料已处于塑性变形区，而内部材料仍处于弹性变形区。力学分析表明，在与纵轴成45°角，均分纵横两截面的平面上还受到与切应力大小相等的拉应力。如果此应力超过铸铁的断裂强度，则零件产生45°角的斜切断口。由此可见，抗扭强度主要取决于材料的抗拉强度。

灰铸铁的抗扭强度大于抗拉强度，两者的比值约为 1.15 ~ 1.45。抗拉强度高的灰铸铁，此比值较低。

扭转弹性模量可由扭转矩和扭转角的比值确定，也可由弹性拉伸模量和泊松比计算求得。灰铸铁扭转弹性模量通常是弹性拉伸模量的 35% ~ 40%。

在低应力弹性变形范围内，灰铸铁扭转比例极限比拉伸比例极限低。应力增加后，扭转强度极限 τ_b 才能高于拉伸强度极限。最大扭转切应变可达 4%，比拉伸时最大应变高。

8.3.6 冲击性能

冲击性能表示材料在冲击力作用下抵抗断裂的性质和能力。这个能力由断裂时材料所吸收的能量大小来衡量。常采用一次冲击试验测得冲击吸收功。这个功就是试样破断时单位截面积所消耗的功或所吸收的总能量。其中包括试样变形时的弹性功、塑性功以及裂纹扩展时的断裂功。一次冲击试验结果并不能准确代表断裂功大小，而断裂功是真正反映材料冲击韧性的指标。因此冲击吸收功一般不用于产品强度设计，或作为一次大能量冲击即导致断裂的材料性能指标。

由于石墨的存在，以及在冲击力的作用下发生快速变形时其塑性不能得到发挥，所以吸收的能量仅为克服断裂应力所需的弹性能。灰铸铁在冲击载荷下的断裂都属于脆性断裂。基体金属性质已不是冲击韧性的主要影响因素。灰铸铁的缺口敏感性很低，冲击试样一般均采用无缺口试样。

灰铸铁的冲击吸收功以及韧-脆性转变温度几乎不受温度的影响。

一组灰铸铁吸收冲击功以及相应的抗拉强度、弯曲断裂载荷试验数据列于表8-6。大体上显示三种性能间的相互关系。

表8-6 灰铸铁冲击吸收功与相应的抗拉强度和弯曲断裂载荷

冲击吸收功/J	57	43	49	41	34	28
抗拉强度/MPa	468	366	312	249	208	149
弯曲断裂载荷/N	29910	22610	22140	18190	16470	11200

8.3.7 疲劳性能

疲劳损伤裂口一般是首先在零件表面应力高度集中区形核，继而在交变应力作用下裂口逐渐向内扩展，应力集中相应增强。当裂口达到某一临界尺寸，扩展速度急剧增加，最终导致疲劳断裂。无论载荷性质与加载方式如何，疲劳失效都与交变应力幅值(S)和断裂前应力循环次数(N)有关。灰铸铁的扭转弯曲疲劳曲线(S-N曲线)示于图8-15。拐点左边实线表示交变应力幅值与相应的疲劳失效前应力循环次数。右边虚线表示能达到疲劳寿命的交变应力幅值(极限疲劳应力)。疲劳曲线以下各点所代表的应力和循环次数都处于疲劳失效的安全范围内。显然，极限疲劳应力低于材料的静载破断强度。通常以极限疲劳应力与抗拉强度的比值(疲劳比)来衡量材料的疲劳特性。珠光体灰铸铁扭转弯曲疲劳强度为130~160MPa，抗拉强度为280~360MPa，疲劳比为0.40~0.45。针状组织铸铁疲劳比一般为0.35~0.40。

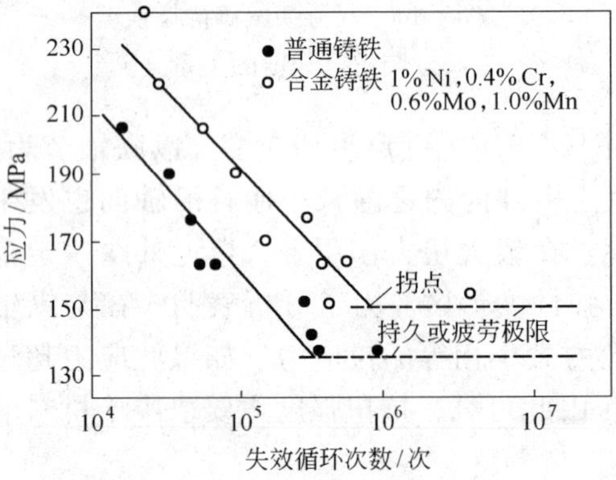

图8-15 普通灰铸铁和合金铸铁的扭转弯曲疲劳曲线

灰铸铁试样在相同条件下得到的疲劳特性数据往往有较大分散性。在不同应力状态下获得的疲劳极限数据可能有较大差别，不能对比引用。例如，灰铸铁的轴向对称拉-压疲劳极限低于纯弯曲疲劳极限和扭转疲劳极限。以纯弯曲疲劳试验数据代替拉-压疲劳数据进行零件疲劳强度核算，零件可能难以安全运行。

灰铸铁件在交变应力作用下，裂口大部分形核于铸件表面的石墨与基体界面上，相当于在钢件上的切口部位。因此，灰铸铁的疲劳性能对试样缺口不敏感。

交变应力促使铸铁件表层晶体滑移，不同晶粒上的滑移有不同位向。滑移带与晶界相交处应力难以释放，产生应力集中，当其超过晶界强度，裂口从石墨边缘扩展至相邻石墨。石墨尺寸和分布对疲劳极限有明显影响。具有粗大石墨的灰铸铁寿命短、疲劳极限低。磷共晶对疲劳极限影响很显著。磷共晶量增加，疲劳极限下降。

室温至350℃之间，环境温度对铸铁疲劳性能没有显著影响。但在0℃以下，降低温度会提高灰铸铁疲劳强度极限，例如-45℃时，疲劳强度比室温时增加25%左右。

8.3.8 断裂韧性

材料的断裂韧性表示材料对内部裂纹扩展的抗力。

历史上曾经发生过多起机器零件在低于许用应力情况下发生脆性断裂事故。后来发现裂纹源为内部存在的、与冶金和加工过程有关的裂纹。外力作用下，这些裂纹由亚临界扩展发展为失稳扩展，最终导致构件突然断裂。

对线弹性体裂纹顶端周围应力场的研究发现，存在着一个决定应力场中应力强弱和裂纹扩展时位移量大小的共同因子。这个被称为“应力场强度因子”以 K_{I} 表示。K_{I} 与加在该裂纹范围内的名义应力(σ)，裂纹尺寸(a)，与裂纹形状和试样断面相关的、由裂纹尺寸以及加载方式等因素决定的常数 α 有以下关系：

$$K_{\mathrm{I}} = \alpha\sigma\sqrt{\pi a} \tag{8-7}$$

当外力 σ 增大或裂纹尺寸因疲劳或应力腐蚀而增大，K_{I} 相应增大。K_{I} 大于某一临界值，裂纹将失稳扩展。这种临界状态的应力场强度因子称为“断裂韧性”，以 K_{IC}表示。K_{IC}表示材料抵抗裂纹扩展的强度和塑性综合指标。如已知某一材料的 K_{IC}，则利用断裂力学判据 $K_{\mathrm{I}} = K_{\mathrm{IC}}$可确定不产生脆性断裂的条件。可由极限应力 σ_c 计算出材料内允许存在的最大裂纹尺寸 a_c，或已知 a_c，求出 σ_c。

断裂韧性与裂纹尖端应力状态有关。弹性体的裂纹整体处于三维张力平面应变状态时，对构件是最危险的。因此，应以平面应变断裂韧性值来计算许用应力。测定材料断裂韧性所用的试样规格及测定方法可参阅美国材料试验学会推荐的标准 ASTM E399。

Glover 等对化学成分不同、铁素体量不同的一系列灰铸铁的平面应变断裂韧性进行了测定，其结果如图 8-16 所示[5]。试样在低于 A_1 温度退火，石墨周围出现少量铁素体，断裂韧性小幅度提高(如图中▲所示)。尚未完全断裂的试样金相组织显示距主裂纹较远处的石墨片已经劈裂，裂纹已扩展到与之相邻的铁素体晶粒并出现穿晶裂纹。断口呈现河流花样，为脆性断口。石墨片提前断裂，说明裂纹扩展阻力主要来自基体。在混合组织中，铁素体中的裂纹扩展到珠光体。珠光体与石墨直接接触时，石墨边缘的裂纹沿珠光体层间扩展，并发现了珠光体轻微塑变产生的韧窝断口。图 8-16 还表明，珠光体含量增加，断裂韧性提高。铁素体晶粒尺寸增加，裂纹由穿晶走向变为沿晶走向。但石墨共晶团之间没有发现裂纹。

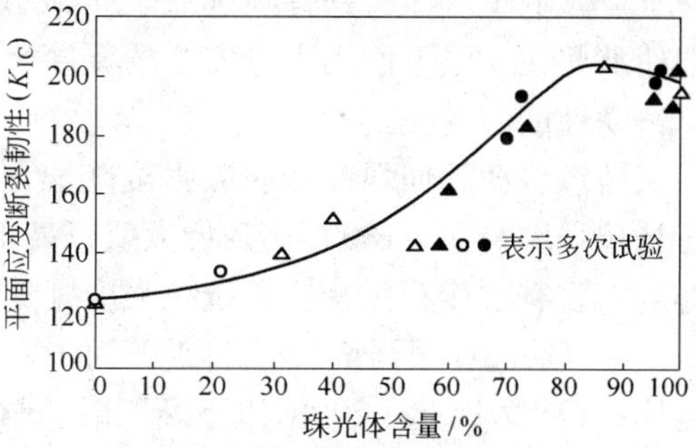

图 8-16 灰铸铁中铁素体量对平面应变断裂韧性的影响

K_{IC}与基体中氧化物、硫化物、碳化物(如渗碳体)的存在与数量有关。随着这些脆性相的数量增加，K_{IC}值减小。球状碳化物比片状碳化物的影响小。颗粒越细小，K_{IC}降低幅度越少。灰铸铁基体铁素体量、裂口与珠光体层相对位向、铁素体与石墨或珠光体的相互位置及热处理方式对 K_{IC}均有影响，材料抗拉强度提高，K_{IC}值相应提高。

灰铸铁的 K_{IC}值一般在(11～19)MPa·$m^{1/2}$范围。达到此值已能满足大多数工程实践的需要。球墨铸铁 K_{IC}一般在(25～30)MPa·$m^{1/2}$范围，高于灰铸铁。

8.3.9 硬度

硬度是铸铁工作性能的基本指标之一，而且它也反映材料的强度、耐磨性和可切削性的优劣。工业上常以硬度作为衡量铸铁件质量的一项指标。灰铸铁通常测定布氏硬度。因为布氏硬度试验范围适合测定铸铁，而且压痕面积大，能够覆盖较多显微组织，反映多相组织硬度综合值。根据压痕直径确定材料的软硬程度，实际上是反映材料抵抗弹性变形、塑性变形以及外力破坏的能力。因此，布氏硬度与金属材料抗拉强度之间有一定关系。GB 9439 指出灰铸铁布氏硬度和强度有如下关系：

当 $\sigma_b \geqslant 196\text{MPa}$ 时， $HB = RH(100 + 0.438\sigma_b)$ (8-8)

当 $\sigma_b < 196\text{MPa}$ 时， $HB = RH(44 + 0.724\sigma_b)$ (8-9)

式中，RH 表示相对硬度，其值与铸铁炉料、熔化与处理工艺以及铸件冷速有关。同一牌号、壁厚和重量相近的灰铸铁件的 RH 值近似。铸造车间多次测定本车间单铸试棒 σ_b 值与 HB 值，求得该车间单铸试棒的有效 RH 值(多次测定平均值)。此后即可由试棒硬度推测抗拉强度。

铸铁件的碳当量和冷却速率对以上关系有影响。因为这两个因素都能使石墨的数量和尺寸发生变化。

灰铸铁的布氏硬度范围为 HB110 ~ 270。对于可切削性而言，适宜硬度为 HB110 ~ 220；要求强度和耐磨性的铸件，布氏硬度应高于 HB220。

8.3.10 低温力学性能

工业领域里有些铸铁件在远低于0℃的环境中工作。低温使材料力学性能发生的变化可能使那些在常温下使用十分安全的零件突然失效，甚至造成事故。因此，有必要了解低温下铸铁性能的变化。

灰铸铁静载拉伸强度和屈服强度随温度降低而提高。由图 8-17 可以看出孕育铸铁的铸态抗拉强度约在 -180℃达到最大值，高于或低于此温度抗拉强度都低于此值[6]。而未孕育的、含有过冷石墨灰铸铁抗拉强度则随温度下降而逐渐提高，在极低温度下也未出现峰值。灰铸铁的屈服强度($\sigma_{0.1}$)随温度的变化率高于抗拉强度的变化率。在 -200℃左右，屈强比接近 1。因此 -200℃以下断裂时，材料永久变形不超过 0.1%。灰铸铁的伸长率随温度降低而减小。

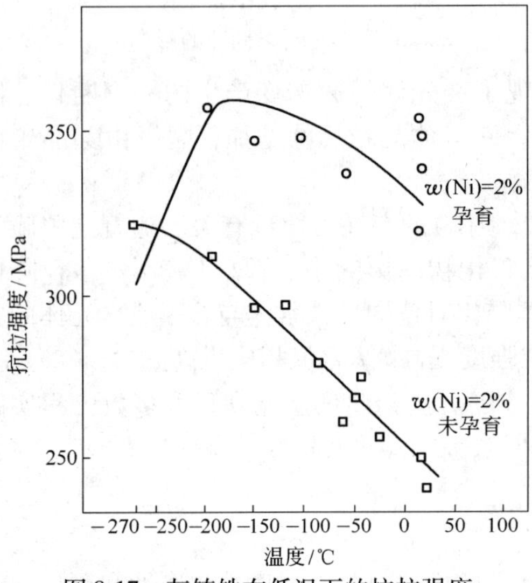

图 8-17 灰铸铁在低温下的抗拉强度

研究铁素体低温脆性产生原因时发现，面心立方金属(包括 γ-Fe)不发生低温脆化。例如，奥氏体组织在很低温度下仍具有良好的韧性。从材料的屈强比也可以说明这个现象。低温下，体心立方金属屈强比随温度下降而无例外地提高，面心立方金属则呈相反趋势。不发生低温脆化的基本原因在于面心立方晶体的孪生应力远高于滑移应力，其应变是由滑移机制主导，可以避免低温脆化。

奥氏体铸铁的低温韧性优于其他基体的铸铁。在高寒地区使用的一些铸件，在满足其他性能条件下，合金化的奥氏体铸铁件比较安全可靠。具有细晶粒铁素体与奥氏体混合基体组织能够阻碍铁素体因孪生变形而产生的脆性裂纹扩展。

晶粒尺寸减小可提高孪生屈服应力。晶粒细化到一定程度后，晶体优先发生滑移变形，从而改善铸铁低温力学性能。

降低铁素体铸铁磷含量能改善低温性能。磷含量高会显著提高韧-脆性转变温度，而且高磷铸铁低温韧性下降幅度远大于低磷铸铁。为了工作安全性，无论铸铁具有哪种基体组织，低温使用的铸铁件，$w(P)$都应控制在0.02%以下。

8.3.11 灰铸铁强度的提高

灰铸铁共晶度与抗拉强度的关系还可由以下的近似关系式表达：

$$\sigma_b = 1000 - 809S_c\,(\sigma_b(\text{MPa})\text{由}\ \phi30\text{mm}\ \text{试棒测定}) \tag{8-10}$$

这个关系是在特定的熔化、铸造条件下获得的，不能用以确定不同铸造条件下材料的抗拉强度。为了表明各种因素对强度的影响，引出了“成熟度”概念。成熟度(RG)为实测抗拉强度与根据实际S_c按上式计算得到的强度的比值。此值越高，表明该铸铁的熔铸工艺越有利于提高成熟度。

在共晶度相同情况下，以下因素有利于提高成熟度：

(1) 选择合适的硅碳比。工厂经验表明：$w(CE)=3.6\%\sim3.8\%$、$w(Si)/w(C)=0.75\sim0.80$或$w(CE)=3.8\%\sim4.0\%$、$w(Si)/w(C)=0.65\sim0.70$时，铸铁成熟度最高；

(2) 低碳当量铁水经过适当孕育处理，得到A型石墨+细珠光体基体；

(3) 不产生白口情况下，选用尽可能低的碳当量。力求碳当量与铸件断面尺寸相适应；

(4) 适当提高铁水过热温度；铁水过热到1500℃并在此温度短时间保温可使原生铁中大块初生石墨熔入铁水，消除粗晶粒遗传作用，细化共晶团，对于改善灰铸铁强度非常有利。但是应控制好孕育处理温度和浇注温度，过热铁水要适当降温后再浇注。过高的浇注温度可能使铸件产生铸造缺陷。

(5) 炉料中含有较多废钢，在感应炉中熔化合成铸铁。废钢带入的氮对铸铁强度有显著影响。以废钢和增碳剂为主要原料配制的合成灰铸铁与基本成分相同的一般灰铸铁相比，共晶团数量显著增多，珠光体含量增加，抗拉强度提高约30~50MPa。在有条件的工厂里，应鼓励生产合成铸铁。

(6) 锰和一些合金元素以及某些微量元素对灰铸铁强度的影响值得重视。锰显著提高基体中珠光体量。适当提高锰含量、选用合适锰硫比、锰硅比可以提高铸铁强度。铁水中适当添加合金元素和微量元素，对灰铸铁强度能产生各种有益作用。第7章已分别作了介绍。

(7) 降低共析转变温度。第7章已介绍过，镍、锰和其他一些合金元素都有降低共析转变温度、细化珠光体的作用。特别是镍，效果比较突出。加镍产生索氏体基体，是常用以改善灰铸铁强韧性的技术措施。

奥氏体在较快冷速下分解可促进珠光体生成和细化，有助于提高灰铸铁基体强度。在较高温度从砂箱中取出铸件是加快铸件冷却速度的有效措施。热开箱温度一般为高于A_{r1}^{S}约20~40℃。常因铸件壁厚和奥氏体成分不均匀，开箱温度难以准确掌握。过早开箱容易使铸件开裂。正火处理也是加快铸件冷却速度的有效方法。正火处理是在奥氏体化温度下，基体成分相当均匀时开始空冷，处理效果优于热开箱。

8.4　铸铁的物理性质

合金物理性质对铸件的铸造性能和使用性能都有一定影响。因此选用铸造合金、制定铸造工艺以及使用铸件的人，都应熟悉合金的物理性质。本节简要介绍灰铸铁的一些基本物理性质，包括密度、线胀系数、热容、熔化潜热、热导率、电导率、磁性能。

8.4.1　密度

铸铁由不同组成相构成。由于各组成相密度不相同，因此各种组成相的相对含量是决定铸铁密度的基本因素。其他能够影响组成相相对含量的物理、化学、工艺因素也影响铸铁的密度值。

表 8-7 列出了铸铁所含组成相的密度。

表 8-7　铸铁组成相的密度

组 成 相	密度/g · cm^{-3}	组 成 相	密度/g · cm^{-3}
铁素体	7.86	磷共晶	7.32
珠光体	7.78	奥氏体	7.84
渗碳体	7.66	马氏体	7.63
石　墨	2.25		

石墨密度远低于其他组成相。石墨的存在是铸铁密度比钢低的原因。以石墨状态存在的碳量越多，铸铁密度越低。白口铸铁的密度高于灰铸铁，约 7.7g/cm^3。硅降低铸铁密度。硅含量与铸铁密度几乎呈线性关系。w(Si)由零提高到 13.5%，基体中铁素体密度由 7.86g/cm^3 降低到 7.23g/cm^3。铸铁密度相应降低。磷含量增加有助于提高铸铁密度。

表 8-8 列出了各种铸铁室温密度。

表 8-8　各种铸铁室温密度

铸铁类型	室温密度/g · cm^{-3}	铸铁类型	室温密度/g · cm^{-3}
高碳铁素体灰铸铁	6.80	珠光体可锻铸铁	7.29 ~ 7.33
中碳铁素体 + 珠光体灰铸铁	7.05	非合金白口铸铁	7.6 ~ 7.8
低碳珠光体灰铸铁	7.28 ~ 7.4	高硅铸铁	6.8 ~ 7.2
高碳铁素体球墨铸铁	7.10	高硅球墨铸铁	7.1
高碳珠光体球墨铸铁	7.15	高镍奥氏体灰铸铁(镍抗)	7.4 ~ 7.6
铁素体可锻铸铁	7.27	高铬白口铸铁	7.3 ~ 7.5
铁素体蠕墨铸铁	7.0 ~ 7.2	高铝灰铸铁	5.5 ~ 6.4

8.4.2　线胀系数

非合金灰铸铁在 0 ~ 200℃间的线胀系数范围为(11.5 ~ 12.0) × 10^{-6}/℃，0 ~ 500℃间为(13.0 ~ 13.5) × 10^{-6}/℃。非合金灰铸铁线胀系数主要由基体组织类型和膨胀的温度范围决定，基本上不受常存元素含量和石墨尺寸、形态的影响。铁素体和马氏体铸铁比珠光体铸铁略高。

合金元素对线胀系数发生显著影响的事例很多。例如耐热、耐蚀性能优良的高镍奥氏体铸铁含镍量对线胀系数的影响最为显著。这种铸铁 w(Ni)由零提高到20%，线胀系数(0~370℃平均值)由 13×10^{-6}/℃提高到 18×10^{-6}/℃左右，而 w(Ni)由20%上升到35%，线胀系数(0~370℃平均值)降低到 9×10^{-6}/℃。由于减小线胀系数能有效提高铸铁件在受约束条件下热疲劳寿命，因此，w(Ni)=35%的高镍奥氏体铸铁已成为优良的抗热疲劳铸铁。另外，高温下使用的互相连接零件，要注意相配合部位的热膨胀量力求接近，以避免因热膨胀量不同而发生变形甚至开裂。

珠光体灰铸铁发生石墨化或受热氧化时，热膨胀量增加(不可逆过程)；α铁素体转变为奥氏体时，体积收缩。相反的转变则发生体积膨胀。淬火时工件体积不均匀膨胀会使铸件产生内应力。

8.4.3 质量热容

灰铸铁中石墨和基体金属的质量热容是不同的。石墨的质量热容显著小于基体金属。一般给出的质量热容都是各组成相(按体积分数计算)的平均值。铸铁中石墨越多，其质量热容越小，例如可锻铸铁的平均质量热容通常以460J/(kg·℃)计算，而白口铸铁的选用值则为545J/(kg·℃)。

温度对铸铁的质量热容影响很大。温度越高，质量热容值越大。说明在较高温度下提高铸件温度需要更多的能量。例如1000℃时灰铸铁的质量热容比200℃时的质量热容可高出60%~70%。

8.4.4 熔化潜热

金属由固相转变为液相需要外部提供足够能量以消减固相中原子键力，破坏已有的晶格。这部分能量就是该金属的熔化潜热。灰铸铁的熔化潜热约为 $(21\sim23)\times10^4$J/kg，而由室温升温至1100℃所需热量约为 $(69\sim80)\times10^4$J/kg。

8.4.5 热导率

热导率对于在热状态下使用的铸铁件是一个重要的指标，有些零件常常以热导率大小作为选用铸铁品种的主要指标。

石墨晶体的热导率高于基体金属，因此石墨在铸铁体积分数高则热导率高。片状石墨比球状石墨赋予铸铁较高的热导率。蠕墨铸铁热导率处于灰铸铁和球墨铸铁之间。灰铸铁的室温热导率在46~57W/(m·K)。其中各组成相的热导率见表8-9。

表8-9 铸铁各组成相的热导率

组成相		0~100℃热导率 /W·(m·K)$^{-1}$	组成相	0~100℃热导率 /W·(m·K)$^{-1}$
石墨	晶格[0001]方向	83.7	铁素体	71.2~79.6
			珠光体	50.2
	晶格[10$\bar{1}$0]方向	433.1~418.7	渗碳体	7.1

由表中数据可见，0～100℃间的热导率，灰口铁高于白口铸铁。铁素体铸铁高于珠光体铸铁。

在灰铸铁中加入合金元素能显著影响热导率。例如含1%（质量分数）的磷、镍、铜，热导率分别降低6%、5.5%、3%；含1.5%（质量分数），热导率降低3.3%。硅的效果近似同等质量分数的镍。加入钼钨则增加热导率。

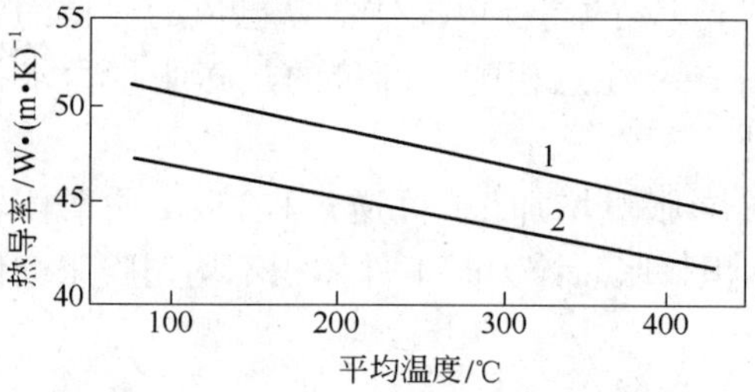

图8-18 温度对灰铸铁热导率的影响
铸件成分：1—w(C)=3.19%，w(Si)=1.57%，w(Mn)=0.70%；2—w(C)=3.12%，w(Si)=2.28%，w(Mn)=0.38%

灰铸铁和低合金灰铸铁的热导率随铸件温度升高而降低（图8-18）[6]。

8.4.6 电导率

电导率数值常以其倒数的电阻率来表达。铸铁的电导率与其金相组织、化学成分、铸件温度等因素有关。

铸铁组织中的石墨有很高的电阻率。具有粗厚片状石墨的铸铁，其电阻率高于具有细片石墨、球状石墨和团状石墨铸铁。提高有助于石墨化的碳和硅含量，导致石墨量增多时，会使电阻率提高，电导率相应下降。每增加1%石墨碳，电导率下降10%～20%。

基体组织对电导率也有显著影响。铁素体与珠光体和碳化物组织相比，有较高的电导率。铸铁的电导率随奥氏体转变温度降低，分解产物细化而降低。白口铸铁含有共晶碳化物和珠光体组织，其电导率处于很低的水平。

热处理也能改变铸铁的电导率。退火消除了共晶渗碳体和共析渗碳体，同时产生铁素体基体，可以使电导率提高。铁素体球墨铸铁具有最好的电导率。

非合金灰铸铁的电阻率一般在70～120MΩ·cm范围内。少量（小于1%）合金元素虽能使电阻率有些变化，但对使用性能来讲，并无显著意义。高镍、高铝合金铸铁具有很高的电阻率。例如w(Al)=22%的高铝铸铁电阻率为240MΩ·cm，适于制造高电阻合金。

各种铸铁的电阻率都因工件温度提高而增大。也就是说铸铁的导电能力随温度提高而降低。铁素体基体和珠光体基体灰铸铁电阻率温度系数约为0.001061/℃，接近室温的奥氏体铸铁，电阻率温度系数为0.000251/℃。

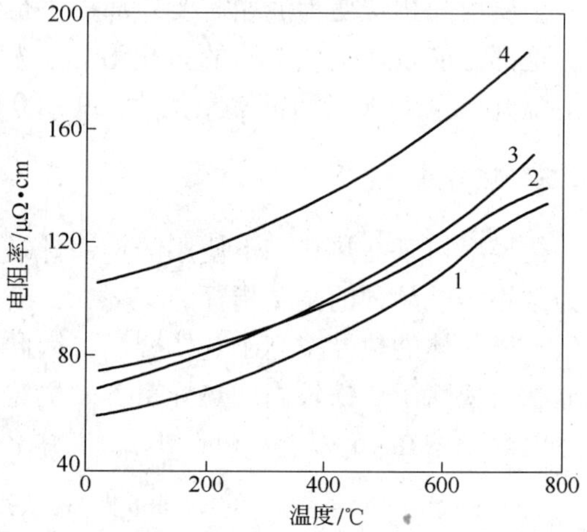

图8-19 温度对铸铁（1～4）电阻率的影响

温度对灰铸铁和球墨铸铁电阻率的影响如图8-19所示[6]，四种铸铁的石墨类型、基体和成分列于表8-10。

8.4.7 磁性能

铸铁的磁性能与石墨和基体类型有关。化学成分通过改变基体性质也影响铸铁的磁性能。

表 8-10 图 8-19 中的铸铁金相组织和成分

序 号	石墨类型	基体/%		成分/%		
		珠光体	铁素体	$C_{总}$	Si	Mn
1	球状 + 片状	50	50	3.72	2.60	0.24
2	球状 +5% 片状	10	90	3.05	3.47	0.59
3	球状	25	75	2.65	2.59	0.28
4	片状	20	80	3.30	2.63	0.26

球墨铸铁和可锻铸铁的磁感应强度和磁导率均高于灰铸铁。不同石墨形状的铸铁对磁感应强度的影响如图 8-20 所示[6]。灰铸铁中石墨片体粗厚、长度大，使剩磁和磁滞损耗减少。但是石墨形状的变化对矫磁力的影响是很小的。

珠光体铸铁和铁素体铸铁的磁感应强度和磁导率变化示于图 8-21[6]。此图表明铁素体基体的磁感应强度和磁导率均高于珠光体基体。渗碳体降低磁感应强度、磁导率及剩磁、矫磁力及磁滞损失增加。

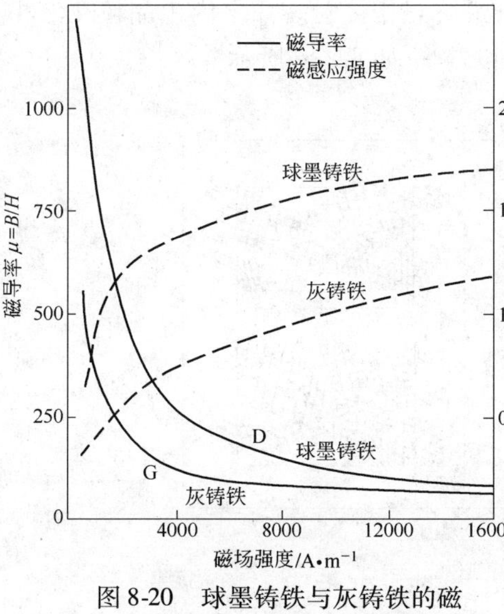

图 8-20 球墨铸铁与灰铸铁的磁感应强度和磁导率曲线

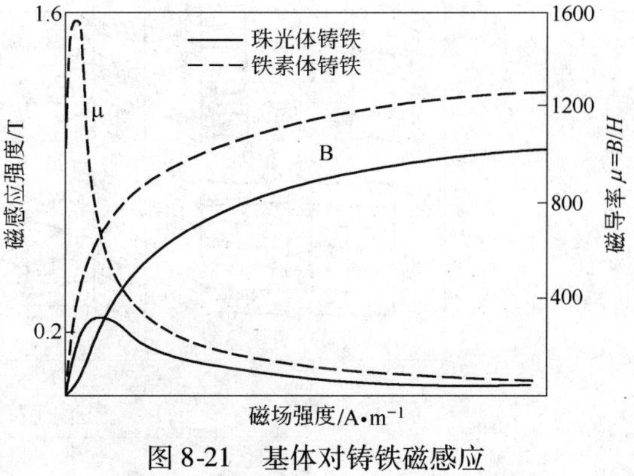

图 8-21 基体对铸铁磁感应强度和磁导率的影响

马氏体铸铁的磁感应强度也低于铁素体铸铁。奥氏体基体无磁性，或是磁性很弱。一般来说在各种铸铁中铁素体球墨铸铁具有最高的磁导率和磁损耗。

在非磁性转变的临界温度(居里点)以下，温度提高使铸铁磁导率明显增加，在居里点，铁磁体变成顺磁体。

8.5 铸铁的工艺性能

铸造性能优良的合金易于制成形状准确、组织均匀、无铸造缺陷的铸件。铸造性能与合金化学成分、结晶性质、热学性质有关。铸铁的凝固方式、收缩性质、流动性与充型能力、断面敏感性是反映其铸造性能的基本因素。

8.5.1 铸铁件凝固方式

由于合金成分及其结晶性质的不同，铸件在铸型中以不同的凝固方式凝固成形。凝固方式对铸铁件原始晶粒的尺寸和分布状态、铸铁的收缩性质和流动性都有明显影响，从而使铸铁的固态相变和最终组织形态、类型和性能发生变化。凝固方式是决定铸件质量和工艺性能的重要因素。

基本凝固方式可分外生凝固和内生凝固。外生凝固始于合金熔液与铸型壁接触、最先冷却凝固的表面部分逐渐向熔液内部生长。内生凝固始于熔液内部，依托有效结晶核心，形核生长，形成晶粒，逐渐充满型腔。这两种凝固方式经历不同的晶体生长过程。图8-22[7]显示几种凝固方式。a ~ c 为外生凝固的三种情况。纯金属或共晶合金是等温结晶的，随着热量由液体-铸型界面向外散失，晶体逐渐朝向心部生长，形成柱状晶，宏观凝固界面相对平滑，如图8-22a所示。外生凝固形成固溶相的过程是枝晶生长过程，凝固的宏观界面呈锯齿状，如图8-22b所示。图8-22c表示枝晶在生长过程中强烈分枝，形成网络状晶体而逐渐凝固的过程。此种过程常被称为海绵状凝固。图8-22d显示典型内生凝固模式。晶粒在凝固开始时就在熔液内部普遍生成，并以相近似速度生长，形成固液两相的糊状混合物（图8-22d）。固相各自生长、尺寸增大，最终互相接触。如果内生晶粒在液相中形成以前，已有外生凝固层存在，则是混合型凝固方式，如8-22e所示。

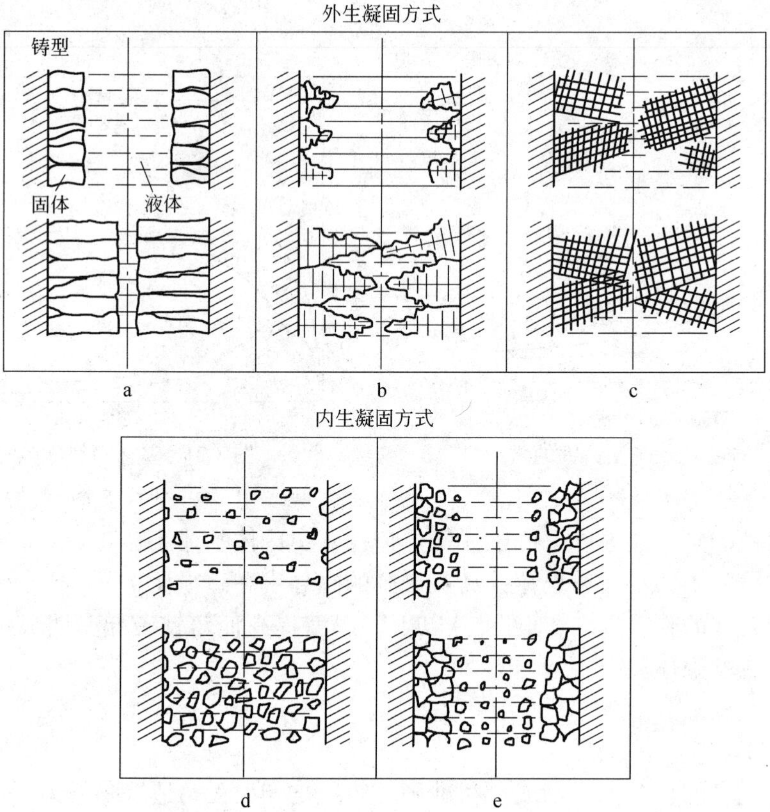

图8-22 外生凝固方式（a ~ c）与内生凝固方式（d、e）

a—光滑界面凝固；b—粗糙界面凝固；c—海绵状凝固；d—糊状凝固；e—混合型凝固

铸件金属由表及里的结晶过程常被称为壳状凝固；而在熔液内部分散结晶过程称为糊状凝固。合金的凝固方式与其凝固温度范围、合金结晶性质和铸件断面的温度场有关。如果合金凝固温度范围小、断面温度梯度陡峭时，凝固区域相对较窄，通常发生壳状凝固。相反，合金凝固温度范围大，断面温度梯度平缓时，凝固区域相对较宽，则发生糊状凝固。对于某一成分的合金，铸件断面凝固区域的宽度取决于该区域的温度梯度。十分陡峭的温度梯度可能使结晶温度范围很宽的合金发生壳状凝固，非常平缓的温度梯度也可能使结晶温度范围很窄的合金发生糊状凝固。

灰铸铁件一般为亚共晶成分和共晶成分。共晶转变以前，熔液中已经有奥氏体析出。最先浇入铸型的铁水与型壁接触后热量迅速向外散失，此时铸件断面的温度梯度比较陡峭，接近型壁的铁水发生壳状凝固并形成铸件表层。铸铁的碳当量越接近共晶成分、凝固温度间隔越小则壳体厚度越小。壳层内的铁水散热较慢，温度梯度平缓。石墨将在铁水内的有效核心位置上形核、生长，并产生石墨-奥氏体共晶团。因此，一般灰铸铁件以壳状-糊状两种方式凝固。实验证实，碳硅含量、共晶度、孕育处理、铸件断面尺寸以及铁水高温停留时间一般都不改变凝固方式，但是石墨共晶团数量随铸件断面厚度增加和凝固时间延长而减少。

灰铸铁与白口铸铁和球墨铸铁凝固方式都不相同，白口铸铁件是以壳状方式凝固的。铸件最外层通常由初生奥氏体枝晶形成，然后出现莱氏体共晶层。随着温度下降，壳层逐渐增厚。由于渗碳体晶体是以分层方式生长，在生长着的固-液界面上，可以看到共晶晶粒以舌状伸入液相的生长形态。白口铸铁的宏观凝固界面是粗糙界面。

麻口铸铁中既有渗碳体共晶，也有石墨共晶。壳状凝固和糊状凝固同时存在于一个凝固体中。铸铁的化学成分和结晶条件直接影响某一时刻形成的组织，从而也就决定了该时刻铁水的凝固方式。

8.5.2 铸铁的收缩性质

收缩是合金的物理性质。除了极少量金属和合金外，绝大部分铸造合金由液态到固态再降温到室温过程中都要发生体积收缩并导致铸件轮廓尺寸减小。铸件降温的不同阶段，发生三种类型的收缩。

8.5.2.1 *液态收缩*

液态合金中空穴数量随温度下降而减少，近程有序的原子集团之间距离也随温度下降而缩短，因而熔液体积缩小，发生液态收缩。

铸造合金的液态收缩率与熔液的过热温度有关。当化学成分一定时，提高浇注温度将使铸型中的液态收缩增大。铁碳硅相图显示亚共晶铸铁碳当量每降低 0.1%，液相线温度提高 9℃。因此，浇注温度一定时，提高铁水碳当量使液态收缩率增大。表 8-11 列出了铁水碳含量对液态体积收缩率和凝固体积收缩率的影响，并指出浇注温度对液态体积收缩率的影响，说明浇注温度较高时碳含量对液态体积收缩率的影响显著。铁水仅高于液相线 50℃时，则影响很小[12]。

8.5.2.2 *凝固收缩*

当熔液温度降低到液相线以下，熔液随温度下降而逐渐转变为固态，直到凝固结束。在这个温度范围内凝固体的体积进一步减小，发生凝固收缩。

凝固收缩的体积变化包括液-固变化导致的收缩和温度降低导致的收缩。铸铁凝固时发生的体积变化如图 8-23 所示[8]。共晶成分铁水降温到共晶开始转变的过程中体积减小。共晶转变开始后，出现体积膨胀，膨胀达到一定程度后，体积再次收缩。图 8-23 中 a 和 b 分别代表体积收缩和膨胀，下标 1 和 2 分别表示不同材料和不同凝固条件下凝固体积的变化。

表 8-11 碳含量对铸铁水液态体积收缩率和凝固体积收缩率的影响

铁水中 $w(C)/\%$		2.0	2.5	3.0	3.5	4.0
液态收缩率 /%	灰铸铁，1400℃浇注	0.7	1.5	2.4	3.5	4.7
	灰铸铁，铁水过热 50℃	0.7	1.8	0.9	1.0	1.1
凝固收缩率 /%	白口铸铁	5.1	4.6	4.2	3.7	3.3
	灰口铸铁	4.3	2.8	1.4	1.0	-1.5

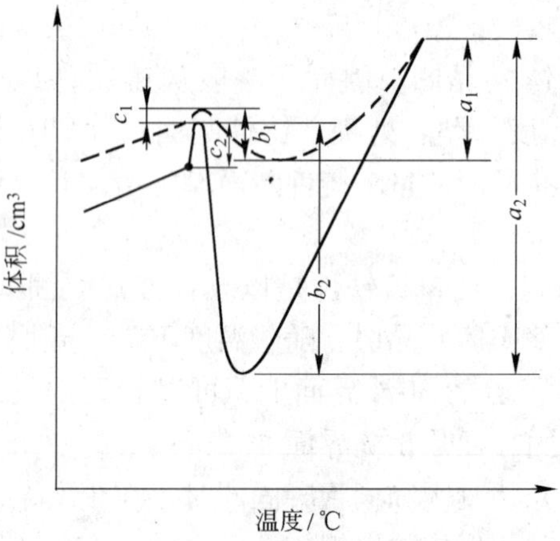

图 8-23 铸铁凝固时的体积变化

共晶转变出现膨胀是铸铁凝固过程的特有现象。其原因是灰口铸铁共晶转变时有石墨析出。石墨密度为 2.2g/cm³，远小于铁水密度（约 7g/cm³），析出石墨补偿了一部分固-液相变产生的体积收缩量。例如 $w(C)=3.1\%$、$w(Si)=1.8\%$ 的亚共晶灰铸铁在共晶温度下，碳在奥氏体中最大溶解度约为 1.8%，则析出石墨的质量分数应为 $[(3.1-1.8)/98.2]\times100=1.32\%$。如果铁水体积为 100cm³，质量为 700g，石墨析出量为 $700\times1.32\%=9.24$g，石墨体积为 $9.24/2.2=4.2$(cm³)。铁水凝固后基体体积为 $[(700-9.24)/7]\times96\%=94.7$cm³（基体金属凝固收缩率约为 4%）。凝固后总体积为 $94.7+4.2=98.9$(cm³)。与铁水原有体积 100cm³ 相比，凝固收缩率为 1.1%。由此可见，铁水碳含量越高，碳在奥氏体中最大溶解度越低，析出石墨对凝固收缩量的补偿作用越充分。

一般灰铸铁的凝固体积收缩率为 1.0% ~ 1.5%，球墨铸铁凝固体积收缩率大于灰铸铁。表 8-11 也列出了碳含量不同的灰铸铁凝固体积收缩率。可以看出，当碳含量超过一定程度后，凝固收缩率为负值，即由收缩变为膨胀。如果生产中恰当地调整铸铁化学成分（特别是碳含量和碳当量），可以实现凝固收缩率为零。这是十分理想的情况，因为凝固体积收缩是产生缩孔、缩松、热裂等铸造缺陷的基本原因。为了避免这些缺陷，必须利用冒口和其他工艺措施对凝固体积收缩加以补充，从而导致生产费用增加。

8.5.2.3 固态收缩

凝固体形成后温度继续下降，原子间距会进一步缩小，导致固体体积和轮廓尺寸减小，铸件在降温到室温以前发生第三阶段的固态收缩。在这个阶段，铸件各个方向都表现出尺寸的减缩。

常用线收缩率表示固态收缩率。对具有一定结晶范围的铸造合金，初生枝晶生长到彼此交连、形成网络状骨架时即开始表现出固态性质。因此，固态收缩率应由铸件刚表现出固态性质时开始计算。一般情况下，此时凝固体中仍有约 20% ~40% 熔液存在。

灰铸铁固态收缩过程的开始部分通常显示出一个膨胀过程（常称为缩前膨胀）。球墨铸铁的缩前膨胀率约为0.6%，远大于灰铸铁(0.15%)。缩前膨胀来自共晶膨胀力。石墨共晶形成时，初生奥氏体骨架已经成形。析出石墨在凝固体内部产生的膨胀压力作用于骨架上使铸件外廓尺寸有所增大。球墨铸铁共晶转变温度低于灰铸铁，共晶膨胀力较大，因此缩前膨胀率较大。白口铸铁没有石墨析出，因此不出现缩前膨胀。球墨铸铁孕育不良而产生渗碳体时，其固态收缩率曲线接近白口铸铁。

固态收缩率不仅决定于合金的线胀系数，而且与固态相变的性质有关。共析转变开始以前，奥氏体随温度下降而发生收缩。此温度范围内有二次石墨析出。二次石墨补偿了一部分收缩量。其析出量越多，体积总变化越少。直到奥氏体开始分解，基体组织发生变化而出现膨胀。奥氏体转变为铁素体则体积膨胀1%左右；转变为珠光体，体膨胀量减少到0.3%以下。这种膨胀称为共析膨胀。珠光体形成以后，铸件将按铸铁线胀系数发生收缩，直到温度降至室温。

以上所述，均为无阻碍状态下合金的自由收缩。而实际铸件在铸型中的固态收缩并非如此简单，主要因为铸件收缩时受到一些限制收缩的阻力。这些阻力有：铸件与铸型表面间的摩擦阻力；铸件不同部位冷速不同导致各部分收缩程度不一、彼此制约而产生的热阻力；由于结构上的原因，铸件收缩时受到型腔、泥心、箱挡的阻碍而出现的机械阻力，这些阻力限制铸件充分收缩。因此，铸件的实际固态收缩量小于自由收缩量，而且同一铸件上各个方向的固态收缩量也不尽相同。当固态收缩受到阻碍而产生较大应力时，铸件可能产生变形、冷裂。

8.5.3 收缩产生的体积缺陷

铸造合金发生液态收缩和凝固收缩时，如果没有外来熔液对收缩形成的空间加以补充，铸件内部将会出现孔洞。集中存在的较大孔洞称为缩孔，成片分散存在的细小孔洞群称为缩松。缩孔和缩松都是破坏铸件金属连续性、削弱材料性能的体积缺陷。对承受冲击载荷或有气密性要求的铸件，危害更为严重。

缩孔与缩松的产生与合金的凝固方式密切相关。壳状凝固的合金易于产生集中缩孔，糊状凝固的合金倾向于产生分散性缩松孔洞。

共晶成分或近共晶液态收缩。壳层逐渐向内部发展，体积收缩形成的空间将遗留在最后凝固的部分。如果已呈封闭状态，外部金属不能给予补充时，铸件内部将出现缩孔。

8.5.3.1 缩孔

缩孔是常见的铸造体积缺陷。这类体积缺陷通常可以分为明缩孔(裸露于外部的孔洞)、暗缩孔(铸件内部的孔洞)和缩沉(收缩导致的表面凹陷，可发生在铸件顶部、底面或侧面)。体积缺陷一般可以通过理论计算预测其大小。但因影响计算结果的因素很多，较难得出准确结果。图8-24为对灰铸铁矩形试样缩孔分布及大小所做的实验测定结果[7]。并和球墨铸铁的测定结果做了比较。实验用铸型为刚性良好的砂型，内腔尺寸为115mm×100mm×50mm(115mm为浇注位置的铸件高度)。灰铸铁水过热150℃后浇注，球墨铸铁水过热200℃后浇注。铁水共晶度范围为0.5～1.1。两种铸铁共晶度(S_c)对收缩体积缺陷大小(以缺陷体积与型腔体积之比表示)的影响示于图8-24中。

共晶度低于0.7，灰铸铁件和球墨铸铁件顶部明缩孔体积(V_M)基本相同。当S_c=0.7～1.0，灰铸铁明缩孔体积随共晶度提高而减小。球墨铸铁在S_c=0.9～1.1范围内随

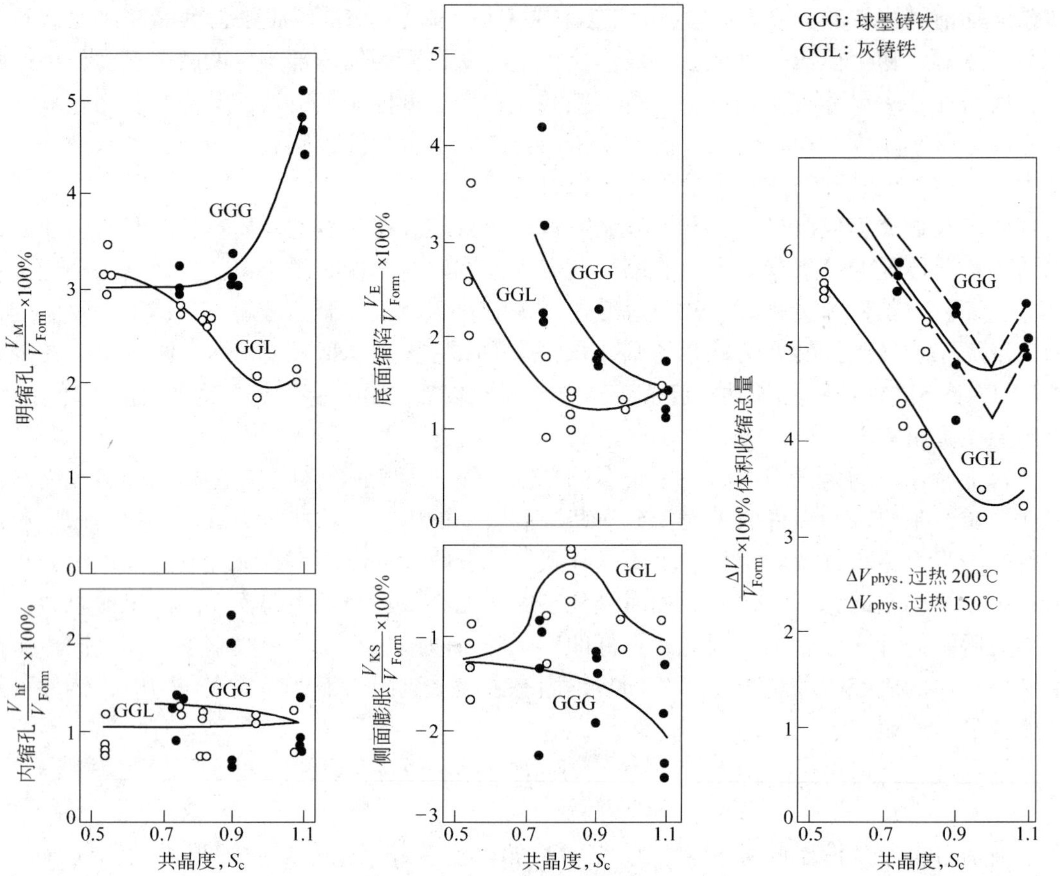

图 8-24 灰铸铁和球墨铸铁矩形试样缩孔分布及大小

共晶度提高明缩孔体积显著增加。工业球墨铸铁的共晶度正处于这一范围之内。这种情况下，球墨铸铁明缩孔体积约为近共晶灰铸铁明缩孔体积的两倍。

在试验成分范围内，铸件内部缩孔体积基本上与共晶度无关。灰铸铁件与球墨铸铁件的内部缩孔体积均占型腔体积 1% 左右。另有试验数据表明，内部缩孔体积基本上不受基体组织和石墨形态的影响。

铸件本身的重力未能消除底面缩陷（向上缩凹）和侧面膨胀。底面缩陷体积（V_E）与侧面膨胀体积（V_{KS}）与型腔体积之比随 S_c 的变化示于图 8-24 中间图中的曲线。

体积收缩总量（ΔV）与型腔体积（V_{Form}）比随共晶度的提高而下降。直到接近共晶成分时达到最低值。

试验还表明，两种铸铁加入合金元素使基体为奥氏体时，明缩孔和缩陷体积都增大，而内部缩孔不受影响。侧面膨胀量减少，表明收缩体积增加。

铸铁件的缩孔体积与两个因素有关：一是共晶石墨对收缩体积的补偿量，二是共晶膨胀导致的型壁迁移（铸型内腔尺寸扩大）量。第一个因素前面已经讨论过。下面简要说明型壁迁移现象。

8.5.3.2 型壁迁移现象

铸件表面形成封闭壳体后，由于石墨生成熔液体积膨胀，在凝固体内产生膨胀力。如果作用于壳体的膨胀力超过壳体强度，壳体发生变形并向外扩展。此时与壳体接触的型壁已处于高温状态，壳体扩展将会推动型壁向外移动，形成所谓型壁迁移现象。

高碳当量灰铸铁的共晶膨胀发生在外围壳体已形成并已具有一定强度的时刻。此时共晶石墨晶体和奥氏体都处于与液相直接接触的状态，共晶膨胀力一部分作用于液相，另一部分在封闭的外壳内作用于已形成的枝晶骨架和共晶团。根据凝固断面的不同情况，外壳受到的压力有所变化。作用于液相的力迫使金属液沿着枝晶间和共晶团之间的弯弯曲曲通道进行充填，减轻了对外壳的压力，直到膨胀量达到一定程度时才能推动型壁迁移。

型壁迁移使型腔内部尺寸扩大。厚壁铸件由于型壁迁移可能使型腔体积增大百分之几，从而导致缩孔产生或缩孔体积增大。防止型壁迁移的基本措施是提高铸型刚度，使之足以限制共晶膨胀力造成的体积膨胀，采用树脂砂型、CO_2 硬化砂型、金属型都有很好的效果。黏土砂湿型铸造厚壁铸铁件会产生明显的型壁迁移现象。

刚性铸型除了限制型壁迁移作用外，还能促使凝固体内产生位错强化作用。实践表明，金属型铸造球墨铸铁抗拉强度比湿型铸造的相同铸件提高 20～30MPa。

8.5.3.3 缩松

凝固温度间隔大、凝固范围宽、以糊状或近糊状方式凝固的铸铁易于产生缩松缺陷。低碳当量灰铸铁和球墨铸铁都属于这类合金。这类合金中，枝晶遍及整体，充分发育，形成较密集的固相骨架。熔液和各共晶团几乎同时凝固，熔体与共晶团生长界面之间的温度梯度小，共晶团生长过程中几乎得不到周围熔液的补充，因此共晶团生成之后必然在共晶团边界留下一些因共晶团体积收缩孔而产生的空隙以及分散性的细小孔洞。这些空隙和细小孔洞常常出现在铸件的热节部位，即使铸件放置了冒口，这种空隙和孔洞也难以被金属充分填充，最终形成缩松缺陷。铸件凝固范围越宽，生成缩松缺陷的倾向越明显。铸铁件的热节部位和细薄断面心部最容易出现缩松。

由于缩松缺陷总是在共晶团边界上产生，因此，共晶团数越多，可能发生缩松的部位也越多，缩松程度也会越严重。按照 GB 7216—1987 标准规定，共晶团数在 6～8 级（130～250 个/cm^2）一般会产生轻微缩松。耐压要求较高铸件的共晶团数最好在这个范围内。4～5级（390～520 个/cm^2）适合于有一般耐压要求的铸件，1～3 级（780～1040 个/cm^2）不适合用于耐压铸件。

除了共晶团数的影响因素外，预防缩松缺陷产生的重要措施是采用刚性铸型，避免由于共晶石墨膨胀引起的型壁迁移。型壁迁移导致铸件渗漏的危险性，甚至远大于最细小共晶团的影响。

如果缩松孔洞具有显微尺度，称为显微缩松。显微缩松产生条件与一般缩松基本相同。铸铁件浇注温度高，含有较多气体时，显微缩松的孔隙体积增大。

8.5.4 铸造应力

由于铸件结构、固态相变以及铸造工艺上的一些原因，室温铸件中总会或多或少残留着冷却过程中形成的铸造应力。这些作用于铸件内部的应力在生成和释放过程中都可能导致铸件形状、尺寸发生变化（变形）。如果内应力超过合金的强度极限时，还会使铸件某些部位开裂。

铸铁件在砂箱内或开箱后的冷却过程中，壁厚不同部位因冷速不同而在同一时刻出现温度差异，从而导致铸件整体的不均匀收缩。此种情况下，必然有部分断面的热应变受到限制，产生热应力。热应力通常是铸铁件内应力的主要部分，它的大小与铸件材料的弹性模量、线胀(收缩)系数、热导率、铸件结构以及提高铸件冷速的工艺因素有关。铸钢、白口铸铁、球墨铸铁、灰铸铁的弹性模量依次降低。在相同铸造条件下，这些铸件中，内部热应力也相应依次降低。灰铸铁和球墨铸铁的线胀系数决定于基体组织。按线胀系数高低排序为：奥氏体-珠光体-铁素体。固溶于铁素体的合金元素使线胀系数减小，形成碳化物的元素使线胀系数增大。石墨线胀系数小于金属基体，只有金属基体的40%。但石墨体积远小于基体，因此对线胀系数的影响不大。铸件材料的线胀系数与铸件残留内应力大小基本上呈正比关系。铸件材料导热系数对不同厚度断面上的温度差别有一定影响，热导率低的合金易于产生较大残余应力。灰铸铁的热导率主要取决于石墨形态和数量，基体类型的影响相对较小。

铸件结构也是影响热应力水平的重要因素。具有框式结构、断面厚度相差较大的铸件冷却时产生的热应力相对较大。铸造工艺也可能影响热应力的产生。例如，接近内浇口位置的铸件断面内温度一般是较高的。即使是厚度均匀的大尺寸板状灰铸铁件，也可能因采用单侧内浇口而使铸件发生翘曲、变形。

固态收缩阶段中还要发生固态相变。固态相变会使铸造组织发生变化。如果各部位温度不同，发生相变的时刻也就不同，这样就会产生相变应力。相变应力可能与热应力方向相同或相反。降低奥氏体分解温度的合金元素都能提高相变应力水平。淬火的铸铁件常常出现很大的相变应力，使铸件开裂。

铸件凝固和冷却过程中，铸型、泥心、冷铁的限制使正常收缩遭受阻碍，也会产生内应力。这种机械阻力造成的内应力是铸件生产中普遍存在的现象。由于材料处于受限制状态，机械阻碍产生的内应力多为拉伸应力或剪切应力。

所有作用于铸件内部的应力都处于不稳定状态，力求获得释放，因此，铸件本身有自发变形趋势。受到拉应力的部分产生压缩变形，受到压应力部分产生拉伸变形。这种倾向促使铸件在随后的储存和使用过程中持续地、缓慢地发生形体变化。有时积累的内应力会超过铸铁强度极限而发生冷裂。

一般铸铁件的变形主要来源于热应力。壁厚不均匀、长度大的铸件最容易发生变形，例如车床床身。即使壁厚较均匀，也会因存在温差而发生变形，条状平板铸件即是一例。

冷裂产生于铸铁弹性变形温度范围内。裂口的宏观状态比较平直,断面平滑,显示金属光泽或轻微氧化颜色。裂口通常具有穿晶扩展的微观特征。灰铸铁件上出现的冷裂纹常会成为不可修复的缺陷,应当尽量避免这种缺陷的发生。灰铸铁的磷含量可提高铸件冷裂的发生率。

为了减少铸铁件在使用中的变形，保持加工精度，应该设法消除内应力或降低其水平。机床铸件置于露天，经历寒暑循环，铸造应力会显著下降，这就是自然时效处理。铸件经受机械振动也可使内应力下降，趋于稳定状态。但是当前应用比较广泛的是人工时效热处理，这种处理工艺已在第4章介绍过。

8.5.5 铁水流动性与充型能力

8.5.5.1 合金熔液流动性

铸造合金流动性反映该液态合金的流动能力。流动性是铸造合金的重要工艺性质，它是决定液态合金能否充满铸型、铸成外形完整、轮廓清晰铸件的主要因素，也直接影响铸件的补缩效果以及其他铸造缺陷的生成。

铸造合金液的流动通常经历两个温度范围。首先是过热熔液的纯液相流动；其次是在低于液相线温度下，液固两相混合流动。

衡量合金流动性的方法是浇注流动性试样，流动性试样有多种形状，如螺线形、楔形、V形。试样可在大气中浇注，也可采用真空浇注。为了合理地进行比较，试验应在相同条件下进行。最常用的试样是螺线形试样，根据浇成的螺线长度来评定合金流动性。

纯液相流动能力受熔液-铸型之间摩擦力与熔液内部摩擦阻力的影响。内部摩擦阻力与熔液内部运动黏度成正比。内部摩擦阻力增大熔液黏滞性，抑制其流动，其流动能力减弱。运动黏度与流动性呈反比关系。黏度值易于测定，因此常以黏度的倒数衡量流动性，但这只适用于层流运动。

熔液温度和合金成分对流动能力有一定影响。熔液温度降低，黏度增大，其流动能力下降。在充型过程中，熔液热量不断逸散，其流动能力便不断变化，直到停流。化学成分的影响表现在几个方面：改变熔液结构和密度，使其黏度发生变化；改变液相线温度；元素形成化合状态夹杂物，提高熔液黏度。但是，更显著的影响是合金的结晶温度范围。纯金属和共晶合金是在各自的固定温度下结晶，达到此温度，迅即形成固相。在铸型中将在冷却最快的型壁上形成凝固壳层。随着温度降低，壳层逐渐加厚，熔液流动通道相应减小，直到完全抑制熔液流动。如果熔液发生内生凝固，在一个温度范围内析出固溶相。固相悬浮于熔液中，使熔液黏度增大。不断增多的固相，将会聚集、熔合，在流动通道中形成网络，提高对熔液流动的阻力。阻力达到某一临界值时，流动即告终止。

前一种结晶方式形成的壳层内壁比较光滑，对流动的阻力较小，而且壳层对内部熔液有保温作用。实验测定表明，停流时已出现的固相分数大于后一种结晶方式。具体显示出在固定温度结晶的金属流动能力大于在一个温度范围内逐步结晶的合金。

结晶温度范围的宽窄对合金流动性有显著影响。不同成分的合金，其结晶温度范围是不同的。温度范围宽，则析出的固相发育比较充分，停流的临界阻力出现得比较早，流动能力相对较差。反之，结晶温度范围较窄，固溶相析出过程较接近纯金属和共晶合金，熔体流动能力较强。

析出固相产生结晶潜热。一般来说，结晶潜热提高熔液温度，对于熔液流动有重要影响，特别对于纯金属或共晶合金的影响十分显著。

8.5.5.2 灰铸铁水的流动性

在各种铸造合金中，灰铸铁的流动性是比较好的。例如，与铸钢相比，其流动能力（以螺线试样长度计算）约为铸钢的2～2.5倍。

铸铁流动性与其过热温度密切相关。图8-25表明亚共晶铸铁的碳当量对其流动性的影响。$w(C)=2.13\%$的灰铸铁的流动性处于最低水平，随着碳当量提高，由液相析出奥氏体的温度范围逐渐减小，液相线温度逐渐降

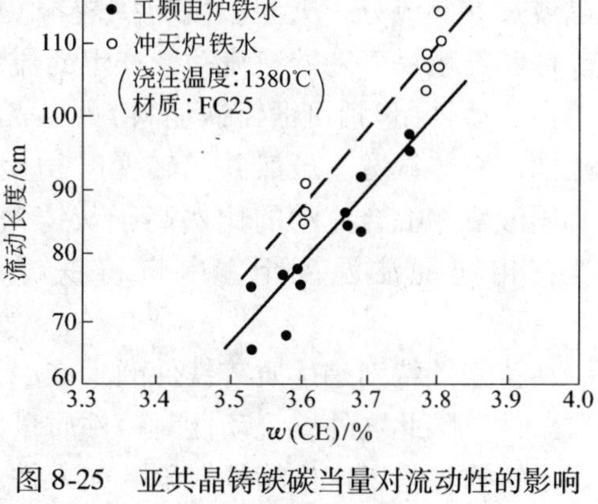

图8-25 亚共晶铸铁碳当量对流动性的影响

低(铁水过热温度增加)，螺线流动性试样长度呈递增状况。对于过共晶灰铸铁，凝固时先析出相是初生石墨。石墨的结晶潜热为 383×10^4 J/kg，约为铁结晶潜热的 14 倍[7]。析出石墨可以补偿铁水流动过程中散失的一部分热量。另外石墨很轻，易于随铁水一起流动，对铁水的流动阻力较小。因此，过共晶铁水的流动性在相同的浇注温度下高于亚共晶铁水。

铸铁中的硅有助于改善铁水流动性。锰本身对铸铁流动性没有显著影响，但它的脱硫作用有利于提高流动性。硫的氧化物膜使铁水黏度增加，降低铁水流动性。硫锰化合形成的夹杂物应及时清除，否则这些悬浮的夹杂物会产生抑制铁水流动的作用。磷共晶熔点很低，存在于晶粒之间的高磷熔液有助于残余铁水在已形成的大量固相空隙中流动，从而降低铁水停流温度。但磷共晶是高硬度脆性物质，存在数量较多时，将会显著增加铸铁的脆性。因此，除了一些特定用途的铸件，例如耐磨铸件、小型活塞环、艺术品等以外，一般不宜采用加磷方法改善灰铸铁流动性。

铸铁中加入合金元素，一般会使铁水热导率下降。热导率下降意味着热量散失速率较低，铁水温度下降缓慢，流动距离增长，流动性相应提高。此外，有些合金元素改变液相线温度，导致流动性发生变化。

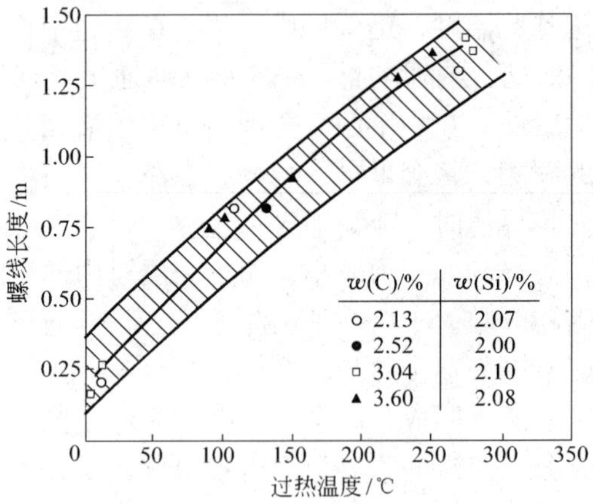

图 8-26 灰铸铁过热温度对螺线试样长度的影响

铁水过热温度是影响其流动性的最重要因素。在纯液相流动的温度范围内，铁水具有最强的流动能力。此阶段形成的螺线长度约为析出固相后形成的螺线长度的 1 ~ 1.5 倍。因此提高过热温度对改善流动性有重要意义。图 8-26 显示浇注温度对亚共晶和共晶灰铸铁螺线试样长度的影响。从铸铁件生产的经济性和技术性来考虑，过高的过热温度并没有什么好处。因此应当针对铸件的实际需要确定浇注温度。低碳高强度灰铸铁选用较高的浇注温度是必要的。相反地，近共晶成分灰铸铁可以适当选用较低浇注温度。

将灰铸铁的流动性与球墨铸铁比较，可以看出球墨铸铁水的流动能力在相同温度下不低于灰铸铁铁水。这是因为球墨铸铁多为近共晶或过共晶成分，凝固温度范围较窄。一部分球状石墨直接由液相析出，产生结晶潜热。球状石墨易于随熔液流动，产生的流动阻力相对较小。

白口铸铁(包括可锻铸铁坯料)的共晶转变温度低于灰铸铁，碳当量比较低，结晶温度范围比灰铸铁宽。虽然共晶转变时初生奥氏体枝晶已经充分发育。白口铸铁流动过程中，固液双相混合流动的比例高于灰铸铁。因此，白口铸铁的流动性一般是低于灰铸铁的。在相同浇注温度下，白口铸铁螺线流动性试样长度只有灰铸铁试样长度的 60% ~70%。

在铸铁件特别是优质铸铁件的生产中，铁水的良好流动性是保证获得外形完整铸件的必要条件。除此之外，流动性对铸件质量的影响还表现在其他一些方面。铸铁的凝固性质决定了铸铁件易于产生缩松缺陷。如果铁水流动性很好，可以通过缩松区晶粒之间弯弯曲曲的通道充填其中孔隙，减少或消除缩松缺陷，提高铸件致密度。流动性好的铁水可以在较低温度下浇注，避免粘砂或其他表面缺陷。型腔中铁水的热对流会使已形成的气泡以及夹杂物沿热对流方向运动。良好的流动性能减少运动阻力，促进气泡、夹杂物移至表面，减少铸造缺陷。

8.5.5.3 铁水充型能力

铁水充型能力表示铁水充满铸型和复现铸件模型外廓、形状的能力。

铁水充型能力与金属性质密切相关。除此之外，还受到铸造条件的影响。例如铸型温度及热性质、铸型对流动金属的摩擦阻力、铁水充型温度、充型压头、外力作用、铸件结构等都对铁水充型能力有一定影响。在铁水自身性质方面，流动性和表面张力是基本的影响因素。

物质表面分子与物质内部分子所受到的分子间作用力是不相同的。表面分子受到垂直于表面并指向物质内部的作用力，使其位能大于内部分子的位能。就液体而言，表面分子总是趋于进入液体内部使其位能降低。从物理现象上就表现为液体表面趋于缩小，形成类似弹性膜体包覆液面的状态。这种能导致液面收缩的力就是表面张力。表面张力产生一个指向液体内部的附加压力，阻碍熔液润湿铸型。一般情况下，铸型材料不会被浇入铸型中的铁水所润湿。因而表面张力阻碍铁水完好地充填狭窄的型腔和尖锐棱角部分。在铸铁件上，人们可以看到表面张力导致形成的圆钝棱角和边缘，即铸型未完全充满的状态。这样的铸件不能精确地复现模型外廓。

影响铁水表面张力的主要因素是铁水温度和化学成分，提高铁水温度能够显著降低表面张力。在铁水化学成分方面，碳和磷是降低铁水表面张力的元素。碳有较明显的作用，艺术铸件通常选用高碳高磷铁水浇注。硅和锰对铁水表面张力没有明显影响。对铁水产生表面活性的元素，例如硫和氧，能改变铁水表面张力，它们对表面张力的影响如图8-27所示。可见表面张力对这些元素含量是十分敏感的。根据实际测定结果，1400℃高碳灰铸铁水表面张力通常在6.50~9.0N/m范围内，而经过加镁处理的球墨铸铁水，硫和氧含量已经很低，在相同温度下，其表面张力提高到8.0~12.0N/m。球墨铸铁水充型能力低于灰铸铁水。

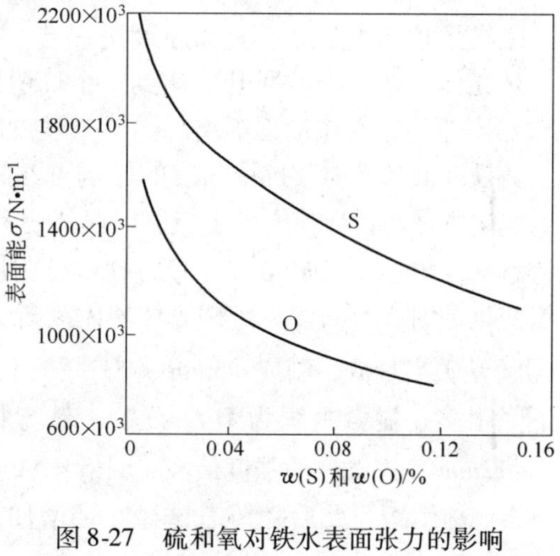

图8-27 硫和氧对铁水表面张力的影响

为了补偿铁水表面张力导致的充型能力不足，可以采取提高铁水充型压头的措施。例如适当增加直浇口高度、简化浇注系统等都能收到一定效果。

含有较多表面活性元素使铁水表面张力降低，从而增强对铸型润湿能力。特别是压头较高和温度较高的情况下，铁水可能渗入铸型表面的砂粒间隙中，产生机械粘砂。氧化较严重的铁水含有许多氧化亚铁夹杂，更能促进铁水润湿铸型，加剧铁水渗入铸型表层，导致较为严重的粘砂。为了避免这种情况发生，应当注意选择炉料，使用清洁少锈炉料，防止铁水过度氧化，必要时可使用少量硅铁脱氧。

8.5.6 铸件断面敏感性

灰铸铁水在完全相同条件下浇注的铸件，在厚度不同断面上产生显微组织和性能差异的现象被称为断面效应。断面效应是由铸件冷却速率随断面厚度变化而引起的。冷速的变化在凝固期间影响白口生成倾向；在固态相变过程中，改变奥氏体碳脱溶、分解条件以及转变产物的组织类型和形态。

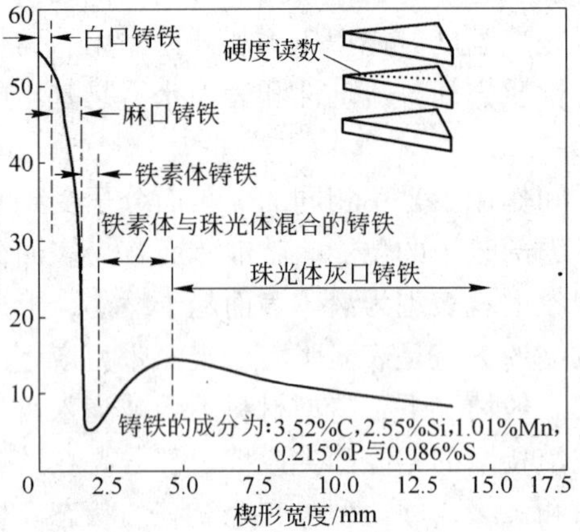

图 8-28 铸铁三角试片断面不同部位的硬度

图 8-28 显示 $w(C)=3.52\%$、$w(Si)=2.55\%$、$w(Mn)=1.01\%$、$w(P)=0.215\%$、$w(S)=0.086\%$ 铸铁三角试块断面上测得的距楔形顶点不同距离的硬度值[9]。距楔形顶点的距离相应于测点处的壁厚及冷却速率。楔尖端冷却最快，该部位为白口组织，其显微组织由莱氏体和珠光体组成，硬度超过 HRC50。距顶点较远处，出现麻口组织。在麻口区域中，由于石墨的出现，宏观硬度下降。在麻口区与灰口区相邻部位的共晶转变发生在稍高于渗碳体共晶临界转变温度，产生 D 型石墨 + 铁素体基体。硬度进一步下降。距楔形顶端更远处，断面厚度进一步加大，冷速更低，该处的显微组织为细 A 型石墨 + 珠光体基体，硬度回升。达到一个峰值以后由于冷却速率下降石墨尺寸增大，基体中除珠光体外，铁素体量逐渐增加，导致硬度随测点距顶端距离增加而下降。

铸铁断面尺寸对其抗拉强度的影响可参阅图 8-29。该图表明 ASTM20 号及 30 号灰铸铁铸态试棒直径与拉伸强度的关系[9]。铸态试样的直径范围由 ϕ6mm 至 ϕ75mm。拉伸试棒取自铸态试棒中心加工而成。20 号铸铁拉伸强度随铸态试棒直径增大而逐渐下降，相对应的组织变化是细 A 型石墨 + 细珠光体基体逐渐变为粗 A 型石墨 + 铁素体(含少量珠光体)基体。30 号铸铁碳当量低，制成 ϕ6mm 铸态试棒时，强度下降很多，显微组织为 D 型石墨 + 铁素体基体。ϕ12mm 铸态试样的强度最高，具有细 A 型石墨 + 索氏体组织。此后随铸态试棒直径增加，强度逐渐降低。直径 ϕ75mm 的显微组织为 A 型石墨 + 珠光体(含少量铁素体)基体。

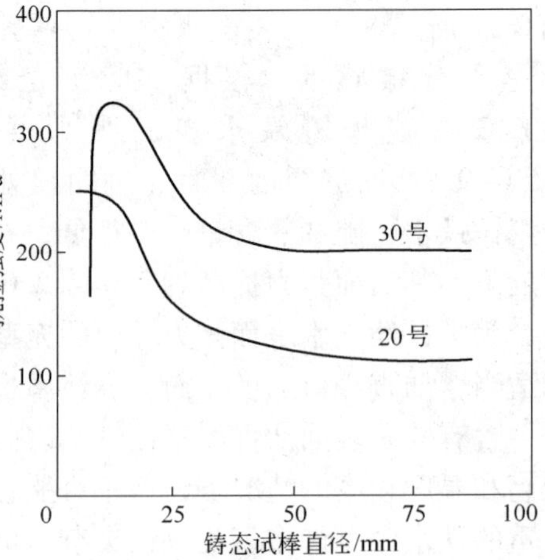

图 8-29 灰铸铁试棒直径与抗拉强度的关系

铸铁组织的形成与其化学成分(特别是碳、硅含量)和铸件冷却速率密切相关。冷却速率除受断面尺寸、铸件模数的影响外，还与铸型热性质、浇注温度以及一些附加因素有关。因此，精确预测在某一铸造条件下可能获得的显微组织尚有一定困难。曾有不少研究人员在这方面进行过尝试，其中 Patterson 和 Dopp[10] 总结前人成果而提出的灰铸铁组织图（图 8-30）比较受人瞩目。该图把铸铁的碳硅含量（或以共晶度 S_c 表示）、浇注温度、铸件断面尺寸（以试棒直径表示）和冷却后产生的显微组织联系在一起，有一定实用性。

图 8-30 中，当铁碳二元合金 $w(C)=4.3\%$ 时，$S_c=1$。

$$S_c = \frac{w(C) - 2.0 + 0.1w(Si)}{2.3 - 0.2w(Si)} \tag{8-11}$$

图中标注 S_c 的各直线为等共晶度线。K 为石墨化系数，其值为：

$$K = \frac{4w(Si)}{3}\left(1 - \frac{5}{3w(C) + w(Si)}\right) \tag{8-12}$$

对于 ϕ30mm 砂型铸造试棒，不出现渗碳体的 K 值为 0.85。ϕ20mm 试棒，$K=1.10$；ϕ10mm 试棒，$K=1.5$。试棒直径减小，冷却速率提高，K 值增大。也就是说，试棒冷却加快，K 值移向高硅一侧。K 值反映硅对石墨化的影响。图 8-30 下半部分中出现许多等 K 值曲线。具有相同 K 值的铸铁在相同条件下冷却后具有相同的组织。

如果已知铸铁的碳、硅含量或已知 S_c 值及 $w(C)$（或 $w(Si)$），可以在图 8-30 下半部分图中找到相应的 K 值。根据此 K 值在图中找出不同直径铸态试棒的显微组织。可以确定铸件是白口或灰口以及灰口组织中基体的种类。

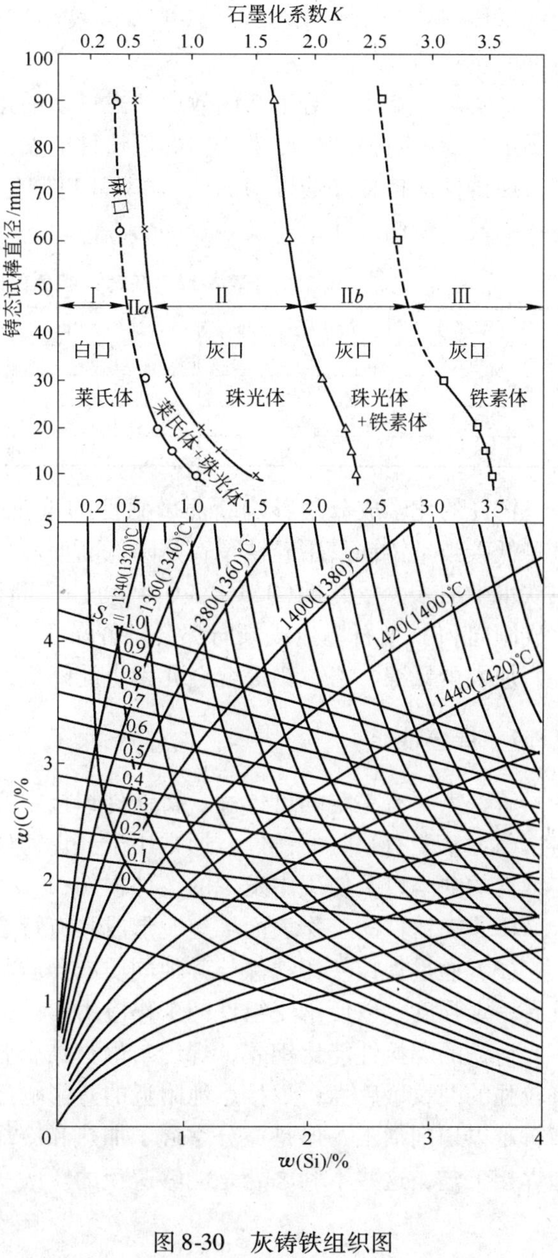

图 8-30　灰铸铁组织图

由于存在断面效应，一个铸件中的不同部位可能存在不同的组织。因此衡量铸铁件的实际强度时，不能仅依靠具有某一特定尺寸试样所得出的试验数据。为了使试验数据更接近实际情况，各国标准中都对铸铁铸态试棒尺寸与相应的强度值做了规定。我国国家标准《灰铸铁件》（GB 9439/T—1988）规定：用于一般灰铸铁件的单铸拉力试棒毛坯直径为 ϕ30mm。对于壁厚均匀而形状简单的铸件，给出了不同牌号铸件中不同壁厚的最小抗拉强度。例如 HT300 铸铁，相应于 10～20mm、20～30mm、30～50mm 壁厚的最小抗拉强度分别为 290MPa、250MPa、230MPa。还规定当铸件壁厚超过 20mm，质量超过 200kg 并有特定要求时，可以在铸件附铸试棒或试块。附铸试棒有 30mm 及 50mm 两种规格。并列出两种试棒(试块)对应于不同铸件壁厚的最小抗拉强度值。这样的规定使试验结果更符合铸件的实际情况。

在实际生产中，对于断面效应考虑最多的是以下两个方面：主应力断面的材料强度应能满足设计上对强度的要求，以确保铸件能安全使用；其次是铸件断面上不出现游离渗碳体，使铸件保持良好的可切削性。ASTM 以避免白口组织出现为前提，提出了各种牌号灰铸铁的最小断面尺寸，如表 8-12 所示。

表 8-12 灰铸铁避免白口的最小断面尺寸

ASTM 牌号	最小壁厚/mm	合适模数/mm	ASTM 牌号	最小壁厚/mm	合适模数/mm
20	3.2	1.5	40	15.9	7.1
25	6.4	3.0	50	19.0	8.4
30	9.5	4.3	60	25.4	10.7
35	9.5	4.3			

铸件的化学成分是影响断面敏感性的重要因素。铸铁的碳当量越低，断面效应越明显。低碳当量铸铁采用硅铁孕育是降低断面敏感性的主要方法。对于壁厚变化较大铸件，在铁水中加入少量硅铁(0.3% ~0.4%)，厚断面的组织没有显著变化，而薄断面的白口生成倾向和 D 型石墨生成倾向都会显著降低。

加入少量镍、铬、钼等合金元素也能降低断面敏感性。

8.5.7 焊接性能

铸铁需要有一定的可焊性。铸铁件焊接主要应用于以下几个方面：

(1) 修复有缺陷的铸件。通常用于补焊铸件上的气孔、缩孔、渣孔、裂纹等破坏组织连续性的缺陷以及使用中发生的铸件损伤；

(2) 在铸件的工作表面堆焊，形成具有特定性质的保护层，如耐磨层、耐蚀层等；

(3) 通过焊接使铸铁件与其他同质或异质零件相连接，制成焊接组件。此种焊缝要求具有一定强度，以便承受组件的工作应力。

铸铁的焊接性能比钢差，焊缝与母材结合强度较低，性质较脆，容易产生白口组织，有较强的裂纹敏感性；焊接熔池附近的热影响区有淬火硬化倾向。铸铁件焊后硬度急剧提高，难以切削加工。但是充分掌握了加热和冷却过程中组织变化规律，采用合适焊条和合理焊接工艺，这些不利之处是能够避免的。

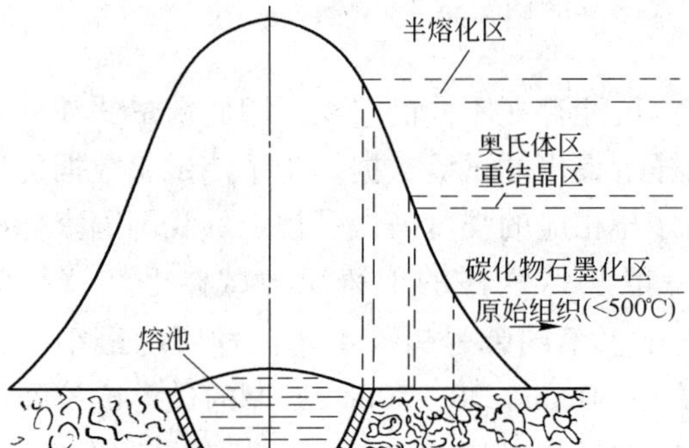

图 8-31 灰铸铁焊接热影响区示意图

8.5.7.1 灰铸铁焊接熔池及热影响区

图 8-31 表明熔焊时形成的熔池及其附近的热影响区[11]。施焊时由外部输入的热量使焊接材料及部分母材金属熔化形成熔池，熔池金属冷却后与母材金属紧密接合。熔池与母材金属接合处，由于热量不断向外散失，温度低于熔池温度(对灰铸铁来说，温度约为 1150 ~1250℃)，母材金属不能完全熔化，形成部分熔化区，此区域中固液两相共存。由于熔化区热量的影响，

两相共存区外的金属温度可超过奥氏体转变温度，形成奥氏体区。奥氏体区以外的金属，部分发生重结晶。在500~550℃以下保留着铸铁母材的原始组织。

半熔化区、奥氏体区、重结晶区都是在焊接热影响下形成的，统称为焊接热影响区。热影响区的金属组织和性能在焊接过程中发生的一些变化，是判断金属材料可焊性的重要依据。

灰铸铁熔池金属按稳定系或亚稳定系方式转变主要取决于其化学成分和冷却速率。低碳当量或含有促进亚稳定系转变的元素降低共晶转变温度，提高渗碳体共晶的生成倾向。采用钢质焊条焊接灰铸铁件时，熔池中的碳当量因焊接材料对灰铸铁中碳和硅的冲淡作用而显著下降，提高了熔池金属共晶转变过冷度，促进渗碳体共晶生成，使冷却后的焊缝具有白口组织。为了避免这种情况，可以使用含有较高碳、硅，并含有镍、铜等促进石墨化元素的焊接材料。

熔池冷却速率直接影响焊缝白口倾向。熔池最高温度、熔池温度保持时间、焊件温度、熔池体积及模数(体积与散热表面积之比)、散热条件以及不同的焊接方法与工艺都能使熔池冷却速率发生变化。电渣焊通常用于形成较厚大的熔池，冷却速率较低。气焊的加热时间较长，熔池温度保持时间也比较长，通常比电弧焊形成的熔池冷却速度低。降低熔池冷却速率的有效方法是工件预热。灰铸铁件整体预热到650℃并保温一定时间后进行焊接，熔池冷却速率约为不预热工件熔池冷却速率的1/2~1/3。焊后立即在熔池表面覆盖保温材料，对减少白口也有效果。

热影响区中奥氏体组织的形成和冷却时发生的相变也是决定灰铸铁件焊接区性能的主要因素。产生奥氏体组织首先需要有足够高的温度，当焊接输入热量传导到热影响区并使该处温度提高到临界温度以上，奥氏体组织才可形成。其次是应该有足够的碳含量，这就需要借助石墨的碳原子扩散以及原始基体组织中碳浓度均匀化来实现。如果母材的基体是珠光体，所需的碳扩散量相对较少，碳比较易于均匀化。珠光体灰铸铁的奥氏体化温度约820~830℃。而铁素体灰铸铁基体碳含量低，碳原子在较高温度下才能充分扩散。因此在相同的焊接规范下奥氏体碳含量低，形成温度较高，奥氏体区的范围相应缩小。

焊接时输入的热量多，焊接区域的最高加热温度高；熔池体积大、最高温度保持时间长，都能使碳的扩散更充分，奥氏体区扩大，奥氏体碳含量增加。这些因素都将影响冷却时马氏体转变量及其性质。

热影响区金属在冷却过程中发生组织转变。对焊接质量影响最大的是马氏体转变。奥氏体碳含量高，晶粒度粗大，则马氏体转变量增多，尺寸增大，热影响区硬度提高。灰铸铁件焊接时控制奥氏体区碳含量是重要的。采用低碳焊接材料(如钢焊条)对灰铸铁件施焊时，减少总热量输入，降低最高加热温度，或以较快速率加热，缩短高温停留时间都会使碳的扩散量减少，奥氏体碳含量降低，有利于减少热影响区中马氏体转变总量。

马氏体转变与热影响区金属的冷却速率有关。冷却速率降低则减弱马氏体生成倾向。在生产实践中，对灰铸铁件实行预热是降低冷却速率的可行措施。图8-32比较了珠光体球墨铸铁施焊前经过300℃预热与不预热时热影响区硬度变化。工件预热后热影响区硬度较低反映了马氏体转变量减少[6]。

8.5.7.2 铸铁焊接裂纹

焊缝及热影响区产生裂纹是灰铸铁焊接时的常见缺陷。大多数裂纹属于冷裂纹。焊缝

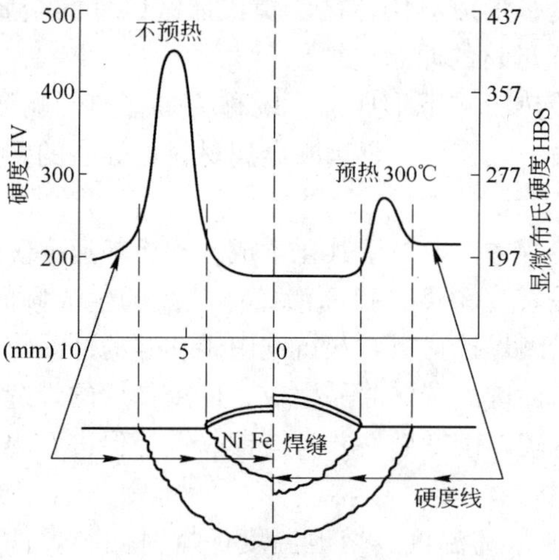

图 8-32 珠光体球墨铸铁施焊前预热与不预热时热影响区硬度比较

中的冷裂纹常常出现在500℃以下的白口组织中。白口组织的收缩率大于灰口组织。熔池凝固后，白口焊缝因受到周围灰铸铁收缩率的限制而产生内部应力。当温度下降到550℃以下，材料的塑性变形能力已经消失。一旦内应力超过材料的断裂强度，便会产生冷裂纹。冷裂纹延伸的方向基本垂直于材料所承受的拉伸应力方向。冷裂纹的生成倾向和开裂程度与焊缝金属中渗碳体的数量有关。

在焊缝金属的收缩受到严格限制的情况下，即使焊缝为灰口组织，特别是低碳当量灰口组织时，也可能出现冷裂纹。裂纹一般是萌生于片状石墨尖端或石墨交汇处应力集中的地方并首先向基体中强度较低的相扩展或沿石墨表面延伸。常可见到裂纹穿过铁素体晶粒而扩展到铁素体，然后再沿珠光体组织的层间前进。球墨铸铁冷裂纹生成有相似规律。裂纹萌生于石墨球体表面，首先在环状铁素体晶粒内扩展，然后通过铁素体、珠光体层间前进。与灰铸铁不同的是，裂纹走向比较明显地与主加应力方向垂直。

热影响区的冷裂纹发生在马氏体形成区。灰铸铁热影响区中大多数马氏体为高碳马氏体。这种马氏体生成速度很高。生长瞬间马氏体片之间或马氏体与奥氏体晶界之间发生剧烈碰撞，碰撞产生的冲击能量可产生相当大的应力。高碳马氏体片性质很脆，不能通过滑移或孪生变形来消除碰撞所产生的应力。释放应力的唯一途径是产生显微尺度的裂纹。这种裂纹处于不稳定状态，在其他应力（热应力或组织应力）作用下将会扩展，由显微裂纹发展成为宏观裂纹。

显微裂纹一般出现在几个马氏体叶片之中。其扩展途径没有明显的方向性，而与热应力和组织应力的大小和方向有关。

热影响区的裂纹敏感性与马氏体转变量、马氏体片体与奥氏体晶粒的相对尺寸、马氏体碳含量等因素有关。马氏体转变量多、片体与奥氏体晶粒相对尺寸大、马氏体含碳量高是基本影响因素。因此，为了预防冷裂产生，应该设法降低奥氏体区材料的碳含量。

铸铁件焊缝中也可以见到热裂纹。热裂纹的产生与熔池金属共晶转变后仍存在于晶粒之间的低熔点熔液有关。磷共晶或硫化铁均能形成这种凝固温度低于铸铁共晶温度的熔体。特别是使用镍基铸铁焊条焊接铸铁件时，$Ni\text{-}Ni_3S_2$ 共晶（熔点644℃）、$Ni\text{-}Ni_3P$ 共晶（熔点880℃）熔点远低于铸铁共晶转变温度。镍基奥氏体通常呈现粗大的柱状晶体。低熔点共晶熔体呈连续分布，热裂纹较易生成。当焊缝温度在铸铁共晶温度和这些低熔点共晶温度之间时，如有较大热应力施加于焊缝，便能产生晶间开裂。热裂纹一般是沿晶界的，也能扩展至晶粒内部，成为穿晶裂纹。

8.5.8 切削性能

大多数铸铁件都要经过切削加工才能成为机器零件。切削性能的好坏直接影响铸铁零件的加工质量和生产成本。特别是像汽车制造厂一类的大批量流水作业的机械加工车间，对于铸件的切削性能要求是很高的。铸造工作者应在确保铸件性能的前提下力求改善铸造合金的切削性能。

金属材料的切削性能一般体现在以下几个方面(这些方面没有统一指标，切削性能好坏都是比较而言的)：

(1) 给定条件下的切削速度和切削刀具寿命；

(2) 给定条件下的切削力或切削功耗；

(3) 可达到的表面光洁度。

灰铸铁与钢相比，其切削性能较好。这是因为铸铁中的石墨有固体润滑作用，石墨颗粒存在于切屑表面，减少切削刀具与切屑之间的摩擦力，降低排屑阻力和切削功耗。另外，石墨片破坏了基体金属的连续性，也有利于断屑、排屑。在相同的切削条件下，灰铸铁件的切削速度高于铸钢，切削功耗低于铸钢。

铸铁的切削性能与基体组织类型和硬度有关。铁素体切削性能最好。其次是珠光体、索氏体、贝氏体。基体有共晶渗碳体时，切削性能显著变差。图 8-33 中 1 ~5 曲线分别表示具有铁素体基体、粗珠光体基体、珠光体基体、细珠光体基体、珠光体 +5% 游离渗碳体基体的灰铸铁，在切削刀刃磨损量达到 1mm 时其切削量与切削速度的关系。可以看出，达到相同的切削量时，可采用的切削速度相差不少。

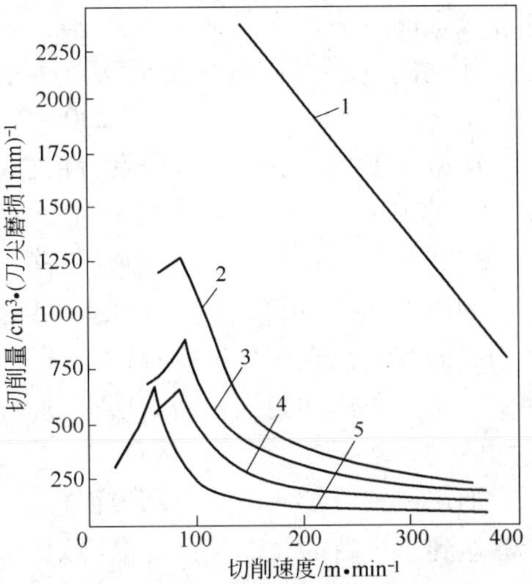

图 8-33 切削刀刃磨损 1mm 时几种铸铁切削量与切削速度的关系

1—铁素体基体；2—粗珠光体基体；3—珠光体基体；4—细珠光体基体；5—珠光体 +5% 游离渗碳体基体

8.6 D 型石墨铸铁

D 型石墨铸铁以其含有 D 型石墨而得名。第 3 章已经谈到，D 型石墨是在较高共晶过冷度下，在高度发育的奥氏体枝晶间熔液中与奥氏体共生长而形成的共晶石墨。这种石墨分布在奥氏体枝晶间，因而在金相组织中可以分辨出初生奥氏体枝晶区与奥氏体 + D 型石墨共晶区。这种铸铁组织是 D 型石墨。D 型石墨铸铁金相组织如图 8-34 所示。

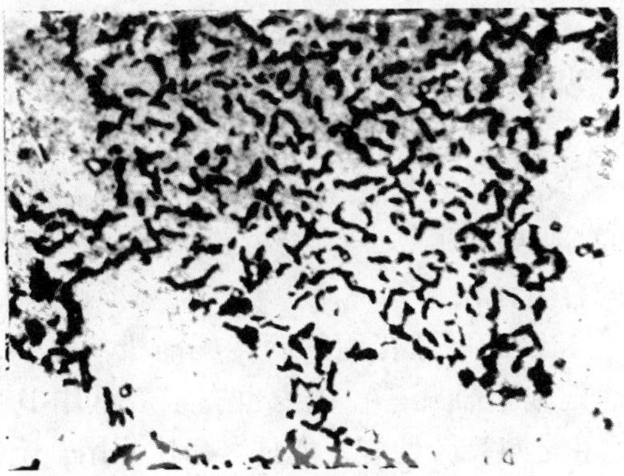

图 8-34 D 型石墨铸铁金相组织

D 型石墨尺寸细小。按 GB 7216—1987 灰铸铁金相国家标准，D 型石墨长度在 7 级(0.015 ~0.030mm)左右，而经过合理孕育的灰铸铁中 A 型石墨长度等级在 4 ~5 级之间(0.06 ~0.25mm)。扫描电镜下观察，D 型石墨分枝频繁(参阅图 1-14)。

早先曾经认为 D 型石墨对灰铸铁力学性

能和使用性能有不良影响，很少有人应用。但是后来发现D型石墨铸铁有许多优越性能，甚至是其他类型灰铸铁所不具备的。因此，这种铸铁才逐渐被人们接受，并在一些批量生产零件中获得应用。

D型石墨铸铁的初生奥氏体的生长一直持续到共晶，而且共晶奥氏体是依附初生奥氏体生长，因此奥氏体枝晶已经形成了三维晶体网络。另外，D型石墨的尺寸细小，对奥氏体连续性的分割比较轻微，不会使晶体网络强度遭受显著破坏。因此D型石墨铸铁与碳当量相同的A型石墨铸铁相比较，具有较高的力学性能。它的基本力学性能为：

$$\sigma_b = 200 \sim 250\text{MPa},\ \text{HBS} = 170 \sim 230$$

D型石墨是在奥氏体充分发育后进行共晶结晶的，共晶膨胀的体积增量可以补充奥氏体降温过程中产生的体积收缩量和枝晶间空隙，增加铸件的致密性，提高铸件抗渗漏的能力。D型石墨铸铁应用于液压阀体一类零件是非常成功的。

制取D型石墨铸铁的一个关键问题是如何使奥氏体充分发育。前面已谈到，如果在凝固界面前沿出现成分过冷及内生长，奥氏体就得以充分发育，为D型石墨生成创造条件。就生长所需的凝固界面上熔液过冷度而言，A型石墨、D型石墨、蠕虫状石墨是依次增加的。

加快铸铁冷却速率是提高界面过冷度的可行办法。在生产上采用金属型铸造薄壁铸件能够达到这个目的，但是过度激冷对于亚共晶铸铁常常蕴含着出现白口、奥氏体枝晶间过度狭窄（D型石墨过于密集）等问题的危险。铸铁的力学性能降低，铁水流动性变差。

为了消除白口倾向，适当控制奥氏体生长的温度范围，改善D型石墨铸铁性能，通常选择共晶或近共晶成分。金属型铸造的D型石墨铸铁可采用的基本化学成分是：$w(\text{C}) = 3.4\% \sim 3.6\%$、$w(\text{Si}) = 2.4\% \sim 2.6\%$、$w(\text{Mn}) = 0.5\% \sim 1.0\%$、$w(\text{P}) = 0.2\% \sim 0.3\%$、$w(\text{S}) \leqslant 0.015\%$。在金属型中铸造较厚断面的D型石墨铸铁件或使较薄灰铸铁件整个断面上的金属都能在足够高的过冷度下结晶生成D型石墨。另外，钛有促进成分过冷及D型石墨生成的明显作用。制造D型石墨常需加钛，但是钛的加入量应严格控制，其有效的质量分数范围是0.02%～0.10%。加入量最好控制在0.085%以下，因为过量钛以氮化物或碳氮化物形态存在于基体中，这些化合物硬度很高（HV > 3000），会降低铸件的可切削性能，不但降低刀具寿命，而且在切削时铸件容易产生热裂纹。D型石墨铸铁切削性能良好。而且由于石墨细小，容易制成表面光洁、尺寸精度高的零件。这一特点使它特别适合制造小型旋转压缩机一类的高精度减摩铸件 。

D型石墨铸铁的铸态基体组织是铁素体。用于滑动干摩擦工况下，虽有少许碳微粒存在于摩擦面之间，产生减磨效果。但也容易发生黏着磨损。为改善这种情况，可以适当添加合金元素并进行热处理。热处理规范与灰铸铁热处理规范相同。实行正火处理可获得约30%珠光体 + 铁素体基体。如果希望获得更多珠光体，则需在炉前加入少量金属锑（$w(\text{Sb}) = 0.02\% \sim 0.04\%$）。经过淬火并在420℃回火的D型石墨铸铁汽缸套经过实际运行，工作寿命不低于同等硬度、具有A型石墨的合金铸铁。

目前已经批量生产的D型石墨铸铁件有：空调器和电冰箱用的旋转压缩机汽缸和曲轴、部分汽车刹车鼓、液压和气动阀体和泵体、运输机轴瓦等，国内也有工厂试用D型石墨铸铁制造玻璃模具，由于具有良好的耐热性和抗热疲劳性能，模具寿命比原用合金铸铁模具成倍提高。

参 考 文 献

[1] Griffith A A. Phil Trans. R. Soc., Ser A. [J], 1920(221): 163.

[2] Glover A S, Polland G. Fracture Toughness of High Strength Materials [J]. Iron Steel Inst Publ. 1970, 120.

[3] Coffin L F. The Flow and Fracture of a Brittle Material[J]. J. Appl. Mechanics, 1950, 17(3): 233.

[4] Plenard E. Recent Research on Cast Iron [M]. New York: Gorden and Beach, 1968.

[5] Glover A S, Polland G J. Iron and Steel Inst[M]. London, 1971(209): 138.

[6] Walton C F, Opar T J. 铸铁件手册[M]. 童本行编译. 北京：清华大学出版社，1990.

[7] Engler S, Dette M. 铸铁冶金学(译文集)：合金及非合金灰铸铁及球墨铸铁的宏观凝固收缩特性[M]. 黄宪珪译. 北京：机械工业出版社，1983.

[8] 史蒂芬 I 卡赛. 球墨铸铁浇口和冒口[M]. 白天申等译. 北京：清华大学出版社，1983.

[9] 美国金属学会. 金属手册. 9 版. (第1卷)[M]. 北京：机械工业出版社，1988.

[10] Patterson W, Dopp R. Giessereiforschang[J]. 1969, 21(2): 91.

[11] Osborn A J. Repair Welding of Ductile Iron, Welding of Cast Iron[J]. AWS, 1985: 56~63.

[12] 中国机械工程学会铸造分会. 铸造手册(铸铁卷)[M]. 2 版. 北京：机械工业出版社，2004.

9 球 墨 铸 铁

20 世纪 40 年代，科学工作者发现在铁碳合金和镍碳合金中加入铈、镁等元素可使铸件中的石墨成为球状。自此开始了球墨铸铁的开发和应用过程。与灰铸铁中的片状石墨相比，球状石墨对基体连续性的破坏较轻，所产生的应力集中效应也较低，强度和塑韧性远优于灰铸铁。同时还不同程度地保持了灰铸铁耐磨、减振、对缺口不敏感以及铸造性能较好的优点。因此，50 多年来其应用范围的扩展速度是其他金属材料难以相比的。

9.1 球墨铸铁显微组织

9.1.1 基体

球墨铸铁显微组织由金属基体和分布其间的球状石墨组成。石墨体积约占总体积 10% 左右。常规基体组织是铁素体和珠光体。由于化学成分或熔制工艺方面的问题，基体中也可能出现共晶渗碳体以及晶间碳化物(包括磷共晶)。在球墨铸铁的铸态组织中较少见到单一基体组织，一般都是珠光体 + 铁素体混合组织。加入合金元素或热处理可以改变各组织间的含量比，可能使基体组织单一化；也能产生贝氏体、马氏体、奥氏体基体，形成各种类型的球墨铸铁。

球墨铸铁常以基体中含量占优势的组织归类，如珠光体占优势的球墨铸铁称为珠光体球墨铸铁。国家标准则按主要力学性能指标确定球墨铸铁牌号(参阅国家标准 GB/T 1348—1988)。

球墨铸铁铸态组织中的珠光体一般是片状珠光体。其分散度因铸件冷速不同而有差别。快冷产生层间距较小的共析组织。加入钼、铜等元素也可以细化珠光体。国标 GB/T 9441—1988《球墨铸铁金相检验》中将珠光体按粗细分为三级。按珠光体数量分为 12 级(由 5% 至大于 90%)。图 9-1 为含有 50% 珠光体球墨铸铁金相组织。

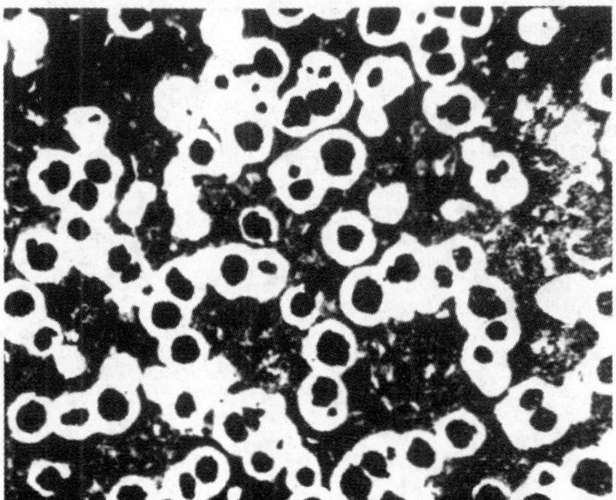

图 9-1　50% 珠光体球墨铸铁金相组织

球墨铸铁件中铁素体基本上是以两种状态分布。铸件凝固和随后的冷却过程中，球状石墨周围的碳扩散到石墨表面而产生低碳区，形成环状铁素体(俗称牛眼状铁素体)。环状铁素体是由一些等轴晶粒构成。

当铸件冷却缓慢、含硅较高时，等轴晶粒充分生长，铁素体环厚度增加，并互相联结。铁素体也可能呈块状或网状存在。这种铁素体分散分布于珠光体团之间，有些是先共析相，有些是在共析转变过程中产生。国标 GB 9441—1988 中将分散分布的铁素体数量分为六级，最高含量为 30%。

由于碳当量低、孕育不充分或其他原因，球墨铸铁基体中会出现渗碳体（图9-2）。渗碳体常以条块状、鱼骨状等各种形态存在，使球墨铸铁呈白口或麻口断面。铁水连续降温并分别进行稳定共晶反应和亚稳定共晶反应，可能在不同的过冷度下形成渗碳体、石墨和珠光体共存的组织。铁水中的锰、磷以及其他碳化物形成元素如铬、钒、钼等凝固时偏析于液相，最终还可能形成晶间碳化物。

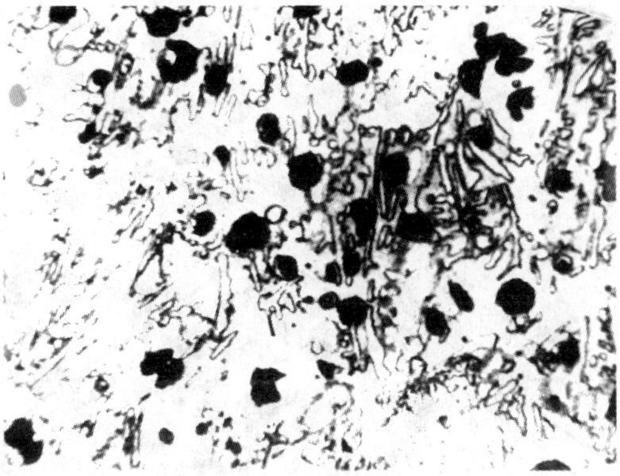

图9-2 球墨铸铁件中的碳化物

含有大量镍、锰等稳定奥氏体合金元素的球墨铸铁能产生铸态奥氏体基体。奥氏体能改善材料的塑韧性（在－80℃以下仍保持较好韧性），耐热性、耐蚀性很好，是耐热和耐蚀球墨铸铁的最佳基体。淬火可获得马氏体组织，提高球墨铸铁强度和硬度，使铸件耐磨性能明显改善。合金球墨铸铁经过等温淬火，根据等温温度的不同可获得上、下贝氏体基体，贝氏体球墨铸铁具有优良的综合力学性能。

9.1.2 石墨

石墨呈球状是球墨铸铁的组织特征。但是在实际铸件中并不是每个石墨都是圆整的球形。球状石墨在生长过程中总会遇到自身和外界的障碍，一部分石墨偏离球形。GB 9441/T—1988 将球墨铸铁中的球状石墨按球化情况分为五个等级，球化率分别为：不小于95%、90%～95%、80%～90%、70%～80%、60%～70%。单个石墨形状的不规则性，也可由“形状因子”来衡量。形状因子也称“面积率”，其值等于单个石墨的实际面积与其最小外接圆面积的比值。图9-3显示3个单个石墨形状因子的测定值。各种石墨的面积率如下：球状石墨＞0.80，团状石墨为0.80～0.61，团絮状石墨为0.60～0.41，蠕虫状石墨为0.40～0.21，蠕虫状和片状石墨为0.20～0.05。面积率在0.80以上为球化良好的石墨，低于0.40的是未球化石墨。一个铸件内的石墨球化情况往往参差不齐。即使在一个金相视场内，各个石墨的面积率也不会完全相同。为了衡量石墨球化的总体情况，可按下式计算球墨铸铁球化率：

石墨编号	石墨实际面积	外接圆面积	形状因子
1	117	664	0.176
2	155	259	0.598
3	458	552	0.830

图9-3 3个球状石墨形状因子及其测定值

$$\text{球化率} = \frac{1.0 \times n_{1.0} + 0.8 \times n_{0.8} + 0.6 \times n_{0.6} + 0.3 \times n_{0.3} + 0 \times n_0}{n_{1.0} + n_{0.8} + n_{0.6} + n_{0.3} + n_0} \times 100\% \quad (9\text{-}1)$$

式中，$n_{1.0}$、$n_{0.8}$、$n_{0.6}$、$n_{0.3}$、n_0 分别表示符合5种面积率的石墨颗粒数；1.0代表面积率大于0.8的石墨，0.6代表面积率为0.80～0.61的石墨，以此类推。以下述方法对石墨颗粒计数：在100倍金相照片对角线方向上取两条6mm宽“测量带”（图9-4），凡位于带

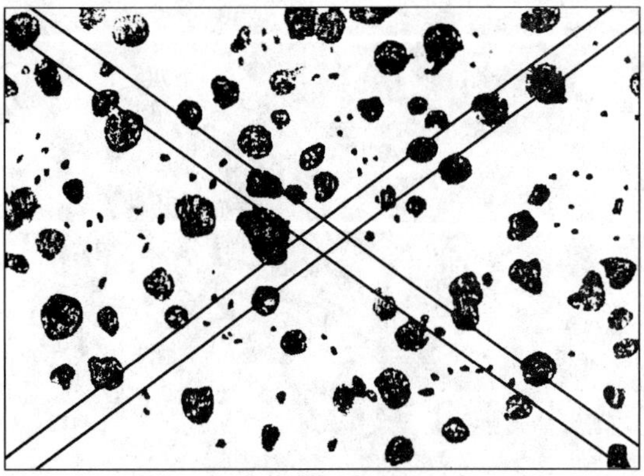

图 9-4　石墨球化率测定

内或与带边缘相交的石墨颗粒都计入总球数内。然后逐个石墨按形态找出面积率不同的石墨球数（2mm 以下的点状石墨不计），再按式(9-1)计算出球化率。

为了能够较正确地反映整体石墨球化程度，计入总数的石墨球数不应少于 10 个。否则需更换视场，并在较低倍率下重新测算。图 9-5 显示 w(CE) = 3.61% ~ 4.93% 球墨铸铁球化率对抗拉强度和伸长率的影响。可以看出球化率对力学性能有影响，尤其是伸长率所受影响更为明显。高韧性球墨铸铁的球化率一般不应低于 80%。优质球墨铸铁球化率应大于 85%。

单位体积内石墨球的数量（简称球数）是衡量铁水凝固过程中形成有效石墨晶核能力的指标，也反映孕育处理的有效性。通常是在二维金相磨面上检查每平方毫米中石墨球数量（根据定量金相学，石墨球的二维金相计数，可代表三维计数），以此计数值代表石墨球数的多少。

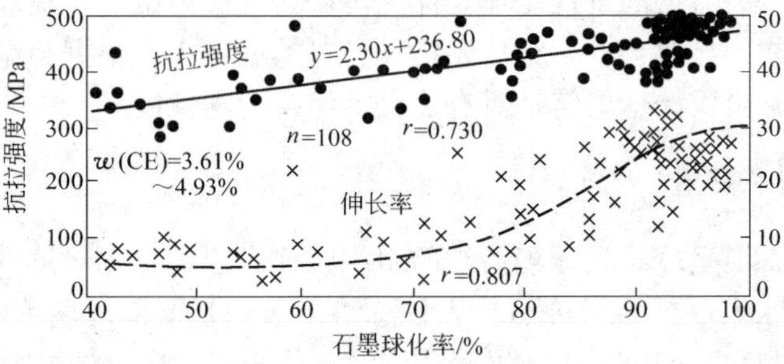

图 9-5　球墨铸铁球化率对抗拉强度和伸长率的影响

石墨球数与孕育剂及铁水本身提供的形核基质数量以及由冷却速率决定的铁水过冷度有关。在合理的过冷度范围内，石墨晶核的临界尺寸随过冷量增加而减小，有效晶核数量增加，形核率提高，石墨球数增加[1]。

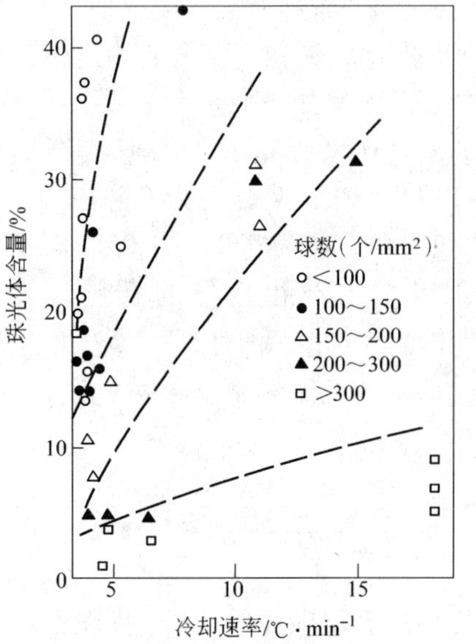

图 9-6　石墨球数和冷速对珠光体量的影响

石墨球数对球墨铸铁基体组织、力学性能、物理性能、工艺性能都有影响。球数增加使其间距减小，这意味着碳原子在液相和固相中石墨表面扩散的距离缩短，有利于增加铁素体量和减少游离渗碳体。图9-6 显示具有珠光体-铁素体混合基体组织的球墨铸铁冷却速率、石墨球数对基体中珠光体量的影响。球墨铸铁中石墨析出总量反映碳含量和石墨化程度。与之相关的数据是石墨球数及石墨尺寸(直径)。

石墨总量增加可以提高球墨铸铁导热能力和减振能力，增加凝固时的共晶膨胀，有助于减少体积收缩量和消除铸件缩孔缺陷。

铁素体球墨铸铁石墨球尺寸增加会使抗拉强度和硬度稍有下降，但伸长率明显提高。各种基体组织中石墨球径增大都将导致疲劳极限下降。

9.2 化学成分

普通球墨铸铁化学成分的一个显著特点是碳当量高于灰铸铁，一般 $w(\mathrm{CE})=4.2\%\sim4.6\%$。选择高碳当量主要是因为：经过球化处理的球墨铸铁凝固过冷倾向高于灰铸铁，容易产生渗碳体组织，因此需要提高铁水中碳活度，改善石墨化条件。即使石墨数量因碳量提高而增加，球状石墨对材料力学性能的影响也远小于同样体积片状石墨的影响。另外，原铁水的碳与球化元素化合而进入熔渣，使碳有所损失。因此，炉料配碳量应适当提高。

9.2.1 常存元素对组织的影响

球墨铸铁碳当量对石墨球总数的影响见图9-7。可见当球体平均尺寸基本相同时，$w(\mathrm{CE})=4.4\%$ 的球墨铸铁石墨球数几乎是 $w(\mathrm{CE})=4.2\%$ 的1.5倍。$w(\mathrm{CE})$ 值较低时，它的变化对球数的影响比较明显。

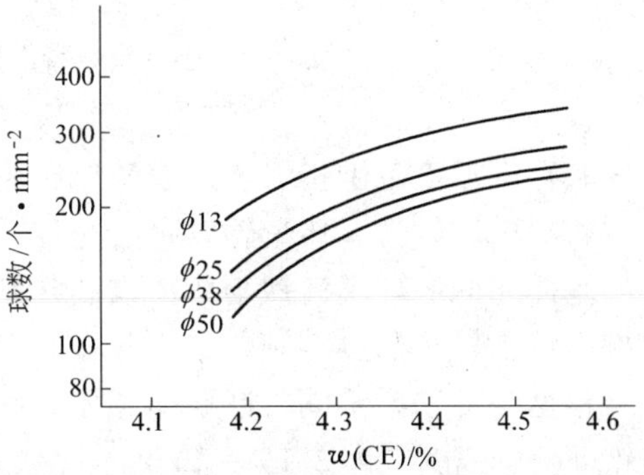

图9-7 碳当量对石墨球总数的影响

图9-8表示铸件模数（铸件体积/铸件表面积）不同的球墨铸铁件中不出现渗碳体组织的碳、硅含量关系。当硅含量相同时，为了避免渗碳体析出，相对散热能力较强的小模数铸件需要有较高碳含量。由图9-7还可以看出，碳促进石墨化能力强于硅。例如，模数0.32cm的铸件，增加碳0.11%相当于减少硅0.2%的作用。模数0.6cm的铸件，增加碳0.1%相当于减少同等数量硅的作用。$w(\mathrm{CE})$ 值越高，碳促进石墨化的作用越强。

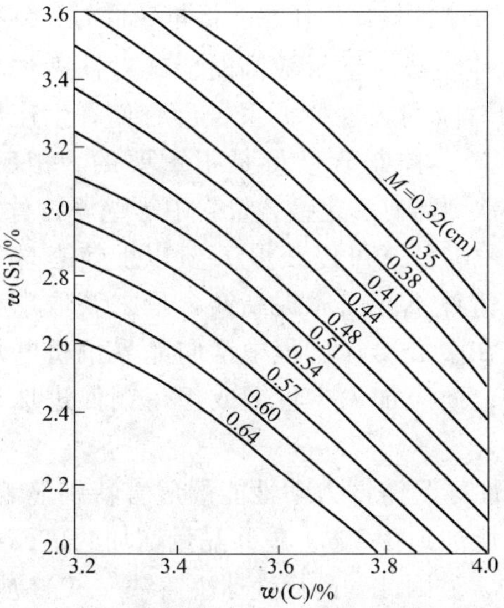

图9-8 模数不同的球墨铸铁件中不出现渗碳体组织的碳、硅含量关系

球墨铸铁碳量过高是不利的。石墨球尺寸增大，数量增多，可能会引起石墨漂浮，造成铸件中石墨宏观偏析。较大的球体结构稳定性较差，容易蜕变为爆裂石墨或碎块石墨。

碳、硅含量对不同模数的低锰（$w(\mathrm{Mn})<0.01\%$）球墨铸铁件奥氏体转变产物的影响见图9-9。图中曲线表示小模数铸件，即使碳、硅含量高，锰量很低，也难获得纯铁素体基体。随着模数增加，不出现渗碳体的临界碳、硅含量降低。

碳促进铁素体生成的能力低于硅。

碳当量相同时，提高硅量能使亚共晶成分铁水的共晶温度上升。甚至在碳当量很低时，也能抑制碳化物生成。另外，孕育剂中的硅比原铁水中的硅更能促进石墨化。

硅提高共析转变三相（$\gamma+\alpha+G$）共存区温度

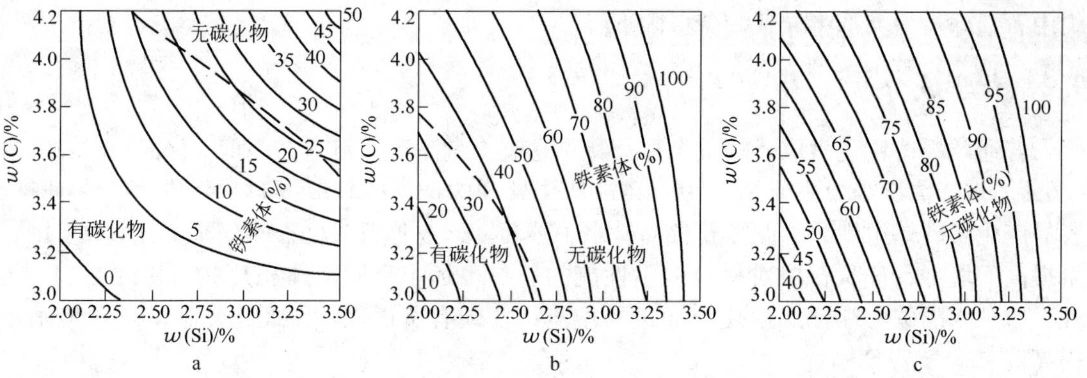

图 9-9　不同模数铸件中碳、硅含量与铁素体含量关系

a—$M = 0.32$cm；b—$M = 0.64$cm；c—$M = 0.79$cm

并使共存区温度范围扩大。这表明奥氏体进行共析转变的温度范围加宽。在相同冷却速率下，石墨周围的铁素体晕轮发育更充分，铁素体量增加。

基体相同的球墨铸铁与灰铸铁硅含量可能有差别。球墨铸铁硅含量一般高于灰铸铁，以抑制铁水较高的过冷倾向。

根据铸件壁厚不同，铁素体球墨铸铁 w(Si)应在2.5% ~3.0%之间选择。珠光体球墨铸铁 w(Si)范围应为2.1% ~2.6%。

硅量过高使韧-脆性转变温度提高，对铸件低温性能有不良影响。特别是高磷球墨铸铁低温脆性对硅含量是非常敏感的。

锰是较弱的碳化物稳定元素。锰溶入 Fe_3C 形成的$(Fe, Mn)_3C$ 随锰量变化而改变分布形态。锰量低时，渗碳体在晶界上以孤立状态分布。锰量增加时逐渐形成网状，使球墨铸铁的韧性下降。锰促进渗碳体形成的能力受硅的抑制。25 mm 厚铸件不产生共晶渗碳体的锰和硅含量见图 9-10。

锰有抑制铁素体生成、降低基体中铁素体和珠光体含量比的作用。锰量较低时，硅有力地促进铁素体生成。锰量较高时，硅对铁素体生成量的影响相对减弱。这种关系告诉我们，生产铁素体球墨铸铁时，控制含锰量是很重要的。相反，珠光体球墨铸铁则需有一定锰含量。中等壁厚铸件 w(Mn) =0.4% ~0.55%可以获得75%以上铸态珠光体基体。厚壁铸件不能只靠提高锰含量来获取珠光体组织，以免在缓慢冷却过程中锰向晶界偏析并形成晶间碳化物，而应加入少量铜或钼 + 铜促进珠光体形成。

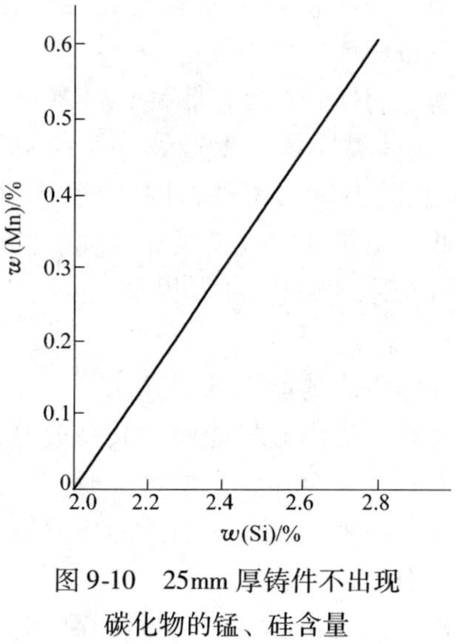

图 9-10　25mm 厚铸件不出现碳化物的锰、硅含量

磷对高韧性球墨铸铁力学性能的危害特别显著。w(P)由0.1%增加到0.2%，磷共晶量增加两倍，冲击韧性下降80%。因此，高韧性球墨铸铁 w(P)应限制在0.07%以下，同时还要限制炉料中钒、铬等碳化物形成元素含量，避免增加三元磷共晶量。

硫是干扰石墨球化的表面活性元素。铁水中加入球化元素后大部分硫与球化元素化合而进入熔渣。剩余的硫化物有些能够成为与石墨晶体有一定共格关系的物质，可作为石墨形核基质，促进石墨球形成。有试验表明，$w(S)=0.06\%$ 和 $w(S)=0.025\%$ 的原铁水分别用镁处理成球墨铸铁后，前者的石墨球数为后者的两倍。这样的情况应该与硫化物增加石墨核心数目有关。

9.2.2 球墨铸铁件化学成分的选择

选择球墨铸铁件化学成分应考虑以下几点：

(1)铸件性能要求；

(2)铸件基体组织类型；

(3)铸件重量、模数以及铸件的冷却条件；

(4)是否铸态使用。

推荐的球墨铸铁件化学成分见表9-1。

表9-1 推荐的球墨铸铁化学成分(%)

球墨铸铁类型		$w(C)$	$w(Si)$	$w(Mn)$	$w(P)$	$w(S)$	其他
铁素体	铸态应用	3.5~3.9	2.5~3.0	≤0.25	≤0.07	≤0.02	
	退火	3.5~3.9	2.0~2.7	≤0.40	≤0.07	≤0.02	
珠光体	铸态应用	3.6~3.8	2.1~2.5	0.40~0.55	≤0.07	≤0.02	$w(Cu)=$ 0.5~1.0，$w(Mo)=$ 0.3~1.7
	正火	3.5~3.7	2.0~2.4	0.40~0.80	≤0.07	≤0.02	

注：表中成分适合壁厚不大于100mm铸件；退火及正火时消除共晶渗碳体；低温用铁素体球墨铸铁硅含量应小于2.0%。

球化处理及孕育处理过程中，铁水成分要发生一些变化。应据此调整炉料及原铁水成分。铁水在感应炉熔炼时的变化可参考以下数据：

球化处理后，原铁水中 $w(C)$ 减少5%~8%，球化剂加入量较多时，减碳量增加。原铁水 $w(Si)$ 减少3%~5%，但孕育剂加入量使硅量增加。孕育剂中 $w(Si)$ 损耗15%~25%，这部分损耗除了氧化损失外，还有孕育剂颗粒未熔入铁水而卷入熔渣造成的损失。磷含量基本无变化。处理后 $w(S)$ 一般会降低到0.01%~0.018%。

9.3 球墨铸铁力学性能

9.3.1 球墨铸铁拉伸断裂

基体组织不同的球铁，其裂纹萌生和扩展过程是不同的，断裂方式也有差异。

球状石墨中存在许多晶体缺陷，主要缺陷是小角度倾斜晶界，这种晶界是可移动的，活动很少受到限制。因此，球状石墨在外加应力作用下，发生可察觉到的形状变化，如图9-11所示。球状石墨受力后变形代替了断裂。

退火铁素体球墨铸铁受到拉伸应力时，石墨球周围的铁素体晶粒与石墨一起发生塑性变形，沿拉伸方向伸长、侧向收缩。变形量大于离石墨较远处的晶粒也同时发生变形，并

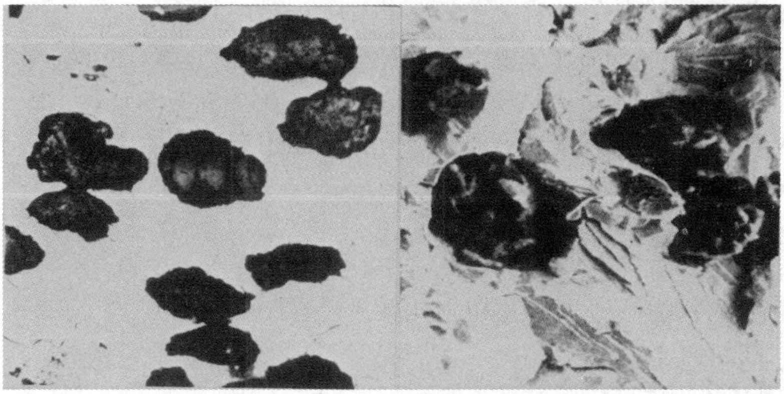

a b

图 9-11 拉伸应力下球状石墨变形

a—光镜下；b—电镜下

互相接近(图 9-11)。由于石墨与周围金属变形量不同，两者之间在伸长方向上出现孔洞，并使石墨球之间的金属发生缩颈成为最高的应力集中区。在应力集中区萌生裂口，随着应力的增加，裂口沿(100)晶面扩展，铁素体晶粒沿此面发生塑性变形。当裂纹扩展到一定程度互相连接甚至形成网状，材料断裂。在较窄的缩颈区产生穿晶的细微剪切裂纹。在较宽的缩颈区裂纹萌生在石墨铁素体界面上。前者的断裂能量小于后者，因此窄缩颈区产生的裂纹比较易于扩展。这些微细裂纹在变形量达到一定程度后便能互相连接，使较窄缩颈区发生较大裂纹，有些则连接在一起。相连部分达到一定程度后，出现断裂。

如果石墨球分布均匀，球数增多并不意味断裂强度降低。因为分布着较多石墨球的基体有较强的抵抗塑变能力，补偿球间距减小带来的影响。但是石墨呈线状排列时，铁素体球墨铸铁断裂强度降低。

具有铁素体和珠光体混合基体组织的球墨铸铁，裂口主要萌生于铁素体和珠光体界面。由于两种组织的塑变抗力不同，导致界面上产生较大剪切应力，促使裂口在该处形核。珠光体的塑性变形量小于铁素体，难以使铁素体塑变区出现的高应力得到恢复。界面上的裂口将在共析组织的层片间以相间分离的方式扩展。裂纹的扩展端是锐利的，能穿过珠光体团和铁素体晶粒。最终呈现珠光体断裂模式。

具有牛眼状铁素体和珠光体组织的球墨铸铁和含有少量珠光体的铁素体球墨铸铁，其裂纹萌生和扩展模式与退火铁素体球墨铸铁类似。只是珠光体团对铁素体塑变有限制作用。随着珠光体量增加其断裂模式逐渐向珠光体断裂模式转变。

以上所述表明：铁素体球墨铸铁在拉伸应力作用下发生塑性断裂。在弯曲和交变应力作用下也出现相同类型的断裂。球状石墨的分布对铁素体球墨铸铁断裂是有影响的。珠光体球墨铸铁的裂纹是以层片间的剪切方式扩展的。这种断裂方式类似于晶内的解理断裂。因此，珠光体球墨铸铁基本上属于脆性断裂。裂纹的扩展主要与珠光体的抗剪切能力有关。

含有板状、块状渗碳体或晶间碳化物的球墨铸铁，裂纹扩展和断裂过程与上述情况有所不同。从拉伸试样断裂后的纵断面观察，板状渗碳体与珠光体之间存在着一种很薄的析出物，析出物可能是固态相变时碳化物分解产生的石墨膜体。裂口能够形核于这种析出物上(图9-12)。在析出物上萌生的裂纹，其方向与碳化物和试样受力方向之间的相对位向有关。裂纹可能沿着板状渗碳体碳化物扩展，也可能横穿碳化物形成穿晶的解理裂纹(图9-13)。

这些裂纹扩展时受到周围珠光体的阻遏，扩展速度减缓或停止。直到应力积累到一定程度，扩展速度加快，裂纹仍以层片间剪切分离的方式通过珠光体并继续扩大。

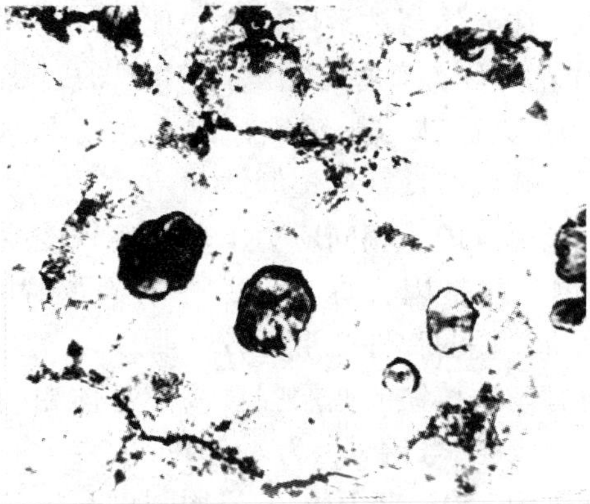

图9-12 裂纹萌生位置

图9-13 横穿碳化物形成穿晶裂纹

晶间碳化物也能够引起断裂。裂口常萌生于碳化物表面，并优先沿晶界扩展，形成晶间裂纹。

珠光体球墨铸铁断口呈银灰色。珠光体的解理断裂使断口比较平整，显现金属光泽。由于存在暗灰色石墨，球墨铸铁断面不如碳钢明亮。在扫描电镜下观察，可以看到珠光体的解理断裂特征。铁素体球墨铸铁断口比较粗糙，表面呈暗灰色，金属光泽不明显。这是因为铁素体球墨铸铁断裂前有很大的塑性变形，产生韧窝断口，这种断口呈现灰黑色。

9.3.2 拉伸性能

球状石墨微观切口效应和对基体的切割作用都小于片状石墨。片状石墨的应力集中系数为1.4~21.0，球状石墨为1.6~3.0。球墨铸铁的拉伸强度和韧性都比基体近似的灰铸铁高。

表9-2列出各种球墨铸铁抗拉强度和伸长率。由表中所列强度指标来看，球墨铸铁与碳钢相比并不逊色。拉伸应力下，球墨铸铁表现出明显的弹性变形过程。铁素体球墨铸铁有明显的屈服现象，断裂前发生缩颈。断裂后保留一定塑性变形量。珠光体球墨铸铁不出现明显的屈服点，断裂前试棒全长均匀变形，不出现缩颈，伸长率低于铁素体球墨铸铁(图9-14)。

表9-2 不同热处理态球墨铸铁的 σ_b 和 δ 值

基 体	热处理	σ_b/ MPa	δ/ %
铁素体	退 火	400~500	15~25
珠光体+铁素体	铸态或退火	500~600	5~10
珠光体	正 火	700~950	2~5
贝氏体+块状铁素体	部分奥氏体化等温淬火	900~1100	2~6
下贝氏体	等温淬火	1200~1500	1~3

表 9-2 反映了球墨铸铁的拉伸强度和塑性主要取决于基体组织。基体组织可直接在铸态下形成，也可以通过添加合金元素或热处理后形成。如以强度由高至低排序，则各种球墨铸铁顺序如下：下贝氏体球墨铸铁、回火马氏体球墨铸铁、上贝氏体球墨铸铁、屈氏体球墨铸铁、索氏体和珠光体球墨铸铁、铁素体球墨铸铁。

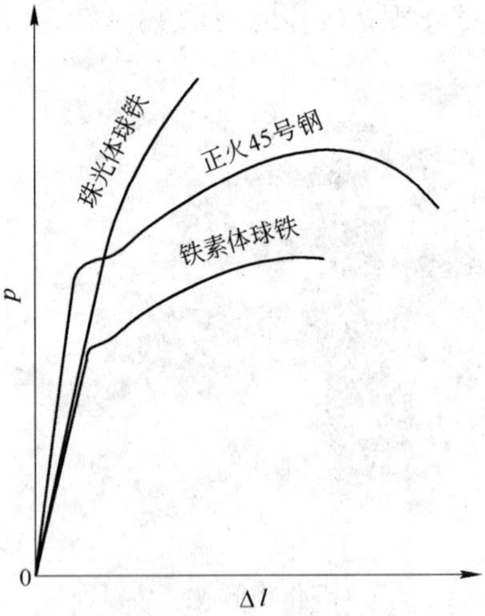

图 9-14　球墨铸铁与 45 号钢的 p-Δl 曲线

很多球墨铸铁具有混合基体组织如铁素体 + 珠光体基体组织中，珠光体与铁素体的含量比值越高则强度也越高。另外，含有某些多相基体组织的球墨铸铁，例如奥氏体-贝氏体球墨铸铁，拉伸强度可达到 1000MPa 以上，并且有良好的塑韧性。

在弹性变形范围内，相同应力下球墨铸铁的变形量大于 45 号钢。这是因为球墨铸铁中有石墨存在，石墨体积变化所消耗的弹性变形能较小所致。

一般而言，球墨铸铁的屈服强度高于基体相同的碳钢。例如，正火 45 号钢 $\sigma_{0.2}$ 为 410MPa 左右，而珠光体球墨铸铁则为 550 ~ 560MPa。屈服强度是机械设计师眼中的重要强度指标，较高的屈服强度往往成为设计师选用球墨铸铁代替钢件的依据之一。球墨铸铁屈强比约为 0.65 ~ 0.75。珠光体球墨铸铁屈强比高于 45 号钢。铁素体球墨铸铁的屈强比也高于退火低碳钢。表明球墨铸铁的强度利用率较高。

各国的球墨铸铁力学性能标准中，大多以拉伸性能参数分等级。表 9-3 为我国国家标准(GB/T 1348—1988)规定的球墨铸铁牌号。表中所列力学性能指标均应由单铸试块取样进行试验后取得。

表 9-3　球墨铸铁牌号及力学性能

牌　号	抗拉强度 σ_b/MPa	屈服强度 $\sigma_{0.2}$/MPa	断后伸长率 δ/%	供　参　考	
	最小值			硬度 HBS	主要金相组织
QT400-18	400	250	18	130 ~ 180	铁素体
QT400-15	400	250	15	130 ~ 180	铁素体
QT450-10	450	310	10	160 ~ 210	铁素体
QT500-7	500	320	7	170 ~ 230	铁素体 + 珠光体
QT600-3	600	370	3	190 ~ 270	珠光体 + 铁素体
QT700-2	700	420	2	225 ~ 305	珠光体
QT800-2	800	480	2	245 ~ 335	珠光体或回火组织
QT900-2	900	600	2	280 ~ 360	贝氏体或回火马氏体

超过屈服强度的应力作用下，材料塑性变形产生的加工硬化能使应力-应变关系发生变化。图 9-15 反映反复拉伸时铁素体球墨铸铁塑变情况。由于每次卸载后，试棒都出现一定塑变并发生形变硬化作用，拉伸应力随反复加载次数增加而提高。例如，加载前试棒 $\sigma_{0.2}=370$MPa，$\delta=15\%$，而反复应变达到 2.2% 左右时试棒断裂。试验表明：强度较高的球墨铸铁，受力产生较低滑移量也能产生较高的硬化效应，在相同的变形量下其屈服强度的提高程度比较大。

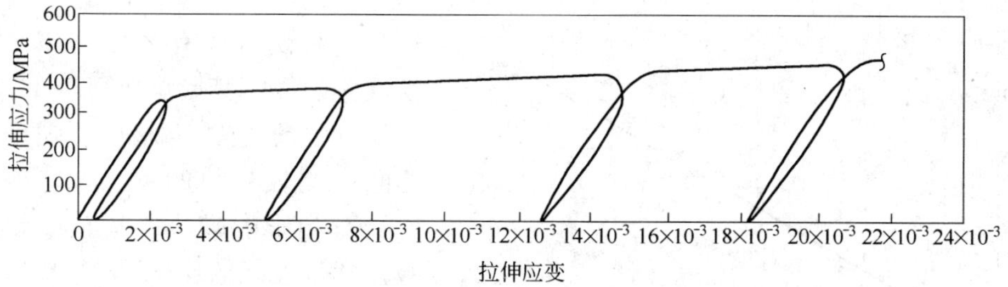

图 9-15 反复拉伸时铁素体球墨铸铁塑变

9.3.3 压缩强度

球墨铸铁压缩屈服强度比拉伸屈服强度高10%～20%。铁素体球墨铸铁压缩弹性极限应力比拉伸弹性极限应力高约20MPa。这是因为球状石墨的应力集中作用对材料拉伸时应力场的影响更为显著。

球墨铸铁在塑性变形区的应力-应变曲线因基体组织不同而有差别。变形抗力较大的珠光体球墨铸铁比铁素体球墨铸铁的曲线较陡。无论变形产生于拉伸或压缩，情况都是类似的。

9.3.4 弹性模量

球墨铸铁，由于基体对强度的影响较大，因而基体比较明显地影响弹性模量。珠光体球墨铸铁正弹性模量高于退火铁素体球墨铸铁。此外，加入强化铁素体和珠光体的元素，提高石墨球化率，减少石墨量都有提高弹性模量的作用。

影响球墨铸铁弹性模量的因素主要有：

(1)球状石墨数量。球数增加会降低球墨铸铁弹性模量；

(2)石墨球化率。球化率较高的球墨铸铁弹性模量较高。如果组织中出现蠕虫状石墨、碎块石墨和其他不规则石墨都会降低弹性模量；

(3)初生碳化物含量。初生碳化物提高球墨铸铁弹性模量；

(4)强化铁素体元素(例如硅)或强化珠光体元素(例如镍、钼)，都能改变应力-应变曲线斜率，提高球墨铸铁弹性模量。

9.3.5 扭转、剪切、弯曲强度

扭转试验测得的球墨铸铁扭转、剪切强度约为拉伸强度的90%。强度较高时，差别更大。剪切屈服强度和比例极限值约为拉伸值的75%。

球墨铸铁扭转性能优于灰铸铁。珠光体球墨铸铁扭转强度与拉伸强度接近，但它的扭转屈服强度(τ_s)比拉伸屈服强度(σ_s)低。τ_s/σ_s 约为0.70～0.77。铁素体球墨铸铁的这个比例略高一些。球墨铸铁件承受扭力时具有较好的塑性，最大扭转角约为灰铸铁的数倍。

珠光体球墨铸铁的抗弯强度极限大于1200MPa，$\sigma_{bb}/\sigma_b=1.4\sim1.5$。

9.3.6 硬度

球墨铸铁硬度主要取决于基体组织。具有各种基体组织的球墨铸铁硬度如表 9－4 所

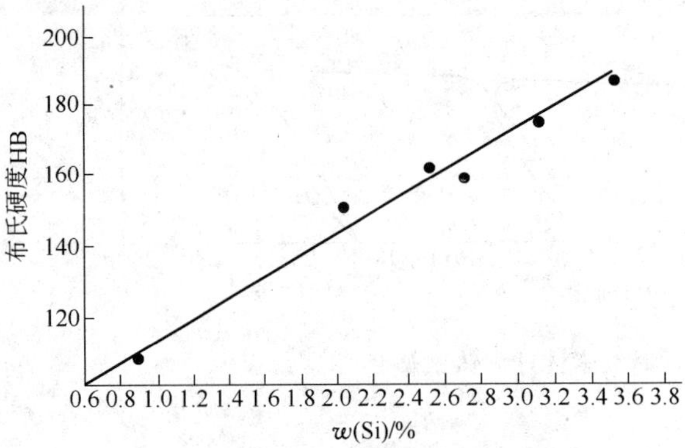

图 9-16 硅对球墨铸铁硬度的影响

示。在化学成分中，硅的影响比较显著。硅对铁素体有强化作用，能提高铁素体硬度，其影响如图 9-16 所示。

普通球墨铸铁硬度、强度、塑性之间有比较规律的关系。球墨铸铁强度受石墨影响较小，其布氏硬度与屈服强度有较好的比例关系：

$$HB = K\sigma_{0.1}$$

K 值受硅含量(强化铁素体)及石墨共晶团大小的影响。

铸态、退火或正火的铁素体、珠光体单一或混合基体球墨铸铁硬度升高时，拉伸强度和屈服强度均相应提高，而塑性(伸长率)则降低。

表 9-4 各种球墨铸铁硬度

基体组织	硬度 HBS	基体组织	硬度 HBS
铁素体	149 ~ 187	贝氏体或针状组织	269 ~ 350
铁素体 + 珠光体	170 ~ 207	回火马氏体	350 ~ 550
珠光体 + 铁素体	187 ~ 248	奥氏体	140 ~ 160
珠光体	217 ~ 269		

9.3.7 冲击功

球墨铸铁的冲击吸收功远大于灰铸铁。作为机械结构材料，具有良好的抗冲击能力是扩大材料应用范围的必要条件。就冲击韧性而言，铁素体球墨铸铁优于珠光体球墨铸铁。混合基体组织中随珠光体含量减少，冲击功相对提高。各种基体组织的球墨铸铁常温冲击功范围(无缺口试样)如下：铁素体为 40 ~ 120J，珠光体为 12 ~ 28J，回火索氏体为 16 ~ 48J，贝氏体(上、下贝氏体)为 24 ~ 80J。

图 9-17 示意地比较了球墨铸铁与钢的韧性-脆性转变温度曲线，表明球墨铸铁是在较低温度下发生这种转变的。珠光体含量对球墨铸铁韧-脆性转变温度影响很显著，珠光体含量增加则转变温度提高。35% 珠光体基体球墨铸铁转变温度一般是在室温以上。因此，低温冲击工况下，采用铁素体球墨铸铁比较适宜。

图 9-18 显示温度对各种基体组织球墨铸铁冲击功的影响。低温下基体组织的影响不太明显，但在室温以上趋于明显，尤其铁素体球墨铸铁冲击功对温度更为敏感。

图 9-19 显示温度对几种热处理后的球墨铸铁冲击吸收功的影响。试样成分：$w(C) = 3.65\%$、$w(Si) = 2.48\%$、$w(Mn) = 0.52\%$、$w(P) = 0.065\%$。

铸件化学成分中，硅和磷对冲击韧性影响比较显著。硅量增加，铁素体球墨铸铁的冲击韧性明显下降，韧-脆性转变温度提高(图 9-20)。$w(Si) \approx 4\%$ 的球墨铸铁可用于耐热和耐蚀件，基体为铁素体，但室温脆性很大，不宜在有冲击载荷的条件下使用。

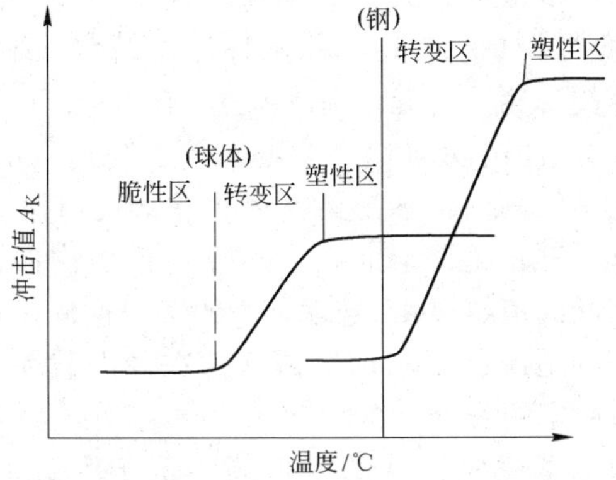

图 9-17 球墨铸铁与钢的韧-脆性转变温度比较

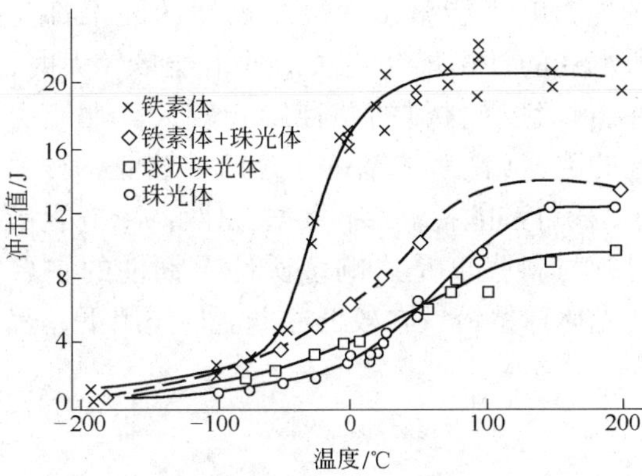

图 9-18 温度对各种基体组织球墨铸铁冲击功的影响

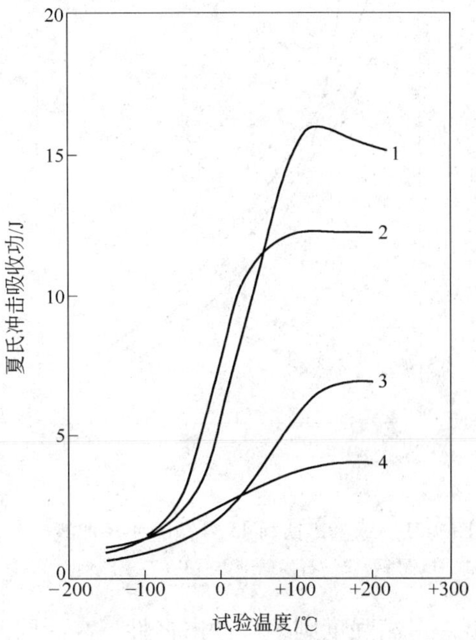

图 9-19 温度对热处理后球墨铸铁冲击吸收功的影响

1—退火铁素体球墨铸铁(431MPa)；2—奥贝球墨铸铁，370℃等温(952MPa)；3—铸态铁素体+珠光体球墨铸铁(814MPa)；4—油淬，595℃回火球墨铸铁(870MPa)(括号内为抗拉强度)

磷量较高的球墨铸铁含有二元或三元磷共晶，这种共晶在冲击作用下会成为裂纹萌生和扩展的优先位置，削弱球墨铸铁抗冲击能力。$w(P)>0.05\%$时，冲击韧性开始下降，超过0.08%时，下降就非常显著了。

大多数工程构件的冲击断裂与一次冲击试验试样断裂的方式显著不同。断裂通常是受较小能量多次冲击导致裂口形核和扩展而产生，这是一个损伤积累的过程。一次冲击断裂和多次冲击断裂的机制和主导因素不同，多次冲击抗力主要取决于材料强度和塑性的综合性能。除了强度影响外，材料断裂所能吸收的塑性功是必须考虑的。

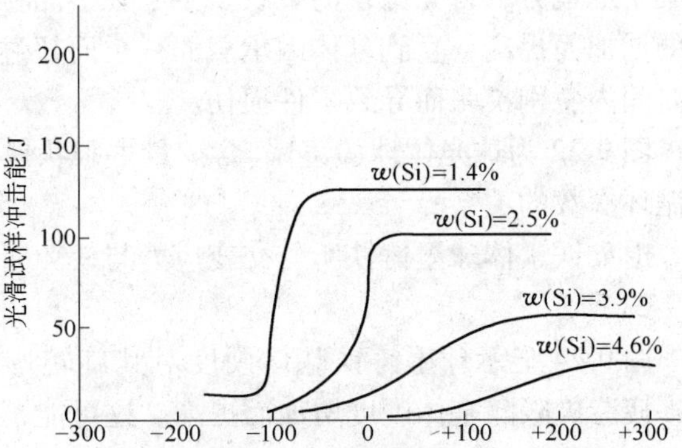

图 9-20 硅对球墨铸铁韧-脆性转变温度的影响

灰铸铁宏观塑性很微小，冲击断裂前所能吸收的塑性功非常有限，因而测

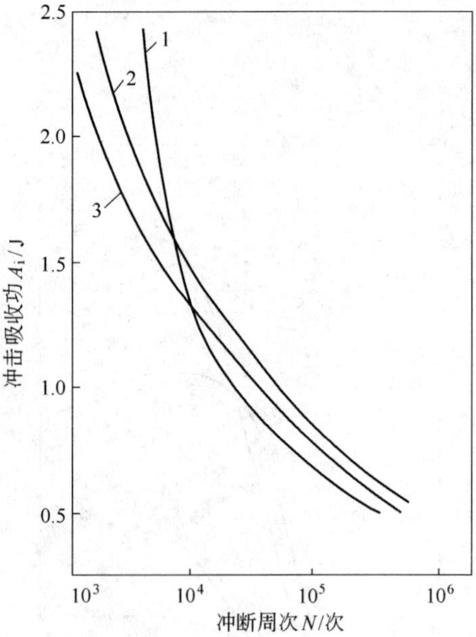

图 9-21　球墨铸铁和 45 号钢的 A-N 曲线
1—45 号钢；2—石墨球细小；3—石墨球粗大

定灰铸铁多次冲击抗力没有实际意义。图 9-21 显示 45 号钢（曲线 1）、铁素体球墨铸铁（曲线 2）、石墨球粗大的混合基体球墨铸铁（曲线 3）的 *A-N* 曲线（冲击功与临界冲击次数曲线）。可见冲击能量较高时，球墨铸铁多次冲击抗力比 45 号钢差；冲击能量较低时，球墨铸铁多次冲击抗力接近或稍超过 45 号钢。一般工程构件多属于后一种情况，说明球墨铸铁件在冲击载荷作用下有一定的安全可靠性。

珠光体球墨铸铁的冲击韧性低于中碳钢，但其小能量多次冲击抗力，在冲击功较低时优于中碳钢。

各种影响小能量多次冲击韧性的因素都与材料所承受的冲击能量有关。冲击能量较大时，多次冲击韧性受材料的塑性影响较大，凡能提高塑性的因素（铁素体基体、含硅量较低、石墨球细小均匀）都能提高多次冲击韧性，冲击能量较小时，材料强度是影响多次冲击韧性的主要因素。提高强度则多次冲击韧性提高。因此，珠光体球墨铸铁在较低冲击能量作用下，表现出较好的多次冲击韧性。

9.3.8　疲劳强度

碳当量相同的铸铁中，相邻球状石墨之间的距离大于相邻片状石墨之间的距离。而且球数越少，距离越大，交变应力产生的裂口扩展路径越长。在条件相同情况下，球墨铸铁中裂口扩展所对应的循环次数多于灰铸铁。这是球墨铸铁疲劳寿命相对较长的原因之一。在探查球墨铸铁疲劳裂纹扩展过程时发现，如果球状石墨周围应力集中轻微，则相邻石墨腔体有遏制裂纹扩展的作用，可提高铸铁抗疲劳能力。

在交变应力作用下，球状石墨和基体金属间变形不同，形成空洞。空洞前端常是应力最集中的地方，首先出现的裂纹发生于几个晶粒之间的滑移。裂纹扩展速度随交变应力次数的增加而提高，直到基体因承载面减小而超过其承载能力时，发生失稳扩展，裂纹在极短时间内急剧扩张而导致零件损伤。

图 9-22 为珠光体球墨铸铁（含少量牛眼状铁素体，材料 $\sigma_{0.2}$ 为 440MPa）裂纹长度与应力循环次数的关系。

退火铁素体球墨铸铁所受交变应力与疲劳断裂前所经受的应力循环次数之间的关系如图 9-23 所示。

图 9-24 显示球墨铸铁基体硬度对其旋转弯曲疲劳极限的影响。在约 HV500 硬度以下，疲劳极限随基体硬度增加而提高。这可能是因为晶体滑移阻力随硬度上升而加大，推迟了裂纹萌生并减缓了裂纹亚稳扩展速率。

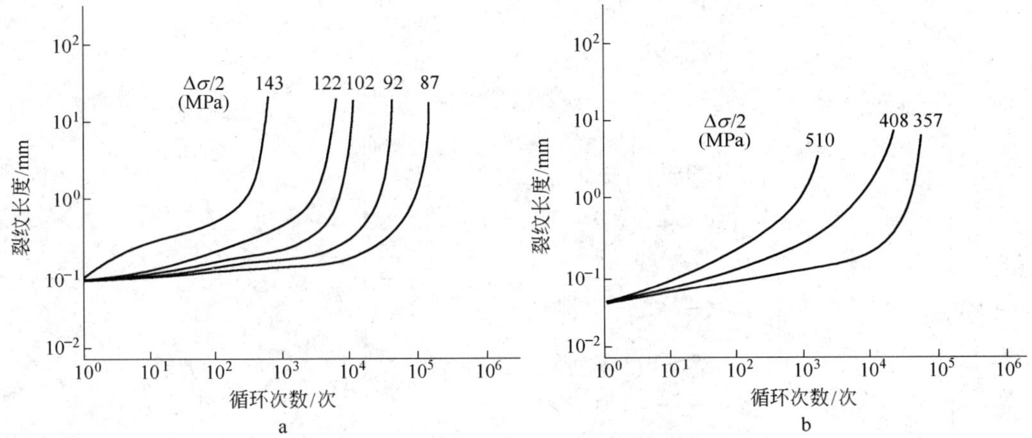

图 9-22　珠光体球墨铸铁裂纹长度与应力循环次数的关系

a—灰铸铁；b—球墨铸铁

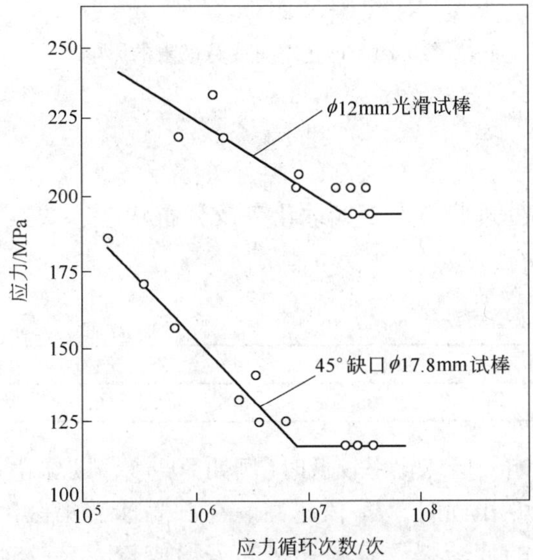

图 9-23　铁素体球墨铸铁交变应力与循环次数之间的关系

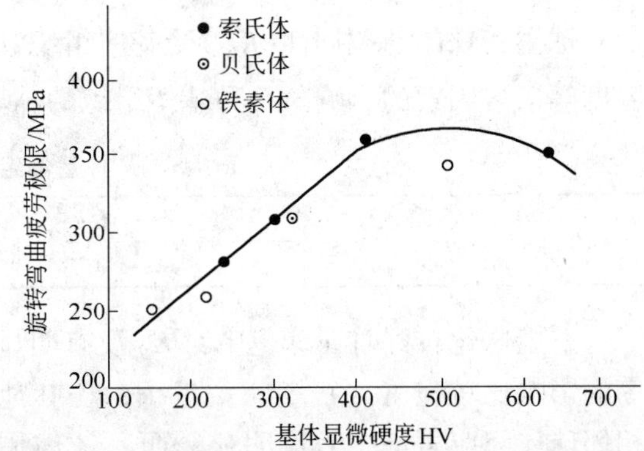

图 9-24　基体硬度对旋转弯曲疲劳极限的影响

石墨球尺寸对旋转弯曲疲劳极限的影响示于图 9-25 中。影响趋势与基体硬度有关。

非球状石墨的存在降低球墨铸铁的旋转弯曲疲劳极限和强度。但是对强度影响较大，对疲劳极限的影响相对较小。$w(\mathrm{C})=3.70\%$、$w(\mathrm{Si})=2.50\%$、$w(\mathrm{Mn})=0.60\%$ 的球化率由 98% 降低到 50% 时，其抗拉强度降低了 1/3，疲劳强度只降低约 25%。上述成分的球墨铸铁球化率对疲劳极限的影响如图 9-26 所示。

球墨铸铁件表面状况(粗糙度、硬度、表面残留应力)对其疲劳极限也有明显影响。采用喷丸表面强化、表面淬火、表面滚压强化等工艺措施都能使球墨铸铁件表面在外加压力下产生局部塑性变形，形成残留压应力，从而改善零件的抗疲劳损坏性能。

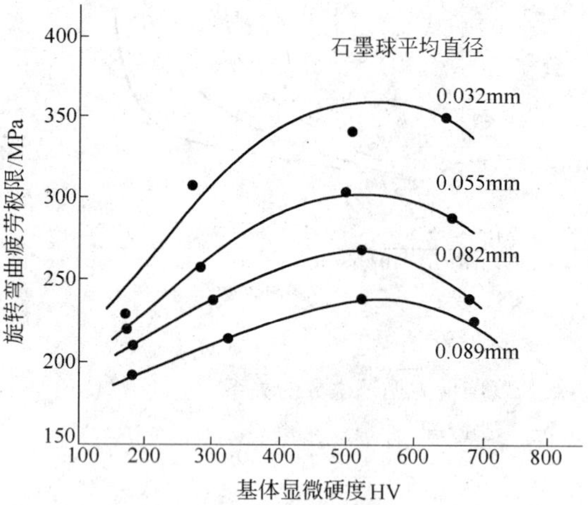

图 9-25 石墨球尺寸对旋转弯曲疲劳极限的影响

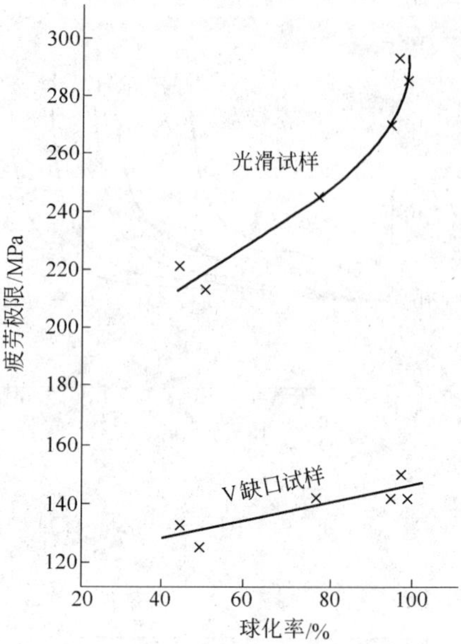

图 9-26 球化率对疲劳极限的影响

9.3.9 断裂韧性

球墨铸铁的断裂韧性(K_{IC})受基体组织、热处理状态、石墨球化率及分布状态、试验温度等诸多因素的影响。几种基体组织的球墨铸铁 K_{IC} 值列于表 9-5。

表 9-5 几种基体组织球墨铸铁的 K_{IC} 值

基体组织	铁素体	珠光体	下贝氏体
K_{IC}/MPa · m$^{1/2}$	75 ~ 80	30 ~ 35	55 ~ 60

石墨球化较好时，球化率对 K_{IC} 没有明显影响，但球化率较低时(例如 50%)，则球化率的影响比较显著。石墨球径越小，在其他条件相同时，K_{IC} 值越高。在石墨球密集区，相邻球体间应力集中效应明显，而且球体周围的疲劳裂纹容易连接起来形成较大裂纹，K_{IC} 急剧降低。从断裂韧性的角度来看，应竭力避免石墨球的不均匀分布(如石墨漂浮区)。

淬火后球墨铸铁 K_{IC} 值显著降低。回火后 K_{IC} 值都会明显上升。淬火后高温回火形成的珠光体铸铁比具有相同抗拉强度的铸态珠光体球墨铸铁 K_{IC} 值高得多。

在不同应力条件下，铁素体球墨铸铁的临界裂纹尺寸(a_C)均高于珠光体球墨铸铁。在 −45℃ 温度下，铁素体球墨铸铁的 a_C 值约为 25mm。

铁素体球墨铸铁疲劳裂纹扩展门槛值(ΔK_{th})高于其他两种球墨铸铁，疲劳裂纹扩展速率(da/dN)低于珠光体球墨铸铁而与下贝氏体球墨铸铁接近。珠光体组织的层片间距减小，疲劳裂纹扩展阻力增大，因而材料的断裂韧性相应提高。

9.3.10 低温力学性能

球墨铸铁低温力学性能因基体不同而有显著变化。铁素体球墨铸铁的抗拉强度和屈服点都随温度下降而提高。而伸长率的变化则有一临界温度，在此温度以上，伸长率基本不变，低于此温度则急剧下降。此温度即为韧-脆性转变临界温度。珠光体球墨铸铁抗拉强度随温度下降而减小，屈服点提高。伸长率在低温下没有临界值。

两种球墨铸铁低温力学性能的差异与材料的应变机制不同有关。铁素体在低温下导致滑移的屈服应力随温度下降而急剧提高。在某一临界低温下，孪生变形屈服应力小于滑移屈服应力，使应变主要产生于孪生。孪生变形易于导致脆性破坏，出现韧－脆性转变。珠光体内的铁素体层也能产生孪生变形，但受到共析渗碳体的限制变形不可能发展，应变机制仍是以层间滑移为主，不发生低温脆化。伸长率与拉伸应力同步提高。

9.4 球化处理

制取球墨铸铁需要对铁水进行球化处理与孕育处理。这两道处理工序都是在炉前完成的。球化处理和孕育处理为球状石墨生成提供了结晶条件，孕育处理还抑制球化处理使铁水深度过冷而产生白口组织。

9.4.1 球化元素与干扰元素

高纯度铁碳、镍碳、钴碳合金以及真空熔炼的高纯度 Fe-C-Si 合金在高过冷度下凝固时，无需加入球化元素，组织中就能产生球状石墨。即使是亚共晶合金，也能出现莱氏体＋球状石墨组织。但是所需的高纯度合金熔液和动力学条件在工业生产中是难以实现的。科学工作者找到了一些能促使铸铁中石墨球化的元素。经过长期的试验和筛选，确定表 9-6[2] 所列的元素具有促进球状石墨生成的能力。但是其中有些元素，只在快速冷却条件下才能产生球化作用，因此还难以在工业上应用。

能够在工业生产条件下使石墨有效球化的元素应具有以下共同性质：

(1) 元素 s^1 和 s^2 电子层有一个或两个价电子，次内层有 8 个电子。这种电子结构使元素与硫、氧和碳有较强亲和力，反应产物稳定，显著减少铁水中的硫和氧；

(2) 元素在铁水中溶解度低，凝固过程中有显著偏析倾向；

(3) 虽与碳有一定亲和力，但在石墨晶格内溶解度低。

表 9-6 所列元素中，镁、铈、钇、钙属于有效球化元素。但是钙产生球化作用的有效含量(与硫、氧反应后的游离含量)范围窄，加入量稍超过限度即产生白口，单独作为球化元素加入量很难掌握，一般要与其他球化元素配合使用。

第 3 章曾谈到氧和硫等表面活性元素对石墨球化的有害作用。除了硫和氧外，已经发现一些微量元素也以不同方式干扰石墨球化。例如钛、砷、锡、锑在铁水中分配系数很低，高度偏析于固-液界面前沿，促使石墨沿奥氏体边界析出，促进片状石墨生长。铅与铋既与镁化合，又偏析于固-液界面，也有较强的干扰作用。有些干扰元素的作用相互影响[2]。例如钛增强铅、铋、砷、锑的干扰石墨球化能力，因为钛在铁水中的存在减少了其他干扰元素形成化合物的能力。游离存在的干扰元素原子吸附在石墨生长的螺位错口上堵塞石墨 C 向([0001]晶向)生长台阶，干扰石墨球化。这些元素在铁水中含量越高，溶解度越低，干扰作用越强。表 9-7 列出已经发现的干扰元素在镁和铈处理的铁水中最高允许含量。低于这个含量时，球化元素可以抑制其干扰作用。

镁是工业上广泛应用的球化元素。化学性质活泼。加入铁水后首先发生下列反应：

$$Mg(l) + O = MgO(s) \qquad \Delta G^{\ominus}(MgO) = -121200 + 35.9T \tag{9-2}$$

$$Mg(l) + S = MgS(s) \qquad \Delta G^{\ominus}(MgS) = -70330 + 27.4T \tag{9-3}$$

反应产物大多数进入熔渣，减少铁水中氧和硫的含量。

表 9-6 几类元素促进石墨球化能力的比较

族别	元 素	沸点/℃	氧化物熔点/℃	含 S、O 的铁碳硅合金		不含 S 的铁碳硅合金	
				缓冷	速冷	缓冷	速冷
$Ⅰ_A$	Li	1370	>1430	-	-	+	+
	Na	883	920	-	-	-	+
	K	762	-		-	-	+
$Ⅱ_A$	Mg	1120	2640	+	+	+	+
	Ca	1440	2500	+	+	+	+
	Sr	1385	2430	(-)	(-)	(+)	+
	Ba	1537	1923	(-)	(-)	(+)	+
$Ⅱ_B$	Zn	907		-	-	-	+
	Cd	765		-	-	-	+
$Ⅲ_A$	Al	2057	2050	-	-	?	+
$Ⅲ_B$	Y	2500	2410	+	+	+	+
	La	—	2315	(+)	(+)	+	+
	Ce	2800	2600	+	+	+	+
	Th	4500	3050	?	?	+	+

注：+表示形成球状石墨；-表示形成片状石墨或非正常片状石墨；括号内符号表示还未完全确认；? 表示待查。

表 9-7 几种干扰元素的允许含量

元素	镁处理时允许含量/%	镁铈复合处理时允许含量/%	元素	镁处理时允许含量/%	镁铈复合处理时允许含量/%
Bi	0.003	0.006	Sn	0.13	—
Pb	0.009	0.014	As	0.08	—
Sb	0.026	0.015	Se	0.05	—
Te	0.05	—	Ti	0.04	0.015

镁原子半径为 1.60×10^{-10}m，大于铁原子半径（1.27×10^{-10}m），几乎不能固溶于铁。但在铁水中有一定溶解度，此溶解度正比于铁水表面的镁蒸气分压。当压力一定时，镁的饱和溶解量随反应温度的降低而增加。在一大气压下，1450℃铁水溶解 w(Mg) = 0.091%；温度降到 1200℃，增加到 0.45%。铁水中碳含量也影响镁溶解量。1370℃时，碳量增加时镁的溶解度降低。而在 1260℃温度下，碳的影响相反。

凝固过程中，溶入铁水中的镁有偏析于石墨相的倾向。当 w(Mg) 在铁水中残留量超过 0.035% 以上时，即可促成石墨球化。但当 w(Mg) >0.07%，一部分镁偏析于晶界，并与晶界中的碳、磷等发生放热反应，生成 MgC_2、Mg_2C_3、Mg_3P_2 等。残留镁量更多时，晶间碳化物增多。

镁与一些干扰元素的反应能力较弱，形成的化合物也不稳定。因此，单纯以镁为球化剂(包括镁与硅铁组成的合金)时，应限制干扰元素含量。

稀土族元素中对石墨球化有显著作用的是轻稀土元素中的铈和重稀土元素中的钇。这些元素比镁有更强的脱氧脱硫能力，生成 R_2O_3、R_xS_y、RS 型化合物。这些化合物熔点高、稳定性良好。此外，稀土元素与铁水中的干扰元素也能形成稳定的化合物。因此，含有稀土元素的球化剂比镁球化剂抗干扰能力强。

稀土元素的原子半径为$(1.74\sim2.0)\times10^{-10}$m，大于镁原子半径。但是它们在奥氏体中的溶解度却高于镁。稀土元素与干扰元素反应后，大部分分布于石墨晶体中。若残留量超过石墨晶体的极限吸附量，它们将偏析于晶界。凝固后产生稀土元素的碳化物，如 CeC_2、Ce_2C_3。

轻稀土元素处理低硫过共晶铁水的球化效果很稳定。铁水中 $w(Ce)=0.04\%$，石墨即可球化。但处理亚共晶铁水，轻稀土加入量需要增加。轻稀土元素处理的球墨铸铁，石墨的圆整度比镁球墨铸铁差，并可能出现碎块状石墨。另外，轻稀土元素使白口倾向增大，因此需要适当控制球化剂加入量。如果使用混合稀土配制球化剂，更需注意其中产生干扰作用的元素含量(如钛)。

钇本身熔点高。钇的氧化物和硫化物在高温下很稳定。例如用钇作主要球化元素处理的铁水在1400℃保温 1h 后，球化率降低不超过 10%。$w(S)=0.06\%$ 的铁水，用钇基重稀土合金处理后，能得到完整的球状石墨。在铁水中含 0.10% ~0.15% 钇，石墨球化良好。低于此限度，随钇量减少将依次出现不规则石墨和蠕虫状石墨。超过 0.15% 而低于 0.30% 时，白口倾向逐渐增大，石墨圆整度变差，并在更高含量时出现 YFe_4。

铁水中加入钙能产生脱氧除硫、提高铁水表面张力的作用。脱硫后铁水中的钙含量对石墨形态有影响，残留量很低时石墨分枝明显。钙量增加石墨尺寸减小，分枝倾向降低；$w(Ca)$ 达到 0.20% 时白口倾向明显增加，在薄断面中出现球形石墨。

钙在铁水中溶解度很低，溶解度受温度的影响也很显著，其适宜加入量很难掌握，一般不能单独作为球化元素应用。钙与镁、稀土元素配制成球化剂，可以降低主要球化元素的加入量，增强球化剂的球化效果。

9.4.2 常用的球化剂

通常，进行球化处理时不把球化元素直接加入铁水中，而是制成合金。这种合金称为球化剂。

所讨论的各种球化元素中，镁是最基本的石墨球化元素。当前，大多数球化剂是含有镁的合金。配制球化剂合金的目的除了减弱镁的爆发性反应外，由于合金密度大于纯镁，处理时不易上浮至铁水表面，从而减少镁的氧化损失，稳定镁的吸收率，使残余镁量易于控制。另一方面，几种球化元素共同存在时，可以发挥各自的特点，提高球化效果，适应各种铸件的需要。例如，镁和稀土元素配成的球化剂处理厚大球墨铸铁件时，比单独使用镁或稀土的球化剂效果要好。工业上已应用的球化剂有铜镁、镍镁、硅铁镁、稀土硅铁镁、稀土硅钙镁等合金。

铜镁和镍镁合金是我国早期生产球墨铸铁时常使用的球化剂合金。铜和镁的含量比一般为85∶15 到70∶30。使用铜镁合金处理的铁水中，含铜量约为残留镁量 10 倍以上。铜是珠光体稳定元素，制造高韧性铁素体球墨铸铁时不宜采用这种球化剂。镍镁合金中含 $w(\mathrm{Mg})$ 一般为 10% ~20%，用这种合金处理铁水，反应比较平稳，镁吸收率高。镍对基体组织的影响和铜有相似之处。这两种合金用于制造高强度球墨铸铁（或针状组织铸铁）比较合适。

铜镁合金和镍镁合金的成本较高。使用这种球墨铸铁回炉料时，还应注意炉料中铜或镍的积累，特别是含铜量超过一定限度后，球墨铸铁韧性急剧下降，力学性能会受到明显影响。

图 9-27 为 Mg-Fe-Si 三元相图。此图显示，$w(\mathrm{Mg})=5\%\sim10\%$、$w(\mathrm{Si})=40\%\sim50\%$、余量为铁的合金熔点在 1200 ~ 1300℃之间。这种合金可以采用工业硅铁和镁锭为原料熔制成熔点和沸点高于纯镁、密度大于纯镁的合金球化剂，加入铁水后不致引起铁水过度沸腾和球化元素过度氧化，镁吸收率相对较高而稳定。这种合金常称为镁硅铁球化剂。

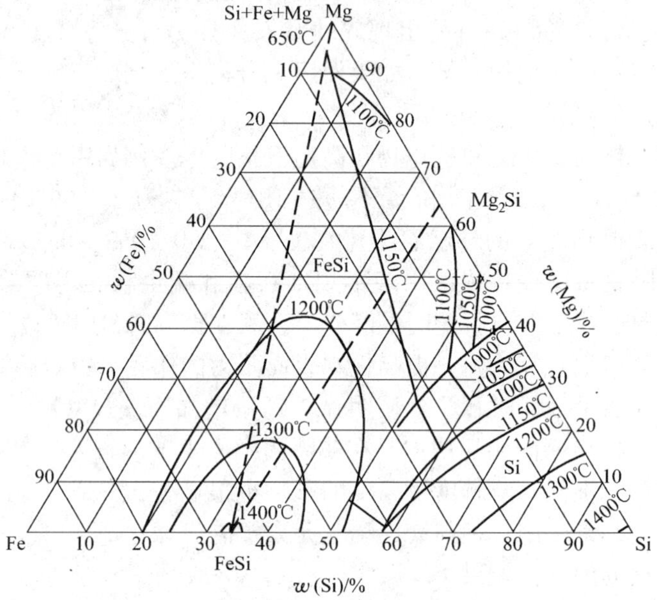

图 9-27 Mg-Fe-Si 合金相图

镁硅铁合金一般按镁含量分档。最低 $w(\mathrm{Mg})=3.5\%\sim4.5\%$，最高 $w(\mathrm{Mg})=10\%\sim15\%$。常用的硅铁镁合金中 $w(\mathrm{Mg})=5\%\sim10\%$。$w(\mathrm{Si})$ 一般为 40% ~47%，其余为铁。合金镁含量越低，球化剂与铁水的反应越平稳，镁的吸收率越高。在相同处理条件下，含镁 4% 比含镁 9% 的合金吸收率提高 10% ~15%。但是含镁量低的合金加入量大，铁水的增硅量相应增加，铁水热量损失较多，并且因硅在铸铁中的积累，不利于浇冒口充分利用。

球化剂中，铈、钇、镧等元素和镁同时存在时，该合金的球化效果比较好。稀土元素脱氧、脱硫、除气能力强，能够有效抵抗干扰元素的作用。加入稀土元素，可以减少镁的加入量，减少可能产生的黑渣缺陷。即使原铁水硫含量较高，也能取得稳定的球化效果。同时由于铁水比较纯净，氧化膜形成温度低，有利于减少铸造缺陷。用稀土镁硅铁合金处理的球墨铸铁件中，残余稀土元素及镁的总量应在 0.04% ~0.10%（质量分数）范围内。

当残余稀土量为0.02%～0.03%(质量分数)、残余w(Mg)=0.03%～0.04%时，球化效果最佳。

目前国内生产的稀土镁硅铁球化剂，都是采用稀土硅铁合金与镁锭熔制而成。国外常用高铈稀土配制球化合金，球化效果很好，但合金价格较高。有些工厂已趋向于使用低铈稀土合金。生产厚大球墨铸铁件时，有些工厂使用含有钇基稀土和铈基稀土(约含20%)的混合稀土制成的球化合金。钇在消除缓冷铸件中球状石墨蜕化方面有显著作用。使用这种球化剂处理球墨铸铁铁水时，铸件力学性能(特别是冲击韧性)显著提高，铸件心部石墨很少畸变。含重稀土的球化合金价格较高，用于薄断面铸件，需要掌握好加入量，避免产生白口。

稀土镁硅铁合金中，镁与稀土元素的含量比，可作为选用合金的根据。这个比值应与原铁水中硫和其他干扰元素含量水平、铸件的韧性要求以及铸件断面厚度相适应。稀土元素的脱氧、除硫能力较强，但易于富集在共晶团边界，产生晶间碳化物。铸件冷却较快时，轻稀土元素同样也能提高白口倾向。因此，较薄的铸态高韧性球墨铸铁，要求稀土元素残留量应保持在较低水平(不大于0.02%)。

国内生产的稀土镁硅铁合金中的稀土元素含量一般是比较高的，与国外某些公司的产品，成分不完全相同。例如，日本某研究所生产的MR系列的KC球化剂合金中，w(RE)含量为0.5%～1.5%。该系列的四种合金的Mg/RE值分别为5.3、5.5、8.5、10.5。

有些球化合金中还含有钙。这种合金能有效抑制以致消除白口倾向，而且镁的加入量少，可以减少铸造缺陷。国内研制的稀土钙镁硅铁合金(M6)成分为：w(Mg)=3%～4%、w(Ca)=10%～13%、w(RE)=6%～8%、w(Si)=50%～55%，已用于生产。国外也有此类合金，但钙和稀土含量比M6低。例如上述KC球化剂合金中的C系列产品，w(Mg)为4%～10%，并按含镁量分为6档。Mg/Ca比范围为4.5～3.1，Mg/RE比范围为3.3～1.6。

含钙的稀土硅铁合金和稀土硅铁镁合金球化剂在国外已经广泛应用。这类合金一般是用镁或轻稀土元素的无水卤化物与硅钙合金按一定比例混合(有一些还加入CaC_2、Fe-Si)后制成。卤化物在铁水中与硅钙合金产生放热反应，生成硅和钙的卤化物，镁或稀土元素被还原出来而发挥其作用。例如，日本的OZ球化剂就是由铈基轻稀土元素的卤化物与硅钙合金混配成的，它的主要成分是：铈及轻稀土元素为8%～10%(质量分数)、w(Ca)=20%～25%、w(Si)=50%～60%，合金在铁水中发生如下反应：

$$CaSi \longrightarrow Ca + Si \tag{9-4}$$

$$2RCl_3 + 3Ca \longrightarrow 2R + 3CaCl_2 \tag{9-5}$$

$$4RCl_3 + 3Si \longrightarrow 4R + 3SiCl_4 \tag{9-6}$$

反应生成的$CaCl_2$和$SiCl_4$在铁水中有防止钙粒子氧化的作用，并易于从铁水中分离。这种球化剂不含镁，只适宜处理温度高于1450℃、硫氧含量很低的纯净过共晶铁水。

与上述球化剂类似的品种中，有些是含有镁的，可以用于铁水纯度较差的情况。这类球化剂合金是以MgF_2、RF_3、CaSi为主要组分配制而成，其主要成分范围：w(Mg)=10%～15%、w(Ca)=5%～10%、w(Si)=30%～50%、w(RE)=10%～15%，其作用原理与前述相似。

采用这类含钙的球化合金处理铁水时，铸件的白口倾向显著降低。可以在很薄断面铸件中无碳化物组织。球化剂反应速率受硅钙分解速率及溶解、扩散速度的控制。镁是持续不断地与铁水反应，因此反应比较平稳，脱氧、脱硫、消除干扰元素作用的效果显著，加入量要根据铁水的硫含量而定。高硫铁水球化处理前最好先进行脱硫。

由于从矿石中提取稀土元素工艺过程的原因，目前我们所用的稀土合金都是含硅较高的混合稀土合金。因此，稀土球化剂都含有较多的硅。适量的硅能提高碳活度，促进石墨析出，防止球墨铸铁基体中出现渗碳体，促进铁素体形成并有助于基体组织强化。w(Si) =2.8%以下的含量已足以抑制渗碳体。过高硅含量将会提高材料的韧-脆转变温度；在较厚断面上容易助长石墨漂浮。此外，硅的氧化反应产物又是铸件中黑渣主要组分。硅含量增加能导致更多黑渣出现。综合以上原因，有些工厂愿意使用不含硅或少含硅的球化剂。为了保持硅含量不超过合理含量范围上限，采用前述的w(Si) =40% ~50%镁硅铁以及含钙或不含钙的稀土镁硅铁合金时，就要限制原铁水硅含量。例如，5Mg-Si-Fe 合金加入为1.8%时，带入铁水0.8% ~0.9%Si，孕育剂(75硅铁)还要带入0.6% ~0.8%的Si，因此原铁水w(Si)应限制在1.3%以下。这就限制了球墨铸铁浇冒口作为炉料的用量，而且，需要使用含w(Si)低于1.0%的铸造生铁。

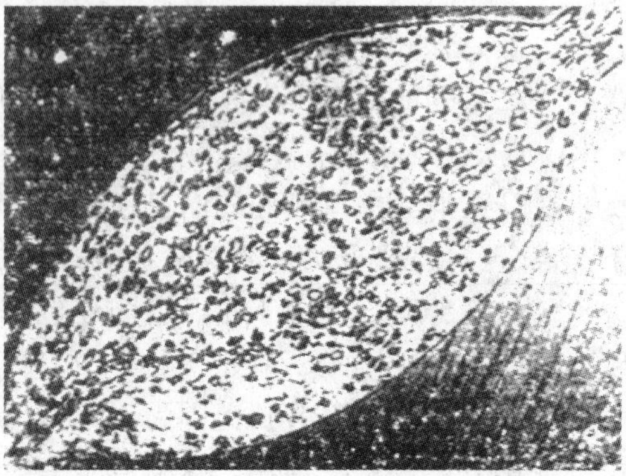

图 9-28 镁-铁粉压块断面

采用纯镁处理是解决此问题的重要途径。但是必须采取各种措施保证处理过程的安全和镁吸收率稳定。在低硅球化剂方面，已经有镁-铁粉压块球化剂在市场上出现。它是由铁粉、镁和少量硅钙混合后，在压力机上压成密度4.5 ~6.1g/cm^3 的杏核状丸块(密度与成分有关)，其断面如图9-28 所示[3]。丸块表面为铁粉构成的薄层，内部的铁粉是作为镁的黏结剂。硅钙能减弱镁在铁水中的反应，提高镁的吸收率。每个压块质量约16 ~20g，镁及硅钙的总含量为10%左右。此种压块可单独使用，也可与镁硅铁合金或稀土镁硅铁合金配合使用。如采用冲入法处理，镁的吸收率可达到60% ~70%。

国外某铸造厂原用球墨铸铁浇冒口、废钢、增碳剂在感应炉内熔化球墨铸铁原铁水，采用9Mg-Fe-Si合金球化剂。后来用镁铁粉压块代替了50%球化剂合金。由于原铁水中w(Si)降低了0.25%，在配料中增加了10%回炉料。炉料及炉前处理费用降低了4.7%。另一工厂原用3Mg-Fe-Si合金，加入量2.67%，后用0.67Mg-Fe粉压块代替1.23%的球化合金。经过两个月的性能试验，发现除抗拉强度和屈服强度略有提高外，伸长率由9.0% ~15.5%提高到14% ~19.8%。

日本一家铸造厂原用8Mg-Fe-Si球化剂，加入量为1.1% ~1.2%，处理900kg铁水，浇注600kg厚壁铸件，结果发现冒口下面的铸件内常出现碎块石墨。后改用1.2Mg-Fe粉压块球化处理，并以0.3%的50硅铁孕育处理，处理温度由1530℃降低到1500℃，消除了碎块石墨。

稀土镁硅铁合金在国内已是应用得比较成熟的球化剂，但是作为这类球化剂的主要原料——混合稀土金属在球墨铸铁组织形成过程中的作用研究得还不十分充分。混合稀土金属中的铈、钇等元素有良好的脱硫、除氧、抑制干扰、促进石墨球化的作用，这是毋庸置疑的。但是存在于球化剂中的混合稀土金属中也保留着一些由矿石中带来的有抑制石墨球化的干扰元素。即使这些元素的数量微小，但在铸件凝固过程中，既有干扰石墨球化的作用，也有促进球化元素加深共晶过冷度的作用，提高了球墨铸铁的白口倾向。最直观的例证是：与纯镁处理的球墨铸铁件比较，稀土镁合金处理的球墨铸铁中，石墨球的圆整度相对较差。石墨形状因子普遍低于前者。对于薄壁铸件，特别是冷速较高的小铸件，白口倾向显著增强。但对于厚壁大铸件，心部石墨蜕化显著改善。因此可以说：以混合稀土金属与镁熔制的球化剂宜用于处理干扰元素含量比较高、浇注厚大铸件的铁水。比较重要的球墨铸铁件，宜采用高纯生铁（硫、磷低，干扰元素在允许含量范围内）作为原料，以硅铁镁合金进行球化处理，不失为合理的工艺。

9.4.3 球化处理的几种方法

球化处理是指铁水浇注前或浇注过程中以适当方法把球化剂加入铁水的过程。球化剂加入方法有很多种。合适的加入方法应使球化剂平稳地熔入铁水，稳定地获得较高球化元素吸收率，减少处理过程中对环境的污染。下面简要介绍几种球化剂加入方法。

9.4.3.1 冲入法

冲入法是目前国内中小型铸铁车间常用的球化处理方法。球化剂合金放入铁水包底专门修砌的凹槽中，在上面覆盖少量低硫磷生铁屑和稻草灰等隔离物质。出炉铁水不直接冲刷球化合金。待铁水浸及合金一定高度后开始反应。这种方法设备简单，易于操作。但在反应期间不能抑制铁水翻腾，并有火光和烟雾产生。冲入法所用处理包的相关尺寸可参照图9-29。

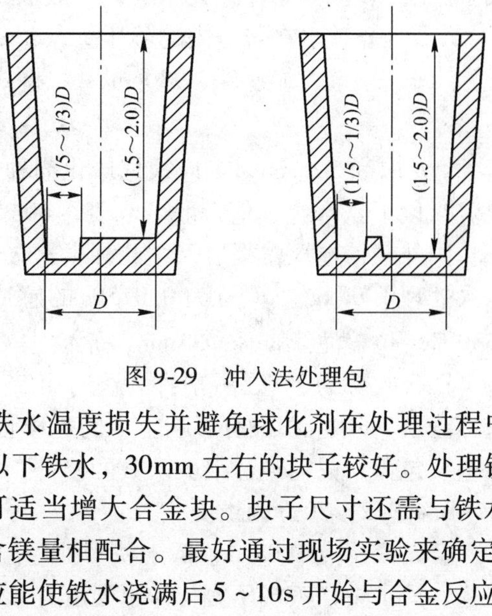

图9-29 冲入法处理包

使用前处理包要预热到300～400℃。减少铁水温度损失并避免球化剂在处理过程中突然猛烈爆发。球化剂尺寸不宜过大，处理1t以下铁水，30mm左右的块子较好。处理铁水量增大，可适当增大合金块。块子尺寸还需与铁水温度、合金含镁量相配合。最好通过现场实验来确定。合金块尺寸应能使铁水浇满后5～10s开始与合金反应，而且反应的剧烈程度前后比较一致，不出现突然的剧烈反应。反应结束前，铁水渐趋平稳。这种情况下，镁吸收率比较理想。

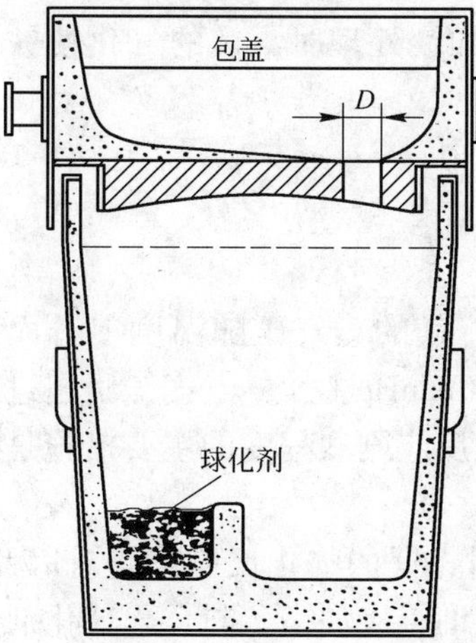

图9-30 加包盖铁水包

补加铁水是提高球墨铸铁浇注温度的有效措施。铁水分两批出炉，第1批先出铁水总量的60%～70%，待球化剂合金在铁水中反应完毕后，彻底扒除铁水表面的熔渣，然后立刻补入30%～40%高温原铁水。补加铁水时，可同时加入硅铁孕育剂。计算球化剂加入量时，处理的铁水量应计入补加铁水量。

图9-30示意表明用于冲入法的开式铁水包上增加

包盖，这样可以减少处理时产生的烟雾，并使镁吸收率稳定、提高。包盖砌有耐火材料内衬，形成类似浇口杯的样子。铁水以较大液流浇入包盖并通过注管流入包内。注管直径应能保证铁水与镁反应后，包盖内的铁水能封住注管。反应基本结束后，包盖内的铁水流尽。

注管直径可按下式计算：

$$\frac{1}{4}\pi D^2 Tv = 1000w/\gamma \tag{9-7}$$

式中 v——铁水平稳通过注管的流速，cm/s；

D——注管直径，cm；

T——铁水流经注管时间，s；

w——处理铁水质量，kg；

γ——铁水密度，6.9g/cm^3。

根据托氏公式：

$$v = f_r \sqrt{2gh} \tag{9-8}$$

式中 f_r——流体摩擦损失系数，一般取0.85；

h——铁水在包盖内的静压头，cm；

g——重力加速度，980cm/s^2。将式(9-8)代入式(9-7)并化简：

$$D^2 = 4.9w/(T\sqrt{h}) \tag{9-9}$$

式中，h 取为 5 ~ 7cm；T 应根据球化剂种类、含镁量、铁水温度、球化剂粒度和紧实度而定。2t 以下铁水包 T 值一般可取 20 ~ 60s。最好能通过实验确定设计参数。

国外某铸造厂曾报道采用此种半永久性包盖冲入法处理球墨铸铁，在连续作业条件下每次处理 1000kg，w(S) 为 0.015% 的感应炉铁水，球化剂为 3Mg-Fe-Si 合金，铁水温度 1530℃。包盖注管直径 ϕ33mm，原铁水 40s 注满，合金恰能全部反应完毕，然后转入浇包。镁吸收率为 74%(一般冲入法时为 55% 左右)，消除了反应时产生的烟雾和火光。包壁结渣及 MgO 沉积没有影响生产的连续性。使用高铝耐火砖及不定形高铝耐火粉料砌筑包壁及包盖，只需经过很少次数的修补，铁水包使用寿命可达到 1400 次。

9.4.3.2 *压力加镁法*

金属镁沸点 1108℃，低于铁水处理温度 300 ~ 350℃。加镁处理时，镁的气化使铁水沸腾。铁水中镁蒸气压力与铁水温度有如下关系[4]：

$$\lg p = -7610T^{-1} - 1.02\lg T + 11.61 \tag{9-10}$$

式中 T——绝对温度；

p——以汞柱计的镁蒸气压。

此式表明，在加镁处理至球铁凝固开始的温度范围内，镁的蒸气压随温度上升而提高。铁水温度为 1400℃时，镁的蒸气压为 9.27×10^5Pa(6918mmHg 柱)。当蒸气压超过铁水静压力和大气压力之和时，将会掀动铁水翻腾飞溅。降低反应剧烈程度的主要措施是控制镁的反应速率、降低镁蒸气压和提高镁的气化温度。

铁水处于密封状态时，如果包内气压超过镁的蒸气压时，镁的气化反应停止。因此，纯镁锭球化剂一般是在铁水承受较大外压条件下应用，即所谓直接加镁。与合金球化剂相比较，球化剂加入量相对较少，吸热量少，而且制成的球墨铸铁性能不受合金球化剂中其他元素的影响。

图 9-31 显示，当压力提高到 9×10^5Pa（约 9atm）时，镁的沸腾温度将提高到 1400℃左右。如果铁水温度低于此值，镁的气化将要停止。铁水实际上只与镁液相互作用。镁的溶解和吸收只在两者的界面上平稳而缓慢地进行。在这种情况下，反应时间加长，镁的吸收率提高。压力加镁法就是依照这种想法开发出来的。

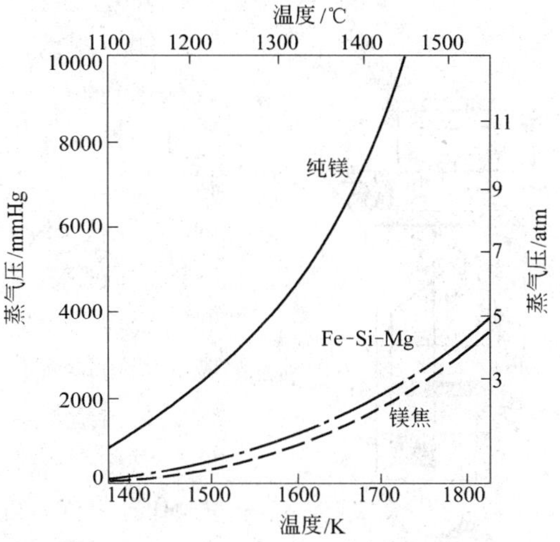

图 9-31 压力对镁气化温度的影响
（1mmHg = 133.322Pa，1atm = 101325Pa）

压力下加镁，按照压力来源不同分为外加压力与自建压力两种方式。外加压力方式是将铁水浇入带有铰接式密封装置的处理包中，再用螺栓将包盖紧固。然后通过压缩空气使包内压力达到预定值。再将装有球化剂的钟罩向下推入铁水底部，使之与铁水反应，1.5 ~ 2min 后，提起钟罩，缓慢降低包内气压。这种方式，处理过程较长，铁水温度降低较多，操作也比较复杂。

目前多采用自建压力的球化处理方法。球化剂浸入密闭包中的铁水后立即气化，并在包内空间建立起与铁水温度相应的饱和气压。这个压力一般可达到$(6\sim8)\times10^5$Pa。据实验，当包内空间为铁水体积的 10% 时，20 ~ 30s 内压力即可稳定。空间体积过大，建压较慢，耗镁量增加。压力加镁时，可以使用纯镁，镁吸收率高，对环境污染少。但处理时间一般均超过 5 ~ 6min。

9.4.3.3 镁丝法

将包覆钢皮（或铜皮）的镁丝，通过喂丝机构以合适速度注入铁水中进行球化处理，称为镁丝处理法。这种处理方法在一些国家已获得良好的工业应用。例如某公司用此法处理 1000kg 铁水的工艺数据如下：处理前铁水温度 1490℃，喂入机构在 30s 内将 ϕ5mm 特制镁丝 157m（占铁水质量的 1.12%）喂入铁水中，处理后铁水温度 1430℃，残留 $w(\mathrm{Mg})$ 为 0.030%，铁水中的 $w(\mathrm{S})$ 由处理前的 0.015% 下降到 0.007%。也有人做过在氮气保护下加纯镁丝（无包覆层）的实验，所用的处理包是可倾转的，包的下部装有喂丝机构，由 ϕ3.2mm 镁丝以 9 ~ 180m/min 的速度直接进入铁水底部。铁水在处理包呈倾斜状态下浇入。同时向铁水内输入 0.71×10^5Pa 的氮。当铁水包转到垂直位置覆盖喂丝口时，氮气压力加大到$(2\sim3)\times10^5$Pa，开始喂入镁丝。低速喂入铁水相当平稳，随着速度提高，开始产生烟雾。速度超过 500mm/s 时，反应加剧，引起铁水飞溅。38 炉实验表明，当氮气压力保持在 2.4×10^5Pa，铁水温度 1550℃，喂入速度在 200 ~ 1600mm/s 范围内变化时，镁的吸收率为 30% ~ 45%，平均值为 37.1%，铁水温度下降约 150℃。

实验发现氮气压力在$(1.4\sim3.5)\times10^5$Pa 范围内变化，随着氮气压力增高，镁吸收率由 45% 下降到 30% 左右。可能是因为氮气泡带走了一部分已溶入铁水的镁，同时使铁水翻腾加剧，加大了镁的氧化损失。

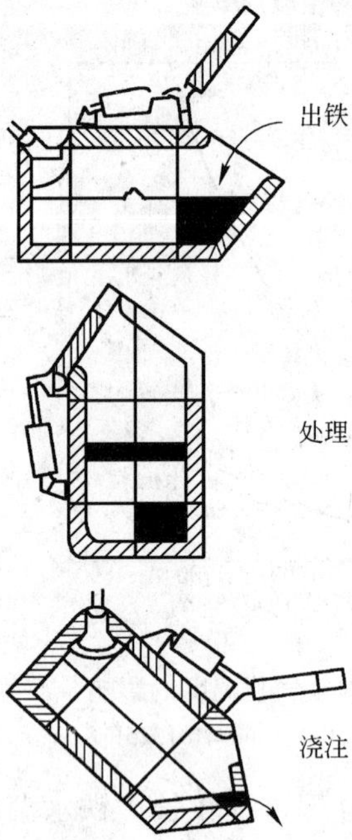

图 9-32 旋转铁水包

9.4.3.4 钟罩压入法

用石墨或耐火材料制成的碗形工具(钟罩)将球化剂压入开式铁水包底，使表面敷有一定厚度耐火粉料的镁锭保持在钟罩内部与铁水发生反应，这种方法称为钟罩压入法。所用耐火粉料浸敷后需能在镁块表面自硬化，在高温和温度剧变的短时间内不剥落、不开裂。镁在铁水中的开始反应时间和气化速率可以通过改变粉料厚度和局部裸露面积大小来控制。粉料很薄时，反应开始时间只有数秒，粉料厚度6mm(多层浸敷)时，反应时间可能延长到几分钟。

某铸造厂采用此种方法在10年间生产了30万t球墨铸铁件。据称，铁水温度为1450℃时，处理3～6t铁水镁的吸收率为50%左右，处理1～2t铁水镁的吸收率约为40%。此法吸收率稳定，处理铁水成本较低，经济效益显著。

9.4.3.5 转包法

这种处理方法使用可旋转的铁水包，如图9-32所示。铁水包下部一侧装有壁上带有多个小孔的耐火材料反应室。球化剂通过包壁上的小门装入反应室，球化处理前，将小门闭锁。承接铁水时，反应室位于铁水上方，不与铁水接触。接满铁水后，包转至竖直位置，铁水由小孔流入反应室。铁水流入速度与小孔面积和包内铁水静压头有关。镁受热气化，当产生的气压超过静压头时，铁水暂停进入。镁的气化潜热会使反应室温度下降，镁气化压也随之下降，直到铁水静压力超过镁气化压力时，铁水再次进入反应室。这种自身调节作用能使镁比较平稳地与铁水进行反应。

反应室小孔尺寸和总面积是控制镁反应时间的重要因素。小孔尺寸大，反应提前进行，反应时间短，反应比较剧烈，镁吸收率较低。反之则反应时间加长，镁吸收率较高。根据现场实测，反应时间在60～90s之间可获得较好的球化效果。这种处理方法会产生火光和烟雾，宜加装包盖。另外需经常检查小孔有无堵塞或损坏。

9.4.3.6 型内球化处理法

这是一种把炉前处理与铸件浇注同时进行的处理方法。球化剂与孕育剂放在铸型与铸件浇注系统相连接的“反应室”内(图9-33)。浇入铸型的铁水在反应室内不断流过合金表面时，球化剂与孕育剂不断被铁水熔化、吸收，直到铁水浇注完毕，反应恰好完成。

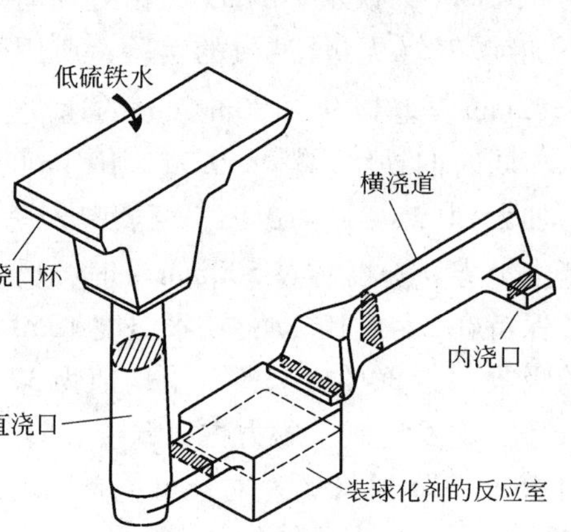

图 9-33 球化剂反应室

型内处理工艺有以下优点：

(1)球化处理效率高。镁与铁水在型腔内反应，接触空气很少，合金氧化损失少。镁的吸收率可达80%或更高。当铁水中 $w(\mathrm{S})=0.01\%$ 时，5Mg-Fe-Si 合金加入量仅为0.75%～1.0%(质量分数)。与冲入法比较，处理每吨球墨铸铁铁水可节省合金费20%～30%。

(2)铁水热量损失少。与冲入法相比，铁水温度少降低约60℃，这样就可以适当降低铁水出炉温度，节约能源，减少费用。

(3)由于球化合金和孕育剂被铁水吸收后进入铸件型腔，间隔时间短，球化衰退及孕育衰退现象可减至最低程度。石墨球体圆整，碳化物生成倾向低。工厂经验证明，型内处理的高韧性球墨铸铁件，基本上可免去高温石墨化退火工序。某工厂几年间用型内处理法生产的球墨铸铁曲轴，力学性能良好。正火状态下，抗拉强度达到867～938MPa(冲入法时为765～846MPa)。就弯曲疲劳强度而言，若以调质中碳钢为100，则型内处理并正火的球墨铸件为90～100，包内处理并正火的零件则为80～90。

(4)可以使用低硅球化剂，提供了降低铸件硅含量的条件。

(5)工序简单。型内处理省去了包内球化处理的许多工序，如除渣、加孕育剂、炉前试片检验等。浇注时间明显缩短。

(6)使球墨铸铁连续化和自动化生产成为可能。有些汽车工厂(意大利菲亚特汽车公司铸造厂)已经实现了自动化生产。生产线上除了造型、浇注设备以外，采用了自动添加球化剂的设备，光学反射系统用以探查合金是否存在。

图9-34显示了一套球墨铸铁半自动浇注线的设计。类似这样的半自动浇注装置，每天至少可以处理50t球墨铸铁原铁水。

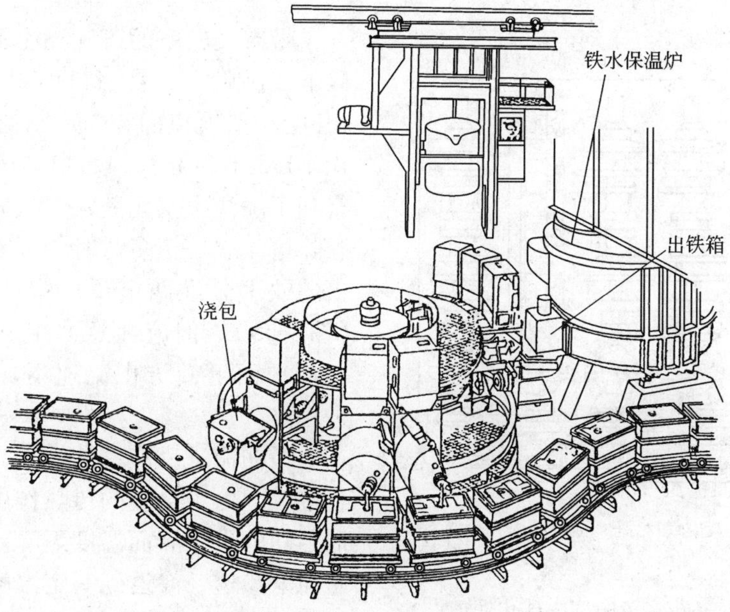

图9-34 半自动浇注线

型内球化处理工艺也有其应用上的局限性。这种工艺比较适合大批量生产。另外，设置反应室需占用铸型空间，每箱浇注的铸件一般是要减少的，而且浇注系统的重量增加，铸件的工艺出品率降低。镁与铁水反应后产生的熔渣，需要在浇注系统内清除。处理不好，会在铸件内产生渣孔，影响铸件的质量。

用于型内球化处理的球化剂可以采用$w(Mg)=5\%\sim9\%$的稀土镁硅铁合金。若其中含1%～3% Ca能有更好的孕育效果。含镁量高，合金反应提前，初始气化反应较剧烈，可能导致铸件局部镁含量过高，易于形成夹渣缺陷。硅量较高也能提高反应速率。例如，1400℃铁水与0.6～2mmMg-RE-FeSi合金粒子反应时，若$w(Mg)=5.9\%$和$w(Si)=46.4\%$，反应速率为$5.5cm^3/s$；$w(Mg)=7.4\%$和$w(Si)=68.1\%$时，反应速率增加到$6.4cm^3/s$。对于含硫0.015%的铁水，推荐的合金成分是$w(Mg)$为5%～7%、$w(RE)$为1.8%～3.0%、$w(Ca)$为1.5%～2.0%、$w(Si)=42\%～47\%$。美国通用汽车公司采用尺寸为0.589～1.651mm(−10～+28目)纯镁颗粒，与相同粒度的50硅铁(含少量的铈和钙)按1∶15比例混匀后作为球化剂，浇注温度1400～1450℃，合金反应速率2.5mm/s(铁水流速2kg/s)比Mg-FeSi反应速率高。另有工厂把含钙、铈、铝的5.7%Mg-FeSi合金铸成15～30mm板块，直接嵌入反应室，在垂直分型的无箱射压造型机上生产小型压缩机曲轴和连杆，效果也很好。

反应室的设计应有利于铁水和球化剂充分混合，均匀反应。并且尽可能少占用铸型空间。确定反应室断面时，首先需选取合适的浇注速度，再根据需要的残留镁量来计算反应室断面。计算时，溶解因子(铁水浇注速度与反应室内合金与铁水接触的横截面积的比值，以$kg/(cm^2·s)$计)一般可取$0.06～0.07kg/(cm^2·s)$。断面积确定后，再确定反应室高度。这个高度包含球化剂堆积高度和铁水初始反应空间的高度。计算堆积高度时，合金容积质量可按$1.8～2.01kg/dm^3$计，镁吸收率可按70%～80%计。初始反应空间高度一般为合金堆积高度的50%～60%。

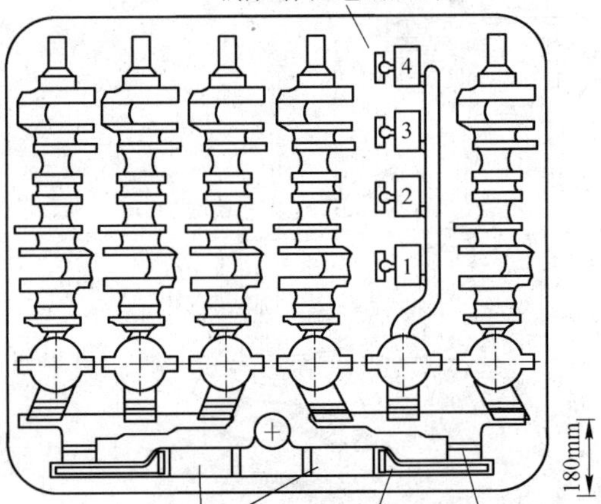

图9-35 一箱多铸的型内球化处理

带有反应室的铸件浇注系统断面积可按以下比例确定。直浇口面积∶反应室入口面积∶反应室出口面积∶横浇口面积∶内浇口面积=1.3∶1.3∶1.12∶1.1∶1。试验表明此比例有利于浇注系统充满铁水，减少合金氧化和撇除熔渣。一箱多铸时，可考虑使直浇口流出的铁水分经两个反应室后流向不同铸件(图9-35)。但应注意两个反应室必须在同一水平面上，防止流速不均匀，影响反应过程。

最初流进反应室的铁水，只与表面的合金接触。由于合金的传热作用，铁水与球化剂之间的水平界面温度下降。但此时铁水开始向下渗透。渗透到一定温度时，表层合金颗粒被铁水包围，便开始了气化反应。大量快速运动的气泡掀动了下面的合金颗粒，使反应加剧。这时主要是气态镁与铁水反应，因此镁吸收率最高。但由于铁水尚未完全充满，镁的氧化也最迅速；气态镁可能通过反应室型壁外逸，此时是镁损失最多的反应阶段。此后铁水继续流入并充满反应室，室内压力提高，镁的气化减弱，吸收趋缓。这时镁气泡对下层未熔解的合金颗粒的搅动，仍起加速反应的作用，直到合金完全熔入。

理想的型内球化处理过程应该是：铁水与球化剂接触后，迅即开始反应。而当铁水充满型腔时，球化剂反应结束。反应过程均匀，铸件各部分镁浓度起伏很小。经过长期的生产实践，发现影响型内球化处理过程的主要因素有：铁水在反应室内与球化剂的接触面积（涉及反应室体积与形状）；铁水充填反应室速率；铁水温度；球化剂种类和粒子尺寸。这四项因素都是互相制约、互相影响的。后两项因素的关系更为密切，主要是热作用问题。

浇注时间和其他工艺参数已定时，单位时间内铁水吸收的球化元素量与两者接触时间直接有关。铁水流速低，接触时间长，铁水吸收的镁量较多。但流速过低可能导致较晚流入的铁水已经无镁可吸收，导致铸件局部不能球化。为了达到预定要求，就需要有一个与浇注速度相适应的反应室横截面积。为了衡量两者的关系是否正常，建立了前述的熔解因子(f)。采用5%镁硅铁合金球化剂，铁水含 w(S) <0.01%时，此因子与铸件残余镁量的关系如图9-36所示。实践表明，f 等于0.06~0.07能保证一般铸件球化良好。f 增大，吸收速率低。例如 f 等于0.14时，球化不良。f 等于0.035吸收速率过高，浇注未结束时，球化剂已耗尽，最后进入型腔的铁水得不到球化。

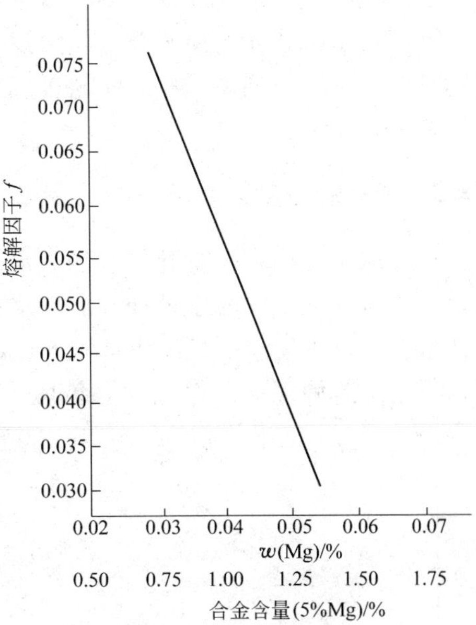

图9-36 熔解因子 f 与铸件残余镁量的关系

铁水温度和球化剂粒度，作为一个综合因素对球化元素的吸收有明显影响。粒子尺寸一定时，合金的熔化吸收速率几乎与铁水温度成正比。温度相同时，粒子尺寸变化的影响也很显著。合金粒子增大，虽然反应面积减小，但间隙增加，有利于铁水渗入，吸收反应将提前开始而且进行较快。但颗粒增大到一个临界尺寸后，反应面积成为主要影响因素，吸收速率将会下降。

使用含 w(Mg)为5%~9%的稀土镁硅铁合金，浇注温度在1370~1450℃范围，浇注温度较低时，可选用1~4mm的合金，浇注温度接近上限时可选用2~6mm的合金。即使温度很低也不能使用未经压块的粉状球化剂。

9.4.4 球化处理后铁水温度和成分的变化

炉前处理过程中铁水热量有一定损失。1kg纯镁从室温加热到全部气化，消耗8730kJ热量。占铁水质量1%的镁气化将使铁水温度下降约100℃。加入含 w(Mg)=10%的球化剂2.0%，则消耗于合金熔化及镁气化的热量将使铁水温度下降约48~50℃。加入孕育剂铁水温度再下降约8~15℃。铁水的热辐射及包壁传热损失还会降温25~40℃。再加上铁水翻腾、脱硫与硅氧化所吸收的热量等原因，处理过程中总降温约80~100℃。降温程度与铁水处理量、处理方法、铁水包结构、球化剂与孕育剂加入量以及处理温度等因素有关。铁水处理量大、铁水包保温效果好、球化剂反应平稳都会使温度降低较少。处理铁水量超过1t时，采用补加铁水方法减少铁水温度降低幅度是比较明显的。型内处理是降温最少的处理工艺。

炉前处理后铁水成分将发生一些变化。铁水中的初生石墨以及碳镁化合物与铁水中的硫化镁、硅酸镁结合而转入熔渣，碳含量降低。前已述及，高碳当量铁水减碳量约为原铁水碳含量的5% ~8%。残余镁量越高，减碳量越多。铁水中的硅也因形成氧化物、硅镁化合物以及未熔颗粒转入熔渣而有所损失。球化剂和孕育剂中的硅回收率一般为80% ~90%。处理后硅含量比原铁水高。铁水中硅的积累是值得注意的问题。

锰因铁水翻腾而有所氧化。与硫反应消耗的锰量小于灰铸铁。锰的减少量约为原铁水量的3% ~8%。磷在炉前处理前后没有变化。硫与镁结合转入熔渣而减少到0.01% ~0.02%。

9.4.5 球化衰退现象

经过球化处理和孕育处理后的铁水，如果在凝固前保留时间较长，其中残留镁量会逐渐减少，若球化处理和孕育处理后铁水在包中停留时间长，也不及时清理炉渣，硫还会回到铁水中，以致使凝固组织中球状石墨减少甚至消失，代之以不规则石墨、蠕虫状石墨和片状石墨。这种现象常称为球化衰退。

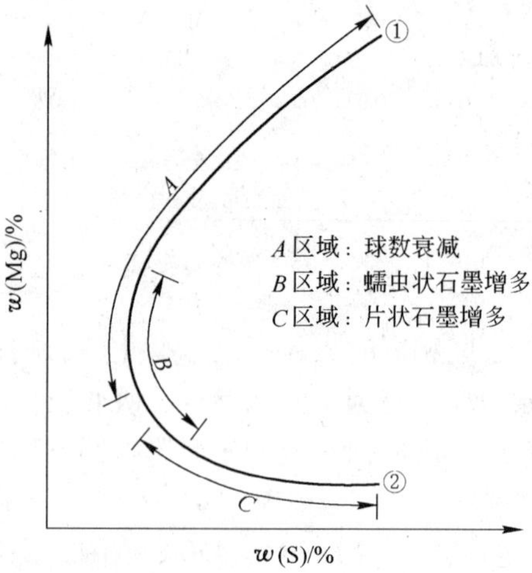

图 9-37 铁水在感应炉中保温时镁、硫含量变化

铁水中加入球化剂后形成的硫化镁进入熔渣而上浮至铁水表面。熔渣与大气接触。由于MgO比MgS有更低的生成自由能，一部分MgS转化为MgO。MgS分解出的硫返回铁水，多余的镁气化而逸出铁水。图9-37[5]表示处理后的铁水在感应炉中保温时镁、硫含量的变化。保温初期(A区域)两元素含量均减少，然后镁含量以更快速率降低(B区域)。继续保温镁含量下降减缓而硫含量显著增加。$w(\mathrm{Mg})/w(\mathrm{S})$比值逐渐变得不足以维持球化元素的作用，从而导致石墨不再成为球形。

A区域代表的过程中，保温后石墨球数比不保温时产生的石墨球数减少，此时仍有足够的镁使石墨保持球状，但凝固组织中可能有碳化物出现。当Mg/S比小于3而大于1时(B区域)球状石墨和蠕虫状石墨共存。由于熔渣中的硫不断回入铁水(C区域)，Mg/S比将会小于1，绝大部分石墨呈片状。由此看来，球化处理和孕育处理后铁水尽快浇注、及时扒除熔渣是防止球化衰退的措施。

为了防止球化衰退而增加球化剂的加入量并不可取。过多残余镁量会增加熔渣生成量和促进渗碳体生成，并可能产生爆裂状石墨。在厚大断面中，球状石墨可能因残余镁量过高而蜕化成蝌蚪状石墨。生产实践表明：原铁水含硫低对防止球化衰退是最有效的。图9-38表明残镁量不同的球墨铸铁铁水在酸性炉中保温时，铁水温度对镁量衰减速率的影响。此图表明，铁水温度越高，衰减越快。

含有稀土元素的球化剂比不含稀土元素的镁球化剂有更好的抗球化衰退作用。这是因稀土元素沸点均高于铁水处理温度，不会因气化而脱离铁水。另外，稀土元素与硫、氧的反应产物比较稳定。在30t有心感应炉进行的试验，得出以下结果：

$$w[Mg_{(f)}] = [Mg_{(i)}]e^{-0.0488t} \quad (9\text{-}11)$$

$$w[Ce_{(f)}] = [Ce_{(i)}]e^{-0.226t} \quad (9\text{-}12)$$

式中，i和f分别表示保温开始和终了；t为等温停留时间。可以看出，虽然保温时间相同，但铈比镁的减少量要小得多。

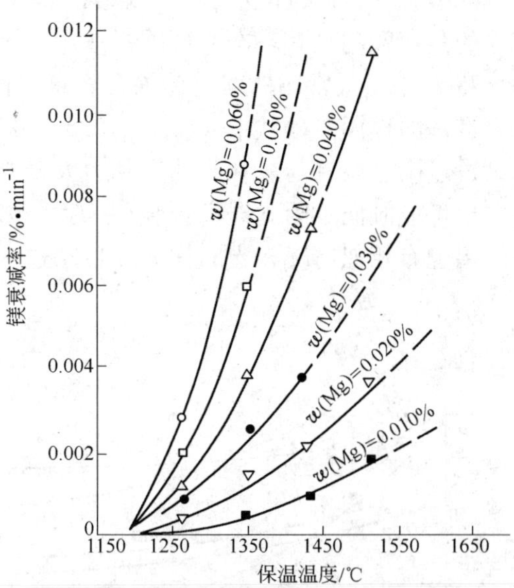

图9-38 酸性炉中保温时铁水温度对镁量衰减速率的影响

9.4.6 球化剂加入量

合适的球化元素残留量能使石墨充分球化且不产生渗碳体。球化元素残留量取决于球化剂组成、球化元素在铁水中的吸收率、铁水中干扰元素含量以及球化剂加入量。确定球化剂加入量应考虑以下一些因素。

无论采用何种球化剂，首先要考虑球化剂中镁的吸收率。不同的球化剂和不同的加入方法会使镁有不同的吸收率。前面已经介绍了镁吸收率的大致范围。可以根据预期吸收率并结合实际化验分析数据计算球化剂加入量。稀土元素的吸收率很稳定，高铈稀土有一定球化作用，低铈稀土主要用于中和干扰元素的有害作用。采用稀土镁球化剂时镁残留量可以降低0.01%～0.02%(质量分数)。处理高硫铁水、钒钛生铁水以及含干扰元素较高的铁水时，应选用稀土元素含量较高的球化剂。由于稀土元素提高铁水过冷倾向，生产铸态高韧性铁素体球墨铸铁件时，应该限制稀土元素的加入量。

铸件壁厚(或冷却条件)也是影响球化剂加入量的重要因素。小于30mm薄壁件或金属型铸件的残留球化元素量应该低些，以防止产生白口。如果炉料较纯，例如使用本溪低磷生铁作主要炉料时，可以使用不含稀土的镁球化剂。镁残留量在0.04%～0.06%(质量分数)，可以获得无碳化物、球化良好的产品。炉料较差应使用稀土镁球化剂。合适的球化元素含量范围：w(Mg)=0.035%～0.060%，w(RE)=0.020%～0.030%。中等壁厚(50～100mm)铸件，比薄壁铸件镁残留量可增加0.01%。厚壁铸件镁的残留量可以提高到0.050%～0.080%(质量分数)。为了防止球化衰退或微量元素的干扰，可以加入少量稀土元素。轻稀土元素超过0.006%，厚断面心部会出现碎块状石墨，降低材料的力学性能。应限制其加入量，而代之以重稀土元素(钇基稀土)。重稀土残留量应小于0.018%(质量分数)。球化剂的加入量主要由预期球化元素残留量而定。在满足石墨球化所需残留量前提下，应该尽量减少球化剂加入量。多余的球化元素不但促进白口生成，而且会产生较多球墨铸铁特有的黑渣缺陷。

9.5 孕育处理

铁水加入球化剂后，共晶过冷量明显增加，白口倾向大大增强，如果不进行孕育处理，将成为含有少量石墨球的麻口铸铁。进行孕育处理不仅能消除白口，降低组织对铸件壁厚的敏感性，而且能增加石墨球数，提高球状石墨的圆整度。本书第5章已经讨论了灰铸铁的孕育问题，其基本原理同样适用于球墨铸铁。

75硅铁是最常用的球墨铸铁孕育剂。除了硅的作用外，硅铁中所含钙和铝对孕育效果有良好的作用。硅铁中 $w(Ca)=0.5\%\sim1.1\%$ 时，增加石墨球数和抑制白口效果显著。但钙量过高，因钙与氧和硫的亲和力大于硅和镁，减少了铁水中的石墨形核基质，反而增加白口生成倾向。因此硅钙合金（一般 $w(Ca)=25\%\sim30\%$）不宜用于球墨铸铁的孕育处理。铝也有相似情况，当硅铁 $w(Al)$ 超过1.5%，也会促进白口生成。

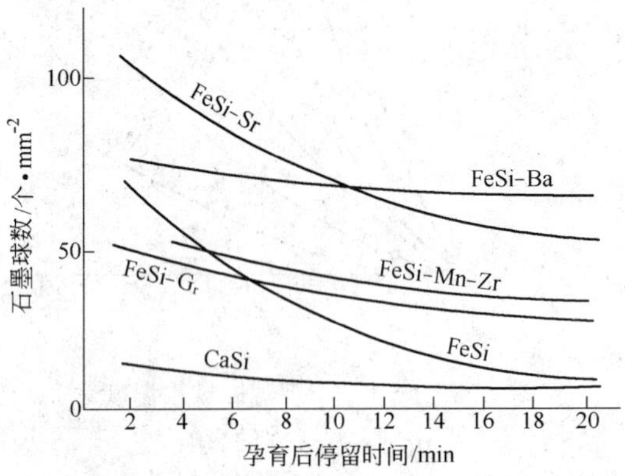

图9-39 各种孕育剂孕育后，铁水停留时间对石墨球数的影响

球墨铸铁比灰铸铁更易于产生孕育衰退现象。特别是厚壁铸件，孕育衰退较为普遍。此时应该采用抗衰退作用较强的钡硅铁或锶硅铁。图9-39为采用各种孕育剂时，孕育后停留时间对石墨球数（反映石墨化程度）的影响。钡硅铁虽有很好的作用，但钡量过高，会使厚断面中出现蠕虫状石墨，增加白口倾向。一般宜使用低钡硅铁（小于1% Ba）或中钡硅铁（4%～6% Ba）。

一些微量干扰元素（铋、锆等）与稀土元素（主要是铈）复合加入硅铁能有效增强对球墨铸铁的孕育作用。只要加入量合适，抗孕育衰退的作用是稳定的，而且不干扰石墨球化。

球墨铸铁的孕育处理是在球化处理之后进行的，处理温度较低，有些孕育剂未熔化即卷入熔渣。为了避免这种现象的发生，除应注意提高处理温度（例如在补加铁水时加入孕育剂、孕育处理前彻底清除表面浮渣、适当减小孕育剂粒度）外，还可以将一些活化剂掺入孕育剂。活化剂能够稀释硅、碳在孕育过程中所产生的氧化物，消除孕育剂粒子上的氧化膜，加速孕育剂溶解。活化剂可采用碳酸钡、氟化钡等。

9.6 异态石墨

异态石墨是指球墨铸铁中存在的非球形石墨。这类石墨形态各异，分布状况也不尽相同。它们可能与球状石墨共存，也可能出现在铸件的特定区域内。异态石墨较多时球墨铸铁力学性能下降。本节介绍几种常见的异态石墨：不规则石墨、爆裂状石墨、碎块石墨、片状和刺状石墨。

9.6.1 不规则石墨

不规则石墨是多种多样的。图9-40显示一种典型的不规则石墨。在球状石墨表面多处出现局部凸起或条片状石墨。这种畸形石墨整体被铁素体包围。有些凸出的片体端部和侧边缘比较锐利，类似片状石墨。有些端部呈球冠状，侧边比较圆钝，类似蠕虫状石墨。条片一般比较粗厚。

产生这类不规则石墨的基本原因是球化元素残留量不足以充分抑制干扰元素的干扰作

用。高硫铁水熔制的球墨铸铁中常能见到这种石墨。

球状石墨生长初期，球化元素使石墨晶体沿晶格 *c* 向生长而形成球体。生长到一定程度后，生长界面上球化元素的富集程度降低而且呈不均匀分布。球体表面的某些地方镁原子数量已不足以保持原有生长模式。在干扰元素的作用下，旋转孪晶生长速度提高，石墨晶体出现分枝，开始沿晶格 a 向生长，形成条片状石墨。另外，在界面上也可能产生镁原子局部富集，促使个别角锥形单晶体单独向外生长，形成类似蠕虫状石墨的凸出物。

9.6.2 爆裂状石墨

从形态上看，这种石墨好像是由石墨中心爆裂而成，外形似花瓣(图 9-41)。这种石墨常出现在过量稀土元素处理的强过共晶球墨铸铁中。存在于厚断面心部或石墨漂浮区的爆裂状石墨，形状更松散，有些已成为彼此联系很微弱的块状石墨聚集体。

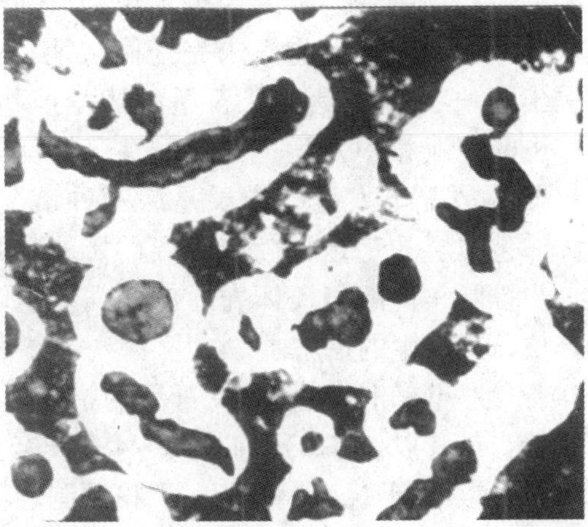

图 9-40 不规则石墨

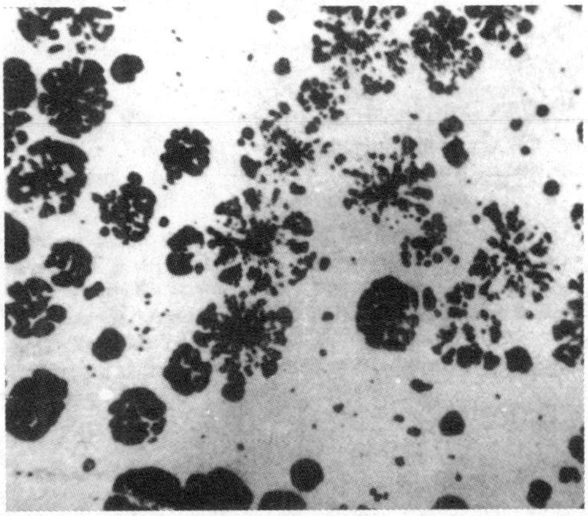

图 9-41 爆裂状石墨

爆裂石墨瓣体中有年轮状纹理。晶格 *c* 向辐射状生长的特点比较明显，可以认为这类石墨是按球状石墨的生长模式生长的。但由于稀土元素含量过高，使形成的角锥形晶体之间界面能发生变化，单晶体趋于分离。分离后的单晶体如继续生长，形成的薄片依次堆叠使片体延伸，形成辐射半径参差不齐的不规则形貌。这种生长模式类似蠕虫状石墨中一些晶体的生长模式。

爆裂状石墨降低铸件力学性能。含有较多这类石墨的球墨铸铁件机械加工后表面呈暗灰色，难以得到较好的加工表面。

9.6.3 碎块石墨

碎块石墨常出现于高碳当量厚壁球墨铸铁件心部。采用含有较多轻稀土元素处理的球墨铸铁件常有碎块石墨生成。

厚断面中碎裂块状石墨呈粗厚块状、条状或卷曲状(图 9-42a)。一般是成片存在于球化良好的球状石墨附近。含有过量轻稀土元素而形成的碎块状石墨大多呈绳索状(图 9-42b)。不同形貌的碎块状石墨均存在于各自的共晶团内。一个共晶团内的石墨均互相交连，只是因为晶体生长位向不同以及分枝生长的差异才显示出不同形貌。

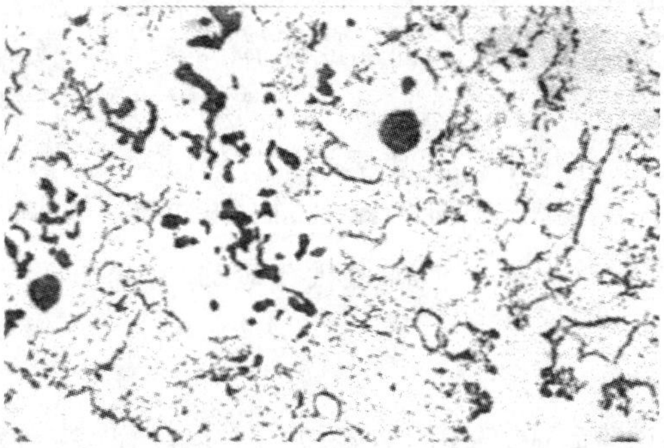

a

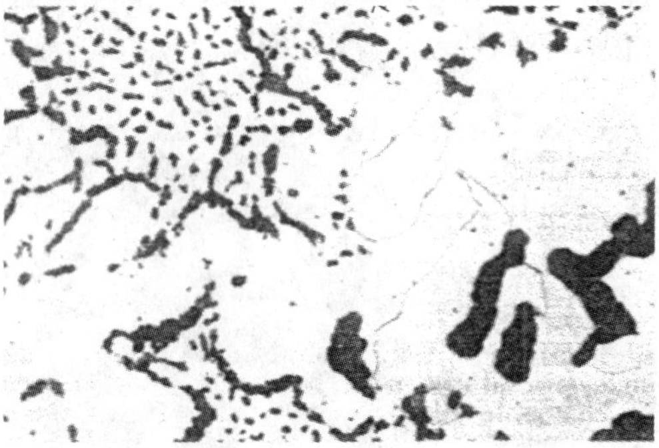

b

图 9-42 碎块状石墨
a—团块状；b—绳索状

厚断面中产生碎块状石墨是由于铸件冷却缓慢，凝固过程中吸附在石墨生长台阶上的部分镁原子，可能蒸发、脱附，降低了球化元素的有效性，从而破坏了球状石墨辐射状均衡生长的方式，最终形成块状石墨。

轻稀土元素具有较强的表面活性。铁水含有较多轻稀土元素，不但可能堵塞大多数旋转孪晶生长台阶，也可能堵塞部分螺位错生长台阶，石墨晶体失去稳定生长状态。但其生长仍以晶格 C 向生长为主，最终形成由不完整石墨晶片堆叠而成的绳索状晶体。由于结晶位向频繁变换，形貌很不规则。关于碎块状石墨成因，目前尚未完全搞清楚。有人提出碎块状石墨是球状石墨解体的产物，解体可能在液相中发生，也可能在已被奥氏体包覆的情况下发生。如果是后一种情况，奥氏体包覆层的稳定性就有重要的影响。并进一步推断，提高奥氏体壳厚度和强度是防止碎块石墨产生的措施。

避免厚壁铸件产生碎块石墨的措施是：降低碳当量，以 $w(\mathrm{CE}) = 4.0\% \sim 4.2\%$ 为上限；加入一些提高碳在奥氏体中溶解度的元素，这些元素不干扰石墨球化；严格限制轻稀土元素的残留量，使之不超过 0.006%；采用钇基稀土与镁组成的球化剂；降低浇注温度；提高铸件冷速；使用含干扰元素少的纯净炉料。

9.6.4 片状石墨和刺状石墨

镁球墨铸铁含有较多铋、铅、锑、钛等干扰元素时，部分石墨可能呈片状或带刺的团状石墨。厚大断面心部或热节部位，片状石墨呈网络状（图 9-43）。其形态与数量和干扰元素的种类和数量有关。带刺的团状石墨多产生于共晶团边界附近。锑含量过高产生的异态石墨呈刺猬状。铅、铋、钛造成的异态石墨近似 A 型石墨。含铜或锡的球墨铸铁组织中，被铁素体包围的石墨球上可能出现类似针刺的片状二次石墨。片状和刺状石墨比较明显地降低球墨铸铁的冲击韧性。

消除这种缺陷的有效措施是使用稀土镁球化剂。加入少量轻稀土元素能够明显减少这些干扰元素的有害作用。但铸件断面很厚时，即使干扰元素含量低，使用含稀土的球

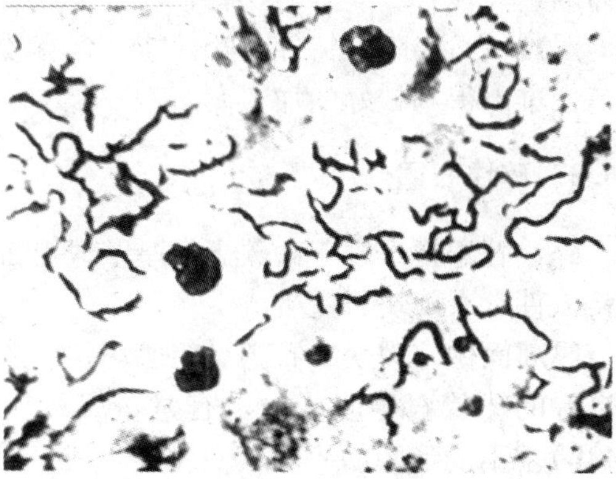

图 9-43 网络状分布的片状石墨

化剂，在组织中也会发现少量细小片状石墨。

9.7　球墨铸铁件铸造

铸造工艺与合金铸造性能密切相关。讨论球墨铸铁铸造工艺首先需要了解其铸造性能。因此本节主要介绍球墨铸铁铸造性能及与其相关的一些问题，包括球墨铸铁凝固特征、凝固时的体积变化、收缩缺陷及补缩、铁水流动性、球墨铸铁件特有铸造缺陷等。

9.7.1　球墨铸铁凝固特征

与灰铸铁相比，球墨铸铁凝固的共晶凝固有以下特征：

(1)凝固温度范围较宽，共晶过冷度较大。共晶反应开始温度和终了温度的间隔比灰铸铁增加10%～14%，共晶转变的三相共存区温度范围约为16℃，凝固温度范围明显加宽。

(2)以近似体积凝固方式凝固。凝固初期铸件表层首先形成凝固薄壳，薄壳内的熔液以内生方式发生体积凝固(糊状凝固)。初晶及共晶石墨，都是由铁水中直接析出，达到一定尺寸后，被奥氏体壳包围，此后，铁水中的碳，通过奥氏体壳继续向石墨扩散。形成尺寸小而数量多的共晶团。体积凝固方式是球墨铸铁容易产生缩孔、缩松缺陷的原因之一。这点与灰铸铁是不同的。灰铸铁共晶凝固间隔较小，以接近逐层凝固方式凝固，铁水浇入后较快形成较坚固外壳。

(3)共晶前期膨胀量较大。凝固初期，由于初生奥氏体枝晶的析出及凝固外壳的生成，首先发生一个微小的收缩。在共晶凝固期，首先产生明显的，比灰铸铁大得多的共晶转变前期体积膨胀。据测定，它的体积膨胀量近于0.6%(灰铸铁为0.148%)。低碳钢和白口铸铁没有记录到这种膨胀。膨胀量达到最大值后，开始出现收缩现象。这种收缩一直保持到共析转变开始之前。

凝固时的体积变化。球墨铸铁凝固时的体积变化与析出相及凝固方式有关。共晶转变前期的膨胀与石墨的析出有关。铁水密度为7g/cm^3，石墨密度为2.2g/cm^3。若按稳定系统反应时，析出石墨约为2.2%～2.5%(质量分数)，导致体积增加4.5%～6.0%。球墨铸铁比灰铸铁共晶前期膨胀量大，与两者凝固方式的差异有关。球墨铸铁有较大过冷倾向，以离异共晶方式结晶，石墨球达到一定尺寸后，晕轮才形成。球墨铸铁的共晶团数量为灰铸铁数百倍。在共晶转变前期，大量碳原子不断以石墨形态单独析出，表现为较大的体积膨胀量。一但共晶奥氏体以晕轮形式包覆石墨(此时仍有少量石墨在液体中析出)，膨胀量开始减少，随着奥氏体析出量的增加，体积膨胀经过一个临界点后变为收缩。这种情况与灰铸铁共晶转变时石墨与奥氏体共同生长的方式完全不同，因此，两者的共晶转变体积变化模式也是不同的。

为了与液态收缩相区别，共晶膨胀后的收缩，一般称为“二次收缩”。球墨铸铁的二次收缩对于铸件的致密性有重要的影响。

科学研究及实际观察的结果都说明，球墨铸铁在凝固过程的体积变化曲线不是一成不变的。许多因素都能改变曲线的形态。最主要的因素有：冷却速率、球墨铸铁的化学成分和铁水的熔炼及处理条件。

图9-44为Stephen I. Karsay博士所提供的、不同球墨铸铁件的体积变化模型[7]。由曲

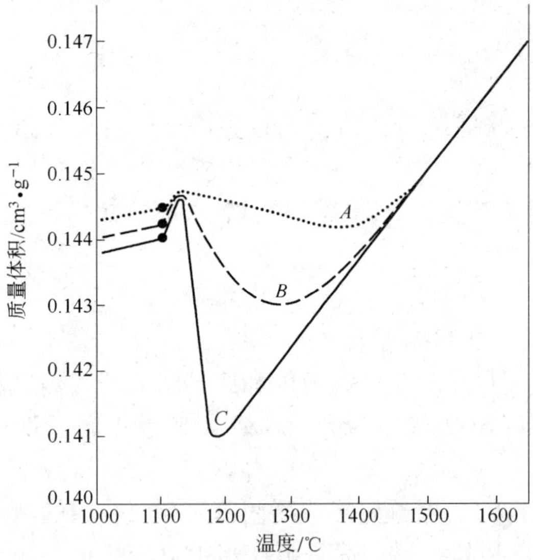

图 9-44 不同球墨铸铁凝固时质量体积变化模型

线 A 至曲线 C，分别表示冷却速率增加的体积变化模型。由图可见，如果冷却速率增高，共晶凝固前期的体积膨胀量也相应增大，膨胀开始时的质量体积相应减小。也可以看出，膨胀过程的温度范围，随冷却速率的提高而逐渐减少，但是膨胀终了的温度没有明显的变化。

化学成分对球墨铸铁石墨化倾向的影响是明显的。例如，共晶度和含硅量提高石墨化倾向，锰、铬等元素降低石墨化倾向。这种影响也会反映在图 9-44 所示的曲线上。石墨化良好的球墨铸铁冷却时，显现出类似曲线 A 的体积变化曲线，石墨析出不充分，则体积变化模式依次接近 B、C 曲线。同样，由熔炼及球化、孕育处理因素引起的石墨化倾向的变化，也按同样规律反映在曲线的形状上。

这类曲线间接地、定性地反映球墨铸铁凝固和冷却时的体积变化特点，对揭示球墨铸铁件产生收缩孔洞的特点和规律有实际意义。

9.7.2 球墨铸铁件缩孔的形成

球墨铸铁铁水浇入铸型后，靠近型壁的铁水首先向铸型散热，温度开始下降。铸件表层出现固-液共存的凝固外壳。随着热量的进一步散失，外壳中的固相增多，以致外表层完全成为固相。同时，壳体所包围的内部熔液也在降低温度，产生液态收缩，直到共晶转变开始。

在没有外来熔液补充的情况下，如果共晶膨胀量能够完全补偿液态收缩量并使合适的膨胀压力一直保持到二次收缩完成后，则铸件内部不会产生收缩孔洞。但是，液态收缩量和共晶膨胀量都是变量。前者主要取决于铁水浇注温度，后者主要取决于铁水成分和影响石墨析出量的一些工艺因素。如果控制得不好（例如铁水浇注温度过高、补缩不充分、孕育处理不当等），液态收缩量超过了共晶膨胀量时，铸件内部就要产生缩孔。

即使液态收缩能够得到共晶膨胀的完全补偿，铸件也未必是致密、健全的。这是因为球墨铸铁结晶温度范围宽，在凝固体的外表和内部可能同时出现发育程度不同的晶体。内部熔液的共晶膨胀力在使外壳胀大或使熔液向外流动的过程中大大减小，直到呈现负压状态，二次收缩就会在这些生长着的晶体之间或共晶团边界产生孔洞。即使外部熔液能向可能产生孔洞的部位补充，但由于这些晶体的阻碍，有时需要几个大气压才能使补入的熔液通过弯弯曲曲的狭窄通道。

二次收缩产生的这些孔洞，称为“缩松”。存在于共晶团边界上的、肉眼难于察觉的微细孔洞，一般称为“显微缩松”。球墨铸铁件内部（特别是热节部位）有形成缩松缺陷的强烈倾向。

球墨铸铁的共晶膨胀对缩孔生成、缩孔尺寸、铸件补缩都有重要影响。

球墨铸铁呈近糊状凝固方式凝固。石墨球很早就被共晶奥氏体所包围。石墨球的长大依靠碳原子通过奥氏体包覆层扩散才能实现，因此熔体凝固比较缓慢。另外，球墨铸铁碳含量高，球状石墨析出量一般大于灰铸铁，尺寸小于灰铸铁，共晶团之间的间隙比较细小，而且也较分散，共晶膨胀迫使残留熔液在共晶团之间进行充填比较困难，导致作用在固相上的力相对增加；最大共晶膨胀力出现在各个共晶团已经彼此相接触的时刻。此时外壳才刚刚形成，外壳的强度相对较低，受力易于扩张。膨胀的熔液作用于外壳上形成膨胀压力，这种压力迫使刚刚凝固但强度还很低的外壳向外胀大。如果铸型刚度不够，会发生型壁迁移使型腔空间增大，如果这部分空间得不到铁水的补充，就会增加缩孔体积。

共晶膨胀后，内部熔液又开始了二次收缩。二次收缩结束前，凝固体内部一直保持着合适的共晶膨胀力(这个力反映了尚未凝固的熔液有填充收缩孔洞的倾向和能力)，缩松缺陷就可能避免。很明显，在球铁凝固期间能否保持合适的共晶膨胀力，标志着缩孔和缩松缺陷是否会产生。

共晶膨胀力与共晶膨胀量的大小、铁水的凝固条件和凝固特性都有关系。影响共晶膨胀力大小的一个重要因素是凝固体的壁厚，更准确地说，是它的“模数”。铸造工艺条件相同时，模数小的凝固体冷却速度快。S. I. Krsay 认为：模数小于 0.6cm 的球墨铸铁或灰铸铁件的冷却速率足以使其明显偏离平衡凝固状态，直至可以认为它们是按窄凝固范围合金的方式进行层状凝固的。它们产生的膨胀压力易于保留在凝固壳体内部，对铸型的压力较小。模数较高的铸件中同时进行共晶膨胀的体积增加，膨胀压力相应增大。灰铸铁共晶膨胀压力最高时外壳已有相当的强度及厚度，传递到型壁上的压力较小。这表明压力易于保持在内部，易于得到无收缩孔洞的铸件。

由此可见，铸件模数通过改变凝固方式、冷却速率而影响其产生收缩孔洞的倾向。最适当的冷却速率应该能使最大的共晶膨胀发生在已有强固外壳的时刻。模数大于 2.5mm 的球铁件，可产生合适的冷却速率，其共晶膨胀在自身补偿作用直至可以完全代替冒口的功能。

球墨铸铁中的碳和硅直接影响石墨的析出量，因而，碳、硅含量的增减对球墨铸铁凝固时的体积变化有明显的影响。提高碳当量(特别是含硅量)，促使凝固质量体积的变化按 *A* 曲线(图 8-44)的模式进行。提高铸型刚度也有利于防止收缩孔洞的产生。在刚度较高的铸型中，增加含碳量可以使孔洞体积减小。

锰和其他稳定碳化物元素有促进缩松缺陷产生的能力。在无碳化物析出的情况下，二次收缩量一般不超过 0.5%。锰和其他稳定碳化物元素能促进碳化物的生成，使二次收缩量急剧增加，铸件容易产生缩松缺陷。

共晶团边界上的二元和三元磷共晶产生的二次收缩量很大，容易导致出现缩松缺陷。含 $w(P)$ 超过 0.2% 时，即使铸型刚度很好，也难于避免出现缩松。

球墨铸铁的残留镁量对收缩孔洞的大小有明显影响。残留 $w(Mg) \approx 0.04\%$ 不致使碳化物析出，且能使石墨球化良好。此时收缩孔洞最小。残留镁量进一步提高，开始出现碳化物，二次收缩量增加，收缩孔洞体积也增加。

孕育能减小孔洞体积。这是因为良好的孕育处理有助于石墨化，减少碳化物的生成量，促使球墨铸铁凝固时的体积变化模式趋向于 *A* 曲线(图 9-44)，因而提高共晶转变温度、减少二次收缩量，降低缩孔和缩松的生成倾向。

9.7.3 铸件补缩

在铸件凝固收缩阶段，向收缩形成的空间补给液态金属以消除缩孔，称为“补缩”。球墨铸铁件的补缩常按顺序凝固原则设计补缩系统，采用传统重力冒口进行补缩。冒口尺寸由被补缩热节大小、铸件重量和所需补缩范围来确定。冒口最小直径，比铸件热节圆直径大10%~20%。这种补缩方式造成铸件工艺出品率偏低，而且难于充分补充二次收缩形成的孔隙。传统重力冒口的设计，在各铸造手册中已有介绍，这里不再讨论。

利用共晶膨胀压力强化冒口补缩能力，可以提高补缩效率。其主要原理是在铸件液态收缩期间，通过冒口向铸件补充铁水。当铸件冷却最缓慢的部位产生共晶膨胀之前，冒口颈中应该保持一个可以进行补缩的通道。直到被补缩部位开始共晶膨胀时，冒口颈的补缩通道完全凝固而阻塞。不致使铸型内的铁水回送到冒口，而保留在封闭的凝固体内。残余铁水在共晶团相互挤压所形成的压力下，进入二次收缩形成的空隙，使空隙减小以至消失。这样，凝固收缩和二次收缩都能得到补充。

采用共晶膨胀压力冒口应处理好铸件模数与冒口颈模数之间的关系。S. I. Karsay 研究了这种关系。选用的冒口颈模数值(V/S)均小于铸件被补缩部分的模数值(V/S)。冒口颈的长度，最少应为其横截面最小尺寸的4倍。因此，在模数值较小的薄铸件中，存在着利用直浇口及内浇口直接进行补缩的可能性。

另一问题是正确选用对保持共晶膨胀压力最有作用的模数，这个值不一定是最大模数。模数小的部分，也可能是最有作用的部分。例如：较薄部分凝固较早，首先产生膨胀压力并进行自补缩。当压力传递到相邻的较厚部分而消失时，较厚部分又开始了共晶膨胀并进行自补缩。在这种情况下，按较薄部分的模数选择与之相连的冒口颈模数值，能取得很好的补缩效果。换句话说，如果铸件中模数值最低的部分产生的共晶膨胀，能使其他冷却较晚部分的残余液体膨胀以前一直处于正压状态的话，这一部分就是最有作用的部分。复杂铸件模数值的计算方法，可参阅 S. I. Karsay 的有关著作[7]。

20世纪60年代曾有人采用无冒口铸造法铸造过重量15t以下的中、厚铸件(厚度150mm左右)。其中有工作压力达17.5MPa的水压机缸体、单拐空心曲轴、压力机横梁等。解决了过去使用各种冒口(包括大气压力冒口、保温冒口)补缩，而未能解决的缩松、缩孔缺陷问题，工艺出品率由40%~60%提高到80%~90%，取得了很大的经济效益，并总结出实现无冒口铸造的必要条件：

(1)浇注温度应使刚充满铸型的铁水温度接近共晶膨胀开始温度，有效减少液态收缩量。一般不宜超过1320℃。铸件的主要模数应大于2.5cm。模数更大的铸件有更好的自补缩能力，浇注厚壁铸件的铁水，碳当量最好在4.20~4.25(S_C=0.97~0.99)之间。使其在较窄的温度间隔内凝固，二次收缩倾向低。铁水应经过良好的孕育处理，促使碳充分以石墨形态析出。

(2)铸型要有足够的刚度。防止型腔随共晶膨胀而增大，增加补缩体积，使膨胀压力下降。金属型或覆砂金属型最适于无冒口铸造。也可使用水泥砂型、CO_2硬化砂型或干型。当共晶膨胀压力过高时，将使铸型过度胀大而使铸件产生缩孔。而压力过低时，二次收缩量难以得到足够的补偿。只有把共晶膨胀压力控制在合适的范围，才可望得到没有二次缩孔铸件。

(3)内浇口应在共晶膨胀开始前凝结，以防止共晶膨胀时铸型内铁水压回浇注系统。内浇注口应尽量减薄，以在1320℃以下的温度浇注时不致在浇注过程中凝结为原则。

(4)提高浇注速度。快速浇注可以减轻铁水辐射热对铸型顶部的过度加热。顶部过热，使该处附近的铁水凝固时间延长，非常容易造成顶部出现缩孔或缩沉。为了防止浇注过程中正在型腔内膨胀的气体压力不致阻碍铁水较快地充填铸型，应在铸型上部做出一些 $\phi10 \sim 20$mm 的排气孔。对较长的铸件，排气孔的间距为1m左右。

9.7.4 球墨铸铁铁水流动性与浇注系统

9.7.4.1 流动性

表9-8为镁球墨铸铁铁水及稀土球墨铸铁铁水与未经球化处理原铁水流动性的比较[6]。由表可见，稀土镁球墨铸铁铁水的流动性与温度相同的原铁水相比较并无逊色。只是原铁水经球化处理后温度有所下降，而且铁水表面存在难以彻底消除的氧化膜，对流动性都是不利的。另外，球墨铸铁铁水表面张力显著大于灰铸铁，影响充型能力，使人感到球墨铸铁铁水流动性似乎低于灰铸铁铁水。

表9-8 镁球墨铸铁铁水及稀土球墨铸铁铁水与原铁水流动性能比较

项 目	原铁水	镁球墨铸铁铁水	稀土镁球墨铸铁铁水
浇注温度/℃	1270	1250	1270
螺线试样长度/mm	1020	750	1107

9.7.4.2 浇注系统

良好的球墨铸铁件浇注系统应具备以下特点：

(1)能导引铁水快速充填铸型。快速浇注可以缩短浇注时间，减少在充型过程中铁水氧化，防止产生冷隔缺陷，降低型壁及内浇口过热程度，以充分利用共晶膨胀压力。充型速度一般应比灰铸铁的浇注速度大50%～100%。

(2)浇注系统能够有效地撇除浮渣和其他夹杂物。同时还需要能保持铁水在铸型内平稳地流动，不产生剧烈的飞溅，不裹入气体，防止铁水产生新的氧化夹杂物。

(3)浇注系统要与冒口合理配置。浇注系统在铸件的合适位置导入铁水，使凝固过程中铸件温度场能符合铸件预期凝固顺序，以利于充分发挥冒口的补缩功能。有些浇注系统本身就能起补缩作用。

(4)浇注系统所需铁水量少，使铸件能获得较高的工艺出品率。

9.7.5 球墨铸铁件特有的铸造缺陷

灰铸铁件发生的铸造缺陷，大部分都可能在球墨铸铁件中出现。球墨铸铁件还会出现一些特有缺陷。上节讨论的异态石墨就属于这类特有缺陷中的组织缺陷。以下再介绍几种常见的特有铸造缺陷。

9.7.5.1 黑渣

这是一种由熔渣形成的铸造缺陷，一般存在于铸件浇注位置上部。含有黑渣的铸件断口可以看到与金属分界面很不整齐的暗黑色渣区。从形态上看，黑渣呈块状、绳索状或细碎状。块状黑渣(图9-45a)常和漂浮石墨结合在一起，尺寸由几百微米到十几毫米，其附近大部分是片状或蠕虫状石墨。X 射线扫描证实[8]，黑渣是多相物质，其中有铁的质点、含硅物质、镁和碳。镁和硅含量很高，并含有少量硫、钙、锰。绳索状黑渣(图 9-45b)一般也出现在铸件上部。其附近的石墨多数呈爆裂状或蠕虫状，更远处有不规则石墨或片状石墨。细碎黑渣(图 9-45c)体积比较细小，成群地存在于铸件各处，没有漂浮石墨的区域也有这种渣存在。渣群附近多有不规则石墨，邻近渣区氧含量很低。

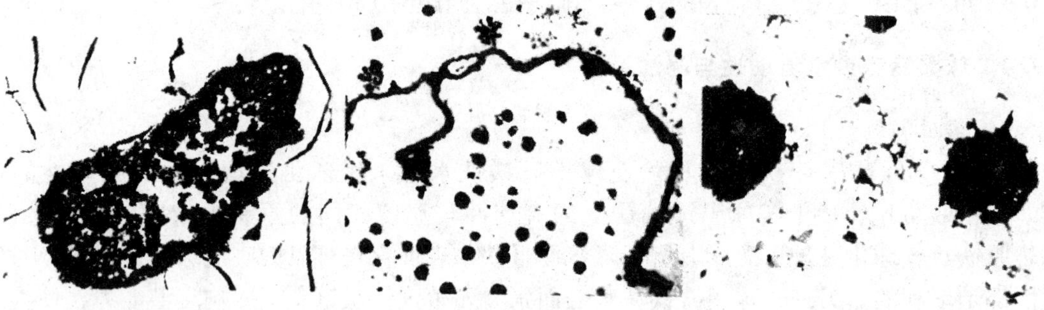

a b c

图 9-45 黑渣

a—块状；b—绳索状；c—细碎状

黑渣的主要组成物是 MgO、SiO_2、2MgO · SiO_2 和非晶质硅酸盐。前三种化合物占总量 50% 以上，2MgO · SiO_2(镁橄榄石)含量最高，约占 28%。可以确定黑渣的基本组分是 MgO 和 SiO_2。镁橄榄石中一部分镁原子被铁原子置换，产生 $FeSiO_4$(铁橄榄石)。2MgO · SiO_2 和 $FeSiO_4$ 或以聚合状态或以游离状态存在。上述成分的熔渣熔点较高，成为铁水中的固态渣。这种渣与铁水中的石墨相遇而结合在一起，形成黑渣。

含有镁和硅的球化合金中镁大部分以 Mg_2Si 形式存在。合金中的 Mg_2Si 在高温铁水中瞬间即行燃烧，残留物为 MgO 和硅。硅进一步氧化生成的 SiO_2 与 MgO 反应，可能产生两种产物：

$$2MgO + SiO_2 \longrightarrow Mg_2SiO_4\text{(镁橄榄石)} \quad (9\text{-}13)$$

$$MgO + SiO_2 \longrightarrow MgSiO_3\text{(顽辉石)} \quad (9\text{-}14)$$

当 MgO 和 SiO_2 量符合 2MgO · SiO_2 化合比或 MgO 过剩时反应产物绝大多数为 Mg_2SiO_4，反之则 $MgSiO_3$ 生成量增加。我们希望尽量减少渣中 Mg_2SiO_4 量，因为 Mg_2SiO_4 含量少的熔渣，易于浮在铁水表面而被清除。

图 9-46 表明铁水浇注温度对黑渣生成量的影响。浇注温度由 1380℃降至 1300℃，黑渣面积(试样磨面中观察)增加了 4 倍之多。而在 1350 ~ 1380℃浇注的铸件，很少产生黑渣。

炉前处理完毕的铁水应尽快浇注。因为铁水停留时间越长，硅的氧化物越多，而且 Mg_2SiO_4 的阳离子被铁离子置换，置换下来的镁可能又进入新的硅酸盐，增加黑渣数量。

以硅酸镁为主体的熔渣量随加镁量的增加而增加。加镁 0.15% 时，熔渣总量约占铁水质量的 0.1%。球化剂硅含量低时，Mg_2SiO_4、晶态和非晶态氧化物均减少。即使球化剂不含硅，上述物质仍存在。球化剂中含有铈或重稀土元素，明显减少黑渣的生成量。

残留镁量对黑渣量的影响见图 9-47。残余 $w(\mathrm{Mg})>0.06\%$ 时，黑渣量明显增加。MgS 不是构成黑渣的物质，但它容易和黑渣聚合，增加黑渣体积。

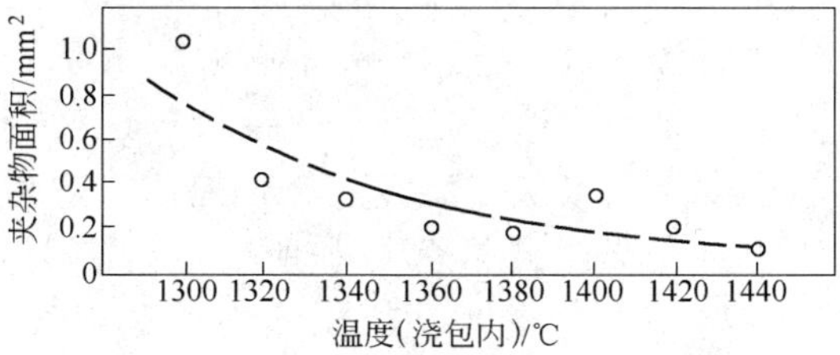

图 9-46 浇注温度对黑渣生成量的影响

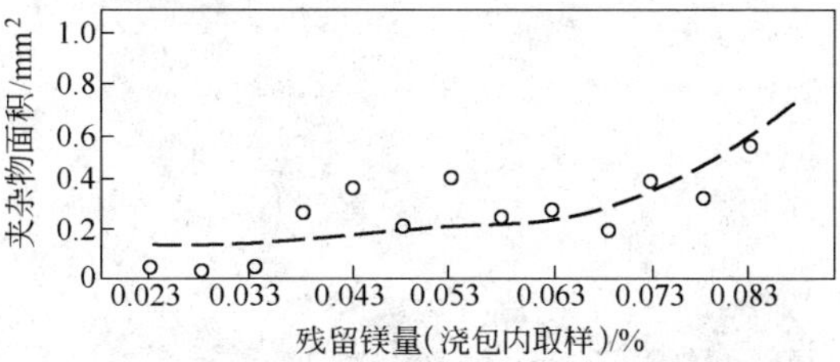

图 9-47 残留镁量对黑渣生成量的影响

表 9-9 列出一些工艺因素对黑渣生成的影响。

表 9-9 工艺因素对黑渣生成的影响

工 艺 因 素	工艺因素的数值增加所产生的影响	
	黑渣量	黑渣中镁橄榄石量/%
处理后铁水停留时间	增 加	增 加
铁水温度	减 少	减 少
球化处理温度	有最大值	有最大值
铁水硫含量	增 加	减 少
加镁量	增 加	增 加
残留镁量	增 加	增 加
加铈量	减 少	减 少
铁水硅含量	增 加	增 加
球化剂硅含量	增 加	增 加
孕育剂硅含量	增 加	减 少

黑渣是严重影响球墨铸铁质量的缺陷，应尽力使之减少或消除。除了针对其生成条件采取措施外，采用铝冰晶石(Na_3AlF_6)处理熔渣，对减少铸件中的黑渣十分有效。高温下冰晶石能溶解铁水及熔渣中的镁、硅、钙、铁、铝的氧化物，其溶解度见表 9-10。

表 9-10 一些氧化物在冰晶石中的溶解度

氧 化 物	Al_2O_3	CaO	SiO_2	MgO	Fe_2O_3
氧化物在冰晶石中溶解度/%	19.77	13.42	8.82	11.65	0.18

氧化物在冰晶石中溶解后形成熔点较低的液态熔渣浮于铁水表面。再加些稻草灰或除渣剂使渣呈聚集状态，即可顺利扒除。具体操作是：先在包底加入 0.1% ~0.2%(占铁水质量)冰晶石粉，扒渣后再与稻草灰同时加入 0.2% ~0.3% 冰晶石，再扒渣。

9.7.5.2 *铸件表层石墨形态变异*

高温铁水浇入铸型后，铸型中含硫物质(如树脂砂中的含硫硬化剂)与水蒸气反应产生 SO_2 或 HS 气体。铁水中的镁、铈与气相中的硫化合形成 MgS，消耗了一部分铸件表层的球化元素。内部球化元素尚未来得及扩散至表层时，金属已经凝固。此种情况下铸件表层的球化元素残留量可能已降低到使石墨球化的需要量以下，从而在表层金属中出现未球

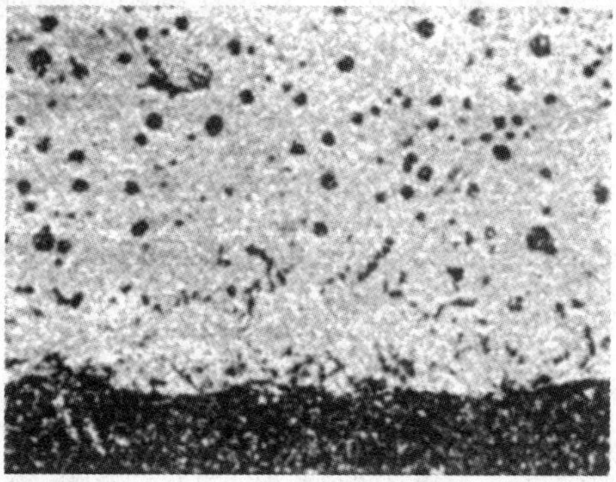

图 9-48　铸件表层石墨变异

化的石墨和硫化镁夹杂。利用电子探针进行的微区成分分析表明：镁浓度由内部向表层逐渐降低。相应地，石墨形态由内向外也依次变化：球状石墨 - 不规则球状石墨 - 蠕虫状石墨 - 碎块石墨 - 片状石墨（图 9-48）。这种变异层的厚度与铁水浇注温度、铸件厚度、造型材料硫含量、球化元素含量和所处位置有关。浇注温度高、铸件较厚、球化元素含量偏低、造型材料含硫较高时，石墨变异层厚度增加。200mm 立方形铸件的浇注位置顶部和上部侧面变异层厚度为 0.5 ~ 1mm 时，底面缺陷层可达到10 ~ 20mm。

9.7.5.3　*石墨分布状态变异*

过共晶或近共晶成分球墨铸铁件的厚大部分常在浇注位置顶部或热节处出现石墨密集区。区域内石墨为球形或为爆裂状，断口呈暗黑色。此区内碳含量明显高于铸件平均碳含量，这种现象常被称为"石墨漂浮"。

石墨密集层的厚度从几毫米到几十毫米。较厚密集层中爆裂状石墨较多。石墨漂浮与铁水碳当量、特别是碳含量有关。共晶或过共晶成分铁水在较厚断面中降温缓慢，容易产生较大的石墨球，上浮到顶部的球数增加。中等壁厚的铸件 w(C) 超过 3.8% 时就可能产生石墨漂浮。

炉前处理温度和浇注温度过低，处理后铁水保持时间过长都是促使石墨漂浮的原因。当共晶成分的原铁水在 1480℃进行炉前处理、1400℃浇注 50 ~ 80mm 厚铸件时，可以避免石墨漂浮。

碳当量相同的铁水，残留镁量高则石墨漂浮量减少。对厚壁部分采取激冷措施加快铸件冷却速率，也有助于避免石墨漂浮。

石墨异态分布的另一种情况是球体线状排列。球附近常常出现一些硅酸镁和硫化镁夹杂物（图 9-49）。这种组织中的初生奥氏体枝晶粗大。石墨球可能在较高过冷度下形成。异态组织有时会出现在冒口颈与铸件连接处。断口上有一些白亮的、无方向性的小平面。断裂面发生在与小平面相垂直的、线状排列石墨球的连线上。

共晶度过低、合金元素及铸造条件有利于提高初生奥氏体过冷度都能促使这种异态组织发生。

9.7.5.4　*皮下气孔*

球墨铸铁件最常见的气孔是皮下气孔。这种气孔直径大多在 1 ~ 2mm 左右，向内延伸。一般是孔壁光滑的条状孔洞（有时称为针孔）。

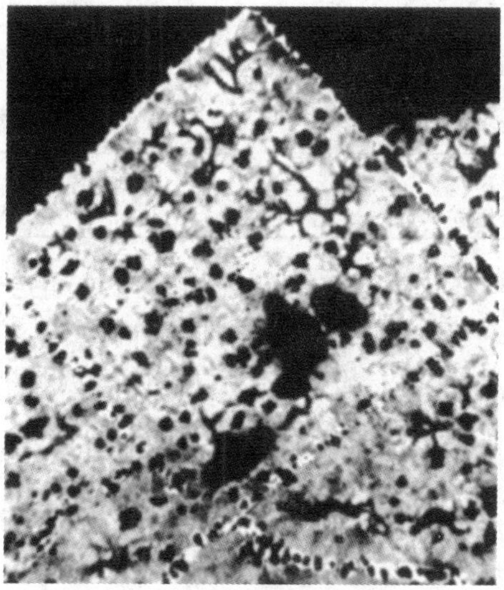

图 9-49　球状石墨呈线状排列

皮下气孔内主要为氢气，也有少量一氧化碳和氮。扫描电镜下可以看到孔内壁有类似结疤的隆起物，是硅、锰、镁、铝的氧化物，也有一些很细小的石墨。经过球化处理的铸铁含氢量在 $1\times10^{-4}\%$ 以下，这样的浓度不会造成大量针孔，而铁水直接从大气中吸氢的数量也是非常微小的。导致产生皮下气孔的氢，主要来源于铸型中的水蒸气与铁水之间的下列界面反应：

$$2Al + 3H_2O \longrightarrow Al_2O_3 + 6H \tag{9-15}$$

$$Mg + H_2O \longrightarrow MgO + 2H \tag{9-16}$$

上述反应式中 H 为溶入铁中的单原子氢。由单原子氢发展成氢气孔需要形核和气泡扩展过程。Al_2O_3 和 MgO 正是合适的形核基质。形核以后，气泡开始在液态或半液态下生长。球状气泡内外压力差 $\Delta p = 2\gamma/r$（γ 为气相与液相间的界面张力，r 为气泡半径），界面张力增大时，生成一定尺寸的气泡所需的压力差相应增大。在凝固开始前的较短时间内，由于 H 急剧向气泡扩散，Δp 迅速增高。在这样的条件下可能允许尺寸较小的气泡存在，这种气泡就是针孔。针孔难以上浮或向内迁移而停留在铸件表皮层以下，形成皮下气孔。在铸件上表面、侧面和底面都可能出现皮下气孔。

铸型透气性良好的条件下，壁厚小于 6mm 和大于 25mm 的球墨铸铁件皮下气孔发生率很低，壁厚在 6～25mm 之间最容易产生皮下气孔。稀土球墨铸铁皮下气孔发生率对温度很敏感。例如 1300℃以下温度浇注的 6～25mm 厚铸件针状气孔很严重，而浇注温度提高到 1350℃时针孔消失。

残留镁量增加，产生皮下气孔的趋势增强。镍镁合金球化剂比硅铁镁球化剂有利于减少皮下气孔。炉前处理温度高，处理后铁水停留时间短也能够减少皮下气孔。

9.7.5.5 反白口

球墨铸铁件热节部位以及厚大断面中心，冷却最缓慢的区域内可能出现白口，白口外部则由正常铸造组织所包围。较薄件的反白口区有密集的细针状穿晶碳化物（图 9-50a），较厚断面也常出现晶间碳化物（图 9-50b），更厚的断面中碳化物粗大，反白口区硬度明显增高，往往在钻孔或加工内部时发现。镁和稀土残留量过多、铁水凝固过冷量增大、孕育衰退、加入稳定碳化物的合金元素都有促进反白口现象的作用。

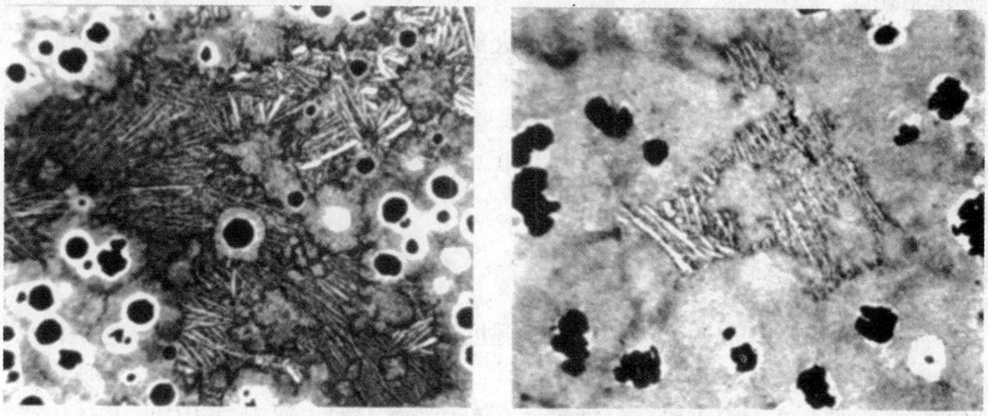

a　　　　　b

图 9-50 反白口区的碳化物

a—针状穿晶碳化物；b—厚断面中的晶间碳化物

9.8 热处理

球状石墨对基体金属连续性的破坏较少，球墨铸铁的力学性能主要取决于基体金属的性能。与灰铸铁相比，球墨铸铁热处理对改变材料力学性能更为有效。

球墨铸铁件消减铸件残余应力处理、高温和低温石墨化退火、正火等都可参照灰铸铁的相关规范进行。下面只简要介绍部分奥氏体化正火、淬火及等温淬火工艺。

9.8.1 部分奥氏体化正火

铸件加热到共析转变的温度范围(铁素体、奥氏体、石墨三相共存区)内某一温度并进行保温时，有铁素体沿晶界析出，呈现碎块状，分散分布。铸件冷却后，基体组织中将含有珠光体和这种碎块状铁素体。改变加热温度、保温时间和冷却速度，可以得到数量不同的碎块状铁素体、珠光体和其他共析转变产物。控制碎块状铁素体量与珠光体量之比，可以调节球墨铸铁基体的力学性能。

部分奥氏体化正火工艺是：首先将工件加热到超过共析转变下临界温度(A_{c1}^{S})30～50℃，一般是800～860℃，保温1～4h后出炉空冷或风冷、雾冷。此温度范围内提高加热温度，或缩短保温时间，则碎块状铁素体减少，材料强度较高、韧性偏低。反之则强度较低、韧性提高。

如果组织中碳化物量超过限制量(大于3%)或有三元磷共晶时，应在进行部分奥氏体化之前先加热到碳化物分解温度(920～980℃)，保温后再降低至部分奥氏体化温度，保温后出炉空冷或风冷、雾冷。

部分奥氏体化正火后需在500～600℃回火。

9.8.2 淬火

提高球墨铸铁硬度和强韧性可以进行淬火。淬火的工序比较简单。铸件先在860～880℃进行奥氏体化，保温时间按铸件壁厚每25mm保温1h，然后淬入合适的油或其他淬火介质中，获得马氏体+少量残余奥氏体基体。铸件硬度可提高到HRC60以上，抗拉强度达到1400MPa。

淬火后必须尽快进行回火。回火可消减大部分淬火应力，避免铸件开裂和变形。通过改变回火温度还能调整铸件硬度、强度和韧性，获得较好的综合力学性能。回火工艺可参照灰铸铁处理规范。

如果铸态组织中有共晶渗碳体或三元磷共晶，铸件淬火前需要先进行高温保温，碳化物溶解后再淬火。

9.8.3 等温淬火

上述淬火+回火处理是生产高硬度、高强度球墨铸铁常用的工艺手段。但是淬火后材料的伸长率几乎完全丧失。淬火后再进行550℃左右高温回火，伸长率虽然有所增加，但抗拉强度将下降到830～850MPa。另外铸件在550℃左右回火保温过程中，基体中尚未转变的奥氏体会析出细小的二次石墨。这些石墨一部分沉积到球状石墨表面，大部分广泛析出于基体中。这些二次石墨会影响材料的疲劳寿命和冲击韧性。避免二次石墨析出的主要措施是回火温度降低到510℃以下，但是这样的回火温度不能使淬火后的球墨铸铁获得足够的塑韧性。这是球墨铸铁件淬火必然遇到的一个问题。采用等温淬火工艺，制取具有贝氏体基体的球墨铸铁(贝氏体球墨铸铁)，是解决这个问题的一个途径。

贝氏体是过冷奥氏体在中温区域等温分解产物。虽然它也是铁素体和渗碳体组成的机械混合物，但一般不具有层状组织的形态特征，性能也与珠光体组织明显不同。较高温度等温分解形成的上贝氏体硬度 HB300 ~ 380。在光镜下呈羽毛状，用电镜观察时，为羽毛状铁素体，周边有碳化物析出。较低温度下等温分解形成下贝氏体，硬度可达 HRC45 ~ 52。光镜下可观察到平行排列的不连续碳化物细片或细粒分布于粗针状铁素体内或边缘处。

等温淬火过程示于图 9-51。铸件首先加热到奥氏体化温度或部分奥氏体化温度，保温后淬入预定温度的盐浴。在盐浴中停留一段时间后在空气中冷却到室温，产生图 1-31 所示的贝氏体基体组织。

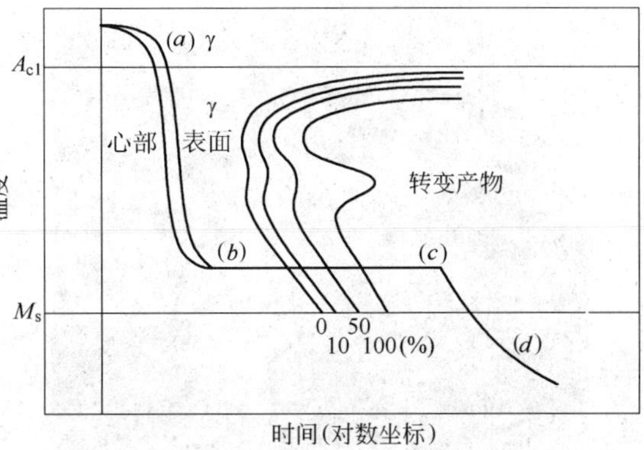

图 9-51 铸铁等温淬火过程

图 9-52 显示在 860 ~ 900℃ 奥氏体化温度保温后再经 240 ~ 400℃ 等温处理对非合金球墨铸铁抗拉强度、屈服强度、冲击吸收功的影响。260 ~ 360℃ 获得下贝氏体基体，350 ~ 400℃ 获得较高的冲击吸收功。

试验结果表明：奥氏体化温度对在中温区等温处理后的试样抗拉强度、屈服强度和硬度没有显著影响，但是会使 400℃ 以上等温处理的试样的塑性和韧性发生明显变化。在 1000℃ 奥氏体化的试样中出现最低的伸长率和冲击吸收功。

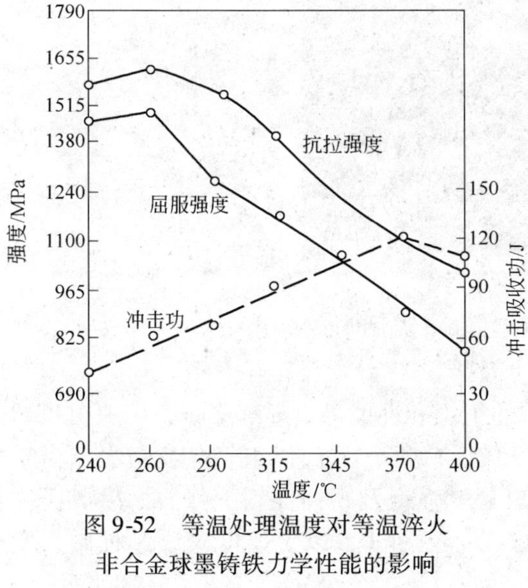

图 9-52 等温处理温度对等温淬火非合金球墨铸铁力学性能的影响

9.8.4 奥贝球铁

研究等温淬火球墨铸铁组织时发现贝氏体与奥氏体复相基体在一定组织状态下使球墨铸铁强度与韧性有完美的匹配，综合力学性能优于经过淬火 + 回火的球墨铸铁。这种球墨铸铁件应用在汽车齿轮、曲轴、火车车轮等批量生产铸件上，证实其性能和使用效果甚至不低于锻钢。经过工业实践，逐渐形成力学性能指标为 $\sigma_b = 800\text{MPa}$、$\delta > 10\%$ 及 $\sigma_b = 1400\text{MPa}$、$\delta = 2\% \sim 3\%$ 的等温淬火球墨铸铁系列。这种球墨铸铁通常被称为奥氏体-贝氏体球墨铸铁(简称为奥贝球铁)，或奥氏体等温淬火球铁(Austempering Ductile Iron)，简称 ADI。

奥氏体化后的球墨铸铁淬入预定温度的盐浴池并作等温保持的过程中，有针状铁素体在富碳奥氏体内生长出来。铁素体析出的碳排向周围的奥氏体。由于球墨铸铁基体含硅量高，通常随同贝氏体转变而析出的渗碳体不再析出，稳定的富碳奥氏体和被碳饱和的铁素体保留下来。这种不含渗碳体的贝氏体形成于 175～425℃ 等温保持过程中。根据转变温度和等温保持时间不同，保留的奥氏体量也不同，最多可达 50%。这种富碳奥氏体很稳定，即使在 -80℃ 也不会发生转变。

奥贝球墨铸铁基体具有铁素体和富碳奥氏体呈板条状交替排列的组织。板条间距随等温温度下降而逐渐减小。图 9-53a、b、c 分别显示 370℃ ×128min、315℃ ×90min、235℃ ×6h 等温处理的高倍(5000×)金相组织[9]。

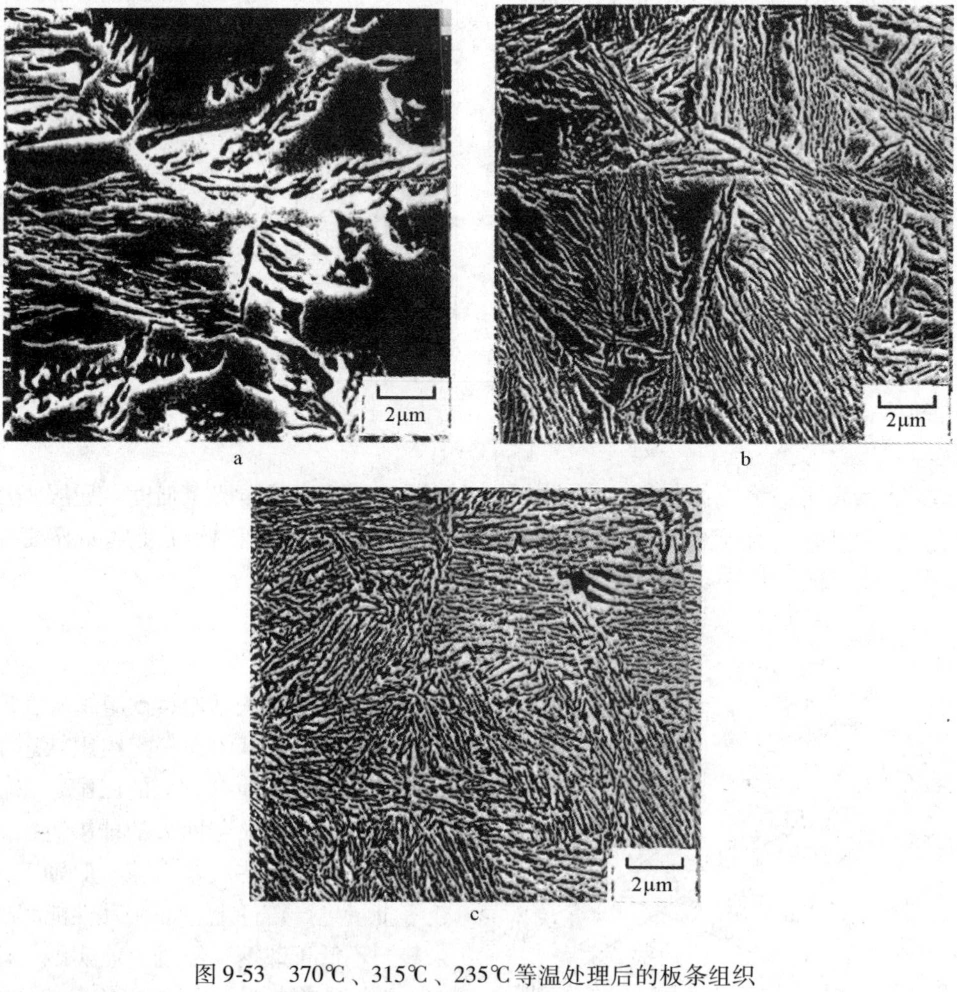

图 9-53 370℃、315℃、235℃等温处理后的板条组织

a—370℃ ×128min；b—315℃ ×90min；c—235℃ ×6h

等温温度和等温保持时间对奥贝球墨铸铁的组织和性能都有显著影响。一般奥贝球墨铸铁等温处理温度不宜超过 370℃。等温温度超过 400℃，贝氏体组织晶粒粗大，力学性能差。450℃保温后，奥氏体减少并有珠光体出现。强度及塑韧性均下降。如果奥氏体化温度高(例如 1000℃)，其中溶入的碳量相应提高。在 400℃以上温度等温过程中，发现

有粗大的渗碳体呈断续网状和针状析出。也有粗大奥氏体晶粒形成，导致等温处理后球墨铸铁塑性和韧性下降。

350~400℃等温停留，形成上贝氏体和约20%~40%（体积分数）稳定奥氏体组成的基体，球墨铸铁具有最高的塑性与韧性。在370℃等温保温128min的奥贝球墨铸铁组织如图9-54所示。在奥氏体中分布着稍粗的针状铁素体。在下贝氏体转变温度（230~350℃）等温处理后，形成组织更细，以下贝氏体为主，片状铁素体与奥氏体（含有20%以下）交错排列的组织。等温温度再降低，抗拉强度提高而伸长率降低。在接近下贝氏体转变温度范围下限时，强度达到最高值。在冷却到室温时，未转变的奥氏体可能转变为少量马氏体或者保留到室温。保留奥氏体有利于提高球墨铸铁的塑性和韧性。

850~900℃奥氏体化处理后，能够获得最佳奥氏体-贝氏体基体组织的等温处理温度为340~380℃。奥氏体化温度和等温处理温度对含有钼、铜的球墨铸铁力学性能的影响如图9-55所示。

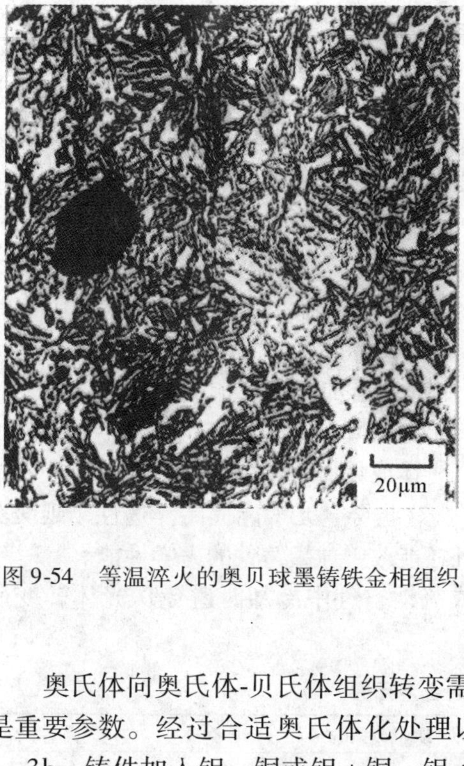

图9-54　等温淬火的奥贝球墨铸铁金相组织

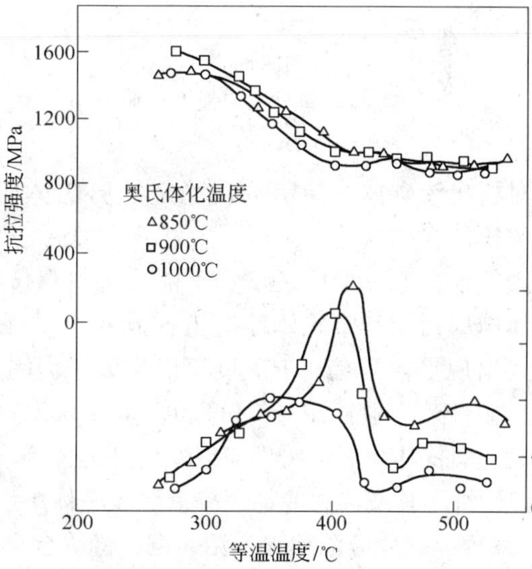

图9-55　奥氏体化温度对钼铜球墨铸铁力学性能的影响

奥氏体向奥氏体-贝氏体组织转变需要一些时间。等温保持时间在等温淬火工艺中也是重要参数。经过合适奥氏体化处理以后，非合金球墨铸铁件的贝氏体转变大约需要2~3h。铸件加入钼、铜或钼+铜、钼+铜+镍等合金元素，能促进贝氏体形成。

如果保温时间很短，少量富碳奥氏体在冷却至室温过程中发生马氏体转变，使材料强度、硬度均有增加。随着等温保温时间增加，贝氏体量增加，马氏体量减少。等温淬火球墨铸铁基体中贝氏体量达到60%~80%时，可以获得最佳的综合力学性能；未转变奥氏体量最大时，塑韧性最佳。进一步延长等温保温时间后，奥氏体逐渐分解为铁素体及渗碳体，未转变奥氏体量减少，材料伸长率随之降低。特别是非合金球墨铸铁在375℃等温淬火时，其延展性与冲击韧性对等温时间非常敏感。例如在375℃等温淬火时，等温时间增加1~2h，伸长率和冲击韧性可降低50%以上，如图9-56所示。

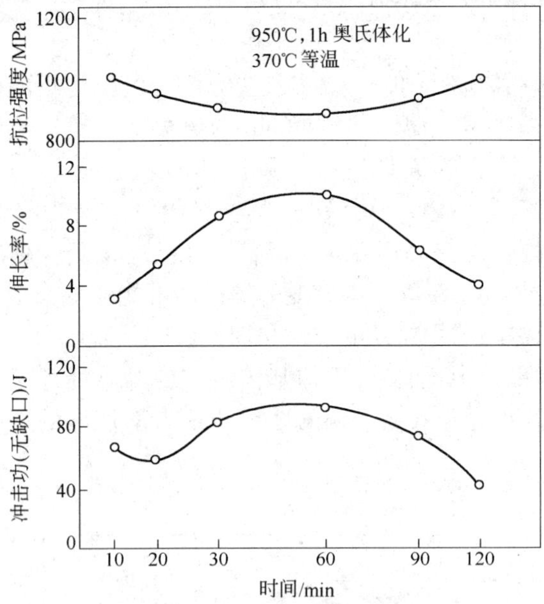

图 9-56 等温时间对拉伸强度、伸长率和冲击韧性的影响

等温淬火的奥氏体化温度应根据所要求的淬火组织而定。一般为 A_{c1} +(30 ~ 50)℃(860 ~ 900℃)。铸态原始组织为铁素体时，应选取上限温度。要求等温淬火后基体为上贝氏体时，应使奥氏体在加热时溶入较多碳，因此需把淬火加热温度提高到 900 ~ 950℃，即 A_{c1} +(50 ~ 70)℃。为了降低奥氏体溶碳量及奥氏体量，也可以实行部分奥氏体化。加热温度可选 790 ~ 810℃。处理后基体中除了贝氏体、奥氏体外，还可能存在少量其他奥氏体转变产物。

奥贝球墨铸铁常存元素含量可在下述成分范围内选取：w(C) = 3.5% ~ 3.8%、w(Si) = 2.5% ~ 3.0%、w(Mn) = 0.25% ~ 0.50%、w(P) < 0.07%、w(S) < 0.02%。硅量较高，抑制铁素体生长时析出渗碳体，使富碳和稳定的奥氏体保留下来，贝氏体也得到强化。但是硅量过高，奥氏体含碳量显著降低，其稳定性变差。锰含量与残余奥氏体量及其转变曲线有关。提高锰量，奥氏体量随之增加，能改善材料抗疲劳性能。光滑无缺口试样弯曲疲劳强度比珠光体球墨铸铁和索氏体球墨铸铁高 40% 左右，比缺口试样高两倍多。另外，奥氏体转变曲线出现平台，有利于奥贝组织形成。但需注意避免因锰量过高而产生晶间碳化物，降低材料韧性。一般控制 w(Mn) 加入量在 0.3% 附近，或同时加入镍、铜等石墨化元素。

完成奥氏体化后，铸件应以避免珠光体转变的冷却速率降温。为了防止非合金球墨铸铁本身淬硬性不良或淬火冷却速率低导致基体中出现珠光体或魏氏铁素体组织，断面厚度超过 20mm 铸件，一般应添加镍、钼、铜、锰等合金元素。这些合金元素能提高淬透性，延缓奥氏体分解，降低组织变化对等温时间的敏感性。此外还能改善球墨铸铁的力学性能。

表 9-11 列出厚度在 50mm 以下的铸件在熔盐或流动空气中冷却时避免珠光体转变所需添加的合金元素[10]。

表 9-11 铸件所需添加的合金元素

断面厚度/mm	冷却介质(质量分数)/%	
	熔 盐	强制流动空气
8mm	无	0.3% Mo
10mm	无	0.35% Mo + 1% Cu 或 0.48% Mo
25mm	0.3% Mo	0.3% Mo + 1.0% Ni 或 0.3% Mo + 1.5% Cu
37mm	0.5% Mo	0.5% Mo + 2.0% Ni 或 0.7% Mo + 1.0% Cu
50mm	0.35% Mo + 1% Cu	1.0% Mo + 0.6% Ni 或 0.5% Mo + 2.3% Ni

奥氏体-贝氏体球墨铸铁目前已经成为球墨铸铁中的常规品种。欧洲标准(EN1564)列出的奥氏体-贝氏体球墨铸铁单铸试棒力学性能见表 9-12。

表 9-12 奥氏体-贝氏体球墨铸铁力学性能

牌 号	σ_b/MPa	$\sigma_{0.2}$/MPa	δ/%	HB	冲击功/J	
					平均值	个别值
800-8	800	500	8	260 ~ 320	10	9
1000-5	1000	700	5	300 ~ 360	10	9
1200-2	1200	850	2	340 ~ 440	10	9
1400-1	1400	1100	1	380 ~ 480	10	9

对奥氏体-贝氏体球墨铸铁件进行表面喷丸处理，表面组织中的奥氏体发生马氏体相变，从而对铸件表层产生压应力，也提高材料抗疲劳破坏能力。表面层存在的马氏体组织以及零件运行中继续发生的形变硬化，使这种球墨铸铁件受力表面富有抗磨能力。

组织内存在大量稳定的奥氏体也有利于提高奥贝球墨铸铁的低温冲击韧性。其韧性-脆性转变温度低于0℃，低于调质的、正火的，甚至退火的铁素体球墨铸铁。

奥氏体-贝氏体球墨铸铁具有良好的可切削性，能在各种机床上切削。等温淬火产生的内应力低于调质处理后残余内应力水平，淬火变形较小，而且热处理周期短，废品率较低，易于以这种材料代替锻钢制造一些重要零件。近些年来，由于奥贝球墨铸铁具有高强度、良好韧性和疲劳强度以及适宜的耐磨能力和减振能力，已成为制造汽车齿轮、柴油机曲轴一类零件的理想材料。

9.8.5 高强韧球墨铸铁的氢损伤

氢损伤是一种由金属材料含氢量显著超过其溶解度极限后导致力学性能(特别是延展性)显著恶化的现象，也称氢脆。在历史上，氢脆引发过许多重大机械事故，造成过重大损失。钢和铸铁都可能产生氢损伤，其产生机制大体相同，只是铸铁的氢脆现象都是由基体组织损伤而开始的。

钢铁材料的氢损伤多数出现在高强度品种中。材料的强度越高，越易出现氢损伤。在铸铁领域内，奥贝球墨铸铁和经过热处理的马氏体球墨铸铁具有领先的强韧性，也是可能发生氢损伤的铸铁品种。

常见的氢损伤包含超限氢压引起的微裂纹(白点)、氢致相变、氢腐蚀等。氢损伤对铸件宏观力学性能的影响主要表现为材料的脆性急剧提高(塑性变形量显著减少)、断裂强度降低。

氢是易于进入钢铁材料的元素。钢铁材料在冶炼、加工过程中，以及零件在与某些环境介质接触时，难以避免氢的渗入。例如熔炼铸铁时所用的生铁、废钢、渣料、耐火材料等，通常不是十分干燥的，并或多或少地带有锈蚀，是冶炼产品中氢的主要来源。有些铸件需要酸洗、电镀，也都会使氢含量显著增加。另外，环境介质的影响也不容忽视。例如潮湿空气以及环境中的氢、硫化氢、水、某些水溶液都能通过与金属表面接触而使氢进入铸件内部。有试验表明，水附着状态下，经过等温淬火的奥贝球墨铸铁试棒塑性变形量很小，受力变形初期试棒即发生断裂。并将此种现象称为水脆化[11]。

氢向铸件内部扩散的过程可由水与高强度球墨铸铁的交互作用来说明。这一过程首先是由吸附于铸件表面的水分子分解开始。分解产生的氢原子也吸附并在金属表面积累，形成足以向内部扩散的氢浓度。当铸件受力后，氢原子沿材料内部存在微隙(如疏松、相间隙、空穴)渗入，并以间隙固溶方式进入晶格。超过溶解度的氢原子会自动集中到塑性变形所产生的缺陷部位，形成分子氢并产生巨大的内应力。这种内应力与外加应力共同作用下，原本塑性很好的高强度球墨铸铁会在塑性变形量还很小的时刻，发生没有先兆的早期断裂。宏观上表现为材料的一种由环境因素引起的脆性行为。

正常的奥贝球墨铸铁基体由贝氏体铁素体和高碳奥氏体组成。由于奥氏体中氢的溶解度高于其他相组分，进入奥贝球墨铸铁中的氢主要固溶于奥氏体中。铸件(或试样)受到拉伸应力时，诱发了马氏体相变，马氏体中氢溶解度低，导致氢处于过饱和状态。基体中氢压升高，内应力急剧增大，使马氏体组织中产生显微裂纹，并向邻近的贝氏体铁素体扩展，导致奥贝球墨铸铁在塑性变形的初期发生断裂。

球墨铸铁的氢损伤程度是由材料强度因素和环境因素共同决定的。在具有典型成分的球墨铸铁中，按氢损伤程度高低依序排列为奥贝球墨铸铁、淬火－回火球墨铸铁、高强度珠光体铸铁。铁素体球墨铸铁和以铁素体为主的铸态球墨铸铁一般不会发生氢损伤。

成分相同的奥贝球墨铸铁氢损伤倾向和对力学性能的破坏程度与其热处理制度和所形成的显微组织密切相关。例如等温淬火温度较低时，奥氏体溶碳量少，组织不稳定，使马氏体转变量增加，虽然强度变化比较明显(升高)，但氢致开裂程度也相应增加，氢损伤加重。相反地，等温淬火温度提高时，马氏体转变量减少，材料强度变化较少，氢损伤程度降低。由此可见，热处理后产生的奥氏体及其稳定性、贝氏体铁素体相对含量、马氏体转变量等都是影响奥贝球墨铸铁损伤的因素。

氢向金属扩散过程中首先使近表面层金属在应力作用下受损，然后向心部发展。实际上氢损伤是一个渐近的损伤过程。由于断裂前材料塑性变形显著减少，因此，氢损伤的主要表现是延展性指标显著降低、拉伸强度相应下降。例如，奥贝球墨铸铁试棒在干燥状态下抗拉强度为 1100MPa，伸长率为 14%。试棒表面被水附着后，抗拉强度降低为 940MPa，伸长率下降到 3%。具有正常组织的奥贝球墨铸铁，在表面有水附着情况下，抗拉强度一般下降 20%，伸长率下降 80% ~86%。而经过淬火、回火的球墨铸铁抗拉强度下降虽较小，但伸长率也降低近半。

需要指出，氢损伤发生在材料塑性变形阶段，对于屈服点及低于屈服强度的力学性能并没有明显的影响。材料的弹性模量、屈服行为在有氢源(例如水)附着的条件下，并不发生明显的变化。

应变速率、工件使用温度以及一些合金元素也影响氢损伤程度。应变速率提高会使氢损伤程度降低。工件在高温下氢的溶解度提高，但当其降温后(如热处理过程)氢含量已超过其溶解度极限，易于加重氢损伤。合金元素对氢溶解度的影响也会直接或间接影响氢在铸铁中的行为。例如镍和锰提高氢在基体中溶解度，碳和铝明显降低氢的溶解度。

环境因素对于氢致损伤是重要的。所谓环境因素就是与铸件(试样)表面接触、提供氢源的附着物情况。附着物中氢含量越高，发生损伤的临界浓度越低。与 H_2S 接触的高强度球墨铸铁的氢损伤在其他条件相似情况下，要比水附着的情况下严重得多。材料强度越高，发生氢脆的临界含氢量越低。因此，奥贝球墨铸铁在与高浓度氢源接触条件下应用时，应该注意避免有水附着或与可能提供氢离子的氢源接触状态下承受超过屈服强度的负荷。熔炼铸铁时尽量避免使用含氢量较高的炉料(如潮湿、锈蚀炉料、经过酸洗电镀的废钢铁)。

参 考 文 献

[1] 郝石坚．现代球墨铸铁[M]．北京：煤炭工业出版社，1987.

[2] Lux B. On the Theory of Nodular Graphite Formation in Cast Iron(Part Ⅰ)[J]. AFS Cast Metals Research Journal，1972(3)：25～38.

[3] Simmons W. The British Foundryman[J]，1980(9)：22～25.

[4] 中岛常生，等．三菱重工技报[J]，1973，10(6)：34～41.

[5] Janowaski J F，Loper. C R. Process Variable Effects on Mg and Nodularity Fade in Molten Nodular Iron [J]．AFS Trans，1971：594～599.

[6] Loper C R，Heine R W，Wang C C. Janowaski[J]．AFS Trans，1976.

[7] 史蒂芬 I 卡赛．球墨铸铁浇口和冒口[M]．白天申，等译．北京：清华大学出版社，1983.

[8] Askeland D R，Trojan P K，Flinn R A. Dross Forming Reactions in the System Mg-Si-O in Ductile Iron [J]．AFS Trans，1972：349～358.

[9] Jay F Janowah，et al. Technical Advances in Cast Iron Metallurgy[J]. AFS International Cast Metals Journal，Dec 1981：28～42.

[10] Dodd J. High Strength，High Ductility，Ductile Irons[J]. Modern Casting. 1978，68(5)：60～66.

[11] 蔡启舟，等．水附着状态下奥贝球铁的拉伸性能及断裂机制[J]．铸造，2001(5)：270～274.

10 蠕 墨 铸 铁

蠕墨铸铁是在球墨铸铁发展过程中开发出来的铸铁品种。这种铸铁的主要组织特征是具有片状石墨与球状石墨中间形态的蠕虫状石墨。它的组织和性能处于灰铸铁和球墨铸铁之间。力学性能接近球墨铸铁，铸造性能和可切削性能接近灰铸铁，导热性、减振性和抗热疲劳能力优于球墨铸铁。20 世纪 60 年代发现含有蠕虫状石墨的铸铁在许多方面有独特优点，有良好的工业应用价值。经过进一步研究，开发出稳定生产蠕虫状石墨铸铁的工艺。从此，蠕墨铸铁在机械制造领域里逐步得到推广应用。当前，许多承受交变热负荷的零件，诸如玻璃模具、柴油发动机汽缸盖、排气歧管、钢锭模等，已把蠕墨铸铁作为首选材料。

10.1 蠕虫状石墨的形态特征

图 1-22 显示蠕虫状石墨在光学显微镜下的典型形状。这类石墨的片体比片状石墨粗厚，单株片体的长厚比小于普通灰铸铁的片状石墨。也存在一些长度与厚度相当的块状石墨。蠕虫状石墨的侧面呈现凹凸状，片体端部圆钝。二维磨面上分枝较少，片体大部分孤立存在，并有球状石墨出现在蠕虫状石墨附近。

通常按以下方法评定蠕虫状石墨：

(1)根据石墨的形状因子(面积率)评定。形状因子一般为 0.21 ~ 0.40。

(2)利用形状系数评定。形状系数 $K=4\pi S/L^2$(式中，S 和 L 分别为图像分析仪测出的石墨面积和周长)。蠕虫状石墨的 K 值为 0.2 ~ 0.8。

(3)根据石墨长厚比评定。蠕虫状石墨长厚比为 2 ~ 10。

蠕虫状石墨和片状石墨一样，存在于共晶团内。一个共晶团内的石墨片体都在核心部分互相连接。由于蠕虫状石墨内的球化元素浓度在生长界面前沿上不断变化，导致石墨结晶取向有时为 a 向，有时则改变为 c 向。在一个石墨上优先生长方向的变化使石墨侧面呈现具有突起或凹陷的粗糙外观。

蠕虫状石墨晶体的生长末端多数为弧面，有的呈球冠状，甚至出现较细石墨晶体与单个球状石墨相连接。由于蠕墨铸铁内的球化元素在液相内有偏聚现象，球化元素浓度高的地方，可能出现单独存在的球状石墨。

10.2 蠕墨铸铁显微组织

蠕墨铸铁中存在着蠕虫状石墨 - 奥氏体共晶团和少量球状石墨 - 奥氏体共晶团。由于蠕虫状石墨是在不稳定状态下比较缓慢生长，分枝频繁，缩短了碳扩散途径，为碳的扩散提供了有利条件。在一般砂型铸件冷却速率下，蠕虫状石墨共晶团内的奥氏体有分解为铁素体倾向，因而蠕墨铸铁易于形成以铁素体为主的基体组织。在光学显微镜下观察蠕墨铸铁铸态组织，总能看到铁素体整体或部分包围着蠕虫状石墨。铁素体包覆层厚度大于同一试样中球状石墨周围铁素体晕轮层厚度，铁素体层以外则是珠光体组织。电子探针微区分析探明，由铁素体区过渡到珠光体区，硅含量趋于下降，锰含量则趋于增加。

10.3　蠕虫状石墨的产生

蠕虫状石墨在不同情况下产生。一种情况是往铁水中加入一些特定的合金(蠕化剂)，促使铸铁中大部分石墨生长为蠕虫状石墨。另一种情况是球化剂加入量不足，不足以使石墨按球状生长模式生长或不足以抵消干扰元素反球化作用而蜕化成为蠕虫状石墨。

Evans[1]试验在彻底脱硫的铁水中加入镁和其他元素，以检验这些元素对石墨形态的影响。实验结果如图 10-1 所示。

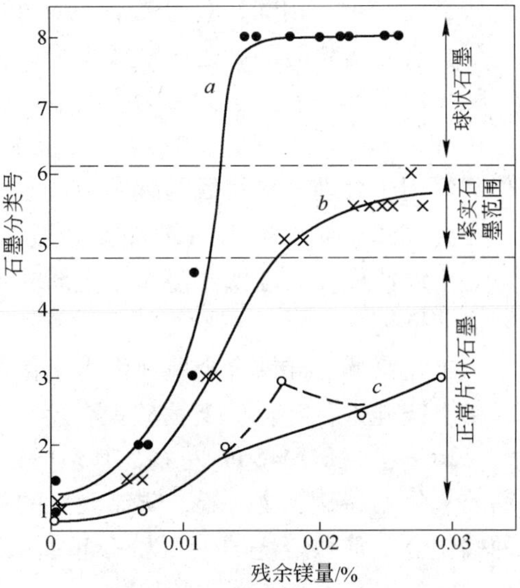

图 10-1　几种元素对石墨形态的影响
a—单独加镁时残余镁量对石墨形态的影响；
b—镁与铈、钛混合加入的影响；
c—镁与钛、铅混合加入时的影响

曲线 *a* 说明单独加镁制取蠕虫状石墨铸铁的残余镁量范围很窄，大约只有 0.005%，这样窄的含量范围难以在工业上应用。曲线 *b* 表明镁和钛、稀土元素混合加入后，产生蠕墨铸铁的残余镁量范围大大加宽了，说明有控制地混合加入这些元素可能制取蠕墨铸铁。曲线 *c* 表明含有过多干扰元素(实验中使用了钛和铅)，不能产生蠕虫状石墨。

这项实验结果基本上成为此后开发蠕墨铸铁所用蠕化剂的基础。

10.4　蠕化剂

由图 10-1 可以看出，球化元素镁、稀土(特别是铈)与干扰元素钛共同加入铁水，促使石墨蠕化的效果很好。单纯利用稀土元素也能制取蠕墨铸铁，但是稀土元素的加入量较大，特别是处理含硫较高的冲天炉铁水，在经济上和技术上还存在一定问题。经过不断探索，如今已经开发出多种可以在工业上应用的蠕化剂。目前国内应用的蠕化剂，大体上有 3 种：镁系蠕化剂、稀土系蠕化剂和钙系蠕化剂。

镁系蠕化剂既含有球化元素镁和铈，也含有反球化元素(干扰元素)钛和铝。钛是强烈干扰石墨球化的元素，球墨铸铁中含 $w(Ti)=0.05\%$，石墨大部分变为片状，但存在 $w(RE)=0.001\% \sim 0.01\%$ 时则能中和钛的干扰作用，部分石墨直至大多数石墨成为球状。当钛与残留镁量的比值在一定范围内，会促进蠕虫状石墨生成。实践表明，以镁为基础的蠕化剂中加入少量钛，能够有效地扩大产生蠕虫状石墨的残留镁量范围，而且有降低白口倾向的作用。铁水中加入含有镁的蠕化剂后，产生自沸腾作用，也有利于蠕化元素在铁水中均匀分布。

国外常用的镁系蠕化剂主要是镁钛合金，其化学成分是：$w(Mg)=4.0\% \sim 5.0\%$、$w(Ti)=8.5\% \sim 10.5\%$、$w(Ce)=0.25\% \sim 0.35\%$、$w(Ca)=4.0\% \sim 5.5\%$、$w(Al)=1.0\% \sim 1.5\%$、$w(Si)=48.0\% \sim 52.0\%$，其余为铁。合金中加入钙能加强合金的蠕化作

用。这是因为钙有强烈脱硫脱氧作用，提高了原铁水的允许含硫量，扩大了镁的作用范围。在有少量稀土元素存在、残留 $w(\mathrm{Mg})$ 为 0.015% ~0.05% 情况下，形成蠕虫状石墨正常含 $w(\mathrm{Ti})$ 范围为 0.06% ~0.12%。过多的残留钛量不但促使片状石墨形成，也可能产生富钛夹杂物，这种情况常因使用积累了较多钛元素的回炉料而引起。

我国稀土资源丰富，已经开发出一些含有混合稀土金属的镁钛稀土合金蠕化剂。$w(\mathrm{Mg})$ =4% ~6%、$w(\mathrm{Ti})$ =3% ~5%、$w(\mathrm{RE})$ =1% ~3%、$w(\mathrm{Ca})$ =3% ~5%、$w(\mathrm{Al})$ =1% ~2%、$w(\mathrm{Si})$ =45% ~50% 的蠕化剂可用于薄壁铸件。与前述国外常用的镁系蠕化剂比较，元素种类相同，只是钛含量减少、稀土元素含量增加，有利于防止片状石墨生成，延长有效蠕化时间，延缓蠕化衰退。

稀土蠕化剂是以稀土元素为主的蠕化合金，最常用的是稀土硅铁合金。稀土硅铁合金国家标准中 FeSiRE21、FeSiRE24、FeSiRE27、FeSiRE30 牌号均可用于制造蠕化剂。这种蠕化剂适用于处理含硫较低的感应炉铁水或电弧炉铁水。含硫较高的铁水宜用稀土含量较高的合金，稀土加入量也应增加。一般情况下，稀土残留量合适时，石墨蠕化率大于 60%。单纯使用稀土硅铁合金作蠕化剂的主要缺点是白口倾向大，加入量范围偏窄，不适宜制造薄壁铸件。

为了克服稀土硅铁合金单独作为蠕化剂白口倾向大的不足之处，开发了稀土钙硅铁合金、稀土镁硅铁合金。稀土钙硅铁合金的成分范围是：$w(\mathrm{RE})$ = 10% ~15%、$w(\mathrm{Ca})$ = 15% ~20%、$w(\mathrm{Si})$ =50% 左右，其余为铁。这种合金在处理铁水过程中，会在其表面生成钙的氧化物、硫化物薄膜，限制元素的扩散，延缓了合金的进一步与铁水反应。因此，这种蠕化合金常和焙烧的萤石粉一起加入，促使薄膜溶解。这种蠕化剂比较适用于低硫铁水。

国内应用较多的稀土蠕化剂是稀土镁钙硅铁合金。这种合金由稀土硅铁合金与镁熔制而成。镁除了强化稀土的蠕化作用外，还能引起铁水翻腾，产生自搅拌作用。这类蠕化剂有两种，即高稀土合金成分，包括：$w(\mathrm{RE})$ =17% ~19%、$w(\mathrm{Mg})$ =7% ~9%、$w(\mathrm{Ca})$ = 3% ~4%；低稀土合金成分，包括：$w(\mathrm{RE})$ = 7.5% ~8.5%、$w(\mathrm{Mg})$ = 3% ~4%、$w(\mathrm{Ca})$ =1.5% ~2.5%。前者适用于高硫铁水，但处理后产生的熔渣较多。两种蠕化剂的处理效果都比较稳定。

薄壁小铸件宜使用钙系蠕化剂。此类合金常用成分：$w(\mathrm{Ca})$ = 15%、$w(\mathrm{Mg})$ = 3%、$w(\mathrm{RE})$ <2%、$w(\mathrm{Si})$ =45%，其余为铁。铁水含硫量低（$w(\mathrm{S})$ =0.01% ~0.03%）时采用这种蠕化剂的处理效果非常稳定。10mm 左右的薄铸件内几乎没有白口出现。蠕化剂加入后，铁水轻微翻腾，有利于充分发挥蠕化剂的作用。铁水含硫较高时，应适当提高镁和稀土含量，但将会使熔渣量增加。

10.5 蠕化处理

蠕化处理和球墨铸铁炉前处理过程相似，需经蠕化处理和孕育处理两个步骤。但处理过程控制要求更为严格，以避免过多球状石墨或片状石墨产生。

大多数工厂采用包底冲入方法。这种方法比较适于采用含镁的、具有自沸腾能力的蠕化合金。如果采用无自沸腾能力的稀土硅铁合金或稀土钙硅铁合金，可以在包底加入少量硅铁镁合金或将蠕化剂在出炉前直接加入感应炉内。在出铁槽内连续加入蠕化剂使之随铁流进入铁水包也是可行的办法。

蠕化剂加入量主要取决于其球化元素成分和铁水含硫量。镁钛合金加入量一般为0.7%～1.3%，铁水含硫高需增加合金加入量。铁水中残留w(Mg)为0.03%～0.06%时，可获得60%以上的蠕化率。使用稀土蠕化剂时更需要考虑铁水含硫量的影响。例如铁水含w(S)由0.03%增加到0.09%时，FeSiRE21蠕化剂的加入量由0.82%增加到1.79%。铁水中w(RE)残留量在0.04%～0.07%范围内，能获得较好的蠕化效果。

为了防止铸件产生白口，增加共晶团数，细化石墨，提高材料的力学性能；抑制蠕化衰退，制取蠕墨铸铁时需要进行孕育处理。根据铸件的碳当量加入75硅铁。加入量为铁水质量的0.5%～0.8%。浇注前再向包中加入少量硅钙合金，进行二次孕育，对于薄壁件的生产十分重要。

10.6 铸件化学成分选择

蠕墨铸铁和球墨铸铁原铁液的化学成分和熔炼过程有相似之处。原铁水的碳当量一般选用稍过共晶成分，w(CE)=4.3%～4.7%。过共晶铁水有石墨漂浮倾向。为了避免这种现象发生，需要根据铸件壁厚来选择碳当量和碳含量。壁厚小于15mm的铸件，碳当量应偏于上限，w(CE)=4.6%～4.7%，w(C)=3.5%～3.8%。厚壁铸件的碳当量应偏于下限，w(CE)=4.3%～4.4%，w(C)=3.4%～3.6%。

熔制高碳当量原铁水是必要的，既能提高蠕化率、降低白口倾向，又能改善铁水流动性、防止铸件产生缩松缺陷。提高碳当量会使蠕墨铸铁强度有所降低，但是碳当量对强度的影响远比灰铸铁小。

硅的主要作用在于调整基体组织。提高蠕墨铸铁硅含量，可以减少珠光体量，相对增加铁素体并使之强化。随着硅含量增加，材料的抗拉强度、屈服点、伸长率和硬度都有所上升。但w(Si)超过3%以后，材料韧-脆转变温度明显提高。

蠕墨铸铁件w(Si)一般应保持在2%～2.8%范围内。厚壁铸件取下限。原铁水的硅含量应考虑蠕化剂和孕育剂带入的硅。

在原铁水中调整锰含量是为了发挥锰促进珠光体生成的作用。制造珠光体蠕墨铸铁时，w(Mn)可选0.5%～1.0%；铁素体球墨铸铁中w(Mn)应降低到0.4%以下。由于蠕墨铸铁原铁水中的硫绝大部分(大于90%)在炉前处理过程中与蠕化剂中的镁、稀土、钙化合，形成熔渣而从铁水中去除。因此无需考虑增加除硫所需锰量。

为了保持铸件具有较好的冲击韧性，蠕墨铸铁的w(P)不宜超过0.10%，重要的铸件，w(P)应低于0.07%。

硫对稀土蠕化剂的蠕化效果影响最为明显。因为铸件中合理的残留w(RE)=0.045%～0.075%。如果原铁水硫含量过高，使残留稀土含量低于下限，造成蠕化不良，有时甚至不能使石墨蠕化。

10.7 蠕墨铸铁热处理

蠕墨铸铁热处理规范与球墨铸铁基本相同。根据铸件使用条件的不同，可对蠕墨铸铁实行退火、正火、淬火、回火。尺寸稳定性要求很高的铸件还需进行消减内应力退火。

为了降低铸件硬度，改善可切削性，对于含有渗碳体的铸件可参照球墨铸铁的高温石墨化退火规范进行消除游离渗碳体处理。实行低温石墨化退火，促使珠光体分解，增加铁素体含量，可以改善耐热性能。

为了提高材料强度和耐磨性能，可以实行正火处理，获得90%以上珠光体基体。图10-2显示正火温度和保温时间对蠕墨铸铁珠光体量的影响。一般全奥氏体化正火温度为900～950℃，保温后空冷或风冷。低碳奥氏体化正火规范是：先在接近A_{c1}温度(740～760℃)保温1～1.5h后，随即快速加热至900～940℃，在石墨尚未充分溶入奥氏体的情况下出炉空冷或风冷，可以获得更好的综合力学性能。壁厚不均匀或重要的蠕墨铸铁件正火后需在550～580℃回火。

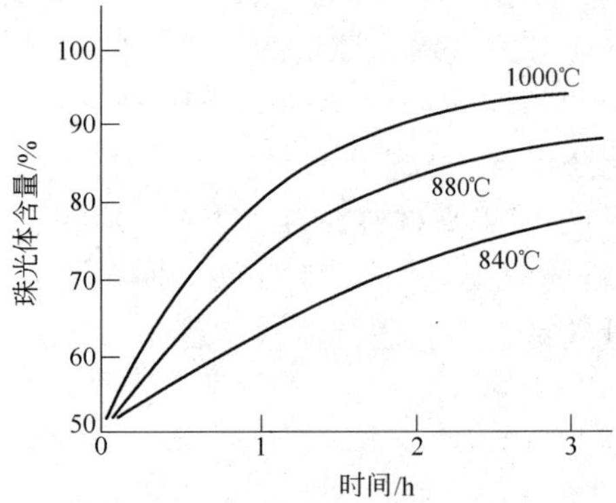

图10-2 正火温度和保温时间对蠕墨铸铁珠光体量的影响

少数硬度要求高的蠕墨铸铁件可以进行淬火、回火。淬火加热温度为850～870℃。硅含量较高时，加热温度可提高10～20℃。铸件保温时间，可按1.5min/mm计算(电阻炉)。保温后在油或有机淬火介质中冷却。

淬火后需要及时回火。回火温度不超过550℃。

10.8 蠕墨铸铁性能特点

蠕墨铸铁的力学性能与其蠕化率及基体组织有关。蠕化率是判定石墨蠕化程度的指标。通常将蠕虫状石墨数(或面积)占球状+蠕虫状石墨总数(或总面积)的比例称为蠕化率。

蠕化率低(球状石墨较多)则强度较高；反之蠕虫状石墨增加，强度较低。蠕化率大于50%的珠光体型蠕墨铸铁抗拉强度一般应大于380MPa，伸长率大于0.75%。而铁素体型蠕墨铸铁几项指标则分别是：抗拉强度为260MPa，屈服强度为195MPa，伸长率为3%。值得注意的是蠕墨铸铁$\sigma_{0.2}/\sigma_b$比值在0.72～0.82之间，高于球墨铸铁和灰铸铁的$\sigma_{0.2}/\sigma_b$比值。在各种铸造合金中，此比值也居于前列。

蠕墨铸铁的比例极限低于球墨铸铁。其弹性模量受蠕化率和基体组织的影响，在$(138～165)\times 10^3$ MPa范围内变化。蠕化率低、珠光体多，则弹性模量提高。

在高温力学性能方面，在300℃以下的温度，铁素体蠕墨铸铁抗拉强度基本上不因温度提高而发生明显变化。300～500℃之间，如果应变速率较高，则强度随温度提高而缓慢下降。但在低速应变情况下，抗拉强度急剧下降。500℃时，抗拉强度由室温时的250～260MPa下降到170～180MPa。从强度角度考虑，铁素体蠕墨铸铁的合理使用温度不宜超过500℃。

蠕墨铸铁所具有的热物理性能常使这种材料成为一些零件的首选材料。

在碳当量相同，基体均为珠光体条件下比较了灰铸铁、蠕墨铸铁、球墨铸铁三种铸铁在100～500℃之间的热导率。热导率与石墨形状因子、碳当量和基体组织有关。形状因子小、碳当量高、石墨量多而粗厚，则热导率高。铁素体基体比珠光体基体的导热能力强。蠕化率超过80%的蠕墨铸铁的热导率稍低于碳当量相同的灰铸铁，两者的数据已经十分接近。按照热导率高低排序为：灰铸铁、蠕墨铸铁、球墨铸铁。

工作于高温环境的材料，应该有良好的抗氧化和抗热生长性能。蠕墨铸铁的抗氧化和抗热生长性能都介于球墨铸铁和灰铸铁之间，即低于球墨铸铁，高于灰铸铁。有实验表明[2]：蠕墨铸铁长时间在500℃空气中保温后，其氧化起皮和热生长与成分相近的灰铸铁没有明显差别。但在600℃温度长时间保温后，蠕墨铸铁氧化起皮显著少于灰铸铁，热生长量也比灰铸铁小。

如果工作温度频繁快速变化，零件要承受交变热应力。这种带有热冲击性质的应力可能导致零件表面开裂或变形，以致失效，这是热疲劳现象。蠕墨铸铁由于具有良好的导热能力，在500℃以下能保持较好的强度，具有比较优良的抗热疲劳性能。对具有铁素体、珠光体和混合基体的灰铸铁、蠕墨铸铁及球墨铸铁厚断面试样进行了抗热疲劳性能试验，其结果表明蠕墨铸铁具有较好的抗开裂、抗热变形能力。按开裂程度减轻（变形量增加）排序为灰铸铁、蠕墨铸铁、球墨铸铁。对于球墨铸铁和蠕墨铸铁，铁素体量增加，开裂倾向降低，但变形量增加。综合各因素来衡量，蠕墨铸铁的抗热疲劳能力优于灰铸铁和球墨铸铁。

蠕墨铸铁的铸造性能良好。其流动性（以螺线形试样长度衡量）优于球墨铸铁和强度相当的灰铸铁，容易浇注成轮廓清晰的薄小铸件。此外，蠕墨铸铁缩前膨胀大于灰铸铁，因此共晶膨胀力较大。体积收缩率因蠕化率不同而有差别。蠕化率越低，体积收缩率越大，形成缩孔、缩松的倾向也越显著。适当提高浇注温度，采用共晶碳当量都有助于消除缩孔缺陷。由于收缩率较大，蠕墨铸铁铸件内应力大于灰铸铁件。

蠕化处理不当时，蠕墨铸铁的白口倾向大于灰铸铁，低于球墨铸铁。白口倾向与蠕化剂的选用有关。使用稀土系蠕化剂比使用镁系蠕化剂更易产生白口。

蠕化率对铸件的断面敏感性有显著影响。蠕化率越高，断面敏感性越小。

10.9 蠕墨铸铁的应用

JB/T4403—1999（蠕墨铸铁件）将蠕墨铸铁按其强度划分为五个牌号：RuT420、RuT380、RuT340、RuT300、RuT260（见表10-1）。

表10-1 蠕墨铸铁牌号

牌号	抗拉强度/MPa	屈服强度/MPa	断后伸长率/%	硬度HBS	蠕化率（不小于）/%	主要基体组织
	不小于					
RuT420	420	335	0.75	200~280	50	珠光体
RuT380	380	300	0.75	193~274		珠光体
RuT340	340	270	1.0	170~249		珠光体+铁素体
RuT300	300	240	1.5	140~217		铁素体+珠光体
RuT260	260	195	3	121~197		铁素体

牌号中的数字代表该材料的抗拉强度（MPa）。RuT420及RuT380具有珠光体基体，RuT260具有铁素体基体，其余两种为混合型基体。标准规定，各牌号蠕墨铸铁蠕化率均不应小于50%。

RuT420和RuT380属于高强度蠕墨铸铁，用于活塞环、气缸套制动盘、刹车鼓、玻璃模具等铸件。这些铸件一般含有合金元素，并需进行热处理。

RuT340 属于强度、硬度、耐磨性、热导率都比较高的品种。重型机床导轨、大型齿轮箱、大型起重机卷筒、飞轮、玻璃模具等常选用这个品种。

RuT300 是当前应用比较广泛的蠕墨铸铁品种。其强度和硬度适中，热导率高，抗热疲劳能力强，致密性良好，常用于经受交变热循环应力及热冲击较强的铸件，如钢锭模、发动机汽缸盖、排气阀、变速箱体、液压阀体等。

钢锭模反复受到热冲击，在热应力作用下容易发生开裂或变形，因此要求材料有良好导热性和高温强度，弹性模量较低，线胀系数小。以往炼钢厂多使用灰铸铁钢锭模，消耗量很大，后改用球墨铸铁制造，模耗显著降低，但因球墨铸铁件中铸造缺陷较多，而且材料热导率较低，常在缺陷附近产生热裂。最后改用蠕化率为 10% ~55% 的蠕墨铸铁钢锭模，在水淋及空冷条件下，模子寿命明显提高，取得显著经济效果。RuT260 为铁素体基体蠕墨铸铁。其强度、硬度低于前几个品种，但其塑韧性、热导率以及抗热疲劳能力优于前者。它可用于制造承受热疲劳、机械冲击和热冲击的铸件，如涡轮增压器、进排气阀体、汽车及拖拉机底盘上的一些零件。

参 考 文 献

[1] Evans E R, Dawson J V, Lalich M J. Compacted Graphite Cast Irons and Their Production. By a Single Alloy Addition[J]. AFS Trans, 1976(84): 215 ~220.

[2] Walton C F, Opar T J. 铸铁件手册[M]. 童本行编译. 北京：清华大学出版社，1990.

11 白 口 铸 铁

白口铸铁是人类最早使用的黑色金属。我国应用白口铸铁已有数千年历史。在古代，这种硬而脆的金属材料，主要用于犁铧之类的耕作器具。直到当代，仍有一些农具采用白口铸铁制造。

白口铸铁组织中含有大量渗碳体，有较好的耐磨性，主要作为耐磨材料使用。但是它的韧性较差，难以承受冲击载荷。而许多耐磨零件都是在动载荷下工作，因此材料的耐磨性和韧性存在着相互制约的问题。随着现代工业的发展，普通白口铸铁的工作性能越来越难以满足需要。为了解决这一矛盾，多年来人们对白口铸铁进行了许多改进工作：

（1）调整白口铸铁的常规化学成分；

（2）添加合金元素，制取合金白口铸铁；

（3）实行变质处理，改变碳化物形状、尺寸和分布状态；

（4）改进白口铸铁的生产工艺。

20 世纪 30 年代以前，人们曾经尝试多方面的技术改进，力求在提高抗磨能力前提下改善白口铸铁的抗冲击韧性。直到 20 世纪前期，开发出来一些以添加合金元素为主要特色的合金白口铸铁，其中最有代表性的是含有合金碳化物、基体为马氏体和奥氏体的镍铬合金铸铁(镍硬铸铁)。这种白口铸铁在抗冲击性能方面比普通白口铸铁有所改善，而且耐磨性能显著提高，在一定程度上解决了承受冲击载荷的耐磨零件材料问题。成为迄今仍在应用的抗磨材料品种。

在镍硬铸铁之后，又出现了性能更为优越的高铬铸铁。高铬铸铁是 $w(\mathrm{Cr})>11\%$ 的合金白口铸铁。大量铬原子与碳化合，合金碳化物硬度显著提高，形态和分布发生变化，提高了基体金属的连续性，材料韧性显著改善。从效果上看，铬实际上起了变质作用。一部分铬溶入奥氏体，改善了基体金属的硬化性能。

高铬铸铁的宏观硬度一般可以达到 HRC60 以上。抗冲击能力也能满足一般耐磨件的要求。比较完美地解决了白口铸铁耐磨性与韧性之间的矛盾，当前许多高锰钢耐磨件已经改用高铬铸铁。例如破碎矿石、煤炭、水泥生熟料的球磨机衬板、磨球，杂质泵叶轮、泵体，碾轮式磨煤机碾轮、衬瓦、双金属轧辊耐磨辊套以及其他许多耐磨零件的应用都很成功，抗磨件寿命比高锰钢、非合金白口铁都有成倍提高，大大扩展了白口铸铁的应用范围。

合金白口铸铁当前是白口铸铁应用的主流。除了铬白口铸铁外，锰、钨、硼、铌、也都分别作为主加合金元素改善白口铸铁性能。本章主要介绍铬系合金白口铸铁。

11.1 白口铸铁组织的形成

白口铸铁由渗碳体或合金碳化物和基体金属构成。其共晶组织产生在亚稳定系共晶转变温度以下。冷却过程如图 11-1 所示。高过冷度是形成白口组织的必要条件。导致铸铁在高过冷度下凝固的因素，一是化学方面的，铸件化学成分改变铁水碳活度，使碳化物在较低温度形核和生长；二是物理方面的，铁水快速冷却，抑制液相中原子移位，增加凝固过冷量。铁水冷却速率、过冷度和白口生成倾向几乎是成比例增加的。

白口铸铁大部分是亚共晶或共晶成分。过共晶白口铸铁中存在粗大的初生渗碳体使铸件脆性显著增加，一般很少使用。图11-2表明了白口铸铁中可以采用的碳和硅含量的大致范围。由于硅有强烈的石墨化作用，非合金白口铸铁含硅量是有限度的（一般不超过1.0%）。必须含硅较高时，应该同时加入一些碳化物生成元素。

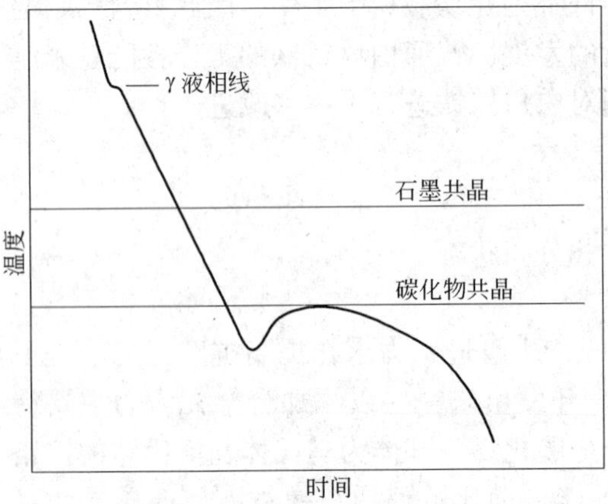

图11-1 渗碳体共晶转变发生在亚稳共晶转变温度以下

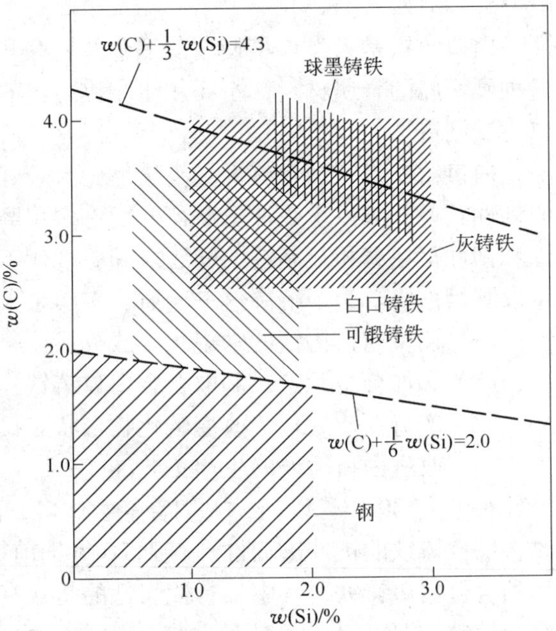

图11-2 两种铸铁中碳、硅合金量的大致范围

促进碳化物形成元素（如铬、锰、钒等）的作用或是提高碳化物共晶转变临界温度、或是缩小石墨共晶转变温度与亚稳共晶转变温度之间的差别，有些合金元素含量达到一定程度时，碳化物共晶转变温度甚至高于石墨共晶转变温度，钒就是这种元素。钒含量较高时，即使铁水冷却速率很低，也能产生白口铸铁组织。

11.2 非合金白口铸铁化学成分

普通非合金白口铸铁化学成分和铸态硬度列于表11-1。

表11-1 普通非合金白口铸铁化学成分及铸态硬度

类 别	化学成分/%					铸态组织	铸态硬度 HRC
	C	Si	Mn	P	S		
低碳	2.5~2.8	<0.8	0.6~0.8	<0.3	<0.15	渗碳体+珠光体	38~42
中碳	3.5~3.8	<0.6	0.6~0.8	<0.3	<0.15	渗碳体+珠光体	45~50
高碳	4.0~4.5	0.5~1.0	<1.0	<0.3	<0.15	莱氏体或莱氏体+渗碳体	>50

含碳量对于白口铸铁性能的影响非常显著。含碳量提高，渗碳体量增加，硬度提高。w(C)提高到4.0%以上时，硬度可达到HRC52~55。抗磨料磨损的能力增强。但是承受

横向弯曲载荷和韧性却随含碳量提高而下降，如图 11-3 所示。一般普通白口铸铁件，w(C)在 2.2% ~3.6%之间。

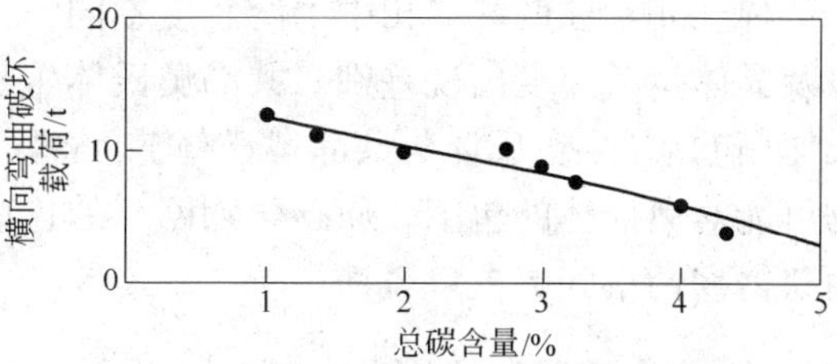

图 11-3　含碳量对普通白口铸铁横向弯曲强度的影响

硅减少铸铁共晶含碳量。含碳量不变时，提高含硅量使白口铸铁的共晶碳化物增加。另外，硅促进石墨化，尤其是在高碳白口铸铁中，作用更加明显。生产普通白口铸铁时，硅含量应保持在表11-1范围内，避免出现共晶石墨。

铁水中的锰与硫化合，形成的硫化锰进入熔渣而脱离铁水，产生脱硫作用。溶入铁中的锰，一部分与碳化合形成$(Fe, Mn)_3C$，提高渗碳体硬度，另一部分溶入奥氏体，降低奥氏体转变临界冷速并稳定奥氏体。

为了防止较厚大非合金白口铸铁件中出现石墨，必要时可在铁水中加入少量强烈促进碳化物生成的元素。碲、铋、钒都有这种作用。第 7 章已介绍过碲和铋作为铸铁的碳化物稳定剂和晶粒细化剂的有效性。加入含氮和硼的钒铁也能取得抑制石墨析出的效果。

11.3　非合金白口铸铁变质处理

在非合金白口铸铁水中加入一些能影响共晶碳化物形核条件和转变方式，并抑制其择优取向生长模式的元素，能够改变碳化物形态，使碳化物分布趋于分散状态，减少网状碳化物对基体的分割。这种方法称为白口铸铁变质处理。变质处理在保持原有抗磨性能的基础上，提高材料韧性、降低脆性、改善强度。这样就可以扩大非合金白口铸铁的应用范围。

为收到变质处理效果，需要碳化物和奥氏体两相在形核和生长方面满足以下条件：初生奥氏体在共晶转变发生之前已经充分发育，奥氏体生成量足以使两个共晶相能按离异共晶方式转变；抑制碳化物择优取向生长并以相对较低的生长速度形成共晶碳化物。

已知稀土元素对白口铸铁有变质作用。稀土与钒、硼、铝、铋、碱金属构成复合变质剂对改变碳化物形态和分布状态有比较好的效果。把以稀土元素为主体的变质剂加入铁水以后，稀土元素优先与铁水中的硫和氧化合形成硫化物和硫氧化物可以成为初生奥氏体的异质形核基质，促进生成较多的分散于铁液中的奥氏体晶粒。由于稀土元素的平衡分配系数很小，而且在两个共晶组成相中的溶解度也都很小，多余的稀土元素将富集在初生奥氏体凝固前沿，形成成分过冷区，这将促使奥氏体枝晶加快分枝。另一方面，稀土元素降低共晶转变温度，使奥氏体生长温度范围扩大，生成量增多，形成许多在铁水中分散分布的枝晶群。为两个共晶相以离异共晶方式生长创造条件。

碳化物不能在初生奥氏体上形核，而是在铁水中形核。稀土元素选择吸附在碳化物晶体表面，阻挡了碳化物赖以生长的生长台阶，因此，碳化物只能低速在具有一定过冷度和由于奥氏体生长而使碳浓度增加的液相中生长。并且抑制了碳化物以固有的生长方向成长为条片状，而是以小平面相的生长前沿在条片侧面迅速增厚。

共晶奥氏体是在初生奥氏体上结晶。因此，共晶的两个组成相的结晶在空间上和时间上都是分开的，晶体完全在共生区以外生长，这是一种离异共晶的生长方式。

稀土元素在两共晶相中的溶解度不同，导致两相凝固前沿溶质富集程度、成分过冷量以及晶体生长速度出现差别。共晶奥氏体生长速度超过了共晶渗碳体的生长速度。于是奥氏体(包括初生奥氏体与共晶奥氏体)以离异共晶生长方式单独快速增长，突破共晶碳化物可能对奥氏体的包围，使碳化物网络的连续性遭到破坏，奥氏体的连续性大大增强，从而获得韧性增强的白口铸铁。

11.4 非合金白口铸铁热处理

非合金白口铸铁热处理常用以消减铸件残余内应力，处理的对象主要是大型的和结构比较复杂的铸件，如冷硬轧辊和冷硬铸铁车轮等。消除内应力的温度可选在 570 ~ 600℃之间。保温时间和升温降温速率可采用与灰铸铁相同的规范。非合金白口铸铁在 650℃以下加热并进行不太长时间的保温，耐磨性不会显著降低。振动时效处理也能有效地消除白口铸铁的内应力，对于大型铸件效果比消除应力热处理更好。

除了变质处理外，白口铸铁还可以通过淬火(调质)、正火处理改变基体的力学性能。由于组织中存在大量脆性相，快速冷却容易使铸件开裂。比较稳妥办法是进行等温淬火。实行等温淬火的白口铸铁件应是低碳的并且经过变质处理。

$w(C)=2.2\% \sim 2.5\%$、$w(Si)=1.0\%$、$w(Mn)=0.5\% \sim 1.0\%$、$w(P)<0.1\%$、$w(S)<0.1\%$ 的白口铸铁犁铧等温淬火工艺参数如下：900℃ ±5℃保温 60min 奥氏体化后淬入 300℃ ±15℃的盐浴，保温 90min 后在空气中冷却。热处理后显微组织为：渗碳体 + 贝氏体 + 少量屈氏体。铸件硬度达到 HRC55 ~ 59。铸件在土壤中的抗磨能力和抗断裂能力都有明显提高。经过等温淬火的低磷高韧性犁铧，其寿命比 65Mn 钢犁铧提高 10% ~ 50%。虽然犁铧价格因增加热处理工序而高于未经处理的普通白口铸铁犁铧，但前者的性能价格比仍优于后者。

11.5 合金白口铸铁

合金白口铸铁含有高硬度合金碳化物和硬化性能良好的基体。抗磨料磨损能力和韧性远优于普通合金白口铸铁。

在外力作用下，磨料凿切、冲击、掠过工件表面时，使所接触的金属在各种损伤机制作用下脱离母体，产生磨屑。这种金属损伤称为磨料磨损。磨料磨损是最常见的磨损形式，在工农业生产中几乎随处可见。例如选矿厂、火力发电厂、水泥厂的球磨机中研磨体与衬板和被粉碎物料之间的磨损，挖掘机斗齿与被挖掘物料之间的磨损，破碎机与被破碎物料之间的磨损，拖拉机履带板、犁铧与土壤之间的磨损，轧钢机轧辊与钢锭之间的磨损都属于磨料磨损。

承受磨料磨损的铸件在使用过程中，磨料从不同方向施力于表面。所施加的力分解为法向力和切向力。法向分力迫使磨料压入工件表面产生压坑。切向力则使磨料沿工件表面移动，挤压或切削工件表面形成沟槽。被切削掉的金属直接形成磨屑，而塑性较好的金属发生塑性流变，形成唇状凸边(犁沟)。塑变区可能出现形变硬化、形变热导致的相变、金属织构变化、内应力增加等一系列足以导致材料性能变化的现象，同时还会使吸附在工件表面的氧原子向塑性流变区扩散。上述现象导致塑变区材料硬化、脆化。

磨料对工件表面的作用通常是反复地进行。形变硬化不断增强，弹性极限不断提高，最终使晶体内部点阵过度畸变，出现位错塞积群或位错密度有显著差异的胞状结构，使材料达到不能进一步发生塑变和吸收外来能量的程度。此时材料部分解体，形成磨屑，脱离母体。

脆性基体金属磨屑的形成源于材料受磨料冲击、挤压作用而产生的亚表层分层断裂，而不是塑变。亚表层形成的裂纹长度与材料的断裂韧性有关，断裂韧性下降则裂纹长度增加。由以上对磨料磨损机制的简要描述中可以看出，具有优良抗磨料磨损能力的金属组织应该是：以硬度高于磨料的硬质耐磨相为骨架，阻挡磨料在工件表面连续移动，防止或减少切削沟槽或犁沟形成；高硬质相周围的金属也具有良好抗磨能力和强韧性，防护自身损伤的同时也保护抗磨骨架相不致发生脆裂或剥落。

合金白口铸铁具有符合以上要求的组织。高硬度合金碳化物是抗磨骨架相，溶有合金元素因而有良好硬化性能的基体金属也具有韧性较好的抗磨料磨损组织。因而能成为优良抗磨合金。

11.6　合金白口铸铁中的碳化物

在白口铸铁中加入铬、钼、钒、钛、铌、钨、锰等金属元素时，它们与碳形成金属性化合物。这些过渡族金属不很活泼，不能与碳形成离子型或共价型化合物。但因碳原子半径小，可以固溶于这些金属中，当碳原子和金属原子半径比小于 0.59，化合物具有比较简单的晶体结构，如 MoC（密排六方）、VC（面心立方）、WC（简单六方）。半径比大于 0.59，而且碳含量超过溶解度极限时，金属晶格发生变化，形成结构比较复杂的间隙化合物，如 Cr_7C_3、$Cr_{23}C_6$、Mn_3C 等。

这些间隙化合物都是由碳原子的价电子与过渡族元素 d 层电子构成的金属键结合而成。d 层中未充满电子数多于铁原子 d 层未充满电子数的过渡金属都能与碳形成化合物。金属元素 d 层电子缺位越多，形成碳化物倾向越强，碳化物也越稳定。就二元碳化物稳定性而言，由强到弱的顺序是：钛、铌、钨、钼、铬、锰。

间隙化合物一般具有很高的硬度和熔点。合金白口铁中常见的合金碳化物及 Fe_3C 的晶格和硬度如表 11-2 所示❶。铁碳化合物能溶入第三元素。例如 Fe_3C 可以无限溶入锰，有限溶入铬、钼、钒。如果第三元素与碳有更强结合键时，则提高碳化物稳定性。钛、钒、铌溶入渗碳体都使化合物稳定性提高。

几种过渡族元素同时加入铸铁时，与碳原子结合强度最高的元素首先形成碳化物。例如钼、钨、铬同时加入铸铁，首先形成高熔点的 $(Fe, W)_6C$，其次是 Mo_2C、$Cr_{23}C_6$、Cr_7C_3、Fe_3C。溶入的合金元素浓度变化会使碳化物晶体结构、硬度和其他一些性能发生变化。例如，少量铬以置换方式溶于渗碳体形成铁、碳、铬三元共存渗碳体 $(Fe, Cr)_3C$，但当铬与碳的原子比增加到一定程度，晶体结构转变为 $(Fe, Cr)_7C_3$ 型。晶体形貌和性能

---

❶ 合金白口铸铁硬度值换算。非奥氏体钢、灰铸铁、有色合金零件各种硬度单位的换算值均可在手册上查得，而合金白口铸铁硬度换算值与实测值有差别。合金白口铸铁洛氏 C 硬度、维氏硬度、布氏硬度的换算按下式计算较为准确。

洛氏 C 硬度和维氏硬度的换算式（硬度范围：HV402 ~ 930，HRC38.0 ~ 66.8）：

$$HV = 0.343(HRC)^2 - 18.132(HRC) + 595.3$$

洛氏 C 硬度和布氏硬度的换算式（硬度范围：HB385 ~ 848；HRC38.0 ~ 66.8）：

$$HB = 0.363(HRC)^2 - 22.515(HRC) + 717.8。$$

显著变化，硬度显著提高。

表 11-2 合金碳化物晶格、熔点与硬度

合金碳化物	晶　格	熔点/℃	硬度 HV
TiC	面心立方	3200	3200
NbC	面心立方	3500	2400
VC	面心立方	2830	2800
WC	六方	2600(分解)	2400
Mo_2C	密排六方	2700	2200
Cr_7C_3	复杂六方	1665	2100
$Cr_{23}C_6$	复杂六方	1550(分解)	1650
Mn_3C	正交	1520	—
Fe_3C	正交	1650	840～1100

碳化物中的碳原子也可能被与其尺寸相近的硼、氮、碲等原子部分取代，形成诸如碳硼或碳氮与过渡族金属形成的化合物。这些化合物的稳定性一般高于相同过渡族金属的碳化物。总之，大部分能与碳形成间隙化合物的过渡族金属或原子尺寸与碳接近、能在碳化物中取代碳原子的元素都可能成为白口铸铁的合金元素。

铬、铬＋钼、铬＋锰、铬＋钨、铬＋镍以及钨、锰、硼等都是可用于抗磨白口铸铁的合金元素。加入这些元素后，白口铸铁的性能有不同程度的改变，使铸件适用于不同的工况。

11.7 锰、钨、硼白口铸铁

添加这几种合金元素的白口铸铁，含有正交晶格或六方晶格结构的碳化物。锰白口铸铁的碳化物为$(Fe, Mn)_3C$，呈网状分布于基体中，硬度高于Fe_3C。随溶入的锰量增加，晶格常数增大，硬度上升。一部分锰固溶于奥氏体中，降低珠光体转变临界冷速，同时也将扩大γ相区，有强烈稳定奥氏体的作用。$w(C)\%=2.6\%\sim3.8\%$、$w(Mn)=2.0\%\sim7.0\%$、$w(Si)=0.6\%\sim1.2\%$的锰白口铸铁(碳和锰偏于成分上限时)，基体含有大量奥氏体。为了获得较多马氏体，需在其中加入钼1%～2%，并使$w(C)$保持在偏下限(2.6%～3.0%)，$w(Mn)=3\%\sim5\%$、$w(Cr)=6\%\sim8\%$的锰铸铁铸态下可获得碳化物＋马氏体＋奥氏体组织。经过适当热处理，此种材料具有良好的抗磨能力和中等程度的冲击抗力，在国内外工厂中已有应用。

钨白口铸铁抗湿磨损能力很强，常用于选矿厂、砂石厂的易磨损件。钨固溶于铁也存在于碳化物中。奥氏体中溶解的钨对相变的影响与钼相似，但比钼弱。$w(C)=2\%\sim3\%$的钨白口铸铁中，随钨含量变化可出现W_3C、WC、W_6C型碳化物，其中WC具有六方晶体结构，硬度很高。W_6C型碳化物常见的是Fe_3W_3C。这两种类型的碳化物构成抗磨骨架。

钨白口铸铁含钨量一般为9%～20%，它的抗冲蚀能力随钨含量的增加而增加。用于抗腐蚀磨损为主的零件宜选低碳含量(2.0%～2.2%)；用于承受物料强烈冲刷的零件宜选较高碳含量(2.8%～3.2%)。由于铬有助于减少极化电流，降低电化学腐蚀速率，也

能提高碳化物抗磨能力，钨白口铸铁中可加入铬5%～10%。

钨白口铸铁铸态基体组织多为马氏体+奥氏体。例如：$w(C)=2.8\%\sim3.0\%$、$w(w)=9\%$、$w(Cr)=6\%$、$w(Mn)=1\%\sim2\%$的铸铁的碳化物为$(Fe, W)_3C+(Fe, W)_6C$，基体为马氏体+奥氏体，硬度为HRC55～62。碳化物接近网状分布，对基体分割比较严重，冲击功较低，一般只有3.2～4.8J。

硼能取代碳化物中部分碳原子使碳化物硬度和稳定性提高。少量硼也能提高基体组织的淬硬性。但是硼不能显著改变碳化物的分布状态，一般硼白口铸铁中的硬质相主要是呈网状分布的$Fe_3(C, B)$，也有少量$Fe_{23}(C, B)_6$。

对冲击韧性要求不高的低应力磨料磨损场合可选用$w(C)=3.0\%\sim3.2\%$、$w(B)=0.20\%\sim0.25\%$、$w(Mo)=0.6\%$、$w(Cu)=1.0\%$、$w(RE)=0.02\%\sim0.08\%$的硼白口铸铁，其铸态硬度为HRC52～55。油淬火并回火后硬度可达HRC60以上。承受较高冲击的耐磨件可采用低碳高硼白口铸铁，其成分是：$w(C)=2.2\%\sim2.4\%$、$w(B)=0.4\%\sim0.5\%$、$w(Mo)=0.6\%$、$w(Cu)=1.0\%$、$w(RE)=0.02\%\sim0.08\%$；铸态硬度HRC50左右，淬火并回火后硬度可达HRC63左右。

11.8 铬白口铸铁

含铬白口铸铁是目前应用最广泛的抗磨白口铸铁。$w(Cr)=2\%\sim30\%$都能不同程度地改善白口铸铁抗磨性能。一些文献将铬白口铸铁按铬含量而分为低铬、中铬、高铬三个品种。但是由于铸件碳含量、凝固速率、其他元素含量的影响，相同铬含量可能产生不相同的组织和抗磨能力。根据铬碳化合物类型表达铬白口铸铁似较合理。加入铬但未改变渗碳体晶体类型，即碳化物仍为M_3C型(渗碳体型)的铬白口铸铁属于低铬白口铸铁。提高含铬量使碳化物全为M_7C_3型，称为高铬铸铁(为了简化，本书及有关文献中把Cr_7C_3碳化物写为M_7C_3型碳化物，渗碳体型碳化物写为M_3C型碳化物，其中M代表Cr、Fe及其中所含其他合金元素)。

铸铁中$w(Cr)$为2%～5%时，溶入渗碳体中的铬提高渗碳体硬度，改善铸铁抗磨能力。但是这种碳化物呈网状分布，把较有韧性的基体金属分割，使材料韧性降低。碳含量偏上限则碳化物量增加，韧性下降更为显著。目前应用比较成熟的成分范围是$w(C)=2.5\%\sim3.0\%$、$w(Si)=0.6\%\sim1.5\%$、$w(Mn)=0.4\%\sim0.8\%$、$w(Cr)=2\%\sim5\%$。$w(C)<6\%$以下的铬铸铁抗磨能力优于碳钢和低合金钢。但其应用因韧性低而受到限制。图11-4显示低含铬量铬铸铁中碳化物形貌(SEM)。

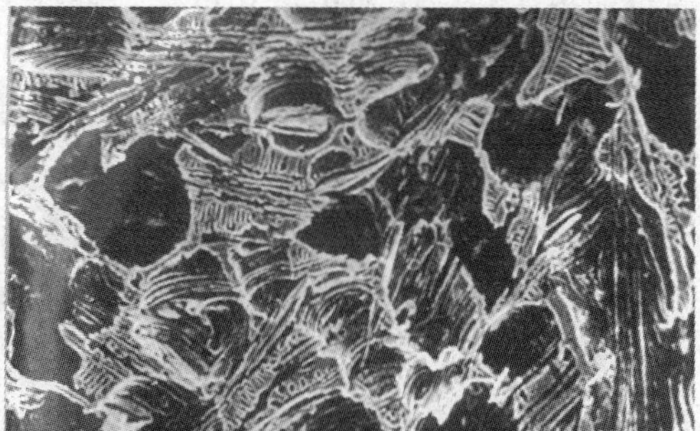

图11-4 低含铬量铬铸铁中碳化物形貌
(500×，SEM)

白口铸铁$w(Cr)$达到7%～10%，一部分碳化物结构已由M_3C型改变为M_7C_3型。这种铸铁中，多数碳化物具有由M_3C型向M_7C_3型过渡的形态。似是两种类型碳化物共同存在。M_7C_3型碳化物量随铬含量增加而增加。图11-5显示$w(Cr)=7\%$、$w(C)=3\%$铬铸铁的碳化物形态。

含硅量对碳化物类型的转变有影响。因为固溶于 γ－Fe 中的硅能够降低铬在奥氏体中的溶解度，提高铸件中硅含量促使更多铬原子进入碳化物。这种类型铸铁可选成分范围是：w(C)＝2.4%～3.0%、w(Si)＝1.5%～2.2%、w(Mn)＝0.4%～0.8%、w(Cr)＝7%～10%。

有文献称这种铬铸铁为中铬铸铁。其抗磨性能优于低铬铸铁，而且在改善材料韧性方面较为突出。

图 11-6 所示的铬白口铸铁含有 M_7C_3 型碳化物，属于高铬白口铸铁。由于含铬量较高，铬碳化合物已由渗碳体型转变为 M_7C_3 型。

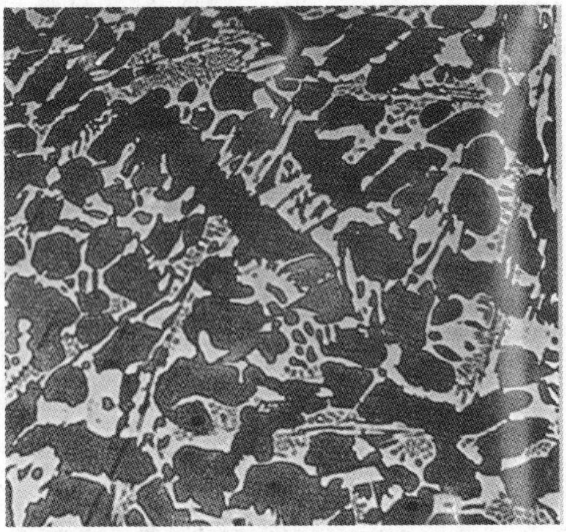

图 11-5　w(Cr)＝7%、w(C)＝3%的铬铸铁碳化物形态

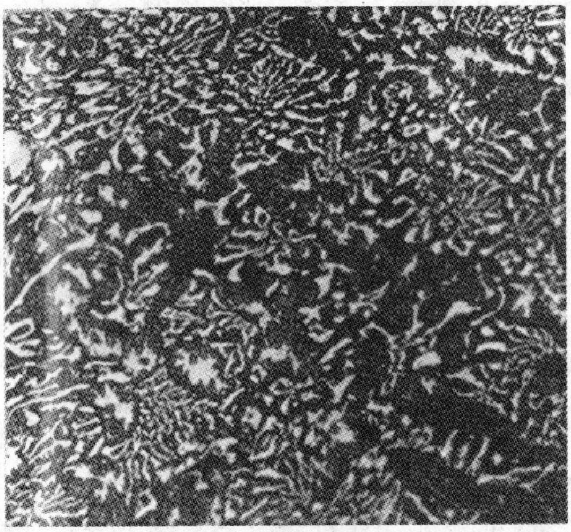

图 11-6　高铬白口铸铁中的 M_7C_3 型碳化物

11.9　高铬铸铁

高铬铸铁是含$(Cr, Fe)_7C_3$或$(Cr, Fe)_{23}C_6$共晶碳化物的铬铸铁。$(Cr, Fe)_7C_3$碳化物硬度(HV1600)高于 Fe_3C 碳化物，呈板条状存在。这种形态的碳化物对韧性相对较高的基体金属切割程度也远小于网络状分布的 M_3C 型碳化物。而且有较多铬溶入基体，改善材料的硬化性能。因此这种铸铁的抗磨料磨损能力和抗冲击性能都非常优越，是现代工业上使用最广泛的抗磨铸铁。

11.9.1　高铬铸铁的碳化物共晶

图 11-7 为 Fe－C－Cr 三元合金平衡相图的液相面投影图[1]。显示了合金中三相包晶点($p1$、$p2$、$p3$、$p4$)，三相共晶点($e1$、$e2$)，四相包共晶点($U1$、$U2$、$U3$、$U4$、$U5$)，四相包晶点($P1$)。$U1-U2$ 线、$U2-U3$ 线、$U3-U4$ 线为三条共晶反应线的投影线。分别显示合金系统中可能出现的三种碳化物共晶组织化学成分。

化学成分处于 M_7C_3 相区内的合金凝固时首先析出 M_7C_3 型碳化物，产生过共晶合金。处于 γ 相区内的合金首先析出奥氏体枝晶，产生亚共晶合金。处于 $U1-U2$ 和$U2-U3$线上各个合金产生 $M_7C_3+\gamma$ 共晶组织，$U3-U4$ 线上各个合金产生 $M_3C+\gamma$ 共晶组织。$U1-U2$ 和 $U2-U3$ 共晶线上的各个合金中碳和铬含量大体上呈反比关系。实测结果表明：w(C)＝3.0%～4.2%铁碳铬合金的 γ-M_7C_3 共晶组织中碳、铬含量见表 11-3。

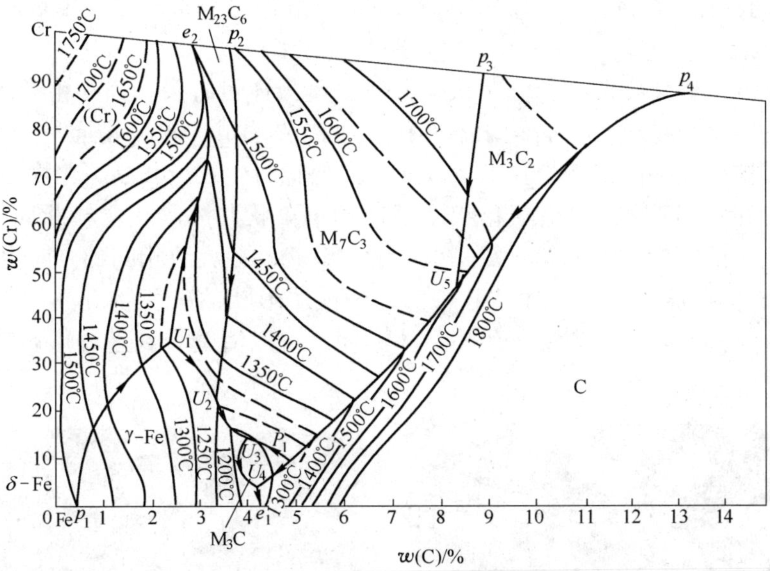

图 11-7　铁碳铬合金液相面投影图

表 11-3　γ-Cr_7C_3 共晶的碳、铬含量　（质量分数,%）

合金碳含量	共晶铬含量	合金碳含量	共晶铬含量
4.2	2	3.2	20
3.8	8	3.1	24
3.6	15	3.0	25
3.5	17		

3 种碳化物具有不同的晶体结构和硬度。M_3C 渗碳体型碳化物具有正交晶格，硬度 HV840～1100（硬度随碳化物铬含量增加而稍增加）。M_7C_3 型碳化物是铬原子溶入（置换）不稳定化合物 Fe_7C_3 后形成的(Fe, Cr)$_7C_3$。Cr_7C_3 与 Fe_7C_3 的原子排列方式接近，铁与铬原子尺寸也很接近，铬原子可以大量溶入 Fe_7C_3 而形成六方晶格的(Fe, Cr)$_7C_3$。铬降低碳在铁水中的化学位，大量铬的溶入使(Fe, Cr)$_7C_3$ 成为很稳定的碳化物。X 衍射及对萃取的碳化物化学分析结果表明：(Fe, Cr)$_7C_3$ 最低 w(Cr) 为 25.4%。铬含量与合金中铬碳含量比 w(Cr)/w(C) 的关系如图 11-8 中曲线所示[2]。几乎探查不到铬碳原子比为 7:3 的纯 Cr_7C_3 晶体。

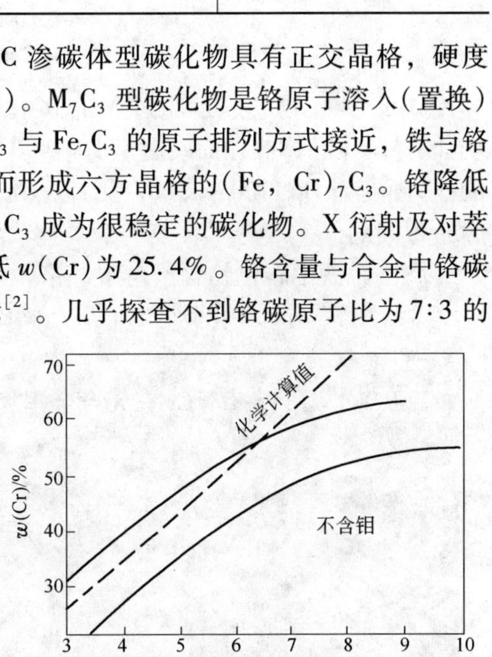

图 11-8　M_7C_3 共晶碳化物的铬含量与铬碳比关系

铬系白口铸铁中碳化物类型基本上取决于铸铁含铬量，并与铬碳比有关。铬和碳浓度的变化会导致碳化物化学成分的变化和性能的变化。可能只存在单一类型碳化物，也可能几种碳化物共存。随着铁水中铬含量提高，铸件中碳化物类型大体上按下列顺序依次变化：

$$M_3C \rightarrow M_3C + M_7C_3 \rightarrow M_7C_3 \rightarrow M_7C_3 + M_{23}C_6$$

初生 M_7C_3 碳化物与共晶 M_7C_3 碳化物含铬量有差别，差别程度也与铬碳比有关。当铬碳比小于5.5，初生碳化物含铬量大于共晶碳化物。当铬碳比为3.5时，共晶碳化物含铬量约为30%，铬碳比大于8时，约为60%。

高铬铸铁共晶碳化物形貌及分布状态与初生奥氏体量有关。当初生奥氏体充分发育，给共晶留下的空间很少时，共晶碳化物倾向于沿晶界形成。碳化物质量分数达到20%～30%时，共晶体以枝晶间某一位置为生长起点向外辐射生长。共晶碳化物为板条状，多数以集束状态存在。图11-9a中呈菊花状的是这种集束状共晶碳化物横断面形状。图11-9b为板条状碳化物的纵向三维形貌。每一束中的碳化物均以大致相同的方向生长。当碳化物析出质量分数达到35%～40%时，出现六方棱柱体形状的碳化物。晶体断面为六方形，中心常有孔洞，高倍视场下观察碳化物晶体形貌，可以清楚看到这种形态特征，如图11-10[3]所示。

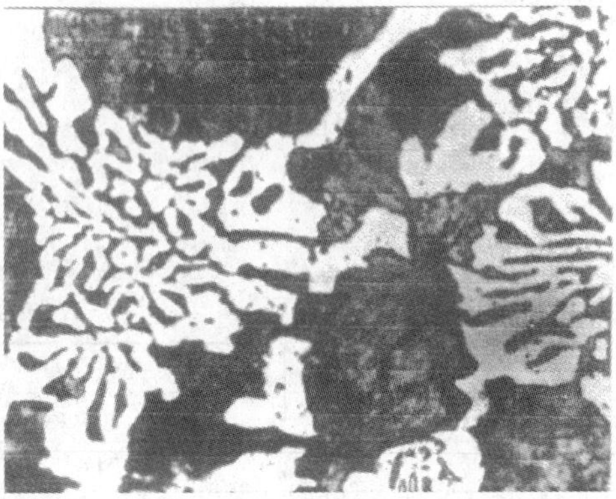

a

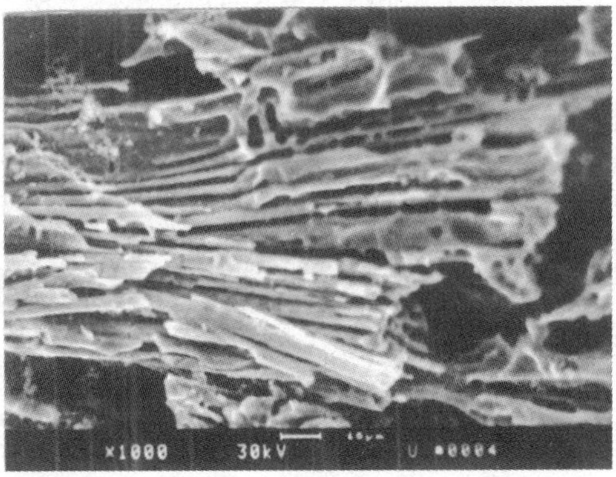

b

图11-9　高铬铸铁

a—横断面；b—束集状形貌

M_7C_3 碳化物硬度远超过 M_3C 碳化物硬度。M_7C_3 晶体不同表面的硬度有很大差别。例如，M_7C_3 晶体棱柱面硬度是HV1400左右，而与之垂直的晶体基面（与晶格c向垂直的晶面）硬度为HV1700～1900。因此，碳化物与磨损面相对位向不同时，高铬铸铁抗磨能力是不同的。

高铬铸铁中碳化物含量与碳、铬含量有关。F. Maratray根据实验得到以下数据[4]：

$$碳化物含量(\%) = 12.33w(C) + 0.55w(Cr) - 15.2 \qquad (11\text{-}1)$$

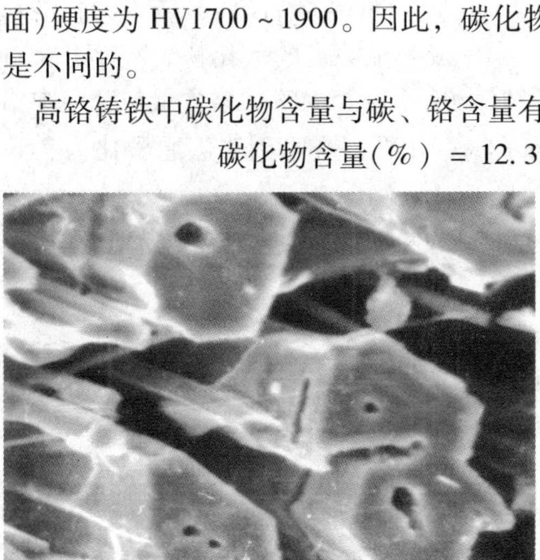

图11-10　六方棱柱体形状的碳化物形貌

此式适用于计算高铬铸铁的碳化物含量。由此式可看出，碳的质量分数对于碳化物量的影响比铬质量分数大得多。合理利用式(11-1)，对于生产预期碳化物含量的高铬铸铁有实际意义。

11.9.2　高铬铸铁基体

铁碳铬合金凝固时，一部分铬偏析于液相与碳形成碳化物，另一部分则溶入奥氏体（铬的平衡分配系数 $K_0 = 0.86$）。K_0 随合金碳含量提高而减小，碳含量较低时，有更多的铬溶入奥氏体。

高铬铸铁铸态基体的含铬量与其铬碳比($w(Cr)/w(C)$)有关。按下式可计算[4]铸态基体的含铬量：

$$w(Cr_m) = 1.95(w(Cr)/w(C)) - 2.47 \tag{11-2}$$

式中，$w(Cr_m)$为基体中铬的质量分数。按此式计算 $w(Cr)=17\%$、$w(C)=3.0\%$ 的高铬铸铁基体 $w(Cr)=8.58\%$，这表明大约50%铬溶入奥氏体。F. Maratray 等测定了铬碳比和铬含量不相同的高铬铸铁基体金属 $w(Cr)$大致范围是5.5%~14.5%。

Benz 测定了碳在三个含铬的γ-Fe 中的活度以及作为铬含量函数的碳化物自由能，用以确定碳和铬在γ-Fe 中的极限溶解度[5]。其结果是：随着温度下降，铬的极限溶解度下降并不显著，而碳的极限溶解度变化比较明显，1150℃时 $w(C)$为1.65%，1000℃时为1.5%，850℃时下降到1.25%。在铸造条件下进行的非平衡凝固，γ-Fe 中碳处于过饱和状态。例如 $w(C)=3.0\%$、$w(Cr)=15.0\%$的高铬铸铁基体 $w(C)$可达到1.50%。

凝固组织中的基体由初生奥氏体和共晶奥氏体构成。奥氏体冷却至室温以前，根据冷却速度，或者发生共析分解，或者过冷到共析分解温度以下发生贝氏体转变、马氏体转变，也可能保留到室温。

对于抗磨材料来说，基体中马氏体含量越高，铸件越硬，含量高达80%以上可以称为马氏体高铬铸铁。马氏体高铬铸铁具有最佳抗磨能力和良好断裂抗力，是比较理想的抗磨铸铁。由于高铬铸铁的碳、铬浓度都很高，除非添加某些合金元素(例如添加5% V)，否则难以获得以马氏体为主的铸态基体组织，通常只能在碳化物周边铬、碳浓度较低的地方出现一些马氏体。制取马氏体高铬铸铁通常需要添加提高淬透性元素，如钼、镍、铜，并经过合适的淬硬处理。

高铬铸铁件冷却过程中，奥氏体通常是发生共析分解，产生珠光体基体。珠光体虽不是抗磨料磨损组织，但可为随后淬火时的奥氏体化提供合适的原始组织，有助于缩短脱稳时间，使奥氏体成分及析出的二次碳化物分布均匀，淬火后残留奥氏体量少。

控制铸件化学成分、添加稳定奥氏体元素(镍、锰)、铸件凝固后快冷却，都有助于奥氏体保留到室温，产生奥氏体基体高铬铸铁。奥氏体高铬铸铁适用于耐热铸件或耐腐蚀铸件。实践表明，高铬奥氏体并不是理想的抗磨基体组织，它虽然能产生加工硬化作用，但硬化层很薄，下面又没有能起支持作用的高强度底层，因而难以抵挡磨料凿削或切入。

11.9.3 高铬铸铁中的合金元素

11.9.3.1 钼

钼是高铬铸铁常用的合金元素。钼在高铬铸铁中以三种方式存在：(1)与碳结合形成化合物(如 Mo_2C)；(2)溶入铬碳化合物；(3)固溶于奥氏体及其转变产物。三种存在方式都有助于改善高铬铸铁抗磨性能。

加入高铬铸铁的钼约有50%消耗于直接与碳化合形成以 Mo_2C 为主的碳化物。钼的碳化物有多种结构。主要的碳化物有 MoC(六方晶格，HV2250)、Mo_2C(六方晶格，HV1800~2200)、$(Mo, Fe)_{23}C_6$(六方晶格，HV1600~1800)、$(Mo, Fe)_6C$(立方晶格，HV1600~2300)。

Mo_2C 硬度高于$(Fe, Cr)_7C_3$。多以 Mo_2C-α 共晶形态存在，Mo_2C 呈细小点状。电子探针探测显示 Mo_2C 中碳、钼含量与理论化合比很接近，没有发现铁和铬。以 Mo_2C 为主的碳化物占用的钼量 $w(Mo_h)$与合金总钼量 $w(Mo)$符合以下关系式：

$$w(Mo_h) = 0.53w(Mo) - 0.05 \tag{11-3}$$

在富碳铁液中，$(Mo, Fe)_{23}C_6$ 在高于铁碳铬三元共晶温度优先形成，使铁液中部分碳原子固定在化合物中。据计算，形成$(Mo, Fe)_{23}C_6$ 时，每1%钼占用0.375%碳。

钼的碳化物都是能有效抵抗各种磨料侵蚀的硬质相，它们的存在对提高高铬铸铁耐磨性有利。

含钼高铬铸铁的碳化物中含有钼。M_7C_3 含钼量随合金总钼量的增加而增加，也随 M_7C_3 量的增加而减少。约占总钼量25%的钼以取代铬原子的方式溶入$(Fe, Cr)_7C_3$。由于$(Fe, Cr)_7C_3$ 在一般高铬铸铁中的质量分数超过25%，因此碳化物中钼含量超过1%。溶入的钼使$(Fe, Cr)_7C_3$ 硬度和强度都得到改善，相应改善了材料抗磨性能。

钼的第三种存在方式是以置换铬原子方式固溶于奥氏体及其转变产物。高铬铸铁凝固过程中，钼的平衡分配系数为0.4～0.45。钼在基体与碳化物中的分配比例与合金含碳量、铬碳比、总钼含量有关。含碳量较高铬碳比低时，基体溶钼量较少。然而影响溶入量 $w(Mo_m)$的最主要因素是高铬铸铁总钼含量 $w(Mo)$，两者大致符合以下关系：

$$w(Mo_m) = 0.23w(Mo) - 0.029 \tag{11-4}$$

上式表明，加入高铬铸铁中的钼只约有1/4～1/5溶入基体。这部分钼用于提高基体金属的淬透性。与提高钢淬透性所需钼量相比较，显然高铬铸铁是高了很多。

图11-11上图显示钼含量对 $w(C)=2.9\%$、$w(C)=12.7\%$ 的高铬铸铁等温转变曲线的影响。图11-11下图显示钼、铜、镍复合加入后的影响。可以看出，加钼使转变曲线向右推移。钼也使马氏体开始转变温度上升。材料淬透性因加入钼而显著提高。

优良高铬铸铁件需要有合金碳化物 + 马氏体为主体的基体构成的高硬度抗磨组织，但是高铬铸铁件的铸态基体组织因碳、铬较高而总是以奥氏体或珠光体为主。为获得优良抗磨组织，铸件通常需要淬火硬化。

加钼量达到一定程度后，由于淬透性显著提高，铸件在空气中冷却即可使奥氏体基体发生马氏体转变。残留奥氏体一般不超过15%～20%。这一情况对于高铬铸铁是十分有用的。因为高铬铸铁含有大量碳化物，铸件进行硬化时，即使在油中冷

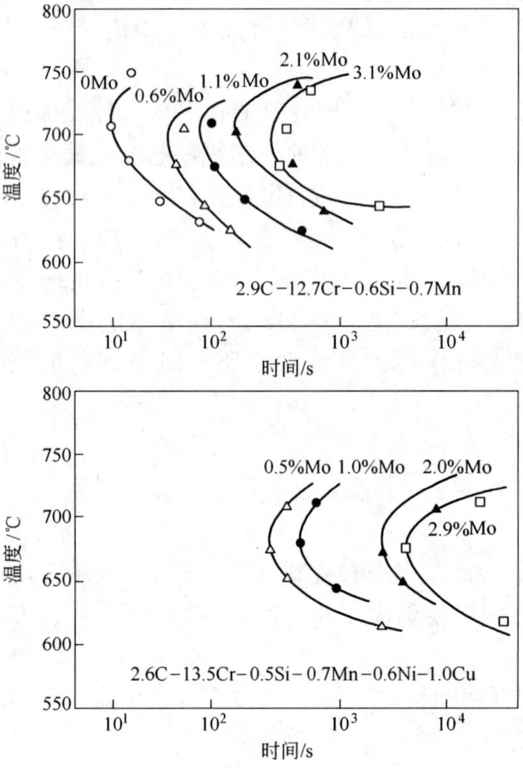

图11-11 合金元素对高铬铸铁等温转变曲线的影响

却，也非常容易开裂。

铸件壁厚、复杂程度、铬碳比、其他元素(铜、镍)含量等因素都对铸件硬化所需加钼量产生影响。图11-12显示试棒直径、铬碳比与在空气中冷却获得马氏体最低加钼量的关系。

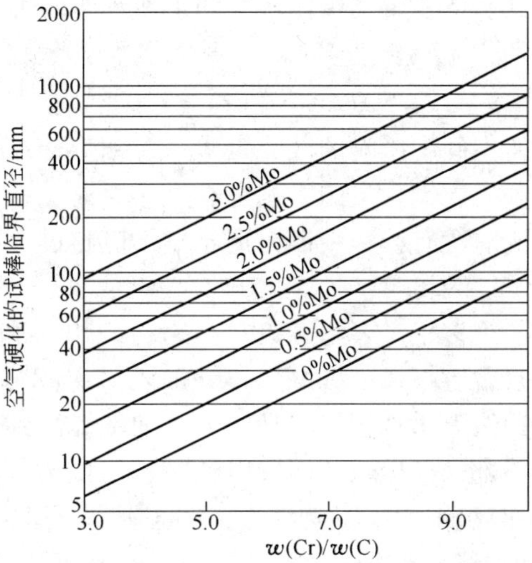

图11-12 试棒直径、铬碳比与空冷获得马氏体的最低加钼量关系

11.9.3.2 镍

加镍提高高铬铸铁淬透性的效果比加锰、钼、铜更好。但是认为镍会导致产生过量残余奥氏体。因此，过去标准中规定 $w(Cr)=12\%\sim20\%$ 的高铬铸铁中，$w(Ni)$ 上限为1.5%。经过近些年进一步研究，发现加 $w(Ni)$ 超过2%，它降低 M_s 的作用减小。Dodd和Parks[6]测定了几种元素对高铬铸铁中珠光体孕育时间(s)的影响，导出下式；

$$\lg(\text{珠光体孕育时间})=2.9-0.51w(C)+0.05w(Cr)+0.58w(Mn)+0.84w(Ni)+0.40w(Mo)+0.46w(Cu) \quad (11\text{-}5)$$

$w(C)=3\%$、$w(Cr)=15\%$、$w(Ni)=1\%\sim3\%$、$w(Mo)=0.3\%\sim0.5\%$、尺寸为100mm×100mm×200mm的高铬铸铁试件经950℃奥氏体化后进行空气硬化，可以获得HB809(HRC65.8)硬度。而不含镍的试样要达到这个硬度需要加钼量为3%。说明这两个元素能产生有价值的相互增效作用。厚壁高铬铸铁件中加入适量镍可以部分代替昂贵的钼而获得高硬度。再如 $w(Ni)=2.2\%$、$w(Mo)=0.25\%$ 的高铬铸铁淬透性优于 $w(C)=2.45\%$、$w(Cr)=19.82\%$、$w(Mo)=2.94\%$ 的铸铁。基于这种认识，开发出了 $w(Ni)=1\%\sim3\%$、$w(Mo)=0.3\%\sim0.5\%$(根据断面尺寸)的3C－15Cr铸铁。此种高铬铸铁材料成本下降，经济效益优于Cr－Mo－Cu铸铁。

除此之外，在工艺方面，加镍有助于降低硬化时的加热温度。$w(C)=3.12\%$、$w(Cr)=15.52\%$、$w(Ni)=2.18\%$、$w(Mo)=1.22\%$、$w(Cu)=1.15\%$ 的高铬铸铁(ϕ63mm×150mm试棒)经过850℃奥氏体化后空气冷却即可获得最高硬度。而不含镍试棒则需加热到950℃。

有人质疑加镍是否会降低奥氏体中含碳量，导致马氏体硬度降低。根据试验，镍使碳在奥氏体中的溶解度曲线移向高碳方面，因而抑制了奥氏体中碳量降低。以镍代替部分钼的高銘铸铁，空冷硬化后硬度不低于铬钼铜高銘铸铁。

根据实际情况，英国标准已做了修正，允许在质量分数为12%～20%Cr高铬铸铁中加(Ni)量不超过2%。ASTM A532已规定最大加镍量为2.5%。

11.9.3.3 铜

铜不进入碳化物，而固溶于奥氏体，在高铬铸铁中铜的溶解度约2%。加入铜的主要目的是提高淬透性。当铸件中同时含有钼和铜时，淬透性的提高特别显著。因此铜作为产生硬化作用的辅助合金元素与钼同时加入高铬铸铁。

$w(C)=2.90\%$、$w(Cr)=17.5\%$、$w(Si)=0.60\%$、$w(Mo)=0.50\%$、不含铜的高铬

铸铁基体发生马氏体转变的半冷却时间为 12min，若再加入 1% Cu，马氏体转变的半冷却时间相应延长到 45min，避免珠光体转变的半冷却时间相应增加到 90min。

w(C) = 3.0%、w(Cr) = 7.0%、w(Cu) = 0% ~ 3% 的铬白口铸铁 ϕ30mm 试棒铜含量对铸态硬度影响的试验表明：含铜 1% 试样硬度达到最高值。w(Cr) = 15% 的高铬铸铁淬火硬度受铜含量的影响也有类似结果。高铬铸铁 w(Cu) 以 0.80% ~ 1.20% 为宜。如果材料同时含有镍，则镍 + 铜总量不应超过 1.5%。铜加入量过多，增加残余奥氏体量。

11.9.3.4 钒

许多生产者注意钒对高铬铸铁组织和性能的影响。探讨钒在高铬铸铁中应用的可行性。曾有报道[7]，高铬铸铁加入 2.5% V 后，铸态奥氏体大部分转变为贝氏体，共晶碳化物边缘上出现粗针状马氏体，硬度提高到 HV600 左右。加钒量 3% ~ 4.5% 时，奥氏体枝晶心部未发生转变而残留到室温。随着钒含量增加，材料硬度不断上升。当 w(V) 达到 5% 时组织发生明显变化，铸态基体上析出很细的二次碳化钒，奥氏体转变为细马氏体，硬度上升到 HV675 左右。w(C) = 3.0% ~ 3.1%、w(Si) = 0.8%、w(Cr) = 15%、w(Mo) = 1% 的砂型铸造试棒(ϕ30mm)，铸态基体组织与淬火后的组织基本相同。硬度也很近似。有人认为这是制取铸态马氏体基体高铬铸铁的可行措施。产生这种现象的原因似与钒和铸铁中的碳结合形成 V_4C_3，在较低温度下析出，导致奥氏体中碳含量降低有关。

钒在高铬铸铁中的其他作用与钼近似。但是在生产中实际选用钒的工厂比较少。可能因为钒的价格较高，而且加入量大，加钒所需费用远大于加钼。

11.9.3.5 铌

第 7 章中已经谈到铌对灰铸铁组织与性能的影响。对于高铬铸铁，加铌也有很好的作用。铌与碳亲和力很强，铁水中的碳优先消耗于与铌结合，形成显微硬度高达 HV2400 的碳化铌(NbC)。这种碳化物形成温度远高于高铬铸铁的液相线温度，因此，加入铌后，M_7C_3 质量分数相应减少。NbC 以多种晶体形态弥散分布在基体中。

加铌后高铬铸铁共晶团组织得到细化，对于过共晶组织的细化效果更显著。例如 w(Cr) = 17%、w(C) = 3.9% 的高铬铸铁中，初生碳化物尺寸为 50μm，共晶团尺寸为 100μm，加 1.4% w(Nb) 后，初生碳化物尺寸变为 20μm，共晶团尺寸变为 70μm。细化程度随加铌量的增加而提高。

铌使共晶点向高碳方向移动。例如 w(Cr) = 16.25%、w(C) = 3.80% 过共晶成分高铬铸铁加入 0.17% Nb 后，显微组织中充满共晶碳化物，而且碳化物量和硬度都有所提高。从这一点看，加铌优于加硼，因为加硼使共晶点左移，在含碳量相同情况下，加硼使共晶碳化物减少。

采用铌与硼对高铬铸铁进行复合变质处理，可使组织进一步细化。铸态基体金属的硬化性能得到改善。例如铸件经过脱稳处理后在空气中冷却，基体硬度由不加铌时的 HV700 提高到复合变质后的 HV900 左右。

为使铌进入基体，需要进行固溶处理。具体工艺是：在高于 1050℃ 温度下充分保温，促使 NbC 分解，铌固溶于奥氏体中。然后快速冷却。最后在 450 ~ 480℃ 回火。

在高铬铸铁中加入铌，或铌与钼同时加入，确能改善材料的抗磨性能。其主要原因在于组织内增加了高硬度、弥散分布、与基体嵌合牢固的 NbC；另外，碳化物硬度也因含有铌而提高；加铌还能减小高铬铸铁共晶团尺寸，增加共晶团数量，这些都有助于抵抗磨料的冲击与切削作用。

以下是两个加铌改善高铬铸铁耐磨性能实例：

（1）泥浆泵壳体及叶轮。铸件工作条件：泥浆（pH 值为 7）中固体物料浓度为 25% ~ 30%，固体颗粒尺寸为 200μm ~ 12mm，多角形，原用 w(C) = 3.9%、w(Cr) = 17%、w(Mo) = 3.1% 高铬铸铁（淬火态）制造壳体，工作寿命 194h。后在合金中加入 1.4% Nb，工作条件不变，使用寿命延长到 283h，提高 47%。叶轮也用同一材料制造，未加铌工作寿命 212h，加铌 1.75% 后工作寿命延长到 355h，提高 67%。

（2）抛丸机叶片。对淬火的 w(C) = 3%、w(Cr) = 18% 的高铬铸铁抛丸机叶片进行加铌效果试验。图 11-13 显示含铌、钼、0.2% Nb + 0.5% Mo 以及不含铌、钼的叶片磨损率。此图表明，单独加入约 2% 以下钼或铌时，铌比钼能更有效地提高零件抗磨能力。含铌为 0.8% ~ 1.0% 时磨损率最低。加入 0.2% Nb 和 0.5% Mo，效果更好。

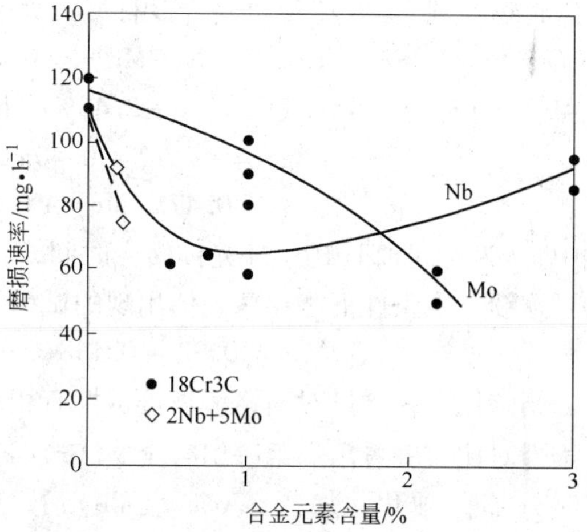

图 11-13 加入铌、钼对叶片磨损率的影响

11.9.4 高铬铸铁热处理基础

热处理几乎是每个高铬铸铁件必须经过的工序。合理热处理可消减铸件内应力、提高力学性能，使铸件获得合理的强韧性匹配；提高抗磨能力，或者使铸件软化，改善切削性能。热处理的具体项目有：退火、正火、淬火回火、亚临界处理、消减内应力等。

其中对铸件抗磨性能影响最大也是最常用的是淬火回火。作为一种抗磨材料，高铬铸铁除了需要具有必要的强韧性以外，其硬度是最重要的质量指标。少数高铬铸铁件可以在铸态下获得所需硬度，但是绝大多数铸件是要通过热处理达到硬度要求的。铸造和热处理是生产高铬铸铁件同样重要的工序。

11.9.4.1 高铬铸铁硬化性能

高铬铸铁件凝固后的基体组织状态一般是：碳处于过饱和状态，铬浓度很高。存在大量残余奥氏体以及珠光体组织。共晶碳化物周边有些片状马氏体。奥氏体晶粒一般比较粗大，其中分布着粒状和针状二次碳化物，晶内元素分布也很不均匀。与马氏体相比，珠光体抗磨料磨损能力是很差的，过多残余奥氏体在多数工况下使铸件抗磨能力降低。为了做好高铬铸铁件的热处理，首先需要探讨高铬铸铁的硬化性能，寻找出合适措施，以尽可能低的冷速避免珠光体转变而过冷到马氏体开始转变温度（M_s），并促使马氏体转变，减少残留奥氏体量。

避免珠光体转变的临界冷速与合金的组织状态和化学成分密切相关。F Maratray. 等人研究了 42 种碳、铬、钼含量不相同的高铬铸铁等温转变性质，确定了铸态奥氏体和再加热奥氏体的等温转变曲线[4]。所用试样的化学成分范围是：w(C) = 1.95% ~ 4.31%、w(Cr) = 10.8% ~ 25.8%、w(Mo) = 0.02% ~ 3.80%。对各组试样测定得到的珠光体等温转变时间与碳、铬、钼含量的关系进行了复合线性回归分析，结果如下[4]：

$$\lg t = 2.61 - 0.51w(\mathrm{C}) + 0.05w(\mathrm{Cr}) + 0.37w(\mathrm{Mo}) \tag{11-6}$$

式中，t 为珠光体等温转变时间，s，相应于等温转变图时间轴上珠光体转变曲线拐点位置。

测定连续冷却转变，获得的珠光体转变时间为：

$$\lg t = 2.90 - 0.51w(\mathrm{C}) + 0.05w(\mathrm{Cr}) + 0.38w(\mathrm{Mo}) \tag{11-7}$$

式中，t 为珠光体连续冷却转变时间，s。

Klein S E. 研究了碳、铬、锰、钼、镍、铜对 Cr12 高铬铸铁（经过 955℃ ×1h 析出二次碳化物处理）等温转变动力学影响[8]。所用试样成分范围是：$w(\mathrm{C}) = 2.57\% \sim 3.39\%$、$w(\mathrm{Cr}) = 12.1\% \sim 13.5\%$、$w(\mathrm{Mn}) = 0.63\% \sim 3.10\%$、$w(\mathrm{Si}) = 0.48\% \sim 0.62\%$、$w(\mathrm{Mo}) = 0 \sim 3.02\%$、$w(\mathrm{Cu}) = 0 \sim 2.40\%$。回归分析结果如下[6]：

$$\lg t = -4.12 + 0.40w(\mathrm{Cr}) + 0.35w(\mathrm{Mn}) + 0.47w(\mathrm{Mo}) + 0.82w(\mathrm{Ni}) + 0.32w(\mathrm{Cu}) \tag{11-8}$$

式中，t 为时间轴上 10% 珠光体转变时间，s，相应于 10% 珠光体转变曲线拐点位置。

连续空冷条件下避免珠光体出现的试棒最大直径 D_{max}（mm）为：

$$\lg D_{max} = 0.32 + 0.158(w(\mathrm{Cr})/w(\mathrm{C})) + 0.385w(\mathrm{Mo}) \tag{11-9}$$

铬碳比和钼含量对高铬铸铁淬透性有相似的影响。这种影响还可以从下述两组合金的淬透性对比实验看出。第一组合金 $w(\mathrm{Cr})/w(\mathrm{C})$ 比为 3.6，铸成 ϕ5mm 圆棒，在空气中冷却时只部分硬化，加入 2.6% $w(\mathrm{Mo})$ 后，临界淬透直径增加到 125mm；第二组合金 $w(\mathrm{Cr})/w(\mathrm{C})$ 比为 10，铸成 ϕ40mm 圆棒空冷后整体都已硬化。加入 0.6% $w(\mathrm{Mo})$ 以后，临界淬透直径增加到 375mm。

从以上各项研究成果来看，进入高铬铸铁基体的合金元素铬、钼、镍显著降低珠光体转变临界冷速，都能提高基体淬透性。提高铬碳比也有相似效果。只有碳起相反作用，高铬铸铁中含碳量增加将会降低淬透性。

11.9.4.2 马氏体转变开始温度和脱稳处理

碳和一些合金元素含量对马氏体转变开始温度 M_s（℃）的影响如下式所示：

$$M_s = 550 - 350w(\mathrm{C}) - 40w(\mathrm{Mn}) - 20w(\mathrm{Cr}) - 10w(\mathrm{Mo}) - 10w(\mathrm{Cu}) \tag{11-10}$$

式(11-10)中的元素含量是指溶入奥氏体中的元素含量（不包括碳化物中的含量），而不是铸铁中的总含量。这个含量与凝固时的分配系数有关，也受铬碳比和其他元素含量的影响。铸态奥氏体的碳浓度很高，一般都是过共析成分。前已述及，15Cr3C 的高铬铸铁，铸态奥氏体碳含量甚至可达到 1.5%。奥氏体铬含量随合金铬含量及铬碳比的提高而增加，例如，$w(\mathrm{C}) = 3.6\%$ 的高铬铸铁 $w(\mathrm{Cr})$ 由 14.5% 提高到 25.3%，铬碳比由 4 提高到 7，基体 $w(\mathrm{Cr})$ 由 6.3% 提高到 11.6%。通常应用的高铬铸铁 $w(\mathrm{Cr})$ 一般在 6% ~14% 左右。

上式所列元素都降低马氏体转变开始温度。尤其是碳降低 M_s 的程度比其他几种元素影响的总和还要大。高浓度的碳和铬显著降低了马氏体开始转变温度。导致高铬铸铁淬火后出现较多残留奥氏体。为了增加马氏体含量，需要适当调整基体中的碳、铬浓度。

$w(\mathrm{C}) = 2.34\%$、$w(\mathrm{Cr}) = 12.82\%$、$w(\mathrm{Mo}) = 2.94\%$ 的高铬铸铁试样加热超过 800℃，

并达到不同温度后随即空冷，进行试验。试样未发现明显的二次碳化物析出。图 11-14 显示，随加热温度提高，溶入奥氏体的碳量增加，M_s 及 M_f 点不断下降，但因马氏体含碳量也相应增加，高铬铸铁试样硬度不断上升。注意到处理温度为 800℃时，铸件硬度较低，这是因为有 α 相析出。加热温度高于 950℃，虽然未作保温，也发现有少量二次碳化物析出。在此温度下，奥氏体含碳量减少，随后产生的马氏体含碳量也相应减少，因此试样硬度稍有下降。含钼较高的高铬铸铁容易出现这种情况。

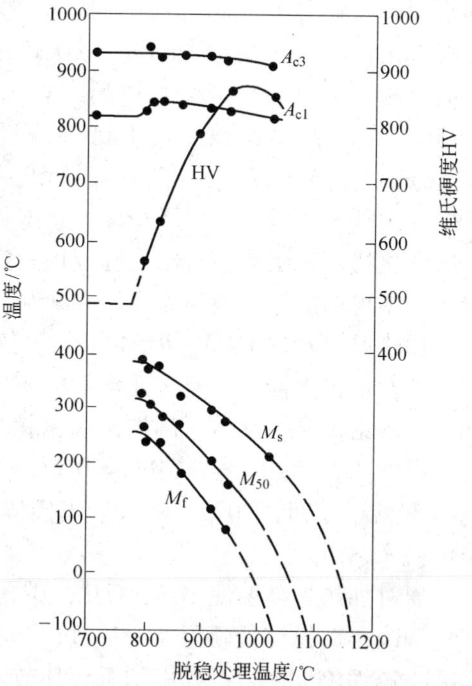

图 11-14 加热温度对合金硬度的影响

高铬铸铁加热到相应于碳、铬在奥氏体中溶解度极限温度并保温一定时间后，处于过饱和状态的碳和铬由奥氏体中析出。最低的析出温度还不清楚，但是在 350℃长时间回火的高铬铸铁试样中就已出现极细微的碳铬化合物。提高回火温度，析出细微碳化物量逐渐增加。在 480 ~ 520℃温度下保温较长时间(5 ~ 7h 以上)，奥氏体中析出具有亚显微尺寸、高度弥散分布的 M_7C_3 或 $M_{23}C_6$ 碳化物。在电子显微镜下可以观察到羽毛状形貌组织，如图 11-15 所示。这种组织硬度为 HV500 ~ 550，本书中称之为聚合物组织[9]。具有这种基体组织的高铬铸铁，在低应力下磨料磨损场合中的抗磨力，优于奥氏体高铬铸铁，其抗冲击能力优于马氏体高铬铸铁。

高碳高铬奥氏体在奥氏体化温度下，碳、铬原子的扩散激活能显著下降。基体中的碳、铬原子析出倾向增强。但是碳、铬原子在固相中迁移阻力较大，必须寻找合适的析出迁移通道。由于加热时奥氏体与碳化物的膨胀量不同，导致奥氏体内产生滑移面，滑移面可为原子析出提供析出通道。经过一定保温过程后，析出的碳、铬原子在高温下结合，大部分在位于共晶碳化物附近的晶界上形成二次碳化物。保温时间延长，二次碳化物生成范

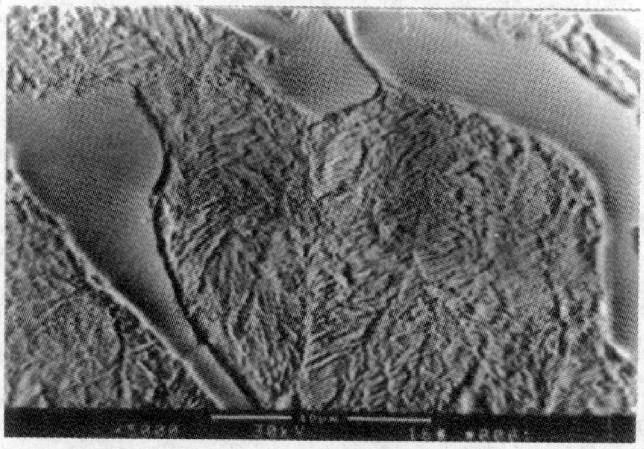

图 11-15 聚合物组织

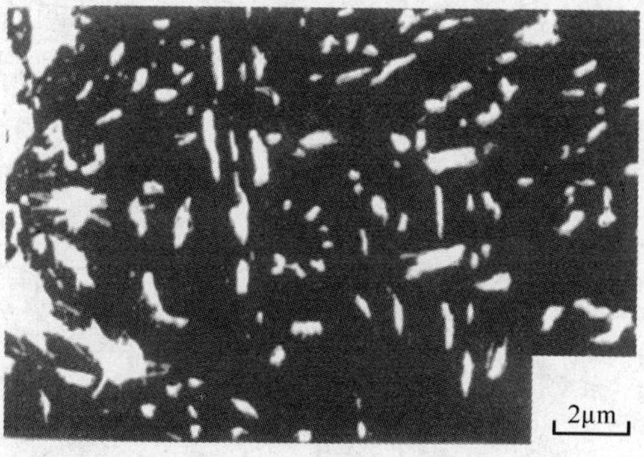

图 11-16 $w(C)=2.4\%$、$w(Cr)=3.0\%$
高铬铸铁的二次碳化物

围逐渐扩大到奥氏体晶粒内的择优晶面。图 11-16 显示分布于高铬铸铁共晶碳化物之间的二次碳化物。X 射线衍射证实，二次碳化物大部分具有 M_7C_3 结构，碳和铬质量分数远大于奥氏体。析出二次碳化物以后，奥氏体内铬、碳浓度显著降低，铬碳比提高。例如，2.75C－20Cr 高铬铸铁经过 1000℃脱稳处理后，奥氏体的碳、铬质量分数由 0.95% 和 11% 分别下降到 0.5% 和 8%，降低程度是很明显的。

二次碳化物析出速率不受碳、铬、钼含量的影响，但提高加热温度或延长保温时间，二次碳化物发生粗化。析出过程经历一定时间后，奥氏体内元素达到相对平衡状态，二次碳化物不再增加。一般高铬铸铁在 950～1000℃左右保温 4～6h，析出过程基本结束。

加热温度超过 1000～1050℃后，已经析出的二次碳化物重新溶入奥氏体，奥氏体中铬、碳含量再次提高，但是元素的分布比铸态时均匀。如果此时将高铬铸铁急冷，将会得到富碳富铬奥氏体基体。例如，高铬铸铁在 1050℃左右保温，二次碳化物溶入奥氏体后可获得 $w(C)=1.0\%$、$w(Mn)=0.6\%$、$w(Cr)=9.0\%$、$w(Mo)=0.5\%$ 成分的基体，此基体 M_s 温度已低于 0℃。淬火后奥氏体会全部保留下来，成为具有良好韧性的奥氏体高铬铸铁。

通过加热到高温使 M_7C_3 型二次碳化物析出，从而降低奥氏体中碳、铬含量，提高铬碳比和改善高铬铸铁硬化性能的过程，本书中称为“脱稳处理”(destabilization)。脱稳处理是高铬铸铁淬火工艺过程中的重要环节。图 11-17[3] 显示高铬铸铁未经脱稳处理(a 图)及脱稳处理(试样加热到 1000℃后保温 20min)后(b 图)奥氏体等温转变曲线的变化。脱稳处理使曲线显著右移，M_s 点达到 253℃。

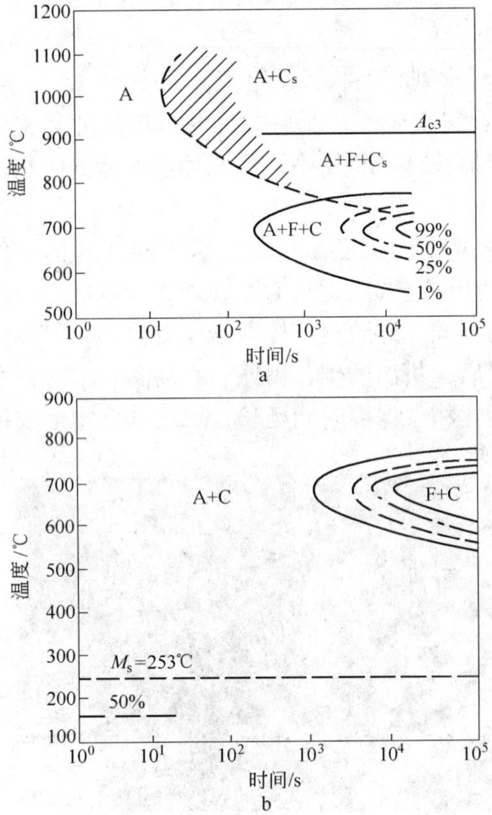

图 11-17 高铬铸铁脱稳处理前(a)、后(b)奥氏体等温转变曲线

高铬铸铁中贝氏体转变仅发生在铬碳比不高，经过脱稳处理的基体组织中。例如，铬碳比小于 5.2，经过 1000℃，2h 脱稳处理的高铬铸铁在贝氏体相变区内等温保持后，可以产生贝氏体组织。钼促进贝氏体转变，$w(Mo)=2\%$ 时，铬碳比为 8 的高铬铸铁中也能出现贝氏体。由于贝氏体形成对尚未转变的奥氏体产生强烈的稳定作用，即使在贝氏体转变温度下长时间保温，也难获得大于 50% 贝氏体的基体。由于贝氏体转变速率很低，在连续冷却条件下，高铬铸铁中很少发现贝氏体组织。

11.9.5 热处理实践

首先讨论高铬铸铁件的淬火硬化。高铬铸铁组织中存在大量共晶碳化物，这些碳化物与基体金属的线胀系数和热导率存在一定的差别。热处理过程中急剧的温度变化会使碳化物周围产生较高的热应力，极易在碳化物附近产生热裂纹。因此在加热保温冷却等工艺方面与钢有所不同。另外，高铬铸铁淬火后基体组织中存在大量残留奥氏体，不但影响淬火硬度，而且还会导致铸件在淬火后或使用中开裂或变形，热处理过程中必须十分注意消减残留奥氏体。

11.9.5.1 铸件凝固组织的奥氏体化

铸件淬火硬化的第一个步骤是加热达到奥氏体化温度，基体成为单一的均匀的γ固溶体。奥氏体中成分和组织的均匀性对淬火质量是非常重要的。高铬铸铁铸态奥氏体组织并不是均匀的，含有奥氏体、珠光体、厚大缓冷铸件中还存在一些二次碳化物以及少量其他非固溶相。这些组织在铸件奥氏体化的过程中转变或溶解情况是不同的。层状珠光体的碳扩散距离短，易于分解，在奥氏体化过程中能较快达到固溶体的成分平衡。如果高铬铸铁铸态基体组织是珠光体，奥氏体将会在最短的加热时间内实现浓度均匀化。实践表明，奥氏体化处理前，具有珠光体基体的高铬铸铁热处理能够获得较好效果。

为了在铸态基体中获得尽可能多的珠光体组织，在满足铸件性能要求前提下，适当控制合金元素加入量，铸件冷却速率应与铸件模数相适应。如果铸件模数高，难以产生珠光体时，可以实行高温开箱，开箱后铸件迅速转入保温坑中。必要的时候，奥氏体化前实行预珠光体化处理。

铸态基体组织为珠光体，不但有利于高铬铸铁的热处理，而且使铸件浇冒口易于去除，留下较短残根，减少铸件修磨量；也有利于防止修磨时残余奥氏体发生相变而产生表面裂纹。亚共晶高铬铸铁具有珠光体基体时，一般可以进行切削加工。

非固溶相组分成分很不均匀。其中的二次碳化物还会在奥氏体内的一定方向上优先生长，在晶粒内产生有限数量且分布不均的针状碳化物。这些碳化物周围成为贫碳贫铬区。浓度梯度促使碳、铬原子经过较长路径比较缓慢地向这些区域扩散，需要较长时间才能使奥氏体内浓度均匀。

11.9.5.2 铸件再加热

必须严格控制高铬铸铁件加热速率。厚壁件或形状复杂件在铸型内冷却时，各部分冷速不可能完全均匀，已在铸件内产生内应力。加热速率过高可能使铸件开裂。合理的加热速率取决于铸件模数、尺寸、质量、复杂程度、铸态基体组织，以及开箱后铸件中存在的残余应力水平。没有固定的加热规范。形状简单的铸件，如球磨机衬板，加热速度可以高达100℃/h而不致使铸件开裂。相反地，断面相差悬殊，形状不规则铸件，如砂浆泵蜗壳等则需要降低加热速率，甚至不超过30℃/h。厚壁铸件不但应选择较低加热速率，而且在加热到350℃、700℃左右时需作短时间保温，使铸件各部分温度趋于均匀。当铸件加热到红热状态(800℃以上)，铸件能通过塑性变形释放应力，加热速率可以加快。

11.9.5.3 奥氏体化温度

高铬铸铁奥氏体化除了要使基体成为均匀奥氏体外，还有调节奥氏体的碳含量的目的。奥氏体溶碳量随加热温度提高而增多。淬火后生成含碳量较高的马氏体会使铸件硬度提高，但是基体含碳量高也会增加残余奥氏体量，降低铸件硬度。Cr20高铬铸铁奥氏体基体中碳的质量分数在0.6%左右时，淬火生成的马氏体硬度可达到HRC65，但是残留奥氏体也已显著生成。奥氏体中碳的质量分数在0.4%左右时，淬火马氏体硬度约在HRC60，残余奥氏体量处于最低水平。

铸件加热到850~1050℃温度范围，二次碳化物析出，碳、铬含量随保温时间延长而

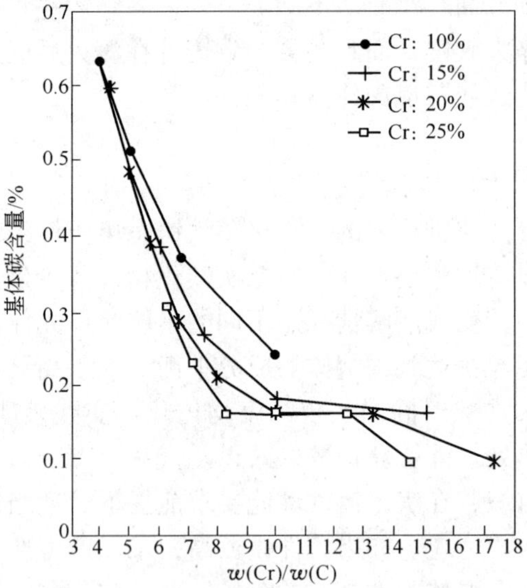

图 11-18　二次碳化物析出后铬和铬碳比对基体碳含量的影响

逐渐下降。图 11-18 表明经过 850℃保温，二次碳化物充分析出后，铬和铬碳比对基体碳含量的影响[10]。可以看出，铬含量高于 10%，铬碳比大于 6 的高铬铸铁，经过脱稳理后，基体中碳的质量分数可以降到 0.4% 左右。如果铬碳比更高，碳含量还可降低到更低的水平。

以上所说都是针对基体组织而言。而高铬铸铁淬火后的实际宏观硬度是碳化物硬度和基体硬度的综合数值。其中主要包括碳化物、马氏体、奥氏体等组织各自数量和硬度。图 11-19 表明铬碳比为 4 ~ 14 的高铬铸铁试样淬火达到该试样最高硬度的奥氏体化温度[10]。该曲线表明，铬碳比高的高铬铸铁需要在较高的奥氏体化温度下淬火才能获得高硬度。合适的奥氏体化温度范围为 900 ~ 1000℃。考虑到奥氏体浓度均匀化的需要，一般高铬铸铁奥氏体化的最低温度选定为 950℃。低于 950℃进行奥氏体化，二次碳化物虽然可以析出达到脱稳目的，但是所需的保温时间太长，而且也难以达到奥氏体成分充分均匀化。

奥氏体化温度是高铬铸铁热处理的重要工艺参数。常常需要进行必要的工艺试验来确定合适的奥氏体化温度。

11.9.5.4　保温时间

保温时间由两个因素决定。高铬铸铁与其他铁碳合金一样，相变速率并不低。但是奥氏体成分均匀化所需时间比较长。铬、碳含量较高时需要更长时间。其次是铸件结构因素。在炉内升温过程中，铸件的实际温度总是滞后于炉子的测定温度，而且铸件的模数越高，滞后越显著。铸件表面温度向内部传导，是滞后的重要原因。

铸件的保温时间，由炉子温度达到奥氏体化温度开始计算。厚度为 25mm 的铸件基本保温时间为 2h，厚度每增加 25mm 保温时间增加 1h。或根据铸件最大模数计算保温时间，1cm 模数铸件保温时间 2h，每增加 1cm，增加 0.5h。即：

$$保温时间 = 2h + 0.5h/1cm\ 模数 \tag{11-11}$$

如果加热前铸件的基体组织为珠光体，保温时间可适当减少。

11.9.5.5　冷却

高铬铸铁合理冷却方式应该是在奥氏体化

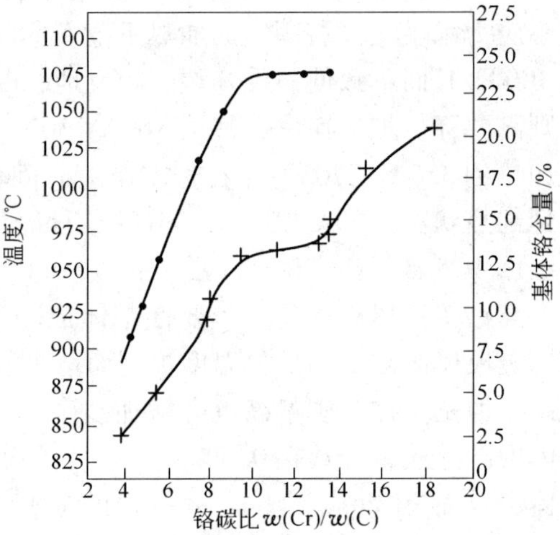

图 11-19　不同铬碳比试样淬火达到最高硬度的奥氏体化温度

温度下以避免珠光体转变的冷速降温到550℃左右，然后低速降温，通过马氏体转变温度区。

含有钼、镍、铌等合金元素，淬透性良好的高铬铸铁件应在静止空气中淬火。静止空气冷却是高铬铸铁淬火的安全可靠冷却方式，对薄壁、结构复杂、淬透性好的铸件是非常合适的。淬透性稍差或断面较厚的铸件可以在流动空气中冷却。但流动空气不应直接作用在铸件局部表面，以避免铸件因冷却不匀而开裂。

高铬铸铁件淬火常用的冷却介质中，油的冷却能力较强。低温区(500℃以下)的冷却速率低，比较适合于厚壁、中小型高铬铸铁件的淬火。淬火油多为机械油。为了解决油易氧化、易老化、提高冷却能力，在油中加入表面活性剂、抗氧化剂、催冷剂等，制成专用的淬火油。用于高铬铸铁的淬火油不宜添加过多催冷剂，以防冷却能力过高产生问题。

工件在水玻璃溶液中淬火的冷速高于在空气中冷却但低于油中冷却。这是因为红热铸件浸入水玻璃溶液后，表面产生由水玻璃泡包围的蒸汽膜，热量散失较慢。当淬火介质在工件周围发生对流时，工件表面已出现水玻璃附着层，因而工件冷却比较缓慢。水玻璃模数增大(SiO_2 含量增加)，溶液的冷却能力降低。在溶液中加入 NaOH 或 NaCl 可提高冷却能力。通常所用水玻璃模数 M 为 2.0～2.5。一种已应用于高铬铸铁淬火的水玻璃溶液组成是：水玻璃(模数为 2.1，密度为 1.63g/cm^3)为 9%～12%、NaCl 为 11%～13%、Na_2CO_3 为 11%～13%，其余为水。使用时可根据铸件的具体情况，改变组成物而调节其冷却能力。

有机聚合物水溶液是比水玻璃溶液冷却能力更强的淬火介质。淬火时它在工件表面形成一层聚合物薄膜，阻碍工件热量散失，降低工件冷却速率。溶液中有机聚合物量增加，一般都会使工件冷却减缓。常用的有机聚合物淬火剂有聚乙烯醇水溶液、聚醚水溶液、聚丙烯酸盐水溶液等。

11.9.5.6　回火

高铬铸铁件淬火后，内部积蓄的内应力远较一般淬火件高。而且其中大量残余奥氏体在室温下还在继续发生马氏体相变，产生更多应力。因此高铬铸铁件淬火后必须及时回火，消减内应力。

消减淬火应力采用低温回火，回火温度 200～220℃。回火后高铬铸铁韧性也得到提高。这个温度对于消减残余奥氏体来说是不够的，需要把回火温度提高到 450～480℃。450～480℃回火降低马氏体硬度，但是硬度可由减少残余奥氏体和获得进一步马氏体转变而得到补偿。铸件硬度不会发生明显变化。

消减高铬铸铁中残留奥氏体量值得重视。残留奥氏体不但降低铸件硬度，而且在高应力磨损情况下，也是铸件在冲击磨损工况下产生表层剥落失效的主要原因。残余奥氏体在基体组织中占 50% 以上数量时，还可能在室温无负荷情况下，因残留相变应力积累而破裂。

应用于冲击载荷的高铬铸铁件常采用亚临界回火处理，亚临界回火温度为 480～520℃。在这个范围内保温时，有亚显微尺寸的碳化物由奥氏体内析出，形成聚合物组织而提高基体强度和硬度。

2.6C-16.0Cr-0.7Si-1.2Mn-1.6Mo-1.2Ni 成分的高铬铸铁淬火后残余奥氏体量为 55%，此合金在 500～600℃之间的温度回火，回火温度和回火时间对残余奥氏体量的影响示于图 11-20。此图表明：随着回火时间延长，残余奥氏体量逐渐减少，但是减少的速度相当缓慢。另一组 $w(Cr)$ 为 11% 的高铬铸铁经过高温奥氏体化(1100℃，2h，油淬)后在不同温度回火 1h，其基体硬度变化如图 11-21 所示。峰值硬度发生在 500℃ 亚临界处理的基体组织中。值得注意的是，此峰值硬度比同一试样经过 950℃，2h 空冷淬火后的硬度还高；获得峰值硬度所需的时间也远比 950℃ 淬火试样达到峰值硬度所需时间短。似能说明碳和合金元素在奥氏体内均匀分布有促进聚合物组织析出的作用。

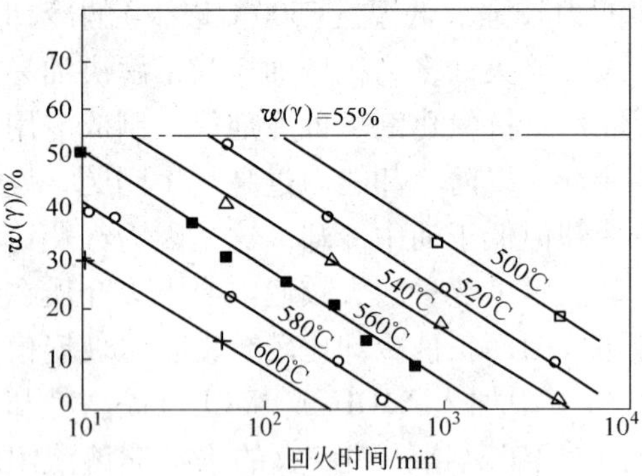

图 11-20 回火温度和时间对残余奥氏体量的影响

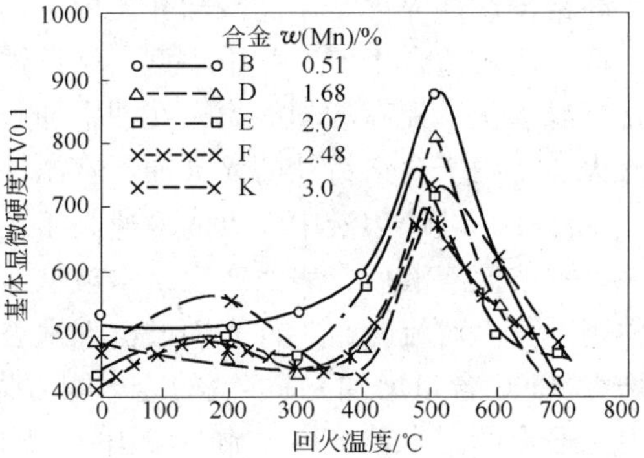

图 11-21 不同温度回火后基体硬度变化

基体化学成分对亚临界处理过程有一定影响。2.7C-19.7Cr-2.5Mo 成分的高铬铸铁 $w(Si)=1.1\%$ 时，经过 475℃ 亚临界处理后即可获得 HV728 峰值硬度基体(残余奥氏体体积分数为 23%)，而 $w(Si)=0.5\%$ 时，经过 525℃ 处理才能获得 HV688 峰值硬度(残余奥氏体体积分数为 38%)。在残余奥氏体量相同条件下，钼显著提高亚临界处理后的硬度。而锰则降低 500℃ 亚临界处理后的峰值硬度。

11.9.5.7 退火

高铬铸铁件的铸态硬度 HRC 一般在 40～55，难以进行切削加工。需要切削加工的铸件应先退火。亚共晶成分高铬铸铁件退火后，宏观硬度 HRC 可降低到 30～35。一般硬质合金刀具能对其进行切削加工。

一般高铬铸铁件退火时，先加热到 A_{c3}^{S} 以上 30～50℃ 保温后在炉内冷到 820℃，再以小于 50℃/h 冷速降温到 600℃ 以下，最后在 250℃ 出炉。对于含有钼、铜、镍等元素，淬透性好的铸件，可采用以下退火工艺：930～980℃ 奥氏体化，保温时间不少于 2h；然后以 60℃/h 冷速炉冷到 820℃；再以 10～15℃/h 冷速冷却到 700～720℃，在该温度下保温 4～20h；最后在炉中或静止空气中冷却至室温。退火后的基体组织为粒状珠光体，能够顺利切削加工。

退火只能将基体组织改变为珠光体，但不能改变碳化物的硬度和数量。铸态组织中碳化物数量越多，退火后的硬度下降幅度越小。过共晶高铬铸铁退火后硬度下降很有限，进行切削加工仍有一定困难。

11.9.6 高铬铸铁件基本铸造性能

11.9.6.1 流动性

高铬铸铁的流动性良好。特别是接近共晶成分时，流动性和充型能力接近灰铸铁。浇注成形没有困难。表 11-4 列出了 Cr15、Cr20、Cr25、Cr15 + Ni 及 Cr20 + Mo 等五组高铬铸铁螺旋形试样在相同温度下流动性测定数据。表中的相对流动性是高铬铸铁流动性试样与 $w(C)=3.22\%$、$w(Si)=1.52\%$，$w(P)=0.125\%$ 的灰铸铁在相同温度下浇注的流动性试样长度之比。灰铸铁螺线长度平均值为1120mm。

表 11-4 五组高铬铸铁的螺旋形流动性试样的测定结果

试样	化学成分/%				其 他	螺线长度/mm	相对流动性	其 他
	C	Cr	Si	Mn				
Cr15	2.82	14.90	0.48 ~ 0.55	0.69 ~ 0.80	—	982	0.88	—
	3.03	15.21			—	1020	0.91	—
	3.58	14.84			—	1092	0.98	共晶成分
Cr20	2.45	19.85	0.44 ~ 0.63	0.60 ~ 0.80	—	1010	0.90	—
	2.89	21.05			—	1080	0.96	—
	3.21	20.15			—	1100	0.98	共晶成分
Cr25	2.30	26.15	0.61 ~ 0.87	0.60 ~ 0.80	—	1070	0.96	—
	2.65	25.70			—	1125	1.00	—
	2.95	24.25			—	1140	1.02	共晶成分
Cr15 + Ni	2.92	14.85	—	—	Ni：1.10	990	0.88	—
	2.75	15.09	—	—	Ni：2.34	920	0.82	—
	3.01	15.25	—	—	Ni：3.72	1015	0.91	—
Cr20 + Mo	2.84	20.08	—	—	Mo：0.59	1092	0.98	—
	2.80	21.09	—	—	Mo：1.02	998	0.89	—
	2.71	19.20	—	—	Mo：2.39	985	0.88	—

由表中数据可以看出，高铬铸铁含铬量提高或共晶度提高均使流动性试样长度增加。每组试样均以共晶成分时流动性最佳。加钼或加镍后流动性均有所下降。总体上看，高铬铸铁流动性比上述成分的亚共晶灰铸铁流动性稍差，但所差不多。实践表明，用于计算灰铸铁浇注速度或浇注时间的工艺参数均可用于高铬铸铁浇注系统设计。对于必须低温浇注和共晶度很低的铸件，浇注系统断面尺寸应增加10% ~20%。

11.9.6.2 凝固收缩率

高铸铁凝固收缩率范围为7.5% ~7.7%，大于灰铸铁而与铸钢凝固收缩率相当。这是因为高铬铸铁中不含石墨。为避免出现收缩缺陷，铸造高铬铸铁件需要有良好的补缩系统。

11.9.7 铸造

11.9.7.1 熔化与浇注

高铬铸铁在感应炉或电弧炉中熔化。铁水中虽然含有大量铬、钼、铜、硅等元素，但在1500℃以下的温度熔化时，铁水对于酸性或碱性炉衬的炉衬反应都不特别强烈，可以采用酸性炉衬或碱性炉衬。但碱性炉衬和中性炉衬更适合熔炼高铬铸铁，炉衬寿命较长。

高铬铸铁的炉料包括高碳和中碳铬铁、钼铁、紫铜锭、锰铁、硅铁以及生铁和废钢。炉料应清洁无锈蚀。锈蚀炉料增加元素烧损，铁水中碳、铬损失可分别高达10%及5%以上。回炉料上的型砂应清除干净，否则会增加熔化电能消耗、延长熔化时间，加快炉衬侵蚀、显著增加渣量。

高铬铸铁水的最高过热温度不宜超过 1480 ~ 1500℃。正常熔化时，碳和铬的烧损约为2% ~3%。钼基本没有烧损。在酸性炉中熔化高铬铸铁时，铁水含锰量限度为 1.0%，否则酸性炉衬会受到较强侵蚀。如铸件需较高含锰量，可将锰铁加入铁水包中熔化。

铁水含 w(Si)不应低于 0.40%，否则铁水可能过度氧化，熔渣变稠，铸件产生气孔、夹杂等缺陷。

高铬铸铁件合适的浇注温度一般应高于液相线温度 60 ~ 150℃。液相线温度与碳、铬含量有关(表 11-5)。近共晶成分铁水的液相线温度最低(1210 ~ 1230℃)，与远共晶成分液相线温度(1335 ~ 1370℃)相差很多。

表 11-5 高铬铸铁液相线温度

化学成分(质量分数)/%		液相线温度/℃	备 注
C	Cr		
2.19	13.5	1335	远共晶成分
1.96	13.1	1370	
1.98	13.6	1340	
3.02	12.8	1265	
3.03	13.2	1285	
3.10	13.7	1280	
3.60	13.1	1210	近共晶成分
3.57	14.2	1230	
3.67	13.5	1225	
2.86	18.1	1280	
2.78	18.8	1290	
2.84	17.9	1275	
2.72	24.5	1280	
2.79	23.8	1280	
2.80	29.3	1300	
2.84	31.5	1260	

注：试样 w(Mo) = 1.4% ~1.6%，w(Si) = 0.4% ~0.7%。

铁水出炉后应镇静 3 ~ 5min。提倡低温快速浇注，以细化共晶团，减少粘砂，节约熔化电能，减少铸件缩孔、显微疏松倾向。

11.9.7.2 造型

一般用于铸铁造型的天然硅砂均可用于高铬铸铁件造型。铁水铬浓度高并不会对砂型铸件产生显著粘砂、夹砂等缺陷。根据铸件的尺寸、重量和复杂程度，可采用湿型、表面干燥型、水玻璃砂 CO_2 硬化型、树脂型等。

模型线收缩率可选 1.8% ~2.0%，接近普通铸钢。

11.9.7.3 冒口

高铬铸铁件冒口不能用氧乙炔焰割除。粗大的冒口可先用锯片砂轮在冒口颈切槽，然后敲击除去。冒口去除后留下的残根，较低的可用砂轮磨平，较高的残根和较厚的披缝可用电弧气刨切除。切除时熔铁被压缩空气吹走，切除处局部温度稍有上升，不致对铸件造成伤害。

建议选用以下几种易于去除的冒口。

(1) 侧冒口。铁水经由侧冒口进入铸件。侧冒口颈断面尺寸较小，易于击断，但浇注时铁水必须流经冒口颈，加热该处以延长冒口颈凝固时间。图 11-22 显示 ϕ100mm 高铬铸铁磨球组共用一个 ϕ115mm 侧冒口，冒口颈直径 ϕ28mm，铁水由闭式浇注系统通过侧冒口进入铸件。

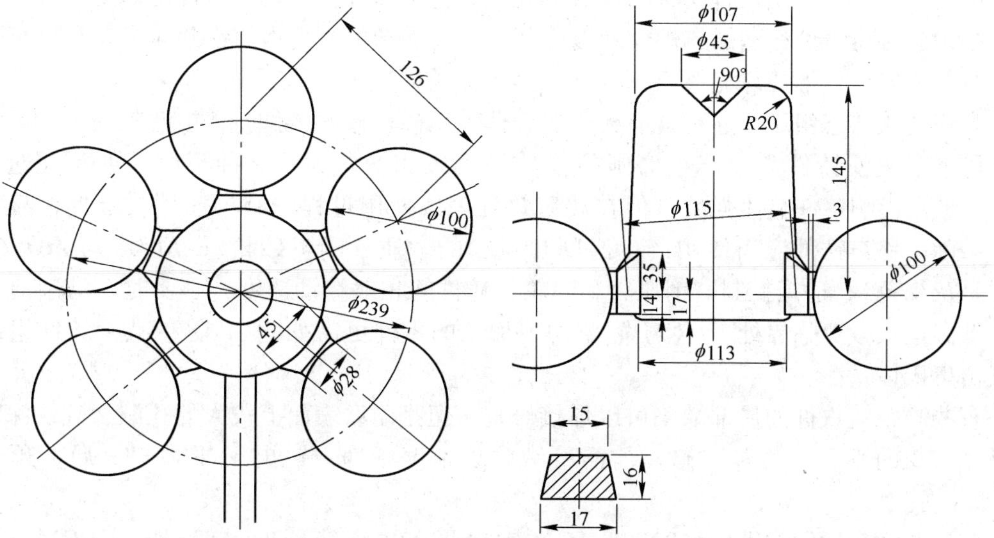

图 11-22 ϕ100mm 高铬铸铁磨球组侧冒口

(2) 易割冒口与缩颈冒口。易割冒口与铸件间放置黏土质带有补缩孔的易割片；缩颈冒口颈部断面急剧减小，两者的补缩通道直径均为冒口直径的 30% ~50%，一般在 70mm 以下。浇注时铁水需流过并加热通道，确保顺利补缩。清理时可敲除冒口。

(3) 压边冒口。适用于中等厚度高铬铸铁件。厚度大于铸件最大厚度的冒口置于铸件顶部。铁水通过冒口与铸件之间 6 ~8mm 宽的缝隙进入铸件。与冒口连接处的金属被加热到铸件的最高温度，可以收到良好的补缩效果。

由于高铬铸铁的流动性与充型能力接近灰铸铁，浇注系统可参照灰铸铁设计，但是断面尺寸应增大 30% 左右。浇口布置与内浇口位置应与冒口、冷铁配合，使铸件顺序凝固。还要注意浇注系统不应阻碍铸件收缩，避免因浇口设置不当而增加铸件内应力。

高铬铸铁件正常工艺出品率为 60% ~75%。

11.9.7.4 铸件清理

高铬铸铁件从砂箱取出的温度(或铸件在砂箱内放置时间)是保证铸件质量的一个不可忽视的因素。

铸件在铸型中冷却过程中，不同部位因冷速不同而导致不均匀收缩。部分断面的热应变受到限制而产生热应力。高铬铸铁的弹性模量高于一般铸铁，线胀系数大，热导率较低，不同厚度断面上有较大温差，产生的热应力比铸铁大。再加上铸型、泥芯、冷铁的机械阻碍，铸件容易开裂或变形。

处于红热状态的高铬铸铁强度低，是容易产生热裂或变形的时刻。因此，在这段时间内，需要尽量消除可能产生热应力的因素。确认铸件全部凝固后，应及时松开箱卡，适当松动铸型，尽量降低铸件收缩阻力。

高铬铸铁中马氏体开始转变温度大致在 100 ~ 300℃范围内。马氏体开始转变后会产生相变应力。这种应力与已经存在的、分布不均匀的热应力综合作用于铸件，可能导致高铬铸铁件低温开裂。相变应力产生的裂纹常发生在铸件承受最大拉应力的断面，铸件清理时往往不能发现。可能经过几周或数月后，在储存处或在使用过程中出现裂纹，这是比较危险的。为了避免产生这种常称为冷裂的缺陷，应使铸件在铸型中缓慢冷却到室温。或在 350 ~ 400℃时将铸件移到加热炉中缓慢冷却。低速冷却可使高铬铸铁基体金属有较充分时间进行共析转变，形成珠光体组织，减少残余奥氏体量。

高铬铸铁铸态组织中通常含有大量奥氏体。用砂轮修磨铸件时，被磨削的表面区温度升高可能产生使铸件表面产生磨削裂纹的马氏体相变应力。这种裂纹一般不超过 1 ~ 2mm，虽不影响铸件整体强度，但在此后热处理或使用过程中有可能扩展延伸，需要注意。磨削高铬铸铁件应当使用产生磨削热量少的软质锆刚玉砂轮（α-Al_2O_3 与 ZrO_2 复合物，呈灰褐色），适当控制磨削压力和砂轮与铸件间相对移动速度；必要时在磨削前进行一次低温退火或亚临界处理（对于需要切削加工的零件更需如此），尽量减少铸件组织中的残留奥氏体量。

有些高铬铸铁件的局部缺陷可以焊接修复。但是耐磨表面上较大的孔洞、裂纹深度超过壁厚 1/3 的则不宜修补。修复前需将缺陷处铲磨干净，铲出 V 形坡口。局部预热到 200℃左右。

装饰性补焊可采用 1Cr18Ni9Ti 不锈钢电焊条。焊缝硬度一般只有 HRC35 左右，但一般不会出现焊接裂缝。欲提高焊缝硬度可使用 D512（w(C) = 0.25%、w(Cr) = 10% ~ 16%）一类的堆焊焊条，焊缝硬度可达到 HRC45 以上。采用铬、钼、钨、钒复合合金化的堆焊条，焊缝硬度可达到 HRC55，但是这类焊条含碳量较高，焊缝易开裂。补焊面积较大的孔洞应分层焊接。以较大电流补焊底层，以求熔合良好。中间层及表面层则需减小电流，预防焊缝表面开裂。熔池温度过高会使焊接热影响区扩大，区内残余奥氏体可能发生马氏体转变，产生相变应力。为了防止熔池过热应采取分段焊接方法，各段之间保持一定间距。逐段焊完后停留一段时间适当降温，然后再将间隔部分补焊。

较大面积补焊后需及时消除焊接应力。每焊完一层，在焊缝温度不低于 500℃左右时，用尖嘴锤连续敲击焊缝。一般较小孔洞可在淬火回火后补焊，焊后应立即进行第二次回火。

11.9.8 高铬铸铁件成分选择

我国国家标准《抗磨白口铸铁的牌号及其化学成分》（GB/T 8263—1990）列入了四种高铬铸铁。各牌号的化学成分及硬度见表 11-6。

表 11-6 给出的各主要元素含量范围都很宽，留给生产者充分的选择空间。

高铬铸铁中各个元素对材料组织、性能的影响与其他元素的作用相互关联。选择化学成分应注意以下三方面：

表 11-6 我国抗磨白口铸铁牌号及其化学成分

牌号	化学成分/%									铸态硬度HRC	硬化后硬度HRC	退火后硬度HRC
	C	Si	Mn	Cr	Mo	Ni	Cu	S	P			
KmTBCr12	2.0~3.3	≤1.5	≤2.0	11.0~14.0	≤3.0	≤2.5	≤1.2	≤0.06	≤0.1	≥46	≥56	≤41
KmTBCr15Mo	2.0~3.3	≤1.2	≤2.0	14.0~18.0	≤3.0	≤2.5	≤1.2	≤0.06	≤0.1	≥46	≥58	≤41
KmTBCr20Mo	2.0~3.3	≤1.2	≤2.0	18.0~23.0	≤3.0	≤2.5	≤1.2	≤0.06	≤0.1	≥46	≥58	≤41
KmTBCr26	2.0~3.3	≤1.2	≤2.0	23.0~30.0	≤3.0	≤2.5	≤2.0	≤0.06	≤0.1	≥46	≥56	≤41

(1) 根据铸件壁厚、工况、工作性能要求合理选择碳和铬含量，以求获得适当的 M_7C_3 型碳化物量和基体碳、铬浓度。这是决定材料抗磨能力和韧性是否能满足使用要求的基本条件。

(2) 进一步确定锰、硅、钼、铜等元素含量，使材料有足够淬透性。获得马氏体基体。对于抗磨白口铸铁，马氏体是基体的最优组分。

(3) 材料的工艺性能和经济性良好。

11.9.8.1 *碳和铬*

选择碳和铬含量的第一步是根据所需要的碳化物量来确定碳含量。碳是决定碳化物量的主要因素。碳化物量可按式(11-1)计算。式中的铬含量由预期铬碳比确定。碳化物量和铬碳比对高铬铸铁性能有决定性影响。高铬铸铁一般采用亚共晶或共晶成分。当它为共晶成分时含有最多的碳化物，如基体组织相同则铸件显示最高硬度和抗磨能力。铸件含碳量减少，碳化物量随之减少，铸件硬度和抗磨能力相应下降。

铬碳比对几种含铬量不同高铬铸铁抵抗高应力磨损能力(台架试验数据)的影响示于表11-7。表中数据来自不同台架试验，抗磨能力计算方法也不相同，非同一类型合金不能直接比较，但也可以看出，同类型高铬铸铁抗高应力磨损能力都随铬碳比提高而加强。

确定含碳量还需考虑两个限制性因素。过多碳化物严重削弱高铬铸铁韧性，使之难以承受较大冲击载荷。许多抗磨件的载荷都带有冲击性质。对抗磨件来说，抗磨损和抗冲击是一对突出的矛盾。为了解决这个矛盾，常常需要在工作现场进行相关试验。主要承受细碎物料冲刷的抗磨件(如输送煤粉管道内衬)，应该选用32%~35%碳化物量，承受中等尺寸物料冲刷和较小冲击力的铸件可含较多(25%~30%)碳化物(如球磨机衬板)。主要承受冲击载荷、发生凿削磨损的铸件(例如锤式破碎机冲击块)宜选用最低碳化物含量(12%~22%)。

表 11-7 铬碳比对高铬铸铁抗高应力磨损能力的影响

铬碳比	合金类型	相对抗磨能力
4.68	15Cr-3Mo	2.15
5.94	13Cr	1.75
11.05	27Cr	1.40
4.17	15Cr-3Mo	0.048
1.86	15Cr-3Mo	0.076
8.68	27Cr	0.112
9.36	27Cr	0.144

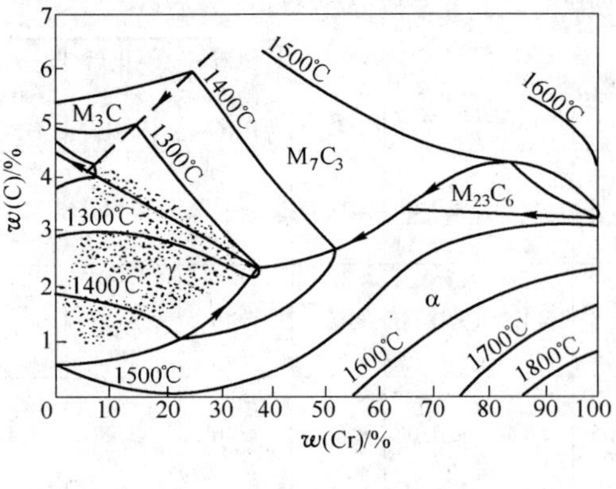

图 11-23 高铬铸铁常用铬、碳成分范围

另一个限制性因素是基体含碳量随铸件含碳量提高而增加。含碳量增加意味着马氏体相变开始温度(M_s)降低，铸态或淬火后都会有较多残余奥氏体出现。而且会通过形成碳化物消耗掉一部分有用的钼元素。为了消减这种影响，必须增加铬和钼、铜、镍等提高淬透性元素。

铬、碳含量最好选择在图 11-23 中阴影覆盖的成分范围内。高铬铸铁 w(Cr)一般在三个范围选取：12% ~ 15%、18% ~ 22%、25% ~ 30%。与之相应的铬碳比分别为 4.5 ~ 6.5、7 ~ 9、9 ~ 10。

w(Cr) = 12% ~ 15% 的高铬铸铁因铬含量低，如要保持较高铬碳比，碳含量和碳化物必然较低；提高含碳量，又会导致奥氏体量增加。为了解决这一矛盾，需要在降低铬碳比的同时，添加较多钼和铜。15Cr-3Mo 高铬铸铁性能良好，在一些国家广泛应用，就是这方面的实例。

w(Cr) = 18% ~ 22%、w(C) = 2.4% ~ 3.0% 的高铬铸铁常用于厚壁铸件。由于含铬量高，可以在较大范围内改变铬碳比，提高淬透性或调节工作性能以适应不同需要，并能使铸件成分接近共晶点，改善铁水流动性和冒口补缩能力。这种成分易于制取抗磨性能很高的马氏体高铬铸铁，因为它具有足够的碳化物，也有坚硬的基体。

建议采用以下成分铸造含 w(Cr) ≈ 20% 厚壁高铬铸铁：

w(C)	2.4% ~ 2.6%(低碳)；2.8% ~ 3.0%(高碳)
w(Cr)	18% ~ 22%
w(Si)	0.6% ~ 1.0%
w(Mn)	0.8% ~ 1.5%
w(Mo)	1.5% ~ 2.5%
w(Ni) + w(Cu)	0.6% ~ 1.2%(也可单独加镍或铜)

低碳成分可获得较好的硬化性能，基体含有较多马氏体，材料韧性优于高碳成分铸件。加钼量应按铸件厚度、铬碳比而定。

高碳成分适用于较薄的、对冲击韧性要求相对较低的铸件。采用偏上限的含钼量并经过充分脱稳处理，这类铸件也能获得良好的淬透性。铬、钼、铜的质量分数分别为 20%、2%、1% 的高铬铸铁是常被选用的品种。需要注意的是，这种高铬铸铁件往往含有较多残余奥氏体，如果未及时回火，容易发生开裂。480℃温度回火可以消除大部分奥氏体组织，铸件硬度不致降低。

w(Cr) = 25% ~ 30% 的高铬铸铁可选用共晶成分，同时保持较高的铬碳比。例如 w(C) = 3.5%、w(Cr) = 28%、w(Mo) = 3% 的高铬铸铁碳化物量很高，而且有较好的淬透性，热处理后能获得共晶碳化物 + 马氏体 + 二次碳化物 + 少量残余奥氏基体，硬度可达到 HRC63 ~ 65，具有很好的抗磨能力。不含钼时将获得奥氏体基体，适用于耐蚀铸件。

11.9.8.2　硅和锰

硅从几个方面影响高铬铸铁的凝固组织。硅不进入碳化物但能使碳化物变得较为细小，分布更为弥散化。固溶于奥氏体中的硅产生固溶强化作用，基体硬度均随硅含量的提高而上升。另一方面，硅减少奥氏体中铬的溶解量和碳的溶解度，使铬更多地进入碳化物，同时提高 M_s 点，减少高铬铸铁中残余奥氏体量。单就提高 M_s 的效果而言，硅的能力约为钼的 1 倍。一般高铬铸铁的 $w(Si)$ 范围是 0.6% ~1.5%。由于硅与氧的亲和力大于锰、铬、钒等，在铸铁的熔炼过程中还有保护合金元素避免氧化的作用。$w(Si) < 0.4\%$，铸件可能生成氧化性气孔，元素烧损量增加。

锰降低初生奥氏体析出温度，缩小合金凝固温度范围，细化奥氏体枝晶，减小共晶团尺寸。但对于高铬铸铁中碳化物数量和晶体结构没有明显影响。锰扩大奥氏体相区，降低 M_s 温度，有稳定奥氏体的作用。图 11-24表明 $w(C) = 2.9\%$、$w(Cr) = 17.5\%$、$w(Mo) = 1.5\%$，锰含量不同的高铬铸铁冷却速率对铸件硬度的影响。冷速提高到一定程度(以半冷却时间的多少衡量冷速)，M_s 点下降，残余奥氏体量增加，$w(Mn) = 1.5\%$ 和 $w(Mn) = 3.1\%$ 两个铸件的硬度下降。而 $w(Mn) = 0.8\%$ 的铸件受 M_s 点变化的影响较小，快速冷却时硬度上升。

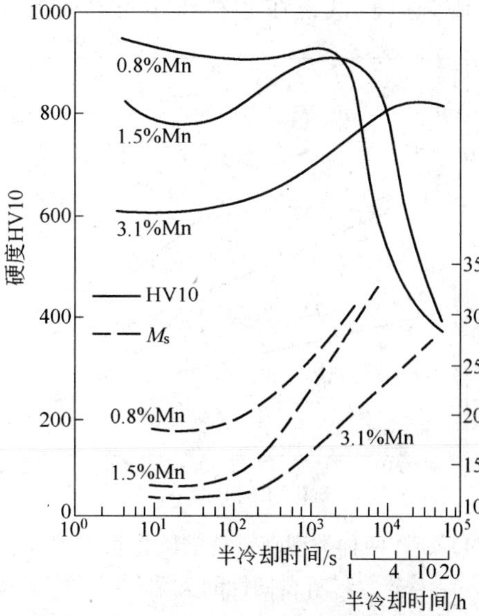

图 11-24　锰含量不同的高铬铸铁冷却速率对铸件硬度的影响

11.9.9　显微组织对高铬铸铁工作性能的影响

抗磨白口铸铁的主要工作性能是抗磨损能力和抗冲击能力。这两个性能都决定于材料的显微组织。碳化物和基体金属是影响性能的主要因素。

碳化物类型、体积分数、尺寸、间距以及与磨损面的相对位置都能影响铬铸铁工作性能。M_7C_3 碳化物硬度高于 M_3C 碳化物，对基体金属分割比较轻微，因此含有 M_7C_3 碳化物能增强抗磨和抗冲击能力。实验室试验数据表明：在相同条件下，共晶成分高铬铸铁的磨损失重小于亚共晶和过共晶成分高铬铸铁。共晶碳化物厚度不超过相邻基体金属厚度，则两者相互保护作用良好。厚度过大的碳化物容易在磨料凿削或冲击作用下断裂、剥离。碳化物的合适间距与磨料尺寸有关。如果磨料细软，碳化物间距小于磨料尺寸时，材料抗磨性能较好。用于物料破碎、混拌大块磨料的高铬铸铁抗磨件碳化物间距较大能保持良好抗磨能力。M_7C_3 碳化物板条垂直于磨损面时，材料比较耐磨。低应力冲刷磨损试验表明：碳化物定向排列并垂直于磨损面的试样比碳化物无序排列试样的磨损失重减少 45% ~50%。碳化物形状和间距也影响材料的断裂韧性。碳化物与基体的界面是裂纹源密度大的部位。周长/面积比大的碳化物降低断裂韧性。这样的碳化物数量越多影响越显著。碳化物密集程度越大，裂纹扩展路线越短，断裂韧性越差。

基体金属对碳化物保护作用的大小是决定高铬铸铁磨损率的重要因素。如果基体金属的屈服强度和硬度都很高，它本身的磨损较少，必然对碳化物产生良好的保护作用。减少碳化物碎裂、剥落是改善高铬铸铁抗磨性能的重要因素。奥氏体形变硬化层很薄，未硬化部分屈服强度较低，在磨料作用下易于发生局部塑变并导致碳化物变形和加快碎裂，增加磨损量。因此。奥氏体基体抵抗高应力、硬磨料磨损能力显著低于马氏体基体。但是在低应力软磨料工况下，两者对磨损率影响程度的差别减小。

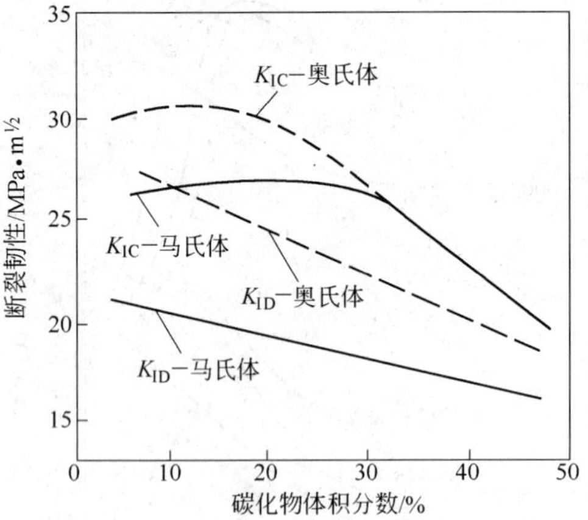

图 11-25　两种类型高铬铸铁碳化物体积分数与断裂韧性的关系

图 11-25 显示两种高铬铸铁碳化物体积分数对静态和动态断裂韧性的影响。在各种体积分数条件下，奥氏体高铬铸铁的断裂韧性均高于马氏体高铬铸铁。碳化物较少时，差别较大。

在外力作用下基体发生适当变形能有效防止较厚碳化物或基体与碳化物界面早期开裂，抑制脆性裂纹在碳化物之间扩展。另外，奥氏体塑性和应变能储积释放速率高于马氏体，裂纹在奥氏体中扩展比较困难，因而它的断裂韧性较高。奥氏体回火后产生的聚合物组织的裂纹扩展抗力低于奥氏体，但其断裂韧性也高于马氏体。

11.9.10　高铬铸铁碳化物鉴别

采用常规方法磨制试样、电解抛光或机械抛光试样。由于高铬铸铁中 M_7C_3 碳化物和马氏体组织溶解电势相差悬殊，有时难以获得所需抛光表面。在此情况下，可改用机械抛光。

显示基体组织可采用苦味酸酒精溶液侵蚀试样。为了更好地显示马氏体和回火马氏体(150～200℃回火)组织的衬度，采用以下浸蚀剂效果较好：

$FeCl_3$	2.5g
苦味酸	5g
HCl	2mL
酒精	90mL

表 11-8 所列浸蚀剂用于显示高铬铸铁中的碳化物。通过染色，可鉴别碳化物类型。

表 11-8　显示高铬铸铁的碳化物的浸蚀剂

浸蚀剂	组　成	M_3C	M_7C_3	MC	$M_{23}C_6$	M_2C
碱性苦味酸钠溶液	苦味酸 2g，氢氧化钠 25g，水 100mL	A	NA①	NA①	NA①	A
赤血盐＋氢氧化钾水溶液	赤血盐 10g，氢氧化钾 10g，水 100mL	NA	A	A	A	A

续表11-8

浸蚀剂	组成	M_3C	M_7C_3	MC	$M_{23}C_6$	M_2C
碱性高锰酸钾饱和溶液	氢氧化钠4g，高锰酸钾饱和水溶液100mL	NA	A	NA	A	A
铬酸水溶液	铬酸（CrO_3）1～8g，水100mL	NA	A	NA	A	A

① 含铬较低的碳化物被浸蚀。

注：A—被浸蚀；NA—不被浸蚀。

用碱性苦味酸钠溶液浸蚀时，试样需在沸腾溶液中煮1～15min，不同类型碳化物显示不同颜色，含铬较低的渗碳体型碳化物被染成深棕色以至黑色。但含铬较高的渗碳体型碳化物以及M_7C_3、$M_{23}C_6$、M_6C碳化物则不被侵蚀。此浸蚀剂还能显示过共晶高铬铸铁晶界上析出的渗碳体型碳化物。

此种溶液也可用于电解浸蚀，使用不锈钢阴极。浸蚀效果与上述加热浸蚀相同。

赤血盐[$K_3Fe(CN)_6$]+氢氧化钾水溶液，常称为Murakami浸蚀剂。这种浸蚀剂也能将不同类型碳化物染成不同颜色。室温浸蚀可使碳化铬和碳化钨变暗，而渗碳体不受浸蚀或轻微浸蚀。浸蚀3min后，σ相也会受到轻微浸蚀。如果溶液加热到80℃，浸蚀2～60min，碳化物变暗，σ相可能变蓝(不经常出现)，铁素体呈黄色至棕黄色，奥氏体不受浸蚀。此种浸蚀剂必须使用新配制的溶液。需注意防止酸类物质混入，因为酸类与此种溶液混合后，会有HCN逸出，导致浸蚀剂失效。

碱性高锰酸钾饱和水溶液在一些文献上被称为Groesbeck浸蚀剂。用它在煮沸状态下浸蚀高铬铸铁1～10min，$(Fe,Cr)_7C_3$被染成棕黄色，$(Fe,Cr)_{23}C_6$被染成蓝灰色，σ相呈灰色，Mo_2C被染成棕色。此浸蚀剂还能显示M_6C轮廓。M_6C轮廓呈棕色。这种浸蚀剂常用于鉴别一个金相视场中的各种类型碳化物。铁素体和奥氏体则不受这种浸蚀剂的影响。

铬酸水溶液作为电解液，用于对高铬铸铁试样进行电化学浸蚀。MC型和M_7C_3型碳化物受浸蚀后变暗，Mo_2C的边缘受浸蚀而显现其轮廓。电解浸蚀规范：6V DC，30～90s，距离20～25mm，采用不锈钢或白金为阴极，试样为阳极。

采用上述多种浸蚀剂中的一种或几种来观察高铬铸铁组织已经满足工业生产的需要。深入研究高铬铸铁组织时，还需要将光学金相和扫描电镜、图像分析仪、电子探针等手段结合起来，能够获得更有用的结果。

11.10 镍铬白口铸铁

20世纪50年代初期，一种以镍和铬为主加合金元素的白口铸铁注册了美国专利(U.S. Patent No. 2，662，011. Dec. 8，1953)。铸铁化学成分：$w(C)=3\%\sim3.7\%$、$w(Ni)=5\%\sim7\%$、$w(Cr)=8\%\sim10\%$和$w(Si)=0.3\%\sim0.5\%$，成分组合是$[w(C)+w(Ni)]/28+w(Cr)/24+w(Si)/4=4.2\%\sim5.0\%$。该铸铁组织由碳化物+奥氏体与回火马氏体基体构成。这是较早开发的抗磨合金白口铸铁。

11.10.1 镍铬白口铸铁组织和成分

我国抗磨白口铸铁国家标准(GB/T 8263—1999)中列有三个牌号的镍铬抗磨铸铁，即：KmTBNi4Cr2－GT、GTKmTBNi4Cr2－DT以及KmTBCr9Ni5，如表11-9所示。表中所规定成分分别近似于国际镍公司牌号为Ni－hard1、Ni－hard2、Ni－hard4(国内称镍硬铸铁1、2、4)的镍铬白口铸铁成分。国际镍公司是国际上最早研制这种铸铁的公司。

表11-9 镍铬白口铸铁化学成分(%)

牌号	C	Mn	Si	Ni	Cr	Mo	P	S	近似的国际镍公司牌号
KmTBNi4Cr2－GT	3.0～3.6	≤2.0	≤0.8	3.3～5.0	1.5～3.0	≤1.0	≤0.15	≤0.15	Ni-hard1(常规)
KmTBNi4Cr2－DT	2.4～3.0	≤2.0	≤0.8	3.3～5.0	1.5～3.0	≤1.0	≤0.15	≤0.15	Ni-hard2(高强度)
KmTBCr9Ni5	2.5～3.6	≤2.0	≤2.0	4.5～7.0	7.0～11.0	≤1.0	≤0.15	≤0.15	Ni-hard4

11.10.1.1 镍

镍固溶于奥氏体，扩大奥氏体相区，提高材料淬透性。含镍3.3%～5.0%的镍铬合金铸铁，能使一部分奥氏体在铸态下发生马氏体转变，其余部分则保留到室温。38～50mm的砂型铸件，含镍3.4%～4.2%并与铬配合，就可以抑制共析转变，获得含30%～60%的奥氏体＋马氏体基体组织(图11-26)。更厚的铸件加镍量需增加到4.5%～7.0%。

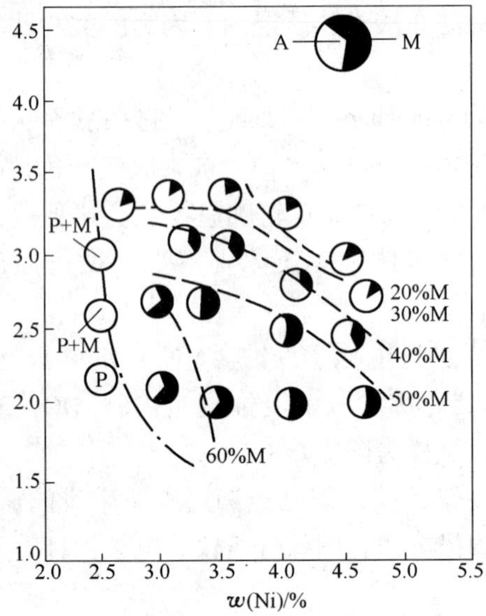

图11-26 镍铬相对含量对镍铬白口铸铁马氏体量的影响

镍也促进石墨化。白口铸铁中镍含量较高时，即使在较深过冷下凝固，也可能出现碳化物和石墨共存的组织。作为抗磨材料，石墨的出现对抗磨性能不利。因此在含镍高的白口铸铁中必须同时含有一定数量抑制石墨生成的元素。

表11-9显示，镍铬合金铸铁的加镍量范围是3.3%～7.0%。这样的加入量将使铸件在较高的M_s温度下发生马氏体转变。特别是KmTBCr9Ni5铸件采用偏上限含镍量时，即使厚度超过200mm，也能在空冷条件下发生马氏体转变。

11.10.1.2 铬

铬是抑制石墨生成的元素。铬与碳优先化合生成高硬度碳化物，消耗了铸铁中大部分碳，并抑制镍硅的石墨化作用，使石墨无法生成。高硬度碳化物在铸铁中起抗磨骨架作用。剩余的铬溶入奥氏体，影响奥氏体转变性质。铬在镍铬白口铸铁中的作用类似于在高铬铸铁中的作用。

11.10.1.3 碳

镍铬合金铸铁含碳量在很宽范围内变化。大多数碳与铁及合金元素化合成为坚硬的碳化物。碳化物体积分数随含碳量增加而增加，材料硬度和耐磨性随之提高，但抗冲击能力和断裂韧性都趋于下降。另外，基体含碳量也随铸铁含碳量增加而增加。由于 M_s 随基体含碳量提高下降，因此铸态马氏体转变量随铸件含碳量增加而减少。$w(C)=3.0\%\sim3.1\%$、$w(Ni)=5\%\sim7\%$、$w(Cr)=7\%\sim11\%$ 的高碳型镍铬白口铸铁经过热处理后马氏体量可达到 60%～80%，再提高含碳量马氏体量减少。过多含碳量的镍铬白口铸铁中，马氏体一般只出现在基体中含碳量最低的碳化物周围。

以抗磨为主的镍铬白口铸铁件，$w(C)$选用范围为 3.0%～3.2%。而在抗磨的同时还需兼顾抗冲击力时，$w(C)$应在 2.6%～3.0% 范围内。

11.10.1.4 硅

硅全部溶入奥氏体。通过降低碳在奥氏体中的溶解度，间接提高 M_s 温度，促进奥氏体向马氏体转变。硅和镍实际上共同控制着奥氏体转变。当两元素含量比合适时，可降低残余奥氏体量，增加马氏体转变量。硅也降低铬在奥氏体中的溶解度，使更多的铬进入碳化物。例如 $w(Cr)=9\%$，$w(C)=3.2\%$ 的镍铬铸铁中，$w(Si)=1.8\%\sim2.0\%$ 时，凝固后产生的组织是 $M_7C_3+\gamma$，如 $w(Si)<1.8\%$，可能产生 $M_7C_3+M_3C+\gamma$。说明硅含量达到一定程度后，有助于 M_7C_3 型碳化物生成。

适当提高镍铬白口铸铁含硅量是必要的。但是硅也是石墨化元素。为了防止高硅含量导致石墨析出，应限制铬硅含量比大于 2.7。

11.10.1.5 锰

锰有稳定奥氏体的作用。虽然材料中镍含量很高，但是锰抑制马氏体转变的作用仍不可低估。过多的锰减少组织中的马氏体量。镍铬白口铸铁 $w(Mn)$一般控制在 0.3%～0.6% 范围内。

11.10.1.6 钼

厚大(例如厚度超过 200mm)镍铬白口铸铁件中，需要适当加入钼和铜。

除了表 11-9 所列镍铬白口铸铁外，国际镍公司还开发了含硼的 Ni-hard1 和高碳 Ni-hard4。含硼 Ni-hard1 在 $w(C)=3.3\%\sim3.6\%$、$w(Cr)=2.4\%\sim2.7\%$ 的铁中加入 $w(B)=0.25\%\sim1.0\%$。加硼产生高硬度碳硼化合物，也能使基体中马氏体硬度达到 HV1000。因此它的耐磨性显著高于 Ni-hard1，但是韧性很低，不适合用于制造承受冲击载荷的耐磨铸件。高碳 Ni-hard4 的化学成分：$w(C)=3.2\%\sim3.6\%$、$w(Si)\approx1.5\%$、$w(Cr)=9\%\sim11\%$、$w(Ni)=5.0\%\sim6.5\%$、$w(S)\leqslant0.12\%$、$w(P)\leqslant0.25\%$。实际上碳量是取 Ni-hard4 规格的上限范围。这种材料的碳化物量和奥氏体量都有所增加。抗磨能力增强，但冲击韧性和抗疲劳强度下降。

11.10.2 KmTBNi4Cr2 铸铁

图 11-27 显示 $w(C)=3.6\%$、$w(Si)=1.0\%$、$w(Cr)=3.2\%$、$w(Ni)=4.1\%$、$w(Mn)=0.5\%$ 的 KmTBNi4Cr2 铸铁的铸态显微组织。由于铬含量低，铬碳比也只有 0.5～1.2，碳化物为 M_3C 型，呈网状分布。基体为奥氏体＋片状马氏体。

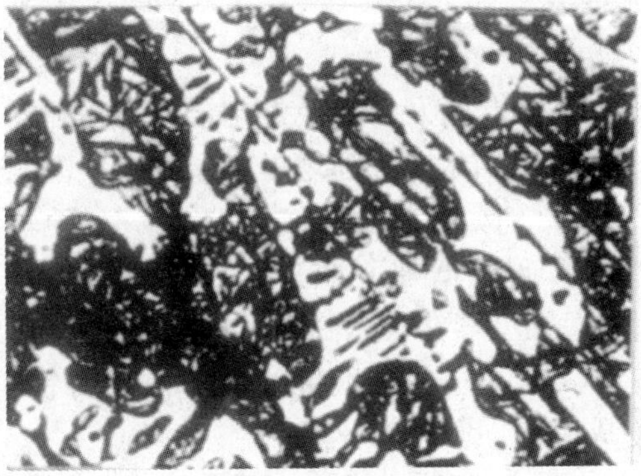

图 11-27 KmTBNi4Cr2 铸铁的铸态显微组织

KmTBNi4Cr2 铸铁中的碳大部分进入碳化物，少量溶于奥氏体。上述镍硬铸铁铸态组织中碳化物 $w(C)=6.1\%$，体积分数(CVF)为44%。基体 $w(C)=1.1\%$。

KmTBNi4Cr2 铸铁化学成分有高碳(GT)和低碳(DT)之分。KmTBNi4Cr2-GT 铸铁碳化物体积分数大，但基体中马氏体量相对较少。其抗磨料磨损能力较高，但冲击韧性差。KmTBNi4Cr2-DT 铸铁则相反。

由于碳化物在合金中占有相当大的体积，进入基体金属的元素浓度都将提高。例如上述 KmTBNi4Cr2 铸铁的 $w(Ni)=4.1\%$，而在奥氏体中的浓度则为6.1%。硅全部进入奥氏体，因而基体中 $w(Si)$ 由铸件总含量1%上升到2%。在 M_3C 碳化物周围产生低碳高硅区，这里将发生马氏体转变。由图 11-27 可以看到，马氏体主要存在于 M_3C 碳化物周围。

KmTBNi4Cr2 铸铁中碳化物体积分数、尺寸均受铸件冷凝速率的影响。图 11-28 显示 $w(C)=3.44\%$、壁厚90mm 金属型铸件和砂型铸件中的碳化物。金属型铸件(左)的碳化物体积分数较大，形体细小；砂型铸件(右)则显著不同。表 11-10 列出两者力学性能数据，差别比较明显。

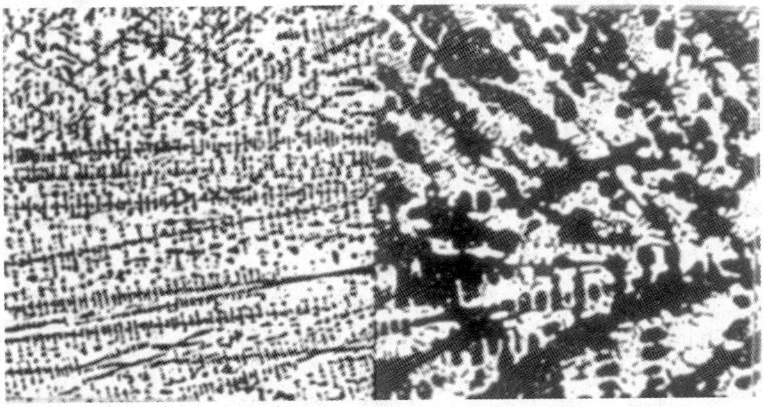

图 11-28 在金属型(左)和砂型(右)凝固的镍硬铸铁碳化物

表 11-10 KmTBNi4Cr2 铸铁力学性能

铸造方法	硬度		抗弯强度/MPa	挠度/mm	抗拉强度/MPa	弹性模量/MPa	艾氏冲击吸收功/J
	HB	HRC					
砂型铸造	550~650	53~61	500~620	2.0~2.8	280~350	169000~183000	28~41
金属型铸造	600~725	56~64	560~850	2.0~3.0	350~420	169000~183000	35~55

KmTBNi4Cr2 铸铁的镍、铬元素加入量应视铸件壁厚以及铸型冷却能力而定。以较快速度冷却的铸件，可以适当减少镍、铬的加入量。表 11-11 列出砂型和金属型浇注的各种厚度镍硬 1 铸件的推荐镍、铬含量。

国际镍公司公布的试验结果表明，在 $w(Ni)=4.00\%\sim4.75\%$ 的低铬型镍铬白口铸铁中，要避免厚壁件析出石墨，应控制铸件中铬与硅的相对含量。此相对含量与铸件含碳量和铸件壁厚有关。铸件含碳量高、厚度大则需较高的铬硅含量比。例如 $w(C)=2.75\%$ 时，25mm 壁厚的铬硅含量比为 2～2.3，100mm 壁厚则为 3.5～4.5，而 $w(C)=3.50\%$ 时，25mm 及 100mm 壁厚的相应铬硅含量比应分别为 4.0～4.5 以及 7.0～7.5。

表 11-11　铸件壁厚与 KmTBNi4Cr2 铸铁所需镍铬含量

铸件壁厚/mm	砂型铸造		金属型铸造	
	$w(Ni)/\%$	$w(Cr)/\%$	$w(Ni)/\%$	$w(Cr)/\%$
<12	3.8	1.6	3.3	1.5
12～25	4.0	1.8	3.6	1.7
25～50	4.2	2.0	3.9	1.9
50～75	4.4	2.2	4.2	2.1
75～100	4.6	2.4	4.5	2.3
>100	4.8	2.6	4.8	2.5

KmTBNi4Cr2 铸铁的高温基体中没有足够的过饱和铬和碳，即使像高铬铸铁那样进行脱稳处理，也不会对材料淬透性有显著效果。

KmTBNi4Cr2 铸铁通常采用中、低温热处理工艺。其热处理分两阶段进行。第一阶段将铸件以阶段保温方式缓慢加热到 450℃ 保温 4～6h，然后空冷到室温。保温过程中有少量碳化物从基体析出，有助于促进奥氏体在第二阶段中发生转变。第二阶段的加热温度为 275℃，保温 12～16h，在此过程中，奥氏体发生贝氏体转变，并使铸态组织中的马氏体得到回火，消除相变应力。此时已有相当数量的贝氏体出现，基体为奥氏体 + 回火马氏体 + 贝氏体混合组织。处理后铸件硬度提高，冲击疲劳寿命也有所改善。但是硬度和抗磨能力没有什么损失。

KmTBNi4Cr2 - DT 铸铁还可以降低加热温度，由 450℃ 降低到 275℃，保温时间加长到 12～24h，使奥氏体无须经过减碳过程而直接在贝氏体转变温度区内发生贝氏体转变。

11.10.3　KmTBCr9Ni5 铸铁

KmTBCr9Ni5 铸铁的镍、铬含量都高于 KmTBNi4Cr2 铸铁。M_7C_3 型和 M_3C 型碳化物混合存在。图 11-29 显示 KmTBCr9Ni5 铸铁显微组织。

KmTBCr9Ni5 铸铁的规格 $w(Si)=4.5\%\sim7.0\%$，高于 KmTBNi4Cr2 铸铁。目的是进一步增强厚壁铸件淬透性，增加铸件中马氏体含量。KmTBCr9Ni5 铸铁件硬度受铸件壁厚的影响较小。经过热处理的厚壁铸件硬度也能超过 HRC60。

KmTBCr9Ni5 铸铁中铬的含量高于 KmTBNi4Cr2 铸铁。它的主要作用首先是提高 M_7C_3 碳化物与 M_3C 碳化物相对含量。如果铬碳比降低，则 M_7C_3 碳化物减少，M_3C 碳化物相对增多。另外，溶入奥氏体中的铬提高材料的淬透性，抑制石墨析出。

KmTBCr9Ni5 铸铁含碳量最好选在镍铬白口铸铁含碳量的中下限，以 $w(C)=2.8\%\sim3.2\%$ 之间比较合适。这是因为：

（1）KmTBCr9Ni5 铸铁中硅含量较高，而且奥氏体实际平均含硅量更超过原铁水含硅

图 11-29 KmTBCr9Ni5 铸铁显微组织

量，例如，w(C) = 2.9%、w(Cr) = 8.4%、w(Ni) =5.8%、w(Si) = 1.8% 的 KmTBCr9Ni5 铸铁中奥氏体枝晶平均 w(Si)达到 2.5%。如果碳含量也较高，高碳高硅溶液可能处于过共晶成分，显著提高石墨析出倾向。

(2) 与 KmTBNi4Cr2 铸铁相比，镍硬 4 铸铁中的镍更多地进入奥氏体(约有 90%)，促使铸铁在冷却过程中析出二次石墨。如果碳化物形成元素的含量不足以充分抑制石墨析出反应的话，会有二次石墨析出。

为控制奥氏体量，KmTBCr9Ni5 铸铁中 w(Mn)应处于较低水平，一般应小于 0.6%。钼只用于含镍量处于低限的厚壁铸件。当规格内的合金元素不能满足铸件对淬透性的要求时，才适当添加这种贵重合金元素。

KmTBCr9Ni5 铸铁中的硅对合金的组织和性能有显著影响。过去曾规定 KmTBCr9Ni5 铸铁 w(Si) ≤ 1.2%。后来发现 w(Si) = 1.6% ~2.1% 对 KmTBCr9Ni5 铸铁组织和性能有良好影响。w(C) =3%、w(Cr) = 8%、w(Ni) = 6% 的亚共晶 KmTBCr9Ni5 铸铁，当 w(Si) < 1.2% 时，碳化物为双重结构，即心部为 M_7C_3、外壳为 M_3C。凝固时首先形成 M_7C_3，碳化物通过包晶反应 $L + M_7C_3 \rightarrow M_3C + \gamma$、熔液通过 $L \rightarrow M_3C + \gamma$ 而组成 M_3C 型碳化物外壳。这种双重结构的碳化物硬度较低，显著影响材料耐磨性。

w(Si) = 2.1% 时，由于 Si 显著压低 M_3C 反应温度(包括包晶反应温度以及相应的 M_3C 共晶反应温度)，抑制 M_3C 共晶生成，而使 KmTBCr9Ni5 铸铁中出现 M_7C_3。如果铸铁中的 w(Ni) =6%、w(Mn) = 1%，形成 M_7C_3 所需 w(Si)下降到约 1.8%。即使铸件冷速有所变化，硅的这种作用也不改变。硅量再降低些，M_7C_3 和 M_3C 型铬的碳化物同时出现。

w(Si) = 1.5% ~2.0% 时，还产生变质作用，使 KmTBCr9Ni5 铸铁中生成许多尺寸约为 10 ~20μm 的近似球状碳化物。这种作用与在共晶白口铸铁中加 w(B) = 0.2% ~0.4% 后熔液瞬间过冷，促使碳化物大量形核而延缓生长，产生大量细小碳化物颗粒的情况相似。

硅对于马氏体开始转变温度的影响类似 KmTBNi4Cr2 铸铁。提高碳在奥氏体中的活度系数而降低其溶解度。M_s 温度上升，促进马氏体转变。

为避免石墨析出，KmTBCr9Ni5 铸铁的 w(Cr)/w(Si)不应低于 4.0。厚度大于 200mm 的铸件，此比值应提高 4.5 ~5.0。还可以采用金属型激冷铸造或在抗磨面上安放外冷铁进行局部激冷。

根据以上所述，为了提高 KmTBCr9Ni5 铸铁中 M_7C_3 碳化物体积分数，增加马氏体含量，提高铸件硬度和抗磨能力，使碳化物趋于球状化以及奥氏体适量存留以改善材料冲击韧性和冲击疲劳强度，w(Si)一般应达到 1.8% ~2.0%。硅含量上限为 2.20%。

一般 KmTBCr9Ni5 铸铁件，可采用以下化学成分：w(C) = 2.8% ~ 3.2%、w(Si) = 1.8% ~2.0%、w(Mn) =0.4% ~0.6%、w(Cr) =7.5% ~9.0%、w(Ni) =5.5% ~6.5%。

表 11-12 列出镍硬 4 铸铁的力学性能。金属型铸造的镍硬 4 铸件基本力学性能高于砂型铸件。

表 11-12　KmTBCr9Ni5 铸铁的力学性能

铸造方法	硬　度		抗弯强度/MPa	挠度/mm	抗拉强度/MPa	弹性模量/MPa	艾氏冲击吸收功/J
	HB	HRC					
砂型铸造	550 ~ 700	53 ~ 63	600 ~ 750	2.0 ~ 2.8	560 ~ 600	196000	35 ~ 42
金属型铸造	600 ~ 725	56 ~ 64	680 ~ 870	2.0 ~ 2.8	—	—	48 ~ 76

热处理可以提高 KmTBCr9Ni5 铸铁件的硬度与耐磨性，也可提高材料韧性。硬化不需要在奥氏体化温度下进行脱稳处理。镍硬 4 铸铁化学成分组合能保证在低于奥氏体化温度下产生脱稳效果。

合金元素较多、抗磨性能要求高、铸件壁厚均匀、形状简单的 KmTBCr9Ni5 铸铁件，以分阶段保温方式加热到 750 ~ 800℃，保温 8 ~ 10h 后炉冷或出炉空气冷却。残余奥氏体可以降低到 25% 以下。铸件硬度可达 HRC62 ~ 64。炉内冷却比空气冷却更有利于获得较高的冲击疲劳寿命。

形状复杂、厚度不均匀、重量较大的铸件可采用两次加热工艺。第一次加热到 550℃，保温 4 ~ 6h 后在空气中冷却到室温。再进行第二次加热，温度为 450℃，保温 16h 后空气冷却。二次热处理后的镍硬 4 铸件抗拉强度超过 520MPa，但硬度及抗冲击疲劳能力低于 750℃ 处理的铸件。

所有镍铬白口铸铁件在使用之前必须进行低温回火处理，回火温度为 250 ~ 270℃，回火时间为 6 ~ 8h。回火的主要目的是消除铸件中马氏体相变应力。低温回火后，强度和抗冲击能力均有提高，抗磨能力并不减弱。

镍铬白口铸铁含有大量稳定奥氏体，一般热处理很难使马氏体转变进行完全。充分消减残留奥氏体最有效的办法是在 $M_s \sim M_f$ 间的温度进行深冷处理。

深冷处理需把铸件放置于低于 M_s 温度的液氮容器中，使马氏体在低温下进一步转变。碳和合金元素含量越多，M_f 越低，铸件应该在更低温度下处理。要使 KmTBCr9Ni5 铸铁中的奥氏体全部转变为马氏体，深冷温度需接近 -200℃。从技术和经济观点看，这是不必要的。KmTBCr9Ni5 铸铁深冷处理温度一般采用 -70 ~ -90℃ 即可。

w(C) = 3.20% ~ 3.30% 的 KmTBCr9Ni5 铸铁经过 750℃，4h，250℃，12h 后，硬度约为 HRC58 - 59。经过 -40℃ 深冷处理 0.5 ~ 1h，硬度提高到 HRC63 左右。深冷温度再下降，硬度可上升到 HRC68。图 11-30 为 w(C) = 3.02%、w(Ni) = 6.04%、w(Cr) = 8.12% 的 KmTBCr9Ni5 铸铁经 750℃，4h，250℃，12h 处理后再经 -80℃，20min 深冷后的显微组织（SEM）。试样硬度由深冷前的 HRC58.5 增加到 HRC65.5。

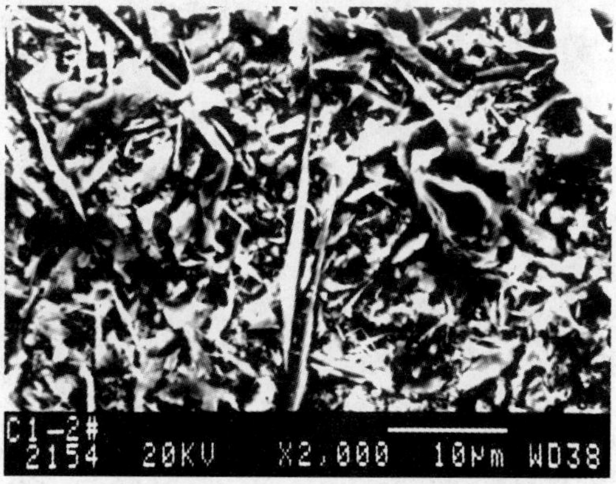

图 11-30　KmTBCr9Ni5 铸铁 -80℃ 深冷组织（SEM）

深冷处理时应避免铸件受到热冲击。铸件热处理后必须先冷至室温后再放入低温罐。深冷前不要进行低温回火或以热水清洗零件，以防奥氏体稳定化。处理后，铸件降到室温时应即擦去表面结霜，并及时低温回火以消除应力。如未达到预期硬度，可再进行一次高温处理，760 ~ 790℃保温 8h，并继之以回火。

11.10.4 镍铬合金白口铸铁的应用

KmTBNi4Cr2 铸铁耐磨性虽好，但是韧性较差。通常只用于耐磨而不承受严重冲击的零件。如矿山的排渣管、螺旋输送机叶片和衬板、选料机导向管等零件。KmTBNi4Cr2 - DT 铸铁是低碳低铬型镍铬白口铸铁。较高的基体硬度补偿了碳化物量少导致的硬度下降。抗冲击和抗磨能力优于 KmTBNi4Cr2 - GT 铸铁，可用于湿式球磨机衬板、杂质泵叶轮、锤式破碎机挡板等中等冲击载荷零件。厚大、形状复杂的抗磨件如辊式磨煤机辊套，大型杂质泵壳体和叶轮、重型球磨机衬板等厚壁耐磨件，应采用 KmTBCr9Ni5 铸铁。

参 考 文 献

[1] Rivlin V G. International Metals Reviews[J], 1984, 29(4): 299 ~ 327.

[2] 马日特雷伊 F, 尤色格里奥 - 南诺特 R. 影响铬和铬钼白口铸铁组织的因素[M]. 朱文高译. 沈阳铸造研究所, 1988(内部资料).

[3] 郝石坚. 高铬耐磨铸铁[M]. 北京：煤炭工业出版社，1993.

[4] Maratray F, Poulalion . Austenite Retention in High Cr White Iron[J]. AFS Trans, 1982: 795 ~ 804.

[5] Benz R, Elliott J F, Chipman J. Metall Trans[J], 1974(5): 2235 ~ 2240.

[6] Dodd J, Parks J L. Factors Affecting the Production and Performance of Thick Section High Chromium-Molybdenum Alloy Iron Castings-Part 1[J], AFS International Cast Metals Journal, Sep. 1980: 47 ~ 54.

[7] Dawson J V. FIBF. Vanadium in cast iron[J]. The British Foundryman. Sep. 1983: 134 ~ 149.

[8] Klein S E. Effects of Alloy Additions on Hardenability of 12.5% Chromium White Cast Irons[R]. Report of Climax Molybdenum Company.（内部资料）.

[9] 郝石坚. 有关高铬耐磨铸铁磨球的几个问题[J]. 机械工程材料，1996(5): 41 ~ 47.

[10] Pattyn R L. Heat Treatment of High Cr White Iron[J]. AFS Trans. 1993: 161 ~ 167.

12 可 锻 铸 铁

可锻铸铁是由白口铸铁胚料经过高温石墨化退火或脱碳退火制成。石墨化退火使白口铸坯中的渗碳体全部分解并产生团絮状石墨，其基体组织取决于热处理规范。生成铁素体基体的可锻铸铁断面呈黑色，称为黑心可锻铸铁或铁素体可锻铸铁。生成珠光体基体的可锻铸铁断面呈银灰色，称为珠光体可锻铸铁。脱碳退火在氧化性介质中进行，渗碳体分解后，同时发生脱碳。脱碳部分已不存在石墨。这种可锻铸铁称为白心可锻铸铁。

可锻铸铁具有良好的强度和塑性以及低温抗冲击能力，耐磨性和减振性优于铸钢。常用于管件，以及汽车、拖拉机、农机具等的薄壁铸件。

12.1 黑心可锻铸铁组织的形成

可锻铸铁胚料组织包含渗碳体和珠光体。渗碳体共晶一般为蜂窝状、层片状，少数呈无特定形状的粗大机械混合物形态。

可锻铸铁组织在退火过程中形成。铸件加热到稍高于亚稳共析转变温度，珠光体开始分解，铁素体溶入较多碳而呈过饱和状态。温度上升，奥氏体开始在铁素体与珠光体界面上的低硅区形核和生长，渗碳体加速分解。在石墨化退火温度下，一方面奥氏体中各元素浓度趋于均匀；另一方面，过饱和碳向附近的空位扩散。碳的聚集和石墨形成首先需要形核位置。晶界和晶体缺陷上的空位以及显微空穴等高能位置适于接纳碳原子，石墨得以在这些位置上形核。

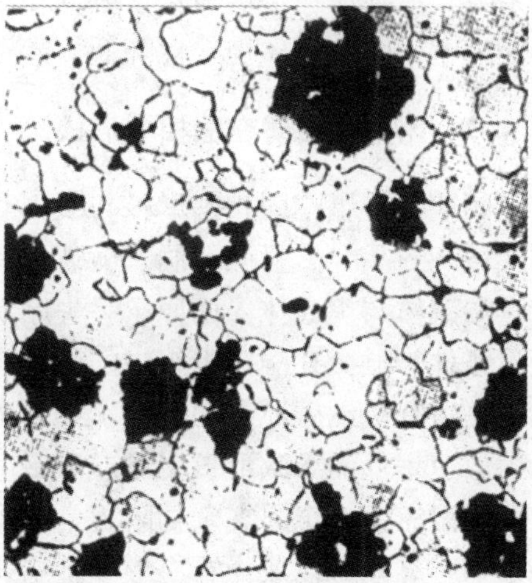

图 12-1　团絮状石墨

在高温石墨化退火温度保持一定时间后，团絮状石墨基本形成(图 12-1)。制取黑心可锻铸铁，随后降温到共析转变温度范围保温，进行低温石墨化退火，获得铁素体基体组织。

12.1.1 渗碳体分解

渗碳体是热力学亚稳定相，其稳定性随温度提高而下降。渗碳体分解是由亚稳定相转变为稳定相的初始阶段。图 12-2 表明了渗碳体转变为稳定相(石墨)的热力学条件。温度为 T_1 时，成分为 $w(C)$ 的白口铸坯中，渗碳体与奥氏体界面成分为 $w(Ca)$，碳在界面的化学位为 $\mu^{C}_{\gamma-Fe_3C}$，而石墨与奥氏体界面成分为 $w(C_b)$，碳在此界面的化学位为 $\mu^{C}_{\gamma-G}$。碳在两个界面的化学位差驱动下，从渗碳体－奥氏体界面析出。析出的碳原子使奥氏体处于过饱和状态，而石墨结晶核心附近奥氏体碳浓度较低，如此便产生了浓度差，碳原子将在奥氏体内沿化学位降低的方向由渗碳体－奥氏体界面扩散到石墨－奥氏体界面上的石墨形核位置，团絮状石

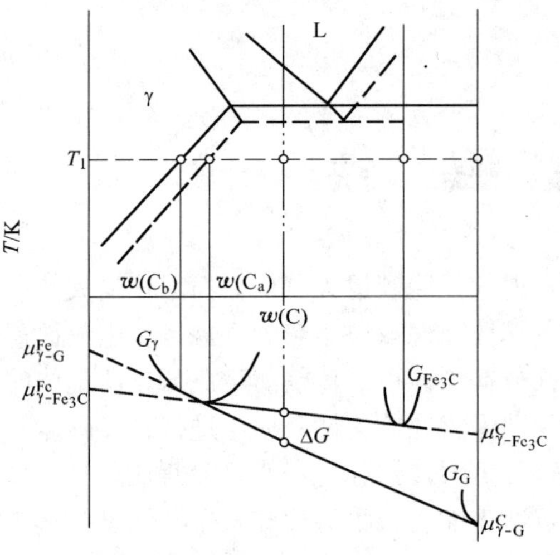

图 12-2 渗碳体分解的热力学条件

墨得以生长。

渗碳体分解速率随分解时间而变化的规律可由下列动力学方程式表达：

$$y = 1 - \exp\left(-\frac{t}{k}\right)^n \qquad (12\text{-}1)$$

$$\frac{dy}{dx} = \frac{n}{k^n}(1 - y)t^{n-1} \qquad (12\text{-}2)$$

式中 y——t 时间的分解百分数；

k——速度常数，为温度函数，与合金性质有关；

n——取决于形核条件和析出物形状的常数，对渗碳体分解为石墨＋奥氏体而言，取 $n=4.0$。

由式(12-1)看，速度常数对渗碳体分解速度有重要影响。k 值的高低实质上是反映渗碳体分解后原子扩散能力的大小，它是随温度而按指数规律变化的：

$$\frac{1}{k} = k_T = k_C\exp\left(-\frac{Q_C}{RT}\right) \qquad (12\text{-}3)$$

式中，Q_C 为碳原子扩散激活能，其值约为 11.2kJ/mol，小于渗碳体在奥氏体中溶解激活能(31.2kJ/mol)；R 为气体常数；T 为绝对温度；k_C 是与渗碳体稳定性有关并受温度影响的系数。渗碳体稳定性与化学成分和转变条件密切相关。由式(12-3)可知，温度升高，激活能减小，则渗碳体稳定性降低，渗碳体转变速率提高。

12.1.2 团絮状石墨在固相中形核

团絮状石墨在固相中形核与凝固时石墨在液相中形核机制不同。固相形核位置是在高能区域——晶界、显微孔洞、微裂口、非金属夹杂物周围等原子失序或错配度高的部位。

渗碳体与奥氏体界面原子呈失序状态，有很多空位。这些空位具有接受碳原子的良好能量条件。显微孔洞、组织中的微裂口以及铸件预淬火在马氏体断面或周边产生的显微裂纹都是适宜接纳碳原子的位置。如果碳原子扩散到这些孔隙内表面，形核时不会因铁原子自扩散速率低而导致形核困难或滞后。

可锻铸铁中金属夹杂物附近常常出现石墨形核位置。热力学计算可以说明，即使这些夹杂物中有些可以成为石墨形核基质，但是在退火温度下还不能使石墨在其上形成石墨核心。这是因为铁原子自扩散速率低，产生很大的制约作用。在其他位置形成石墨核心之后，铁原子仍不能充分扩散。杂质附近形核的主要原因在于它们的线胀系数远小于铁的线胀系数，在退火加热过程中，杂质与其周围金属发生显微尺度分离，并在奥氏体中产生位错或空位聚集，成为接纳碳原子的合适位置。生产实践表明，在石墨化退火前先进行低温预处理(300～500℃，保温 4～5h；或 750℃，保温 1～2h)，有助于缩短石墨化过程并增加石墨数目。目前已有许多工厂将低温预处理纳入正常生产的工艺规程。

对石墨化开始阶段石墨分布状态的检测观察证实，石墨初始生长位置均在奥氏体与渗碳体的相界上或奥氏体晶粒内。尚未溶解的渗碳体内没有发现即使是微小的石墨。产生这种现象的原因，一是渗碳体不能提供接纳碳原子的空位或空位群；另外，石墨热容远大于渗碳体热容，如果石墨在渗碳体内形核和生长，必然遇到很大的阻力，这种阻力限制了石墨在渗碳体内的形成。

由以上所述，可以判断石墨在固相内的形核过程。石墨在固相内形核，首先是碳原子在退火温度下直接进入晶体结构中的空穴及空穴群，这些位置有足够的能量保持碳原子的就位和聚集。但是这些空位群并不能使所接纳的碳原子都成为石墨核心，只有那些在空间位置上接近石墨结构而且有足够聚合能量的碳原子群才可能发展成为石墨核心。有关可锻铸铁内石墨形核的机制，还有待进一步研究。

12.1.3 石墨的生长

石墨生长有赖于大量碳原子扩散到有效核心位置。由于碳原子沿奥氏体晶界扩散的扩散激活能低于晶内扩散，所以相当多的碳原子是沿晶界移动的。碳原子总扩散量在相同时间内是大于渗碳体分解产生的碳原子质量，因而碳原子扩散速率不是石墨生长的控制因素。

石墨生长的制约因素是铁原子和硅原子的自扩散。由图 12-2 可以看出，铁在石墨－奥氏体界面的化学位高于渗碳体-奥氏体界面的化学位，铁原子趋于向碳原子扩散的相反方向迁移(降低化学位)，即进行自扩散。硅原子也以相同方向扩散。碳原子在奥氏体界面扩散的激活能约 11.2kJ/mol。铁原子和硅原子在石墨-奥氏体界面上自扩散的激活能分别为 29.6kJ/mol 和 22.4kJ/mol。这表明，在相同温度下，铁原子和硅原子的自扩散速率低于碳原子的扩散速率。这种原子移位滞后现象必然导致石墨生长空间不足，碳原子堆聚，减缓石墨形成。

如果在扩散方向上存在较多空位或有位错运动，会促进铁、碳原子的扩散活动。这些晶体缺陷可能存在于相界、亚晶界、孔穴表面以及渗碳体向奥氏体转化过程中因体积收缩而产生晶体缺陷的部位。位错攀移和滑移也能为原子扩散提供空穴流。

在扫描电镜下研究可锻铸铁中团状石墨三维形貌及其结构，发现这种石墨中包含着许多呈辐射状生长的石墨单晶体。晶体具有六方晶格，晶格 c 轴处于由心部向外辐射方向，球体表面的晶面为(0001)面，类似球状石墨结构。但是单晶体处于松散的聚集状态。团状石墨表面似乎是在不稳定生长过程中形成，一部分晶体曾沿团状石墨表面移动。即使比较完整的团状石墨，表面也遍布高度不同、形状各异的刺状生长物，内部则存在基体金属，充填不完整的石墨单晶体之间的空隙。这些金属是在石墨形成过程中由未能扩散出去的铁、硅原子所构成。

可锻铸铁中也可能存在一些絮状石墨。絮状石墨的形态更为松散，没有沿一个核心呈辐射状生长的痕迹，晶体位向似乎是随机变化的，表面十分粗糙。可以看出，由于奥氏体内可为铁原子提供扩散机会的晶体缺陷分布不均匀。铁、硅原子在不同方向上的扩散速率很不相同，没有给石墨生长提供均匀有效的空间。未能及时充分扩散的微区，成为石墨生长的障碍，从而导致石墨生长方向和位向的随机性，形成絮状石墨。也存在着一种可能性，即金属中存在着一些干扰石墨正常生长的微量元素。这些异类原子吸附在石墨生长台阶上，使石墨生长模式变化。即使存在这种机制，也难以完全说明石墨生长方向频繁变化的原因。

除了前面提到的增加空位数量的措施(预先低温处理、预淬火等)外，石墨化退火前预先冷变形也能使位错和空位数量增加，并能有效地启动奥氏体内位错攀移和滑移。位错攀移和滑移区内，铁、硅原子自扩散速率显著提高。此外，适当提高石墨化退火温度、降低原子扩散激活能也能起到相似作用。

12.1.4 基体组织

经过高温石墨化处理，渗碳体分解后的铸件一般是在720～750℃开始保温，进行低温石墨化处理，以获得铁素体基体。保温一定时间后，铁素体首先出现在奥氏体晶界上，此时将产生奥氏体-石墨和奥氏体-铁素体两组界面。奥氏体铁素体界面邻近的奥氏体碳浓度大于奥氏体-石墨界面附近的碳浓度。碳原子便通过奥氏体向奥氏体-石墨界面扩散。当此界面附近处于碳过饱和状态后，碳原子析出并附着在已有的石墨上，一直到过饱和碳原子耗尽而不再附着在石墨表面为止。在此过程中，石墨被逐渐长大的铁素体层所包围，最后形成纯铁素体基体。这个过程所需时间比较长，一般为12～24h。

如果奥氏体以较快速度冷却到低于可直接分解为铁素体+石墨的温度，奥氏体转变产物将因热处理规范的不同而有所变化。冷却速度高会降低转变温度，产生珠光体或珠光体+铁素体混合组织。如果进一步保温，珠光体中的渗碳体发生石墨化或粒状化。粒状化产生渗碳体相对含量较少的粒状珠光体。

基体的组织状态是决定可锻铸铁力学性能的基本因素。正确地调整低温石墨化热处理规范以获得所需的基体组织是可锻铸铁生产中重要的技术环节。

12.2 可锻铸铁铸坯

12.2.1 可锻铸铁化学成分

可锻铸铁铸坯一般是亚共晶白口铸铁。铸坯显微组织中不含片状石墨，也不存在粗厚难以分解的初生渗碳体。

铸坯中碳和硅对可锻铸铁组织和性能产生重要作用。这两个元素都有促进石墨化作用，含量过高会使铸坯中产生片状石墨。但是从铸造性能角度看，提高碳和硅含量能改善铁水流动性，有助于避免缩松、热裂、浇不足等铸造缺陷，而且能促进石墨化退火过程中碳的析出，缩短退火时间。

碳当量应在亚共晶范围。如果铸坯 $w(\mathrm{Si})<1.0\%$，退火析出的石墨分枝少而短，形状比较圆整；超过1%以后，石墨形状变差，絮状石墨增多。此外，硅提高可锻铸铁韧性-脆性转变温度，转变温度提高的程度还与磷含量有关。为了减少硅对转变温度的影响，应该控制磷含量。$w(\mathrm{Si})<1.0\%$ 时，$w(\mathrm{P})$ 应小于0.1%；$w(\mathrm{Si})>1.0\%$ 时，$w(\mathrm{P})$ 应小于0.05%。

碳硅总量保持不变时，降低碳含量并提高硅含量能改善室温强度和韧性。

锰量不宜过高。铁素体可锻铸铁中 $w(\mathrm{Mn})$ 一般可选为0.25%～0.35%。锰和硫对可锻铸铁石墨化过程的综合影响值得注意。Rehder[1] 利用 $w(\mathrm{S})=0.205\%$ 的高硫白口铁与 $w(\mathrm{S})=0.098\%$ 的低硫白口铁制取了 $w(\mathrm{Mn})/w(\mathrm{S})$ 不同的试样，对试样进行高温石墨化及低温石墨化退火，研究 $w(Mn)/w(S)$ 对充分石墨化所需时间的影响，其结果如图 12-3 所示。高温石墨化阶段，$w(Mn)/w(S)$ 小于 1.7 ~ 2.0，则石墨化所需时间显著延长；低硫试样所需时间多于高硫试样。低温石墨化阶段，两种试样的石墨化速率对锰硫比都很敏感，而且都出现石墨化速率最高的临界锰硫比值。尤其是高硫试样，锰硫比稍偏离最低值时，退火时间急剧增加。由实验结果看，硫应保持较低含量，锰硫比为 3 ~ 4 时最为有利。另外还发现锰硫比对于退火石墨形态也有影响。如果铁水中硫含量很低，与锰充分化合后已无游离硫（或游离硫极少）时，石墨形状变坏，大部分成为絮状石墨。相反地，有少量游离硫存在时，则石墨圆整度显著提高。在扫描电子显微镜下观察可以看到部分石墨晶体沿晶格 c 轴方向优先生长的生长模式。

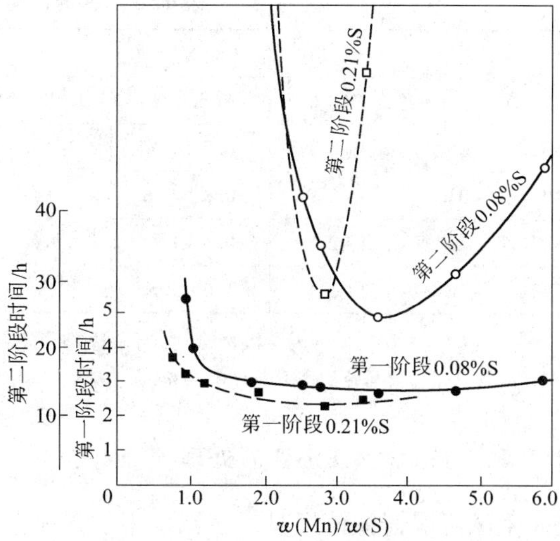

图 12-3　$w(Mn)/w(S)$ 对充分石墨化所需时间的影响

热力学表明，改变合金中某个相中的元素含量时，该相自由能随之变化，其稳定性（或分解倾向）也相应变化。图 12-4 表明，Fe_3C 中溶入稳定碳化物元素 M 后，自由能成分曲线位置降低，即 $Fe_3C_{(M)}$ 的热力学稳定提高了。如以 $w(C_2)$ 表示 $Fe_3C_{(M)}$ 与奥氏体平衡时奥氏体的碳含量，$w(C_1)$ 表示 Fe_3C 与奥氏体平衡时奥氏体的碳含量，则 $w(C_1)$ 大于 $w(C_2)$。若 $w(C_G)$ 为石墨与奥氏体平衡时奥氏体碳含量，则：

$$w(C_1) - w(C_G) > w(C_2) - w(C_G) \tag{12-4}$$

碳浓度差是碳扩散的驱动力。那么加入 M 元素后，碳由渗碳体向奥氏体扩散的驱动力减小，扩散能力和扩散趋势减弱，说明渗碳体趋于稳定。

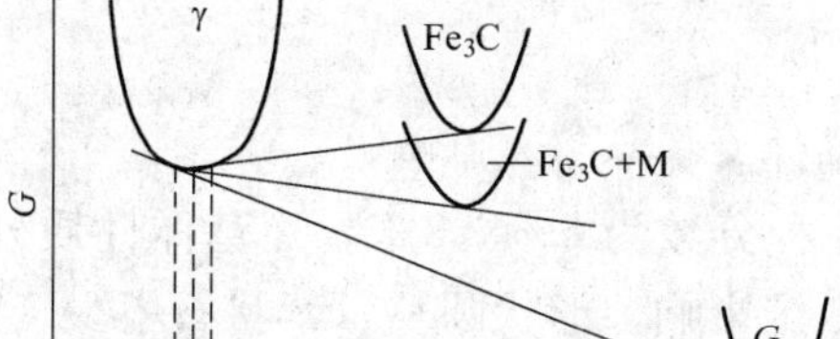

图 12-4　合金元素对碳化物稳定性的影响

铬、钼、钒等元素都有稳定渗碳体的作用，相当于上述的 M 元素。在可锻铸铁坯中含有少量铬（例如 0.06%），即能显示出阻碍渗碳体分解的作用。当 $w(Cr)$ 达到 0.15%，莱氏体中的渗碳体显著粗化，呈条束状，即使以加倍的高温保温时间来处理也很难将其全部消除。钼、钒、钨等元素都有类似作用。

相反地，一些石墨化元素，例如硅、镍、铜，溶入奥氏体后提高奥氏体自由能，渗碳体与奥氏体平衡时奥氏体的碳浓度降低，提高了渗碳体中碳原子向奥氏体扩散的热力学驱动力，使渗碳体分解的趋势增强，促进石墨化。

上述内容表明可锻铸铁的成分选择十分重要。黑心锻铸铁的化学成分范围列于表 12-1。至于具体铸件则需结合铸件壁厚、可锻铸铁类型和牌号选定。

表 12-1 铁素体可锻铸铁化学成分

牌号	不孕育处理			铝－铋复合孕育处理		
	w(C)/%	w(Si)/%	w(Mn)/%	w(C)/%	w(Si)/%	w(Mn)/%
KTH300－06	2.7～3.1	0.7～1.1	0.3～0.6	2.75～2.95	1.25～1.45	0.35～0.65
KTH330－08	2.5～2.9	0.8～1.2		2.65～2.85	1.35～1.55	
KTH350－10	2.4～2.8	0.9～1.4		2.45～2.65	1.45～1.65	
KTH370－12	2.2～2.5	1.0～1.5		2.35～2.55	1.55～1.75	

注：w(P)＜0.10%，w(S)＜0.15%，对于厚壁件，碳、硅含量均宜选取下限成分。
锰含量保持与硫化合后尚有 0.20%。

12.2.2 可锻铸铁铸坯变质处理

生产可锻铸铁铸坯时，在铁水中加入一些白口铸铁变质剂，可以保证在碳当量较高条件下，获得纯白口组织。

变质剂通常是由碲、铋、硼、铝、稀土等元素组成。

碲能进入渗碳体晶格取代部分碳原子，是强烈反石墨化元素。铸坯中 w(Te)＝0.0005%～0.001%即能有效提高铁水共晶过冷度，防止麻口组织出现。碲含量合适时，不影响可锻铸铁的铸造性能和退火过程中的石墨化，但残留 w(Te)＞0.003%时，其稳定碳化物的作用足以使退火时间显著加长。铋是可锻铸铁生产中常用元素，与碲有相似作用，也有抑制粗大板条状渗碳体生成的效果。加入 w(Bi)＝0.006%～0.020%时，能促进莱氏体细化，缩短高温石墨化时间。硼与铁水中的氮化合成为 BN。这种化合物，熔点很高，可能成为石墨形核基质。硼与铋复合加入铁水，既能抑制铸坯中出现石墨，又能促进退火石墨形成。当 w(B)＝0.0015%～0.0030%、w(Bi)＝0.005%～0.012%时，退火时间显著缩短，团状石墨比较圆整，力学性能提高。铝(0.015%～0.020%)＋铋(0.01%)或铝(0.010%)＋铋(0.010%)＋硼(0.001%)都是效果显著的白口铸铁复合变质剂。

12.3 可锻铸铁的组织与力学性能

黑心可锻铸铁金相组织为团絮状石墨＋铁素体基体。

w(C)＝2.2%～2.7%的黑心可锻铸铁中石墨体积分数为6%～8%。除基体性质外，团絮状石墨的形状、尺寸、数量对其力学性能都有一定影响。形状圆整、絮状石墨少，则强度和塑性提高。我国国家标准《可锻铸铁件》(GB/T 9440—1988)规定了黑心可锻铸铁和珠光体可锻铸铁力学性能，见表 12-2。

KTH370－12 可锻铸铁要求石墨大部分呈团球状，团絮状石墨少于15%，不允许有枝晶石墨。KTH350－10 可锻铸铁的絮状石墨应少于15%，也不允许存在枝晶石墨。

高温石墨化退火温度过高(例如超过980℃)，石墨分枝显著增加，絮状化明显。孕育剂加入量过多(例如，加 w(Bi)＞0.01%，加 w(Al)＞0.01%)都会使石墨形状变差，易于产生带有方向性的成串分布石墨。

石墨尺寸对黑心可锻铸铁强度和塑韧性有影响。在数量相同情况下，石墨尺寸小则强度和塑韧性提高。w(C)由2%增加到3.2%，抗拉强度由380MPa下降到320MPa左右；伸长率由16%下降到8%。

表12-2 国标中黑心可锻铸铁和珠光体可锻铸铁力学性能指标

牌号		试样直径/mm	抗拉强度/MPa	屈服强度/MPa	伸长率δ/% ($L_0=3d$)	硬度HB
A	B		不小于			
KTH300-06		12或15	300		6	≤150
	KTH330-08		330		8	
KTH350-10			350	200	10	
	KTH370-12		370		12	
KTZ450-06			450	270	6	150~200
KTZ550-04			550	340	4	180~230
KTZ650-02			650	430	2	210~260
KTZ700-02			700	530	2	240~290

注：KTH及KTZ分别代表黑心可锻铸铁及珠光体可锻铸铁。

溶于铁素体硅含量低于1.6%时，强度随硅含量增加而提高。但硅量过高，石墨出现较多分枝或呈蠕虫状，导致强度下降并提高回火脆性倾向和韧脆转变温度。

图12-5显示两铸造厂生产的数百炉黑心可锻铸铁力学性能试验结果[2]。

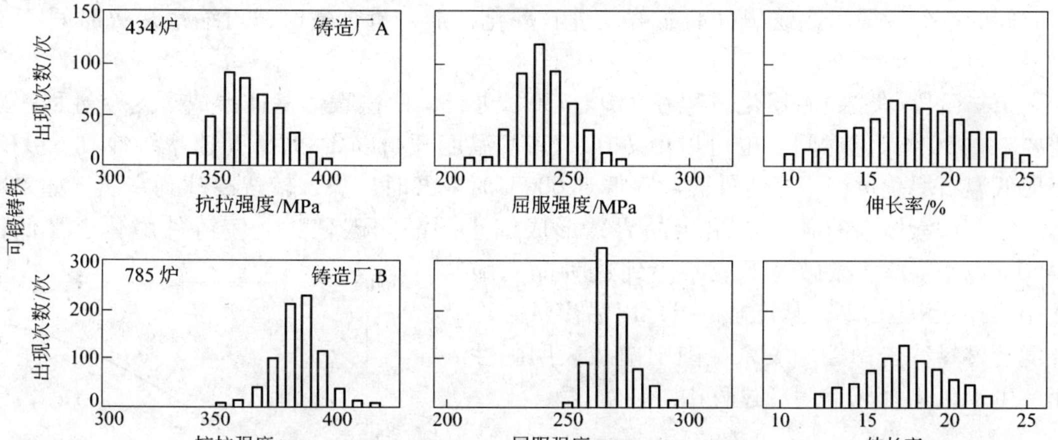

图12-5 两铸造厂生产的牌号32510黑心可锻铸铁力学性能

黑心可锻铸铁弹性模量大于铁素体球墨铸铁，其拉伸、压缩、扭转弹性模量分别为170GPa、150~170GPa、65~75GPa。光滑试样(无缺口)对称弯曲疲劳极限约为170~200MPa，高于正火钢、QT450-10和QT700-2球墨铸铁。冲击疲劳强度示于图12-6，图中虚线表示开始产生裂纹的冲击次数。可以看出，黑心可锻铸铁的冲击疲劳强度低于珠光体可锻铸铁，其差距随珠光体含量的增加而扩大。

除具有良好的塑韧性外，黑心可锻铸铁的可切削性优于灰铸铁和易切削钢。在大气中、水和海水中的抗蚀性也优于灰铸铁和碳钢，应用比较广泛。国内外生产的可锻铸铁中，黑心可锻铸铁占绝大多数。

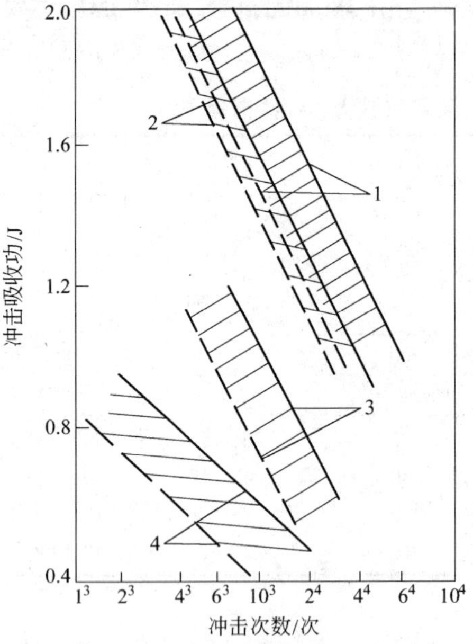

图 12-6 几种可锻铸铁的冲击吸收功
1—粒状珠光体；2—片状珠光体；3—铁素体+珠光体；4—铁素体

12.4 石墨化退火

黑心可锻铸铁石墨化退火过程如图 12-7 所示。铸铁在低温（350℃）下缓慢升温及保温（400℃，保温 4～5h），其目的是创造更多石墨形核位置。保温时间与石墨核心数目的关系示于图 12-8。石墨核心数目增加可以减少碳在退火过程中的扩散距离，缩短退火时间，还能增加石墨数目，减小石墨尺寸，改善力学性能。

高温石墨化退火温度一般为 920～960℃。厚大件选 940～960℃，薄小件选 920～940℃。退火温度不应超过 980℃，否则容易产生絮状石墨，影响力学性能并导致变形或严重脱碳。高温保温时间取决于铸件壁厚和成分、退火温度、锰硫比、是否孕育处理及预处理等因素。少量铬和一些碳化物形成元素显著延长退火所需时间，而且能使石墨形状恶化、增加残留渗碳体量，应严格限制这些元素含量。变质处理和预处理是缩短退火时间的有效手段。铝铋孕育剂显著促进石墨化，加入量合适时，可缩短退火时间 15% 以上。

第二阶段（低温）石墨化过程在 710～730℃进行，使铁素体基体形成。这个过程一般需要 20～30h 保温时间。也可以由 740～760℃温度开始以 3～5℃/h 速率缓冷到 650℃，完成低温石墨化过程。当铸件温度降低到 600℃时应及时出炉，较快冷却到室温。如果冷却缓慢，铁素体中的碳会析出于晶界，形成细小的晶间碳化物，使铸件脆化。在低倍（450×以下）光学显微镜下观察不到这种晶间脆性相的存在。图 12-9 为低温石墨化以后出炉空冷温度与材料冲击韧性的关系。图中虚线表明脆性相产生于 200～550℃缓冷过程中。

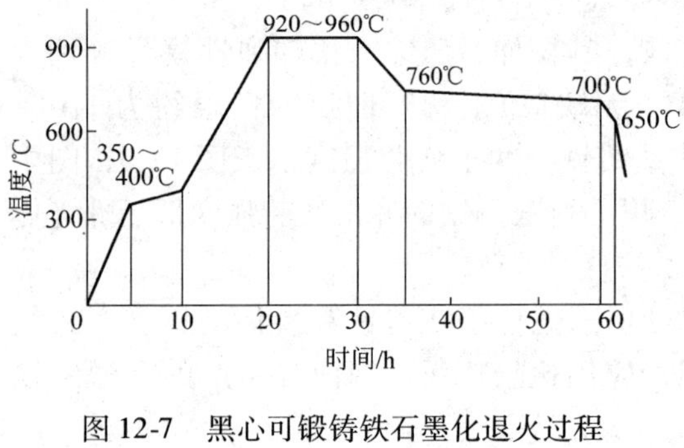

图 12-7 黑心可锻铸铁石墨化退火过程

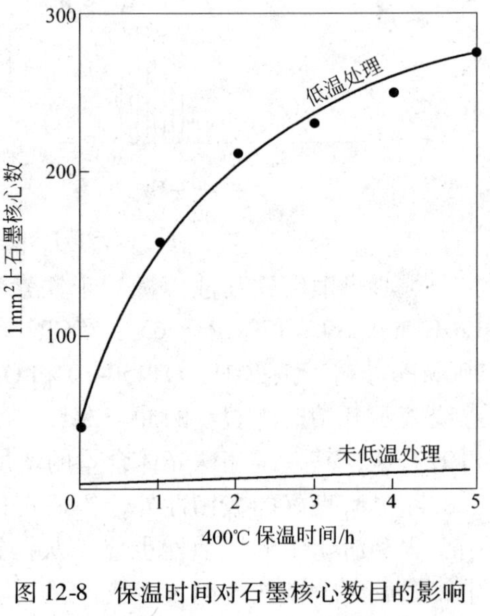

图 12-8 保温时间对石墨核心数目的影响

12.5 珠光体可锻铸铁

珠光体可锻铸铁的基体组织为珠光体或珠光体+少量铁素体。化学成分与黑心可锻铸铁没有很大差别，只是 $w(Mn)$ 稍高，一般为0.40%～0.65%或 $1.7\times w(S)+0.35\%$。较厚铸件中可以添加稳定珠光体元素，如铜（$w(Cu)<0.5\%$）、锡（$w(Sn)<0.1\%$），以确保珠光体组织生成。

珠光体可锻铸铁基本力学性能已列入表12-2。改变热处理规范，力学性能随显微组织的变化而变化。珠光体可锻铸铁弹性模量高于铁素体可锻铸铁。疲劳极限约为其抗拉强度的40%～50%。索氏体基体可锻铸铁疲劳极限高于铁素体球墨铸铁。

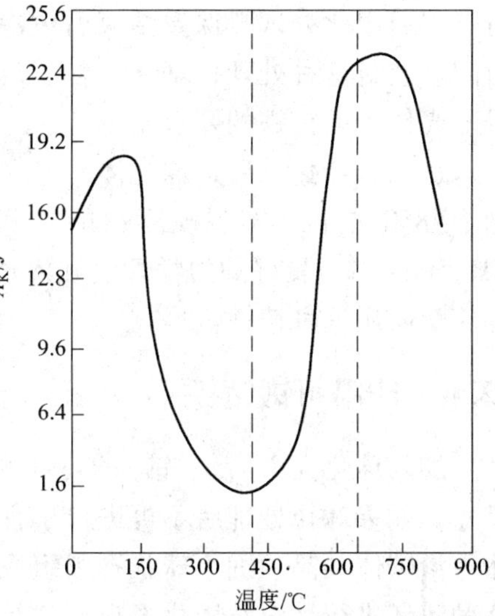

图12-9 石墨化退火出炉温度与冲击韧性的关系

制造珠光体可锻铸铁，有几种热处理规范可供选择。第一种规范是高温石墨化后强制空冷并回火的工艺。例如，铸件加热到910～960℃保温后空冷（正火），然后进行亚临界回火。正火冷却时容易出现晶间二次碳化物，降低材料的塑韧性。回火是为了消除正火产生的内部应力；或者高温保温后先冷却到840～880℃，在此温度下保温，使二次碳化物溶解。

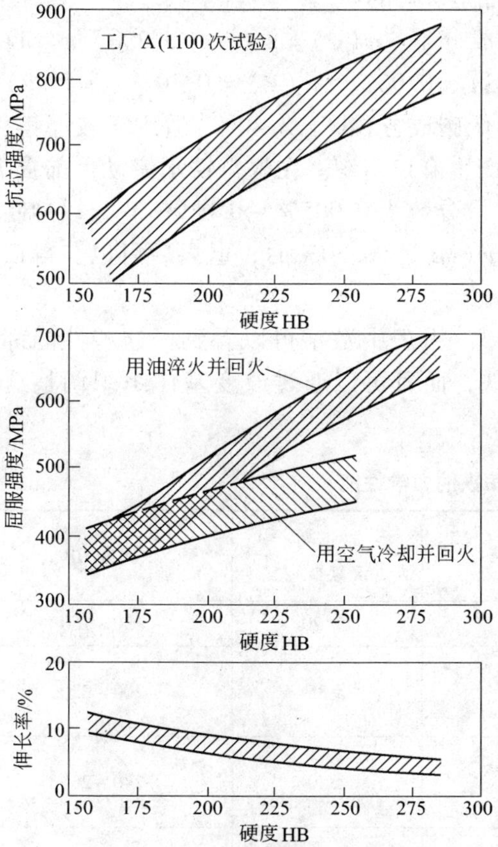

图12-10 珠光体可锻铸铁采用不同热处理工艺获得的强度与硬度

第二种热处理工艺是在910～960℃保温后在油中淬火，然后中温回火（650～660℃）。在低硬度范围，油冷与空冷得到的屈服强度相差不多。而在高硬度范围，油冷后的屈服强度显著增高。在成批生产条件下，油淬并回火后制成的可锻铸铁硬度可达到HB321，而空冷并回火后的最高硬度只有HB250左右。因此强度要求较高的珠光体可锻铸铁应采用油冷，回火温度一般在600℃以上，可根据对力学性能的要求进行调整。650℃回火后的基体组织含珠光体+索氏体+少量铁素体。可以达到珠光体可锻铸铁最高力学性能指标。

图12-10显示珠光体可锻铸铁采用两种热处理工艺获得的强度与布氏硬度的相应变化。

第三种热处理工艺是在高温石墨化退火后实行珠光体球化退火工艺：940～960℃进

行高温石墨化处理；保温结束后风冷到600～650℃；最后在中温（670～700℃）保温较长时间。经过这种处理，基体为粒状珠光体。力学性能达到KTZ450－06或KTZ550－04牌号珠光体可锻铸铁的要求。

适当合金化以后，珠光体有良好的淬透性。经过表面淬火，基体表面显微硬度可以达到HV850左右。宏观硬度也能达到HRC55～60。距表面3mm深的部位，基体硬度在HRC50左右。良好的力学性能和淬透性使珠光体可锻铸铁的应用范围显著扩大。汽车零件广泛应用这种铸铁。

12.6 球墨可锻铸铁

加入球化元素（镁、铈）的铸铁水凝固前有些球状石墨已经在结晶核心上生长到一定尺寸。如果球化处理后不再进行孕育处理时，铁水将会急剧过冷，凝固组织将由初生奥氏体、渗碳体共晶、细小球状石墨组成。铸件断面为白口。这就是球墨可锻铸铁的铸坯。将这种铸坯进行高温石墨化退火，共晶渗碳体分解，析出的碳原子扩散到已有的石墨表面，使细小的球状石墨得以长大，成为球团状石墨。球墨可锻铸铁中的球团状石墨比较圆整，很少出现絮状石墨。

与球墨铸铁相比，球墨可锻铸铁的生产过程易于控制，质量相对稳定，其退火所需时间比黑心可锻铸铁大大减少，经济上和技术上都是可行的。

球墨可锻铸铁的化学成分范围较宽，常用成分是：$w(C)=2.0\%\sim3.2\%$、$w(Si)=1.2\%\sim2.2\%$、$w(Mn)=0.1\%\sim0.6\%$、$w(S)<0.06\%$、$w(P)<0.10\%$、$w(Mg)=0.03\%\sim0.05\%$、$w(RE)=0.03\%\sim0.06\%$。低碳成分（小于2.40%）适用于较厚铸件，高碳成分则适用于薄壁小件。硅含量过高容易产生麻口组织。在保持铁水流动性前提下，应尽量降低硅含量。必要时可在铁水内加入质量分数为0.005%～0.010% Te，以抑制铸态片状石墨析出。锰含量需视基体组织而定，$w(Mn)<0.30\%$时，退火后可以获得铁素体基体。

球墨可锻铸铁的基本力学性能示于表12-3。由表中数字可以看到，这些性能都高于基体相同的黑心可锻铸铁或珠光体可锻铸铁，而且可以通过改变基体组织调整这些性能。

表12-3 球墨可锻铸铁的力学性能

基 体	抗拉强度 /MPa	伸长率 /%	冲击功（无缺口）/J	硬度HB
铁素体	380～450	≥15	≥120	130～150
珠光体（60%）+碎块状铁素体	550～720	≥8	≥85	200～220
珠光体（90%）+牛眼状铁素体	800～870	≥3	≥40	240～260
下贝氏体+少量残余奥氏体	1200～1300	≥2	≥70	HRC40

球化元素加入量与球墨铸铁相同。合适的残留含量如第 9 章所述。为抑制片状石墨，确保组织中全部为渗碳体共晶而加入的碲和铋，都是干扰球状石墨形成的元素。因此要严格限制其加入量，而且只在炉前检验发现可能产生麻口组织时，才和抗干扰的稀土元素同时加入铁水。球墨可锻铸铁高温石墨化处理温度为 920 ~ 950℃，保温时间 3 ~ 6h，厚度超过 50mm 的铸件，保温时间加长 1 ~ 2h。低温石墨化退火与黑心可锻铸铁相同，一般也在 720 ~ 750℃保温，但保温时间一般只需 4 ~ 8h，远少于其他可锻铸铁所需时间。在中等锰含量(w(Mn) = 0.30% ~ 0.50%)条件下，石墨化处理温度保温后在炉内冷却至 550℃出炉空冷，可获得珠光体 + 牛眼状铁素体基体组织。如果需要珠光体基体，则在高温保温后出炉空冷至 500 ~ 600℃，保温 1 ~ 2h(回火)，再出炉空冷。球墨可锻铸铁经过适当合金化后进行等温淬火，还可获得贝氏体(含少量残余奥氏体)基体。具有这种基体组织的球墨可锻铸铁，具有良好的强韧性。

12.7　白心可锻铸铁

白心可锻铸铁是白口铸铁铸坯脱碳退火后的产物。渗碳体在退火温度下发生分解，析出的碳在氧化性介质(炉气氛)中氧化成 CO 和 CO_2 而脱离铸坯。氧化反应只在铸坯近表层进行，因此由外表到心部形成碳浓度梯度。碳不断由内部向表面扩散，氧化反应也不断进行。经过较长时间退火后，小于 6mm 薄壁铸件近表层具有铁素体，内部则为珠光体。基本上没有石墨存在。厚壁铸件心部除有珠光体组织外还有少量团絮状石墨及未分解的渗碳体。

白心可锻铸铁适用于小型薄壁铸件，其韧塑性良好。由于表层无石墨，铸件焊接性能好。此外，白心可锻铸铁允许有较高碳含量，可以在冲天炉内熔炼。它的不足之处在于不宜应用于较厚铸件，而且退火周期长，能源消耗量大。

白心可锻铸铁化学成分范围是：w(C) = 2.8% ~ 3.4%、w(Si) = 0.70% ~ 1.10%、w(Mn) = 0.40% ~ 0.70%、w(P) ≤ 0.10%、w(S) ≤ 0.20%。抗拉强度 350 ~ 450MPa，伸长率在 4% ~ 12%之间。力学性能因铸件壁薄厚不同而有差异。较薄铸件抗拉强度较低，而伸长率则较高。

脱碳退火可以采用固体氧化介质或气体氧化介质。常用的固体氧化介质是赤铁矿或锻轧氧化铁皮。为了防止铸件和这些氧化介质黏合，通常是将它们与建筑用砂混合后与铸件一起分层装入退火罐。退火加热温度为 950 ~ 1050℃，厚壁铸件选上限温度。保温时间一般在 100 ~ 120h。保温后以小于 20℃/h 速度缓慢冷却到 650℃，然后出炉空冷。脱碳退火后，铸件 w(C)降低到 0.5% ~ 1.0%。

气相脱碳介质是空气。但单纯利用空气中的氧直接脱碳效率较低，脱碳过程比较缓慢。为了加快脱碳反应，可向炉内输入水蒸气。水蒸气与碳发生 $H_2O + C = H_2 + CO$ 反应。氢又使 FeO 还原，减少铁的氧化。为了使脱氧反应迅速进行，同时尽量减少铁的氧化，控制炉内气氛是重要的。适宜的炉内气相组成是 CO/CO_2 体积比为 3，H_2/H_2O 体积比大于 1.33。采用箱式电炉退火时，通常是使空气通过约 90℃的热水槽，使饱和水蒸气通入密闭的炉中。调节水温可使水蒸气浓度发生变化，从而控制 H_2/H_2O 体积比。

采用气相介质脱碳退火的退火温度为 980 ~ 1000℃；高温保温时间因铸件壁厚而定；

6～7mm 厚铸件的保温时间为 36h 左右。与固相介质中退火的保温时间相比，保温时间显著缩短，退火温度提高到 1050℃，保温时间还可缩短 5%～10%。

参 考 文 献

[1] Rehder J E. AFS Trans[J], 1948(56): 138.
[2] 美国金属学会. 金属手册(第 1 卷)[M]. 9 版. 北京：机械工业出版社，1988.

13 耐 蚀 铸 铁

13.1 金属腐蚀

金属表面与其所接触的环境介质相互作用而产生的物理化学损伤现象称为金属腐蚀。这一过程是基于金属由元素状态到离子状态的改变。转变是放热反应，体系自由能减少。因此，金属腐蚀属于自发的损伤过程。在自然界中，金属腐蚀现象十分普遍。是导致金属零件失效的重要原因之一。

金属腐蚀过程和腐蚀样式很多，机理比较复杂。通常，根据腐蚀过程特点，将金属腐蚀分为化学腐蚀和电化学腐蚀。在同一场合，可以是单一过程产生腐蚀现象，也可以是两种过程同时产生腐蚀现象。

金属表面与非电解质(干燥气体、高温气体、非电解质溶液)之间由于纯化学反应造成的金属损伤属于化学腐蚀。在此过程中，金属与氧化剂之间在不同化学位驱动下直接产生电子传递，没有电流产生。金属在大气中的高温氧化，钢铁锻轧时产生氧化皮，金属在液态有机物(如石油、酒精)中的腐蚀都属于化学腐蚀。

金属表面与电解质发生电化学反应而产生的金属损伤称为电化学腐蚀。这是一种比较普遍的腐蚀形式。金属在大气、海水、土壤以及在各种电解质溶液中发生的腐蚀，都属于电化学腐蚀。金属与电解质接触是发生电化学腐蚀的前提条件。当合金放置于潮湿空气中，通过表面吸附作用，合金表面产生一层很薄的水膜。水膜直接电离成的 H^+ 离子和 OH^- 离子以及水中溶解的二氧化碳、二氧化硫等物质产生的 H^+ 离子($CO_2 + H_2O = H_2CO_3 = H^+ + HCO_3^-$)均存在于水中，使水膜成为电解质溶液，导致金属在潮湿空气中发生电化学腐蚀。

金属或合金中总是存在一些电极电位❶不同的相和杂质，成为具有不同极性的电极。金属元素的电子在电位不同的电极间发生转移。有电子流入的一极为阴极，阴极上进行还原反应。失去电子的一极为阳极，阳极进行氧化反应。这一类氧化-还原反应释放的化学能直接转变为电能，在极性不同的物相间构成原电池。作为阳极的物相失去电子成为正离子而溶解，导致物质流失，形成电化学腐蚀。

13.2 金属耐蚀性

金属耐蚀性能是根据金属在某种腐蚀介质中经历一定时间后因腐蚀而失去的金属量来评定的。这是一个在特定的腐蚀介质中和特定的腐蚀环境下获得的表达腐蚀速率的试验

---

❶ 电极电位不是直接测定单个电极和与其接触的电解质之间的电位差而确定。确定的方法是：测定某一电极与标准氢电极所组成的原电池的电动势，由于认定标准氢电极的电极电位为零，从而就可以确定一些电极对(如 Fe^{2+}/Fe)的标准电极电位。

数据。

我们在选用耐蚀材料时，可在有关手册或相关文献中查阅这些数据。腐蚀速率数据一般以两种单位表示，一种以减失金属重量表示，例如以 $g/(dm^2 \cdot a)$ 为单位；另一种以试件表层腐蚀深度表示，单位为 mm/a。表 13-1 列出以腐蚀深度为准评定的金属耐蚀性等级。

表 13-1 以腐蚀深度为准评定的金属耐蚀性等级

耐蚀性类别	腐蚀率/$mm \cdot a^{-1}$	耐蚀性等级	耐蚀性类别	腐蚀率/$mm \cdot a^{-1}$	耐蚀性等级
非常耐蚀	<0.001	1	耐蚀性一般	0.1~0.5	6
耐蚀性优良	0.001~0.005	2		0.5~1.0	7
	0.005~0.01	3	耐蚀性较差	1.0~5.0	8
耐蚀性良好	0.01~0.05	4		5.0~10.0	9
	0.05~0.1	5	不耐蚀	>10.0	10

耐蚀件使用者根据技术要求选择不同等级的铸件。要求在大修周期内零件需基本保持原有尺寸精度时，选用 1~3 级铸件；密封防渗或较长时间不便更换的零件按 2~5 级选用；要求不高，易于更换的零件选用 4~7 级铸件；8~10 级不宜在腐蚀环境下长期使用。

13.3 铸铁的腐蚀

在大气、水和土壤中，铸铁比碳钢有较好的抗腐蚀能力。由不断发掘出来的古代铸铁物品可知人类应用铸铁已有几千年历史。图 13-1 为山西蒲州唐代黄河蒲津渡遗址出土的用于锚定浮桥的铁牛、铁人、铁柱等物，历经千余年河水、土壤、大气侵蚀，至今仍清楚地保留着原来形貌。其中一个原因是铸铁中含有一些硅，表面氧化产物是氧化铁和硅酸铁的混合物，这种氧化物致密而坚固，包覆着整个铸铁件表面，减缓或抑制铸铁进一步氧化。

铸铁的腐蚀失效，大多数源于电化学腐蚀。图 13-2 示意地表明灰铸铁组织中 α 铁素体与石墨两相间发生的电化学腐蚀过程。

α 铁素体与石墨都与表面的腐蚀介质接触，具有各自的电极电位，构成了产生腐蚀作用的原电池。石墨的电极电位为 +0.37V，非合金的 α 铁素体电极电位为 -0.44V。在 pH

图 13-1 山西蒲州出土的铁牛、铁人、铁柱

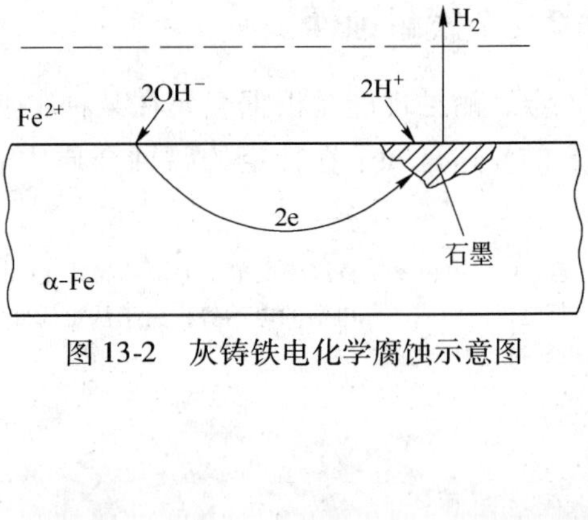

图 13-2 灰铸铁电化学腐蚀示意图

值较低的腐蚀介质中，石墨相对于α铁素体，成为腐蚀电池的阴极，α铁素体成为阳极。在α铁素体上发生的反应为氧化反应，此反应使α铁素体失去电子，形成的Fe^{2+}离子进入腐蚀介质。电子则流向石墨(阴极)。H^+离子在石墨上与电子结合，成为氢气，从腐蚀介质中逸出。介质中的Fe^{2+}离子和OH^-离子结合，生成$Fe(OH)_2$，附着在铸铁表面。两个电极区的反应，分别以离子式表示：

阳极区：α铁失去电子。Fe^{2+}离子与OH^-离子结合成为可与金属分离的$Fe(OH)_2$，即：

$$Fe = Fe^{2+} + 2e$$

$$Fe^{2+} + 2OH^- = Fe(OH)_2$$

阴极区：石墨区接受电子，与H^+结合，产生氢气，逸出腐蚀区，即：

$$2H^+ + 2e = H_2\uparrow$$

阳极区反应所生成的$Fe(OH)_2$随后在空气中被氧化为$Fe(OH)_3$。$Fe(OH)_3$及其脱水产物Fe_2O_3是构成铁锈的主要成分。

阳极区铁的离子化并通过电子转移而使基体中的铁减失，造成灰铸铁析氢型电化学腐蚀。

铸铁中的石墨能够导电，但是它的电极电位代数值大于铁，在腐蚀电池中，与铁相比，不易失去电子。对于各种腐蚀介质来说，它都是惰性的。因此，灰铸铁中的石墨不会遭受电化学腐蚀损伤。如果电化学过程发生后，石墨没有因冲刷等原因散失，而是沉积在铸件表面，将在表面上形成一个网络状的表面层，这个表面层中除了含有其他耐蚀物质外，还含有一些腐蚀产物。这个表面层的组成物以石墨为主，致使铸件表面呈现灰黑色。根据腐蚀介质的性质，这个石墨表层既可促进腐蚀加快进行，也可能延缓腐蚀过程。如果腐蚀介质pH值低，石墨对铁是强阴极，可加速基体腐蚀。但当石墨层中所含的耐蚀物质和腐蚀产物积累到一定程度后，将在腐蚀介质与金属之间产生机械阻隔作用，并使其间电阻增大，从而延缓金属的进一步腐蚀。石墨因时间变化而对腐蚀率的影响示于图13-3[2]。

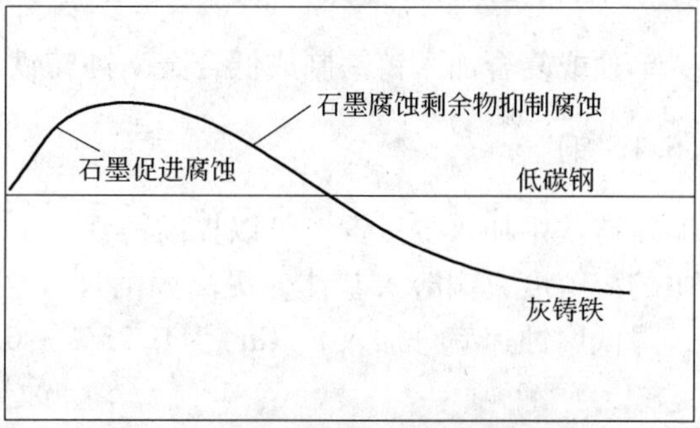

图13-3 灰铸铁中石墨对腐蚀率的影响随时间而变化

单纯石墨在铸件表面沉积使腐蚀率逐渐增加。而当残余耐腐蚀物和腐蚀产物逐渐增加后，腐蚀逐渐减缓。当石墨层形成并牢固黏附于铸件表面后，腐蚀率进一步下降，乃至低于低碳钢的腐蚀速率。

铸铁中的另一个高碳相——渗碳体，也与铁素体构成腐蚀电池。根据两者电极电位的比较，铁素体仍然是阳极。成为领先的被腐蚀相。观察片状珠光体的腐蚀过程时，可以看到片状铁素体首先受到腐蚀的显微形貌。

在多相合金中，构成腐蚀电池的两个相之间的界面面积直接影响电化学腐蚀速率。界面面积增大(例如，珠光体组织的层片间距减小)则腐蚀率提高。材料抗腐蚀能力相应减弱。对于非合金铸铁，减少石墨数量和石墨与基体之间的界面面积也能减少腐蚀电池数量和腐蚀范围，而且腐蚀介质较难通过石墨渗入铸件内部。在基体相同、石墨含量相同情况下，球墨铸铁抗蚀能力优于灰铸铁。

13.4 耐蚀铸铁

在铸铁中添加合金元素是提高铸铁抗腐蚀能力的主要方法。加入较少合金元素的耐蚀铸铁，制造成本低，基本上不改变铸铁良好的铸造性能和可切削性，主要用于在大气、水(包括海水)、土壤以及腐蚀性轻微溶液中工作的零件。但是对一些强腐蚀介质的抗蚀能力有限。在特定腐蚀环境下抵抗较强腐蚀的耐蚀铸铁，则需要加入大量合金元素，称为高合金耐蚀铸铁。

铸铁中的合金元素，一般是通过以下作用提高铸铁耐蚀性。

(1)铸件表面产生致密坚实、高温下组织稳定、可覆盖铸件整个表面，而且膜体线胀系数十分接近铸件本体的保护膜，抑制或减少外界腐蚀介质侵入而伤害铸件。膜体常以铬、铝、硅等元素的氧化物(Cr_2O_3、Al_2O_3、SiO_2)为主体形成的复合化合物。

(2)阻滞金属离子化过程。促使阳极电位强烈向正方向移动，提高阳极电位(极化)。或促使阴极电位朝负方向移动，从而降低腐蚀电池电动势，减小腐蚀电流，延缓腐蚀进程，使铸铁耐蚀性增强。

(3)使铸铁具有高度稳定较易钝化的基体，如高硅、高铬铁素体基体，含铬高镍奥氏体基体。这些基体基本上都是单相组织，有较强的抗电化学腐蚀能力。

除了添加合金元素外，通过对净化铁水，减少夹杂物；实行高温固溶处理，促使可能成为阴极的析出物固溶；或抑制碳化物析出都能减少腐蚀电极面积，有利于提高耐蚀性。

13.5 低合金耐蚀铸铁

单独或复合加入铸铁制成低合金耐蚀铸铁的元素通常有铜、镍、铬等。

13.5.1 铜

在铸铁中加入少量铜，可以提高铸铁在一些较弱腐蚀介质中的耐蚀性。加入量低于在铁中的溶解度，铜溶入基体，提高固溶体在腐蚀介质中的阳极电位，有助于促进基体钝化，降低腐蚀速率。加入 $w(Cu)$ 为 0.25% ~0.40%，可以有效地减少铸铁在大气中的腐蚀量。含 $w(Cu)\approx 1\%$ 的铜铸铁能提高其在海水、硝酸和盐酸中的抗蚀能力。图 13-4 为含铜铸铁与灰铸铁在海水中腐蚀率随时间的变化[1]。

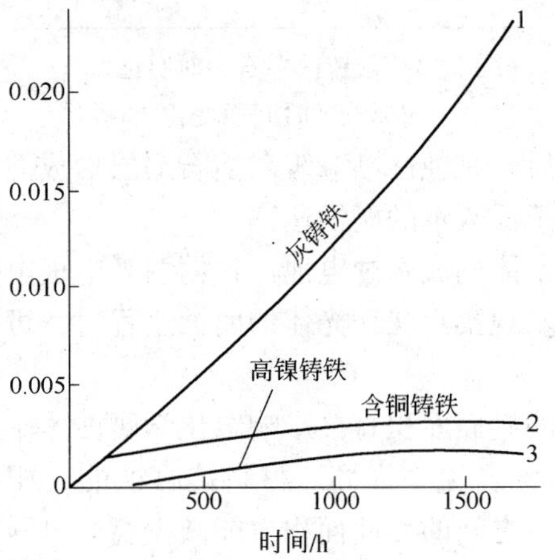

图 13-4 含铜铸铁与普通灰铸铁在海水中腐蚀率随时间的变化

加入铜也能有效地抵抗重油的腐蚀。铜铸铁可用以制造采油和重油输送装置的零件。

铜与锑(或锡)同时加入铸铁，能更显著提高零件在大气、海水、硫酸中的抗蚀能力。铜锑合金耐蚀铸铁化学成分范围是：$w(C)$ = 2.5% ~ 3.5%、$w(Si)$ = 1.4% ~ 2.0%、$w(Mn)$ = 0.6% ~ 1.0%、$w(Cu)$ = 0.4% ~ 1.5%、$w(Sb)$ = 0.1% ~0.4%(或 $w(Sn)$ = 0.4% ~1.0%)。

13.5.2 镍

在铸铁中加入少量镍能够有效地提高基体的热力学稳定性。促使电位较负金属由易腐蚀的活性状态转变为钝性状态。另外，镍促进表面保护膜生成。这种膜有良好的黏附性和致密度。

低镍铸铁也是一种良好的耐蚀铸铁。$w(C)=2.5\%\sim3.2\%$、$w(Si)=1.0\%\sim2.5\%$、$w(Mn)=0.6\%\sim1.0\%$、$w(Ni)=2.0\%\sim4.0\%$的铸铁，在碱、盐溶液中耐蚀性优良。如果低碳铸铁中$w(Ni)=1.5\%$、$w(Cr)=1.0\%$，可以制成耐碱液腐蚀效果很佳的耐蚀铸铁。这种铸铁通常称为耐碱铸铁。在制碱工业中广泛应用。

13.5.3 铬

铬并不能有效地提高铸铁基体的热力学稳定性。但是，固溶入基体中的铬能改善铸铁的钝化性能(钝化电流小、钝化电位范围宽)。在氧化性介质中，$w(Cr)<1\%$即能使铸件表面形成牢固、致密氧化膜，提高耐蚀能力。

$w(Cr)<1.0\%$的铸铁可用于铸造耐受天然水、海水、小于0.1mol/L浓度的硝酸、盐酸、醋酸腐蚀的铸件。$w(Cr)=1\%\sim2\%$的铸铁在海水中的腐蚀率只有非合金铸铁和球墨铸铁的一半左右。

13.5.4 铝

铝的化学性质很活泼。少量铝即能在铸件表面形成致密、对腐蚀介质阻断能力很强的保护膜。但是铝的氧化物容易混入铸件产生夹杂物，影响铸件质量。

13.6 高合金耐蚀铸铁

高合金耐蚀铸铁根据主加合金元素而分类。通常应用的高合金耐蚀铸铁有：

(1)高硅耐蚀铸铁。$w(Si)$一般为$14\%\sim18\%$。主要用于耐酸铸件。

(2)高镍奥氏体耐蚀铸铁。$w(Ni)=14\%\sim32\%$，主要用于耐碱腐蚀的零件，对于酸溶液也有一定抗蚀能力。

(3)高铬耐蚀铸铁。$w(Cr)$一般为$15\%\sim30\%$，也称高铬耐蚀铸铁。耐蚀性良好，而且抗氧化、抗磨损。

(4)高铝耐蚀铸铁。

13.7 高硅耐蚀铸铁

高硅耐蚀铸铁是优良的耐蚀合金。这种铸铁对于大多数腐蚀介质，例如硫酸、硝酸、磷酸、醋酸、铬酸等都具有良好的抗蚀能力。它在这些介质中的腐蚀速率，大约只有碳钢的1%左右，因此常常成为许多抗腐蚀铸件的首选材料。广泛用于高腐蚀性液体生产及输送设备。例如硫酸、硝酸制造设备、化肥和纺织设备、石油提炼设备。

图13-5为铁硅二元相图。硅在α相区中的溶解度极限为18.5%。在α相区的成分范围内，硅原子置换晶格中的铁原子。含硅量增加时，即有Fe-Si型金属间化合物形成，这些金属间化合物是FeSi(ε相，$w(Si)=33.44\%$)、Fe_2Si(ξ相，$w(Si)=55.68\%$)、Fe_3Si_2

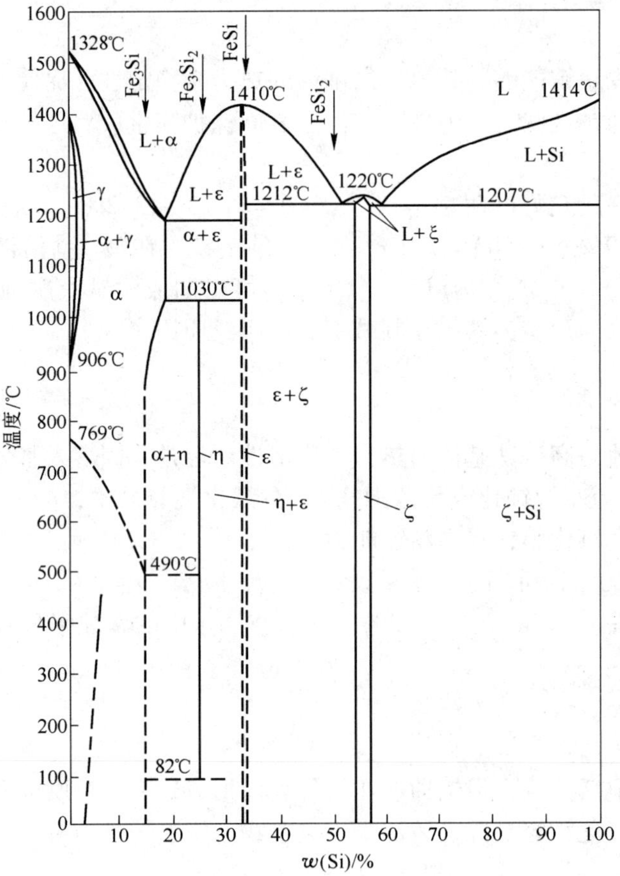

图 13-5　铁硅二元相图

（η 相，w(Si) =25.09%）。FeSi 和 Fe_2Si 分别进入三个共晶，三个共晶点的成分和温度分别是：20% Si 为 1195℃；51% Si 为 1212℃；58% Si 为 1207℃。Fe_3Si_2（η 相）是合金在缓慢冷却条件下，在 1030℃时由 FeSi 转变形成并析出于含硅量最高的 α 固溶体中。合金由 1030℃下降到 800℃的温度范围内硅在铁中的溶解度逐渐减少，达到约 15%。

w(Si) <14.5% 的 Fe-Si 合金中，晶格常数的减小与硅含量的增加呈正比。w(Si)超过 14.5%时，晶格常数基本上不再受硅含量的影响。这可能是因为有新相形成，或者是当达到临界含量时，新相可能转变为 α 固溶体。

图 13-6 是 Fe-C-Si 三元相图的 w(Si) = 16% 截面。其中包含 L(液相)、L + α、G(石墨) + L、α + G + L、α + G、α 等几个相区(未标出冷却过程中析出的 Fe_3Si_2)。共晶点 w(C)是 0.74%，共晶点温度 1180℃。

在 Fe-C-Si 合金系中，所有 w(Si) >16%、w(C) >0.04% 的合金，在室温下都具有富硅 α 铁素体 + 石墨 + Fe_3Si_2 金属间化合物的显微组织。合金凝固和冷却速度不影响 Fe-C-Si 合金的相组成，但是会影响合金的晶粒尺寸和石墨的分布。快速冷凝会使晶粒细化，石墨尺寸也趋于减小。

典型的 w(Si) = 15%、w(C) = 0.85% 的高硅耐蚀铸铁金相组织如图 13-7 所示(此图中未显示金属间化合物相)。

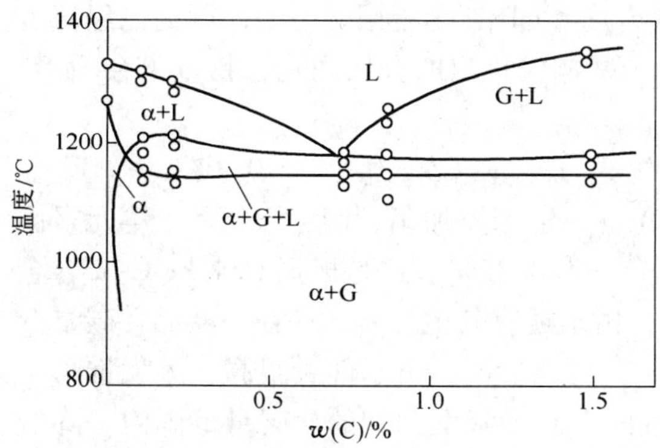

图 13-6 Fe-C-Si 三元相图的 $w(\mathrm{Si})=16\%$ 截面

图 13-7 $w(\mathrm{Si})=15\%$、$w(\mathrm{C})=0.85\%$ 高硅耐蚀铸铁金相组织

13.7.1 高硅耐蚀铸铁的化学成分

表 13-2 是我国国家标准(GB/T8491—1987)中所列的几种高硅耐蚀铸铁的化学成分和力学性能。通常应用得比较多的是前两种，即 STSi15R 和 STSi17R。这两种铸铁的 $w(\mathrm{Si})$ 在 14% ~18% 范围内。选择这么高的硅含量主要是因为硅能改变铸铁表面保护膜的质量。这种保护膜的存在是使铸铁件具有抵抗介质腐蚀能力的关键因素。当 $w(\mathrm{Si})<14\%$ 时，形成以氧化铁为主体的保护膜，耐蚀性能由氧化铁膜控制。而当 $w(\mathrm{Si})>14\%$ 时，形成以 SiO_2 为主体的致密保护膜。SiO_2 膜体的阳极区域易于钝化，提高电极电位，从而使铸件在硫酸、硝酸、醋酸、磷酸、铬酸以及低于 30℃ 的各种浓度的盐酸中都显示优良的抗腐蚀能力。

表 13-2 高硅铸铁的化学成分和力学性能(GB/T8491—1987)

牌 号	化学成分/%									σ_w/MPa	f/mm	HRC
	C	Si	Mn	P	S	Cr	Cu	Mo	R			
STSi15R	<1.00	14.25 ~ 15.75	<0.50	<0.10	<0.10	—	—	—	<0.10	>140	>0.66	<48
STSi17R	<0.8	16.00 ~ 18.00	<0.50	<0.10	<0.10	—	—	—	<0.10	>130	>0.66	<48
STSi11Cu2CrR	<1.2	10.00 ~ 12.00	<0.50	<0.10	<0.10	0.60 ~ 0.80	1.80 ~ 2.20	—	<0.10	>190	>0.8	<42
STSi15Mo3R	<0.90	14.25 ~ 15.75	<0.50	<0.10	<0.10	—		3.00 ~ 4.00	<0.10	>130	>0.66	<48
STSi15Cr4R	<1.40	14.25 ~ 15.75	<0.50	<0.10	<0.10	4.00 ~ 5.00	—	—	<0.10	>130	—	<48

在 $w(Si)$ 为 14% ~18% 范围内，含硅量增加不但有利于保护膜钝化，还使铁素体电极电位提高，铸铁抗腐蚀能力增强。高硅铸铁 $w(Si)$ 应以 18% 为上限，主要是因为已经接近了硅在 α 铁素体中的溶解度极限。超过此极限，基体中析出的金属间化合物量也会增多，材料脆性相应增加，而耐蚀性能不会进一步改善。

STSi15R 高硅耐蚀铸铁通常采用的主要化学成分是 $w(C) = 0.5\% \sim 0.8\%$，$w(Si) = 14\% \sim 16\%$，并考虑腐蚀介质种类和零件工作条件，适当添加钼、铜、铬、稀土等元素。

图 13-6 表明，当 $w(Si)$ 为 16% 时，共晶 $w(C)$ 为 0.74%。这是根据对纯 Fe-C-Si 合金测定而得出的数据。工业上使用的高硅铸铁中，由于还有其他元素的存在，共晶含碳量会有些变化，$w(Si)$ 大致范围是在 0.70% ~0.85%。可以看出，由于硅量很高，大大推移了 Fe-C-Si 合金的共晶成分。使铁素体-石墨共晶点的含碳量降低到钢的含碳量范围内。降低含硅量，共晶含碳量则会提高。例如 STSi15R 的共晶 $w(C) \approx 0.90\% \sim 0.95\%$。

高硅耐蚀铸铁含碳量应根据要求的含硅量而定，使之成为共晶成分或近共晶成分。共晶成分铁水流动性较好，浇注温度低，凝固温度间隔小，易于浇注薄壁铸件。过共晶铁水虽能保持接近共晶铁水的流动性，但有初生石墨出现，石墨呈粗片状。粗大石墨对于铸铁的抗蚀能力有不良影响。一般铸件都不宜采用过共晶成分。推荐采用近(亚)共晶成分，但也不宜选用过低的含碳量，以避免铸件出现缩孔、缩裂或使流动性显著降低。

在表 13-2 中所列的五种高硅耐蚀铸铁中均含有少量($w(RE) \leqslant 0.10\%$)稀土元素。通常是在熔铸高硅铸铁时在铁水中加入质量分数为 0.25% 左右的稀土合金(国内通常使用稀土硅铁合金)，使铸件中残留小于 0.10% 的混合稀土元素。含有稀土元素的高硅铸铁抗腐蚀能力有所提高。可能归因于稀土元素强化了 SiO_2 保护膜的强韧性并改善了膜体与铸件表面之间的黏着牢度。稀土元素还有助于改善铁水流动性，降低铸件产生缩松倾向，减少铸件的气体含量，消除铸件气孔。

13.7.2 高硅耐蚀铸铁耐蚀性能

高硅耐蚀铸铁在磷酸、醋酸、各种有机酸(乳酸、蚁酸等)以及酸性盐溶液中均有较好的抗腐蚀能力。但是在苛性碱、氢氟酸、氟化物、硫酸中抗腐蚀能力较差。例如在浓度为 34%、90℃的苛性钠中腐蚀速率为 0.1443mm/a。在 27 ~38℃无水氟化氢中的腐蚀速率为 1.143mm/a。

高硅铸铁对这些腐蚀介质的抗蚀能力差的原因，可能与铸件表面 SiO_2 保护膜被破坏或与某些离子(如氯离子)透过有关。上述腐蚀介质与 SiO_2 保护膜发生以下反应：

$$SiO_2 + 2NaOH = Na_2SiO_3 + H_2O$$

$$SiO_2 + 4HF = SiF_4 \uparrow + 2H_2O$$

反应使已经形成钝化膜体的 SiO_2 被溶解，反应产物进入腐蚀介质。膜体失去保护作用，导致腐蚀率显著增加。

STSi15R 和 STSi17R 这是两种常用的高硅耐蚀铸铁，其 $w(Si)$ 分别为 15% 和 17%。图 13-8 和图 13-9 分别为 STSi15 高硅耐蚀铸铁在硫酸和硝酸中的等蚀曲线[1]。

影响耐蚀零件腐蚀速率的因素很多。零件材料和组成相性质当然是主要因素，腐蚀介质的种类、浓度和温度也是决定腐蚀速率的重要因素。为了表明这些因素对腐蚀速率的影响，通常需要测定各种抗腐蚀材料在各种腐蚀介质中的腐蚀情况，绘制腐蚀图或等腐蚀曲线，供使用者参考。图中的曲线将材料的腐蚀速率划分为不同的区域。工业应用上可根据抗蚀零件的技术要求大致判断在某一工作温度下，各种浓度的腐蚀介质所导致的腐蚀速率是否能够满足要求。

由图 13-8 所示的 STSi15 高硅耐蚀铸铁与硫酸相作用的等蚀曲线可以看出：这种材料在硫酸中的腐蚀速率（mm/a）有以下趋势：（1）硫酸浓度对低腐蚀速率（小于 0.1mm/a）的相应温度有非线性影响。30% 浓度硫酸的低腐蚀速率温度约在 60 ~ 70℃，低于其他浓度的相应温度。也就是说，低于或高于此浓度时都能在较高的工作温度下获得低腐蚀速率。高浓度的影响更为明显。（2）硫酸沸点曲线与高硅铸件等蚀曲线在 60% 硫酸浓度处相重合。表明在硫酸溶液中在沸点温度下，高硅铸铁对浓度超过 60% 的硫酸能表现出优良的抗腐蚀能力。

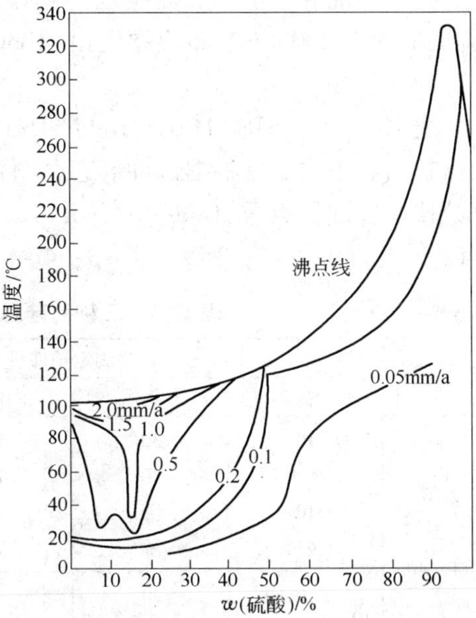

图 13-8 STSi15 高硅耐蚀铸铁在硫酸中的等蚀曲线

图 13-9 说明高硅耐蚀铸铁抵抗硝酸腐蚀的能力良好。特别是对较浓的硝酸，即使在较高温度（指硝酸沸点曲线与腐蚀图重合部分的温度）下，也能获得较低的腐蚀速率。

STSi17R 高硅铸铁的性能特点与 STSi15R 高硅铸铁相类似。只是 STSi17R 抗腐蚀能力更好一些。

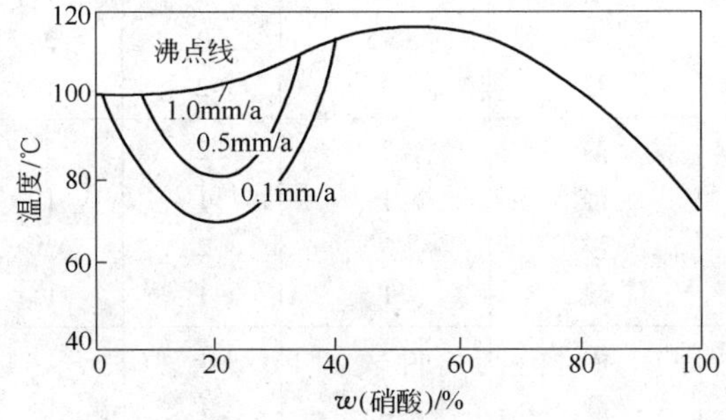

图 13-9 STSi15 高硅耐蚀铸铁在硝酸中的等蚀曲线

STSi15R 和 STSi17R 高硅铸铁的力学性能较差，例如 STSi15 的抗拉强度为 60 ~ 80MPa，抗弯强度在 140MPa 左右，弯曲挠度小于 1mm。难以承受各种冲击载荷，不宜用于承受高应力的结构件以及高速运动或经常移动的机械零件。用于制造储存腐蚀性介质的容器、输送管道、蒸馏塔等比较合适。

为了改善普通高硅铸铁既硬（HB 320 ~ 450）且脆，加工性能及韧性都比较差的缺点，出现了牌号为 STSi11CrCu2R 的高硅铸铁。这种铸铁 $w(\mathrm{Si})$ 降低到 10% ~ 12%，加入质量分数为 1.8% ~ 2.2% Cu 和 0.6% ~ 0.8% 铬，也用稀土合金处理，铸件材料的硬度可以降低到 HB270 ~ 320，抗弯强度提高到 340 ~ 450MPa，脆性和切削加工性能均有改善，可以车削、钻孔、加工螺纹。铸件用于耐硝酸（浓度不大于 46%），浓硫酸（浓度为 70% ~ 98%）等腐蚀介质等零件。

在 STSi15 高硅铸铁中加入质量分数为 6.5% ~ 8.5% Cu，可以制成高铜高硅耐蚀铸铁。这种铸铁在酸中的抗蚀能力得到显著提高，在热硫酸中效果更好。另外，抗碱液腐蚀能力、力学性能和切削加工性能也得到显著改善。与 STSi15 相比，抗拉强度由 60 ~ 80MPa 提高到 130 ~ 200MPa。布氏硬度由 HB300 ~ 400 降低到 HB255 ~ 375，铸件能够进行机械加工。

表 13-3 列出 STSi11CrCu2R 与 STSi15 及 STSi15R 高硅耐蚀铸铁在各种酸中相对耐蚀性的比较。表中数据是根据试件静态(试件与腐蚀介质无相对运动)腐蚀速率测定结果而定。腐蚀速率以试件失重计(g/(m^2 · h))。相对耐蚀性由低到高分为五个等级：1 级为小于 0.1；2 级为 0.1 ~ 1；3 级为 1 ~ 3；4 级为 3 ~ 10；5 级大于 10。

表 13-3 三种高硅耐蚀铸铁在各种酸中的相对耐蚀性

腐蚀介质	测定条件				相对耐蚀性		
	介质浓度/%	温度/℃	时间/h	形式	STSi11CrCu2R	STSi15	STSi15R
硝酸	10	30	72	静	2	1	2
	63	30	72	浸	1	1	1
	10	沸	72	浸	4	2	2
	63	沸	72	浸	3	1	1
硫酸	10	30	72	静	>5	2	2
	80	30	72	浸	1	1	1
	10	沸	72	浸	5	2	2
	80	沸	72	浸	1	1	1
盐酸	5	30	72	静	3	2	2
	30	30	72	浸	4	3	3
	5	沸	72	浸	>5	4	4
	30	沸	72	浸	>5	5	>5
磷酸	10	30	72	静	>5	2	2
	80	30	72	浸	1	1	1
	10	沸	72	浸	>5	2	2
	80	沸	72	浸	3	2	1
醋酸	40	30	72	静	3	2	2
	99.8	30	72	静	1	1	1
	40	沸	72	浸	3	2	2
	99.8	沸	72	浸	1	1	1
铬酸	10	30	72	静	2	1	1
	40	30	72	静	2	1	1
	10	沸	72	浸	3	2	2
	40	沸	72	浸	4	2	2
草酸	10	30	72	静	4	2	2
	40	30	72	静	4	2	2
	10	沸	72	浸	>5	3	2
	40	沸	72	浸	>5	2	2

STSi15Mo3R 是含钼的高硅铸铁。一般高硅耐蚀铸铁(STSi15R、STSi17R)在温度超过 30℃ 的各种浓度的盐酸中抗蚀能力差。这是因为铸件表面的 SiO_2 保护膜被加热了的盐酸溶解，失去了对铸件的保护能力，导致铸件受到强烈腐蚀。在高硅铸铁中加入质量分数为

3% ~4% Mo 后，铸件表面形成氯氧化钼（MoO_2Cl_2）钝化保护膜，提高铸铁抗氯离子的稳定性[1]。图 13-10 为 w(Mo) = 3% 的高硅耐蚀铸铁与盐酸相作用形成的等蚀曲线[1]，说明高硅耐蚀铸铁对盐酸的抗蚀能力是受工作温度和盐酸浓度所限制。室温下的盐酸对高硅耐蚀铸铁的腐蚀速率低，可以在工业上应用。但是当盐酸温度提高后，腐蚀速率显著加快。尤其是工作温度与盐酸浓度同时提高后，腐蚀速率显著提高。

图 13-11 表明钼含量对高硅耐蚀铸铁在 30% 盐酸中抗蚀能力的影响[3]。含 w(Mo) = 3% 的高硅铸铁的腐蚀率显著降低。由于这种耐蚀铸铁在氯化物溶液中具有良好的抗腐蚀作用，常被称为“抗氯铸铁”。用于制造与盐酸、氯气等腐蚀介质接触的零件。

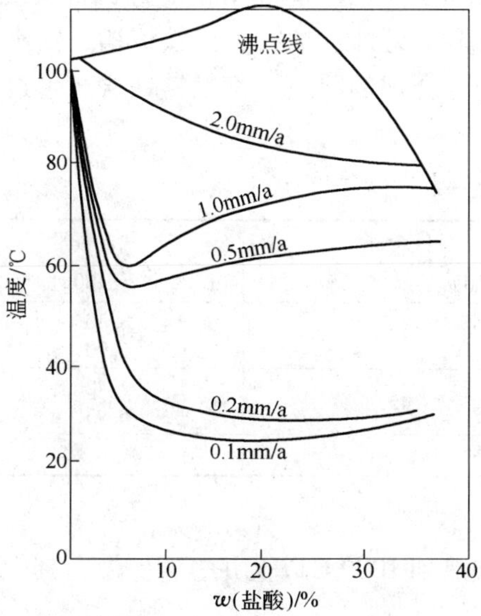

图 13-10 w(Mo) = 3% 的高硅耐蚀铸铁在盐酸中的等腐蚀率曲线

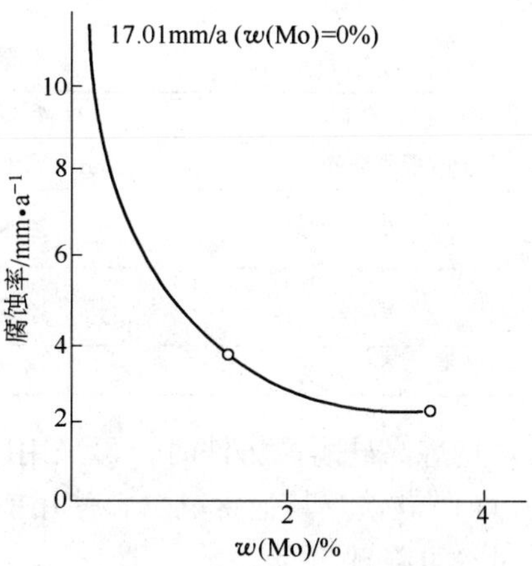

图 13-11 钼含量对高硅铸铁在 30% 盐酸中耐蚀性的影响
（试验时间 16h，4 次，有搅拌）

STSi15Cr4R 是 w(Cr) = 4% ~5% 的高硅耐蚀铸铁。铬在高硅耐蚀铸铁中有钝化腐蚀原电池电极电位的作用。加铬以后，腐蚀电流密度显著减小。钝化电位变化范围增大，提高极化率。此外，当铸件中 w(Cr) 达到 4% ~5% 时，表面保护膜强度提高，膜体增厚，能有效地改善表面膜体对铸件的保护作用。

13.7.3 高硅耐蚀铸铁件的铸造

铸件组织主要是富硅铁素体含有少量石墨。STSi15 高硅铸铁熔点为 1220℃，可在 1270 ~1320℃浇注。流动性和充型能力良好。凝固收缩率介于铸钢和铸铁之间，薄壁件可通过浇注系统直接补缩，厚壁件则需放置易于除去的冒口。影响铸件质量的主要问题是开裂倾向和气孔。

高硅铸铁的导热性能较差。STSi15 的热导率约为普通灰口铁的 1/2。此外，高硅耐蚀铸铁室温强度和高温强度也低于灰铸铁，而其线收缩率高于铸铁略低于铸钢。STSi15 的线收缩率为 1.8% ~2.5%。此收缩率与铁水含气量有关，含气量低，线收缩率增高。如果铸件厚薄不均匀，局部厚大的断面内或者内浇口过于集中的部分会与铸件的其他断面产生较大温差，铸造时容易产生裂纹。因此，高硅耐蚀铸铁件应尽量减少可能引起较大铸造应力的封闭式结构。形成较大空腔的泥芯宜采用退让性良好的型砂制造。必要时可在适当部位做出防裂铸筋。铸件壁厚应尽可能均匀，减少局部加厚部位。内外拐角均需以圆角过渡。

高硅耐蚀铸铁熔炼过程中有较高的吸氢倾向，也会吸收一些其他气体。气体包括氢(可达85%)、氮(约6%)、一氧化碳(约8%)，还有少量甲烷、二氧化碳、氧气等。如铁水除气不彻底时，无论厚壁断面或薄壁断面以及浇注系统内都会发现成片气孔。

氢主要来自炉料中的硅铁。在所有铁合金中，硅是最容易被氢饱和的，硅铁含氢量测定结果见表13-4。大体上，氢含量随硅的增加而增多。另外，炉衬、出铁流槽、铁水包未充分干燥，熔炼温度过高(超过1500℃)，没有进行合理的除气，都是铸铁含气量过高的原因。

表13-4 硅铁含氢量

硅铁含硅量(质量分数)/%	硅铁含氢量 $/cm^3 \cdot (100g)^{-1}$	硅铁含硅量(质量分数)/%	硅铁含氢量 $/cm^3 \cdot (100g)^{-1}$
93	12.88	75	8.30 6.90
97	14.20	45	7.72 6.93
95	16.30		

熔炼高硅耐蚀铸铁时，可采用以下措施除气：

(1)硅铁及其他含氢炉料使用前实行预退火。加热到1000℃以上并短暂保温，其中氢含量约可降低50%。

(2)向铁水中吹入干燥氮气。由于吹入的氮气和原有的氢在铁水中的分压不同，氢气逸入氮气泡中，并随氮气一起由铁水逸出。但是这样会使铁水温度下降较多。

(3)在感应电炉中实行二次熔炼。第一次熔炼时使用经过预退火的硅铁和干净的炉料，尽量减少带入炉中的氢与其他气体。铁水过热到接近1480℃时，开始进行吹氮脱除氢气和其他气体，待铁水冷却到接近凝固温度，浇入金属锭模。经过脱气处理和在铁水包中降温过程，大部分氢已经排除。第二次熔炼只用已经化验过的高硅铸铁锭和少量为调整成分所需的补加炉料。此时需要尽可能快速升温到1450℃，并保持铁水温度不超过此温度，以防止铁水再次吸气。

铸件浇注后，铁水中的气体可能从冒口和浇口表面逸出。铁水出炉前需观察浇入干砂型试样(ϕ30mm×120mm)内的铁水，如铁水表面平滑且下凹10mm左右为合格。表面凸起，铁水上涨，表示铁水含气量过多，不宜浇注。检测合格后，在铁水包中加入质量分数为0.10%~0.15%的稀土硅铁合金进行孕育处理。根据铸件厚度和实际浇注重量，在1260~1320℃之间选择合适的浇注温度快速浇注。

浇注后，待铸件冷却至750~800℃(红热状态)时即可开箱。简单清理后，尽快进行消减内应力处理。铸件装入已升温到750~800℃的热处理炉中，随炉升温到900~920℃，保温3~5h后，以30~50℃/h的速度冷却到450℃，最后随炉缓慢冷却到室温。

13.8 高镍奥氏体耐蚀铸铁

镍不与碳化合，而固溶于 α 铁或 γ 铁中，成为形成和稳定奥氏体的主要合金元素。铁碳镍合金组织图(图 7-14)显示，当合金的 w(C)=2.5%~3.0%范围内，w(Ni)超过约5%时即有奥氏体+贝氏体+石墨组织出现，w(Ni)达到20%左右，出现高镍奥氏体+石墨组织。

高镍奥氏体在热力学上是非常稳定的相。在某些腐蚀介质中显示良好的耐蚀性能，在高温下有优越的抵抗热损伤能力。因此，通过不同的成分组合，高镍奥氏体铸铁可以制成耐蚀铸铁，也可以制成耐热铸铁。镍与锰适当配合，还可制成无磁性铸铁。

部分高镍奥氏体铸铁对于一些腐蚀介质显示出特别优良的耐蚀性能。这是因为高镍奥氏体作为腐蚀电池阳极，其电极电位显著高于铁素体。镍也促进奥氏体基体表面产生保护性氧化膜，抑制基体金属生成离子的过程，导致阳极电位进一步提高。显著延缓金属电化学腐蚀进程。

13.8.1 化学成分、组织和力学性能

高镍奥氏体铸铁在耐热和耐腐蚀方面都有良好表现。相关标准中一般并未区分出耐热牌号和耐腐蚀牌号，统称高镍奥氏体铸铁。

13.8.1.1 化学成分

表 13-5 列出德国 DIN 1694—1981 标准中可用于耐蚀产品的高镍奥氏体铸铁化学成分(未包括无磁性铸铁)。

表 13-5 高镍奥氏体铸铁的化学成分(DIN 1694—1981)

代号 (DIN 1694—1981)	化学成分/%						抗拉强度 /MPa	硬度 HBS
	C(≤)	Si	Mn	Ni	Cr	Cu		
GGL-NiCuCr15-6-3	3.0	1.0~2.8	0.5~1.5	13.5~17.5	2.5~3.5	5.5~7.5	190~240	150~250
GGL-NiCr20-3	3.0	1.0~2.8	0.5~1.5	18.0~22.0	2.5~3.5	—	190~240	160~250
GGL-NiSiCrNb20-5-3	2.5	3.5~5.5	0.5~1.5	18.0~22.0	1.5~4.5	—	190~280	140~250
GGL-NiSiCr30-5-5	2.5	5.0~6.0	0.5~1.5	29.0~32.0	4.5~5.5	—	170~240	150~210
GGG-NiCr20-3	3.0	1.5~3.0	0.5~1.5	18.0~22.0	2.5~3.5	—	390~500	150~255
GGG-NiSiCr20-5-2	3.0	4.5~5.5	0.5~1.5	18.0~22.0	1.0~2.5	—	370~540	180~230
GGG-NiSiCr30-5-5	2.4	4.0~6.0	0.5~1.5	28.0~32.0	4.5~5.5	—	390~500	170~250

注：1. GGL 代表片状石墨铸铁，GGG 代表球状石墨铸铁。
2. P 不大于 0.08%。

表中高镍奥氏体铸铁 w(C)分为2.5%及3.5%两档，是与硅、镍、铬含量相配合使碳当量接近共晶成分，铁水流动性良好。含碳量低则石墨量减少，但有助于改善耐蚀性。球状石墨量对耐蚀性的影响较小，因此，GGG-NiSiCr20-5-2 的含硅量达到 5% 仍允许含有 3% C。

硅有提高阳极电位的作用，也参与表面保护膜的形成。当 w(Si)达到 4.5% 以上时，就会显著提高高镍奥氏体铸铁在硫酸中的耐蚀性和抗氧化性能。

高镍奥氏体铸铁中的铬，一部分溶入奥氏体，增强奥氏体稳定性，提高材料力学性能和抗蚀能力；另一部分形成含铬的碳化物，分布于基体中，可以改善抵抗固体腐蚀介质冲刷能力。铬也使保护膜得到强化，增强抗氧化能力。含铬较高的高镍奥氏体耐蚀铸铁常用于输送腐蚀介质的过流零件(叶轮、阀门)。

铜在扩大奥氏体相区、促成奥氏体基体方面与镍有近似作用。例如加入质量分数为5.5%～7.5%Cu时，$w(\text{Ni})=13.5\%\sim17.5\%$即可获得奥氏体基体。少量的铜固溶于基体中，提高奥氏体电极电位。超过溶解度极限后，以自由状态存在的铜会在铸件表面形成保护膜，阻止腐蚀介质通过石墨向内部渗透。GGL-NiCuCr15-6-3 铸铁与 GGL-NiCr20-3 铸铁相比，前者的耐蚀性显著强于后者，特别是在海水、盐酸和硝酸中的耐蚀性提高比较显著。但是为了防止铜对食品污染，食品工业设备中有些铸件是不允许含铜的。这种情况下不能采用 GGL-NiCuCr15-6-3 铸铁。

13.8.1.2 显微组织

高镍奥氏体铸铁的显微组织由石墨和高镍奥氏体组成。但是因为铸件合金中常含有铁、碳、镍之外的一些其他元素，含碳较高的高镍奥氏体铸态组织中，会含有一些细小分散碳化物。含镍量相对较低时，还会出现少量贝氏体组织。因此在使用前要经过高温固溶处理，使基体成为单一奥氏体组织。

13.8.1.3 力学性能

具有片状石墨的高镍奥氏体铸铁抗拉强度大致与中、低等级灰铸铁相当。其室温冲击吸收功在所有灰铸铁中是最高的。而高镍奥氏体球墨铸铁的抗拉强度最高可以达到400～450MPa，伸长率最高可达到15%～20%。这些数值都是其他高合金耐蚀铸铁无法达到的。因此，多数铸件采用高镍奥氏体球墨铸铁。

13.8.2 高镍奥氏体铸铁的抗蚀能力

在抵抗硫酸、硝酸、盐酸、磷酸、醋酸等酸性溶液的腐蚀方面，高镍奥氏体铸铁虽有一定能力，但并不是理想的耐蚀材料。

在室温的稀盐酸中，高镍奥氏体铸铁与普通铸铁相比较，前者的阳极电位更正，腐蚀电池的电流密度低得多。在浓度为5%室温硫酸中，高镍奥氏体铸铁的腐蚀速率约0.5mm/a。但是随温度的提高腐蚀率相应提高。对于浓硫酸以及中等程度氧化性的酸也有一定抵抗作用，但是耐蚀效果较差。

高镍奥氏体铸铁在硫酸中的应用范围与高硅耐蚀铸铁、灰铸铁的比较示于图13-12a[4]。

高镍奥氏体铸铁对硝酸腐蚀的抵抗能力与非合金灰口铸铁相差无几。因此，不推荐将这种铸铁用于硝酸腐蚀场合。

对于室温稀盐酸(浓度小于5%)，高镍奥氏体铸铁有中等的抗蚀能力。但使用温度较高时，耐蚀性低于高硅铸铁(图13-12b)。它仅可用于室温下耐稀盐酸腐蚀铸件。

高镍奥氏体铸铁抵抗诸如醋酸、柠檬酸、油酸等室温有机酸腐蚀的能力属于中等。但是当工作温度提高后，材料的腐蚀速率迅速增加。配套加入$w(\text{Si})=4.0\%\sim6.0\%$、$w(\text{Cr})=4.5\%\sim5.5\%$后，它在酸溶液中的耐蚀性能提高。

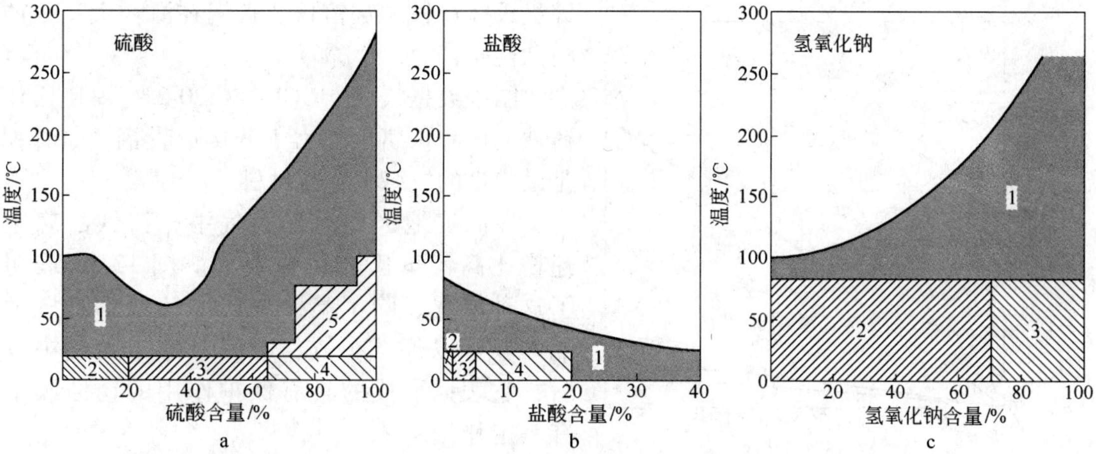

图 13-12 高镍奥氏体铸铁、高硅铸铁、灰铸铁在几种腐蚀介质中的应用比较

a—

	腐蚀速率/mm · a^{-1}
1—14.5%硅铸铁	<0.1
2—高镍奥氏体铸铁	<0.2
3—高镍奥氏体铸铁	<1.5
4—普通灰口铸铁	<0.1
5—普通灰口铸铁	0.1~1.3

b—

	腐蚀速率/mm · a^{-1}
1—14.5 硅-4.5 铬铸铁	<0.5
2—高镍奥氏体铸铁	<0.1
3—高镍奥氏体铸铁	<0.5
4—高镍奥氏体铸铁	<1.3

c—

	腐蚀速率/mm · a^{-1}
1—高镍奥氏体铸铁	<0.5
2—普通灰口铸铁	<0.3
3—普通灰口铸铁	<0.2

高镍奥氏体耐蚀铸铁是一种抗碱液腐蚀的优良材料。在工作温度接近沸点的低浓度和高浓度的碱液中，例如浓度低于50%的氢氧化钠、浓度低于75%的氢氧化钾以及氢氧化铵等，都有良好的耐蚀性。一些弱碱、强碱和一些氢氧化物对 $w(Ni) > 18\%$ 的高镍奥氏体铸铁几乎不产生腐蚀作用。但是在高浓度、加热的氢氧化物中，如果铸件应力超过70MPa时，会发生应力腐蚀，甚至导致铸件损坏。

图 13-12c 表明，高镍奥氏体耐蚀铸铁在各种浓度的氢氧化钠中有良好的抗蚀能力。

对于盐类溶液，诸如硫酸铵、碳酸铵、氯化铵、碳酸氢铵、硝酸钠、碳酸钠、氯化钠、硫代硫酸钠、亚硝酸钠、硝酸钾、碳酸钾、氯酸钾等，高镍奥氏体铸铁都有一定抗蚀能力。表 13-6 列出几种盐溶液中高镍奥氏体耐蚀铸铁的腐蚀率。

表 13-6 几种高镍奥氏体铸铁在几种盐溶液中的腐蚀率(mm/a)

铸铁类型	化肥溶液、硝酸铵、磷酸铵、氯化钾、氨水、盐浓度45%，30℃，96 天，pH 值为6.5	Ca-Mg 氯化物溶液：($CaCl_2$18%，$MgCl_2$10%，NaCl13%)(流动) 85℃，360 天，pH 值为5	NaCl：18%，$MgCl_2$：20%，溶液 79.4℃，365 天，流动
灰铸铁	60	26	—
GGL-NiCuCr15-6-3	6	3	2.5
GGL-NiCr20-3	6	3.3	—
GGL-NiSiCr30-5-5	2	1.2	1.2

航海设备中有一些长期与流动海水接触的零件。这些零件必须采用具有高度抵抗流动海水腐蚀能力的材料制造。高镍奥氏体铸铁在这种工况下应是首选材料。图 13-13 表明高

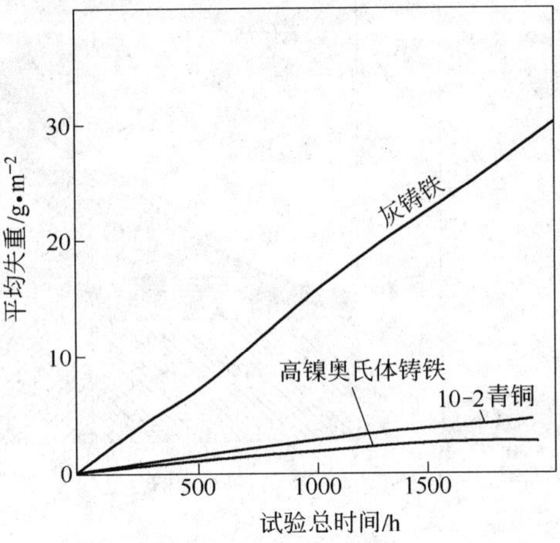

图 13-13 高镍奥氏体灰铸铁、灰铸铁、青铜在海洋大气中的腐蚀失重比较

镍奥氏体铸铁、灰铸铁、青铜在海洋大气中的耐蚀性[5]。

图中数据表明，GGL-NiCr20-2 高镍奥氏体铸铁的抗海水腐蚀能力十分接近青铜，而青铜是最优良的抗海水腐蚀材料。

在海滨地区和海洋大气中，铸铁的腐蚀速率比高镍奥氏体铸铁要大。图 13-14 表明了这种情况，除了高镍奥氏体铸铁本身抗蚀能力较好以外，在较长时间暴露于大气中以后，它表面形成的具有保护作用的锈蚀膜也有一定作用。

13.8.3 高镍奥氏体铸铁件生产工艺

高镍奥氏体铸铁的铸造性能优于高硅耐蚀铸铁。产生铸造缺陷较少，而且比较易于控制。

片状石墨高镍奥氏体铸铁的铸造收缩率大于普通灰铸铁。其线收缩率为 1.4% ~ 1.8%；凝固收缩率为 2.0% ~3.0%。收缩率的变化与浇注温度和含碳量有关。高镍奥氏体球墨铸铁的线收缩率为 1.6% ~2.2%，凝固体积收缩率为 5.0% ~6.5%，接近铸造碳钢。因此生产低碳高镍奥氏体铸铁和高镍奥氏体球墨铸铁时，其补缩系统应参照铸钢工艺设计规范进行设计，并采取铸件防裂工艺措施。

高镍奥氏体铸铁在电弧炉或感应炉中熔化。铁水应过热到 1500 ~ 1550℃。高镍奥氏体球墨铸铁应采用偏上限温度，然后以 85-15 镍镁合金或稀土镁合金在 1450 ~ 1480℃ 进行球化及孕育处理。

高镍奥氏体铸铁凝固温度较高，需要在较高温度下浇注铸件。高镍奥氏体球墨铸铁件的浇注温度范围为 1380 ~ 1400℃。薄壁件应提高到 1400 ~ 1440℃。

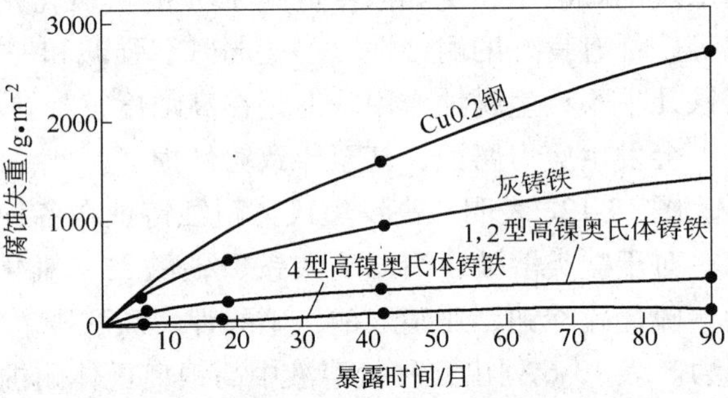

图 13-14 在海滨大气中，高镍奥氏体铸铁与普通铸铁和钢的腐蚀失重比较

高镍奥氏体铸铁的流动性良好，尤其是含 $w(C)$ 达到 3.0% 时，流动性接近铸铁。但它是在较高温度及较窄温度范围内凝固，如果浇注速度不够、浇注过程中停流、浇口断面积小，都可能导致铸件出现冷隔等缺陷。

为了防止高镍奥氏体铸铁件在高温浇注时发生粘砂，要求造型材料应有良好的耐火性。泥芯的溃散性也是重要的，特别是铸造薄壁而具有框形结构的铸件时，型砂必须有良好的退让性，以防止铸件因较大的铸造收缩量而产生开裂。可以采用树脂砂、桐油砂或合脂砂制造泥心。较厚大的泥心中间掏空或填入木屑、焦炭粒等填充料。

高镍奥氏体铸铁件和球墨铸铁件不宜在铸态下使用。应用前需要进行固溶处理以消除铸态组织中的碳化物并使奥氏体内化学成分均匀化。为此 25mm 厚零件需在 980 ~ 1100℃温度下保温 2h 后进行空冷或油冷(铸件厚度每增加 25mm 保温时间增加 1h)。固溶处理后碳化物降低至 1% 以下，能改善材料抗腐蚀能力。

高镍奥氏体铸铁消减内应力处理规范是：以不超过 150℃/h 的速度将铸件加热至 625 ~ 650℃后保温 2h，然后随炉缓慢冷却(冷速小于 50℃/h)至 200℃出炉。

13.9 高铬耐蚀铸铁

作为抗蚀材料的高铬铸铁是 $w(Cr) = 22\% \sim 34\%$ 的白口铸铁。其显微组织中含有碳化铬和铁素体(或奥氏体)基体。这种铸铁在硝酸、浓硫酸、充气盐酸、多数有机酸、碱溶液、盐溶液、海水、潮湿大气等腐蚀介质中都有良好的耐蚀性。但是在高温浓碱溶液、熔融碱及稀硫酸中抗腐蚀能力差。

由于铬的碳化物具有高于基体的电极电位，基体在腐蚀介质中仍处于阳极地位，是被腐蚀的主体。因此，高铬铸铁耐蚀性的高低在很大程度上取决于基体电位的高低。铁铬合金在稀硫酸中的电位取决于固溶体中含铬量。$w(Cr) \approx 12.5\%$ 时，电位有一个阶跃式的变化。即铬含量升高到此值时，从铁的负电位(-0.6V)跃升到铬的正电位(+0.2V)，见图 13-15。如果这种情况发生在高铬铸铁中，将会使基体的耐蚀性明显提高。对于萃取自高铬铸铁的富铬碳化物进行分析，可知碳化物中的铬大致为高铬铸铁含碳量的 10 倍左右。因此，高铬耐蚀铸铁合适的 $w(Cr)$ 应该是在 12.5% 以外再增加与碳化合所需的铬量。

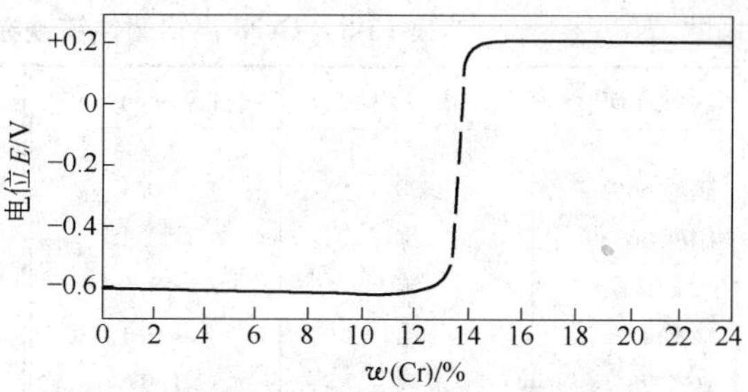

图 13-15 铁铬合金在稀硫酸中电位阶跃式变化

高铬耐蚀铸铁在氧化性腐蚀介质中，表面都会覆盖着一层质地坚韧的含硅富铬氧化膜。这层膜虽然很薄，但它能有效地阻隔腐蚀介质与铸件表面，即使铸件长期与氧化性腐蚀介质接触，也不致被溶解或大面积损坏。这也是高铬耐蚀铸铁具有良好耐蚀性的原因之一。

高铬耐蚀铸铁含铬量通常为：22%、28%、34%。铸件化学成分见表 13-7。

表 13-7 高铬耐蚀铸铁化学成分和力学性能

名称	$w(C)/\%$	$w(Si)/\%$	$w(Mn)/\%$	$w(P)/\%$	$w(S)/\%$	$w(Cr)/\%$	$w(Cu)/\%$	σ_b/MPa	σ_{bb}/MPa	HB
Cr22	0.7 ~ 1.0	0.5 ~ 1.3	0.5 ~ 0.8	≤0.1	≤0.08	21 ~ 24	1.0 ~ 1.5	—	—	—
Cr28	0.8 ~ 1.2	0.5 ~ 1.3	0.5 ~ 0.8	≤0.1	≤0.08	26 ~ 30	—	≥350	≥550	220 ~ 270
Cr34	1.5 ~ 2.0	1.3 ~ 1.7	0.5 ~ 0.8	≤0.1	≤0.08	32 ~ 36	—	≥400	≥600	250 ~ 320

应当对用于耐磨和用于耐蚀的高铬铸铁加以区别。耐磨高铬铸铁含碳量高，目的是利用其碳化物和较硬基体防止磨料的机械损伤。耐蚀高铬铸铁含碳量远低于耐磨高铬铸铁，以避免较多铬与碳化合使基体达不到其电位跃升所需含量，从而保持材料优良的耐蚀作用。

13.9.1 显微组织

显微组织为 M_7C_3 型或 $M_{23}C_6$ 型共晶碳化物 + 基体组织。基体组织类型由化学成分决定。当含碳量较低($w(C) < 1.2\%$)且稳定奥氏体元素(铜、氮等)含量少时，基体为铁素体；否则为奥氏体或奥氏体 + 铁素体混合组织，很少见到马氏体和贝氏体。出现复相组织时，应进行热处理使基体成为单相组织。

奥氏体高铬耐蚀铸铁力学性能优于铁素体高铬耐蚀铸铁，尤其是冲击韧性差别比较明显。

13.9.2 耐蚀性

耐蚀高铬铸铁在空气中、海水和矿水中，以及浓硫酸、盐酸、硝酸、磷酸、碳酸、碱液、盐溶液等腐蚀介质中的耐蚀性较好，但在熔碱、稀硫酸、高温浓碱液中不耐蚀。

Cr28 高铬铸铁在几种腐蚀介质中的腐蚀率如表 13-8 所示。

表 13-8 Cr28 高铬耐蚀铸铁在几种腐蚀介质中的腐蚀率

腐蚀介质	温度/℃	腐蚀率/mm · a^{-1}	腐蚀介质	温度/℃	腐蚀率/mm · a^{-1}
硝酸 66%	20	<0.1	硫酸 62%	20	<0.1
硝酸 66%	沸	<0.1	醋酸 10%	沸	<0.1
发烟硝酸	沸	<3.0	氢氧化钠 50%	沸	不耐蚀
磷酸 45%	沸	<0.1	硝酸铵 50%	沸	<0.1
磷酸 73%	沸	1.97	硫酸铵 50%	100	<0.1

含铬量较高的高铬铸铁(Cr28，Cr34)耐蚀性显著高于 Cr22 高铬铸铁。是常用的耐蚀高铬铸铁。

耐蚀高铬铸铁中加入质量分数为 2% ~3% Mo 可增强铸件在稀硫酸中的抗蚀能力。加入质量分数为 3% ~4% Cu 和 1% ~2% Ni 可增强在二氧化硫、氢氟酸(浓度小于 5%)中的抗蚀能力。

耐蚀高铬铸铁中含有硬质碳化物，有良好的耐磨性。应用于含有结晶物的高速流动腐蚀介质，能收到其他耐蚀铸铁难以达到的耐蚀抗磨效果。

13.9.3 工艺性

高铬耐蚀铸铁含碳量接近碳钢，但是其铸造性能却与铸铁相近。熔点比灰铸铁高约 100℃，铁水流动性较差，容易氧化。线收缩率为 1.5% ~2.0%。凝固收缩率大于灰铸铁而接近铸钢，因此铸造时应注意铸件的补缩和防止热裂产生。

高铬耐蚀铸铁件，无论基体是铁素体或是奥氏体都可以进行切削加工，制成精密零件。这是耐磨高铬铸铁和高硅耐蚀铸铁不能与之相比的。

高铬耐蚀铸铁可以铸态使用。但为改善铁素体高铬耐蚀铸铁的加工性能和耐蚀性，有必要进行退火处理。退火温度为 840 ~850℃。降温时不宜在 700 ~800℃ 和 350 ~550℃ 之间过度缓冷，以避免脆性相析出，降低材料韧性。

13.10 铝耐蚀铸铁

灰铸铁 w(Al) <6% 时，铝促进石墨形成。而含 3% ~4% 铝时，石墨化作用更为显著。当 w(Al)达到7% ~18% 范围，铸铁中出现稳定的 ε 碳化物 Fe_3AlC_x(x 约为 0.65)，该碳化物硬而脆，导致铸件断面成为白口。w(Al)提高到 22% ~24%，Fe_3AlC_x 消失，代之以细小片状石墨，铸件硬度达到可切削程度。含铝量变化对铝铸铁金相组织的影响见表 13-9。

表 13-9　含铝量和相应的铝铸铁金相组织

w(Al)/%	金相组织	w(Al)/%	金相组织
0~3.2	Fe_3C→G 过渡区 +P+F	19.7~22.7	ε→G 过渡区 +F
3.2~3.8	G+F	22.7~24.0	G+F
3.8~3.9	G+(ε+F)共析体 +F	24.0~26.0	G→Fe_3AlC_x 过渡区 +F
9.8~19.7	ε+F	>26.0	Fe_3AlC_x +F

注：G、F、P 分别代表石墨、铁素体、珠光体。

铝的化学性质非常活泼，即使少量加入铸铁，也能形成铝的氧化物。使铸件表面覆盖着一层以 Al_2O_3 为主体的致密而附着性强的复合氧化物膜，强有力地阻挡腐蚀介质渗入。这是铝铸铁具有良好耐蚀性的主要原因。

铝铸铁的铝含量通常有两个范围：w(Al)为 4% ~6%(中铝铸铁)和 18% ~25%(高铝铸铁)。中铝铸铁用于耐蚀铸件。高铝铸铁用于耐热铸件。铝耐蚀铸铁化学成分和力学性能如表 13-10 所示。

表 13-10　铝耐蚀铸铁化学成分和力学性能

名　称	w(C) /%	w(Si) /%	w(Mn) /%	w(P) /%	w(Al) /%	w(Cr) /%	抗拉强度 /MPa	抗弯强度 /MPa	挠度/mm	硬度 HRC
中铝铸铁	2.7~3.0	1.5~1.8	0.4~0.6	≤0.1	4.0~6.0	—	180~210	360~440	2~4	≤20
铝硅铸铁	2.0~2.5	4.0~6.0	0.4~0.6	≤0.1	4.0~6.0	0.7~1.0	60~150	150~330	—	26~35

碳主要以石墨形态出现。硅和铝的加入都会显著降低共晶碳含量。表中所列含碳量都低于一般灰铸铁。为了避免粗大石墨的出现，碳含量不宜超过上限。铝含量也不应超过成分范围，否则会导致 ε 相增多。

w(Al) =4% ~6% 的铝耐蚀铸铁中加入 4% ~6% 硅和少量铬，能显著提高耐蚀能力。这是因为硅溶入铁素体进一步提高了基体的阳极电位，并且增加了铸件表面保护膜的致密度和牢度，膜的保护性能得到改善。此外，铸铁硬度也会提高，抗磨能力增强，改善了在流动介质中的抗腐蚀能力，在含有结晶物质的流动介质中应用，效果显著。

铝硅铸铁的抗拉强度、抗弯强度、冲击韧性都低于中铝铸铁。不能用于承受冲击或剧烈振动的零件。表 13-10 所列铝硅铸铁具有片状石墨。如果采用铝硅球墨铸铁，力学性能将能改善。曾有工厂用铝硅球墨铸铁制造泵体阀门一类耐蚀件，效果较好。

铝耐蚀铸铁在碱性介质中有良好的耐蚀性，适用于接触碳酸氢铵母液、碳酸氢钠、碳酸钠、氯化铵等腐蚀介质的零件，但在纯氨水中不耐蚀。

铝耐蚀铸铁在几种腐蚀介质中的腐蚀数据列于表 13-11。

表 13-11 铝耐蚀铸铁在几种腐蚀介质中的腐蚀数据

腐蚀介质	温度/℃	腐蚀速率/mm · a^{-1}
联碱铵母液	40	0.0749
氯化铵 20%	<60	可用
砷碱液	<120	可用
碳酸氢铵母液	常温	0.082
碳酸氢铵母液	50 ~ 60	0.086
氢氧化钠 95 ~ 4000g/L	60 ~ 110	可用
含氯化钠 310 ~ 320g/L 的粗盐水	<60	可用

铝铸铁生产方面，通常是把铝和铁分开熔化，然后互相混合。单独熔化铝液时，合金不宜在炉内停留过长时间，也不宜频繁搅动，以减少铝的氧化。为减少在高温下铝液吸收气体，熔化时液面需覆盖熔剂。铝熔化后，用钟罩压入少量干燥的氯化锌或六氯乙烷脱气。然后将两种熔液在铁水包内混合。在 1300 ~ 1350℃ 浇注。

铝铸铁的凝固收缩率和体积收缩率都比较大，铸件的缩孔倾向和热裂倾向显著。需要注意补缩，并采取工艺上的防裂措施。

铝铸铁件应采用封闭浇注系统，并在其中加装过滤网，防止铁水中的氧化铝夹杂物流入铸件。铁水充型宜平稳，不要断流，避免卷入空气，产生铸造缺陷。

含碳高的铝铸铁中，可能出现少量碳化物。含有碳化物的铝铸铁需经 950 ~ 1050℃ 退火后使用。

参 考 文 献

[1] 黄嘉琥，吴剑．耐腐蚀铸锻材料手册[M]．北京：机械工业出版社，1991.

[2] Walton C F，Opar T J. 铸铁件手册[M]．童本行编译．北京：清华大学出版社，1990.

[3] 化工机械研究院．腐蚀与防护手册：耐蚀金属材料及防蚀技术[M]．北京：化学工业出版社，1990.

[4] 美国金属学会．金属手册(第 1 卷)[M]. 9 版．北京：机械工业出版社，1988.

[5] Mason J F，Schillmoller C M. Corrosion[J]，1959，15(4)：1871.

14 耐 热 铸 铁

应用于高温环境中的钢铁材料，经历或长或短的时间后，组织和性能会发生变化。这里所说的高温环境是指能够导致材料温度升高到300℃以上的工作环境。就铸铁而言，在300℃左右经历较长时间后，将会在低于屈服应力条件下发生低速率塑变现象(蠕变)。温度超过400℃，强度和硬度开始下降，并发生轻微氧化和热生长。部分珠光体在500℃左右开始分解为铁素体+石墨，出现热生长。铸铁在550℃时出现明显氧化(外部起皮和内部氧化)，已经不可能长时间保持原有强度和尺寸。温度再提高，性状变化更加明显，热生长量可能超过1%，强度继续下降。就一般灰铸铁件而言，工作温度达到600℃时，需要添加合金元素提高耐热性，否则难以长时间可靠地使用。

图14-1为灰铸铁和球墨铸铁性状变化的温度。图中虚线代表灰铸铁，实线代表球墨铸铁。

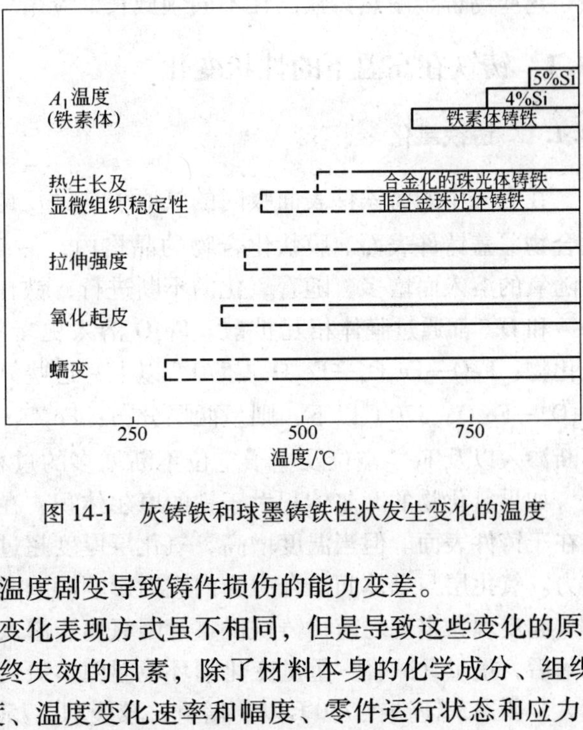

图14-1 灰铸铁和球墨铸铁性状发生变化的温度

铸铁在高温下的性状变化主要表现在以下几个方面：

(1) 氧化和热生长。表现为铸件脱碳起皮、内部氧化、重量增加、尺寸增长。

(2) 力学性能变化。表现为材料强度降低等力学性能的明显变化。

(3) 蠕变极限和持久强度下降。

(4) 热疲劳寿命缩短。表现为在一定的交变温度下，导致铸件失效的热循环次数减少。

(5) 热冲击抗力减弱。表现为抵抗温度剧变导致铸件损伤的能力变差。

对这些性状变化的研究表明，这些变化表现方式虽不相同，但是导致这些变化的原因和机制都有一些内在联系。导致零件最终失效的因素，除了材料本身的化学成分、组织、物理和力学性能外，也应考虑工作温度、温度变化速率和幅度、零件运行状态和应力状态、环境介质性质等因素的影响。这些对于制造和选用耐热铸铁都是重要的。

为了使铸铁件能在600℃以上高温环境中长期使用，通常需在其中加入合金元素改善耐热性能。合金元素单独地或几种元素综合地通过以下机制抑制铸件可能出现的热损伤：

(1) 形成氧化铁与合金元素氧化物构成的复合氧化物膜，将铸件表面与环境介质阻隔开，阻止两者之间的离子扩散，抑制铸铁的氧化。为了产生稳定的保护作用，复合氧化物膜的摩尔体积与合金铸铁本身的摩尔体积应该比较接近，膜体的摩尔体积过大时会因承受较大应力而破裂。

（2）使铸铁基体在使用温度范围内不发生相变。例如高硅铸铁具有纯铁素体基体组织。高镍铸铁的奥氏体基体在室温及工作高温下非常稳定，这样就能显著抑制铸铁热生长。

（3）在500~650℃的温度范围内使用的珠光体铸铁则希望提高珠光体保持稳定的温度，使渗碳体在较高工作温度下不发生分解，也有助于抑制在这一温度范围内铸铁的热生长。铸铁中加入硅、铬、锰或微量锡、锑都有助于达到减少热生长目的。

（4）加入的合金元素，通过固溶强化、铁素体有序化等途径，提高铸铁的高温强度、持久强度等。加入镍、硅、硅+钼等元素都能在这些方面产生作用。

经过长期探索和实践，证明以硅、铝、铬、镍分别为主加元素可以制成以下类型高合金耐热铸铁：

（1）硅系耐热铸铁；

（2）铝系耐热铸铁；

（3）铬系耐热铸铁；

（4）高镍奥氏体耐热铸铁。

这些高合金耐热铸铁已在不同领域长期应用。

14.1 铸铁在高温下的性状变化

14.1.1 铸铁氧化

在大气中的铸铁件表面吸附的氧原子与铁反应，首先生成化合物 Fe_xO。Fe_xO 呈膜状化合物覆盖铸件表面。膜状化合物的晶格内，一部分应被 Fe^{2+} 占据的结点是空着的，空位随氧的溶入而增多。随着氧化的不断进行，铁在已有的氧化膜与金属的界面上离子化。Fe^{2+} 和 O^{2-} 都通过膜体相互扩散。Fe_xO 溶入更多氧，将按下列顺序形成由低价到高价的氧化物：FeO—Fe_3O_4—Fe_2O_3。570℃以上，这些氧化物呈三层分布（由内到外）：Fe_2O_3—Fe_3O_4—Fe_xO；570℃以下，则呈两层分布：Fe_2O_3—Fe_3O_4 这个逐级转化过程实质上是 O^{2-} 不断渗入以及 Fe^{2+} 空位及电子空位不断增多的过程。这个变化过程导致氧化物层体积增大。如果氧化物的摩尔体积大于铁的摩尔体积，在膜体厚度不大的情况下，还可以稳定地存在于铸件表面。但当温度增高，氧化层厚度超过临界尺寸时，晶格重组就会产生较大内应力。氧化层与母体间结合力受内应力影响而减弱。最终两者分离，出现氧化起皮现象。

起皮现象出现之前，铸铁件重量因氧离子渗入而增加。这种现象称为氧化增重。表皮脱落后，重量又减轻。重量变化随环境温度、氧化时间而有不同。温度高，时间长，则增重大。普通灰铸铁在750℃以下增重比较缓和，750℃以上，增重和起皮现象显著增加。

铸铁中的石墨是氧向内扩散的主要通道。石墨的数量、形态、尺寸对于铸铁氧化速率和氧化程度都有显著影响。在高温下，铸件表层的石墨（包括共析分解产生的二次石墨）受到氧化而减失，产生表面脱碳现象。

普通灰铸铁在低于350℃大气中不发生氧化。其氧化和起皮的开始温度在400℃左右，但此时氧化比较轻微，例如，$w(C)=3.2\%$、$\sigma_b=250MPa$ 的灰铸铁试棒在400℃环境中保持64周后，其氧化皮的生成量仅为1.86mg/cm^2。对铸件尺寸和性能几乎不发生显著影响。但当环境温度为500℃时，氧化皮生成量将增加到9.93mg/cm^2。

在超过600℃环境中长期工作的非合金灰铸铁件难以避免过早失效氧化。

球墨铸铁的球状石墨彼此处于分离状态，能减弱氧在铸铁中的渗入，因此其氧化速率低于灰铸铁。灰铸铁、合金灰铸铁、球墨铸铁在300℃及600℃的氧化速率列于表14-1。

表14-1 几种铸铁氧化速率

铸铁类别	氧化速率/$g \cdot m^{-2} \cdot h^{-1}$		热生长率/%	
	300℃	600℃	300℃	600℃
灰铸铁	0.038	3.91	0.13	0.69
合金灰铸铁	0.023	3.28	0.05	0.39
球墨铸铁	0.015	2.41	0.03	0.31

14.1.2 铸铁热生长

铸铁件反复加热到高温会产生不可逆体积膨胀，外形尺寸相应增长。这种现象称为热生长。产生热生长的原因有：基体组织中的渗碳体分解、铁本身的氧化、氧化后产生细微裂纹以及碳在石墨上的沉积。总的来说热生长是氧化反应的后果，显示氧化对铸铁的一种损伤。

共析渗碳体分解析出二次石墨使体积增长。每析出1%碳，体积增加2.0%~2.2%。$w(C)=3.5\%$的非合金灰铸铁(细A型石墨，珠光体基体)试样在420℃以下，共析渗碳体是稳定的。环境温度超过540℃，共析渗碳体球化并随之分解。650℃以上，分解速率显著加快，并开始出现明显的热生长。对于非合金灰铸铁件，不产生热生长的最高工作温度约为450℃。珠光体铸铁应控制在低于渗碳体分解温度下应用，或者添加合金元素，提高分解温度。铁素体铸铁在不发生相变的温度下工作，基体组织没有分解过程，抗热生长能力较好。

在高温下，或是在温度反复变化的环境(例如加热或冷却通过相变点)中工作时，石墨与其周围金属基体界面上会有应力产生并可能导致出现细微的裂纹和孔隙。出现裂纹和孔隙会使铸铁件尺寸有所增长。空气中的氧通过这些裂纹和孔隙逐渐渗入铸件内部使基体金属氧化。所产生的氧化物体积大于原有金属体积，这也是导致热生长的主要原因之一。

工作于CO/CO_2气氛中的铸铁件热生长最为严重。这是因为CO分解产生的碳沉积在石墨晶体表面，石墨体积增加而导致热生长。

基于上述原因，抑制或减少铸铁热生长的措施主要是：(1)抑制或减少氧渗入铸铁的通道。减少石墨量或使石墨由片状改为球状或蠕虫状有助于实现此措施。过冷石墨虽然细小，但分布密集，容易为氧提供通道，不利于消减热生长。(2)提高珠光体稳定性，避免工作温度下发生共析分解。(3)加入合金元素，提高基体金属抗氧化能力。

14.1.3 铸铁高温静载强度

高温静载强度是衡量耐热铸铁使用性能的重要指标。这里所谈高温静载强度是指试棒加热到一定高温下进行力学性能试验所得到的强度值。也常将此值称为短时间高温试验强度值。

铸铁高温静载强度随温度升高而下降，与以下因素有关：高温下铸铁内部原子间结合力减弱，热激活作用增强，导致塑变所需能量减小；基体的晶界强化和固溶强化作用在高温下减弱；共析渗碳体分解；高温氧化导致石墨粗化和形态变异。

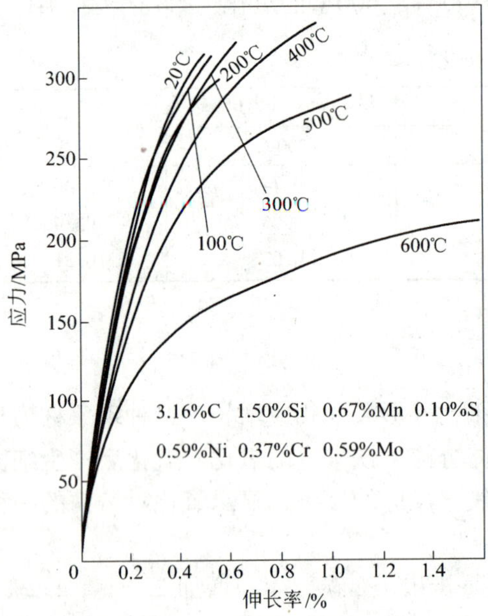

图 14-2 低合金灰铸铁在不同温度下的应力-应变曲线

350℃以下，灰铸铁的高温静载抗拉强度和应力-应变性质没有明显变化。温度达到400℃时，抗拉强度开始降低，而且随着温度提高，变化越趋明显。图 14-2 显示 $w(C)=3.16\%$、$w(Si)=1.50\%$、$w(Mn)=0.67\%$、$w(Ni)=0.59\%$、$w(Cr)=0.37\%$、$w(Mo)=0.59\%$ 的 40 号(ASTMA 48—1994)低合金灰铸铁在不同温度下的拉伸应力-应变曲线[1]。

球墨铸铁也有类似的变化，但是强度开始发生明显变化的温度有所提高。

14.1.4 蠕变

金属材料在高温环境中承受低于屈服应力而产生低速率塑性变形的现象称为蠕变。高温下金属晶体滑移所需驱动力减小，易于产生滑移。热激活作用也有利于产生交滑移和形变带，常使滑移阻力更低的新滑移系出现。另外，亚晶粒形成、晶界空位扩散、晶界滑动也是导致不同金属材料产生蠕变的原因。外力作用下，三个晶粒交会点的应力集中效应会使裂口在该处形核。随着变形量增加和裂口扩展，局部裂口互相连接，最终产生断裂。

蠕变初始阶段，材料承载后即时发生弹性变形，并可能伴有少量塑性变形。此时变形速率较高。达到一定应变量以后，转入变形速率很低的蠕变阶段(第二阶段)。这个阶段持续较长时间。时间长短直接影响零件使用寿命。蠕变后期，变形速率急剧提高，直到材料断裂。

工程上通常以条件蠕变极限作为金属抗蠕变的强度指标。即在某一温度及规定时间内导致材料产生规定总变形量(或第二阶段达到规定的变形速率)时的应力值。此应力表示零件在高温下长时间有效抵抗断裂的能力，称为持久强度。蠕变率(%/h)和持久强度是高温工作零件的重要性能指标。

图 14-3 表示 350℃温度下承受不同应力的时间-应变曲线[2]。可以看出在相同的应力持续时间内蠕变量和蠕变率随应力的增加而增加。提高工作温度则保持相同蠕变量的应力值显著降低。

蠕变是高温应用的铸铁件重要失效原因之一。对于尺寸稳定性要求高的铸件更是如此。普通灰铸铁往往不能满足在规定温度下的使用要求。改善铸铁抗蠕变能力的可行措施是添加合金元素。钼通过细化共析组织，提高热稳定性；铬、镍强化基体和晶界形成致密保护膜等途径可以有效地改善铸铁抗蠕变能力。图 14-4[1] 中的 D 曲线表示 $w(CE)=3.87\%$ 的普通灰铸铁在不同应力下的最小蠕变率。A 和 B 曲线分别表示 $w(CE)=3.61\%$、$w(Cr)=0.61\%$、$w(Mo)=0.84\%$ 及 $w(CE)=3.82\%$、$w(Cr)=0.41\%$、$w(Ni)=1.12\%$、

w(Mo) = 0.44% 及 w(Cu) = 0.10%、w(V) = 0.12% 的两种合金铸铁的相应最小蠕变率。可以看出加入合金元素后，最小蠕变率显著降低。

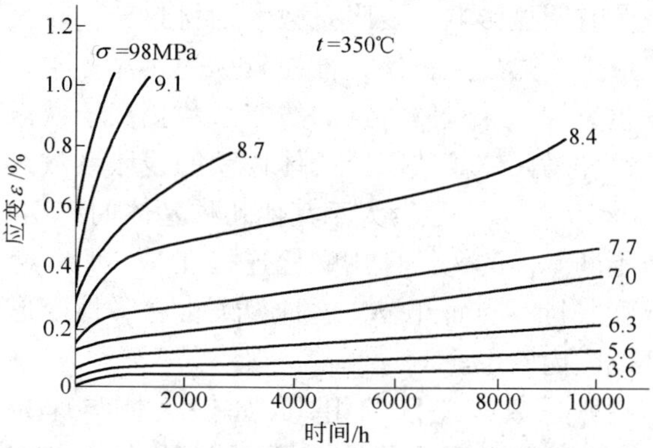

图 14-3　350℃温度下承受不同应力的时间-应变曲线

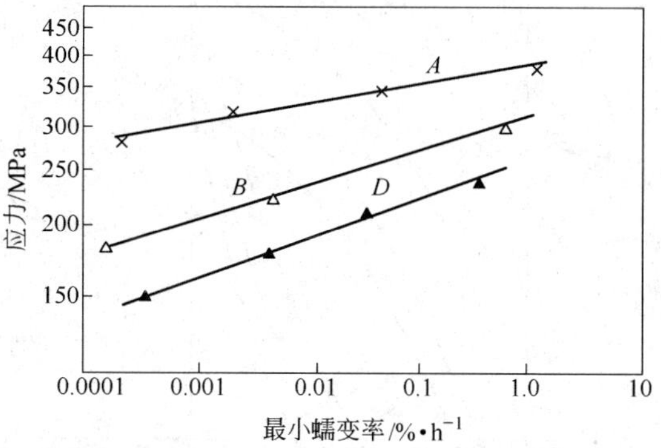

图 14-4　几种铸铁在不同应力下的最小蠕变率

球墨铸铁的抗蠕变能力优于灰铸铁，也优于低碳钢。其持久强度随珠光体含量增加而提高。具有珠光体组织的合金球墨铸铁是优良的抗蠕变材料，常用于高温工作的重要铸件(见表 14-2)。

表 14-2　珠光体球墨铸铁抗蠕变能力

化学成分/%				珠光体/%	0.0001%/h 蠕变率的应力/MPa	热处理
TC	Si	Ni	Cu			
3.54	2.26	0.56	0.15	10	58.5	870℃退火
3.54	2.26	0.56	0.15	30	79	铸态，消除应力
3.49	2.46	1.08	0.56	20	141	退　火
3.49	2.46	1.08	0.56	100	172	铸态，消除应力

14.1.5　热疲劳

有些铸铁件在温度持续不断起伏变化的条件下工作。如果温度变化使铸件产生的尺寸和体积改变受到自身或外界的约束，或者零件内部不同部位存在温度差别将会产生大小和方向不断变化的热应力。经过一定的应力循环后，热应力使铸铁件出现裂纹。裂纹扩展可导致铸件断裂。发动机排气歧管、涡轮增压器外壳、汽车刹车轮、玻璃模具等都是可能产生热疲劳现象的实例。

图 14-5 为热疲劳过程的应力-应变曲线[2]，显示产生热疲劳的典型过程。试验的交变温度为 T_2(高温)-T_1(低温)。试样加热到 T_2 时将其固定(不能自由胀缩)，此点设定为原点(图中 O 点)。当温度由 T_2 下降到 T_1 过程中，首先产生弹性应变，继而转变为非弹性的。由于试棒不能自由收缩，在 T_1 温度下内部形成了均匀拉应力 S_L。再由 T_1 温度加热到 T_2，应力和应变沿 S_L-S_Y 线段变化。逐渐由拉应力变为压应力(S_Y)。但因单向压缩比单向拉伸的屈服应力低，一部分应力将释放出来。应力由 S_Y 变化到 S_{Y1}。进一步降温，应力和应变沿 S_{Y1}-S_{L1} 线段变化，应力再次变为拉应力。如此往复循环导致反复塑变，最终产生断裂。这种断裂属于热疲劳断裂。

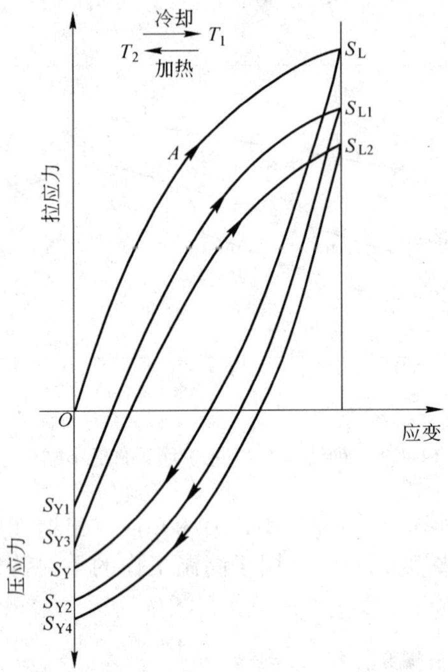

图 14-5 热疲劳过程的应力-应变曲线

由于热应力与热膨胀量有直接关系，因此在加热时零件尺寸受限情况下，铸铁的线胀系数对热疲劳有明显影响。线胀系数大的材料产生较大的热应力，热疲劳将使铸件在较少的热循环次数后发生裂纹。珠光体铸铁的线胀系数稍高于铁素体铸铁和马氏体铸铁。奥氏体铸铁的线胀系数约为 18×10^{-6}/℃，显著大于其他几种基体的铸铁。具有不同基体的铸铁件用螺栓连接在一起时，会因热膨胀量不同而开裂。这种裂纹常在弹性变形温度范围内发生。

线胀系数有差别的组织（如铁素体与珠光体）共同存在时容易导致热循环过程中产生较大应变。单相铁素体组织在一定温度范围内加热和冷却时不发生相变，有较好的抗热疲劳能力。

热应力不仅产生于宏观体积变化过程中，也可能因材料内部含有线胀系数不同的第二相以及晶体各向异性的影响而使相邻晶粒之间产生交变热应力。这种微观应力可能在晶界产生很强的应力集中，从而影响热疲劳寿命。

热疲劳裂纹在温差大、有外力作用、温度变化频繁情况下扩展速度很高。裂纹一般是穿晶扩展。温度较高时也可能沿晶扩展，显示脆性断口特征。因而热循环的最高与最低温度差别大，零件热疲劳寿命缩短。加热与冷却过程在铸件中形成了温度梯度。温度梯度陡峭会提高热应力，导致铸件提前失效。

导热性好、弹性模量低、室温强度和高温强度高、抗氧化能力强、组织稳定性良好的材料有较好的热疲劳寿命（失效前的热循环次数多）。闭式结构铸件比开式结构铸件容易产生热疲劳。降低温度对弹性模量和蠕变的影响有利于改善铸铁抗热疲劳性能。

石墨尺寸、形态和分布对铸铁热疲劳性能有一定影响。这是因为石墨能调节热胀缩量，吸收一部分应变能而且石墨量增加使弹性模量减小，热导率增加，有助于改善铸铁抗热疲劳能力。在碳当量相等情况下，A 型石墨铸铁比 D 型石墨铸铁产生热疲劳裂纹少。

对铁素体型耐热铸铁而言，在提高抗热疲劳能力以及抗蠕变和抗热裂纹生长等方面，钼是有效的合金元素。图 14-6 为用于流化床的钼合金铸铁中钼含量对热裂纹平均长度的影响。铸件温度是在 260 ~ 650℃之间反复变化的。铸件成分：$w(C)=3.50\%$、$w(Si)=1.90\%$、$w(Mn)=0.80\%$、$w(Cr)=0.25\%$、$w(P)=0.06\%$。

图 14-7 为钼铬铜锡复合合金化后，钼含量对热疲劳抗力的影响[3]。铸件温度是在 540 ~ 100℃之间反复变化的。铸件基本成分是：$w(C)=3.4\%$、$w(Si)=1.7\%$、$w(Mn)=0.6\%$，此图表明加入合金后，铸铁的抗热疲劳能力得到改善。

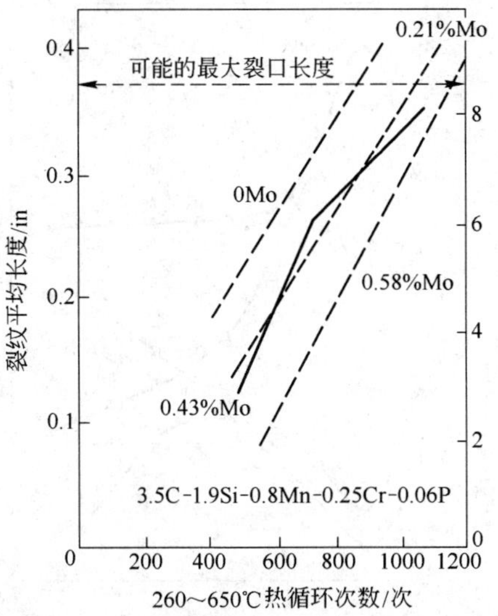

图 14-6　钼含量对热裂纹平均长度的影响

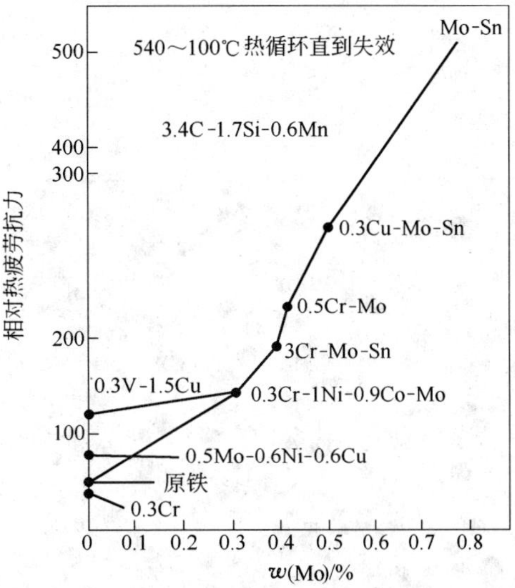

图 14-7　加入钼、铬、铜、锡后，钼含量对灰铸铁热疲劳抗力的影响

14.2　硅系耐热铸铁

14.2.1　成分、组织与常温力学性能

硅系耐热铸铁是当前最常用的高合金耐热铸铁。我国国家标准 GB/T 9437—1988《耐热铸铁》中所列硅系耐热铸铁的化学成分和常温力学性能见表 14-3。

表 14-3　硅系耐热铸铁化学成分和常温力学性能

牌　号	化学成分/%						抗拉强度(不小于) σ_b/MPa	硬度 HBS
	C	Si	Mn	P	S	Cr		
RTSi5	2.4～3.2	4.5～5.5	0.8	0.20	0.12	0.5～1.0	140	160～270
RQTSi4	2.4～3.2	3.5～4.5	0.7	0.10	0.03	—	480	187～269
RQTSi4Mo	2.7～3.5	3.5～4.5	0.5	0.10	0.03	Mo:0.3～0.7	540	197～280
RQTSi5	2.4～3.2	4.5～5.5	0.7	0.10	0.03	—	370	228～302

注：化学成分中单个数字均为最大值。

硅系耐热铸铁含 $w(\mathrm{Si})$ 在 3.5%～5.5% 范围内。硅含量高使共晶碳量降低。通常含 $w(\mathrm{Si})$ 选在 2.5%～3.0% 之间。

表中 RTSi5 具有片状石墨，其余则为球状石墨。硅系耐热铸铁的铸态组织为铁素体 + 少量碳化物。含硅量较低时还含有少量珠光体组织。硅系耐热铸铁铸态组织中铁素体含量随硅量增加而增加。图 14-8 为 RQTSi5 耐热球墨铸铁的金相组织。

硅系耐热铸铁室温力学性能并不随含硅量而发生线性变化。图 14-9 表明了这种情况[4]。$w(\mathrm{Si})$ < 3.5%～4.0% 时，δ 和 A_K 值随含硅量的增加而提高。但超过此范围后，δ 和 A_K 显著降低。这是因为硅固溶于 α 铁素体以及元素偏析或铁素体组织出现有序化等原因导致铁素体脆化所致。

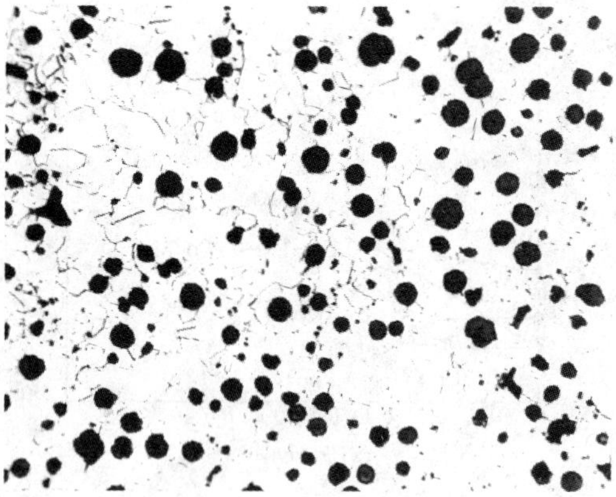

图 14-8 RQTSi5 耐热球墨铸铁的金相组织

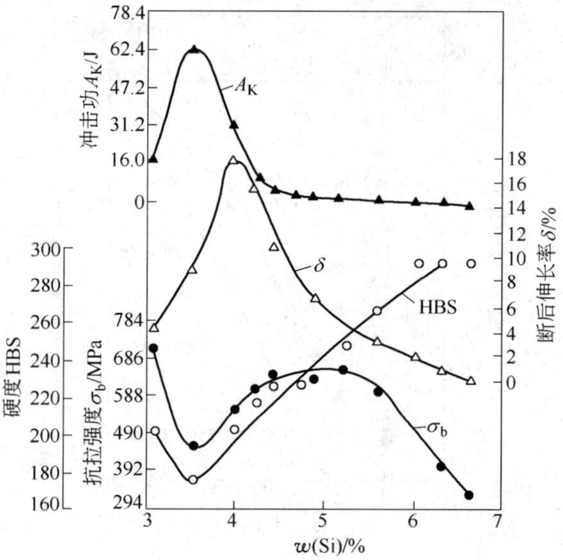

图 14-9 硅系耐热铸铁硅含量对常温力学性能的影响

14.2.2 耐热性能

高硅耐热铸铁表面形成以硅的氧化物为主体的保护膜。硅量较高时，膜的组成物为硅酸铁。膜体紧紧附着于铸件表面，有效地阻止氧离子向铸件内部渗透。铸件的氧化速率也因此而显著降低。另外被硅充分固溶的铁素体本身具有抵抗氧离子侵入的能力，并且在较高温度下，铁素体不发生相变，也不会析出石墨，铸件热生长量很小。

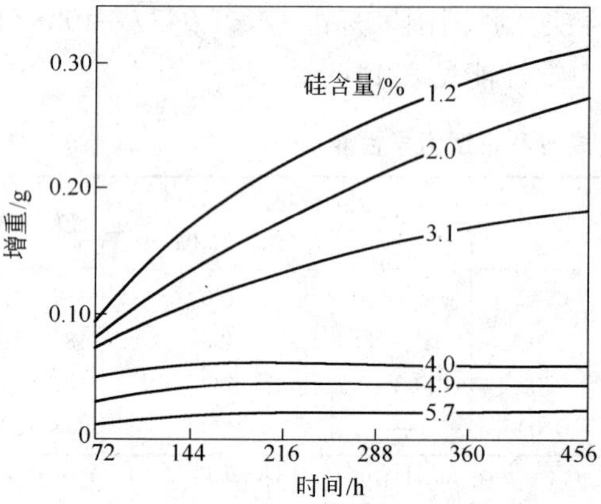

图 14-10 球墨铸铁含硅量对 650℃ 氧化增重的影响

球墨铸铁含硅量对 650℃ 氧化增重的影响示于图 14-10[3]。可以看出，$w(\mathrm{Si})>4\%$ 时，氧化增重显著降低。

14.2.3 高温力学性能

硅系耐热铸铁在高温下抗拉强度下降，但伸长率显著提高。如表 14-4 所示。

表 14-4 硅系耐热铸铁高温短时抗拉强度

牌 号	化学成分/%			700℃		800℃	
	C	Si	Mo	强度 σ_b/MPa	伸长率/%	强度 σ_b/MPa	伸长率/%
RTSi5	2.41	5.15	—	41	2.6	27	2.9
RQTSi5	2.65	4.94	—	67	74.0	30	98.9
RQTSi4	2.25	4.50	—	75	52.2	35	67.0
RQTSi4Mo	3.50	4.00	0.59	101	53.0	46	58.5

硅系耐热铸铁有很好的蠕变极限强度和热疲劳抗力。尤其是在材料中添加钼以后，效果更为显著。例如，w(Si) = 3.8% ~ 5.0%、w(Mo) = 0.5% ~ 1.2%的高硅球墨铸铁制造在850 ~ 200℃交变温度下工作的铸件，长期使用结果令人满意。适合制造汽车发动机排气歧管、涡轮增压器等要求有优良抗热疲劳性能的铸件。

钼对w(Si) = 4%耐热球墨铸铁600℃蠕变应力的影响示于图14-11，表明加钼1%可以产生显著影响。尺寸稳定性要求高的高硅耐热铸铁可加入钼1.0% ~1.5%。

在提高高硅耐热球墨铸铁高温强度方面，钒与钼有相似的作用。加w(V)在0.5%以下时，材料在450 ~ 650℃之间的抗拉强度、屈服强度均随钒含量的增加而提高，与加入相同数量钼所产生的效果大致相同。

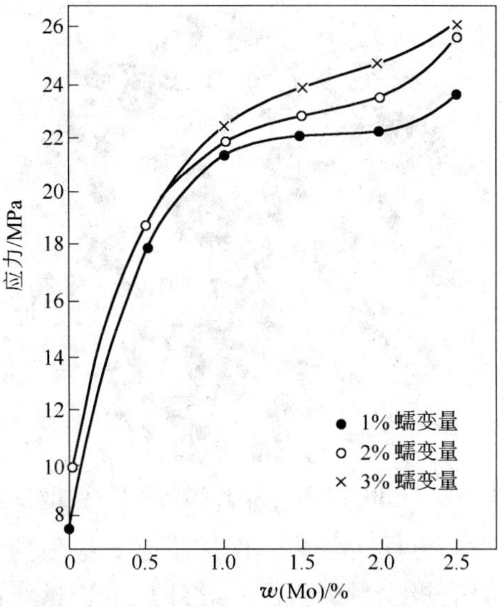

图14-11　加钼提高硅耐热铸铁蠕变应力

14.2.4　应用

w(Si) = 4.5% ~5.5%的灰铸铁强度低，容易脆裂。一般多采用在这个含硅量范围内的球墨铸铁。硅系耐热球墨铸铁的使用温度可达750 ~ 800℃。用于制造诸如锅炉预热器、煤粉喷嘴、烟道闸门一类零件。w(Mo) = 0.3% ~0.7%、w(Si) = 4.5% ~5.5%的硅钼球墨铸铁的综合力学性能得到显著改善、抗热冲击及热疲劳性能显著提高。除了上述耐热件外，还可用于汽车发动机排气歧管等耐热疲劳铸件。

硅系耐热铸铁的铸造性能与高硅耐蚀铸铁类似，但发生热裂、夹杂、气孔的倾向低于后者。含有碳化物和珠光体的铸件使用前应进行退火，使基体成为单一铁素体组织。

14.3　铝系耐热铸铁

14.3.1　化学成分、组织、常温力学性能

铝对铸铁组织的影响已在第13章中介绍过。工业上应用的铝耐热铸铁除了含w(Al) = 4% ~6%的中铝铸铁外，更主要的是含w(Al) = 18% ~25%的耐热性能更好的高铝铸铁。这是因为铝系耐热铸铁件表面的致密氧化铝膜更坚实致密，能够更有效地保护铸件。

我国国家标准《耐热铸铁件》GB 9437—1988所列铝系耐热铸铁如表14-5所示。

表14-5　铝系耐热铸铁牌号、成分、常温力学性能

牌　号	化学成分/%						抗拉强度 σ_b（不小于）/MPa	硬度 HBS
	C	Si	Mn	P	S	Al		
RQTAl4Si4	2.5 ~ 3.0	3.5 ~ 4.5	0.5	0.10	0.02	4.0 ~ 5.0	250	285 ~ 341
RQTAl5Si5	2.3 ~ 2.8	>4.5 ~ 5.2	0.5	0.10	0.02	>5.0 ~ 5.8	200	302 ~ 363
RQTAl22	1.6 ~ 2.2	1.0 ~ 2.0	0.7	0.10	0.03	20.0 ~ 24.0	300	241 ~ 364

注：表中单数字均为最大值。

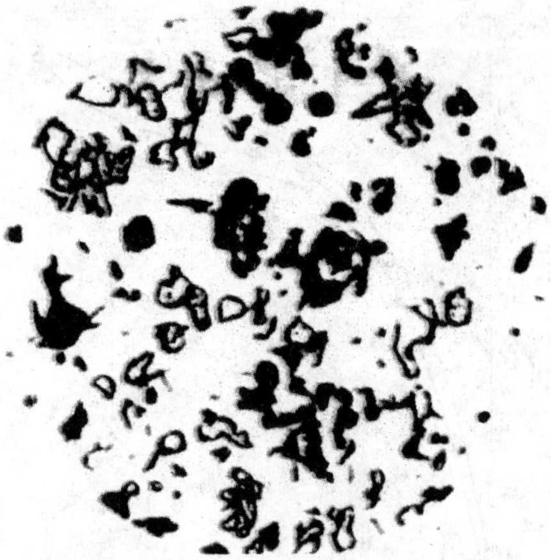

图 14-12　RQTAl5Si5 铝球墨铸铁的金相组织

图 14-12 是 RQTAl5Si5 铝球墨铸铁的金相组织。这种 $w(\mathrm{Al})=5\%\sim7\%$ 的铝硅铸铁的基体组织为铁素体与 ε 相（铝铁碳化物）构成的共析体（图中灰色岛状组织）+ 铁素体。白色部分为铁素体。而 RQTAl22 铸铁的正常基体组织为铁素体。

铝系耐热铸铁中的石墨，球化率往往是比较低的。这是因为大量铝的存在，对石墨球化产生一定的干扰作用。

14.3.2　抗氧化性与高温强度

铝系耐热铸铁的抗氧化和抗热生长能力优良。一方面，氧化铝保护膜有效地阻挡了环境中的氧侵入，另一方面，含铝铁素体在高温下只有极少量碳析出，导致热生长量降低。由图 14-13 可看出，铝含量增加，氧化增重减少，中铝铸铁约在 760℃以下氧化增重开始显著增加。而高铝铸铁在 980℃以下氧化增重一直非常稳定。图 14-14 表明，$w(\mathrm{Al})>4\%$ 时，铸铁热生长量急剧减少。

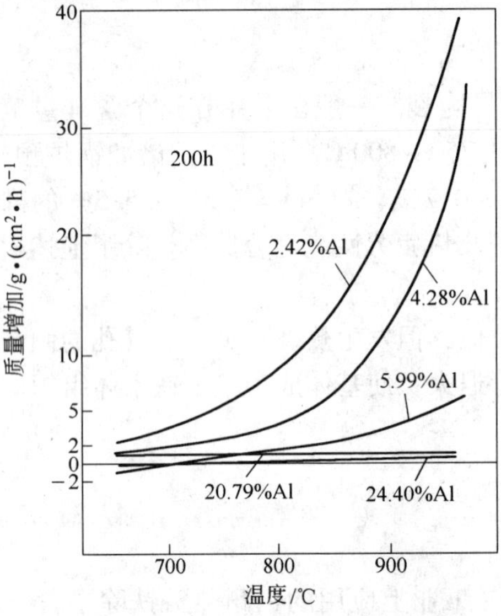

图 14-13　铝含量增加，氧化增重减少

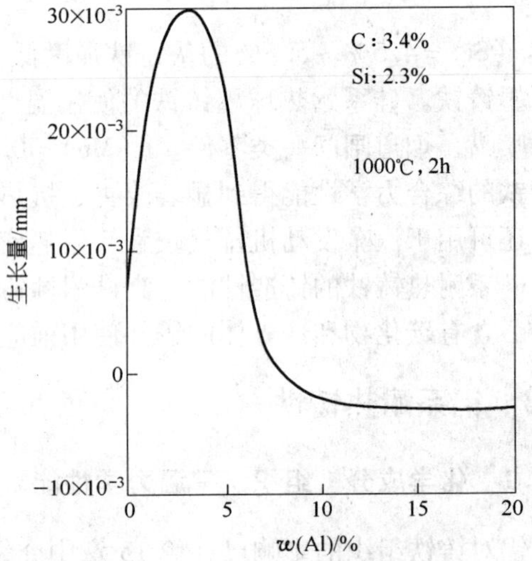

图 14-14　铸铁热生长量急剧减少

表 14-6 列出高铝球墨铸铁与铝硅球墨铸铁平均氧化速度与热生长率的试验数据。

表 14-6　铝铸铁与铝球墨铸铁氧化速率与热生长率比较

铸　铁	平均氧化速率/$g\cdot m^{-2}\cdot h^{-1}$			生长率/%		
	温度/℃	时间/h	数值	温度/℃	时间/h	数值
$w(\mathrm{C})=3.7\%$、$w(\mathrm{Si})=0.34\%$、$w(\mathrm{Al})=3.26\%$的铝灰铸铁	700	500	0.2634	—	—	—
$w(\mathrm{C})=1.2\%$、$w(\mathrm{Si})=1.47\%$、$w(\mathrm{Al})=21.5\%$的铝灰铸铁	900 1000	700 150	0.022 0.120	900 1000	150 150	0.05 0.32

续表 14-6

铸　铁	平均氧化速率/g·m^{-2}·h^{-1}			生长率/%		
	温度/℃	时间/h	数值	温度/℃	时间/h	数值
w(C)=1.73%、w(Si)=1.37%、w(Al)=21.7%的铝球墨铸铁	1000	500	0.014	1000	150	0.02
w(C)=2.58%、w(Si)=4.22%、w(Al)=4.21%的铝硅球墨铸铁	800	500	0.005	800	150	0.03
	900	500	0.021	900	150	0.10
	1000	500	0.135	—	—	—

铝含量对铝铸铁高温强度有一定影响。高铝铸铁(w(Al)=20%~24%)的高温抗拉强度优于中铝铸铁(w(Al)=5%~7%)。例如室温抗拉强度为256MPa的灰铸铁，在760℃时强度降至28MPa；含w(Al)=5.9%的铝铸铁抗拉强度则由室温时的174MPa下降到25MPa。w(Al)=20.5%的铸铁在871℃和980℃的抗拉强度分别为51MPa和25MPa，说明高铝铸铁980℃抗拉强度与中铝铸铁760℃时的高温强度大体相当。

就高温抗氧化和高温力学性能而言，球状石墨铝铸铁优于片状石墨铝铸铁，尤其是后者性质很脆，在铸造过程中和温度急剧变化的工作过程中容易发生热裂。因此，大多数使用者选用铝球墨铸铁。

添加合金元素是提高铝铸铁高温强度的有效手段。与高硅耐热铸铁一样，首选元素是钼，钼改善700℃以下使用的中铝铸铁和中铝球墨铸铁高温强度的效果很好。中铝铸铁(w(Al)=5.2%、w(Mo)=1.9%)、中铝球墨铸铁(w(Al)=5%~6%、w(Mo)=2%)、普通灰铸铁与球墨铸铁在400~850℃之间抗拉强度的比较示于图14-15。钼在较高温度下，强化效果减弱。

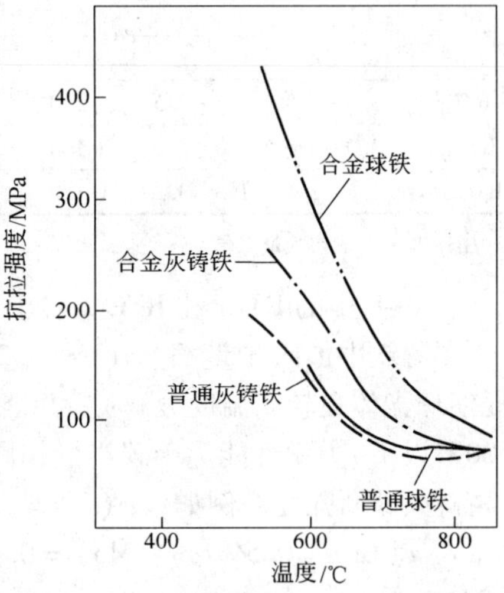

图 14-15　加钼改善铝耐热铸铁的高温强度

在中铝铸铁和中铝球墨铸铁中提高硅含量也能改善铸件抗氧化能力和高温强度。国标 GB 9437 中牌号 RQTAl4Si4 和 RQTAl5Si5 耐热铸铁中w(Si)为3.5%~4.5%和4.5%~5.2%。这两种铸铁800℃短时抗拉强度分别为82MPa和167MPa。

14.3.3　高铝铸铁应用

高铝铸铁热疲劳寿命差。不宜在温度急剧变化(热冲击)的工况下使用。但低铝铸铁件耐热冲击及抗热疲劳性能相对良好。使用中宜注意控制好铸件的加热速率和冷却速率。

在适宜的加热和冷却状态下用于承受静载荷耐热铸件时，高铝铸铁的耐热性能与硅系、铬系耐热铸铁相比并不逊色。但是，高铝耐热铸铁的使用范围不及后两种。主要原因是铸造上还存在一些有待解决的问题。例如，铸件中容易出现氧化铝夹杂，高温脆性导致的冷裂，石墨漂浮以及铸件内成分不均匀等缺陷。含有碳化物的铸件需经过1000~1100℃退火后使用。由于铝铸铁件的铸造应力较大，在使用前还应及时进行消减内应力处理。GB/T 9437—1988 中的几种铝铸铁的使用范围可参阅表 14-7。

表 14-7 铝系耐热铸铁使用范围

牌 号	使用温度/℃	应用举例
RQTAl4Si4	650 ~ 700	玻璃模具
RQTAl5Si5	700 ~ 800	玻璃模具、锅炉耐热件
RQTAl22	1000 ~ 1050	烧结机箅条、护栏板、熔铝坩埚

14.4 铬系耐热铸铁

铬系耐热铸铁是以铬为主加合金元素、具有一定耐热能力的合金铸铁。我国国家标准 GB/T 9437—1988《耐热铸铁件》中所列铬系耐热铸铁牌号、成分、常温力学性能，见表 14-8。

表 14-8 铬系耐热铸铁牌号、化学成分、常温力学性能

牌 号	化学成分/%						抗拉强度(不小于) σ_b/MPa	硬度 HBS
	C	Si	Mn	P	S	Cr		
RTCr	3.0 ~ 3.8	1.5 ~ 2.5	1.0	0.20	0.12	0.5 ~ 1.0	200	189 ~ 288
RTCr2	3.0 ~ 3.8	2.0 ~ 3.0	1.0	0.20	0.12	> 1.0 ~ 2.0	150	207 ~ 288
RTCr16	1.6 ~ 2.4	1.5 ~ 3.2	1.0	0.10	0.05	15.0 ~ 18.0	340	400 ~ 450

注：单个数字均为最大值。

表 14-8 中的 RTCr 和 RTCr2 属于低合金铬系耐热铸铁。基体组织为珠光体 + 渗碳体。

在铸铁中加入少量铬(w(Cr) < 2%)，能够细化珠光体组织，提高珠光体的稳定性(促使珠光体在较高温度分解)。并能提高铸铁共晶凝固过冷度，导致石墨细化。其高温(600℃以下)力学性能优于碳当量相同的灰铸铁。在加铬的同时加入少量钼，更能有效地提高持久破断强度。例如，w(C) = 3.43%、w(Si) = 1.70%、w(Mn) = 0.60% 的灰铸铁中加入 w(Cr) = 0.5%、w(Mo) = 0.4% 后，540℃ × 1000h 持久破断强度由 31MPa 提高到 74MPa。

铬对铸铁抗氧化起皮、抗热生长有很好的作用，镍与铬同时加入有更好的效果。表 14-9 数据表明 w(C) = 3.25%、w(Si) = 1.58%、w(Mn) = 0.65%、w(S) = 0.11% 的铸铁件在 350 ~ 500℃ 使用时，铬加入量对铸件热生长率(%)的影响。

表 14-9 铬对铸铁抗氧化和抗热生长率(%)的作用

添加元素	64 周		6 年	11.5 年	
	450℃	500℃	400℃	350℃	400℃
不含 Cr	0.31	0.72	0.035	0.05	0.075
w(Cr) = 0.3%	0.12	0.43	0.025	0.003	0.040
w(Cr) = 0.6%		0.30	0.020	0	0.028
w(Cr)(0.3%) + w(Ni)(0.6%)		0.49	0.033	0.003	0.053
w(Cr)(0.6%) + w(Ni)(1.2%)	0.05	0.27	0.015	0	0.033

RTCr16 为 w(Cr) > 15% 的高铬耐热铸铁。其中含有(Fe，Cr)$_7$C$_3$ 型合金碳化物。基体为珠光体 + 奥氏体 + 少量二次碳化物。

高铬耐热铸铁除了 RTCr16 外，工业上应用的还有含铬量更高的，尚未列入国家标准的品种。其主要成分为 $w(Cr)=28\%\sim35\%$、$w(C)=1.5\%\sim2.0\%$。

在这种铸铁组织中，铬进入合金碳化物也固溶于基体组织。基体组织中的铬使奥氏体相区缩小，形成封闭的 γ 相圈。此相圈的边界线位于奥氏体相区和铁素体相区之间。当铸铁的 $w(Cr)>25\%$ 时，基体的化学成分位于铁素体相区内，形成在高温下组织稳定、不发生相变的高铬铁素体组织。即使其中存在少量珠光体也很少有碳析出，因此热生长量相对很低。具有这种成分的铸件表面覆盖着更致密的、附着力更强、以 $FeO\cdot Cr_2O_3$ 复合化合物为主体的钝化保护膜。这层膜阻挡氧的侵入，增强铸件抗氧化能力。

大量铬溶入铁素体产生固溶强化作用，使高铬耐热铸铁的室温及高温抗拉强度都比较高。例如，34Cr-2.1C 的铸铁室温抗拉强度可达 560MPa。900℃的短时抗拉强度为 100～110MPa，高于高铝及高硅耐热铸铁在相同温度下的短时抗拉强度。

高铬耐热铸铁零件可以在 900℃以下温度长期使用。短时间工作温度可达到 1000℃，适于制造渗碳罐、烧结机框架一类耐热零件。

与硅系、铝系耐热铸铁相比，这种铸铁的铸造性能较好，可以浇注成 10mm 厚度的薄壁件；线收缩率为 1.6%～2.0%；缩孔与冷热裂倾向与铸钢相近。

14.5 高镍奥氏体耐热铸铁

高镍奥氏体是高温环境中最稳定的基体组织。第 13 章已经介绍过它抵抗某些腐蚀介质的优良性能。它还能在高温环境中保持组织稳定。作为耐热合金，它具有优良的抗氧化能力、高温强度、持久强度、抗热冲击能力和热疲劳寿命。由于不发生相变，铸件不会出现相变所产生的非连续性体积变化，显著减少铸件高温扭曲变形、开裂以及热生长。它的另一个区别于高硅、高铝、高铬耐热铸铁的特点是切削性能良好，可以加工成精密零件。因此高镍奥氏体铸铁是一种优良的耐热铸铁。

14.5.1 成分和性能

高镍奥氏体耐热铸铁 $w(Ni)$ 范围在 18%～36%之间。增加含镍量能增强高温下基体组织的稳定性，提高材料的高温抗拉强度、屈服强度、蠕变强度以及抗氧化能力。高镍奥氏体耐热铸铁的平均线胀系数在耐热铸铁中是最高的，并因含镍量而有较显著变化，变化范围在 $4\times10^{-6}/℃$ 到 $19.1\times10^{-6}/℃$ 之间。$w(Ni)$ 在 20% 左右时达到峰值，而在 34%～36% 时平均线胀系数降低到最低值（$4\times10^{-6}/℃$）[1]。$w(Ni)=35\%$ 奥氏体铸铁常用于受约束的抗热疲劳零件。

加入硅、铬等合金元素，用以强化其各方面的性能。表 4-10 为德国 DIN 标准所列奥氏体耐热球墨铸铁化学成分。

加硅的主要目的是进一步提高抗氧化性能，例如在 $w(Ni)=36\%$ 的高镍球墨铸铁中加入 $w(Si)$ 为 5.5%，使它能在 800℃高温下长时间有效地抵抗高温氧化和热生长，提高热疲劳寿命。与铁素体球墨铸铁中加入硅引起材料脆化的情况不同，高镍球墨铸铁中加入 $w(Si)$ 为 5%～6% 后仍能保持一定的塑性和可切削性。

各种牌号的高镍耐热铸铁中都含有铬。铬和镍共同作用，形成质密牢固的表面保护膜，有助于材料抗氧化和抗热生长。另外，高镍耐热灰铸铁在 550℃以下的温度和抗拉强

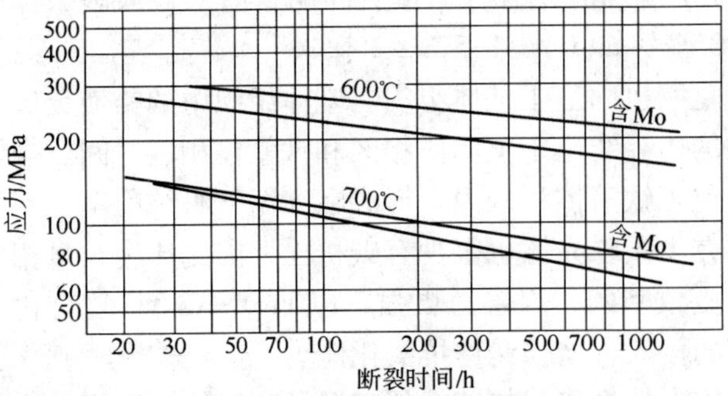

图 14-16 $w(Ni)=18.00\%\sim22.00\%$、$w(Cr)=1.75\%\sim2.75\%$奥氏体球墨铸铁断裂应力曲线

度并不明显优于低合金耐热铸铁，但在600℃以上，含有铬（$w(Cr)=3\%\sim6\%$）的高镍铸铁抗拉强度远远超过低合金铸铁。图 14-16 显示 $w(Ni)=18.00\%\sim22.00\%$、$w(Cr)=1.75\%\sim2.75\%$ 奥氏体球墨铸铁断裂应力曲线[1]。

钼加入到高镍奥氏体耐热铸铁中可以改善高温强度，特别是提高400℃温度下承受较高工作应力的持久强度、降低蠕变率。但是加钼也有不利的一面。钼的碳化物成为基体中的第二相，与奥氏体的线胀系数有显著差别，会降低材料的热疲劳强度；因此，除了有特殊要求外，高镍奥氏体耐热铸铁一般不必加入贵重的钼元素。耐热球墨铸铁高温力学性能如表 14-11 所示[5]。除了高温抗拉强度以外，优良的抗蠕变性能值得注意。

表 14-10 奥氏体耐热球墨铸铁化学成分

牌 号	化学成分（质量分数）/%						
	C	Si	Mn	Ni	Cr	P	Cu
GGG-NiCr20-2	3.0	1.5～3.0	0.5～1.5	18.0～22.0	1.0～3.5	0.08	0.5
GGG-NiSi35-5-2	2.0	4.0～6.0	0.5～1.5	34.0～36.0	1.5～2.5	0.08	0.5
GGG-NiCr30-3	2.6	1.5～3.0	0.5～1.5	28.0～32.0	2.5～3.5	0.08	0.5
GGG-NiSiCr30-5-5	2.6	5.0～6.0	0.5～1.5	28.0～32.0	4.5～5.5	0.08	0.5
GGG-NiCr35-3	2.4	1.5～3.0	0.5～1.5	34.0～36.0	2.0～3.0	0.08	0.5

注：表中单个数字均为最大值。

表 14-11 列出表 14-10 中几种高镍奥氏体耐热球墨铸铁高温力学性能。

表 14-11 奥氏体耐热球墨铸铁高温力学性能值实例

性 能	温度/℃	GGG-NiCr20-2	GGG-NiCr30-3	GGG-NiSiCr30-5-5	GGG-NiCr35-3
抗拉强度/MPa	20	417	410	450	427
	430	380	—	—	—
	540	335	337	426	332
	650	250	293	337	286
	760	155	186	153	175
0.2%屈服应力/MPa	20	246	276	312	288
	430	197	—	—	—
	540	197	199	291	181
	650	176	193	239	170
	760	119	107	130	131
伸长率（加速试验）/%	20	10.5	7.5	3.5	7
	430	12	—	—	—
	540	10.5	7.5	4	9
	650	10.5	7	11	6.5
	760	15	18	30	24.5

续表 14-11

性 能	温度/℃	GGG-NiCr20-2	GGG-NiCr30-3	GGG-NiSiCr30-5-5	GGG-NiCr35-3
蠕变强度(1000h)/MPa	540	197	—	—	—
	595	(127)	165	120	176
	650	84	(105)	(67)	(105)
	705	(60)	68	44	70
	760	(39)	(42)	(21)	(39)
1%/1000h 最小蠕变率的应力/MPa	540	162	—	—	(190)
	595	(92)	—	—	(112)
	650	56	—	—	(67)
	705	(34)	—	—	56
1%/10000h 最小蠕变率的应力/MPa	540	63	—	—	—
	595	(39)	—	—	70
	650	24	—	—	—
	705	(15)	—	—	39
蠕变伸长率(1000h)/%	540	6	—	—	—
	595	—	7	10.5	6.5
	650	13	—	—	—
	705	—	12.5	25	13.5

注：括号内数值为插入值或推断值。

14.5.2 高镍奥氏体铸铁的生产与应用

高镍奥氏体铸铁的铸造性能优于其他高合金耐热铸铁，气孔发生率和热裂倾向都比较低，流动性也比较好。但其凝固收缩率较大，应注意设计合适的补缩系统。

铸态组织中，通常含有少量碳化物。碳化物降低铸件热疲劳寿命。铸件使用前应以小于150℃/h 速度加热到1050～1100℃，保温后在炉内以小于150℃/h 速度冷至500℃，然后出炉空冷。若碳化物量在允许范围内不需退火时，使用前也需进行消减铸造应力处理。处理规范与高镍奥氏体耐热铸铁相同。

表 14-12 列出奥氏体耐热球墨铸铁性能特点及应用范围，供参考。

表 14-12 奥氏体耐热球墨铸铁性能特点及应用范围

牌 号(DIN1694:1981)	性能特点	应用范围	其他国家相应牌号	
			ISO 2892:1973	ASTMA439:1983
GGG-NiCr20-2	耐热性和耐蚀性良好，承载能力强，线胀系数高，铬含量低，无磁性。加 1% Mo 提高耐热性	泵、阀、压缩机零件、滑轮、增压器壳体、排气歧管、无磁铸铁	S-NiCr20-2	Ni-ResistD-2
GGG-NiSiCr35-5-2	耐热性能优异，韧性较高，抗蠕变性能优于 GGG-NiCr35-3	燃气轮机壳体部件、排气歧管、滑轮、增压器壳体	—	Ni-ResistD-55

续表 14-12

牌号 (DIN1694:1981)	性能特点	应用范围	其他国家相应牌号	
			ISO 2892:1973	ASTMA439:1983
GGG-NiCr30-3	力学性能与 GGG-NiCrNb20-2 相似，但耐热及耐蚀性能较好，线胀系数中等，加 1% Mo 使抗热冲击及耐热性显著提高	泵、锅炉、阀、滤清器部件、排气歧管、滑轮增压器壳体	S-NiCr30-3	Ni-ResistD-3
GGG-NiSiCr30-5-5	耐热性、抗蚀性及抗冲蚀能力优异，线胀系数中等	泵、管件、排气歧管、滑轮、增压器壳体、工业锅炉铸件	S-NiSiCr30-5-5	Ni-ResistD-4
GGG-NiCr35-3	性能与 GGG-Ni35 相似，可加 1% Mo 改善耐高温性能	燃气轮机壳体部件、玻璃模具	S-NiCr35-3	Ni-ResistD-5B

参 考 文 献

[1] Walton C F, Opar T J. 铸铁件手册[M]. 童本行编译. 北京：清华大学出版社，1990.
[2] 刘祥. 铸造合金力学性能[M]. 北京：机械工业出版社，1982.
[3] Fairhurst W, Rohrig K. Use of Alloying Elements in Cast Iron[J]. FoundryTrade Journal, July 28, 1983: 104 ~ 123.
[4] GB/T 9437—1988 耐热铸铁件(附录 A)[S]. 北京：标准出版社，1988.
[5] DIN 1694—1981 奥氏体铸铁[S].

15 冷 硬 铸 铁

铸铁凝固时的冷速对其共晶过冷度有显著影响。高冷速可导致铁水过冷至低于渗碳体共晶转变温度结晶，产生渗碳体共晶，铸件断面为白口。冷速降低，铁水结晶始于石墨共晶转变温度，直至低于渗碳体共晶转变温度，结晶结束，产生石墨与渗碳体共存组织，铸件断面呈麻口。如果冷速更低，铁水在石墨共晶转变温度范围内结晶完成，则铸件断面呈灰口。图 15-1 示意说明这种情况。图中 G_s 和 G_f 代表石墨共晶转变开始和终止界线，C_s 和 C_f 代表渗碳体共晶转变开始和终了界线。v_1、v_2、v_3 分别表示铸件产生灰口、麻口和白口组织的冷却速度。

灰口铸铁件表面接触铸型冷却较快，表面产生白口层，心部仍为灰口，是上述现象的实例。如果设法加速铸件表面冷速，并适当调整化学成分，则可使白口层深扩展，并改善铸件组织状态及性能，成为表面坚硬耐磨、整体上仍具有灰口铸铁力学性能的机器零件。这种铸件称为冷硬铸铁件。冷硬铸铁件常用于轨道车辆车轮、冶金轧辊、凸轮轴等零件。

金属铸型热导率高，有较强激冷作用，容易使与其接触的熔液产生渗碳体共晶。随着与金属铸型表面距离增大，激冷作用逐渐减弱，铸件断面产生由表面到心部的组织变化：白口→麻口→灰口。图 15-2 显示冷硬铸铁车轮轮缘断面。轮缘表面与金属铸型接触而获得冷硬层，可以清楚看到表面白口层逐渐转变为麻口及灰口。

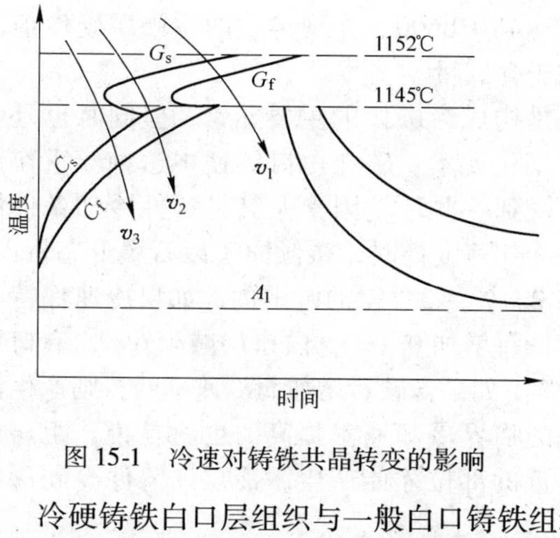

图 15-1　冷速对铸铁共晶转变的影响

图 15-2　冷硬铸铁车轮轮缘断面(踏面内白口层)

冷硬铸铁白口层组织与一般白口铸铁组织有些差别。激冷状态下高速冷却形成的渗碳体共晶团组织比较细小，生长方向基本上垂直于工作表面，有方向性。碳硅含量低或加入合金元素形成白口铸铁组织，晶粒一般比较粗大。渗碳体不是较有规律地由激冷表面向内延伸。

冷硬铸铁的冷硬层应有合适的硬度和深度。硬度高虽能使铸件表面有良好的抗磨能力，但是过高硬度容易使耐磨表面发生脆裂剥落等意外损伤。当磨料硬度不很高，工作负荷也不很大的工况下，反而希望冷硬层中含有少量石墨(1% ~2%)，使冲击载荷得到缓冲，并能降低开裂倾向，改善铸件导热能力。

在铸件整体性能方面，还要求材质本身具有零件运行所需的强度和韧性，以及心部与冷硬层之间有良好过渡组织。冷硬层由表面到内部的硬度梯度不宜陡峭。碳化物量不宜急剧变化。从铸件断面上看，白口应逐渐变灰，看不到白口-麻口-灰口之间的明显界限。避免冷硬层在挤压、冲击、弯曲等外力作用下发生破裂、剥落、分层、脱壳等缺陷。确保零件的使用寿命和可靠性。

亚共晶灰铸铁、球墨铸铁、合金铸铁都可用于制造冷硬铸铁件。

15.1 化学成分对冷硬层组织和性能的影响

15.1.1 常存元素的影响

15.1.1.1 碳的影响

白口铸铁硬度在很大程度上取决于所含碳化物体积分数和结构类型。一般来说，碳化物体积分数越大，白口铸铁的硬度也越高。而碳化物结构类型主要随其化学成分(特别是合金元素)而有所变化。

非合金白口铸铁和低合金白口铸铁都具有渗碳体型碳化物。多于80%的碳存在于渗碳体中。当白口铸铁中石墨化元素(主要是硅)和冷速不足以使石墨析出时，提高含碳量，渗碳体体积分数增大、铸件硬度相应提高。

碳对非合金白口铸铁和低合金白口铸铁硬度的影响可写成下式：

肖氏硬度 = 16.7 × 总碳量(%) + 13　或　布氏硬度 = 112.3 × 总碳量(%) + 55

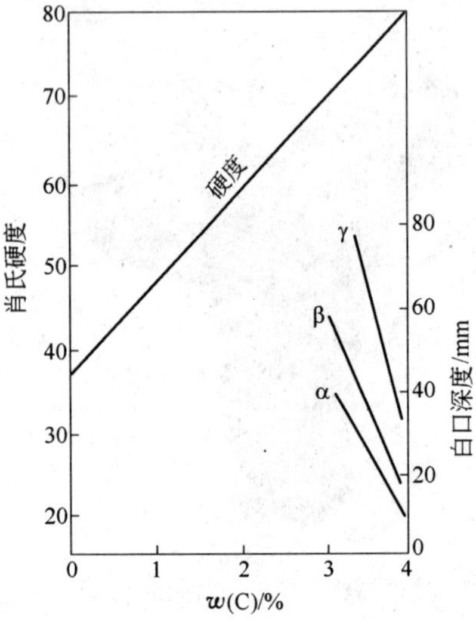

图 15-3 含碳量对冷硬层度、深度和白口 + 麻口深度的影响(α 及 γ 分别表示纯白口深度和白口 + 麻口总深度)

w(C) = 2.5%的低碳冷硬铸铁表面硬度一般为HB 360 ~ 380。而 w(C) = 3.5%、w(Si) < 1.0%冷硬层硬度可达到HB600。冷硬铸铁的冷硬层硬度值基本上正比于含碳量。

碳虽是构成渗碳体的主要元素，但同时也是强有力的石墨化元素。碳在白口铸铁中这种双重作用的效果，受到一些环境因素尤其是铸件冷却条件的影响。当冷却速度低时，碳倾向于以石墨形态析出。总碳量在2.4% ~ 3.7%的范围内，如果冷速保持不变，碳含量每增加0.1%，白口层减少6%，麻口层减少8.5%。如果含碳量增加而冷速不变，则产生渗碳体共晶的临界冷却速率提高。也就是说，距离铸件表面更近的部位才能产生激冷层。铸件冷硬深度减少。

图 15-3 表明冷硬铸铁含碳量对冷硬层硬度、深度和白口 + 麻口深度的影响[1]。

冷硬铸铁件碳含量可在很宽范围内变化，一般

可选用 w(C)范围为2.9% ~3.8%。

15.1.1.2 硅的影响

冷硬深度对硅含量是很敏感的。控制硅含量来调节白口深度非常有效。在含碳量较低的情况下，作用更为显著。由图15-4可以看出，提高硅含量，使白口深度和白口+麻口深度都减少[3]。某专业轧辊制造厂根据长期统计数据发现，在其他条件基本相同情况下，低合金冷硬铸铁铁水的 w(Si)降低0.1%，炉前试片白口深度平均增加3~4mm。

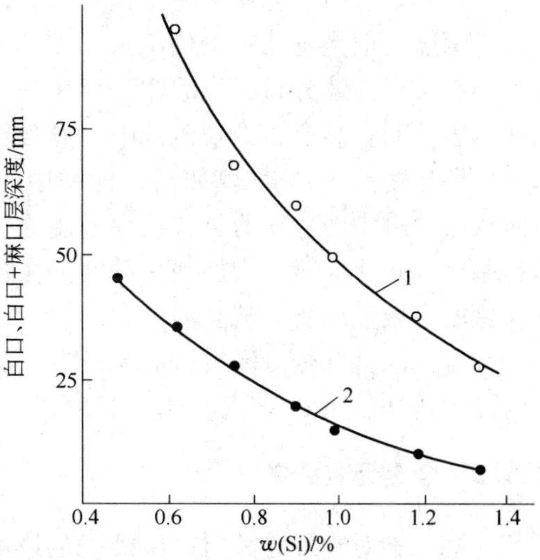

图15-4 硅含量对白口深度和白口+麻口深度的影响

1—白口+麻口深度；2—白口深度

少量硅即能削弱渗碳体生成倾向。试验表明，欲在冷硬铸铁中获得不含石墨的纯白口组织，则 w(Si)应低于0.2%，但在日常生产中，经常把含硅量控制到这样低的程度是难以保持铸件质量的。因此，普通冷硬铸铁和低合金(镍、铬、钼)冷硬铸铁中 w(Si)可在0.25% ~0.80%范围内选定。硅含量在此范围中时，冷硬层中会出现体积分数不超过1%的石墨。如果 w(Si)提高到0.8% ~1.2%(含锰量与含硅量基本相同)时，石墨体积分数增加到1% ~2%，此时肉眼已观察不到冷硬层中组织变化的界限。冷硬铸铁件一般都允许含有少量石墨。1% ~2%石墨的存在并不会造成冷硬铸铁抗磨料磨损能力显著下降。

冷硬铸铁的铬、钼含量较高或含有碲、硼等微量元素时，可按偏上限确定硅含量。在冷硬球墨铸铁中，w(Si)可能达到1.5% ~2.5%，此时冷硬层中已经没有明显的白口层，冷硬层显示为由D型和E型石墨取代部分渗碳体的麻口组织。

硅不超过可能导致石墨大量析出的含量时，它对冷硬铸铁激冷白口表层的硬度没有显著影响。但是超过这个限度，白口层硬度急剧下降。

15.1.1.3 锰和硫的影响

单独提高锰和硫时，都能增加铸铁的冷硬深度。但是当两种元素同时存在时，则会产生相反的效果。

锰有细化珠光体、提高冷硬组织中基体硬度的作用，并能提高铸件心部强度。

含锰量对冷硬层的另一重要影响是能改变白口与灰口组织之间的过渡区(麻口区)的宽度。此宽度随锰量的提高而增大。在表面激冷作用比较弱时这种现象更加明显。麻口区宽则组织变化梯度比较平缓，零件在使用中比较安全可靠。构成窄麻口区的适宜含锰量约为0.2% ~0.4%。宽麻口区(包括无明显分界的冷硬层和麻口冷硬层)的冷硬铸件的 w(Mn)应提高到0.6% ~1.2%。

w(S)一般应控制在0.05% ~0.09%。要求较高的冷硬铸铁件可在浇注前向铁水中加入少量稀土合金进行脱硫处理。

15.1.1.4 磷的影响

磷在非合金白口铸铁中有比较轻微的石墨化作用，含磷量较高时，促进石墨析出，减少白口深度。但是铸铁中的磷大部分是以磷共晶的形式存在，在普通或低合金白口铸铁中，会有大量连续分布的渗碳体。存在一些磷共晶对铸铁力学性能的影响不像在灰铸铁中那样显著。而在高合金冷硬铸铁中，对含磷量应该有所限制，以减少其不良作用。这是因为一些碳化物形成元素(例如高铬铸铁中的钼和铬)或者形成碳化物后与磷共晶结合，或者溶入磷共晶中已存在的化合物中，使这些元素不能充分发挥应有作用。例如，为了提高铸铁基体的硬化性能，增加硬化深度，在合金冷硬铸铁中加入少量钼。但在磷共晶的作用下，钼的有效性减弱，甚至消失。

非合金或低合金冷硬铸铁的 $w(P)$ 一般应低于 0.3%，含钼或其他碳化物形成元素较多的冷硬铸铁，$w(P)$ 应限制在 0.15% 以下。

15.1.2 合金元素的影响

一些元素对冷硬铸铁白口层硬度的影响示于图 15-5[1]。这些曲线是在亚(近)共晶铸铁中添加单一合金元素的测定结果。硬度变化源于两个主要方面：溶入渗碳体或形成高硬度碳化物，增加碳化物质量分数；改变白口层中奥氏体转变性质，提高基体组织热处理硬度。

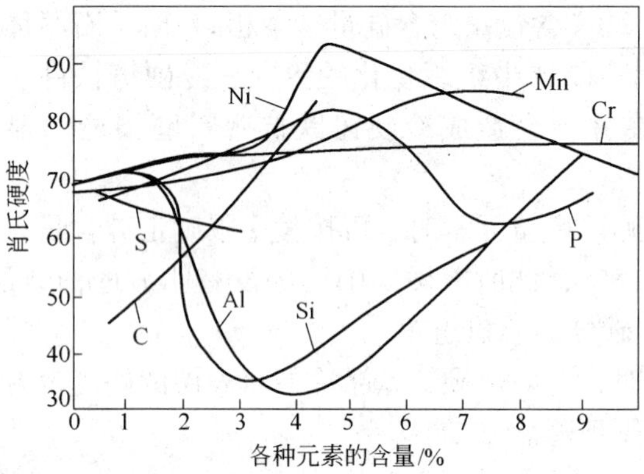

图 15-5 一些元素对冷硬层硬度的影响

图 15-6[2] 表明一些元素对冷硬铸铁冷硬层深度的影响。图 15-6a 表示增加白口深度元素的影响。按其影响程度(由弱到强)排列为钨、锰、钼、铬、锡、钒、硫。图 15-6b 表示减少白口深度元素的影响。减少白口深度元素的影响程度排列为：磷、钴、铜、镍、铝、硅、碳。

15.1.2.1 镍的影响

镍主要是加入低合金冷硬铸铁，通过调整铸件心部及冷硬层的基体组织性质而改善铸件的整体力学性能。镍的加入量小于 0.5% 时，镍的作用只限于固

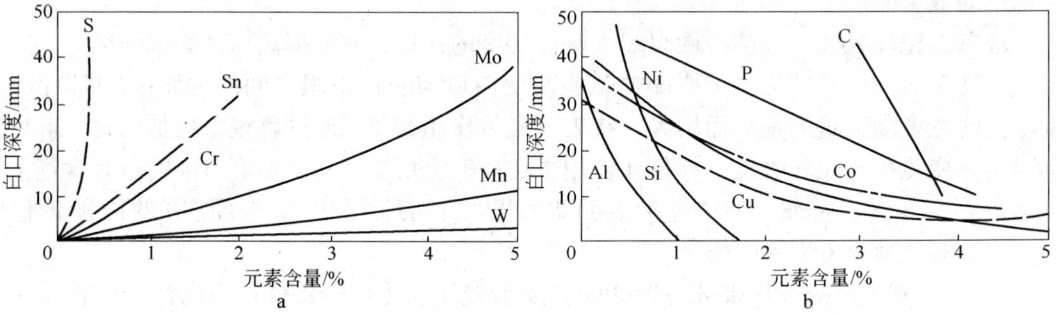

图 15-6 一些元素对白口层深度的影响

a—增加白口深度元素；b—减少白口深度元素

溶强化，对力学性能并没有明显改善。加镍量 1.5% ~2.5% 时，细化奥氏体共析分解产物，得到索氏体和屈氏体基体组织。当 w(Ni) 提高到 3.0% ~4.5% 时，奥氏体转变产物由屈氏体 + 贝氏体过渡到贝氏体 + 马氏体 + 奥氏体，超过 4.5%，基体组织中，大部分为奥氏体。

w(C) =3.0%、w(Ni) =4.0% 的白口铸铁在空气中冷却后可获得马氏体 + 奥氏体基体。这种基体与渗碳组成的白口层硬度可以达到 HRC 58 ~60。

镍有促进石墨化和降低冷硬铸铁白口倾向的能力。为了补偿这种倾向可能带来的负面效果，在加镍的同时需要再加入一些铬。当镍铬两种元素搭配合适时，基体可以获得最佳的力学性能，显著减少冷硬层表面碎裂、剥落。

15.1.2.2 铬的影响

铬在冷硬铸铁中既对碳化物也对基体组织产生影响。碳化物中，铬与碳化合，增加碳化物体积分数，有助于增加白口深度和过渡区麻口深度。表 15-1 为加入少量(w(Cr) = 0.10% ~0.15%)铬的影响。

表 15-1 铬对铸铁白口和麻口深度的影响

铁水 C、Si 含量/%		铬加入量/%	白口深度/mm	麻口深度/mm
C	Si			
2.89	0.58	未 加	11	42
2.92	0.54	0.10	16	74
2.96	0.52	0.15	18	87

铬对基体组织也产生良好的影响。溶入固溶体中的铬产生固溶强化作用，提高铸件的强度和硬度。如前所述，与镍配合使用，可以部分抵消镍的石墨化作用，使镍改善力学性能的作用在冷硬铸铁中能够充分发挥出来。

w(Cr)在低合金冷硬铸铁中的添加范围是 0.2% ~2.0%。与镍共同加入时，w(Ni)/w(Cr)一般为 2:1 ~4:1。w(Cr) =4.0% ~4.5%时，w(Cr)加入量应在 1.0% ~1.5%范围内。

15.1.2.3 钼的影响

钼也是冷硬铸铁中常用的合金元素。钼能提高基体金属的淬透性，与碳化合形成高硬度的碳化物(M_6C，M_2C)，改善铸件的抗磨性能。

钼增加冷硬深度，其能力约为铬的 1/3。

在冷硬铸铁中添加 w(Mo) = 0.30% ~0.80% 可以强化激冷表面的抗损伤能力，减少因反复应力和热循环导致的表面剥落、点蚀、冷热裂。钼还能提高珠光体的强度和韧性，提高抗腐蚀能力和高温强度，有利于改善冷硬铸铁件整体力学性能。

钼一般不单独使用，总是与镍、铬、铜共同加入。在镍铬型马氏体白口组织中，钼可以等效代替一部分镍，通常需添加 4.5% Ni。厚壁冷硬铸铁中 w(Mo) = 1% 时，w(Ni) 可减少至 3%。钼与镍铬组成镍铬钼冷硬铸铁，也可以与铬配合组成铬钼冷硬铸铁。

一般冷硬铸铁中 w(Mo) 加入量是 0.6% ~3.0%。加入量与壁厚有关。厚铸件的加入量应取偏上限成分。含钼的冷硬铸铁应限制磷的含量。

表 15-2 列出两种可用于制造双金属轧辊或单体轧辊、轮箍一类镍铬型冷硬铸铁化学成分。表中包括两种类型的冷硬铸铁。低碳型适用于强度和韧性要求较高的铸件，高碳低

硅型适用于磨损比较强烈、抗磨料磨损能力要求较高的铸件。

两种冷硬铸铁均具有合金渗碳体 + 细共析组织。铸件经正火 + 回火处理后即可进一步加工应用。铸件的工作寿命远远超过非合金冷硬铸铁，在正常工作条件下使用，可以避免突发失效问题。

表 15-2 两种合金冷硬铸铁化学成分(%)

铸铁类型	总 w(C)	w(Mn)	w(Si)	w(S)	w(P)	w(Ni)	w(Cr)	w(Mo)
低碳冷硬铸铁	2.2 ~ 2.8	0.2 ~ 0.6	1.0 ~ 1.6	≤0.15	≤0.15	≤1.5	≤1.0	≤0.5
高碳低硅冷硬铸铁	2.8 ~ 3.6	0.3 ~ 2.0	0.3 ~ 1.0	≤0.15	≤0.30	≤2.5	≤3.0	≤1.0

15.1.2.4 铜的影响

在不含铬的冷硬铸铁中铜使冷硬层中的麻口区变窄，但尚未见到有关铜对白口区硬度和深度影响的报道。

铜有轻微抑制珠光体形成的作用，但与钼联合使用时，对钼提高淬透性的效果有明显的增强作用。在冷硬铸铁中 w(Cu)一般不超过 1.2%。

15.1.2.5 碲的影响

前面已经介绍过碲是强烈稳定碳化物的元素。每吨铁水加入碲 1.5 ~ 2.0g 即可显著增加冷硬铸铁件的白口深度，减少麻口区宽度。w(C) = 3.3% ~ 3.5% 的冷硬铸铁中 w(Te) = 0.0001% 时，白口深度增加 1.0 ~ 1.5mm。在冷硬铸铁中 w(Te)一般为 0.0002% ~ 0.0006%(每吨铁水加入 2 ~ 6g)，但当加入量超过 0.0004% 时，组织中将出现比较多的网状碳化物，使白口层和非白口层的脆性增加。冷硬铸铁加碲一般是在发现因化学成分(特别是硅)不合适或激冷效果不足而导致白口深度不足时在炉前加入。很少作为促成冷硬层的基本元素使用。

15.1.2.6 硼的影响

硼强烈阻碍石墨化，与铁化合成 Fe_2B。Fe_2B 与 Fe_3C 形成复合化合物，使碳化物的硬度提高。在亚(近)共晶冷硬铸铁中加入 w(B) = 0.001% ~ 0.003% 时即可使白口深度显著增加。加硼的不足之处在于铸件心部非激冷区也出现游离渗碳体，使铸件整体韧性降低。铸件含碳量越高，韧性降低程度越显著。因此加硼的冷硬铸铁只适用于负载较轻的抗磨零件，如纺织机械中的桃子、打梭转子一类铸件。

15.1.2.7 钒的影响

钒是促进碳化物形成元素，自身也与碳化合成为多种结构不同的碳化钒。加钒以后，白口组织中存在的少量石墨消失，冷硬层的硬度提高同时又能细化基体组织中的珠光体，提高铸件强韧性。冷硬铸铁中 w(V)范围为 0.10% ~ 0.30%。

15.1.2.8 钛的影响

在冷硬铸铁中加钛的主要目的是细化渗碳体共晶团，降低材料表面白口层在负载下发生剥离或碎裂的倾向。钛对冷硬铸铁白口层硬度没有显著影响，但是 w(Ti) > 0.10% 后，每提高 0.04% Ti 可使白口深度增加 1mm。

在冷硬铸铁轧辊生产中，w(Ti)的加入量为 0.10% ~ 0.30%。

15.2 冷硬铸铁应用实例——冷硬铸铁轧辊

轧辊是轧钢、造纸、塑料等生产领域不可缺少的工作零件。特别是在轧钢生产中，轧辊是消耗量最大的易损件。轧辊要求工作表面坚硬耐磨，辊身整体具有良好强韧性。轧辊有多种结构，制造工艺多种多样。结构方面，主要有整体型和组合型。不论哪种类型，轧辊辊面大多采用合金冷硬铸铁或合金冷硬球墨铸铁。

冷硬铸铁轧辊制造：

冷硬铸铁轧辊可以整体浇注成形（整体型），也可制成复合结构的双金属轧辊（组合型）。一般轧辊均采用金属型浇注，使轧辊面产生冷硬层。目前常用的浇注工艺大致有以下三种：一次成形浇注工艺；冲洗复合浇注工艺；离心分层复合浇注工艺。

（1）一次成形浇注工艺。把成分合适的亚共晶铁水或球墨铸铁水浇注在激冷铸型中可直接铸成冷硬轧辊。这种工艺主要用于浇注中小型冷硬铸铁轧辊。辊面冷硬层白口深度可达到20～40mm，硬度HS 60～70，辊颈硬度HS 35～50。冷硬层中含有共晶碳化物，还含有少量石墨。心部基体组织可制成珠光体或索氏体。

浇注轧辊的铸型由形成辊身冷硬层的金属型、上辊颈砂型、下辊颈砂型及浇注管组成。一般采用底注法浇注。铁水由装配好的铸型下部引入。高温铁水浇入轧辊铸型后与金属型激冷表面接触较长时间，金属型被加热（不高于400℃），因此辊面的激冷强度略低于其他浇注工艺的激冷强度。这类轧辊主要用于叠轧薄板轧机、三辊式中板轧机、线材轧机、中小型棒材及型钢轧机。

金属型采用灰铸铁或蠕墨铸铁制造。灰铸铁的热导率高于蠕墨铸铁，但是抗热疲劳性能比蠕墨铸铁差。后者能在更多的浇注次数后不发生表面裂纹。上、下辊颈铸型采用高耐火度造型材料，表面涂石墨涂料2～3遍。浇注管一般采用黏土耐火砖管。

采用一次成形浇注工艺常需调整铸型激冷能力。金属型表面挂砂是调节激冷能力的有效办法。挂砂层把铁水和铸型激冷表面分割开来，减弱铸型的激冷强度很有效。铸型挂砂厚度一般不超过30mm。超过这个厚度后，铸型的激冷作用显著消失。铁水在内壁挂砂的金属型内浇注时，铸件的冷却速度进一步降低。可能生成体积分数为15%～25%碳化物、3%～5%石墨共存的组织。冷硬层为麻口，硬度降低到HS 40～50。辊颈硬度为HS 30～40。由表面到心部硬度变化曲线比较平缓。轧辊热疲劳强度和抗裂能力显著增强。

为了保护金属铸型和便于脱型，金属型使用前可在内表面挂涂磷酸铝-高铝粉耐火涂料[1]。挂涂料显著提高金属型使用寿命。

一次浇注成形工艺适合于生产低合金无限冷硬铸铁轧辊。所谓无限冷硬轧辊，轧辊表层到心部的组织中，碳化物连续递减，由冷硬层白口组织逐渐变为内部珠光体灰口铸铁（或球墨铸铁）组织，形成没有明显分界的组织变化状态。优良的轧辊冷硬层约含有体积分数为25%～40%碳化物以及1%～2%的石墨，心部碳化物体积分数不超过3%。

多数无限冷硬轧辊为亚共晶成分，硅、锰含量高于其他冷硬铸铁，含有镍、铬、钼等合金元素。没有特殊要求的轧辊合金总量一般不超过5%。化学成分可根据所要求的轧辊性能适当调整。无限冷硬铸铁轧辊兼有良好耐磨性和较高的抗热疲劳性能，适用于宽、中厚板轧机和带钢轧机精轧工作。

[1] 磷酸铝-高铝粉耐火涂料配制方法：3000mL磷酸及1000g氢氧化铝在3000mL水中混拌均匀，加热沸腾后充分搅拌15～20min，制成磷酸铝。在另外容器中将85kg高铝粉加入140kg水中混拌均匀，最后将制成的磷酸铝倒入高铝粉与水的混合物中充分搅拌，即制成黏稠状水溶液涂料。

(2)冲洗复合浇注工艺。采用冲洗复合浇注工艺制造轧辊需进行两次浇注。第一次浇入的铁水应能覆盖轧辊的全部耐磨工作面(铸件垂直浇铸)，在金属铸型激冷作用下形成辊面冷硬层。待冷硬层厚度接近预期厚度，开始浇入第二批含硅量较高铁水。目的是将尚未凝固的铁水成分改变，增强铁水石墨化倾向，凝固后形成表层坚硬耐磨、整体强韧的轧辊。

(3)离心分层复合浇注工艺。这也是一种以不同类型铁水分两次(或多次)浇注轧辊的工艺。与冲洗复合浇注工艺不同之处在于第一批铁水首先单独离心浇注辊面耐磨层，待耐磨层形成后将其移至组合铸型，在组合铸型中静止浇入形成辊身的第2批铁水。两批铁水在一定温度下实现冶金结合，成为双金属轧辊。采用这种工艺生产的高铬铸铁-球墨铸铁复合轧辊已在轧钢厂实际应用。下面对这种工艺作简要介绍。

首先要选好形成耐磨层的高铬铸铁。负荷较重的轧辊可采用低碳高铬铸铁浇注耐磨层，如成分为 $w(C)=2.5\%\sim2.8\%$、$w(Cr)=15\%\sim18\%$、$w(Mo)=1.0\%\sim2.0\%$、$w(Ni)=1.0\%\sim2.0\%$ 的高铬铸铁。这类高铬铸铁耐磨层具有优良耐磨性能，表面硬度可达到 HS75 ~ 80。而且抗热疲劳、抗剥落性能也很好。适用于大型初轧机、型钢轧机、棒材连轧机和大型无缝钢管轧机所用轧辊。对于负荷较低但磨损较重的轧辊，例如冷轧机轧制辊和平整辊可采用 $w(C)=2.8\%\sim3.3\%$、$w(Cr)=20\%\sim25\%$ 的高铬铸铁。辊颈硬度 HS35 ~ 55，辊颈部分抗拉强度达到 345MPa。

筒状耐磨层在卧式离心机金属型内浇注。为了减轻铁水对金属铸型内壁的冲刷和热侵蚀，铸型使用前需涂敷诸如磷酸铝-高铝粉一类涂料。这种黏稠状水溶性涂料在低转数下浇入预热到 200℃左右的离心铸型内，然后加快转数，使涂料在金属模内形成黏结牢固、厚度均匀、表面平整的保护层。待涂料充分干燥后放在加热炉中加热到 400℃，保温 8 ~ 10h 后使用。保护层厚度一般 3 ~ 5mm。

高铬铸铁水在 1460 ~ 1480℃温度与在铁水包内熔成的 O 型玻璃熔渣同时浇入铸型。熔渣覆盖铁水内表面，防止铁水氧化。防止结合层表面氧化是实现层间冶金结合的重要措施。

高铬铸铁与球墨铸铁熔合层的结合强度是这类双金属轧辊重要质量指标。球墨铸铁浇入后，铬、镍、钼等合金元素会由高铬铸铁向球墨铸铁转移。特别是高铬铸铁含铬量很高，铬的渗入会使球墨铸铁中出现碳化物，材料脆性增加。在 20mm 深度内可能渗入 0.5% 铬，形成环状脆性带，增加冷硬层开裂危险。渗入量超过 1% 时，轧辊不能使用。

为了解决这一问题，需要在高铬铸铁耐磨层浇完后稍停片刻，然后在低于共晶温度 20 ~ 30℃时先浇入中铬($w(Cr)=6\%\sim8\%$)铁水，形成厚度约为耐磨层一半左右的低碳低铬中间层，减少铬向球墨铸铁的渗透。为了两层之间实现冶金结合，严格检测浇注温度是非常必要的。

当中间层铁水温度略低于共晶温度 10 ~ 20℃后，离心机即可停转。迅速将金属型连同已浇入的耐磨层卸下并吊运至合箱区与辊颈上、下铸型装配。

上铸型一般为干砂型，用于形成辊颈及冒口。表面刷醇基石墨快干涂料。下铸型可用砂型，也可用导热性能较好的蠕墨铸铁铸型。

辊身球墨铸铁水应在中间层凝固后几分钟之内由铸型顶部浇入铁水。过早或过晚都会影响两层间的熔合质量。因此铸型装配必须尽快进行。球墨铸铁的浇注温度不应低于1360℃。由于球墨铸铁要进行炉前处理及扒渣、炉前检验等项工作，因此，需要掌握好生产节奏，控制好球墨铸铁浇入时间和温度。浇注速度需要加以控制，浇注速度过快，黏附于中间层内壁的玻璃渣层来不及上浮形成夹渣。铁水充满冒口2/3处开始覆盖保温剂，提高冒口补缩效率，防止辊身出现缩孔缩松缺陷。辊芯球墨铸铁最常发生的组织缺陷是石墨漂浮、石墨变异或碳化物量超标。前两类缺陷已在第9章里讨论过。

轧辊开箱温度应保持在100℃左右。为此，中等尺寸的轧辊需要冷却60～70h左右。过早开箱可能因铸件内外温差过大而产生裂纹。

轧辊的热处理制度应根据轧辊的工作条件而定。热连轧机、棒材轧机、中厚板轧机的轧辊要求具有良好的抗热裂性、强韧性和抗磨能力，应该通过热处理获得索氏体和屈氏体为主的基体组织。冷轧机轧辊则主要要求具有良好的耐磨性和接触疲劳强度，一般是通过改变回火温度来调整组织和性能。

高铬铸铁与球墨铸铁热性能有差别，而且铸铁断面厚大，为了避免在加热过程中产生较大热应力，加热速度必须缓慢。650℃以下，加热速率50℃/h，并在350℃、500℃、650℃各保温2～4h。650℃至奥氏体化温度之间热速率可随炉子升温，但不宜超过80～100℃/h。

奥氏体化温度一般为980～1000℃。保温时间按耐磨层+中间层的总厚度计算。总厚度为60mm时保温5h，每超过1cm增加0.5h。这个保温时间已考虑了高铬铸铁脱稳处理(二次碳化物析出)所需时间。

保温结束后铸件出炉在静止空气或流动空气中冷却。在竖直悬吊状态下冷却可以显著减少铸件变形。以强韧性为质量判别主要标准的轧辊一般可在540℃回火，以耐磨性和接触疲劳强度为主要要求的轧辊则宜在480℃回火。

参 考 文 献

[1] Богачив ИН. Металлография Чугуна МАШГЭ, 1982.

[2] Rehder J E. AFS Trans[J], 1948(56): 138.

[3] Royes J W, et al. Chill and Mottle Formation in Cast Iron[J]. BCIRA. J. 1964, 12: 424～471.